河南省“十四五”普通高等教育规划教材

一流本科专业一流本科课程建设系列教材

工程热力学

主编　梁坤峰

参编　董　彬　周　训　王慧荣

机械工业出版社

本书是河南省“十四五”普通高等教育规划教材。全书分4篇：基础篇、工质篇、工程篇和创新篇，共15章，主要讲述热力学基本概念，热力学第一定律和第二定律，理想气体和实际气体的性质、热力过程及工作循环，热工装置及循环的热力学评价，以及围绕热力学理论的工程创新案例分析等内容。本书在加强基础理论的同时注重基于创新工程学理念对热力学基础理论的重新梳理，注意引进热工科技的新理论和新成果，倡导案例教学和课程思政引领，强调联系工程实践和对学生创新能力的培养。除工程创新案例部分，书中其余章节均有例题习题，附录还通过二维码提供了较详细的工质热物性资料。

本书可作为高等学校能源动力类、航空航天类、机械类、交通运输类、核工程类及土木类等专业的教材，也可供有关科学研究人员和工程技术人员参考。

图书在版编目（CIP）数据

工程热力学/梁坤峰主编．—北京：机械工业出版社，2024.4

一流本科专业一流本科课程建设系列教材　河南省“十四五”普通高等教育规划教材

ISBN 978-7-111-75094-9

Ⅰ.①工…　Ⅱ.①梁…　Ⅲ.①工程热力学-高等学校-教材　Ⅳ.①TK123

中国国家版本馆CIP数据核字（2024）第018521号

机械工业出版社（北京市百万庄大街22号　邮政编码100037）

策划编辑：尹法欣　　责任编辑：尹法欣　于伟蓉

责任校对：李可意　张勤思　李　婷　封面设计：张　静

责任印制：常天培

北京机工印刷厂有限公司印刷

2024年5月第1版第1次印刷

184mm×260mm・22.75印张・563千字

标准书号：ISBN 978-7-111-75094-9

定价：69.80元

电话服务　　网络服务

客服电话：010-88361066　　机　工　官　网：www.cmpbook.com

010-88379833　　机　工　官　博：weibo.com/cmp1952

010-68326294　　金　书　网：www.golden-book.com

机工教育服务网：www.cmpedu.com

前言

本书是根据高等学校“工程热力学课程教学基本要求”编写的，适用于高等学校能源动力类、航空航天类、机械类、交通运输类、核工程类及土木类等工科本科专业。

本书是河南省“十四五”普通高等教育规划教材，书中总结了编者多年教学经验及教研成果，并吸纳了同行专家的意见，重新梳理了课程知识体系，融入了创新工程学理念，既涵盖工程热力学基础理论知识，又增加了与工程创新有关的案例分析，以利于学生深入理解并掌握“学以致用、理论先行”的能力提升途径。学生通过本课程学习，在掌握工程热力学知识基础上，还能进一步培养创新思维，为学生解决有关“双碳”背景下工程实际问题，同时也为后续专业课学习奠定基础。

本书响应新工科建设和国际工程教育认证体系的要求，在梳理现有教材知识框架基础上，注重从学生学习的角度，进行了知识体系的编排编写，例如：强调按理想气体和实际气体分类方法，建立热能和机械能相互转换过程涉及的热力过程与热力循环特征；重新编排了涉及热力循环的知识体系，以彰显基本循环与衍生循环之间的逻辑关系；增加了工程创新案例分析，以培养学生的创新思维；移除了化学热力学基础（该部分内容在相关专业基础课中仍需补充，如“燃烧学”等）的内容，以集中学习热工机械能量相互转化的热力学知识；补充了丰富的课程思政资源，以提升教材“立德树人”的人才培养内涵。此外，本书涉及内容较广，适用面较宽，配备有较为丰富的装置图、循环流程图，以及相应的例题、习题、思考题，尤其是工程创新案例分析部分，对增强学生的工程实践意识和创新能力非常有利。

本书共分为四篇。第一篇为基础篇，着重工程热力学的基本概念和基本定律的阐述，为全课程的理论学习做好铺垫；第二篇为工质篇，按理想气体、理想气体混合物和实际气体的分类，着重展示工质——热能和机械能相互转换所凭借的物质的热力性质及其热力学关系；第三篇为工程篇，着重从理想气体和实际气体两类工质角度，分析其相应的热能和机械能相互转换过程涉及的热力过程与热力循环特征；第四篇为创新篇，讨论热工装置及循环的热力学评价，梳理工程热力学基础理论应用于工程实际中与热能高效利用、热工部件改进和实际循环效率提升等的创新案例。

本书由梁坤峰教授主编，董彬、周训和王慧荣参编，梁坤峰负责第一篇基础篇的编写，王慧荣负责第二篇工质篇的编写，周训负责第三篇工程篇的编写，董彬负责第四篇创新篇的编写，此外梁坤峰和周训对第四篇的编写整理也给予了支持。

感谢大连海洋大学刘婧老师在本书编写之初提供的大力帮助，感谢为本书编写提供了支持的研究生：宋义天、安家旺、汪家驹、刘冬辉、程亚龙、刘阳、周龙飞、李琳琳、刘子墨

和段浩磊。清华大学的史琳教授审阅了本书，她的宝贵意见对提高本书质量起了极大的作用，编者深表谢意！同时，感谢河南科技大学教材出版基金的支持！

本书还配有丰富的线上资源，包括教学课件、授课视频、虚拟仿真实验系统、思政案例等内容，读者可登录中国大学 MOOC 学习相关内容。

由于编者水平有限，书中难免有错误和不妥之处，敬请广大读者批评指正！

编　者

在线课程链接

主 要 符 号

A 面积，m^2

c_f 流速，m/s

c 比热容（质量热容），J/(kg·K)

c_p 比定压热容，J/(kg·K)

c_V 比定容热容，J/(kg·K)

C_m 摩尔热容，J/(mol·K)

$C_{p,m}$ 摩尔定压热容，J/(mol·K)

$C_{V,m}$ 摩尔定容热容，J/(mol·K)

d 含湿量，kg/kg(干空气)

E 总能（储存能），J

E_x 㶲，J

$E_{x,Q}$ 热量㶲，J

$E_{x,U}$ 热力学能㶲，J

$E_{x,H}$ 焓㶲，J

E_k 宏观动能，J

E_p 宏观位能，J

F 力，N

H 焓，J

H_m 摩尔焓，J/mol

I 做功能力损失（㶲损失），J

M 摩尔质量，kg/mol

Ma 马赫数

t_w 湿球温度,℃

M_r 相对分子质量

M_{eq} 平均摩尔质量（折合摩尔质量），kg/mol

n 多变指数；物质的量，mol

p 绝对压力，Pa

p_0 大气环境压力，Pa

p_b 大气环境压，背压力，Pa

p_g 表压力，Pa

p_i 分压力，Pa

p_s 饱和压力，Pa

p_v 真空度，湿空气中水蒸气的分压力，Pa

Q 热量，J

q_m 质量流量，kg/s

q_V 体积流量，m^3/s

R 摩尔气体常数，J/(mol·K)

R_g 气体常数，J/(kg·K)

$R_{g,eq}$ 平均气体常数，J/(kg·K)

S 熵，J/K

S_g 熵产，J/K

S_f （热）熵流，J/K

T 热力学温度，K

t 摄氏温度,℃

t_s 饱和温度,℃

κ_T 等温压缩率，Pa^{-1}

U　热力学能，J

U_{m}　摩尔热力学能，J/mol

V　体积，m^3

V_{m}　摩尔体积，$\mathrm{m}^3/\mathrm{mol}$

W　膨胀功，J

W_{net}　循环净功，J

W_{i}　内部功，J

W_{s}　轴功，J

W_{t}　技术功，J

W_{u}　有用功，J

w_i　质量分数

x　干度

x_i　摩尔分数

z　压缩因子；高度，m

α　抽汽量，kg；

α_V　体膨胀系数，K^{-1}或$℃^{-1}$

γ　比热容比；汽化潜热，J/kg

ε　制冷系数；压缩比

ε'　供热系数

η_{c}　卡诺循环热效率

$\eta_{\mathrm{C},s}$　压气机绝热效率

$\eta_{e_{\mathrm{s}}}$　㶲效率

η_{T}　蒸汽轮机、燃气透平的相对内效率

η_{t}　循环热效率

κ　等熵指数

λ　升压比

μ　化学势

μ_{J}　焦耳-汤姆孙系数（节流微分效应）

π　压力比（增压比）

v　化学计量系数

v_{cr}　临界压力比

ρ　密度，$\mathrm{kg/m^3}$；预胀比

σ　回热度

φ　相对湿度；喷管速度系数

φ_i　体积分数

下角标

a　湿空气中干空气的参数

c　卡诺循环；冷库参数

C　压气机

CM　控制质量

cr　临界点参数；临界流动状况参数

CV　控制体积

in　进口参数

iso　孤立系统

m　每摩尔物质的参数

s　饱和参数；相平衡参数

out　出口参数

v　湿空气在水蒸气的物理量

0　环境的参数；滞止参数

目　录

第一篇　基　础　篇

第二篇　工　质　篇

第三篇　工　程　篇

第四篇　创　新　篇

第0章

绪　论

0.1　能源的分类与利用

翻开人类的发展史，不难看到人类社会的发展与人类对能源的开发、利用息息相关。能源的开发和利用水平是衡量社会生产力和社会物质文明的重要标志，掌握和了解能源的基本知识，不仅对能源动力类的专业人才是必需的，而且对机械、材料、环境、建筑、力学、工业企业管理和科技外语等专业人才培养和未来发展也是不可缺少的。尤其在21世纪，为培养和造就复合型人才，全面提高各类人才的科学素质，掌握能源知识是十分必要的。

所谓能源是指可向人类提供各种能量和动力的物质资源。迄今为止，由自然界提供的能源有：水力能、风能、太阳能、地热能、燃料的化学能、原子核能、海洋能以及其他一些形式的能量。能源可以根据来源、形态、使用程度和技术、污染程度以及性质等进行分类。

1. 按来源分

根据来源，能源大致可分为三类，第一类是来自地球以外的太阳辐射能。除了直接的太阳能，煤炭、石油、天然气以及生物能、水力能、风能和海洋能也都间接地来源于太阳能。第二类是来自地球本身的能量。一种是以热能形式储存于地球内部的地热能（如地下蒸汽、热水和干热岩体）；另一种是地球上的铀、钍等核燃料所具有的能量，即原子核能。第三类则是来自月球和太阳等天体对地球的引力，而且以月球引力为主，如海洋的潮汐能。

2. 按形态分

能源可按其有无加工、转换分为一次能源和二次能源。一次能源是自然界现成的、可直接取得而未改变其基本形态的能源，如煤炭、石油、天然气、水力能、风能、海洋能、地热能和生物能等。一次能源中又可根据能否再生分为可再生能源和非再生能源。可再生能源是指那些可以连续再生，不会因使用而逐渐减少的能源，它们大都直接或间接来自太阳，如太阳能、水力能、风能、地热能等；非再生能源是指那些不能循环再生的能源，它们会随着人类不断地使用而逐渐减少，如煤炭、石油、天然气和核燃料等。

由一次能源经过加工转换而成的另一形态的能源称为二次能源，如电力、焦炭、煤气、沼气、氢气、高温蒸汽、汽油和柴油等各种石油制品。

3. 按使用程度和技术分

在不同历史时期和不同科技水平条件下，能源使用的技术状况不同，从而可将能源分为常规能源和新能源。常规能源是指那些在现有技术条件下，人们已经大规模生产和广泛使用的能源，如煤炭、石油、天然气和水力能等。新能源是指目前科技水平条件下尚未大规模利

用或尚在研究开发阶段的能源，如太阳能、地热能、潮汐能、生物能、风能和原子核能等。常规能源与新能源的分类是相对的。例如，原子核能在我国属新能源，因为将核裂变产生的原子能作为动力（主要应用于发电）在我国时间还不长，还有一些技术是引进的，有一些新的问题尚待解决，目前还未成为成熟而常用的常规能源。但在工业发达的西方国家和俄罗斯应用核裂变作为动力和发电已经成为成熟技术，并得到广泛应用，因此核能即将或已成为常规能源。然而，如果考虑和平利用核聚变作为能源，则无论在我国还是在工业发达国家都有大量技术问题要解决，从这个意义上讲，核能仍被视为新能源。即使是一般意义上的常规能源，当利用新的技术进行开发时又可被视为新能源。如磁流体发电，利用的燃料仍是常规的煤、石油和天然气等，和常规火电厂不同的是将气体加热成高温等离子体通过强磁场而直接发电，此时的常规燃料又是新能源。风能和沼气亦是如此。

4. 按污染程度分

按对环境的污染程度，能源又可分为清洁能源和非清洁能源。无污染或污染很小的能源称为清洁能源，如太阳能、风能、水力能、氢能和海洋能等。对环境污染大或较大的能源称为非清洁能源，如煤炭和石油等。

5. 按性质分

按能源本身性质可分为含能体能源和过程性能源。含能体能源是指集中储存能量的含能物质，如煤炭、石油、天然气和核燃料等。而过程性能源是指物质在运动过程中产生和提供的能源，此种能源无法储存并随着物质运动过程结束而消失，如水力能、风能和潮汐能等。

还有一些其他分类方法和基准。但对于能源工作者而言，更多的是采用一次能源和二次能源的概念，着眼于一次能源的开发和利用，并按常规能源和新能源进行研究，这样的分类见表 0-1。

表 0-1 能源的分类

类别	常规能源	新能源
一次能源	煤、石油、天然气、水力能等	核能、太阳能、风能、地热能、海洋能、生物能等
二次能源	煤气、焦炭、汽油、柴油、液化石油气、电、蒸汽等	沼气、氢能等

0.2 能源的利用与社会发展

从能源利用的观点看，人类社会发展经历了三个不同的能源时期，而这三个不同的能源时期都与人类社会生产力的发展密切地联系在一起。这三个时期分别是：薪柴时期、煤炭时期和石油时期。

古代人类“钻木取火”开启了能源利用的第一个时期——薪柴时期。在这一时期，人类以薪柴、秸秆和部分动物的排泄物作为燃料，用于制作熟食和取暖。恰恰是由于食用熟食，人类自身进化有了长足的发展。在这个时期，人类利用薪柴等作为能源进行食物加工、取暖和生产（陶瓷加工和冶炼金属等），同时以人力、畜力和一小部分简陋的风力和水力机械作为动力，从事一些生产活动。由于以薪柴等生物质燃料为主要能源，能源使用水平低下，因而社会生产力和人类生活的水平都很低，社会发展缓慢。由于能源的结构和利用长期得不到根本性的变革，薪柴时期延续了相当长的时间。在中国可以说从远古一直到清王朝的几千年都属于这一时期。

18 世纪工业革命开创了煤炭作为主要能源的第二个时期——煤炭时期。在这一时期，蒸汽机成为生产的主要动力，从而促进了工业迅速发展，劳动生产力得到了极大解放，生产水平有了显著提高。特别是在 19 世纪后期出现了电能，由于它具有易于传输，能方便地转变为光、热和机械能的特点，电能的应用突飞猛进，并进入到社会的各个领域。电动机代替蒸汽机成为工矿企业的基本动力，电灯代替油灯和蜡烛成为生产和生活照明的主要光源，社会生产力有了大幅度的提高。随着各种电器的出现，人们的物质和精神文明生活也有了极大提高，从根本上改变了人类社会的面貌。

石油资源的发现和开发开始了能源利用的新时代。尤其是 20 世纪 50 年代，在美国、中东和北非等地区相继发现了巨大的油田和气田后，工业发达国家很快从以煤炭为主要能源转换到以石油、天然气为主要能源，开始了人类能源历史的第三个时期——石油时期。到 20 世纪 50 年代中期，世界石油和天然气的消费超过了煤炭，成为世界能源的主力。这是继薪柴向煤炭转换后能源结构变化上的又一里程碑。随着石油、天然气的开发利用和内燃机械的快速发展，汽车、飞机、内燃机车和远洋客货轮这些以石油制品为能源动力的交通工具也迅猛发展，这些交通工具不但缩短了地区和国家间的距离，也促进了世界经济的发展和繁荣。近 60 年来，世界上许多国家依靠石油、天然气以及蓬勃发展的电力，创造了人类历史上空前的物质文明。

进入 21 世纪，随着可控热核反应的实现，核能将成为世界能源的重要角色，同时随着煤炭清洁化技术的开发和利用，一个清洁能源的时代也将随之而来，并将迎来又一个能源变革新时代。世界将变得更加繁荣，人类生产和生活水平将会得到更大的提高。

从人类所经历的三个能源时期不难看出，能源和人类历史发展的密切关系。

能源的开发和利用，不但推动着社会生产力发展和社会历史的进程，而且与国民经济发展的关系密切。首先，能源是现代生产的动力来源，无论是现代工业还是现代农业都离不开能源动力。现代化生产是建立在机械化、电气化和自动化基础上的高效生产，所有生产过程都与能源的消费同时进行着。例如：工业生产中，各种锅炉和窑炉要用煤、石油和天然气；钢铁和有色金属冶炼要用焦炭和电力；交通运输需要各种石油制品和电力。现代农业生产的耕种、灌溉、收获、烘干和运输、加工等都需要消耗能源。现代国防也需大量的电力和石油。其次，能源物质还是珍贵的化工原料。以石油为例，除了能提炼出汽油、柴油和润滑油等石油产品外，对它们进一步加工可取得 5000 多种有机合成原料。有机化学工业的 8 种基本原料——乙烯、丙烯、丁二烯、苯、甲苯、二甲苯、乙炔和萘，主要来自石油。这些原料经过加工，便可得到塑料、合成纤维、化肥、染料、医药、农药和香料等多种多样的工业制品。此外，煤炭、天然气等也是重要的化工原料。

由此可以看出一个国家的国民经济发展与能源开发和利用的依存关系，可以说没有能源就不可能有国民经济的发展。对世界各国经济发展的考察表明，在经济正常发展的情况下，一个国家的国民经济发展与能源消耗增长率之间存在正比例关系。这个比例关系通常用能源消费弹性系数 ξ 表示，即

$$\xi = \frac{\text{能源消费的年增长率}}{\text{国民经济生产总值的年增长率}}$$

表面上看该系数关系简单，其值越小越好，但实际上影响弹性系数的因素较多，较复

杂。一个国家的能源消费弹性系数与该国的国民经济结构、国民经济政策，生产模式，能源利用率，产品质量，原材料消耗、运输，以及人民生活需求等诸多因素有关。尽管各国实际情况不同，但只要处于类似的经济发展阶段，就具有相近的能源消费弹性系数。一般而言，发展中国家的该值大于1，工业发达国家的该值小于1。包括我国在内的世界几个主要国家及地区的能源消费和经济发展概况见表0-2。

表0-2　世界主要国家及地区能源消费和经济发展概况

国家及地区	2006年GDP/万亿美元	2020年GDP/万亿美元	2006—2020年GDP年增长率	2006年能源消耗量/亿t	2020年能源消耗量/亿t	2006—2020年能源消耗年增长率	2006—2020年能源消费弹性系数	2020年人口/亿人	2020年人均能源消费量/kg
美国	13.16	20.94	0.034	20.14	21	0.003	0.089	3.32	6325
欧盟	12.71	15.37	0.014	18.3	13.32	−0.022	−1.641	4.48	2973
日本	4.37	5.02	0.010	4.35	3.89	−0.008	−0.799	1.26	3087
中国	2.66	14.72	0.130	15.14	34.76	0.061	0.471	14.12	2462
加拿大	1.27	1.64	0.018	2.4	3.26	0.022	1.200	0.38	8579
巴西	1.07	1.44	0.021	1.53	2.87	0.046	2.144	2.13	1347
印度	0.92	2.62	0.078	4.08	7.64	0.046	0.590	13.96	547
俄罗斯	0.99	1.48	0.029	4.49	6.77	0.030	1.022	1.44	4701

能源消费弹性系数不但反映了能源与国民经济发展之间的关系，而且利用它可以预测未来国民经济发展中能源需求和供应之间的关系，以便在制定国民经济发展规划时进行综合平衡。

发展生产和国民经济需要能源，其重要目的是不断改善人民生活。在某种程度上可以说是用能源换取粮食和其他农作物，用能源直接或间接地保证人民的生活质量。在人们的生活中，不仅衣、食、住和行需要能源，而且文教卫生、娱乐等也都离不开能源。随着人们生活水平的不断提高，所需的能源数量、形式和质量越来越多，越来越高。一般而言，从一个国家的能源消耗状况可以看出一个国家人民的生活水平。例如：生活富裕的北美地区的年人均能耗比贫穷的南亚地区要高出55倍。根据不同的发展水平，现代社会生活需要消耗的能源大致有三种。

1）维持生存所必需的能源消费量，每人每年约400kg标准煤（1kg标准煤相当于29.3MJ）。这个量是以人体的需要和生存可能性为依据得到的，只能维持最低生活水平的需要。

2）现代化生产和生活最低限度的能源消费量，每人每年约1200~1600kg标准煤。这是保证人们能够丰衣足食，满足最起码的现代化生活所需要的能源消费。国内外包括衣食住行等各方面，满足现代化生活最低限度的能源消费数据见表0-3。

3）更高级的现代化生活所需要的能源消费量，每人每年2000~3000kg标准煤或更高。

这是以工业发达国家已有水平作为参考依据，是人们能够享有更高的物质与精神文明生活所必需的能源量。

表 0-3 现代化生活最低限度的能源（标准煤）消费量 ［单位：kg/（人·a）］

项目	国外提出的现代化最低标准	中国式现代化的最低标准
衣	108	70~80
食	323	300~320
住	323	320~340
行	215	100~120
其他	646	440~460
合计	1615	1230~1320

总之，社会和国民经济的发展，人民生活水平的不断提高都离不开能源。尤其在实现现代化的进程中，能源更是举足轻重。不但现代农业、现代工业和现代国防需要大量能源，而且随着现代物质生活的改善和精神文明生活的提高，各种现代家庭用能设备，如微波炉、电视机、音响、个人计算机、冰箱、空调不断增加，新的社会公益福利设施不断兴建，也需要进一步增加能源消费。可以说，现代化社会意味着大量消耗能源，没有相当数量的能源，现代化社会就无法实现。表 0-2 所列出的世界主要国家及地区的人均能源消费量也充分说明了这一点。

0.3 热力学发展简史

人类的生产实践和探索未知事物的欲望是科学技术发展的动力。热现象是人类最早能够广泛接触到的自然现象之一，但是直到 18 世纪初，在欧洲由于煤矿开采、航海、纺织等产业部门的发展，产生了对热机的巨大需求，才促使热学的发展得到积极的推动。1763—1784 年间，英国人瓦特（James Watt，1736—1819）对当时用来带动煤矿水泵的原始蒸汽机做了重大改进，且研制成功了应用高压蒸汽和配有独立凝汽器的单缸蒸汽机，提高了蒸汽机的热效率。此后，蒸汽机为纺织、冶金、交通等部门广泛采用，使生产力有了很大的提高。

蒸汽机的发明与应用，刺激、推动了热学方面的理论研究，促成了热力学的建立与发展。1824 年，法国人卡诺（Sadi Carnot，1796—1832）提出了卡诺定理与卡诺循环，指出热机必须工作于不同温度的热源之间，并提出了热机最高效率的概念，这在本质上已阐明了热力学第二定律的基本内容。卡诺用当时流行的“热质说”作为其理论的依据，虽然他的结论是正确的，但证明过程却是错误的。在卡诺所做工作的基础上，1850—1851 年间克劳修斯（Rudolf Clausius，1822—1888）和汤姆孙（William Thomson，即开尔文勋爵，Lord Kelvin，1824—1907）先后独自从热量传递和热转变成功的角度提出了热力学第二定律，指明了热过程的方向性。

在热质说流行的年代，一些研究者用实验事实驳斥了其错误，但由于没有找到热功转换的数量关系，他们的工作没有受到重视。早在 1798 年朗福德伯爵（Count Rumford，1753—1814）就根据制造枪炮所切下的碎屑温度很高，而且在工作中高温碎屑不断产生出来，证

实了热是一种运动的表现形式。一年后，戴维（Humphry Davy，1778—1829）用两块冰块相互摩擦使之完全融化，再次用实验支持了热是运动的学说。1842 年，迈耶（Julius Robert Mayer，1814—1878）提出了能量守恒原理，认为热是能量的一种形式，可以与机械能相互转换。1847 年，亥姆霍兹（Hermann von Helmholtz，1821—1894）系统地阐述了能量守恒原理，从理论上把力学中的能量守恒原理应用到热力学上，全面阐明了能、功和热量之间的关系。1850 年，焦耳（James Prescotl Joule，1818—1889）在他关于大量热功相关实验的总结论文中，以各种精确的实验结果使能量守恒与转换定律，即热力学第一定律得到了充分的证实。1851 年，汤姆孙把能量这一概念引入热力学。能量守恒与转换定律是 19 世纪物理学的最重要发现。

热力学第一定律的建立宣告第一类永动机（即不消耗能量的永动机）是不可能实现的。热力学第二定律则使制造第二类永动机（只从一个热源吸热的永动机）的梦想破灭。这两个定律奠定了热力学的理论基础。

热力学理论促进了热动力机的不断改进与发展，而人类的生产实践又不断为热力学的前进提供新的驱动力。1906 年，能斯特（Walter Nernst，1864—1941）根据低温下化学反应的大量实验事实归纳出了新的规律，并于 1912 年将之表述为绝对零度不能达到原理，即热力学第三定律。热力学第三定律的建立使经典热力学理论更趋完善。1942 年，基南（Joseph Henry Keenan，1900—1977）在热力学基础上提出有效能的概念，使人们对能源利用和节能的认识又上了一个台阶。近代能量转换新技术（如等离子发电、燃料电池等）及 1974 年人们确定了作为常用制冷剂的氯氟烃物质（CFC）和含氢氯氟烃物质（HCFC）与南极臭氧层空洞的联系等问题向热力学提出了新的课题。热力学理论将在不断解决新课题中继续发展。

0.4 工程热力学的研究对象、内容和研究方法

0.4.1 工程热力学的研究对象

前已述及节能关系到人类社会的可持续发展和人类生存环境的改善，是具有战略意义的措施。既然能源的利用在很大程度上是热能的利用，因此节约能源的重点应是合理有效地利用热能。事实上，从热能利用的开始，尤其是在瓦特的蒸汽机出现以后，无论是热能的直接利用还是间接利用，人类就一直在孜孜不倦地探求如何有效地利用热能以提高能量利用的完善程度，节约有限的资源。

在热能的间接利用中，为实现热能和机械能之间的转换，在各种热机相继出现的过程中，人们提出了一系列问题：不同热机有着不同的具体转换装置和设备，但它们都能实现热能和机械能之间的转换，那么热能和机械能之间的转换遵循什么样的规律，依据怎样的基本原理，或者说从原理上讲如何才能实现热能和机械能之间的转换；为了节能，如何提高热机的热效率，或者说，提高热机能量利用率的基本原理和根本途径是什么；对于制冷机，人们提出如何实现制冷和提高制冷循环的制冷系数等问题。综上所述，涉及热能间接利用的“工程热力学”是研究能量转换特别是热能转化成机械能的规律和方法，以及提高转化效率的途径，以提高能源利用的经济性的一门学科。

0.4.2 工程热力学的研究内容和方法

前面已述及，热能间接利用所涉及的热能和机械能之间的转换属工程热力学的研究范畴。热能和机械能之间的转换必须遵循的普遍规律是热力学第一定律和第二定律。这两大定律是本课程所要研究的主要内容之一。在涉及热现象的能量转换过程中，虽然不能违背热力学第一定律和第二定律，但是人们可以通过选择能量转换所凭借的物质——工质，以及合理安排热力过程来提高热能间接利用的经济性。因此，热力学两大定律、工质的热力性质和热力过程，一起构成了工程热力学的理论基础。运用这些理论，对实际工程中的热力过程和热力循环进行分析，提出提高能量利用经济性的具体途径和措施，是研究热能和机械能转换的一个重要目的和内容。热能的利用与转换离不开热工设备，诸如锅炉、汽（燃气）轮机和内燃机等。它们承担着热能利用与转换的具体任务。另外，工程中还有另一类热工设备与装置，如压气机和制冷机等，虽然它们的工作过程与热机等相反，但同样存在着热能和机械能的转换。因此，利用基本理论对常用的热力设备、装置与循环的原理、构造和性能进行分析是工程热力学的另一个重要研究内容。

工程热力学有两种不同的研究方法：宏观研究方法和微观研究方法。应用宏观研究方法的热力学称为宏观热力学，也称为经典热力学。宏观研究方法的特点是以热力学第一定律、第二定律等基本定律为基础，针对具体问题采用抽象、概括、理想化和简化的方法，抽出共性，突出本质，建立分析模型，推导出一系列有用的公式，得到若干重要结论。由于热力学基本定律的可靠性以及它们的普适性，应用热力学宏观研究方法可以得到很可靠的结果。但是它不考虑物质分子和原子的微观结构，也不考虑微粒的运动规律，因此由之建立的热力学宏观理论并不能说明热现象的本质及其内在原因。应用微观研究方法的热力学称为微观热力学，也称统计热力学。气体分子运动学说和统计热力学认为大量气体分子的杂乱运动服从统计法则和概率法则，如在标准状况下一个空气分子平均每秒钟与其他分子碰撞约 109 次，在容器的壁面上，每 $1cm^2$ 每秒钟经受约 1024 次空气分子的碰撞，从而宏观上呈现出一定的压力。应用统计法则和概率法则的研究方法就是微观的研究方法。由于它是从物质是由大量分子和原子等粒子所组成的事实出发，将宏观性质作为在一定宏观条件下大量分子和原子的相应微观量的统计平均值，利用量子力学和统计方法，来阐明物质的宏观特性，导出热力学基本规律，因而能阐明热现象的本质，解释“涨落”现象。在对分子结构做出模型假设后，利用统计热力学方法还可对这种物质的具体热力学性质做出预测。但统计热力学也有局限性，因为对分子微观结构的假设只能是近似的，因此尽管运用了繁复的数学运算，所求得的理论结果往往不够精确。微观研究方法和宏观研究方法是描述同一物理现象的两种不同方法，因此互相之间有一定的内在联系。工程热力学主要应用热力学的宏观方法，但有时也引用气体分子运动理论和统计热力学的基本观点及研究成果。随着近代计算机技术的发展，计算机越来越多地介入工程热力学的研究中，成为一种强有力的工具。

学好工程热力学就是要掌握本学科的主要线索——研究热能转化为机械能的规律、方法以及怎样提高热能利用的经济性；深刻理解和掌握本学科的各种概念和热力基本定律，对热能和机械能间的转换问题进行分析研究。学习中必须重视习题、实验等环节，从而培养分析问题、解决问题的能力，并加深对各种概念、基本定律的理解，掌握解决本学科问题的基本方法。

基础篇

课程启发之前人栽树：理论奠基

“创新是一个民族进步的灵魂，是一个国家兴旺发达的不竭动力”“创新是引领发展的第一动力，是国家综合国力和核心竞争力的最关键因素”“重大科技创新成果是国之重器、国之利器，必须牢牢掌握在自己手上，必须依靠自力更生、自主创新”。我们要发扬“安、专、迷”的精神，不怕困难，勇于开拓，顽强拼搏，永不气馁，通过学习知识，掌握事物发展规律，努力在关键共性技术、前沿引领技术、现代工程技术、颠覆性技术创新上取得更大突破，抢占科技创新制高点。

19 世纪，随着蒸汽机的发明和应用，第一次工业革命开始。在人们对蒸汽机（后统称热机）进行研制和改进的过程中，提出了两个问题：①热机效率是否有一极限？②什么样的热机工作物质是最理想的？尼古拉·莱昂纳尔·萨迪·卡诺执着于去寻找一种可以作为一般热机的比较标准的理想热机，并于 1824 年成功发表论文《关于火的动力》，提出了著名的“卡诺热机”和“卡诺定理”，找到了提高热机效率的根本途径。这对后世人们研究热力学以及热力学第二定律的发展有着深远的影响。

不幸的是，卡诺天才的一生过于短暂。他的理论除了对克拉珀龙、开尔文和克劳修斯等几位物理学家产生过影响外，它在整个物理学界并未引起过多反响。直到 1878 年物理学界才普遍知道了卡诺和他的理论。我们国家也有一大批不为人知的科学家，他们曾长时间默默无闻、无私奉献，为祖国的繁荣昌盛添砖加瓦：邓稼先毅然接受开拓祖国核事业重任，离别妻儿，隐姓埋名，走向大戈壁；袁隆平的杂交水稻技术让所有的人远离饥饿，喜看稻菽千重浪，最是风流；于敏对中国核武器进一步发展到国际先进水平做出了重要贡献；钱学森突破重围，献身国防，志在强国，成就了“两弹一星”伟大事业。

作为新时代的青年，在平时的学习和研究中，我们要时刻注意培养自己的创新意识和奉献精神，为祖国的发展和科技强大做出自己的贡献。

第1章

基本概念和基本定律

1.1 热力系统和能量

1.1.1 系统

为分析问题方便起见，和力学中取分离体一样，热力学中常把分析的对象从周围物体中分割出来，研究它与周围物体之间的能量和物质的传递。所有热力学分析的基础是建构在热力系统（thermodynamic system）之上的，热力系统是一个空间内包含热力分析对象的物体。通常根据所研究问题的需要，人为地划定一个或多个任意几何面所围成的空间作为热力学研究对象。这种空间内物质的总和称为热力学系统，简称为系统或体系。系统之外的一切物质统称为外界。系统与外界之间的界面称为边界。系统与外界之间，通过边界进行能量的传递与物质的迁移。

边界面的选取可以是真实的，也可以是假想的；可以是固定的，也可以是移动的。作为系统的边界，可以是上述几种边界面的组合。图 1-1a 所示为电加热器对水罐中的水加热的情况。如果只取水作为系统，则其边界如图 1-1b 所示，这时作为界面的罐子壁面部分是真实的、固定的，而水与空气之间的界面则是假想的、可移动的。如果将罐子及其中的水作为系统，其边界如图 1-1c 所示；如果把电加热器、水罐以及其中的水作为系统，则边界如图 1-1d 所示。由此可见，随着研究者所关心的具体对象不同，系统的划分并不相同，系统所含内容也就不同。于是，同一物理现象会由于划分系统的方式不同而成为不同的问题。

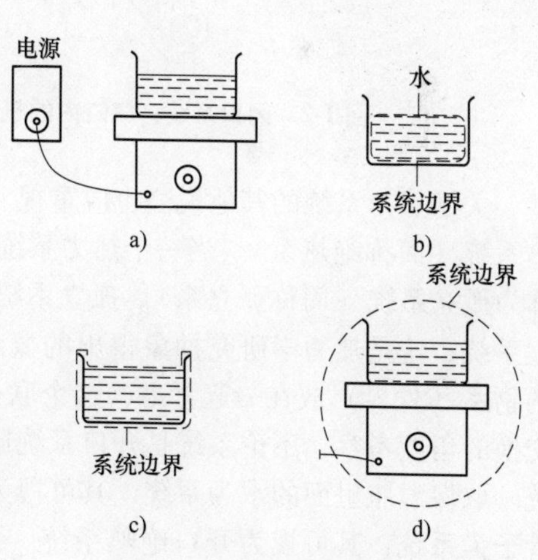

图 1-1 系统与外界示意图

一个热力系统如果和外界只有能量交换而无物质交换，则该系统称为闭口系统（closed system），简称闭口系如图 1-2 所示。如果热力系统和外界不仅有能量交换而且有物质交换，则该系统称为开口系统（open system），简称开口系。开口系统中的能量和质量都可以变化，但这种变化通常是在某一划定的空间范围内进行的，所以开口系统又称为控制容积，或控制体。开口系统可以用于对压缩机和叶轮等机械的研究中。

区分闭口系统和开口系统的关键是有没有质量越过了边界，并不是系统的质量是不是发生了变化。如果输入某系统的质量和输出该系统的质量相等，那么，虽然系统内的质量没有改变，但系统仍是开口系统。

热力系统的划分要根据具体要求而定。例如，图 1-3 中合上电闸后刚性绝热容器中的气体是闭口系统但不是绝热系统；若取气体和电热丝为系统，则是闭口绝热系统，因为系统与外界交换的是电能；若再将电池包括在内，则该复合系统为孤立系统。又如，可把整个蒸汽动力装置取作一个热力系统，计算它在一段时间内从外界投入的燃料、向外界输出的功以及冷却水带走的热量等。这时整个蒸汽动力装置中工质的质量没有越过边界，是闭口系统。倘若只分析其中某个设备，如汽轮机或锅炉中的工作过程，它们不仅有吸热做功等能量交换的过程，而且有工质流进、流出的物质的交换过程，这时如取汽轮机或锅炉为划定的空间就组成开口系统。同样地，内燃机在气缸进气阀门、排气阀门都关闭时，取封闭于气缸内的工质为系统就是闭口系统；而把内燃机进气、排气及燃烧膨胀过程一起研究时，取气缸为划定的空间就是开口系统。

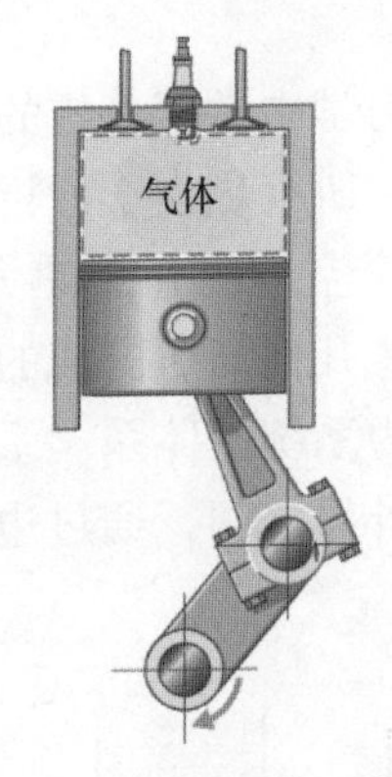

图 1-2　闭口系统：气缸内的气体

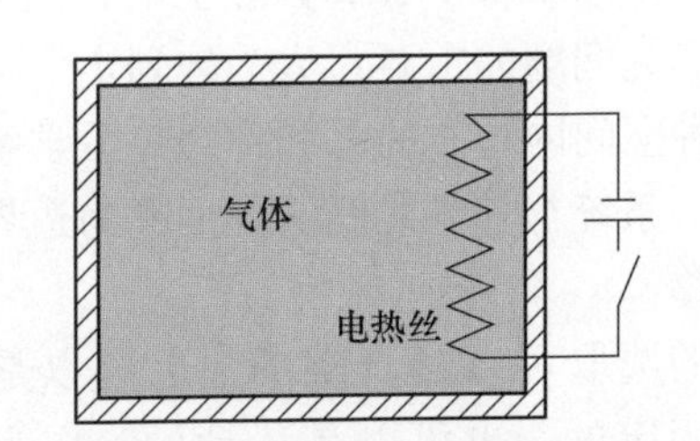

图 1-3　闭口系统与闭口绝热系统

关于热力系统的其他说法也应重视。当热力系统和外界间无热量交换时，该系统称为绝热系统（简称绝热系）。当一个热力系统和外界既无能量交换又无物质交换时，则该系统就称为孤立系统（简称孤立系）。孤立系统的一切相互作用都发生在系统内部。自然界没有孤立系统，这是热力学研究抽象得出的概念——把研究对象（系统）及与之发生质、能交换的物系（外界）放在一起考虑，这个联合系统就是孤立系统。绝热系统是从系统与外界热交换的角度考察，不论系统是开口系统还是闭口系统，只要没有热量越过边界，就是绝热系统。取保温瓶里面的水为系统，其可视为绝热系统；取集中供暖系统的一段保温性能良好的管子为系统，其可视为开口绝热系统。孤立系统必定是绝热的，但绝热系统不一定是孤立系统。

此外，系统也可按其内部状况的不同而分为均匀系统和非均匀系统、单元系统和多元系统、可压缩系统和简单可压缩系统。均匀系统是指内部各部分化学成分和物理性质都均匀一致的系统，它是由单相组成的。非均匀系统是指内部各部分化学成分和物理性质不一致的系统，如由两个或两个以上的相所组成的系统。单元系统是指只包含一种化学成分物质的系统。多元系统是指由两种或两种以上物质组成的系统。可压缩系统是指由可压缩流体组成的系统。简单可压缩系统是指与外界只有热量及准静态容积变化功（膨胀功或压缩功）交换的可压缩系统。工程热力学中讨论的大部分系统都是简单可压缩系统。

1.1.2　能量

能量是物质运动的量度，运动有各种不同的形态，相应地就有各种不同的能量，如动能（kinetic energy）、势能（potential energy）。力学中研究过物体的动能和位能，前者决定于物体宏观运动的速度，后者取决于物体在外力场中所处的位置。它们都是因为物体做机械运动而具有的能量，都属于机械能。宏观静止的物体，其内部的分子、原子等微粒不停地做着热运动。根据气体分子运动学说，气体分子在不断地做不规则的平移运动，这种平移运动的动能是温度的函数。如果是多原子分子，则还有旋转运动和振动运动，根据能量按自由度均分原理和量子理论，这些能量也是温度的函数。总之，这种热运动而具有的内动能是温度的函数。此外，由于分子间有相互作用力存在，因此分子还具有位能，称为内位能，它的大小与分子间的平均距离有关，即与工质的比体积（比容）有关。内动能、内位能、维持一定分子结构的化学能、原子核内部的原子能以及电磁场作用下的电磁能等，一起构成所谓的热力学能。在无化学反应及原子核反应的过程中，化学能、原子核能都不变化，可以不考虑，因此热力学能的变化只是内动能和内位能的变化。

我国法定计量单位中热力学能的单位是焦耳，用符号 J 表示，热力学能用符号 U 表示；1kg 物质的热力学能称为比热力学能，用符号 u 表示，比热力学能的单位是 J/kg。

对大多数由分子等粒子所构成的系统，从系统外部的坐标系来看，系统运动时所具有的宏观能量正如系统的动能及势能一样。另一方面，构成系统的粒子间存在相互作用及微观层面上的运动，这是粒子微观形态的能量。宏观能量对应的是机械能，微观能量对应的则是热力学能。热力学能和机械能是两种不同形式的能量，但是可以同时储存在热力系统内。内部储存能和外部储存能的总和，即热力学能与宏观运动动能及位能的总和，称为工质的总储存能，简称总能。若总能用 E 表示，热力学能用 U 表示，宏观动能和重力位能分别用 E_k 和 E_p 表示，则

$$E = U + E_k + E_p \tag{1-1}$$

若工质的质量为 m，速度为 c_f，在重力场中的高度为 z，则宏观动能和重力位能分别为

$$E_k = \frac{1}{2}mc_f^2 \qquad E_p = mgz \tag{1-2}$$

式中，c_f、z 只取决于工质在参考系中的速度和位置。

这样，工质的总能可写成

$$E = U + \frac{1}{2}mc_f^2 + mgz \tag{1-3}$$

1kg 工质的总能，即比总能 e，可写为

$$e = u + \frac{1}{2}c_f^2 + gz \tag{1-4}$$

系统的宏观动能和系统内动能的差异可用图 1-4形象地说明。图中左侧水中叶轮虽因水分子的热运动而受到撞击，但宏观效果抵消，叶轮不

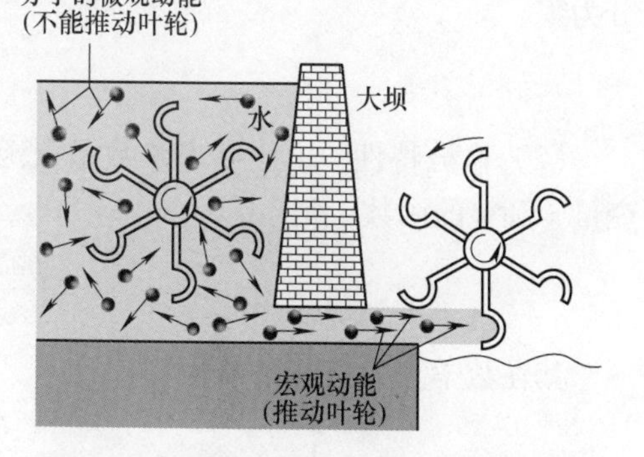

图 1-4　系统的宏观动能和内动能的差异

会转动。右侧水分子也在做热运动，但其做的宏观运动却能驱使叶轮转动做功。

1.2　状态和状态参数

1.2.1　热力系统的状态和状态参数概述

热力系统在某一瞬间所处的宏观物理状况称为系统的状态。用以描述系统所处状态的一些宏观物理量则称为状态参数。通常系统由工质组成，因此所谓系统的状态，也就指系统内工质在某瞬间所呈现的宏观物理状况；而描述工质状态的参数也就称为工质的状态参数。温度 T(K)、压力 p(Pa)、体积（容积）V(m^3)、密度 ρ(kg/m^3)、内能 U(J)、焓 H(J)、熵 S(J/K) 等都属于状态参数。

工程热力学主要从总体上去研究工质所处的状态及其变化规律，它不从微观角度去研究个别粒子的行为和特性，所以采用宏观量来描写工质所处的状态。状态参数的全部或一部分发生变化，即表明物质所处的状态发生了变化。物质状态变化也必然可由状态参数的变化显现。

系统或工质的状态是要通过状态参数来表征的；而状态参数又单值地取决于状态。换句话说，状态一定，描写状态的参数也就一定；若状态发生变化，至少有一种参数随之改变。状态参数的变化只取决于给定的初始与最终状态，而与变化过程中所经历的一切中间状态或路径无关。

1.2.2　状态参数的特征

1. 数学特性

在给定的状态下状态参数的单值性，在数学上表现为点函数，具有下列积分特性和微分特性。

（1）积分特性　当系统由初态 1 变化到终态 2 时，任一状态参数 z 的变化量等于初、终态下该状态参数的差值，而与其中经历的路径（a 或 b）无关，即

$$\Delta z = \int_{1,a}^{2} dz = \int_{1,b}^{2} dz = z_2 - z_1 \tag{1-5}$$

当系统经历一系列状态变化而又恢复到初态时，其状态参数的变化为零，即它的循环积分为零，即

$$\oint dz = 0 \tag{1-6}$$

（2）微分特性　由于状态参数是点函数，它的微分是全微分。设状态参数 z 是另外两个变量 x 和 y 的函数，则

$$dz = \left(\frac{\partial z}{\partial x}\right)_y dx + \left(\frac{\partial z}{\partial y}\right)_x dy \tag{1-7}$$

其在数学上的充要条件为

$$\frac{\partial^2 z}{\partial x \partial y} = \frac{\partial^2 z}{\partial y \partial x} \tag{1-8}$$

如果某物理量具有上述数学特征，则该物理量一定是状态参数。

2. 广延参数与强度参数

给定状态下的状态参数按其数值是否与系统内物质数量有关，可分为广延参数与强度参数两类（图 1-5）。

在给定状态下，与系统内所含物质的数量有关的状态参数称为广延参数。这类参数具有可加性，在系统中它的总量等于系统内各部分同名参数值之和。若系统（不论是否为均匀系统）被分为 k 个子系统，则整个系统的广延参数 Y 为

$$Y = \sum_{i=1}^{k} Y_i \tag{1-9}$$

式中，Y_i 为第 i 个子系统的同名参数值。容积、能量、质量等均是广延参数。显然，无论系统是否均匀，广延参数均有确定的数值。

图 1-5　强度参数和广延参数示意图

在给定的状态下，与系统内所含物质的数量无关的状态参数称为强度参数，如压力、温度、密度等。强度参数不具可加性。如果将一个均匀系统划分为若干个子系统，则各子系统及整个系统的同名强度参数都具有相同的值。但非均匀系统内各处的同名强度参数不一定都具有相同的值，因而就整个系统而言，强度参数没有确定的值，将视系统的组成而定。例如，某种物质的蒸气、液体和固体共存于一个系统所形成的三相混合物，其中每一相都是均匀的，但整个混合物是非均匀系统，虽然此非均匀系统中各相的压力相等，但它们的密度却并不相同，整个系统的密度将视系统的组成而定。常用状态量见表 1-1。

表 1-1　常用状态量

广延量			强度量		
量名	符号	单位	量名	符号	单位
体积（容积）	V	m^3	温度	T	K
内能	U	J	压力	p	Pa
焓	H	J	比体积	v	m^3/kg
熵	S	J/K	密度	ρ	kg/m^3

还有一些参数，它们与热力系统的内部状态无关，常常需要借助外部参考系来确定，例如热力系统作为一个整体时的运动速度、动能与重力位能等，它们描述热力系统的力学状态，称为力学状态参数或外参数。

类似地，均匀系统的任意广延参数除以系统的总摩尔数就成为所谓的摩尔参数，例如摩尔体积、摩尔能量等。对于非均匀系统，同样应以广延参数对摩尔量的微商表示。

3. 状态公理

热力系统的状态可以用状态参数来描述，每个状态参数分别从不同的角度描述系统某一方面的宏观特性。若要确切地描述热力系统的状态，是否必须知道所有的状态参数呢？

如前所述，若存在某种不平衡势差，就会引起闭口系统状态的改变以及系统与外界之间的能量交换。每消除一种不平衡势差，就会使系统达到某一种平衡。各种不平衡势差是相互

独立的。因而，确定闭口系统平衡状态所需的独立变量数目应该等于不平衡势差的数目。由于每一种不平衡势差都会引起系统与外界之间某种方式的能量交换，所以确定闭口系统平衡状态所需的独立变量数目也就应等于系统与外界之间交换能量方式的数目。在热力过程中，除传热外，系统与外界还可以传递不同形式的功。因此，对于组元一定的闭口系统，当其处于平衡状态时，可以用与该系统有关的准静态功形式的数目 n 加一个象征传热方式的独立状态参数构成的 $n+1$ 个独立状态参数来确定。这就是所谓的“状态公理”。

4. 状态方程

对于由气态工质组成的简单可压缩系统，与外界交换的准静态功只有容积变化功（膨胀功或压缩功）一种形式，因此简单可压缩系统平衡状态的独立状态参数只有两个。也就是说，只要给定了任意两个独立的状态参数的值，系统的状态就被确定，其余的状态参数也将随之确定，而且均可表示为这两个独立状态参数的函数。如以 p、T 为独立状态参数，则有

$$v = f(p, T)$$

或者写成隐函数形式

$$f(p, T, v) = 0 \tag{1-10}$$

此式反映了工质处于平衡状态时基本状态参数 p、v、T 之间的制约关系，称为状态方程。

状态方程的具体形式取决于工质的性质。理想气体的状态方程 $pv = R_g T$ 最为简单。

5. 状态参数坐标图

对于只有两个独立状态参数的系统，可以任选两个独立状态参数作为坐标组成平面坐标图。系统任一平衡状态都可用这种坐标图上的相对应点代表。经常用的坐标图如 p-v 图，如图 1-6 所示，纵轴表示状态参数 p，横轴表示状态参数 v，图中点 1 表示由 p_1、v_1 这两个独立状态参数所确定的平衡状态。如果系统处于不平衡状态，由于无确定的状态参数值，也就无法在图上表示。

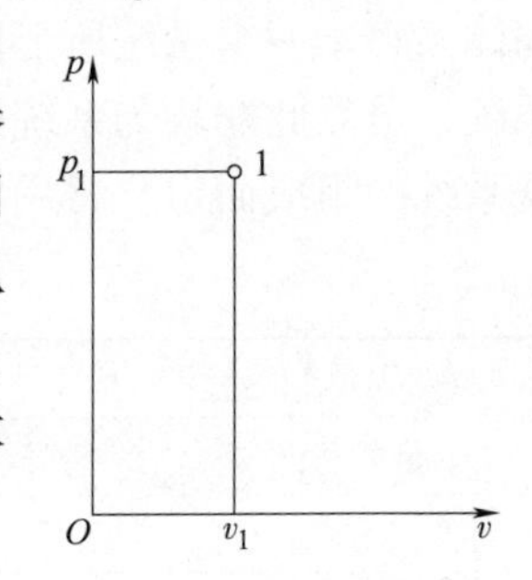

图 1-6　p-v 坐标图示例

1.2.3　基本状态参数

压力、比体积和温度是三个可以测量而且又常用的状态参数，称为基本状态参数。其他的状态参数可依据这些基本状态参数之间的关系间接导出。

1. 压力

单位面积上作用力的法向分量称为压力（即压强），以 p 表示，即

$$p = F_n / A \tag{1-11}$$

式中，F_n 为作用于面积 A 上的力的法向分量。

对于流体，经常用“压力”概念，而固体则用“应力”。静止流体内任一点的压力值，在各个方向是相同的。气体的压力是气体分子运动撞击表面，而在单位面积上所呈现的平均作用力。

（1）绝对压力、表压力和真空度　工质真实的压力常称为绝对压力，用 p 表示。不同压力计测量压力的方式如图 1-7~图 1-10 所示。

弹簧管式压力计的基本原理如图 1-7 所示。弹性弯管的一端封闭，另一端与被测工质相

连，在管内作用着被测工质的压力，而管外作用着大气压力。弹性弯管在管内外压差的作用下产生变形，从而带动指针转动，指示出被测工质与大气之间的压差。

U 形管压力计如图 1-8、图 1-9 所示。U 形管内盛有用来测压的液体，通常是水或水银。U 形管的一端接被测的工质，而另一端与大气环境相通。当被测的压力与大气压力不等时，U 形管两边液柱高度不等。此高度差即指示出被测工质与大气之间的压差。

由此可见，不管用什么压力计，测得的都是工质的绝对压力 p 和大气压力 p_b 之间的相对值。

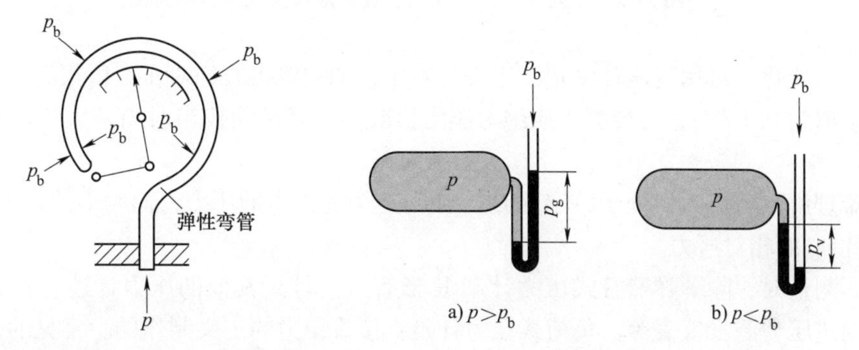

图 1-7　弹簧管式压力计原理示意图　　**图 1-8　U 形管压力计压差关系图**

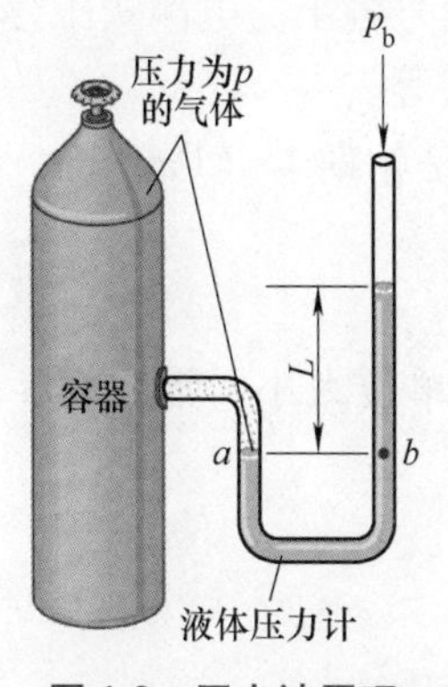

图 1-9　压力计原理

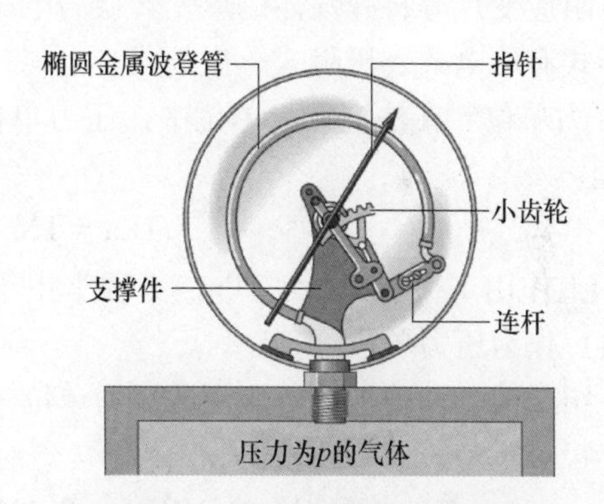

图 1-10　波登管压力表测压原理

当绝对压力高于大气压力（$p>p_b$）时，压力计指示的数值称为表压力，用 p_g 表示，如图 1-8a 所示。显然有

$$p = p_g + p_b \tag{1-12}$$

当绝对压力低于大气压力（$p<p_b$）时，压力计指示的读数称真空度，用 p_v 表示，如图 1-8b 所示。显然有

$$p = p_b - p_v \tag{1-13}$$

若以 $p=0$ 作为基线，则可将工质的绝对压力（p）、表压力（p_g）、真空度（p_v）和大气压力（p_b）之间的关系用图 1-11 表示。

作为工质状态参数的压力是绝对压力，但测得的是与大气压力的相对值，因此必须同时知道大气压力值。大气压力是由地面之上空气柱的重量所造成的，它随各地的纬度、高度和

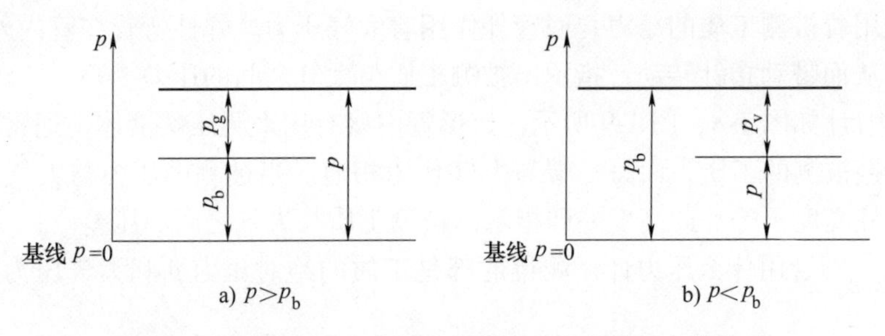

图 1-11　绝对压力、表压力、真空度和大气压力的关系

气候条件而变化，可用气压计测定。工程计算中，如被测工质绝对压力值很高，可将大气压力近似地取为 0.1MPa；若被测工质绝对压力值较小，就必须按当时当地大气压力的具体数值计算。

不难理解，若压力计处于特定外界，则 p_b 应为此外界的压力，而测得的 p_g 或 p_v 均应是相对于此 p_b 的相对压力。

实际测量时，除了弹簧管式压力计和 U 形管压力计，其他的压力计还包括负荷式压力计和电测式压力测量仪表等。负荷式压力计是直接按压力的定义制作的，常见的是活塞式压力计，这类压力计误差很小，主要作为压力基准仪表使用。电测式压力测量仪表（压力传感器）利用金属或半导体的物理特性直接将压力转换为电压、电流信号或频率信号输出，或是通过电阻应变片等将弹性体的形变转换为电压、电流信号输出。电测式压力测量仪表代表性产品形式有压电式、压阻式、振频式、电容式和应变式等。

（2）压力单位　在法定计量单位中，压力单位的名称是帕斯卡（Pascal），简称帕，符号是 Pa，且

$$1\text{Pa} = 1\text{N/m}^2 \tag{1-14}$$

即 1m^2 面积上作用 1N 的力称为 1Pa。工程上由于 Pa 这个单位太小，常用 kPa（千帕）或 MPa（兆帕）作为压力单位。

下面介绍其他几种曾被广泛应用的压力单位。

1）巴（bar）：

$$1\text{bar} = 10^5\text{Pa} = 0.1\text{MPa} = 100\text{kPa}$$

此压力单位与大气压力值相当接近，在工程上曾被广泛采用，但我国法定计量单位已将其予以废除。

2）毫米汞柱（mmHg）和毫米水柱（mmH_2O）。这是用液柱高度表示的压力单位，与压力的关系为

$$p = \rho g h \tag{1-15}$$

式中，h 为液柱高度；ρ 为该液体密度。

由于水的密度可取为 $\rho_{\text{H}_2\text{O}} = 1000\text{kg/m}^3$（4℃时），汞的密度可取为 $\rho_{\text{Hg}} = 13595\text{kg/m}^3$（4℃时），则由式（1-15）可得出

$$1\text{mmHg} = 133.322\text{Pa} \approx 133.3\text{Pa}$$

$$1\text{mmH}_2\text{O} = 9.80665\text{Pa} \approx 9.81\text{Pa}$$

3）标准大气压（物理大气压）（atm）。这是以纬度 45°的海平面上的常年平均大气压力

的数值为压力单位，其值为 760mmHg，由此

$$1\text{atm} = 760\text{mmHg} = 1.01325 \times 10^5\text{Pa} = 1.013\text{bar}$$

4）工程大气压（at）。这是工程单位制的压力单位，即 1at=1kgf/cm^2，由此

$$1\text{at} = 1\text{kgf/cm}^2 = 10^4\text{mmH}_2\text{O} = 9.80665 \times 10^4\text{Pa} = 0.980665\text{bar} = 735.6\text{mmHg}$$

【例 1-1】 用一个水的斜管微压计去测量管中的气体压力（见图 1-12）。斜管中的水面比直管中的水面沿斜管方向高出 14cm，大气压力为 1.01×10^{5}Pa，求管中 D 点气体的压力。

解： 由于气体的密度 ρ_g 远小于水的密度 ρ_w，故微压计垂直管中气柱造成的压力可以忽略不计，所以有

$$p = p_b + \rho_w g h_w = (1.01 \times 10^5 + 1 \times 10^3 \times 9.81 \times 0.14 \times \sin 30°)\text{Pa} = 1.017 \times 10^5\text{Pa}$$

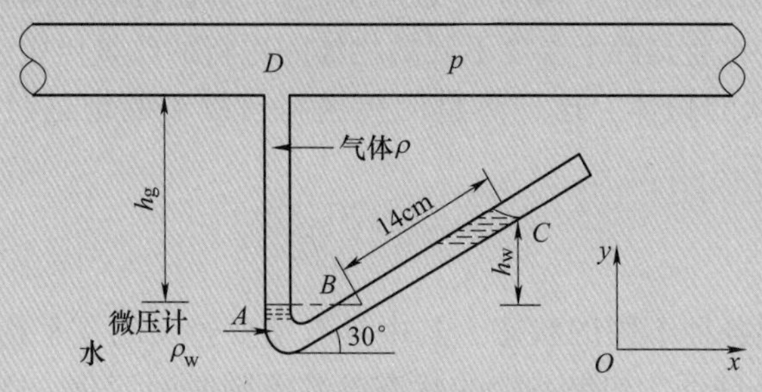

图 1-12　斜管微压计示意图

2. 比体积及密度

单位质量的物质所占有的体积称为比体积，也称比容，在法定计量单位制中单位是 m^3/kg。但它不是体积的概念，而是描绘分子聚集疏密程度的比参数。如果质量为 m(kg) 的工质占有体积 V(m^3)，则比体积 v 的数值为

$$v = \frac{V}{m} \tag{1-16}$$

单位体积内所包含的物质的质量称为密度，是强度量，单位是kg/m^3。如果在体积 V(m^3) 内含有工质的质量为 m(kg)，则密度 ρ 的数值为

$$\rho = \frac{m}{V} \tag{1-17}$$

不难看到，比体积与密度互为倒数，即

$$\rho v = 1 \tag{1-18}$$

可见它们不是互相独立的参数。可以任意选用其中的一个，热力学中通常选用比体积 v 作为独立状态参数。

3. 温度

温度是物体冷热程度的标志。经验告诉我们，若令冷热程度不同的两个物体 A 和 B 相互接触，它们之间将发生能量交换，净能流将从较热的物体流向较冷的物体。在不受外界影响的条件下，两物体会同时发生变化：热物体逐渐变冷，冷物体逐渐变热。经过一段时间后，它们达到相同的冷热程度，不再有净能量交换。这时物体 A 和物体 B 达到热平衡。当

物体 C 同时与物体 A 和 B 接触而达到热平衡时，物体 A 和 B 也一定达到热平衡。这一事实说明，物质具备某种宏观性质，当各物体的这一性质不同时，它们若相互接触，其间将有净能流传递；当这一性质相同时，它们之间达到热平衡。这一宏观物理性质称为温度。

从微观上看，温度标志物质分子热运动的激烈程度。对于气体，它是大量分子平移动能平均值的量度，其关系式为

$$\frac{mc^2}{2}=BT \tag{1-19}$$

式中，T 是热力学温度；$B=3k/2$，$k=(1.380058\pm0.000012)\times10^{-23}$ J/K 是玻尔兹曼常数；c 是分子移动的均方根速度。

两个物体接触时，通过接触面上分子的碰撞进行动能交换，能量从平均动能较大的一方，即温度较高的物体，传到了平均动能较小的一方，即温度较低的物体。这种微观的动能交换就是热能的交换，也就是两个温度不同的物体间进行的热量传递。传递的方向总是由温度高的物体传向温度低的物体。这种热量的传递将持续不断地进行，直至两物体的温度相等。

1.2.4 平衡状态

热力系统可能呈现各种不同的状态，其中具有重要意义的是平衡状态。在不受外界影响（重力场除外）的条件下，如果系统的状态参数不随时间变化，则该系统所处的状态称为平衡状态。

显然，对于平衡状态的描述，不涉及时间以及状态参数对时间的导数。但应注意，这里所说的“平衡”是指系统的宏观状态而言的，在微观上因系统内的粒子总在永恒不息地运动，不可能不随时间而变化。

倘若组成热力系统的各部分之间没有热量的传递，系统就处于热的平衡；各部分之间没有相对位移，系统就处于力的平衡。同时具备了热和力的平衡，系统就处于热力平衡状态。如果系统内还存在化学反应，则还应包括化学平衡。处于热力平衡状态的系统，只要不受外界影响，它的状态就不会随时间改变，平衡也不会自发地破坏；处于不平衡状态的系统，由于各部分之间的传热和位移，其状态将随时间而改变，改变的结果一定是传热和位移逐渐减弱，直至完全停止。因此，不平衡状态的系统，在没有外界条件的影响下总会自发地趋于平衡状态。

相反地，若系统受到外界影响，则不能保持平衡状态。例如，系统和外界间因温度不平衡而产生的热量交换，因压力不平衡而产生的功的交换，都会破坏系统原来的平衡状态。系统和外界间相互作用的最终结果，必然是系统和外界共同达到一个新的平衡状态。

由上可见，只有在系统内或系统与外界之间一切不平衡的作用都不存在时，系统的一切宏观变化方可停止，此时热力系统所处的状态才是平衡状态。对于处于热力平衡态下的气体（或液体），如果略去重力的影响，那么气体内部各处的性质是均匀一致的，各处的温度、压力、比体积等状态参数都应相同。如果考虑重力的影响，那么气体（尤其是液体）中的压力和密度将沿高度而有所差别，但如果高度不大，则这种差别通常可以略去不计。

对于气液两相并存的热力平衡系统，气相的密度和液相的密度不同，所以整个系统不是均匀的。因此，均匀并非系统处于平衡状态的必要条件。

本书在未加特别注明之处，一律把平衡状态下单相物系当作是均匀的，物系中各处的状态参数应相同。

应强调指出，系统处在稳定状态和系统达到平衡状态的差别：只要系统的参数不随时间而改变，即认为系统处在稳定状态，它无须考虑参数保持不变是如何实现的；但是，平衡状态必须是在没有外界作用下实现参数保持不变。如图1-13所示，经验告诉我们，夹持在温度分别维持 T_1 和 T_2 的两个物体间的均质等截面直杆的任意截面 l 上的温度不随时间而改变。但是，直杆并没有处于平衡状态，因为直杆任意截面上温度不变是在温度为 T_1 和 T_2 的两个物体（外界）的作用下而实现的，撤去该两个物体，直杆各截面的温度就要变化，所以直杆只是处在稳定状态而不是平衡状态。

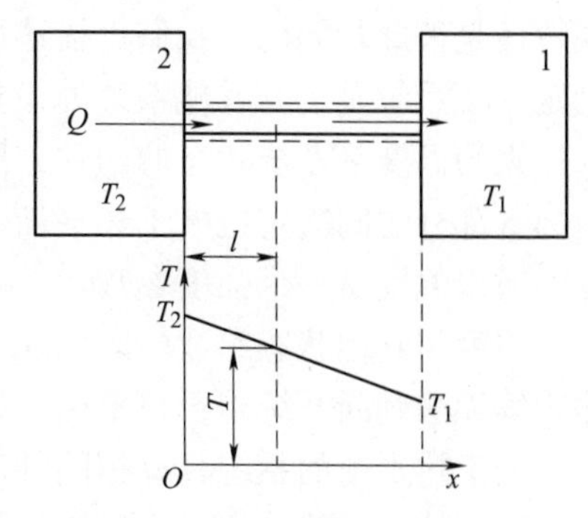

图1-13　处在稳定状态的直杆

一热力系若其两个状态相同，则其所有状态参数均一一对应相等。反之，也只有所有状态参数均对应相等，才可说该热力系的两状态相同。对于简单可压缩系而言，只要两个独立状态参数对应相同，即可判定该两状态相同。这意味着只要有两个独立的状态参数即可确定一个状态，所有其他状态参数均可表示为这两个独立状态参数的函数。

工程热力学通常只研究平衡状态。

1.3　温度和热平衡

温度概念的建立及其测量是以热力学第零定律为基础的。

1.3.1　热力学第零定律与温度

我们对用温度作为指标来表示物体冷热状态非常熟悉。另外，当两个温度不同的物体接触时，从经验可以知道高温的物体温度降低而低温的物体温度升高，经过足够长的时间后，两个物体的温度就会变得相同。此时，可以理解为热量从高温的物体向低温的物体传递，最终达到相同的温度。

若孤立系统放置很长时间，系统的温度不随时间发生变化，则这种状态称为热平衡或者温度平衡（thermal equilibrium）。将两个系统（系统1和系统2）相接触作为一个孤立系统考虑时，经过足够长的时间后，同样会达到热平衡状态。在这种情况下，系统1和系统2具有各自的热平衡状态，即使将两个系统间的接触切断，任何一个系统也不会发生变化。由此可得到以下的结论：系统1和系统3达到热平衡，若系统2和系统3存在热平衡，则系统1和系统2达到热平衡（见图1-14）。

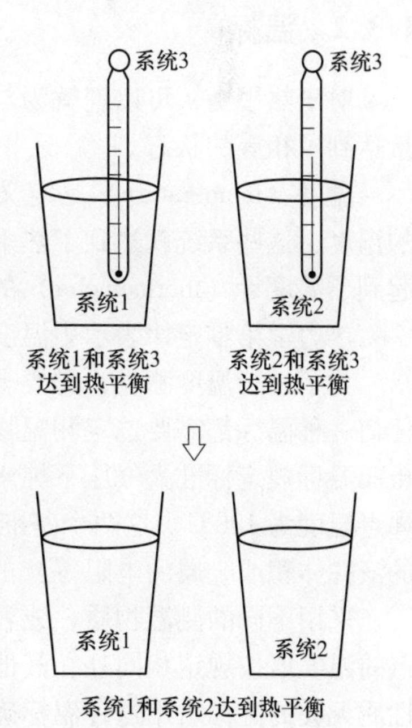

图1-14　热力学第零定律

按照1931年福勒（R. H. Fowler）的提议，这个结论称为热力学第零定律。

根据这个定律，处于同一热平衡状态的各个系统，无论其是否相互接触，必定有某一宏观特性是彼此相同的。我们将描述此宏观特性的物理量称为温度，或者说，我们把这种可以确定一个系统是否与其他系统处于热平衡的物理量定义为温度。

因为温度是系统状态的函数，所以它是一个状态参数。由于处于热平衡状态的系统，其内部各部分之间必定也处于热平衡，即处于热平衡状态的系统内部每一部分都具有相同的温度，所以温度是一个强度参数。

温度与其他状态参数的区别在于，只有温度才是热平衡的判据，而其他参数如压力、比体积等无法判断系统是否热平衡。

处于热平衡的系统具有相同的温度，这是可以用温度计测量物体温度的依据。当温度计与被测物体达到热平衡时，温度计的温度即等于被测物体的温度。

温度计的温度读数，是利用它所采用测温物质的某种物理特性来表示的。当温度改变时，物质的某些物理性质，如液体的体积、定压下气体的容积、定容下气体的压力、金属导体的电阻、不同金属组成的热电偶电动势等都随之变化。只要这些物理性质随温度改变而且发生显著的单调变化，就都可用来标志温度，相应地就可建立各种类型的温度计，如水银温度计、气体温度计、电阻温度计、红外温度计等，如图1-15所示。

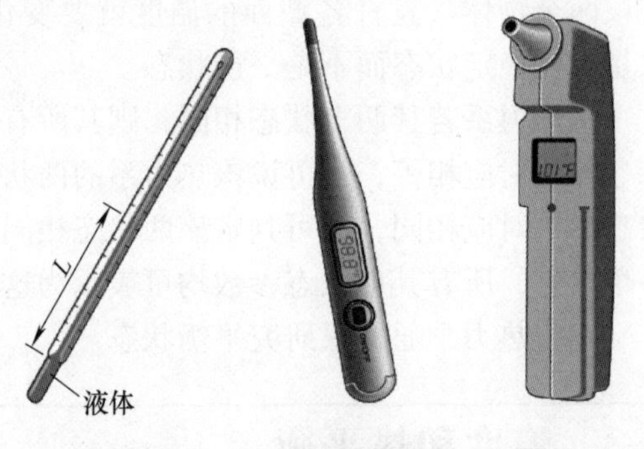

a) 水银温度计　b) 电子体温计（热敏电阻式）　c) 红外温度计

图1-15　常见的三种温度计

1.3.2　温标

对于热平衡，可以理解为与系统变化的路径无关，只与系统现在的状态有关的某种物理量达到了相等的状态。

温度（temperature）是定义热平衡的状态量。如图1-14所示，系统1和系统2达到相同的温度，这些系统就达到了热平衡状态。根据前文所讲的热力学第零定律，系统3可以说是起到了温度计（thermometer）的作用。

热力学第零定律表示了温度的存在性，但对其标准却没有具体说明。

为了进行温度测量，需要有温度的数值表示方法，即需要建立温度的标尺或温标。建立任何一种温标都需要选定测温物质及其某一物理性质、规定温标的基准点以及分度的方法。摄氏温标规定标准大气压下纯水的冰点温度和沸点温度为基准点，并规定冰点温度为0℃。沸点温度为100℃。这两个基准点之间的温度，按照温度与测温物质的某物理性质（如上述的液柱体积或金属的电阻等）的线性函数确定。

采用不同的测温物质，或者采用同种测温物质的不同测温性质所建立的温标，除了基准点的温度值按规定相同外，其他的温度值都有微小差异。因而，需要寻求一种与测温物质的性质无关的温标。用这种温标确定的温度称为热力学温度，以符号 T 表示，计量单位为开尔文（Kelvin），以符号K表示。

国际计量大会决定，热力学温标选用水的气、液、固三相平衡共存的状态点——三相点为基准点，并规定它的温度为273.16K。因此，热力学温度的每单位开尔文，等于水三相点热力学温度的1/273.16。

与热力学温度并用的有热力学摄氏温度，简称摄氏温度，以符号t表示，其单位为摄氏度，以符号℃表示。1960年国际计量大会规定了新的摄氏温度按以下定义式确定：

$$t/℃ = T/\mathrm{K} - 273.15 \tag{1-20}$$

也就是说，摄氏温度的零点（$t=0℃$）相当于热力学温度的273.15K，而且这两种温标的温度间隔完全相同。

按此新的定义，水的三相点温度为0.01℃。

在国外，其他常用的温标还有华氏温标（符号F，单位为℉）和兰氏温标（符号T_F，单位为°R）。

摄氏温度与华氏温度的换算关系为

$$t/℃ = \frac{5}{9}(F/℉ - 32) \tag{1-21}$$

兰氏温度与华氏温度的换算关系为

$$T_F/°\mathrm{R} = \frac{9}{5}F/℉ + 459.67 \tag{1-22}$$

兰氏温度的零点与热力学温度的零点相同，它们的换算关系为

$$T_F/°\mathrm{R} = \frac{9}{5}T/\mathrm{K} \tag{1-23}$$

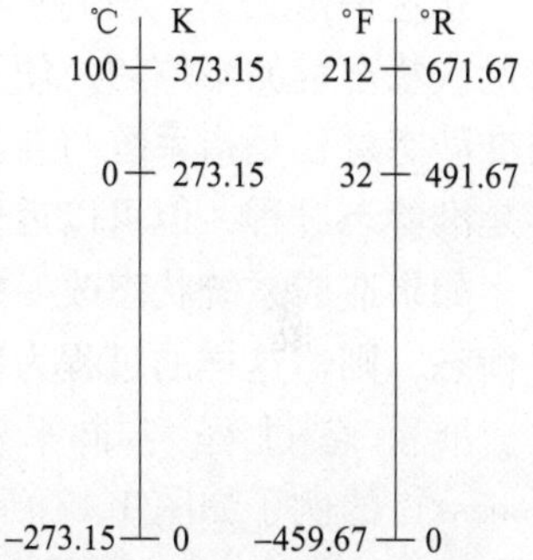

℃	K	℉	°R
100	373.15	212	671.67
0	273.15	32	491.67
−273.15	0	−459.67	0

图1-16　摄氏、华氏、兰氏与热力学温标的关系

各种温标的比较，如图1-16所示。

【例1-2】 已知华氏温度为167℉，若换算成摄氏温度和热力学温度各多少？又若摄氏温度是-20℃，则相当的华氏与兰氏温度各是多少？

解： 按式（1-21），当华氏温度为167℉时，摄氏温度为

$$t/℃ = \frac{5}{9}(F/℉ - 32) = \frac{5}{9}(167 - 32) = 75 \quad t = 75℃$$

根据式（1-20），热力学温度为

$$T/\mathrm{K} = 75 + 273.15 = 384.15 \quad T = 384.15\mathrm{K}$$

当摄氏温度为-20℃时，华氏温度为

$$F/℉ = \frac{9}{5}t/℃ + 32 = -4 \quad F = -4℉$$

兰氏温度为

$$T_F/°\mathrm{R} = \frac{9}{5}F/℉ + 459.67 = 452.47 \quad T_F = 452.47°\mathrm{R}$$

1.4　热力过程和循环

热能和机械能的相互转化必须通过工质的状态变化过程才能完成，而在实际设备中进行的这些过程都是很复杂的。首先，一切过程都是平衡被破坏的结果，工质和外界有了热和力

的不平衡才促使工质向新的状态变化，故实际过程都是不平衡的。

当存在某种不平衡势差时，系统原有的平衡被破坏，引起系统的状态发生变化。系统状态的连续变化称为系统经历了一个热力过程。

1.4.1　准静态过程

系统从一个平衡状态向另一个平衡状态的变化被称为过程（process）。在热力学中，把处于热力学平衡状态下的系统作为研究对象，处于热力学平衡状态下的温度和压力是状态参数。而处于热力学平衡状态的系统是什么变化也不发生的，亦即过程也不会发生，因此，热平衡状态的系统和过程是矛盾的。这里，引入了准静态过程（quasi-static process），即热力学平衡状态仅有微小量“缓慢”变化的假想过程。

在这种情况下，“缓慢”的含义是，当使系统发生微小的变化时，系统内不产生宏观的能量或状态量的不均匀，使系统达到新的热力学平衡状态有了充裕的时间。一般情况下，所谓准静态过程是指系统与外界都满足热力学平衡的缓慢变化的理想过程。许多实际过程虽然不是准静态过程，但可以近似地满足这一过程。

如果造成系统状态改变的不平衡势差无限小，以致该系统在任意时刻均无限接近于某个平衡态，则称这样的过程为准静态过程。

准静态过程与非平衡过程（non-equilibrium process）的例子如图 1-17 所示，首先如图 1-17a 所示的那样，两个气缸中①是充满气体的，②是真空的，其间用一个阀门连接，阀门打开后气体会向气缸②自由膨胀。此时，气体在气缸内膨胀时是高速喷出的，由于气缸内的压力、温度是不均匀的，故产生宏观的流动，在气缸②内是非平衡状态。另外，如图 1-17b 所示，气缸②的右端有活塞，在施予的外力 F 与气体在活塞上产生的压力 pA 相匹配的条件下缓慢地膨胀，此时系统内的气体一边保持热力学平衡条件，一边与外界也保持平衡的准静态的变化。

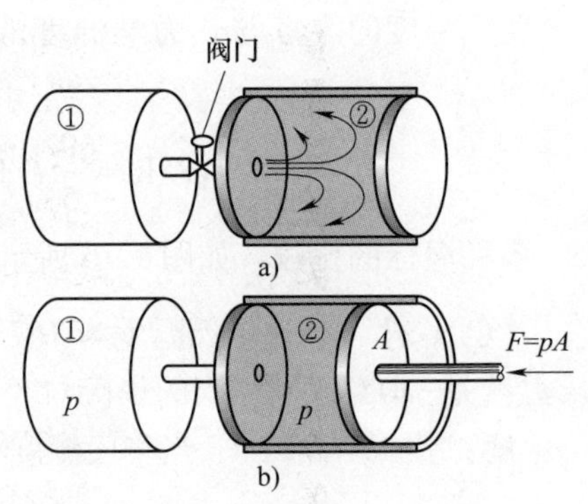

图 1-17　非平衡过程与准静态过程

下面以气体在气缸内的绝热膨胀为例，如图 1-18a 所示。设想由理想绝热材料制成的气缸与活塞，气缸中储有气体，并以这部分气体作为系统。起初，气体在外界压力作用下处于平衡状态 1，参数为 p_1、v_1 和 T_1。显然此时外界压力 $p_{o,1}$ 与气体压力 p_1 相等，活塞静止不动。如果外界压力突然减小很多，这时活塞两边存在一个很大的压力势差，气体压力势必将推动活塞右行，系统的平衡遭受破坏，体积膨胀，其压力、温度不断变化，呈现非平衡性。经过一段时间后，气体压力与外界压力趋于相等。且气体内部压力、温度也趋于均匀，即重新建立了平衡，到达一个新的平衡态 2。这一过程除了初态 1 与终态 2 以外都是非平衡态。在 p-v 图上除 1、2 点外都无法确定，通常以虚线代表所经历的非平衡过程，如图 1-18b 中虚线 b 所示。曲线上除 1 与 2 以外的任何一点均无实际意义，绝不能看成是系统所处的状态。

上述例子中，若外界压力每次只改变一个很小的量，等待系统恢复平衡以后，再改变一个很小的量，以此类推，一直变化到系统达到终态点 2，气体内部压力与温度到处均匀，而且压力等于外界压力 $p_{o,2}$值。这样，在初态 1 与终态 2 之间又增加了若干个平衡态。外界压

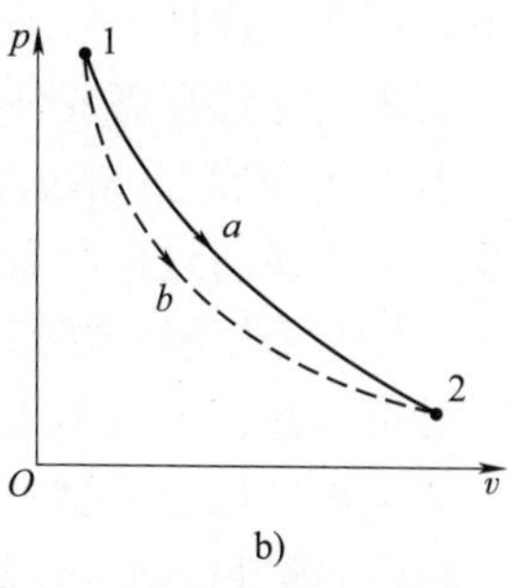

图 1-18　准静态过程示例：气缸内气体绝热膨胀

力每次改变的量越小，中间的平衡态越多。极限情况下，外界压力每次只改变一个微小量，那么初、终态之间就会有一系列的连续平衡态，也就是说，状态变化的每一步，系统都处在平衡态，这样的过程即为准静态过程。在图上就可以在 1、2 点之间用实线表示，如图 1-18b 中的曲线 a。

准静态过程是一种理想化的过程，一切实际过程只能接近于准静态。如上所述，准静态过程要求一切不平衡势差无限小，使得系统在任意时刻皆无限接近于平衡态，这就必须要求过程进行得无限缓慢。

实际过程都不可能进行得无限缓慢，那么准静态过程的概念还有什么实际意义呢？在什么情况下，才能将一个实际过程看成是准静态过程？

处于非平衡态的系统经过一定时间便趋向于平衡，从不平衡态到平衡态所需要经历的时间间隔称为弛豫时间。如果系统某一个状态参数变化时所经历的时间比其弛豫时间长，也就是说系统有足够的时间恢复平衡态，这样的过程就可以近似看成准静态过程。幸好，系统的弛豫时间很短，即恢复平衡的速度相当快，特别是力平衡的恢复更快，因此，虽然工程上的过程以相当快的速度进行，但大多数还是可以作为准静态过程处理。以两冲程内燃机的工作为例，通常内燃机的转速为 2000r/min。每分钟 4000 个行程，每个行程活塞移动 0. 15m，则活塞运动速度为 $4000\times0.15/60$m/s = 10m/s，而空气压力波的传播速度是 350m/s，远大于 10m/s，即空气在体积变化的过程中有足够的时间恢复平衡，所以可将内燃机气缸内的过程近似地看作准静态过程。

建立准静态过程的概念，其好处如下：①可以用确定的状态参数变化描述过程；②可以在参数坐标图上表示过程；③可以用状态方程进行必要的计算；④可以计算过程中系统与外界的功热交换。

1. 4. 2　耗散效应

我们在讨论准静态过程时并没有涉及摩擦现象。其实在上面气缸内气体绝热膨胀的例子中，即使气缸壁面与活塞之间存在摩擦，活塞移动时由于摩擦力做功要损耗一部分能量，但只要每次使外界压力降低一个微量，等待气体重新平衡以后再次降低外界压力，过程的每一步，系统仍可保持平衡态，也就是说，摩擦现象并不影响准静态过程的实现。

类似地，电阻、磁阻以及非弹性变形等的存在，也不影响准静态过程。

摩擦使功和动能转化为热，电阻使电能转化为热。这种通过摩擦、电阻、磁阻等使功变热的效应称为耗散效应，耗散效应并不影响准静态过程的实现。

1. 4. 3　可逆过程

如果当准静态过程进行时不伴随摩擦损失，这样的准静态过程会有什么特性呢？我们仍以图 1-18a 所示的气缸为例，在无摩擦的准静态过程中，气体压力始终和外界压力相等，气体膨胀时，对外做功。当气体到达状态 2 后，外界推动活塞逆行，使气体沿原过程线逆向进行准静态压缩过程，外界对气体做功。由于正向、逆向过程中均无摩擦损失，因而压缩过程所需要的功与原来膨胀过程所产生的功相等，也就是说，气体膨胀后经原来的路径返回原状时，外界也同时恢复到原来的状态，没有留下任何影响。上述准静态过程中系统与外界同时复原的特性称为可逆性。这种具有可逆特性的过程称为可逆过程。它的一般定义如下：

系统经历一个过程后，如令过程逆行，使系统与外界同时恢复到初始状态而不留下任何痕迹，则此过程称为可逆过程。

实现可逆过程需要什么条件呢?

若上述准静态过程伴随有摩擦，活塞与气缸壁之间的摩擦将使正向过程中传给外界的功减少，并使逆向过程所需的外界功增大。这样，原先正向过程中外界得到的功不足以在逆行时将系统压缩恢复到初态，即外界虽然恢复了原状但不能同时令系统恢复原状，因此这种过程不具可逆性，也就不成为可逆过程。

实现可逆过程需要满足的充分必要条件是：

1）过程进行中，系统内部以及系统与外界之间不存在不平衡势差，或过程应为准静态的。

2）过程中不存在耗散效应。

也就是说，无耗散的准静态过程为可逆过程。准静态过程是针对系统内部的状态变化而言的，而可逆过程则是针对过程中系统所引起的外部效果而言的。可逆过程必然是准静态过程，而准静态过程则未必是可逆过程，它只是可逆过程的条件之一。

应当特别注意准静态过程和可逆过程之间的联系与区别。它们之间的共同之处都是无限缓慢进行的、由无限接近平衡态所组成的过程。因此可逆过程与准静态过程一样，在状态参数坐标图上也可用连续的实线描绘。但其差别却是本质的，即准静态过程虽然是过程理想化了的物理模型，但并不排斥耗散效应的存在，而可逆过程是一个理想化的极限模型。这类过程进行的结果不会产生任何能量损失，可以作为实际过程中能量转换效果比较的标准，所以可逆过程是热力学中极为重要的概念。

实际过程都或多或少地存在摩擦、温差传热等不可逆因素，因此，严格地讲实际过程都是不可逆的。如果只是内部存在不可逆因素（例如系统内部的摩擦等），称为内不可逆；反之，如果只是外部存在不可逆因素（例如系统与外界之间的摩擦或温差传热等），称为外不可逆；而系统内、外部如果都存在不可逆因素，则称为完全不可逆。做这样的划分，只是为了分析的方便。可逆过程是相对于不可逆过程的一种极限理想情况。

在考虑热机的理想化方面，以下两个可逆过程是重要的。

1）活塞、气缸系统内压缩、膨胀的气体：尽管实际的发动机内部存在流体的涡旋和活塞与气缸之间的摩擦等不可逆因素，但当没有温差和摩擦的活塞时刻保持平衡、缓慢运动时，可以理想化为可逆过程。

2）温度不同的物体间的传热：虽然没有温差就没有传热，但若温差无限小，则与可逆过程接近（如等温传热，但需要无限长的时间）。

1.4.4 热力循环

热能和机械能之间的转换，通常都是通过工质在相应的热力设备中进行循环的过程来实现的。工质从初始状态出发，经历某些过程之后又恢复到初始状态，称为工质经历了一个热力循环，简称循环。

含有不可逆过程的循环，称为不可逆循环；全部由可逆过程组成的循环称为可逆循环。在 p-v 图或 T-s 图上，可逆循环用闭合实线表示，不可逆循环中的不可逆过程用虚线表示。

循环有正向循环和逆向循环。正向循环指工质经历一个循环要对外做出的功量，也叫作动力循环（热机循环）。在 p-v 图和 T-s 图上，正向循环都是按顺时针方向运行，如按图 1-19 中的 1—2—3—4—1 和 5—6—7—8—5 方向运行。

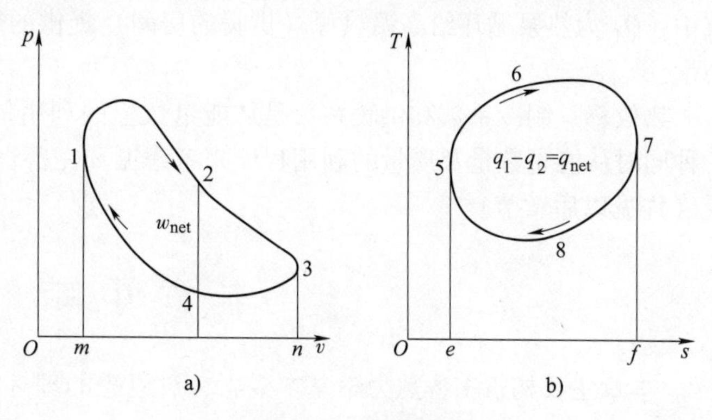

图 1-19 正向循环

逆向循环指工质经历一个循环，要接受外界提供的功量，以实现把热量从低温热源传递到高温热源的目的，也叫作制冷循环。如果用作供热则叫作供热循环（热泵循环）。在 p-v 图和 T-s 图上，逆向循环都是按逆时针方向运行的，如按图 1-20 中 1—2—3—4—1 和 5—6—7—8—5 方向运行。

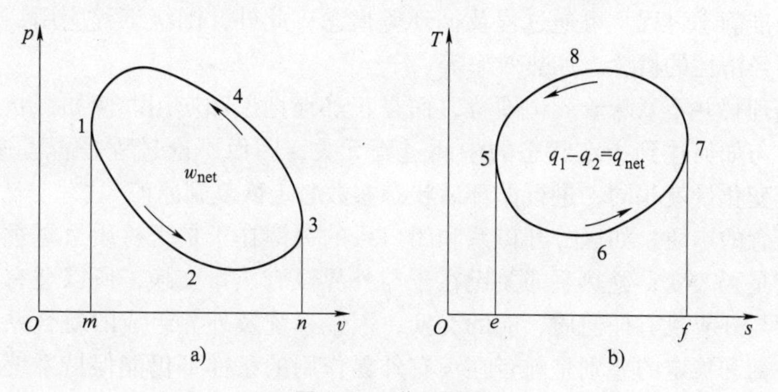

图 1-20 逆向循环

循环的经济指标用工作系数来表示，即

$$\text{工作系数}=\frac{\text{得到的收益}}{\text{付出的代价}}$$

热机循环的经济性用循环热效率 η_t 来衡量，即

$$\eta_t=\frac{W_{net}}{Q_1} \tag{1-24}$$

式中，W_{net} 是循环对外界做出的功量；Q_1 是为了完成 W_{net} 输出从高温热源取得的热量。

制冷循环的经济性用制冷系数 ε 来衡量，即

$$\varepsilon=\frac{Q_2}{W_{net}} \tag{1-25}$$

式中，Q_2 是该循环从低温热源（冷库）取出的热量；W_{net} 为取出所耗费的功量。

热泵循环的经济性用供热系数 ε' 来衡量，即

$$\varepsilon' = \frac{Q_1}{W_{net}} \tag{1-26}$$

式中，Q_1 为热泵循环给高温热源（供暖的房间）提供的热量；W_{net}为循环提供 Q_1 所耗费的功量。

热效率、制冷系数和供暖系数是从能量数量的利用程度考虑循环的完善程度。近年来，一种同时从能量数量及质量的利用程度来考虑循环完善程度的指标——㶲效率正在逐渐被接受（详见以后章节）。

本 章 小 结

本章主要构筑工程热力学基本概念，对概念的理解将在很大程度上影响本门课程的学习。

工程热力学是主要研究能量，特别是热能与机械能相互转换的规律及其在工程中应用的学科。本章首先引入热力系统的概念，然后为描写系统，引入了平衡状态、状态参数、状态参数坐标图、温度、压力、比体积等概念；能量转换是通过过程来实现的，所以本章又引入准静态过程、可逆过程及循环等概念；此外，围绕工程应用，本章还引进表征能量利用经济性的概念，如热效率等。

对概念的理解并不意味着死记硬背，而是正确地把握和应用。例如，状态参数只是状态的函数，与如何达到指定状态的中间过程无关，因而不论过程是否可逆，只要初、终态相同，其变化量就相同，进行循环后状态参数必定恢复到原值。

应抓住概念的本质。如区分开口系和闭口系的关键在于是否有质量越过边界而不在于系统内质量是否改变；绝热系的关键在于与外界没有热量交换，所以会有绝热的开口系；孤立系则与外界没有任何质、能的交换，因此系统及外界组成的复合系统就构成孤立系；系统平衡和稳定的差别是前者在没有外界作用的条件下仍能保持系统参数不随时间而改变，后者则是依赖外界的作用才维持系统参数不变；进行可逆过程与不可逆过程后系统都可以再恢复原来状态，但进行可逆过程后恢复原来状态可以不在外界留下任何影响，而不可逆过程后恢复原态必定在外界留下不可逆转的影响；可逆过程可在状态参数图上用实线表示其经历的无数个平衡状态，不可逆过程在状态参数图上只能标示过程中可能存在的若干平衡状态，故而只能用虚线示意。

思 考 题

1-1　闭口系与外界无物质交换，系统内质量保持恒定，那么系统内质量保持恒定的热力系统一定是闭口系统吗？

1-2　平衡状态与稳定状态有何区别和联系？

1-3　图 1-21 所示的容器为刚性容器。将容器分成两部分，一部分装气体，一部分抽成真空，中间是隔板（见图 1-21a），若突然抽取隔板，气体（系统）是否做功？

设真空部分装有许多隔板（见图 1-21b），每抽去一块隔板让气体先恢复平衡再抽去下一块，问气体（系统）是否做功？

1-4 图 1-22 中过程 1—a—2 是可逆过程，过程 1—b—2 是不可逆过程。有人说过程 1—a—2 对外做功小于过程 1—b—2，你是否同意他的说法？为什么？

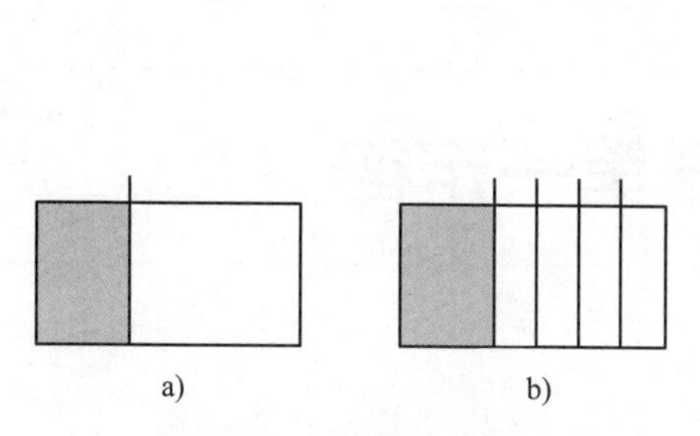

图 1-21 思考题 1-3 附图

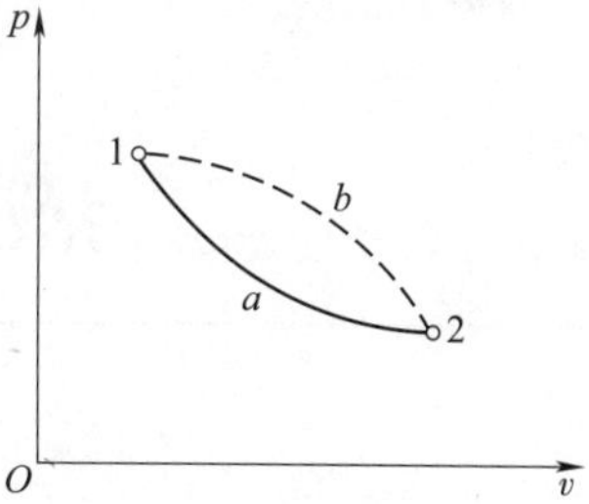

图 1-22 思考题 1-4 附图

1-5 系统经历一正向可逆循环和其逆向可逆循环后，系统和外界有什么变化？若上述正向及逆向循环中有不可逆因素，则系统及外界有什么变化？

习　题

1-1 登山者的气压计在登山前的读数为 0. 93bar，而登山后为 0. 78bar。若不计高度对重力加速度的影响，假设空气平均密度为 1. 20kg/m^3，试求此山的垂直高度。

1-2 用 U 形管压力计测量容器中气体压力，在水银柱上加一段水，测得水柱高 1020mm，水银柱高 900mm，如图 1-23 所示。若当地大气压为 755mmHg，求容器中气体压力（MPa）。

1-3 容器被分隔成 A、B 两室，如图 1-24 所示，已知当场大气压 p_b =0. 1013MPa，气压表 2 读为 p_{e2}=0. 04MPa，气压表 1 的读数 p_{e1}=0. 294MPa，求气压表 3 的读数（用 MPa 表示）。

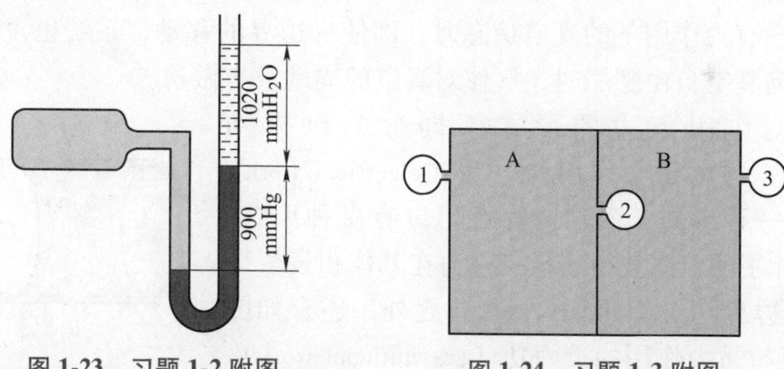

图 1-23 习题 1-2 附图　　图 1-24 习题 1-3 附图

1-4 设一新的温标，用符号°N 表示温度单位，它的绝对温标用°Q 表示温度单位。规定纯水的冰点和沸点分别是 100°N 和 1000°N。试求：①该新温标和摄氏温标的关系；②若该温标的绝对温度零度与热力学温标零度相同，则该温标读数为 0°N 时，其绝对温标读数是多少°Q？

1-5 有人提出一个新的绝对温标，它对应的水的冰点是 150°S，对应水的沸点是 300°S。试确定：分别对应 100°S 和 400°S 的摄氏温度（℃）；1°S 与 1K 的大小之比。

1-6 汽车发动机的热效率为 35%，车内空调器的工作性能系数为 3，求每从车内排除 1kJ 热量消耗的燃油能量。

1-7 某房间冬季通过墙壁和窗子向外散热 70000kJ/h，房内有 2 只 40W 电灯照明，其他家电耗电约 100W，为维持房内温度不变，房主购买供暖系数为 5 的热泵，求热泵最小功率。

1-8 一所房子利用供暖系数为 2. 1 热泵供暖，室内温度维持 20℃，据估算室外大气温度每低于房内温度 1℃，房子向外散热为 0. 8kW，若室外温度为-10℃，求驱动热泵所需的功率。

第2章

热力学第一定律

自然界所发生的一切运动都伴随着能量的变化。热力学第一定律就是物理学中能量守恒与转换定律在涉及热现象的能量转换过程中的应用。它阐明了热能和其他能量形态转换中能量守恒的原理，是工程热力学的主要理论基础之一。

根据能量守恒和转换定律建立的闭口系统能量方程式、开口系统能量方程式及稳定流动能量方程式，就是热力学第一定律的数学表达式，它们是进行能量转换分析的基本关系式。

2.1 功

当系统对周围环境做功时，必要条件是作用点上有作用力的存在，同时作用点有位移。例如，当系统通过其边界做功时，边界上要有作用的力存在，而且其边界要有移动。必须注意的是当系统是没有力作用下的真空状态时，即使有边界的移动，系统也没有对周围做功。也就是说，气体向真空自由膨胀时，气体对真空的周围没有做功。

功可以根据作用点力的形式不同分为机械功（mechanical work）与电磁力作用的电功（electrical work）等。功是能量的一种形式，而功的存在可以有多种形式。如图2-1所示，除了闭口系统由于抵抗外力在其体积发生变化时所做的移动边界功（boundary work）之外，还有如图2-2所示的为了抵抗重力作用的重力功（gravitational work），使系统的速度发生变化的加速度功（acceleration work），以及抵抗轴扭矩使其旋转所做的轴功（shaft work）等。如图2-2d所示，当弹簧变形时，弹簧功（spring work）将作为势能的形式储存起来。电功可以表述为电子在电压的作用下移动所做的功。此外，不同的功之间也能相互转换，如图2-3所示。

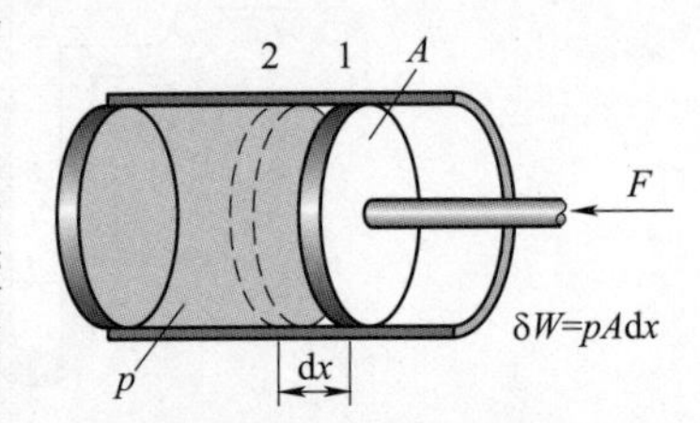

图2-1 移动边界做功

2.1.1 功的热力学定义

在力学中把力和沿力方向位移的乘积定义为力所做的功。若在力 F 作用下物体发生微小位移 dx，则力 F 所做的微元功为

$$\delta W = F\mathrm{d}x$$

式中，δW 表示微小功量，并不表示全微分。

现设物体在力 F 作用下由空间某点1移动到点2，则力 F 所做的总功为

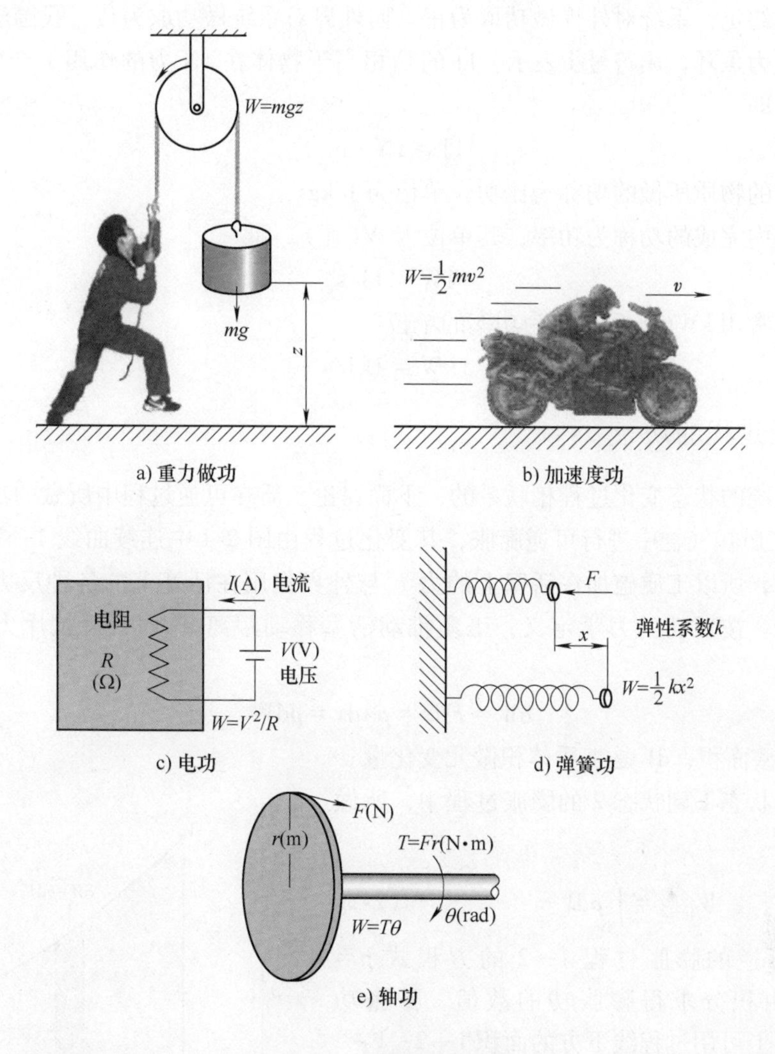

图 2-2 各种形式的功

$$W_{1-2}=\int_1^2 F\mathrm{d}x$$

在热力学里，研究范围较广，除简单可压缩系外，也要研究一些特殊系统。系统同外界交换的功，除容积变化功外，还有其他形式的功，如电功、磁功以及表面张力功等。

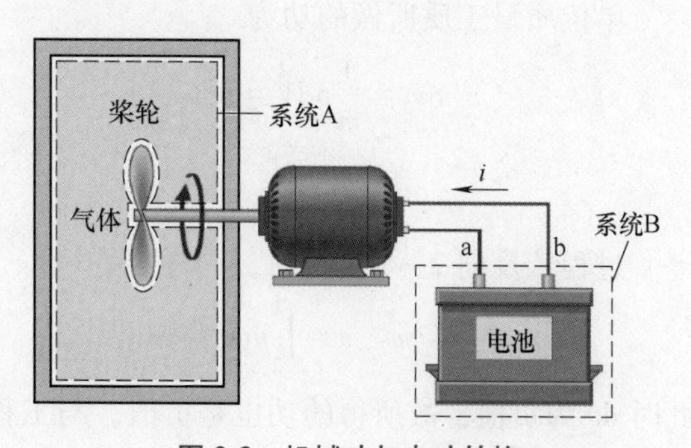

图 2-3 机械功与电功转换

为了使功的定义具有更普遍的意义，热力学中功的定义是：功是热力系统通过边界而传递的能量，且其全部效果可表现为举起重物。这里“举起重物”是指过程产生的效果相当于举起重物，并不要求真的举起重物。显然，由于功是热力系通过边界与外界交换的能量，所以与系统本身具有的宏观动能和宏观位能不同。

热力学中约定：系统对外界做功取为正，而外界对系统做功取为负。我国法定计量单位中，功的单位为焦耳，用符号 J 表示。1J 的功相当于物体在 1N 力的作用下产生 1m 位移时完成的功量，即

$$1\text{J} = 1\text{N} \cdot \text{m}$$

单位质量的物质所做的功称为比功，单位为 J/kg。

单位时间内完成的功称为功率，其单位为 W(瓦)，即

$$1\text{W} = 1\text{J/s}$$

工程上还常用 kW(千瓦) 作为功率的单位

$$1\text{kW} = 1\text{kJ/s}$$

2.1.2 可逆过程的功

功是与系统的状态变化过程相联系的，下面讨论工质在可逆过程中所做的功。设有质量为 m 的气体工质在气缸中进行可逆膨胀，其变化过程由图 2-4 中连续曲线 1—2 表示。由于过程是可逆的，所以工质施加在活塞上的力 F 与外界作用在活塞上的各种反力之和总是相差一无穷小量。按照功的力学定义，工质推动活塞移动距离 $\mathrm{d}x$ 时，反抗斥力所做的膨胀功为

$$\delta W = F\mathrm{d}x = pA\mathrm{d}x = p\mathrm{d}V \tag{2-1}$$

式中，A 为活塞面积；$\mathrm{d}V$ 是工质体积微元变化量。

在工质从状态 1 到状态 2 的膨胀过程中，所做的膨胀功为

$$W_{1-2} = \int_1^2 p\mathrm{d}V \tag{2-2}$$

如已知可逆的膨胀过程 1—2 的方程式 $p = f(v)$，即可由积分求得膨胀功的数值。膨胀功 W_{1-2} 在 p-V 图上可用过程线下方的面积 1—2—V_2—V_1—1 表示，因此 p-V 图也叫示功图。

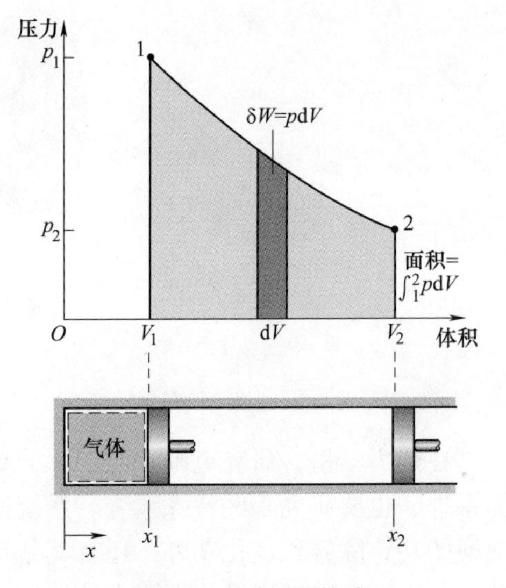

图 2-4 可逆过程的功

单位质量工质所做的功为

$$\delta w = \frac{1}{m} p\mathrm{d}V = p\mathrm{d}v \tag{2-3}$$

$$w_{1-2} = \int_1^2 p\mathrm{d}v \tag{2-4}$$

过程依反向 2—1 进行时，同样可得

$$w_{2-1} = \int_2^1 p\mathrm{d}v$$

此时 $\mathrm{d}v$ 为负值，故所得的功也是负值，与工程热力学约定一致。

从上可见，功的数值不仅决定于工质的初态和终态，而且还和过程的中间途径有关。从状态 1 膨胀到状态 2，可以经过不同的途径，所做的功也是不同的，因此，功不是状态参数，是过程量，它不能表示为状态参数的函数即 $w \neq f(p, v)$。δW 也仅是微小量，不是全微分，故用 δ 表示。

膨胀功或压缩功都是通过工质体积的变化而与外界交换的功，因此统称为体积变化功。显然，体积变化功只与气体的压力和体积的变化量有关，而同形状无关，无论气体是由气缸和活塞包围还是由任一假想的界面所包围，只要被界面包围的气体体积发生了变化，同时过程是可逆的，则在边界上克服外力所做的功都可用式（2-1）和式（2-2）来计算。

闭口系工质在膨胀过程中做的功并不能全部输出作为有用功，例如垂直气缸中气体膨胀举起重物时，做出的功的一部分因摩擦而耗散，一部分用以排斥大气，余下的才是可被利用的功，称为有用功。若用 W_u、W_l 和 W_r 分别表示有用功、摩擦耗功及排斥大气功，则有

$$W_u = W - W_l - W_r \tag{2-5}$$

由于大气压力可视为定值，故

$$W_r = p_0(V_2 - V_1) = p_0 \Delta V \tag{2-6}$$

而可逆过程不包含任何耗散效应，因而 $W_l = 0$，可用功可简化成

$$W_{u,re} = \int_1^2 p\mathrm{d}V - p_0(V_2 - V_1) \tag{2-7}$$

最后值得提出：在无摩擦损失的理想情况下，功可以全部转为机械能，从这个意义上说功和机械能是等价的。

【例 2-1】　如图 2-5 所示，某种气体工质从状态 $1(p_1, V_1)$ 可逆膨胀到状态 $2(p_2, V_2)$。若膨胀过程中：

1）工质的压力服从 $p = a - bV$，其中 a、b 为常数；

2）工质的 pV 保持恒定为 p_1V_1。

试分别求两过程中气体的膨胀功。

解：过程 1）气体膨胀功为

$$W_{1-2} = \int_1^2 p\mathrm{d}V = \int_1^2 (a - bV)\mathrm{d}V = a(V_2 - V_1) - \frac{b}{2}(V_2^2 - V_1^2)$$

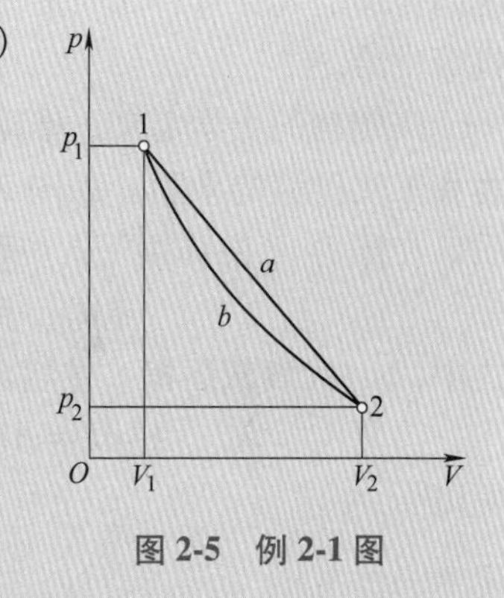

图 2-5　例 2-1 图

过程 2）气体膨胀功为

$$W_{1-2} = \int_1^2 p\mathrm{d}V = \int_1^2 pV\frac{\mathrm{d}V}{V} = p_1V_1\ln\frac{V_2}{V_1}$$

讨论：虽上述两过程中系统初、终态相同，但中间途径不同，因而气体的膨胀功也不同。

【例 2-2】　利用体积为 $2\mathrm{m}^3$ 的储气罐中的压缩空气给气球充气。开始时气球内完全没有气体，呈扁平状态，可忽略其内部容积。设气球弹力可忽略不计，充气过程中气体温度维持不变，大气压力为 $0.9\times10^5\mathrm{Pa}$。若本例中空气满足理想气体状态方程式，试求使气球充到 $V = 2\mathrm{m}^3$，罐内气体最低初压力 $P_{1,\min}$ 及气体所做的功。

解：因忽略气球弹力，故充气后气球内的压力维持在与大气压力相同的 $0.9\times10^5\mathrm{Pa}$，而充气结束时储气罐内压力也应恰好降到 $0.9\times10^5\mathrm{Pa}$。又据题意，留在管内与充入球内的气体温度相同。由于压力相同，温度相同，故这两部分气体状态相同。若取全部气体为热力系，则气体的最小初压 $P_{1,\min}$ 应满足

$$m = \frac{p_{1,\min} V_1}{R_g T_1} = \frac{p_2(V_1 + V_B)}{R_g T_2}$$

$$p_{1,\min} = \frac{p_2(V_1 + V_B)}{V_1} = \frac{0.9 \times 10^5 \text{Pa} \times (2\text{m}^3 + 2\text{m}^3)}{2\text{m}^3} = 1.8 \times 10^5 \text{Pa}$$

考虑该过程，储气罐的体积不变，充气时气球中气体压力等于大气压力，气球膨胀排斥了大气，所以气球对大气所做功

$$W = p_0(V_2 - V_1) = 0.9 \times 10^5 \text{Pa} \times (4\text{m}^3 - 2\text{m}^3) = 1.8 \times 10^5 \text{J}$$

讨论：本例储气罐内气体向气球充气过程是不可逆的，因此不能用式（2-4）计算过程功。但是在一些场合下，如界面上反力为恒值，则可用外部参数计算过程体积变化功。

对简单可压缩系统，同外界只交换一种形式功，故独立的状态参数数目为2。

2.1.3 推动功与流动功

开口系统与外界交换的功除了前面已介绍过的容积变化功外，还有因工质出、入开口系统而传递的功，这种功叫推动功。推动功是为推动工质流动所必需的功，它常常是由泵、风机等供给。

按照功的力学定义，推动功应等于推动工质流动的作用力和工质位移的乘积。如图2-6所示，现有质量为 δm_{in} 的工质，在压力 p_{in} 的作用下，位移 dL 进入系统，则推动功为

$$\delta W_{f,in} = p_{in} A_{in} dL$$

式中，A_{in} 代表截面积。显然，$A_{in} dL$ 即所占的容积

$$A_{in} dL = dV_{in} = v_{in} \delta m_{in}$$

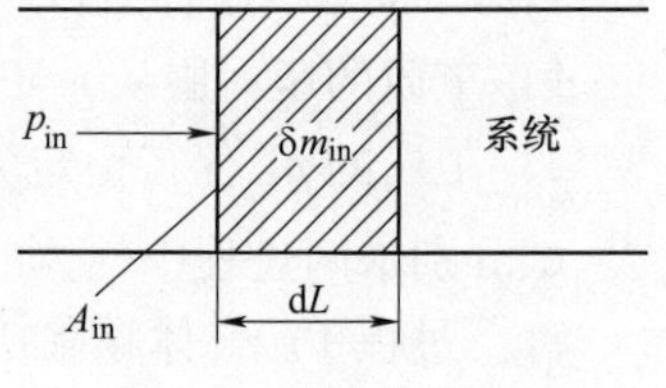

图2-6 推动功示意图

所以

$$\delta W_{f,in} = \delta m_{in} p_{in} v_{in}$$

如果质量为1kg的工质流进开口系统，则外界所需做出的推动功为

$$\delta w_{f,in} = \frac{\delta W_{f,in}}{\delta m_{in}} = p_{in} v_{in}$$

同理，当系统出口处工质状态为 p_{out}、v_{out} 时，1kg工质流出系统，系统所需要做出的推动功为 $p_{out} v_{out}$。

可见，1kg工质的推动功在数值上等于其压力和比体积的乘积，它是工质在流动中向前方传递的功，并且只有在工质的流动过程中才出现。当工质不流动时，虽然工质也具有一定的状态参数 p 和 v，但这时的乘积 pv 并不代表推动功。

推动功差 $\Delta(pv) = p_{out} v_{out} - p_{in} v_{in}$ 是系统为维持工质流动所需的功，称为流动功。故而，在不考虑工质的宏观动能及位能变化时，开口系与外界交换的功量是膨胀功与流动功之差 $w - \Delta(pv)$；若考虑工质的动能及位能变化，则还应计入动能差及位能差。

2.2　热量

2.2.1　热量的定义

热（heat）量定义为从高温物体向低温物体传递的一种能量形式。热量是通过温差传递能量的，处于热平衡（thermal equilibrium）的物体之间没有热的传递。也就是说，热是通过传热移动物体内部的能量（也称热能）。在热力学中讨论的只是热量传递的结果，而单位时间内传递的能量（传热速率，heat transfer rate）则在传热学（heat transfer）中涉及。

热量用符号 Q 代表。微元过程中传递的微小热量则用 δQ 表示，此 δQ 并不是热量的无限小的增量。如将 δQ 对有限过程积分，其结果为 Q 而并非 ΔQ。

法定计量单位中，热量的单位是 J(焦耳)，工程上常用 kJ(千焦)。工程上也曾用 cal(卡) 为单位，两者的换算关系为

$$1\text{cal} = 4.1868\text{J}$$

工程热力学中约定：系统吸热，热量为正；反之，则为负。质量为 m 的工质在过程中与外界交换的热量，用大写字母 Q 表示。单位质量的工质与外界交换的热量，用符号 q 表示，单位为 J/kg。

2.2.2　过程热量

按照定义，热量是系统与外界之间所传递的能量，而不是系统本身所具有的能量，其值并不由系统的状态确定，而是与传热时所经历的具体过程有关。所以，热量不是系统的状态参数，而是一个与过程特征有关的过程量。

系统在可逆过程中与外界交换的热量可由下列公式计算：

$$\delta q = T\mathrm{d}s \tag{2-8}$$

$$q_{1-2} = \int_1^2 T\mathrm{d}s \tag{2-9}$$

式中，s 是状态参数比熵。有关熵的内容将在后续章节中详细介绍。

对照式（2-8）和式（2-9）可知，可逆过程的热量 q_{1-2} 在 T-s 图上可用过程线下方的面积来表示，如图 2-7 所示。

2.2.3　*T-S* 图

与 p-v 图类似，用热力学温度 T 作为纵坐标，熵 S 作为横坐标构成的图，称为温熵图。

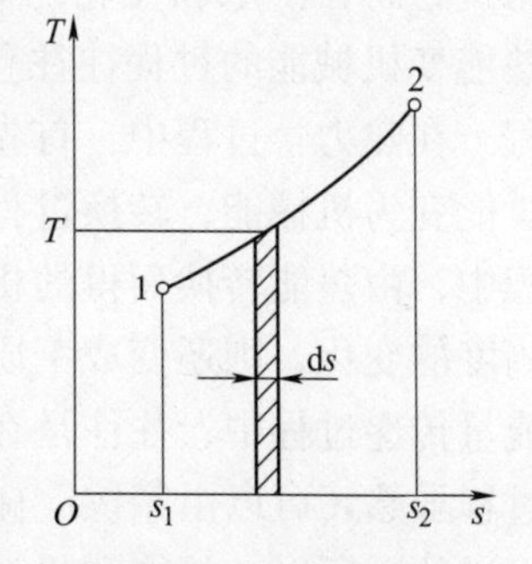

图 2-7　可逆过程的热量

如图 2-8 所示，图上任何一点表示一个平衡态。任何一个可逆过程都可用一条连续的曲线表示，如图中的 1—2 曲线。该过程的任一状态若产生一个 dS 的微小变化，则系统与外界交换的微元热量 δQ_{rev} 相当于图中画剖面线的微小面积。整个可逆过程 1—2 中系统与外界交换的热量可以用过程线 1—2 下的面积代表。因此，T-S 图是表示和分析热量的重要工具，也称为示热图。

根据式（2-8），且热力学温度 $T>0$，所以，如 T-S 图中沿可逆过程线熵增加，则该过程线下的面积所代表的热量为正值，即系统从外界吸热；反之，所代表的热量为负值，即系统向外界放热。

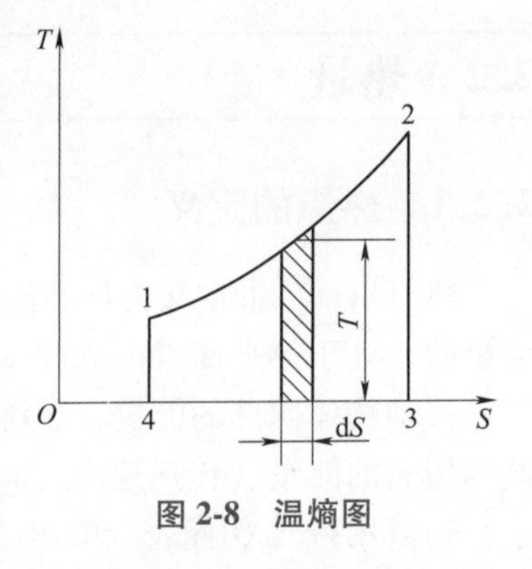

图 2-8　温熵图

2.2.4　比热容

对系统进行加热时，系统的温度升高。此时，系统的温度上升 1K 所需要的热量称为系统的热容量（heat capacity），用 C 表示，单位为 J/K；单位质量物质的热容量称为比热容（specific heat），用 c 表示，单位为 J/(kg · K)。比热容的大小不仅与系统的温度和压力有关，与加热时的条件也有关。特别重要的是当体积一定或者压力一定条件下的比热容，分别称为比定容热容（specific heat at constant volume）和比定压热容（specific heat at constant pressure），且分别用 c_V 和 c_p 表示。一般来说，比定压热容较比定容热容大，对固体和液体而言，由于温度上升带来的体积变化很小，两者间的差别小到可以忽略的程度，可以仅使用比热容 c。

2.3　做功和传热

一般来说，能量从一个物体传到另一个物体可能有两种方式：一种是做功，另一种是传热。借做功来传递能量总是和物体的宏观位移有关。比如，搬动家具上楼，家具有宏观位移，人对家具做功，转换成家具的重力位能。家具停止移动，人的做功也就停止。而热量是系统与外界之间依靠温差传递的能量。这是与做功不同的另一种能量传递方式。当热源和工质接触时，接触处两个物体中杂乱运动的质点进行能量交换，结果是高温物体把能量传递给了低温物体，传递能量的多少用热量来度量。

在做功过程中往往伴随着能量形态的转化。例如，在工质膨胀推动活塞做功的过程中，工质把热力学能传递给活塞和飞轮，成为动能，此时热力学能转变成了机械能。当过程反过来进行时，活塞和飞轮的动能（机械能）又转变成了工质的热力学能。还可进一步看出，热能变机械能的过程往往包含两类过程：一是能量转换的热力学过程，二是单纯的机械过程。在热力学过程中，首先能量由热能传递转变为工质的热力学能，然后由工质膨胀把热力学能变为机械能，转换过程中工质的热力状态发生变化，能量的形式也发生变化。在机械过程中，由热能转换而得的机械能再变成活塞和飞轮的动能，若考虑工质本身的速度和离地面高度的变化，则还变成工质的动能和位能，其余部分则通过机器轴对外输出。在各种方式的能量传递过程中，往往是在工质膨胀做功时实现热能向机械能的转化。机械能转化为热能的过程虽然还可以由摩擦、碰撞等来完成，但只有通过对工质压缩做功的转化过程才有可能是可逆的。所以，热能和机械能的可逆转换总是与工质的膨胀和压缩联系在一起。

总之，热量和功都是能量传递的度量，它们是过程量。只有在能量传递过程中才有所谓的功和热量，没有能量的传递过程也就没有功和热量。若说物系在某一状态下有多少功或多少热量，这显然是毫无意义的、错误的，功和热量都不是状态参数。

2.4 热力学第一定律的实质与表达式

焦耳（James Prescott Joule）从1840年起，持续几十年时间，用电量热法和机械量热法，做了大量实验，史称焦耳实验。该实验的装置如图2-9所示，它通过重力功搅拌绝热状态下的水，在全部静止后测量上升的温度。而达到同样的温度变化也可以通过加热手段，这表明热和功是相同的。实验表明把1kg的水温度升高1K要消耗1kcal或4.1868kJ的能量。现在，1kcal的热变换为功的数值是一常数，这一常数被定义为热功当量（mechanical equivalent of heat），为4.1868kJ。焦耳实验是把重力功的能量转换成一种水分子微观能量形式的内能（即显热），表现为水的温度上升。

焦耳最终得出结论：热功当量是一个普适常数，同做功方式无关。从而证明了机械能（功）和电能（功）同热量之间的转换关系，论证了传热是能量传递的一种形式，为确认能量守恒和转换定律的正确性打下了坚实的实验基础。

能量守恒与转换定律是自然界的一个基本规律。在能量的传递和转换过程中，能量的“量”既不能创生也不能消灭，其总量保持不变。将这一定律应用到涉及热现象的能量转换过程中，就是热力学第一定律。具体表述为：热可以转变为功，功也可以转变成热；一定量的热消失时，必然伴随产生相应量的功；消耗一定的功时，必然出现与之对应量的热。换句话说：热能可以转变为机械能，机械能可以转变为热能，在它们的传递和转换过程中，总量保持不变。此即热力学第一定律的实质。焦耳的热功当量实验和瓦特蒸汽机的成功，以及以后所有的热功转换装置都证实了热力学第一定律的正确性。

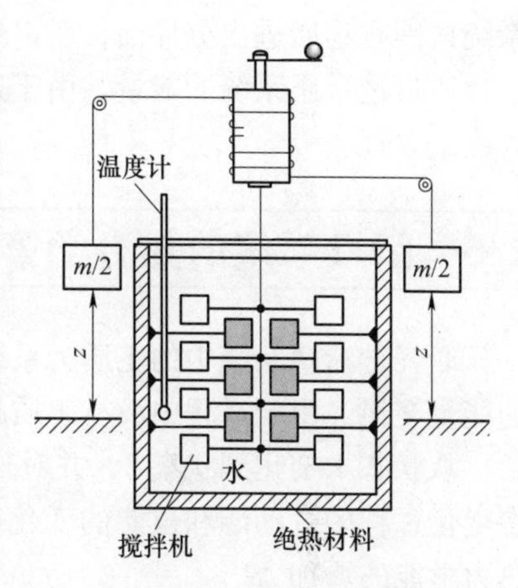

图2-9 焦耳实验装置

热力学第一定律确定了热能与其他形式能量相互转换时在数量上的关系，为了得到机械能必须耗费热能或其他能量。历史上，热力学第一定律的发现和建立正处在资本主义发展初期，有些人曾幻想制造一种不耗费能量而产生动力的机器，称为“第一类永动机”，由于它违反热力学第一定律，结果总是失败。为了明确地否定这种发明的可能性，热力学第一定律也可以表述为：第一类永动机是不可能制造出来的。

热力学第一定律是热力学的基本定律，它适用于一切工质和一切热力过程。热力过程中热能和机械能的转换过程，总是伴随着能量的传递和交换。这种交换不但包括功量和热量的交换，还包括因工质流进流出而引起的能量交换。

为了定量分析系统在热力过程中的能量转换，需要根据热力学第一定律，导出参与能量转换的各项能量之间的数量关系式，这种关系式称为能量方程。热力学第一定律的能量方程式就是分析状态变化过程的根本方程式。它可以从系统在状态变化过程中各项能量的变化和它们的总量守恒这一原则推出。根据热力学第一定律能量的“量”守恒的原则，对于任意系统可以得到其一般关系式，即

$$\text{流入系统的能量} - \text{流出系统的能量} = \text{系统能量的增量} \tag{2-10}$$

考察图2-10所示的一般热力系（虚线所围），假设该系统在无限短的时间间隔 $\delta\tau$ 内，

从外界吸收热量 δQ，并有 δm_1(kg)的工质携带的 $e_1\delta m_1$ 能量进入系统；同时，热力系对外界做出各种形式的功，其总和为 δW_{tot}，且有 δm_2(kg) 的工质携带 $e_2\delta m_2$ 的能量流出系统，其间系统的储存能从 E_{sy} 增加到$(E+dE)_{sy}$，根据式（2-10）有

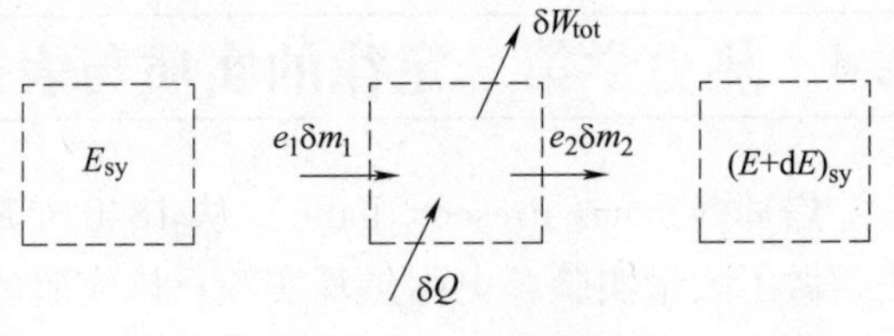

图 2-10　一般热力系

$$\delta Q = dE_{sy} + (e_2\delta m_2 - e_1\delta m_1) + \delta W_{tot} \tag{2-11a}$$

对式（2-11a）积分可以得到在有限时间内的表达式，即

$$Q = \Delta E_{sy} + \int_{\tau}(e_2\delta m_2 - e_1\delta m_1) + W_{tot} \tag{2-11b}$$

式（2-11a）和式（2-11b）即为热力学第一定律的一般表达式。

同时，应明确对于闭口系统，进入和离开系统的能量只包括热量和做功两项；对于开口系统，因有物质进出分界面，所以进入系统的能量和离开系统的能量除以上两项外，还有随同物质带进带出系统的能量。由于这些区别，热力学第一定律应用于不同热力系统时有不同的能量方程。

2.5　闭口系统的热力学第一定律

取气缸活塞系统中的工质为系统，考察其在状态变化过程中和外界（热源和机器设备）的能量交换。由于过程中没有工质越过边界，所以这是一个闭口系。工质从外界吸入热量 Q 后，从状态 1 变化到状态 2，并对外界做功 W。对于闭口系统来说，比较常见的情况是在状态变化过程中，动能和位能的变化为零或可忽略不计，则工质（系统）储存能的增加即为热力学能的增加 ΔU。

进入系统的能量为 Q，离开系统的能量为 W，系统中储存能量的变化是 ΔU，于是

$$Q - W = \Delta U$$

即

$$Q = \Delta U + W \tag{2-12}$$

式中，Q 代表在热力过程中闭口系统与外界交换的净热量，传热量 Q 是过程量；W 为闭口系统通过边界与外界交换的净功。

式（2-12）是热力学第一定律应用于闭口系而得的能量方程式，称为热力学第一定律的解析式，是最基本的能量方程式。它表明，加给工质的热量一部分用于增加工质的热力学能，储存于工质内部，余下的部分以做功的方式传递至外界。在状态变化过程中，转化为机械能的部分为 $Q-\Delta U$。若考虑宏观动能、位能参与能量转换，则闭口系统能量方程式（2-12）中的 ΔU 应改为前述的总储存能变化 ΔE。

对于一个微元过程，热力学第一定律解析式的微分形式是

$$\delta Q = dU + \delta W \tag{2-13}$$

对于 1kg 工质，则有

$$q = \Delta u + w \tag{2-14}$$

及

$$\delta q = \mathrm{d}u + \delta w \tag{2-15}$$

式（2-13）~式（2-15）直接从能量守恒与转换的普遍原理得出，没有做任何假定，因此它们适用于任意过程、任意工质。但为了确定工质初态和终态热力学能的值，要求工质初态和终态是平衡状态。

式（2-12）中热量 Q、热力学能变量 ΔU 和功 W 都是代数值，可正可负。系统吸热时 Q 为正，系统对外做功时 W 为正；反之则为负。系统的热力学能增大时，ΔU 为正，反之为负。

如果在过程中，闭口系统与外界交换的功，除容积变化功外，还有其他形式的功（如电功等），则 W 应为容积变化功及其他形式功的总和。

对于可逆过程，$\delta W = p\mathrm{d}V$，所以

$$\delta Q = \mathrm{d}U + p\mathrm{d}V, \qquad Q = \Delta U + \int_1^2 p\mathrm{d}V \tag{2-16}$$

或

$$\delta q = \mathrm{d}u + p\mathrm{d}v, \qquad q = \Delta u + \int_1^2 p\mathrm{d}v \tag{2-17}$$

对于循环

$$\oint \delta Q = \oint \mathrm{d}U + \oint \delta W$$

完成一个循环后，工质恢复到原来状态，热力学能是状态参数，所以 $\oint \mathrm{d}U = 0$，于是

$$\oint \delta Q = \oint \delta W$$

即闭口系完成一个循环后，它在循环中与外界交换的净热量等于与外界交换的净功量。由此可以看出，第一类永动机是不可能制造成功的。

用 Q_{net} 和 W_{net} 分别表示循环净热量和净功量，则有

$$Q_{\mathrm{net}} = W_{\mathrm{net}} \tag{2-18}$$

或

$$q_{\mathrm{net}} = w_{\mathrm{net}} \tag{2-19}$$

【例 2-3】 设有一定量气体在气缸内由体积 $0.9\mathrm{m}^3$ 可逆地膨胀到 $1.4\mathrm{m}^3$，如图 2-11 所示。过程中气体压力保持定值，且 $p = 0.2\mathrm{MPa}$。若在此过程中气体热力学能增加 12000J，试求此过程中气体吸入或放出的热量。

若活塞质量为 20kg，且初始时活塞静止，求终态时活塞的速度。

已知环境压力 $p_0 = 0.1\mathrm{MPa}$。

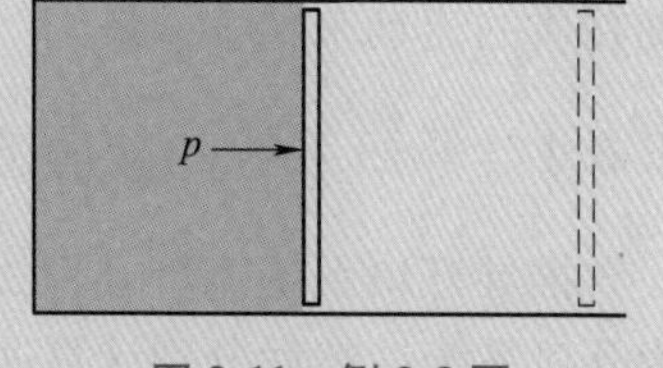

图 2-11　例 2-3 图

解： 1）取气缸内气体为系统。这是闭口系，其能量方程为

$$Q = \Delta U + W$$

由题意

$$\Delta U = U_2 - U_1 = 12000\mathrm{J}$$

由于过程可逆，且压力为常数，故

$$W = \int_1^2 p\mathrm{d}V = p(V_2 - V_1) = 0.2 \times 10^6\mathrm{Pa} \times (1.4\mathrm{m}^3 - 0.9\mathrm{m}^3) = 100000\mathrm{J}$$

所以

$$Q = 12000\mathrm{J} + 100000\mathrm{J} = 112000\mathrm{J}$$

因此，过程中气体从外界吸热 112000J。

2）气体对外界做功，一部分用于排斥活塞背面的大气，另一部分转成活塞的动能增量。可得

$$W_\mathrm{r} = p_0\Delta V = p_0(V_2 - V_1) = 0.1 \times 10^6\mathrm{Pa} \times (1.4\mathrm{m}^3 - 0.9\mathrm{m}^3) = 50000\mathrm{J}$$

$$W_\mathrm{u} = \int_1^2 p\mathrm{d}V - W_\mathrm{r} = 100000\mathrm{J} - 50000\mathrm{J} = 50000\mathrm{J}$$

因为

$$\Delta E_\mathrm{k} = W_\mathrm{u} = \frac{m}{2}(c_2^2 - c_1^2)$$

所以

$$c_2 = \sqrt{\frac{2W_\mathrm{u}}{m} + c_1^2} = \sqrt{\frac{2W_\mathrm{u}}{m}} = \sqrt{\frac{2 \times 50000\mathrm{J}}{20\mathrm{kg}}} = 70.71\mathrm{m/s}$$

通过对题目结果的分析，可知虽然工质通过膨胀做功使热能转变为机械能，但气体膨胀所做功并非全部为有用功。

2.6 开口系统的热力学第一定律

开口系统有很大的实用意义，因为在工程上遇到的许多连续流动问题，例如工质流过汽轮机、风机、锅炉、换热器等，都可以当作开口系统来处理。

工质流进（或流出）开口系统时，必将其本身所具有的各种形式的能量（储存能）带入（或带出）开口系统。因此，开口系统除了通过做功与传热方式传递能量外，还可以借助物质的流动来转移能量。

2.6.1 开口系统的能量方程

推导开口系统能量方程式常采用两种方法。一是选择一定的空间区域（例如热力设备）为开口系统，然后分别计算通过所选的开口系统边界与外界交换的能量及开口系统本身能量的变化，按照能量守恒的原则，列出能量平衡方程。另一种方法是将热力设备内的工质和流动工质一起取为复合的闭口系统，利用上节已导出的闭口系统能量方程式得到开口系统能量方程式。下面具体介绍第二种方法。

如图 2-12 所示，设图中虚线所围成的空间是某种热力设备，假定此热力设备内的工质在 τ 时刻的质量为 m_τ，它具有的能量为 E_τ。在 $\tau+\mathrm{d}\tau$ 时刻具有的质量为 $m_{\tau+\mathrm{d}\tau}$，能量为 $E_{\tau+\mathrm{d}\tau}$。在时间间隔 $\mathrm{d}\tau$ 内，有质量为 δm_in 的工质流进此热力设备，而有质量为 δm_out 的工质流出。进、出热力设备的工质状态参数分别 p_in、v_in、e_in 和 p_out、v_out、e_out。同时，还假定在

时间间隔 $d\tau$ 内热力设备与外界交换的净热量为 δQ，与外界交换的净功为 δW_{net}。净功应包含沿开口系统边界与外界交换的除推动功以外的所有功的总和。

现在取实线所围成的部分作为热力系统。显然，这是一个具有一定质量的闭口系统。在 τ 时刻，此闭口系统的能量为 $E_\tau + e_{in}\delta m_{in}$，在 $\tau+d\tau$ 时刻，它的能量为 $E_{\tau+d\tau} + e_{out}\delta m_{out}$。因此，在时间间隔 $d\tau$ 内，闭口系统能量的变化为

$$
\begin{aligned}
dE &= (E_{\tau+d\tau} + e_{out}\delta m_{out}) - (E_\tau + e_{in}\delta m_{in}) \\
&= (E_{\tau+d\tau} - E_\tau) + (e_{out}\delta m_{out} - e_{in}\delta m_{in}) \\
&= dE_{c,v} + (e_{out}\delta m_{out} - e_{in}\delta m_{in})
\end{aligned}
$$

式中，$dE_{c,v}$ 为热力设备内的储存能变化。

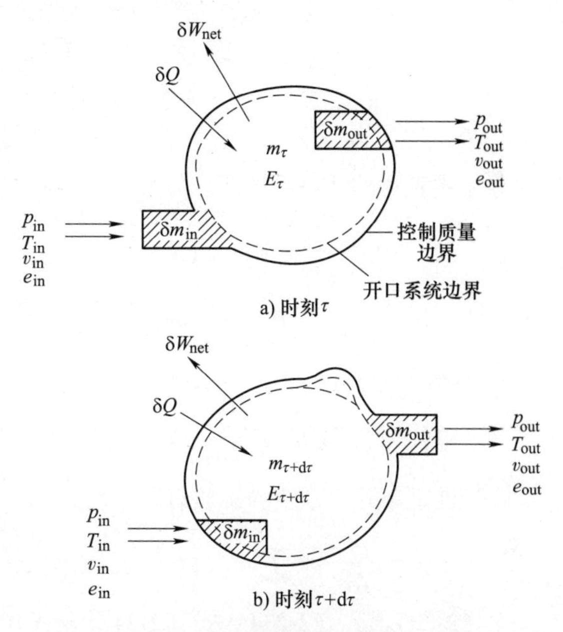

图 2-12　开口系统能量方程推导示意图

闭口系统与外界交换的功由以下两部分组成：

一是质量为 δm_{in} 与 δm_{out} 的工质在边界处与外界交换的功，也就是 δm_{in} 与 δm_{out} 工质在进、出热力设备时的推动功。因此这一部分功为

$$p_{out}v_{out}\delta m_{out} - p_{in}v_{in}\delta m_{in}$$

二是热力设备在时间间隔 $d\tau$ 内与外界交换的除推动功以外的净功 δW_{net}。

所以，闭口系统在时间间隔 $d\tau$ 内与外界交换的功为

$$\delta W = \delta W_{net} + (p_{out}v_{out}\delta m_{out} - p_{in}v_{in}\delta m_{in})$$

根据闭口系统能量方程式，得

$$\delta Q = dE_{c,v} + (e_{out}\delta m_{out} - e_{in}\delta m_{in}) + (p_{out}v_{out}\delta m_{out} - p_{in}v_{in}\delta m_{in}) + \delta W_{net}$$

经整理得

$$\delta Q = dE_{c,v} + (e + pv)_{out}\delta m_{out} - (e + pv)_{in}\delta m_{in} + \delta W_{net} \tag{2-20}$$

考虑到在单位质量储存能 e 中包含状态参数 u，而且 pv 也是状态参数的一种乘积，为了方便起见，通常将它们两者合在一起，用符号 h 代表，即定义

$$h = u + pv \tag{2-21}$$

或

$$H = U + pV \tag{2-22}$$

式中，H 称为焓，而 h 称为比焓（以后有时也简称为焓）。显然，这样定义的焓与是否流动毫无关系，即对于流动或不流动时都适用。

利用比焓的定义，式（2-20）可写为

$$\delta Q = dE_{c,v} + \left(h + \frac{c^2}{2} + gz\right)_{out}\delta m_{out} - \left(h + \frac{c^2}{2} + gz\right)_{in}\delta m_{in} + \delta W_{net} \tag{2-23}$$

式中，c 为工质的速度，单位为 m/s；g 为重力加速度，单位为 m/s^2；z 为工质在重力场中的高度，单位为 m。

式（2-20）与式（2-23）实质上是热力设备的能量方程，而热力设备本身是一种开口系

统，因此这两个式子通常称为“开口系统的能量方程”。

将式（2-23）两边除以 $\mathrm{d}\tau$，得

$$\frac{\delta Q}{\mathrm{d}\tau}=\frac{\mathrm{d}E_{\mathrm{c,v}}}{\mathrm{d}\tau}+\frac{\delta m_{\mathrm{out}}}{\mathrm{d}\tau}\left(h+\frac{c^2}{2}+gz\right)_{\mathrm{out}}-\frac{\delta m_{\mathrm{in}}}{\mathrm{d}\tau}\left(h+\frac{c^2}{2}+gz\right)_{\mathrm{in}}+\frac{\delta W_{\mathrm{net}}}{\mathrm{d}\tau}$$

令 $\dot{Q}=\lim\limits_{\mathrm{d}\tau\to 0}\frac{\delta Q}{\mathrm{d}\tau}$，$\dot{m}_{\mathrm{out}}=\lim\limits_{\mathrm{d}\tau\to 0}\frac{\delta m_{\mathrm{out}}}{\mathrm{d}\tau}$，$\dot{m}_{\mathrm{in}}=\lim\limits_{\mathrm{d}\tau\to 0}\frac{\delta m_{\mathrm{in}}}{\mathrm{d}\tau}$，$\dot{W}_{\mathrm{net}}=\lim\limits_{\mathrm{d}\tau\to 0}\frac{\delta W_{\mathrm{net}}}{\mathrm{d}\tau}$，则得到以传热率、功率等形式表示的开口系统能量方程：

$$\dot{Q}=\frac{\mathrm{d}E_{\mathrm{c,v}}}{\mathrm{d}\tau}+\dot{m}_{\mathrm{out}}\left(h+\frac{c^2}{2}+gz\right)_{\mathrm{out}}-\dot{m}_{\mathrm{in}}\left(h+\frac{c^2}{2}+gz\right)_{\mathrm{in}}+\dot{W}_{\mathrm{net}} \tag{2-24}$$

式中，$\dot{Q}$ 为传热率，表示单位时间内开口系统与外界交换的热量，单位为 J/s 或 kJ/s；$\dot{m}_{\mathrm{in}}$ 与 $\dot{m}_{\mathrm{out}}$ 分别为开口系统进、出口处的质量流量，单位为 kg/s；$\dot{W}_{\mathrm{net}}$ 为开口系统与外界交换的净功率，单位为 W 或 kW；$\frac{\mathrm{d}E_{\mathrm{c,v}}}{\mathrm{d}\tau}$ 为单位时间内开口系统储存能的变化。

倘若进、出开口系统的工质有若干股，则上式可写成

$$\dot{Q}=\frac{\mathrm{d}E_{\mathrm{c,v}}}{\mathrm{d}\tau}+\sum\dot{m}_{\mathrm{out}}\left(h+\frac{c^2}{2}+gz\right)_{\mathrm{out}}-\sum\dot{m}_{\mathrm{in}}\left(h+\frac{c^2}{2}+gz\right)_{\mathrm{in}}+\dot{W}_{\mathrm{net}} \tag{2-25}$$

式（2-20）、式（2-23）、式（2-24）及式（2-25）是开口系统能量方程的一般形式，结合具体情况常可简化成各种不同的形式。

【例 2-4】 由压缩空气总管向储气罐充气（见图 2-13），如果总管中气体的参数保持恒定，并且罐壁是绝热的，试导出此充气过程的能量方程。

解： 系统的能量方程是普遍适用的，但结合具体情况可予以简化。

1）取储气罐作为系统。显然这是一个开口系统。设在 $\mathrm{d}\tau$ 时间内充入储气罐的质量为 δm_{in}。开口系统的能量方程为

$$\delta Q=\delta m_{\mathrm{out}}\left(h+\frac{c^2}{2}+gz\right)_{\mathrm{out}}-\delta m_{\mathrm{in}}\left(h+\frac{c^2}{2}+gz\right)_{\mathrm{in}}+\delta W_{\mathrm{out}}+\mathrm{d}E_{\mathrm{c,v}}$$

2）根据题意，对上式可做如下的简化：

① 因储气罐是绝热的，故 $\delta Q=0$。

② 储气罐没有气体流出，故 $\delta m_{\mathrm{out}}=0$。

③ 开口系统与外界没有功传递，即 $\delta W_{\mathrm{out}}=0$。

④ 储气罐内气体无宏观运动，且忽略它的重力位能，即 $\left(\frac{c^2}{2}+gz\right)_{\mathrm{c,v}}=0$。

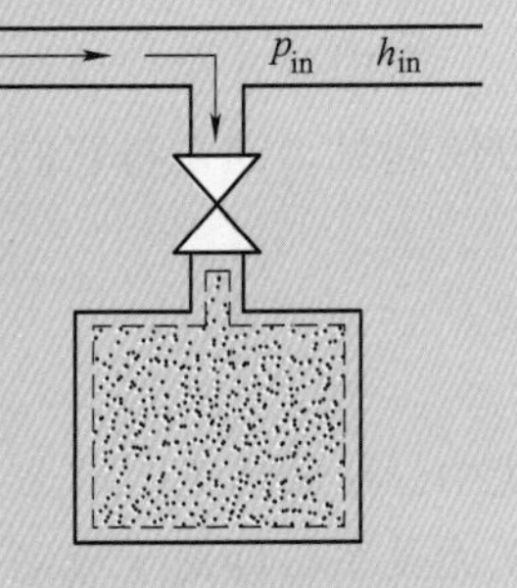

图 2-13 充气过程

⑤充气的动、位能均很小，可忽略，即 $\frac{c_{\mathrm{in}}^2}{2}+gz_{\mathrm{in}}=0$。

3）将上述条件带入能量方程，得

$$h_{\mathrm{in}}\delta m_{\mathrm{in}}=\mathrm{d}E_{\mathrm{c,v}}$$

如果在 τ 时间内进入此储气罐的气体质量为 m_{in}，则

$$\int_0^{\tau}\mathrm{d}U_{\mathrm{c,v}}=\int_0^{m_{\mathrm{in}}}h_{\mathrm{in}}\delta m_{\mathrm{in}}$$

因 h_{in}恒定，可得

$$\Delta U_{\mathrm{c,v}}=h_{\mathrm{in}}m_{\mathrm{in}}$$

这说明，充气过程中，储气罐内气体内能的增量等于充入气体带入的焓。

2.6.2 稳定流动能量方程

工程上，一般热力设备除了启动、停止或加减负荷外，常处在稳定工作的情况下，即开口系统内任何一点的工质，其状态参数均不随时间改变，通常称为稳定流动过程。反之，则为不稳定流动。

稳定流动系统进、出口处工质的质量流量相等，即 $\dot{m}_{\mathrm{out}}=\dot{m}_{\mathrm{in}}=\dot{m}$，且不随时间变化；系统内工质数量保持不变，即$\dfrac{\mathrm{d}m_{\mathrm{c,v}}}{\mathrm{d}\tau}=0$；储存的能量也保持不变，即$\dfrac{\mathrm{d}E_{\mathrm{c,v}}}{\mathrm{d}\tau}=0$。为此要求传热率 $\dot{Q}$ 和净功率 $\dot{W}_{\mathrm{net}}$不变，并且单位时间内进入系统的能量和离开系统的能量相平衡。

将上述稳定流动的条件，代入开口系统能量方程的一般形式——式（2-25），可得出

$$\dot{Q}=\dot{m}\left[\left(h+\frac{c^2}{2}+gz\right)_{\mathrm{out}}-\left(h+\frac{c^2}{2}+gz\right)_{\mathrm{in}}\right]+\dot{W}_{\mathrm{net}}$$

用 $\dot{m}$ 除上式，并令 $q=\dfrac{\dot{Q}}{\dot{m}}$，$W_{\mathrm{net}}=\dfrac{\dot{W}_{\mathrm{net}}}{\dot{m}}$，可得出每千克工质流经开口系统时的能量方程式，即

$$q=(h_{\mathrm{out}}-h_{\mathrm{in}})+\frac{1}{2}(c_{\mathrm{out}}^2-c_{\mathrm{in}}^2)+g(z_{\mathrm{out}}-z_{\mathrm{in}})+w_{\mathrm{net}}$$

或

$$q=\Delta h+\frac{1}{2}\Delta c^2+g\Delta z+w_{\mathrm{net}}$$

此时由于无其他的边界功，所以开口系统的净功只有热力设备与外界交换的机械功。在工程上这个机械功常常通过转动的轴输入、输出，所以习惯上称之为轴功，这里用 W_{s}（或 w_{s}）表示。上式中 $w_{\mathrm{net}}=w_{\mathrm{s}}$，则

$$q=\Delta h+\frac{1}{2}\Delta c^2+g\Delta z+w_{\mathrm{s}}\tag{2-26}$$

对于微元的流动过程，则有

$$\delta q=\mathrm{d}h+\frac{1}{2}\mathrm{d}c^2+g\mathrm{d}z+\delta w_{\mathrm{s}}\tag{2-27}$$

当流过质量为 m 的工质时，稳定流动能量方程式为

$$Q=\Delta H+\frac{1}{2}m\Delta c^2+mg\Delta z+W_{\mathrm{s}}\tag{2-28}$$

其微分形式为

$$\delta Q = \mathrm{d}H + \frac{1}{2}m\mathrm{d}c^2 + mg\mathrm{d}z + \delta W_s \tag{2-29}$$

在式（2-26）和式（2-28）中，等式右边的后三项是工程技术上可利用的能量，将它们合并在一起，以符号 W_t(或 w_t）表示，称为技术功，即

$$W_t = \frac{1}{2}m\Delta c^2 + mg\Delta z + W_s$$

或

$$w_t = \frac{1}{2}\Delta c^2 + g\Delta z + w_s \tag{2-30}$$

利用技术功将稳定流动能量方程写成下列形式：

$$q = \Delta h + w_t \tag{2-31}$$

及

$$\delta q = \mathrm{d}h + \delta w_t \tag{2-32}$$

或

$$Q = \Delta H + W_t \tag{2-33}$$

$$\delta Q = \mathrm{d}H + \delta W_t \tag{2-34}$$

综上可见，在稳定流动过程中，技术功是由动能差、位能差及轴功转换而来的，而式（2-30）表示了技术功的实际表现形式。

式（2-26）~式（2-34）是稳定流动能量方程的不同表达式。导出这些方程时，除了应用稳定流动的条件外，别无其他限制，所以这些方程对于任何工质、任何稳定流动过程，包括可逆和不可逆的稳定流动过程，都是适用的。

对于周期性动作的热力设备，如果每个周期内，它与外界交换的热量、功量保持不变，与外界交换的质量保持不变，进、出口截面上工质参数的平均值保持不变，仍然可用稳定流动能量方程分析其能量转换关系。

1. 稳定流动过程中几种功的关系

到目前为止，我们已介绍过在简单可压缩系统中容积变化功 W、推动功 W_f、技术功 W_t 和轴功 W_s，下面推导在稳定流动过程中这些功量之间的关系。

在稳定流动过程中，由于开口系统本身的状况不随时间而变，因此整个流动过程的总效果相当于一定质量的工质从进口截面穿过开口系统，在其中经历了一系列的状态变化，由进口截面处的状态 1 变化到出口截面处的状态 2，并与外界发生功量和热量的交换。这样，开口系统稳定流动能量方程也可看成是流经开口系统的一定质量工质的能量方程。

另一方面，前面已知的闭口系统能量方程也是描述一定质量工质在热力过程中的能量转换关系的，所以，式（2-28）与式（2-12）应该是等效的。对比这两个方程：

$$Q = \Delta U + \Delta(pV) + \frac{1}{2}m\Delta c^2 + mg\Delta z + W_t$$

$$Q = \Delta U + W$$

可得

$$W = \Delta(pV) + \frac{1}{2}m\Delta c^2 + mg\Delta z + W_t$$

对于单位质量工质则为

$$w = \Delta(pv) + \frac{1}{2}\Delta c^2 + g\Delta z + w_t$$

对于由工质组成的简单可压缩系统，式中的 W 就是工质在热力过程中与外界交换的容积变化功（或称膨胀功）。因此，工质在稳定流动过程中所做的膨胀功，一部分消耗于维持工质进出开口系统时的推动功，一部分用于增加工质的宏观动能和重力位能，其余部分才作为热力设备输出的轴功。

考虑到前面定义的技术功 W_t，则上式可改写为

$$w = \Delta(pv) + w_t$$

或

$$w_t = w - \Delta(pv)$$

此式表明，工质稳定流经热力设备时所做的技术功等于膨胀功与推动功的差值。

对于简单可压缩系统的准静态过程，膨胀功 $w = \int_1^2 p\mathrm{d}v$，则

$$w_t = \int_1^2 p\mathrm{d}v - (p_2v_2 - p_1v_1) = \int_1^2 p\mathrm{d}v - \int_1^2 \mathrm{d}(pv) = -\int_1^2 v\mathrm{d}p \tag{2-35}$$

根据式（2-35），准静态过程的技术功在 p-v 图上可以用过程线左面的一块面积表示，如图 2-14 所示的面积 12ba1。

$$w_t = 面积\ 12ba1 = 面积\ 12341 + 面积\ 140a1 - 面积\ 230b2$$

这同样表明，工质稳定流经热力设备时所做的技术功为膨胀功与推动功的差值。

式（2-35）中，比体积 v 恒为正值，积分号前的负号表示技术功的正负与 $\mathrm{d}p$ 相反，若 $\mathrm{d}p<0$，也就是说过程中工质压力降低，则技术功为正，对外界做功，例如蒸汽机、汽轮机和燃气机等；反之，若 $\mathrm{d}p>0$，即过程中工质压力升高，则技术功为负，外界对工质做功，例如压气机和泵等。

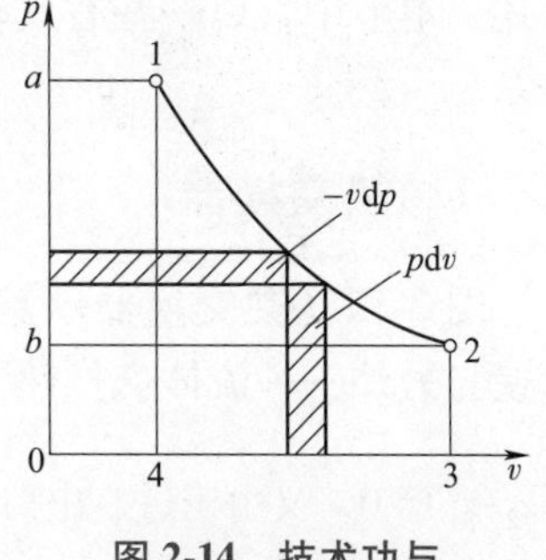

图 2-14 技术功与膨胀功关系图

2. 准静态条件下热力学第一定律的两个解析式

将式（2-35）代入式（2-31），则在准静态条件下稳定流动能量方程可写成如下形式

$$q = \Delta h - \int_1^2 v\mathrm{d}p \tag{2-36}$$

或其微分形式为

$$\delta q = \mathrm{d}h - v\mathrm{d}p \tag{2-37}$$

式（2-36）可利用焓的定义式改写为

$$q = \Delta u + p_2v_2 - p_1v_1 - \int_1^2 v\mathrm{d}p = \Delta u + \int_1^2 p\mathrm{d}v \tag{2-38}$$

由此可见，式（2-37）与式（2-38）这两个表达式形式上似乎不同，但其实质是相同的，统称准静态条件下热力学第一定律的解析式，且既适用于闭口系统准静态过程，又适用于开口系统准静态稳定流动过程。

若工质进、出热工设备的宏观动能和宏观重力位能的变化量很小，可忽略不计，则技术功等于轴功，即 $w_t = w_s$。

3. 机械能守恒关系式

将式（2-35）代入式（2-30），还可得到准静态稳流过程中的机械能守恒式

$$\int_1^2 v\mathrm{d}p + \frac{1}{2}\Delta c^2 + g\Delta z + w_{\mathrm{s}} = 0 \tag{2-39}$$

对于有摩擦现象的准静态稳流过程，可类似得到广义的机械能守恒式

$$\int_1^2 v\mathrm{d}p + \frac{1}{2}\Delta c^2 + g\Delta z + w_{\mathrm{s}} + w_{\mathrm{F}} = 0 \tag{2-40}$$

式中，w_{F} 代表克服摩擦阻力所做的功。

在上述式（2-39）与式（2-40）中，若工质不对外输出轴功，则可分别改写为

$$\int_1^2 v\mathrm{d}p + \frac{1}{2}\Delta c^2 + g\Delta z = 0 \tag{2-41}$$

与

$$\int_1^2 v\mathrm{d}p + \frac{1}{2}\Delta c^2 + g\Delta z + w_{\mathrm{F}} = 0 \tag{2-42}$$

以上两式分别称为伯努利（Bernoulli）方程与广义的伯努利方程，它反映了压力、速度、重力位能及摩阻之间的转换关系，是流体力学的基本方程之一。

2.7　能量方程式的应用

流体机械与工业设备多数情况下为定常运行的状态，它们的运行特征可以用定常系统来描述。本节中，以一些有代表性的定常流动系统设备为例，说明其与热力学第一定律之间的关系。

2.7.1　热交换器

图 2-15 为热交换器示意图。工质流经换热器时，通过管壁与另外一种流体交换热量。显然，这种情况下，$w_{\mathrm{s}}=0$，$g(z_2-z_1)=0$，又由于进、出口工质速度变化不大，则$\frac{c_2^2-c_1^2}{2}\approx 0$。根据稳定流动能量方程，可得

$$q = h_2 - h_1$$

即工质吸收的热量等于焓的增量。如果算出的 q 为负值，则说明工质向外放热。

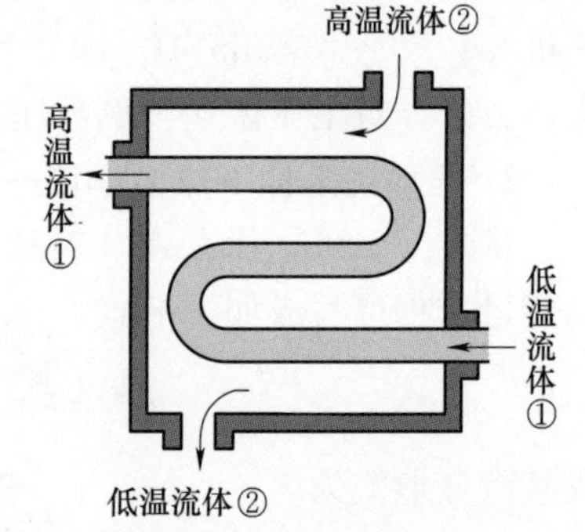

图 2-15　热交换器示意图

图 2-16 为一个实际热交换器的换热流程和参数点，工质 R134a 被水从 70℃ 冷却到 35℃，同时水从 15℃ 被加热到 25℃。

2.7.2　动力机械

利用工质膨胀而获得机械功的热力设备，称为动力机械，如燃气机、汽轮机等。工质流经动力机械时，工质膨胀，压力降低，对外做轴功（见图 2-17）。由于工质进、出口速度相

差不大，故可认为$\frac{c_2^2-c_1^2}{2}\approx 0$，进、出口高度差很小，即$g(z_2-z_1)=0$；又因工质流经动力机械所需的时间很短，可近似看成绝热过程，因此，稳定流动能量方程简化为

$$w_s = h_2 - h_1$$

这就是说，动力机械对外做出的轴功是依靠工质的焓降转变而来的。

图2-18显示了一个实际热力发电厂汽轮机各部位的参数。

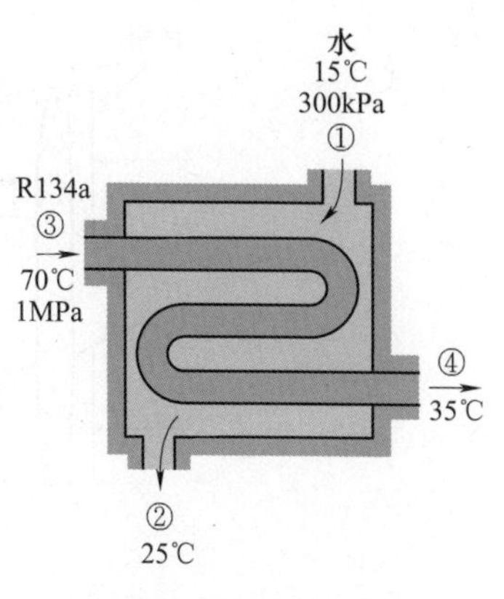

图 2-16　实际热交换器

涡轮机（turbine）：使用蒸汽或气体的动力机械（见图2-19和图2-20），在水力发电站里，驱动发电机转动的装置就是涡轮机。涡轮机内流体流动时，流体与涡轮机叶片（turbine blade）之间进行动量交换的结果，是克服发电机的阻力转矩使轴转动起来，从而实现涡轮机做功。由于涡轮机是对周围环境做功，故功W为正值。图2-21所示的喷气式发动机，涡轮机输出的轴功主要用于驱动压气机做功，流体残余的能量以高速气流的动能形式从后面喷出。大多数情况下，涡轮机可以用绝热过程（$Q=0$）来处理，若忽略势能的变化，就可以写成如下的形式：

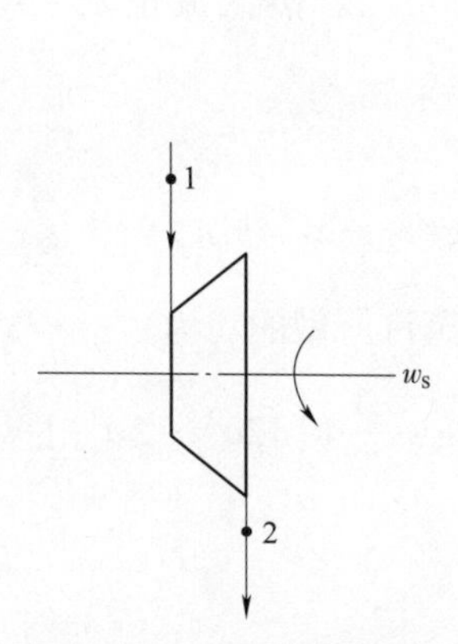

图 2-17　动力机械示意图

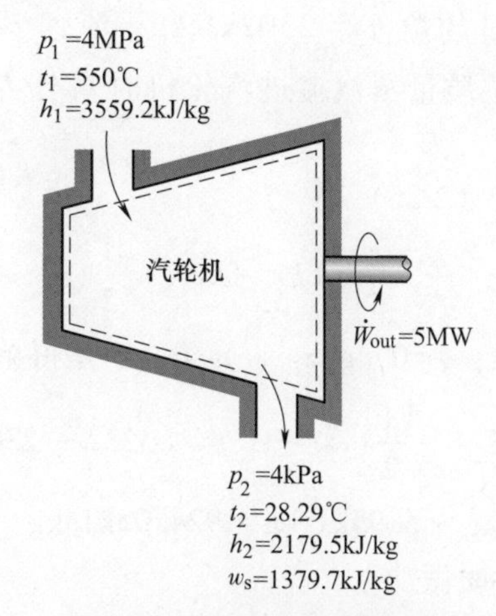

图 2-18　汽轮机参数示意图

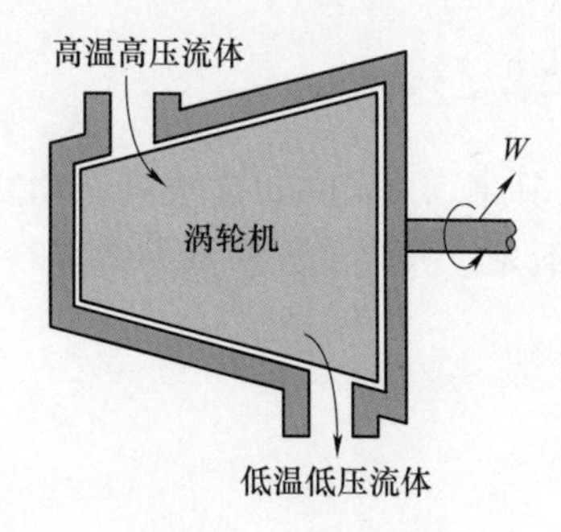

图 2-19　涡轮机模型

图 2-20　涡轮机实物图示例

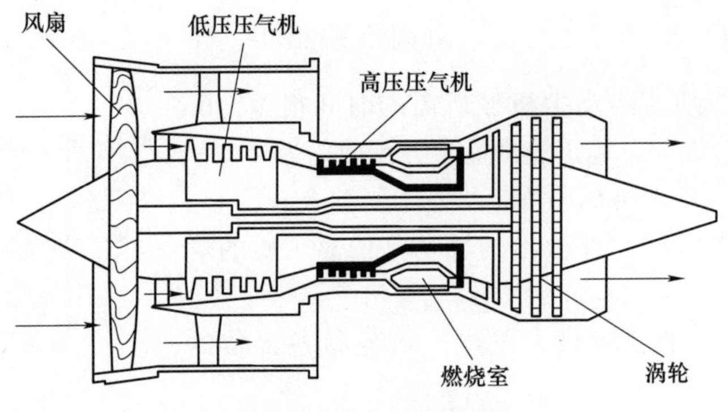

图 2-21　喷气式发动机

$$(h_2 - h_1) + (c_2^2 - c_1^2)/2 = -w$$

另外，像发电用的轴流式动力机，也常常可以忽略流体的动能，即

$$h_2 - h_1 = -w$$

此时涡轮机的动力可以看出其值等于焓值的减少。

【例 2-5】　已知新蒸汽流入汽轮机时的焓 $h_1 = 3232\text{kJ/kg}$，流速 $c_{f1} = 50\text{m/s}$；蒸汽流出汽轮机时的焓 $h_2 = 2302\text{kJ/kg}$，流速 $c_{f2} = 120\text{m/s}$。散热损失和位能差可忽略不计。试求单位质量蒸汽流进汽轮机时对外界所做的功。若蒸汽流量是 10t/h，求汽轮机的功率。

解：由式（2-26）得

$$q = (h_2 - h_1) + \frac{1}{2}(c_{f2}^2 - c_{f1}^2) + g(z_2 - z_1) + w_s$$

根据题意，$q=0$，$g(z_2-z_1)=0$，于是得单位质量蒸汽所做的功为

$$w_s = (h_1 - h_2) - \frac{1}{2}(c_{f2}^2 - c_{f1}^2) = (3232 - 2302)\text{kJ/kg} - \frac{1}{2}[(120^2 - 50^2)] \times 10^{-3}\text{kJ/kg}$$

$$= 930\text{kJ/kg} - 5.95\text{kJ/kg} = 924.05\text{kJ/kg}$$

工质每小时做功

$$W_i = q_m w_s = 10 \times 10^3\text{kg/h} \times 924.05\text{kJ/kg} = 9.24 \times 10^6\text{kJ/h}$$

故汽轮机功率为

$$P = \frac{W_i}{3600\text{s/h}} = \frac{9.24 \times 10^6\text{kJ/h}}{3600\text{s/h}} = 2567\text{kW}$$

讨论：本例蒸汽流经汽轮机做功 924.05kJ/kg，其中 5.95kJ/kg 是蒸汽流动能的增加，可见工质流速在百米每秒数量级时，动能的影响仍不大，因此工程领域常常忽略气流宏观动能和位能变化。

2.7.3　压缩机械

当工质流经泵、风机、压气机等一类压缩机械时，工质受到压缩，压力升高，外界对工质做功，情况与上述动力机械恰恰相反。一般情况下，进、出口工质的动、位能差均可忽

略，如无专门冷却措施，工质对外略有散热，但数值很小，可略去不计，因此，稳定流动能量方程可写成

$$w_s = h_2 - h_1$$

即工质在压缩机械中被压缩时外界所做的轴功等于工质焓的增加。

倘若压气机的散热量不能忽略，则

$$w_s = h_2 - h_1 + q$$

图 2-22 显示了一个实际空气压缩机各部位的参数。

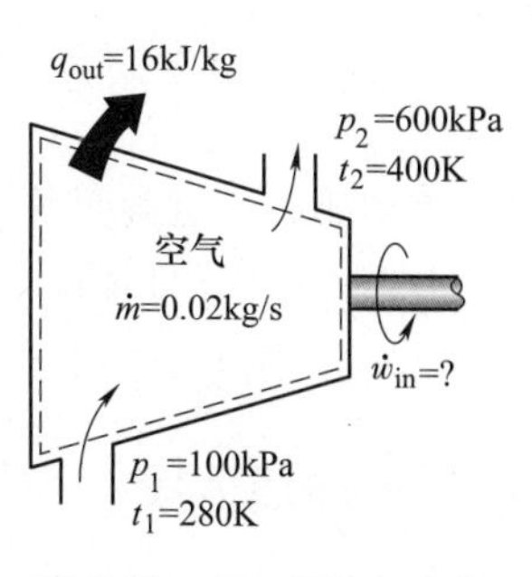

图 2-22　空气压缩机参数

【例 2-6】　水泵将 50L/s 的水从湖面（$p_1 = 1.01\times10^5$Pa，$t_1 = 20$℃）打到 100m 高处，出口处的 $p_2 = 1.01\times10^5$Pa。水泵进水管径为 15cm，出水管径为 18cm，水泵功率为 60kW。设水泵与管路是绝热的，且可忽略摩擦阻力，求出口处水温。

解：根据稳定流动时的质量守恒关系，有

$$c_1A_1 = c_2A_2 = 50\text{L/s}$$

进口流速为

$$c_1 = \frac{c_2A_2}{A_1} = \frac{50\times10^{-3}}{\pi\times0.15^2/4}\text{m/s} = 2.83\text{m/s}$$

出口流速为

$$c_2 = \frac{c_1A_1}{A_2} = \frac{50\times10^{-3}}{\pi\times0.18^2/4}\text{m/s} = 1.96\text{m/s}$$

质量流速为

$$\dot{m} = \rho_1c_1A_1 = 10^3\times50\times10^{-3}\text{kg/s} = 50\text{kg/s}$$

由于 $Q=0$，因此，稳定流动能量方程为

$$w + \left(h + \frac{1}{2}c^2 + gz\right)_2 - \left(h + \frac{1}{2}c^2 + gz\right)_1 = 0$$

水的焓变 $\Delta h = c\Delta T$，带入上式得

$$60\text{kW} = 50\text{kg/s}\times$$

$$\left[4.19\text{kJ}\cdot\text{kg}^{-1}\cdot\text{K}^{-1}\times(T_2 - 293\text{K}) + \frac{2.83^2 - 1.96^2}{2}(\text{m/s}^2) + 9.81\text{m/s}^2\times100\text{m}\right]$$

$$T_2 = 293.05\text{K} = 20.05℃$$

此题中动能变化比位能变化小得多，完全可忽略不计，而且水温升高仅 0.05℃，水泵功率中仅 18%用于提高水的焓值，其余 82%用于位能变化。

2.7.4　管道

工质流进诸如喷管、扩压管等这类设备（见图 2-23）时，工质位能变化可忽略；由于管内流动，不对外做轴功，$w_s = 0$；又因工质流速一般很高，可按绝热处理，因此，稳定流动能量方程可写成

$$\frac{1}{2}(c_2^2 - c_1^2) = h_1 - h_2$$

即工质动能的增量等于其焓降。

上式还可用出口流速来表达，即

$$c_2 = \sqrt{2(h_1 - h_2) + c_1^2}$$

2.7.5 绝热节流

工程上最常见的绝热节流就是流体管道上的各种阀门。这些阀门的开启，改变了管道的流通面积，工质在管内流过这些缩口或狭缝时，会遇到阻力，使工质的压力降低，形成旋涡，这种现象称为节流，如图 2-24 所示。

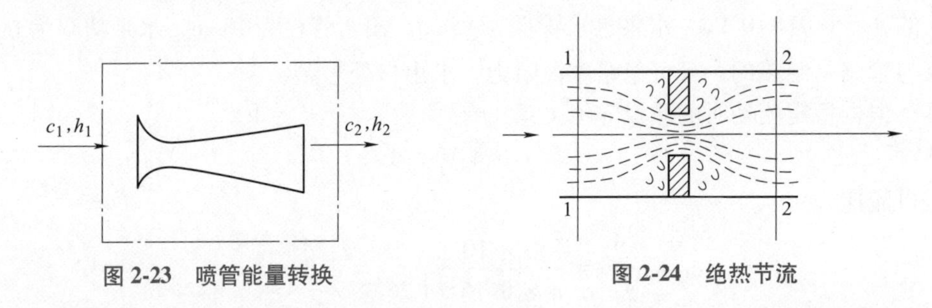

图 2-23　喷管能量转换　　图 2-24　绝热节流

工质以速度 c 在管内流动，当接近缩口（例如闸板）时，由于通道面积突然缩小，流速剧增；经过缩口后，通道截面扩大，流速又逐渐降低。因为流经缩口的时间极短，所以可看作绝热，同时对外又不做功，因此位能差通常可略去不计。由于在缩口处工质内部产生强烈扰动，存在旋涡，即使同一截面上，各同名参数值也不相同，故不便分析，但在距缩口稍远的上、下游处，则呈稳定状态，且同一截面上各同名参数值均匀一致。一般情况下，上、下游截面处的流速变化不大时，动能差也常可忽略。因此，稳定流动能量方程可简化为

$$h_2 = h_1$$

即在忽略动、位能变化的绝热节流过程中，节流前后的工质焓值相等。但需注意，由于在上、下游截面之间，特别在缩口附近，流速变化很大，焓值并不处处相等，即不能把此绝热节流过程理解为定焓过程。

本 章 小 结

热力学第一定律的实质是能量守恒与转换定律在热现象中的应用。虽然针对不同的系统可以得到形式不同的热力学第一定律表达式，但其实质是一样的，可以表达为“输入系统的能量减去输出系统的能量等于系统储能的增量”。热力学第一定律的精髓在于过程中能量数量守恒，应注重对过程中能量数量守恒的分析和应用。

闭口系没有物质越过边界，故其系统储能变化仅是热力学能的变化，闭口系的热力学第一定律表达式，即热力学第一定律基本表达式为

$$Q = \Delta U + W$$

运行中的热力设备大多有工质流入、流出，而开口系引进（或排出）工质时引进（或排出）系统的能量涉及物质的热力学能和推动功，故能量方程中应采用焓的概念，稳定流动系统的能量方程为

$$Q = \Delta H + \frac{1}{2}m\Delta c^2 + mg\Delta z + W_s$$

通常，热力设备内工质通过状态变化转变来的功通过轴与外界交换，称之为轴功。如果考虑宏观动能和位能的变化，那就是系统与外界可以交换的技术上可以利用功——技术功：

$$W_t = \frac{1}{2}m\Delta c^2 + mg\Delta z + W_s$$

引入技术功概念后，稳定流动方程可表示为

$$Q = \Delta H + W_t$$

具体建立能量方程时还需注意，任何能量方程都是针对具体的系统的，所以同一问题取不同系统可建立不同形式的能量方程；只有在能量越过边界时才有功或热量在能量方程中出现。

思 考 题

2-1 能否由基本能量方程式得出功、热量和热力学能是相同性质参数的结论？

2-2 一刚性绝热容器，中间用绝热隔板分为两部分，A 中存有高压空气，B 中保持真空，如图 2-25 所示。若将隔板抽去，分析容器中空气的热力学能将如何变化？若在隔板上有一小孔，气体泄漏入 B，分析 A、B 两部分压力相同时 A、B 两部分气体热力学能如何变化？

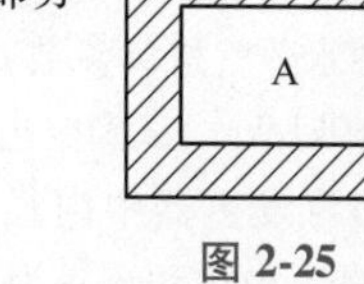

图 2-25 自由膨胀

2-3 热力学第一定律解析式有时写成下列两种形式：

$$q = \Delta u + pv$$

$$q = \Delta u + \int_1^2 p\mathrm{d}v$$

分别讨论上述两式的适用范围。

2-4 气体流入真空容器，是否需要推动功？

2-5 开口系实施稳定流动过程，是否同时满足下列三式：

$$\delta Q = \mathrm{d}U + \delta W$$

$$\delta Q = \mathrm{d}H + \delta W_t$$

$$\delta Q = \mathrm{d}H + \frac{m}{2}\mathrm{d}c_f^2 + mg\mathrm{d}z + \delta W_i$$

上述三式中，W、W_t 和 W_i 的相互关系是什么？

习 题

2-1 气缸中密封有空气，初态为 $p_1 = 0.2\text{MPa}$，$V_1 = 0.4\text{m}^3$，缓慢胀到 $V_2 = 0.8\text{m}^3$。①过程中 pV 持不变；

②过程中气体先循 $p=0.4-0.5V$ 膨胀到 $V_m=0.6\text{m}^3$，再维持压力不变，膨胀到 $V_1=0.8\text{m}^3$。分别求出两过程中气体做出的膨胀功。

2-2　某种气体在气缸中进行一缓慢膨胀过程。其体积由 0.1m^3 增加到 0.25m^3。过程中气体压力依 $p=0.24-0.4V$ 变化。若过程中气缸与活塞的摩擦力保持为 1200N，当地大气压力为 0.1MPa，气缸截面积为 0.1m^3，试求；气体所做的膨胀功 W；系统输出的有用功 W_u；若活塞与气缸无摩擦，系统输出的有用功 $W_{u,re}$。

2-3　某汽油机气缸内燃气的压力与容积对应值见表 2-1，求燃气在该膨胀过程中所做的功。

表 2-1　压力与容积对应值

p/MPa	1.655	1.069	0.724	0.500	0.396	0.317	0.245	0.193	0.103
V/m^3	114.71	163.87	245.81	327.74	409.68	491.61	573.55	655.48	704.64

2-4　一汽车在 1h 内消耗汽油 34.1L，已知汽油的发热量为 44000kJ/kg，汽油密度为 750kg/m^3。测得该车通过车轮输出的功率为 64kW，试求汽车通过排气、水箱散热等各种途径所放出的热量。

2-5　1kg 氧气置于图 2-26 所示气缸内，缸壁能充分导热，且活塞与缸壁无摩擦。初始时氧气压力为 0.5MPa，温度为 27℃。若气缸长度为 $2l$，活塞质量为 10kg，试计算拔除销钉后，活塞可能达到的最大速度。

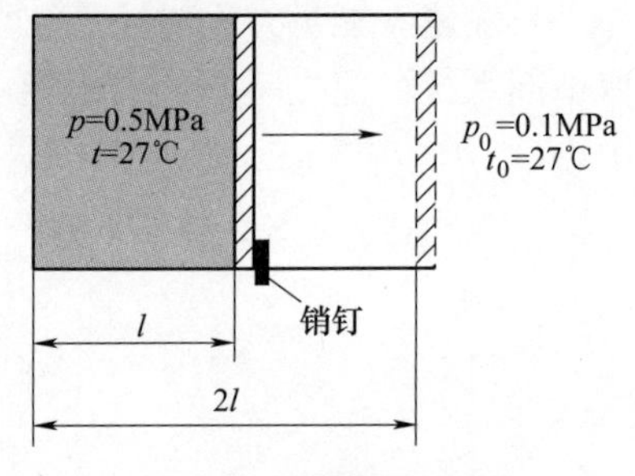

图 2-26　习题 2-5 附图

2-6　气体在某一过程中吸收了 50J 的热量，同时热力学能增加了 84J，问此过程是膨胀过程还是压缩过程？对外做功是多少（J）？

2-7　空气在压气机中被压缩，压缩前空气的参数是：$p_1=0.1\text{MPa}$、$v_1=0.845\text{m}^3/\text{kg}$；压缩后的参数是 $p_2=0.8\text{MPa}$、$v_2=0.175\text{m}^3/\text{kg}$。设在压缩过程中 1kg 空气的热力学能增加 139.0kJ，同时向外放出热量 50kJ。压气机每分钟产生压缩空气 10kg。试求：压缩过程中对 1kg 空气做的功；每生产 1kg 压缩空气所需的功（技术功）；带动此压气机要用多大功率的电动机？

2-8　喷嘴中水蒸气进口参数 $p_1=0.6\text{MPa}$，$t_1=350℃$，出口参数 $p_2=100\text{kPa}$，$t_2=200℃$。进口速度可忽略，热损失是 250kJ/kg。试确定出口速度。

2-9　进入蒸汽发生器中内径为 30mm 管子的压力水的参数为 10MPa、30℃，从管子输出时参数为 9MPa、400℃，若入口体积流量为 3L/s，求加热率。（已知初态时 $h=134.8\text{kJ/kg}$，$v=0.0010\text{m}^3/\text{kg}$；终态时 $h=3117.5\text{kJ/kg}$，$v=0.0299\text{m}^3/\text{kg}$。）

第3章 热力学第二定律

由上一章内容可知，热力学第一定律要求一个过程中能量必须保持守恒关系，即热力过程中参与转换与传递的各种能量在数量上是守恒的。但它并没有说明，满足能量守恒原则的过程是否都能实现。事实上，自然界中遵循热力学第一定律的热力过程未必一定能够发生。这说明热力学第一定律并不能给出能量转换过程的全部特性，需要有另外的基本原理，以表明能量传递或转换时的方向、条件和限度。如：当热能和机械能相互转换时，两者数量相等，但热力学第一定律并未说明热转功和功转热是否都能自动进行，转换的条件是什么，以及能否全部转换。

经验告诉我们，自然过程是有方向性的，揭示热力过程具有方向性这一普遍规律的是独立于热力学第一定律之外的热力学第二定律。它是研究与热现象有关的过程进行的方向、条件和限度等问题的规律，其中最根本的是方向问题。它阐明了能量不但有“量”的多少问题，而且有“品质”的高低问题，在能量的传递和转换过程中能量的“量”守恒，但“质”却不守恒。本章就从自然界中热力过程具有方向性的种种现象入手进行讨论。

3.1 热力过程的方向性

自然界中发生的涉及热现象的热力过程都具有方向性。观察下面几个例子，发现自然过程的方向性特征。

1. 功热转换

“钻木取火”是借助摩擦使功转化成热的典型现象。如图 3-1 所示的简单实验说明，功可以自发地转变为热，而热不可能自发地转变为功。例如，在一个密闭的、绝热的刚性容器中盛有定量的某种气体，并有一重物升降装置带动的搅拌器置于容器中。重物下降做功，使搅拌器转动，通过搅拌，气体温度升高。这种过程可以自发（无条件）进行，而且过程中功可以百分之百地转变为热。但反过来，让气体降温，使搅拌器反转带动重物上升，却是不可能自发进行的。

2. 传热过程

日常生活及工程实践告诉我们，热可以从温度较高的物体自发地、不需付出任何代价地传给温度较低的物体。反之，要使热由低温物体传向高温物体必须付出其他的代价，需要依靠外界的帮助，比如借助热泵装置消耗一定的外功 W(见图 3-2)。

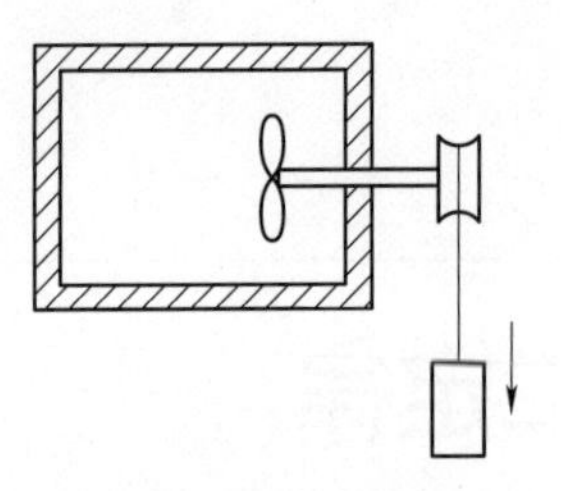

图 3-1　功转热示意图

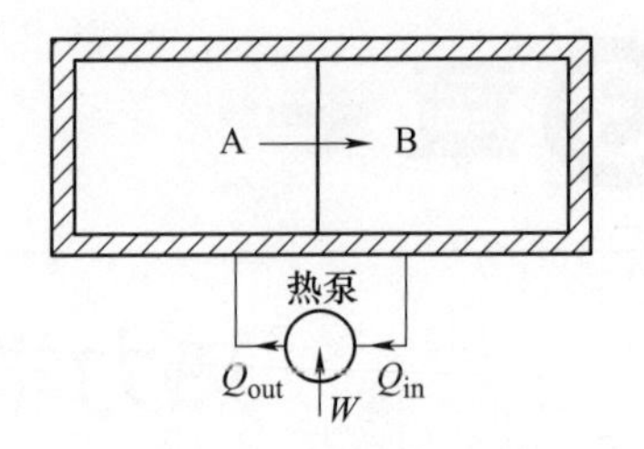

图 3-2　热泵消耗装置

3. 自由膨胀

刚性绝热容器中间设置一个隔板将其分成互不相通的两部分，一侧充有气体，另一侧为真空，抽去隔板后，高压气体必定自动地向真空侧膨胀并占据整个容器。气体向真空空间膨胀可以自发进行，因膨胀过程中没有阻力（真空），过程中气体也不做功，因此，此膨胀也称无阻膨胀。但相反的压缩过程却不可能自发进行。

4. 混合过程

将一滴墨水滴到一杯清水中，墨水与清水很快就混为一体，或者把两种不同的气体放在一起，两种气体也就混合为混合气体。这都是常见的自发过程，不需要任何其他代价，只要使两种物质接触在一起就能完成。而相反的分离过程却是不可能自发进行的，如果要将混合的液体或气体分离必须以付出其他代价为前提，如消耗功或热量。

5. 燃烧过程

燃料燃烧变成燃烧产物（烟气、残渣等）只要达到燃烧条件就能自发进行，但将燃烧产物放在一起，若不花代价就无法使其还原成燃料。

上述诸现象说明了热力过程具有方向性，当然，还有许多例子可以说明热力过程的方向性：有些热力过程可以自动发生，有些则不能。可以自动发生的过程称为自发过程，反之是非自发过程。在涉及热力过程的方向性时，只是说自发过程可以自动发生，非自发过程不能自动发生，强调的是“自动”，并没有说非自发过程不能发生。

事实上，许多实际过程都是非自发过程。例如，制冷就是把热量从温度低的物体（或空间）传向温度高的物体（或空间）。但这一非自发过程的发生，必须以外界消耗功等方式作为代价。同样，在热机中可以使热能转变为机械能，但这一非自发过程的发生是以一部分热量从高温物体传向低温物体（或从热源传向冷源）作为代价的。这些都说明：一个非自发过程的进行必须付出某种代价作为补偿。虽然为实现各种非自发过程补偿是必不可少的，但是为提高能量利用的经济性，人们一直在最大限度地减少补偿。例如：制冷工程中尽量减少外界耗功（相同制冷量情况下）；热机工作中尽量减少向冷源放热（相同吸热量情况下）。

因此，热力过程的方向性也可以说是自发过程具有方向性。热力过程的方向性说明：在自然界中，热力过程若要发生，必然遵循热力学第一定律，但第一定律对过程方向并无设限，满足第一定律并不确保过程一定会发生，因此要用热力学第二定律来修正，这是独立于热力学第一定律之外的另一个基本定律。

3.2 热力学第二定律的表述

热力学第二定律与热力学第一定律一样，是根据无数实践经验得出的经验定律，是基本的自然定律之一。它与所有经验定律一样，不能从其他定律推导得出，唯一的依据是千百次重复的经验而无一例外这一事实。

现实中，利用蒸汽动力装置、内燃机及燃气轮机装置可以把燃料燃烧产生的热能转变为动力装置输出的机械功，从而实现把热能转换为机械能。但是，与此同时，总有一部分燃烧产生的热能不能转变为机械能，而以废热的形式排放给温度较低的环境。长期的实践证明：企图不向温度较低的环境放热而把高温物体的热能连续完全地转换为机械能是不可能的。

利用制冷机可实现由低温物体向高温物体传递热量。但是，为使制冷机工作，必须消耗一定的机械功来压缩工质。长期的实践证明：企图不消耗机械功而实现由低温物体向高温物体传递热量是不可能的。

上述两种情况更加说明了能量转换过程中除了遵循热力学第一定律保持能的总量守恒外，还要遵循有关能量转换的条件及方向性的热力学第二定律。

热力学第二定律涉及的领域十分广泛，由于历史的原因，针对不同的问题或者从不同的角度，它有各种各样的表述方式。下面介绍两种比较经典的表述。

1850 年克劳修斯从热量传递方向性的角度，将热力学第二定律表述为："不可能将热从低温物体传至高温物体而不引起其他变化"。这称为热力学第二定律的克劳修斯表述，简称克氏表述。它说明热从低温物体传至高温物体是一个非自发过程，要使之实现，必须花费一定的"代价"或具备一定的"条件"（或者说要引起其他变化）。

1851 年，开尔文从热功转换的角度将热力学第二定律表述为："不可能从单一热源取热，并使之完全变为有用功而不引起其他变化。"此后不久普朗克也发表了类似的表述："不可能制造一部机器，它在循环工作中将一重物升高同时使一热库冷却。"开尔文与普朗克的表述基本相同，因此把这种表述称为开尔文-普朗克表述，简称开氏表述。此表述的关键也仍然是"不引起其他变化"。

热力学第一定律否定了创造能量与消灭能量的可能性，我们把违反热力学第一定律的热机称为第一类永动机。那么假设有一种热机，它不引起其他变化而能使从单一热源获取的热完全转变为功，这种热机就可以利用大气、海洋作为单一热源，使大气、海洋中取之不尽的热能转变为功，成为又一类永动机。它虽然没有违反热力学第一定律，却违反了热力学第二定律，因此，称之为第二类永动机。显然，这同样是不可能的。因而，热力学第二定律又可以表述为第二类永动机是不可能制造成功的。然而，时至今日仍有人进行这种毫无价值的尝试，却并不意识到违反客观规律，甚至否认这是第二类永动机。

乍看起来，热力学第二定律的两种表述针对不同的现象，没有什么联系。但是它们反映的都是热力过程的方向性的规律，实质上应该是统一的、等效的。

现在我们着手证明上述两种表述的等价性。采用反证法证明，即违反了克氏表述必导致违反开氏表述；反之，违反了开氏表述也必导致违反克氏表述。

[证明一]：违反开氏表述的必然导致违反克氏表述。

如图 3-3 所示，假定在两热源 T_1、T_2 间工作的热机 A 是违反开氏表述的单热源热机。

从 T_1 吸热 Q_1，对外做功 $W=Q_1$，带动制冷机 B 从低温热源 T_2 吸热 Q_2，向高温热源放热 Q_1'。对制冷机 B 来说，$Q_2+W=Q_1'$，即 $Q_2+Q_1=Q_1'$，那么热源 T_1 得到净热量为 $Q_1'-Q_1=Q_2$。若设想 A 与 B 联合工作，未消耗任何外功，却使热量 $Q_2=Q_1'-Q_1$ 从热源 T_2 传到了热源 T_1。以上结论显然违反克氏表述。追溯原因，制冷机 B 并没有违反自然规律，此处只有 A 违反开氏表述。所以，凡违反开氏表述必然导致违反克氏表述。

[证明二]：违反克氏表述的必然导致违反开氏表述。

如图 3-4 所示，假设和克氏表述相反，热量 Q_2 能够从温度为 T_2 的低温热源自发地传给温度为 T_1 的高温热源，并且另有一热机 E 在热源 T_1、T_2 之间工作，从 T_1 热源吸热 Q_1，放给低温热源的热量刚好等于 Q_2。根据热力学第一定律，热机做出净功 $W=Q_1-Q_2$，那么，对于高温热源 T_1 来说，放出热量 Q_1-Q_2，而低温热源没有任何变化。整个系统的唯一效果是从热源吸热 Q_1-Q_2 全部变成为功，而没有引起其他变化。显然，这是违反开氏表述的。因此证明了凡违反克氏表述的必导致违反开氏表述。

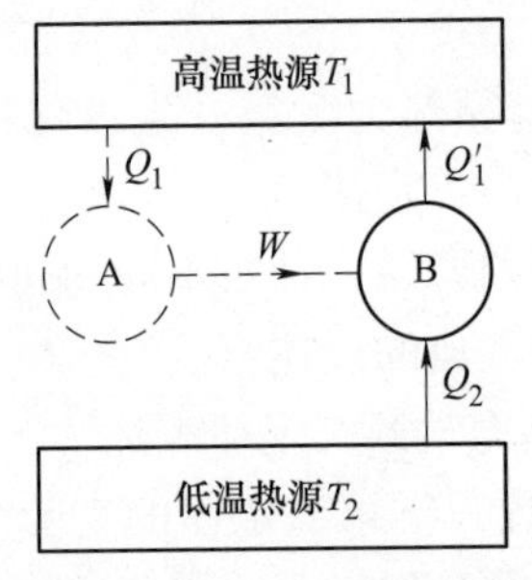

图 3-3 违反开氏表述的模型

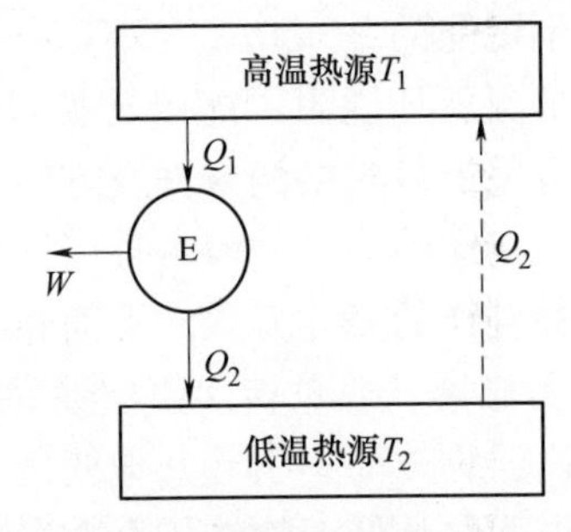

图 3-4 违反克氏表述的模型

值得指出的是，多年来不断有人对开氏表述提出修正，但至今仍没有统一的看法。尽管如此，上述两种表述至少在正热力学温度范围及一般工程技术领域中仍然具有重要的指导意义。

热力学第二定律的表述方法很多，各种表述的内容大部分是单纯地针对某一种自发实现的涉及热现象的过程并指出其逆向过程不可能自发地实现，从而说明能量转换的条件及过程的方向性。只要系统进行了一个自发过程，不论用何种复杂的办法，都不可能使系统和外界都恢复原状而不留下任何变化。在此意义上，自发过程所产生的效果是无法消除的，或者说是不可逆的。因此，热力学第二定律又可概括为：一切自发实现的涉及热现象的过程都是不可逆的。

3.3 内部可逆过程

第 1 章已经讲述了可逆过程，但比已知的可逆过程更有用的概念是内部可逆过程（internally reversible process）。在用热力学模型处理不可逆过程时，正确地认识不可逆过程是在何处产生是非常必要的，是在系统内部、外界，还是这两者均有？系统内部没有不可逆过程的情况称为内部可逆过程。如图 3-5 所示，对系统的加热过程进行热力学模型化。在图 3-5a 中，假设为等温传热（isothermal heat transfer），则系统全体变为可逆过程。另外，考虑如图 3-5b所示的有温差传热的不可逆过程，如果温差存在于系统外部，那么由传热引起的不可逆过程在外界中产生，就变为内部可逆过程。但是，如图 3-5c 所示，假设在系统内部存在温差，则系统内部就会产生不可逆过程，使分析研究系统内的循环变得复杂，很难理想化。对于多数热力学模型化过程，即使全体是不可逆过程（循环），也可通过适当选取系统，使系统外部（外界）分担不可逆过程，使循环运行的系统内部成为可逆过程，这种方法是常用的。对于闭口系统中的内部可逆过程，过程中系统的温度、压力、比体积等全部强度性状态参数是均匀一致的，这是因为如果温差存在，就会自然地传热，会造成不可逆过程的发生。热源的全部过程都是内部可逆过程。

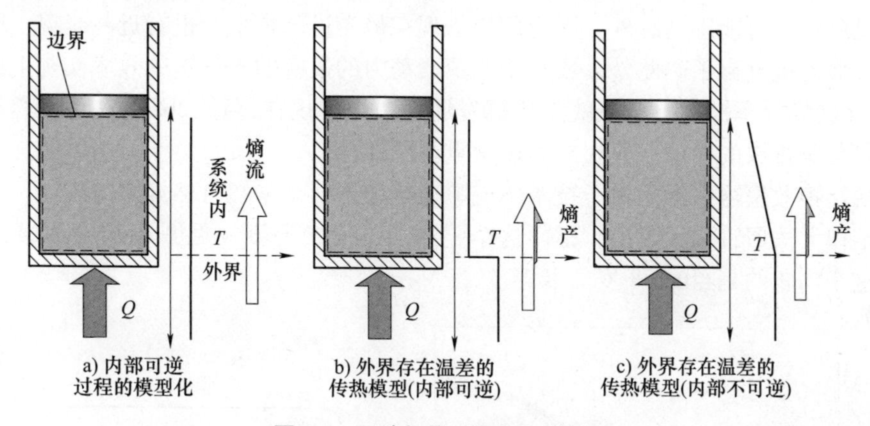

图 3-5 系统加热过程热力学模型

3.4 卡诺循环和卡诺定律

应用在机械工学中的热力学第二定律指出了发动机、涡轮机等将热能转换成机械功的装置（以下分别记为热、功）的理论最大热效率，并且可以定量地揭示实际中的热系统（发动机、空调机等）不能达到理论最大热效率的原因。工学中在应对地球环境、能源、资源问题方面，热力学第二定律（以下简称第二定律）的观点今后将变得更加重要。第二定律本身不能说非常复杂，但是，定量地表示第二定律的熵的概念，是以人类的长期经验为基础并由许多先驱者建立的，而不是建立在效率基础上的，所以对于初学者来说难理解的部分和容易误解的地方较多。到目前为止，人们已对第二定律逻辑的、通俗易懂的叙述进行了许多尝试。在本章中，以这些成果为基础，从第二定律的先驱者卡诺（见图 3-6）开始，尝试用有助于今后机械工学的、现代的、具体的语言叙述第二定律。即使经过了近 200 年，卡诺从工学角度观察和认识问题的方法依然值得我们学习，如今，机械工学的重要课题之一也仍然是提高热效率。

图 3-6 卡诺
（Nicolas Léonard Sadi Carnot）

热效率有上限吗？

热和功都是能量的形式之一，且它们遵守总量守恒的规律。众所周知，人类历史上最初大规模地实现将热能转换为机械功是因为蒸汽机的发明，并由此揭开了人类历史的工业革命时代，开启了现代工业的序幕。

此时，人们不禁产生了疑问。这就是所谓“热⇒功”的转换效率（热效率）可以是100%吗？热力学重大使命之一是指出效率高并且对环境影响小、由热能产生出对人类有用的功的技术措施。针对该问题，热力学第一定律告诉我们的是热和功在能的“量”方面的等价性。与之相比，我们更需要知道的是热与功相互转换的比例。尽管已经知道功⇒热转换效率是100%（例如摩擦可使物体的温度上升），但是，热⇒功的转换效率是多少，第一定律并不能回答。

图3-7所示是发动机、蒸汽机及涡轮机等的热效率（热⇒功的转换效率）的历史变迁概况。初次见到的人可能感到意外，因为即使是现在最先进的技术，也有近一半以上的能量没有被利用，而是被废弃了。此外，成为工业革命动力的最初的蒸汽机的效率实际上没有达到1%，热⇒功转换效率提高的过程就是热机发展的历史。现在，寻求降低发动机燃料消耗以及减少二氧化碳排放的对策，正在成为非常重要的课题。

热⇒功转换效率这么低是由于技术不成熟还是由于什么未知自然规律的限制？这些问题仅由第一定律无法回答。实际上，指出这个限制的是第二定律（见图3-8）。1824年最初科学地思考这个问题的是当时28岁的卡诺。

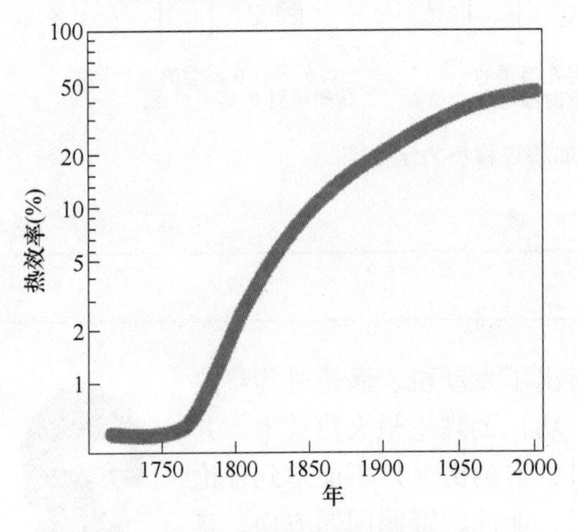

图3-7　热效率历史变迁的概况

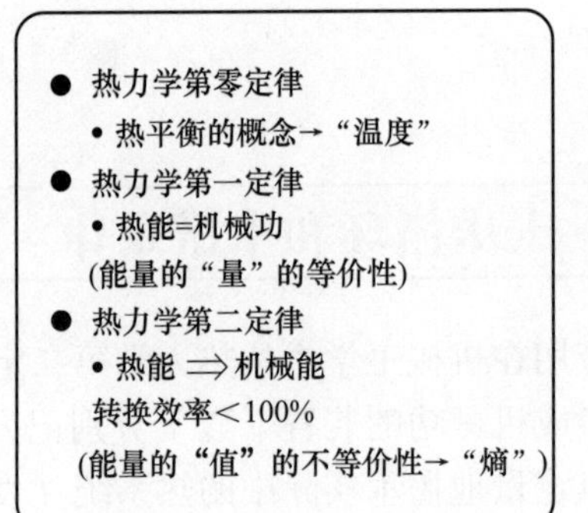

图3-8　热力学定律要点

3.4.1　卡诺的思考

下面用现在容易理解的语言归纳卡诺提出的具体问题：

1）什么样的热机（循环）可获得最大热效率？

2）效率随工质变化吗？（存在划时代的工质吗？）

3）存在受自然法则支配的热⇒功转换的上限吗？

作为科学问题，卡诺理想化地重新设定了上面的问题，他从蒸汽机的构造、运行以及复杂的装置中抽象出本质要素，提出了几个重要的（卡诺式的）模型。这些被简洁地归纳如下：

- 可逆过程（准静态过程）（等温过程和绝热过程）
- 热源
- 卡诺循环

对于上面的几个要素，将在下节详细说明。根据卡诺热机模型化的要求，首先关注的是热机的本质，而不涉及热机复杂的内部构造。图3-9和图3-10给出了实际热机热力学模型化（thermodynamic modeling）的方法。从模型得出的独特的、抽象化的热机在后续章节中将以循环解析等方式多次出现。详细情况将在后续章节叙述，这里只考虑热机的最高温度 T_H、最低温度 T_L、流入热量 Q_H、流出热量 Q_L 和功 W，热机内部的运行没有能量损失且过程可逆。

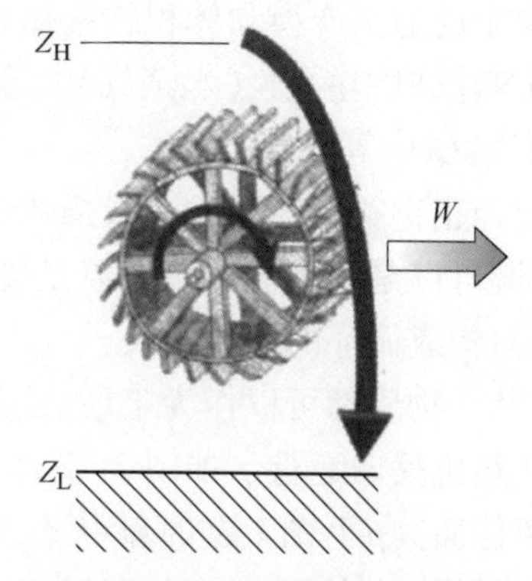

图 3-9 模拟水车的热机模型图

注：在此模型中用水的高度来类比温度，用水量来类比热量。水自然流动，若没有低的场所，水车就不会旋转，同理，不向低温处排放热量，就不能从热机得到连续的功。

热机这个名称已经使用了几次，现从热力学模型化的角度做进一步的说明。所谓热机（heat engine）是指从温度 T_H 的高温热源输入热量 Q_H（考虑单位时间的情况用 Q_H，其他不变），连续向温度为 T_L 的低温热源放出热量 Q_L，向外部输出功 W 的装置。具体地说，汽车的发动机、核电站的汽轮机等都是热机的代表。图3-11所示是抽象化表现的热机。首先，第一步用中央圆表示热机内部，处理成黑盒子，只考虑输入、输出热机的热量和功。其次假定热源（thermal reservoir）是热容量无限大的理想闭口系统，不论有多少热输入和输出，温度都保持一定。在现实中，高温热源相当于燃气、高温蒸汽等，而低温热源相当于大海、大气等，但热力学模型中不注意热源的细节，只考虑它的最高、最低温度。如用图3-11b所示的 p-V 图上的封闭曲线表示热机的循环，这个曲线顺时针回转一周对应一个循环，每一循环的热的输入、输出用箭头表示，向外部输出的功量与封闭曲线的面积相等。工质（working fluid），也称为工作媒介、工作流体，是指在

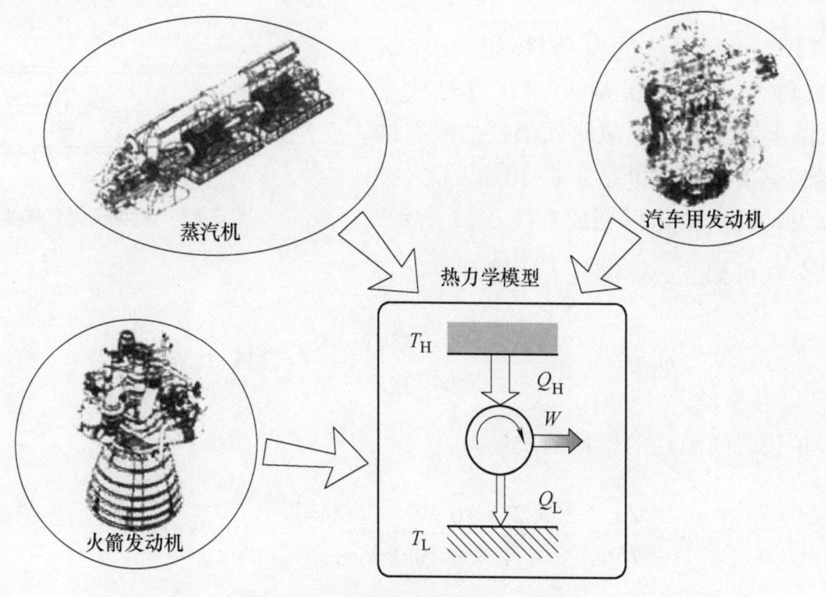

图 3-10 热力学中简化的热机模型

循环装置中成为热交换和体积膨胀做功媒介的流体，具体地说，工质是指汽油发动机中的燃烧气体、蒸汽机中的水（水蒸气）、空调机以及热泵系统中的制冷剂（卤代烃类如R134a，自然工质如 CO_2 等）。

目前为止，关于热机的一般描述如下：

1）既可以是实际循环也可以是理想循环。

2）与构成循环的过程无关。

3）什么物质都可以作为工质。

若让热机反向运行，如图3-12所示（与自然的传热方向相反）可以使热从低温热源向高温热源传递（p-V 图上逆时针状态变化）。这个装置在工学中可以有两个用途，以从低温热源取走热量 Q(冷却）为目标的制冷机（refrigerator）和向高温热源输送热量 Q(取暖）为目标的热泵（heat pump）。因为这些装置是热机的逆循环，因而从外部提供功是必要的，这些功量在大多数情况下与驱动压缩机的电动机的耗功相等。

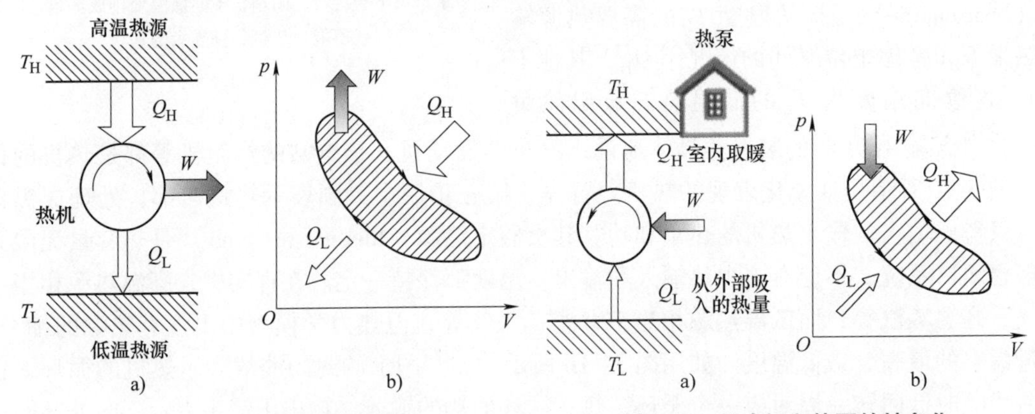

图3-11 热机的热力学抽象化　　　图3-12 制冷机和热泵的抽象化

【例3-1】 一辆汽车的发动机输出功率为80PS（公制马力，1PS = 0.735kW），以热效率25%运行，试求该发动机单位时间消耗的燃料的质量。该燃料燃烧的发热量是 4.4×10^7J/kg。

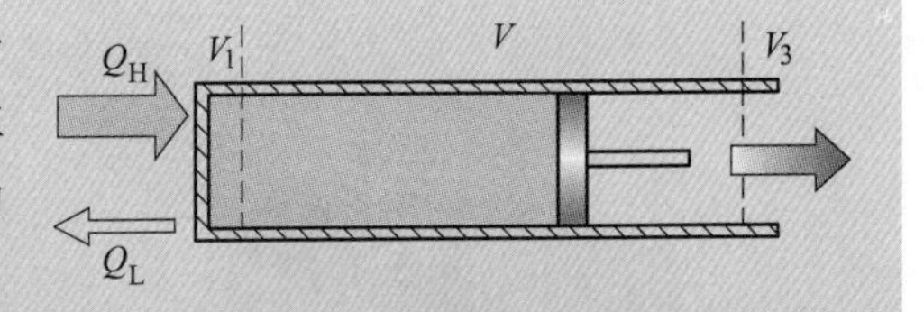

图3-13 发动机简化模型

解：该发动机模型化后变成如图3-13所示，由热效率的公式可知，必要的输入热量 $\dot{Q}_H$ 是

$$\dot{Q}_H = \frac{\dot{W}}{\eta} = \frac{80\text{PS} \times 0.735\text{kW/PS}}{0.25} = 235.2\text{kW}$$

因此，单位时间消耗的燃料的质量 $\dot{m}$ 为

$$\dot{m} = \frac{\dot{Q}_H}{H} = \frac{235.2 \times 10^3\text{W} \times 3600\text{s/h}}{4.4 \times 10^7\text{J/kg}} = 19.2\text{kg/h}$$

3.4.2　卡诺循环

那么，这里终于完成了为正确理解卡诺循环所做的准备。现在让我们看看它是怎样循环的。为了考察热机的理论最大热效率，卡诺循环（Carnot cycle）是卡诺依靠直觉引入的理想的热机，热机的模型如图 3-11 所示，从温度为 T_H的高温热源吸入热量 Q_H，向温度为 T_L的低温热源释放热量 Q_L，得到功 W。该热机不是后续章节所述的在气缸内产生热的内燃机，而是气缸内封闭的气体依靠外部加热、冷却而使活塞移动的外燃机。可以理解为使高温热源、低温热源交替与气缸接触以达到加热、冷却的目的。

据此，卡诺创造性完成了热机的热力学模型化，构建了卡诺循环，它是工作于温度分别为 T_H和 T_L的两个热源之间的正向循环，卡诺热机是由下面 4 个可逆过程构成的循环。参照图 3-14 的 p-V 图，考察各过程：

1→2 的过程：等温膨胀（从热力学温度 T_H的热源吸收热量 Q_H），$W_{1-2}=Q_H=mR_gT_H\ln(V_2/V_1)$。

2→3 的过程：绝热膨胀，工质温度从 T_2 降至 T_3，$W_{2-3}=mc_V(T_H-T_L)$。

3→4 的过程：等温压缩（向热力学温度 T_L的热源释放热量 Q_L），$W_{3-4}=-Q_L=mR_gT_L\ln(V_4/V_1)$。

4→1 的过程：绝热压缩，温度从 T_4 升到 T_1，$W_{4-1}=-W_{2-3}mc_V(T_L-T_H)$。

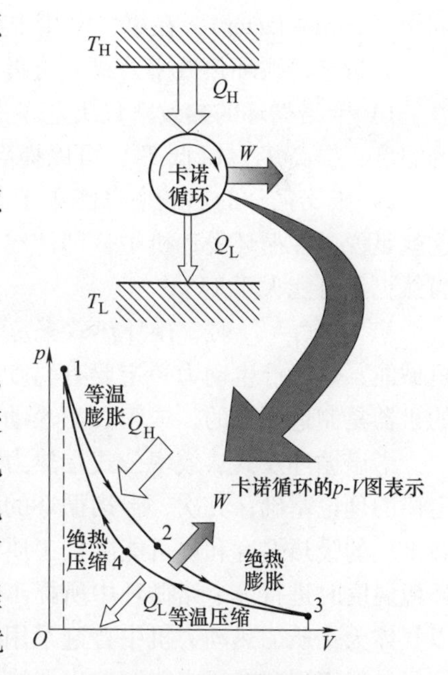

图 3-14　卡诺循环 p-V 图

卡诺认为在热⇒功转换过程中完全没有能量损失。即加热过程不引起气体温度上升，而是将其热力学能变化全部转换成体积膨胀的等温变化，并且热机内的变化全部是由可逆过程构成的，而且，与系统外的热交换也是在温差无限小的情况下进行的，系统和外界完全是可逆过程。此外，为了形成连续做功的循环，将等温过程和绝热过程组合在一起，这些变化在 p-V 图上的表示就是利用它们的 p-V 曲线斜率不同即 $(\partial p/\partial V)_{绝热}>(\partial p/\partial V)_{等温}$，将四个过程组成一个封闭循环。进而可知，为了使热力循环运行，向低温热源放热也很重要。

任何热机循环热效率都可以表示为

$$\eta_t=\frac{循环净功}{从高温热源吸收的热量}=\frac{w_{net}}{q_1}=\frac{|q_1|-|q_2|}{q_1}=1-\frac{|q_2|}{q_1} \tag{3-1}$$

为方便起见，先以理想气体为例导出卡诺热机循环热效率的表述式（以后我们将证明，卡诺热机循环的热效率与工质种类无关）。

理想气体卡诺正循环中，吸热、放热过程均为可逆等温过程，如图 3-15 所示。

循环可逆吸热过程 a—b 的吸热量为

$$q_1=T_1\Delta s_{a-b}$$

可逆放热过程 c—d 的放热量为

$$q_2=T_2|\Delta s_{c-d}|$$

将上述两式代入式（3-1），因 $\Delta s_{a-b}=|\Delta s_{c-d}|$，得卡诺循环的热效率为

$$\eta_c = 1 - \frac{T_2}{T_1} \qquad (3\text{-}2)$$

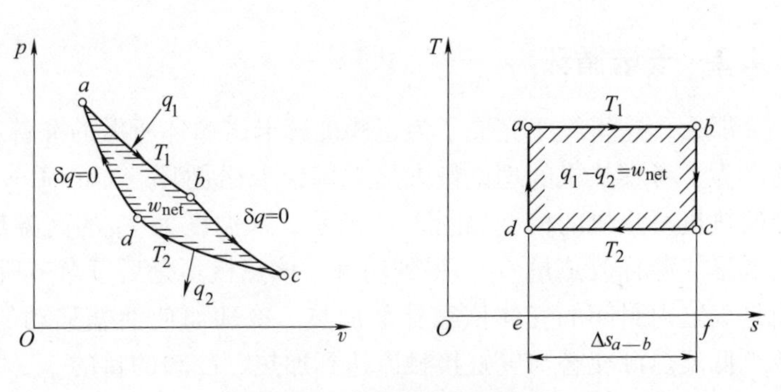

图 3-15　卡诺循环原理图

虽然初看式（3-2）是非常简单的，但是所有热机的理论循环上限是只取决于高温热源和低温热源的热力学温度的卡诺循环效率，这具有非常重要的意义。而且，由这一结论诞生了将在后面介绍的熵的概念。这里，$1-T_2/T_1$ 被称为卡诺因子（Carnot factor），在第二定律中会多次出现。

分析卡诺循环热效率公式，可得出如下几点重要结论：

1）卡诺循环的热效率只决定于高温热源和低温热源的温度，也就是工质吸热和放热时的温度；提高 T_1、降低 T_2，可以提高热效率。

2）卡诺循环的热效率只能小于1，绝不能等于1，因为 $T_1=\infty$ 或 $T_2=0$ 都不可能实现。这就是说，在循环发动机中，即使在理想情况下也不可能将热能全部转化为机械能。热效率当然更不可能大于1。

3）当 $T_1=T_2$ 时，循环热效率 $\eta_c=0$。它表明，在温度平衡的体系中热能不可能转化为机械能，热能产生动力一定要有温度差作为热力学条件，从而验证了借助单一热源连续做功的机器是制造不出的，或第二类永动机是不存在的。

卡诺循环及其热效率公式在热力学的发展上具有重大意义。首先，它奠定了热力学第二定律的理论基础；其次，卡诺循环的研究为提高各种热动力机热效率指出了方向：尽可能提高工质的吸热温度和尽可能降低工质的放热温度，使放热在接近可自然得到的最低温度——环境温度时进行。卡诺循环中所提出的利用绝热压缩以提高气体吸热温度的方法，至今仍在以气体为工质的热动力机中普遍采用。

虽然直到现在还未能制造出严格按照卡诺循环工作的热力发动机，但是卡诺循环是实际热机选用循环时的最高理想。以气体为工质时实现卡诺循环的困难在于：第一，要提高卡诺循环热效率，T_1、T_2 的差要大，因而需要有很大的压力差和体积压缩比，这两点都给实际设备带来很大的困难。这时的卡诺循环在 p-V 图上的图形显得狭长，循环功不大，因而摩擦损失等各种不可逆损失所占的比例相对很大，根据动力机传到外界的轴功而计算的有效效率，实际上不高。第二，气体的等温过程不易实现，不易控制。

3.4.3　逆卡诺循环

按与卡诺循环相同的路线而反方向进行的循环即逆向卡诺循环。如图 3-16 中的 $a—d—c—b—a$ 所示，它按逆时针方向进行。各过程中功和热量的计算式与正向卡诺循环相同，只是传递方向相反。

采用类似的方法，可以求得逆向卡诺循环的经济指标——逆向卡诺制冷循环（制冷机）的制冷系数为

$$\varepsilon_c = \frac{q_2}{w_{net}} = \frac{q_2}{q_1 - q_2} = \frac{T_2}{T_1 - T_2} \tag{3-3}$$

逆向卡诺热泵循环的供热系数为

$$\varepsilon_c' = \frac{q_1}{w_{net}} = \frac{q_1}{q_1 - q_2} = \frac{T_1}{T_1 - T_2} \tag{3-4}$$

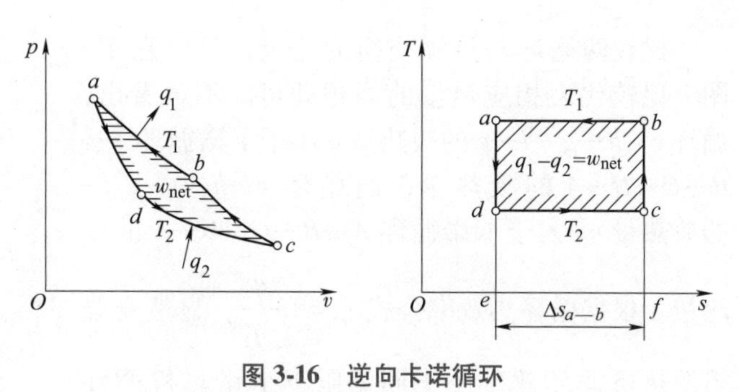

图 3-16 逆向卡诺循环

制冷循环和热泵循环的热力循环特性相同，只是二者工作温度范围有差别。制冷循环以环境大气作为高温热源向其放热，而热泵循环通常以环境大气作为低温热源从中吸热。对于制冷循环，降低环境温度 T_1，提高冷库温度 T_2，则制冷系数增大；对于热泵循环，提高环境温度 T_2，降低室内温度 T_1，供暖系数增大，且 ε' 总是大于 1。

逆向卡诺循环是理想的、经济性最高的制冷循环和热泵循环。由于种种困难，实际的制冷机和热泵难以按逆向卡诺循环工作，但逆向卡诺循环有着极为重要的理论价值，它为提高制冷机和热泵的经济性指出了方向。

【例 3-2】 证明卡诺循环热效率与工质无关。

证明： 如图 3-17 所示，卡诺循环热机（1）和卡诺循环热泵（2）在相同的低温、高温热源之间运行。两循环使用不同的工质，（1）用工质 1 而（2）用工质 2，如果使用工质 1 比使用工质 2 时的热效率高，则变成

$$\eta_{(1)} \geqslant \frac{1}{\varepsilon_{H,(2)}}$$

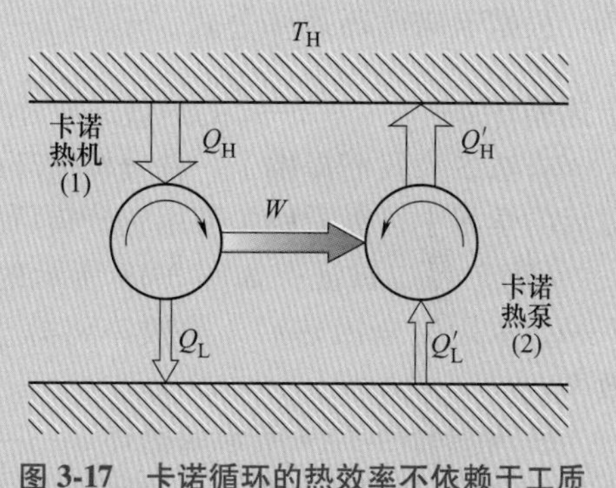

图 3-17 卡诺循环的热效率不依赖于工质

那么，将（1）和（2）的用途相互变换，同理，得

$$\eta_{(2)} \geqslant \frac{1}{\varepsilon_{H,(1)}}$$

从 η 与 ε 定义式可知二者互为倒数，如果要同时满足上述两式，则只有

$$\eta_{(1)} = \eta_{(2)}$$

上式成立是必要的。这意味着卡诺循环的热效率不依赖于工质。

【例 3-3】 试证：变温热源可逆热机循环热效率小于同温限下卡诺热机热效率。

证明： 方法一

如图 3-18 所示，循环 $e—h—g—l—e$ 是在温度为 T_1 和 T_2 热源间的任意一个可逆热机循环，循环中吸热过程 $e—h—g$ 及放热过程 $g—l—e$，温度是变化的，为保证过程可逆，热源温度也应相应变化。循环 $A—B—C—D—A$ 是与循环 $e—h—g—l—e$ 相同温限下的卡诺循环。

比较两循环与热源交换的热量，只要在 T-s 图上比较代表相应热量的面积即可。不难看出，循环 $e—h—g—l—e$ 的吸热量 q 小于卡诺循环 $A—B—C—D—A$ 的吸热量；而循环 $e—h—g—l—e$ 的放热量 q_2 大于卡诺循环 $A—B—C—D—A$ 的放热量。根据循环热效率公式 $\eta_t=1-\dfrac{q_2}{q_1}$，显然变温热源热机循环效率小于同温限下卡诺热机循环效率。

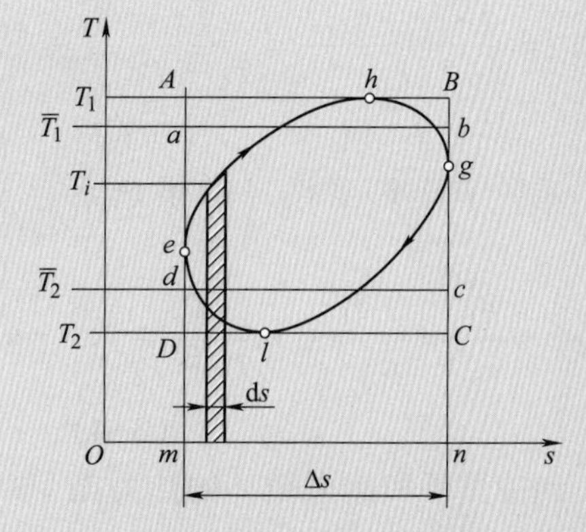

图 3-18　变温可逆循环与卡诺循环的关系

方法二

如图 3-18 所示，假如卡诺循环 $a—b—c—d—a$ 与任意循环 $e—h—g—l—e$ 的吸热量、放热量分别相等，那么，两循环的热效率一定相同。在 T-s 图上，根据面积相等的原则，得到的卡诺循环 $a—b—c—d—a$，高温热源温度即为循环 $e—h—g—l—e$ 的平均吸热温度 $\overline{T}_1$，而卡诺循环 $a—b—c—d—a$ 的低温热源温度即为循环 $e—h—g—l—e$ 的平均放热温度 $\overline{T}_2$。

比较卡诺循环 $a—b—c—d—a$ 与卡诺循环 $A—B—C—D—A$，显然，由于 $\overline{T}_1<T_1$，$\overline{T}_2>T_2$，根据卡诺循环效率公式。$\eta_{t,c}=1-\dfrac{T_2}{T_1}$，可见，任意循环 $e—h—g—l—e$ 热效率（等于卡诺循环 $a—b—c—d—a$ 的热效率）小于同温限下卡诺循环 $A—B—C—D—A$ 的热效率。

方法二为我们提供了一种分析循环的方法，即用平均温度的概念分析循环热效率。在以后的学习中可以看到，使用它分析可逆循环有时十分方便。

【例 3-4】　试证：如图 3-19 所示的可逆循环 $a—b—c—d—a$，采用完全回热后，热效率将等于同温限下卡诺循环效率。

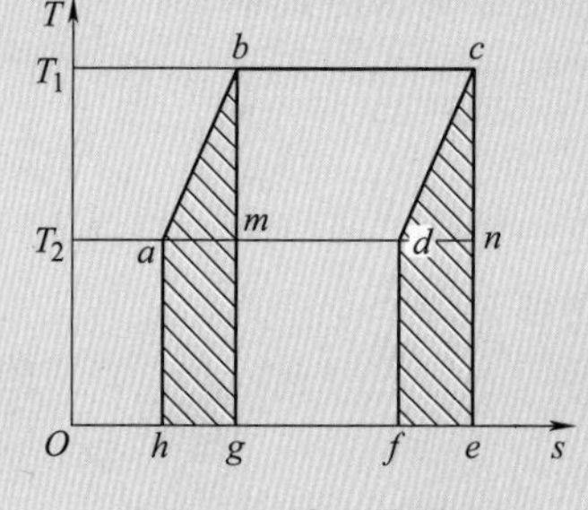

图 3-19　某可逆循环

证明：如图 3-19 所示的循环 $a—b—c—d—a$，吸热过程由 $a—b$ 过程及等温过程 $b—c$ 组成；放热过程由 $c—d$ 过程及等温过程 $d—a$ 组成。假若 $a—b$ 与 $c—d$ 过程采用同样指数的多变过程，就有可能在两过程间设置无数个温度由 T_1 到 T_2 的蓄热器，将 $c—d$ 过程放出的热量蓄积起来，然后依次从蓄热器放热给工质，使之完成 $a—b$ 过程。这种将工质在放热过程中放出的热量又加给循环中工质吸热过程的方法称为回热。如果过程是可逆的，且使 $c—d$ 段放出的热量全部被 $a—b$ 段过程所吸收，称为完全回热。

由图 3-19 可见，面积 $abgh$ 等于面积 $dcef$；面积 $amgh$ 与 $dnef$ 相等，因而，完全回热的结果，循环热效率与同温限下卡诺循环热效率相等。

热力学中将这种完全回热的可逆循环称为概括性卡诺循环。由于实际传热过程需要有温差，完全回热只是一种理想情况。但是本例题表明，利用回热方法可以提高循环热效率。实际上，现代动力循环中已广泛采用部分回热措施，以提高循环热效率。

3.4.4 卡诺定理及推论

上述讨论的卡诺循环可以得出两个定理。

定理 1 在两个不同温度的恒温热源间工作的一切可逆热机，具有相同的热效率，且与工质的性质无关。

如图 3-20 所示，设在两个不同温度的恒温热源（T_1，T_2）间工作的两个可逆热机 R_1 和 R_2，其热效率分别为 η_{t,R_1}和 η_{t,R_2}。根据例 3-2 可知 $\eta_{t,R_1} \geqslant \eta_{t,R_2}$，而反之 $\eta_{t,R_2} \geqslant \eta_{t,R_1}$，那么只有一种可能，即 $\eta_{t,R_1} = \eta_{t,R_2}$。上述论证过程未涉及工质性质的影响，可见与工质的性质无关。

定理 2 在两个不同温度的恒温热源间工作的任何不可逆热机，其热效率总小于这两个热源间工作的可逆热机的热效率。

由卡诺定理可知，在两个不同温度的恒温热源间工作的任何热机效率都不能大于可逆热机的效率，也就是说，任意热机效率 $\eta_{t,A}$小于或者等于可逆热机的效率 $\eta_{t,R}$。只要否定了不可逆热机效率 $\eta_{t,IR}$等于 $\eta_{t,R}$的可能性就自然得出上述结论。下面同样采用反证法。

若在两个不同温度（T_1、T_2）的恒温热源间有不可逆热机 IR 与可逆热机 R 工作，假设两热机效率相等，即 $\eta_{t,IR} = \eta_{t,R}$，则$\dfrac{W_{IR}}{Q_1} = \dfrac{W_R}{Q_1'}$。现令可逆热机 R 逆转并由不可逆机带动（图 3-21）。又令 $W_{IR} = W_R$，则 $Q_1 = Q_1'$，$Q_2 = Q_2'$。R 和 IR 联合工作的结果，热源 T_1、T_2 没有改变，工质又回到原来状态，那么只有 R 和 IR 组成的联合系统为可逆的情况才有可能，这与前提 IR 是不可逆机相矛盾。因此，反证了 $\eta_{t,IR} \neq \eta_{t,R}$，于是 $\eta_{t,IR}$必小于 $\eta_{t,R}$。

推论 由【例 3-3】得，温度界限相同，但具有两个以上热源的可逆循环，其热效率低于卡诺循环。

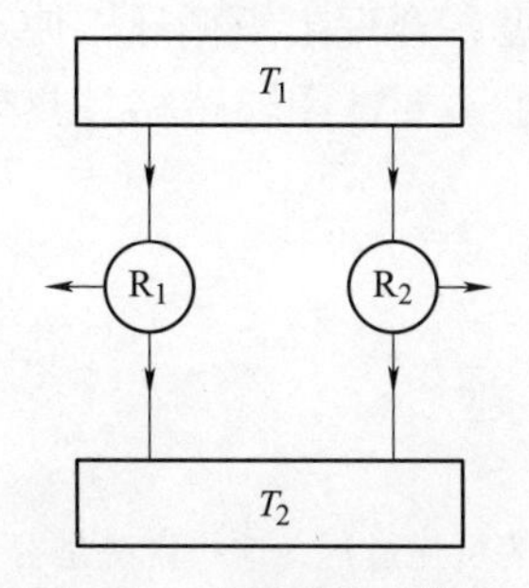

图 3-20 卡诺定理 1 模型

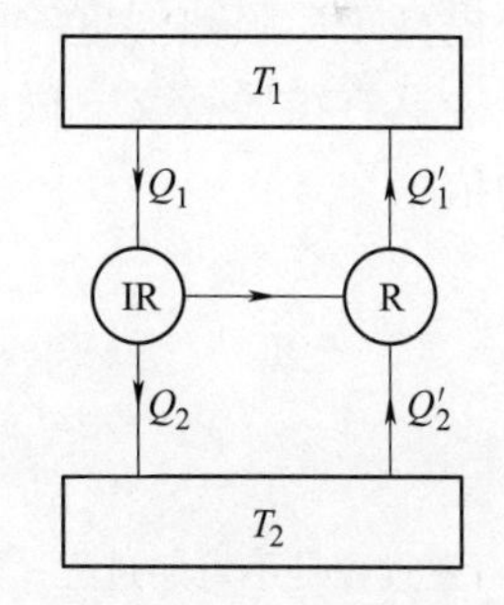

图 3-21 卡诺定理 2 模型

【例 3-5】 某一循环装置在热源 $T_1 = 2000\text{K}$ 下工作，能否实现做功 1200kJ，向 $T_2 = 300\text{K}$ 的冷源放热 800kJ?

解：由题意，根据热力学第一定律，循环装置由热源 T_1 吸热

$$Q_1 = Q_2 + W = (800 + 1200)\text{kJ} = 2000\text{kJ}$$

装置热效率

$$\eta_t = \frac{W}{Q_1} = \frac{1200}{2000} = 0.60$$

在 T_1、T_2 温度下卡诺循环的效率

$$\eta_{t,c} = 1 - \frac{T_2}{T_1} = 1 - \frac{300}{2000} = 0.85$$

由卡诺定理可知，此循环装置是不可逆热机装置，有可能实现。

本章小结

能量不仅有“量”的多少问题，而且有“品质”的高低问题。热力学第二定律是阐明与热现象有关的各种过程进行的方向、条件以及限度的定律，它揭示了能量在传递和转换过程中品质高低的问题，其表现形式是热力过程的方向性和不可逆性。只有同时满足热力学第一定律和热力学第二定律的过程才能符合自然界的各种热力过程。

热力学第二定律典型的两种表述是克劳修斯表述和开尔文表述。虽然它们表述不同，但实质是相同的，因此具有等效性。

卡诺循环和卡诺定理是热力学第二定律的重要内容之一，它不但指出了具有两个热源热机的最高热效率，而且奠定了热力学第二定律的基础。

当热源温度为 T_H、冷源温度为 T_L 时，卡诺循环热效率为 $\eta_c = 1 - \frac{T_L}{T_H}$，如果用 η_r 表示两恒温热源的可逆循环的热效率，用 η_t 表示同温限下的其他循环热效率，则卡诺定理可以表示为

$$\eta_r \geqslant \eta_t$$

上式表明，提高工质吸热温度、降低放热温度、合理组织循环，使过程尽可能接近可逆，对热机发展具有指导意义。同时，也指出了不要试图建造循环热效率高于卡诺机的热力发动机的依据。

思考题

3-1　有人说，自发过程是不可逆过程，非自发过程必为可逆过程，这一说法是否正确？

3-2　请说出热力过程中的一些不可逆因素。

3-3　试判断下列说法是否正确并说明理由：①循环净功越大则循环效率越高；②不可逆循环热效率一定小于可逆循环热效率；③一切可逆循环热效率都相等。

3-4　卡诺定理有没有适用范围？请判断并说明理由。

3-5　正向循环和逆向循环的循环过程各有什么特点？

习题

3-1　一种固体蓄热器利用太阳能加热岩石块蓄热，岩石块的温度可达 400K。现有体积为 $2m^3$ 的岩石床，其中的岩石密度 $\rho=2750kg/m^3$，比热容 $c=0.89kJ/(kg \cdot K)$，求岩石块降温到环境温度 290K 时其释放的热量转换成功的最大值。

3-2 设有1kmol某种理想气体进行图3-22所示循环1—2—3—1。且已知：T_1 =1500K、T_2 = 300K、p_2 = 0.1MPa。设比热容为定值，取绝热指数，κ =1.4。①求初态压力；②在T-s图上画出该循环；③求循环热效率；④该循环的放热很理想，T_1也较高，但热效率不是很高，原因何在？

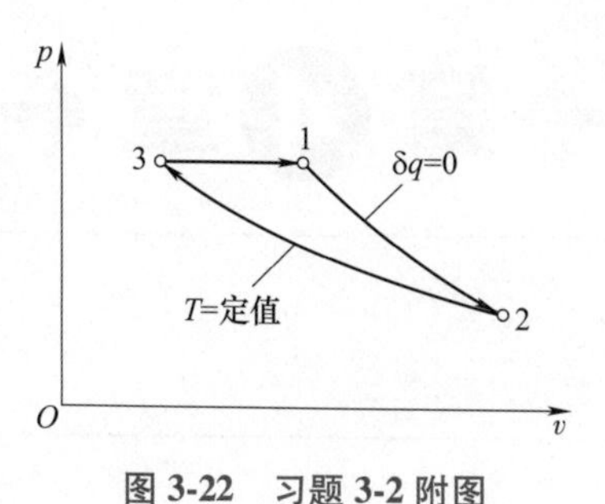

图3-22 习题3-2附图

3-3 某热机工作于T_1 = 2000K、T_2 = 300K的两个恒温热源之间，试问下列几种情况能否实现？是否是可逆循环？

1）Q_1 = 1kJ，W_{net} = 0.9kJ。

2）Q_1 = 2kJ，Q_2 = 0.3kJ。

3）Q_2 = 0.5kJ，W_{net} = 1.5kJ。

3-4 利用逆向卡诺机作为热泵向房间供热，设室外温度为-5℃，室内温度为保持20℃。要求每小时向室内供热2.5×10^{4}kJ，试问：①热泵每小时从室外吸多少热量？②此循环的供暖系数多大？③热泵由电动机驱动，设电动机效率为95%，那么电动机功率多大？④如果直接用电炉取暖，那么每小时耗电几度（kW · h）？

3-5 现有初温分别为T_A、T_B的两种不可压缩流体，它们的质量与比热容乘积分别为C_A、C_B，用它们分别作为可逆机的有限热源和有限冷源，可逆热机工作到两流体温度相等时为止。求：平衡时的温度；热机做出的最大功量。

3-6 一台汽车发动机燃油燃烧产物的平均温度是1500K，向散热器放热的平均温度是750K，若燃烧5kg燃油，每千克燃油燃烧放出的热量是40000kJ，问发动机最大输出功是多少？

3-7 一台冷暖两用型空调器输入功率为1.8kW，在按热泵模式运行时性能系数为4，按制冷模式运行时性能系数是3。空调器全年保持办公室的温度20℃，室内温度与大气温度每相差1℃室内外的换热量改变0.5kW。求为保证办公室的温度，空调器工作的温度范围。

3-8 空调器把室外35℃的空气冷却到15℃向室内输送，流量为1kg/s。若空气的比热容取定值，c_p = 1.005kJ/(kg · K)，试估算空调器运行的耗电量。

3-9 海水表面温度为10℃，而深处的温度为4℃。若设计一热机利用海水的表面和深处作为高温热源及低温热源并按卡诺循环工作，试求该热机的热效率。

3-10 有报告宣称某热机自160℃的热源吸热，向5℃的低温环境放热，而在吸热1000kJ/h时可发出功率0.12kW。试分析该报告的正确性。

3-11 以氮气作为工质进行一个卡诺循环，其高温热源的温度为1000K、低温热源的温度为300K。在等温压缩过程中，氮气的压力由0.1MPa升高到0.4MPa。试计算该循环的循环净功及v_{max}/v_{min}、p_{max}/p_{min}的值。

3-12 卡诺热机运行在1000K和3000K热源之间。发动机转速2000r/min，产生功率200kW。总的发动机排量使平均有效压力（MEP）为300kPa。求：循环效率；供给的热量（kW）；总发动机排量（m^3）。(平均有效压力为循环净功除以活塞排量)。

第4章 熵

熵是与热力学第二定律紧密相关的状态参数。它为判别实际过程的方向、过程能否实现、是否可逆提供了判据，在过程不可逆程度的量度、热力学第二定律的量化等方面有至关重要的作用。

4.1 熵的导出

熵是在热力学第二定律基础上导出的状态参数。熵的导出可以有多种方法，本节介绍从循环出发，利用卡诺循环及卡诺定理的克劳修斯法，它较为简单、直观，便于理解。

根据卡诺定理，在两个不同温度的恒温热源间工作的可逆热机，若从高温热源 T_1 吸热 Q_1，向低温热源 T_2 放热 Q_2，则可逆热机的热效率与相应热源间工作的卡诺热机效率相同，且

$$\eta_t = 1 - \frac{Q_2}{Q_1} = 1 - \frac{T_2}{T_1} \tag{4-1}$$

即

$$\frac{Q_1}{Q_2} = \frac{T_1}{T_2} \tag{4-2}$$

或者

$$\frac{Q_1}{T_1} = \frac{Q_2}{T_2} \tag{4-3}$$

式中，吸热量 Q_1 及放热量 Q_2 都取绝对值。按其意义，放热量 Q_2 应为负值，若改为代数值，则上式变为

$$\frac{Q_1}{T_1} + \frac{Q_2}{T_2} = 0 \tag{4-4}$$

对于任意的可逆循环，如图 4-1 所示的循环 1—A—2—B—1，假如用一组可逆绝热线将它分割成无数个微元循环。当绝热线间隔极小时，例如绝热线 ad 与 bc 间隔极小，ab 段温度差极小，接近于定温过程，同理 cd 段也是定温过程，那么微元循环 a—b—c—d—a 就是由两个可逆绝热过程与两个可逆定温过程组成的微小卡诺循环。

对于每一微小卡诺循环来说，如果在 T_1 温度下吸热 δQ_1，在 T_2 温度下放热 δQ_2，根据前面分析所得到的式（4-4），每一微元卡诺循环都有

$$\frac{\delta Q_1}{T_1}+\frac{\delta Q_2}{T_2}=0 \tag{4-5}$$

只要对式（4-5）左端的两项分别沿 1—A—2 和 2—B—1 积分求和，即可得到所有微元卡诺循环之和为

$$\int_{1-A-2}\frac{\delta Q_1}{T_1}+\int_{2-B-1}\frac{\delta Q_2}{T_2}=0 \tag{4-6}$$

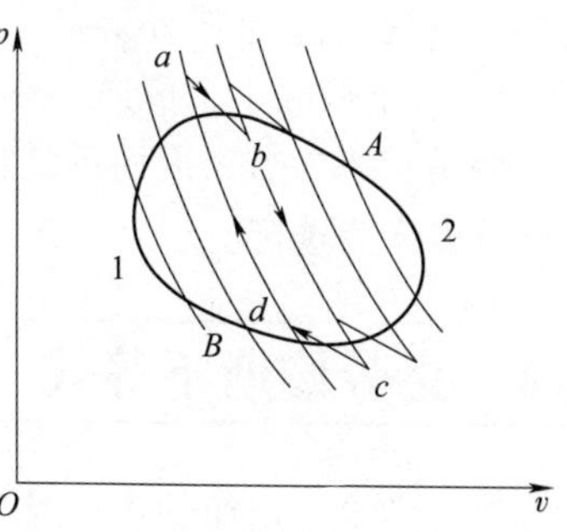

图 4-1 任意循环与卡诺循环的关系

式（4-5）和式（4-6）等号左端两项中 δQ_1 和 δQ_2 代表的是微元卡诺循环与热源交换的热量，本身为代数值，由于含义相同，可用 δQ_{rev} 表示；T_1 和 T_2 分别为微元循环的热源温度，可用 T_r 表示，式（4-6）可以写成

$$\int_{1-A-2}\frac{\delta Q_{rev}}{T_r}+\int_{2-B-1}\frac{\delta Q_{rev}}{T_r}=0 \tag{4-7}$$

过程 1—A—2 与 2—B—1 组成可逆循环 1—A—2—B—1，因此，得到

$$\oint_R \frac{\delta Q_{rev}}{T_r}=0 \tag{4-8}$$

式（4-8）称为克劳修斯积分等式。它表明，工质经任意可逆循环，$\frac{\delta Q_{rev}}{T_r}$沿整个循环积分为零。

状态参数的充要条件是该参数的微分一定是全微分，而全微分的循环积分为零。因此，式（4-8）说明$\frac{\delta Q_{rev}}{T_r}$一定是某一状态参数的全微分。1865 年克劳修斯将这一状态参数定名为熵（entropy），以符号 S 表示，于是

$$\mathrm{d}S=\frac{\delta Q_{rev}}{T_r}=\frac{\delta Q_{rev}}{T} \tag{4-9}$$

对于单位质量工质，式（4-9）写成

$$\mathrm{d}s=\frac{\delta q_{rev}}{T_r}=\frac{\delta q_{rev}}{T} \tag{4-10}$$

式中，δQ_{rev} 或 δq_{rev} 表示可逆过程换热量；T_r 为热源的绝对温度，由于是可逆过程，它也就等于工质的绝对温度 T。

在闭口系统的可逆循环中，$\frac{\delta Q_{rev}}{T_r}$的计算与经过的路径无关，保持一定（守恒）。换言之，$\frac{\delta Q_{rev}}{T_r}$这个变量成为与压力、温度、体积等相同的决定系统状态的状态参数。

至此，我们严格地导出了状态参数熵。从式（4-9）的推导过程可见，系统经一微元过程，熵的微元变化值等于初、终态间任意一个可逆过程中与热源交换的热量和温度的比值。由于一切状态参数都只与它所处的状态有关，与到达这一状态的路径（即过程）无关。因此，式（4-9）提供了一个计算任意过程熵变量的途径。

式（4-9）也给出了熵的物理意义之一，即熵的变化表征了可逆过程中热交换的方向与

大小。系统可逆地从外界吸收热量，$\delta Q>0$，系统熵增大；系统可逆地向系统外界放热，$\delta Q<0$，系统熵减小；可逆绝热过程中，系统熵不变。

熵是状态参数，因而系统状态一定，就有确定的熵值。在无化学反应的系统中，熵的基准点可以人为选定。

4.2 克劳修斯不等式

热力学第二定律的表述对于自然过程的方向性给出了定性的判据。这些表述对解决实际问题起着重要的作用。但在分析研究热力过程时，我们希望有与热力学第二定律的表述等效的数学判据。式（4-8）得到的克劳修斯积分等式$\oint_{R}\frac{\delta Q_{rev}}{T}=0$对于分析可逆过程是一个很好的判据。但实际的热力过程都是不可逆的，因此寻求不可逆过程热力学第二定律的数学判据十分必要。

假如循环过程中的一部分或者全部过程是不可逆的，那么，此循环为不可逆循环。利用上一节推导克劳修斯积分等式类似的方法，将一个不可逆循环用可逆绝热线分割成无数微元循环。对于其中一个微元循环来说，从T_1热源吸热δQ_1，向T_2热源放热δQ_2，微元循环效率为$\eta_{t,IR}=1-\frac{\delta Q_2}{\delta Q_1}$。因为微元循环中有部分过程不可逆，微元循环为不可逆循环，以下标 IR 代表。根据卡诺定理，在两个不同温度的恒温热源间工作的不可逆热机效率小于可逆热机效率，即

$$\eta_{t,IR}<\eta_{t,R}$$

由于可逆热机效率$\eta_{t,R}=1-\frac{T_2}{T_1}$，于是

$$\frac{\delta Q_2}{\delta Q_1}>\frac{T_2}{T_1} \tag{4-11}$$

则

$$\frac{\delta Q_2}{T_2}>\frac{\delta Q_1}{T_1} \tag{4-12}$$

若考虑δQ_1与δQ_2为代数值，则可写成

$$\frac{\delta Q_1}{T_1}+\frac{\delta Q_2}{T_2}<0 \tag{4-13}$$

所有微元循环加起来，考虑到不可逆过程工质与热源温度有可能不等，上面的推导中T_1、T_2是热源温度，用T_r表示，因而得到

$$\oint_{IR}\frac{\delta Q}{T_r}<0 \tag{4-14}$$

式（4-14）是著名的克劳修斯不等式。将式（4-14）与式（4-8）写在一起，得

$$\oint\frac{\delta Q}{T_r}\leqslant 0 \tag{4-15}$$

式（4-15）表明，任何循环的克劳修斯积分极限时等于零，而绝不可能大于零。

式（4-12）是热力学第二定律的数学表达式（即数学判据）之一。可以直接用来判断循环是否可能以及是否可逆。

【例 4-1】 有一个循环装置在温度为 1000K 和 300K 热源间工作，已知与高温热源交换的热量为 2000kJ，与外界交换的功量为 1200kJ，请判断此装置是热机还是制冷机。

解： 无论是热机还是制冷机，由已知 $|Q_1| = 2000\text{kJ}$，$|W| = 1200\text{kJ}$，根据热力学第一定律

$$|Q_1| = |Q_2| + |W|$$

所以

$$|Q_2| = |Q_1| - |W| = 2000\text{kJ} - 1200\text{kJ} = 800\text{kJ}$$

假若此装置为热机，如图 4-2a 所示，对于循环 $Q_1 = 2000\text{kJ}$，$Q_2 = -800\text{kJ}$，根据克劳修斯积分式

$$\oint \frac{\delta Q}{T_r} = \frac{Q_1}{T_1} + \frac{Q_2}{T_2} = \left(\frac{2000}{1000} - \frac{800}{300}\right) \text{kJ/K} = (2 - 2.66)\text{kJ/K} = -0.66\text{kJ/K} < 0$$

所以它是不可逆热机装置。

假若此装置为制冷机，如图 4-2b 所示，对于循环，$Q_1 = -2000\text{kJ}$，$Q_2 = 800\text{kJ}$，则克劳修斯积分

$$\oint \frac{\delta Q}{T_r} = \frac{Q_1}{T_1} + \frac{Q_2}{T_2} = \left(\frac{-2000}{1000} + \frac{800}{300}\right) \text{kJ/K} = (-2 + 2.66)\text{kJ/K} = 0.66\text{kJ/K} > 0$$

可见，它不可能是制冷装置。

由此题可见，不可逆循环在条件不变的情况下反向进行是不可能的，若想反向进行，必须改变条件。例如上述不可逆热机为了使之反转制冷，如果热源及 Q_2 不变，只要输入较大的功，就成为可能，即

$$\oint \frac{\delta Q}{T_r} = \frac{800\text{kJ}}{300\text{K}} - \frac{800\text{kJ} + |W|}{1000\text{K}} \leqslant 0$$

解得 $|W| \geqslant 1860\text{kJ}$。

也就是说，为了能够实现制冷的目的，要输入大于 1860kJ 的功才有可能。

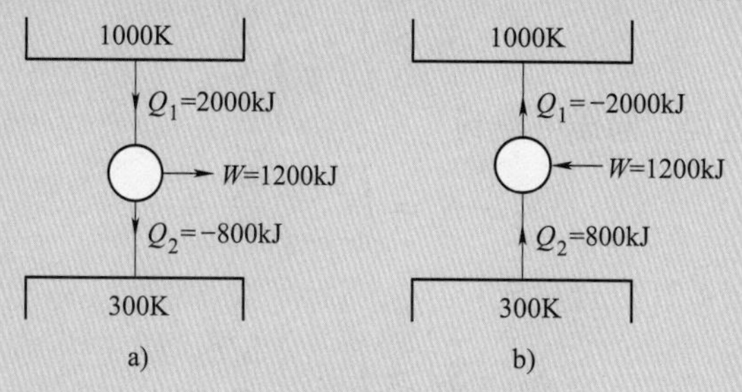

图 4-2 例 4-1 图

注意： 克劳修斯积分式适用于循环，所以热量、功的方向都以循环作为对象考虑。千万不可把方向搞错，以免得出相反的结论。

4.3 不可逆过程熵的变化

由熵的定义式（4-9），我们可以用可逆过程交换的热量与温度求出熵的变化。如图 4-3 所示，1、2 两状态之间的熵变可以用可逆过程 1—b—2 得到，即

$$\Delta S_{1-2} = \int_{1-b-2} \frac{\delta Q_{\mathrm{rev}}}{T} \tag{4-16}$$

式中，δQ_{rev} 为可逆过程 1—b—2 的微元热量；T 为 1—b—2 过程中热源或工质的温度，因为是可逆过程，热源温度和工质温度相同。

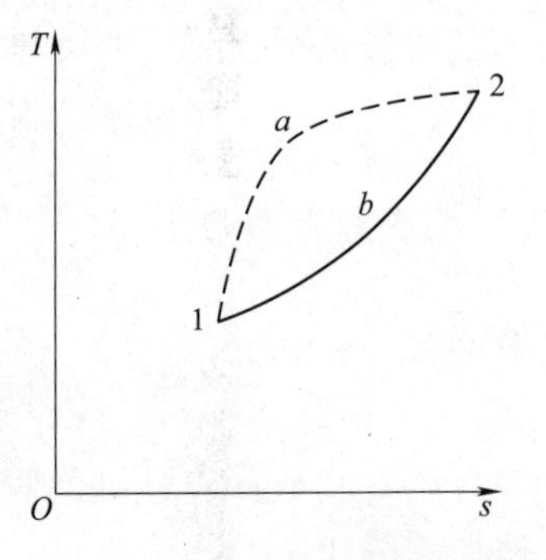

图 4-3　任意过程与可逆过程

在状态 1、2 间有一不可逆过程 1—a—2，过程中的 $\int_{1-a-2} \frac{\delta Q}{T_{\mathrm{r}}}$ 与 1、2 间的熵变有什么关系？

4.3.1 不可逆过程熵变分析

令不可逆过程 1—a—2 和可逆过程 2—b—1 组成一个循环。此循环显然是不可逆循环。克劳修斯不等式式（4-14）可以写成

$$\int_{1-a-2} \frac{\delta Q}{T_{\mathrm{r}}} + \int_{2-b-1} \frac{\delta Q_{\mathrm{rev}}}{T_{\mathrm{r}}} < 0 \tag{4-17}$$

因为 2—b—1 过程是可逆的，所以热源温度 T_{r} 与工质温度 T 相同，根据式（4-16）得

$$\int_{2-b-1} \frac{\delta Q_{\mathrm{rev}}}{T} = S_1 - S_2 = -(S_2 - S_1) \tag{4-18}$$

代入式（4-17）中，得到

$$\int_{1-a-2} \frac{\delta Q}{T_{\mathrm{r}}} - (S_2 - S_1) < 0 \tag{4-19}$$

即

$$S_2 - S_1 > \int_{1-a-2} \frac{\delta Q}{T_{\mathrm{r}}} \tag{4-20}$$

若 1—a—2 为可逆过程，同样可得到

$$S_2 - S_1 = \int_{1-a-2} \frac{\delta Q}{T_{\mathrm{r}}} \tag{4-21}$$

将式（4-20）与式（4-21）合写成

$$S_2 - S_1 \geqslant \int_{1-a-2} \frac{\delta Q}{T_{\mathrm{r}}} \tag{4-22}$$

式中，大于号适用于不可逆过程；等于号适用于可逆过程。

式（4-22）是热力学第二定律的又一数学表达式，它可以用以判断过程可逆与否。式（4-22）表明，任何过程熵的变化只能在极限时等于 $\int \frac{\delta Q}{T_{\mathrm{r}}}$，而绝不可能小于 $\int \frac{\delta Q}{T_{\mathrm{r}}}$。

4.3.2 熵变的计算

原则上，由于熵是状态参数，两状态间的熵差与过程无关，所以熵变量的计算有两种途径。其一，只要初、终态确定，利用已知状态参数可直接得到熵的变化值。其二，状态参数熵的变化与过程性质（可逆、不可逆）无关，利用熵的定义式 $\mathrm{d}S=\frac{\delta Q_{\mathrm{rev}}}{T}$ 可以计算熵的变化。其做法是，任选一个可逆过程，用此可逆过程的热量和温度代入定义式中即可得到结果。此可逆过程是任选的，以便于计算。例如图 4-4 所示，求 $\Delta S_{1—2}$。如果取过程 1—3—2，熵是广延量，具有可加性，则 $\Delta S_{1—2}=\Delta S_{1—3}+\Delta S_{3—2}$，因为过程 3—2 为可逆绝热过程，所以 $\Delta S_{3—2}=0$，那么 $\Delta S_{1—2}=\Delta S_{1—3}=\frac{Q_{1—3}}{T_1}$。

同理，若取过程 1—4—2，则

$$\Delta S_{1—2}=\Delta S_{4—2}=\frac{Q_{4—2}}{T_2}$$

当然可选任一可逆过程，例如过程 1—a—2，

$$\Delta S_{1—2}=\int_{1—a—2}\frac{\delta Q}{T}$$

式中，δQ 应为 1—a—2 可逆过程中微元变化的热量；T 应为微元吸热时相应的温度，显然此过程对于前两者要复杂一些。

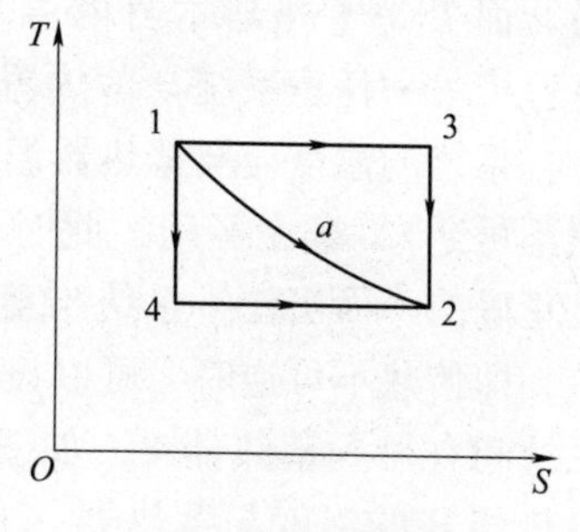

图 4-4 借助直线路径计算曲线熵变

为便于应用，现将几类常见情况的熵变计算汇总如下。

1. 理想气体的熵变计算

如上面所述，理想气体的两个确定状态间的熵差可在两状态间适当选取可逆过程，利用熵的定义计算得到。

由于理想气体状态方程比较简单，可以直接利用由理想气体状态方程导出的理想气体 ds 方程为

$$\mathrm{d}s=c_V\frac{\mathrm{d}T}{T}+R_{\mathrm{g}}\frac{\mathrm{d}v}{v} \tag{4-23a}$$

$$\mathrm{d}s=c_p\frac{\mathrm{d}T}{T}-R_{\mathrm{g}}\frac{\mathrm{d}p}{p} \tag{4-23b}$$

$$\mathrm{d}s=c_V\frac{\mathrm{d}T}{T}+c_p\frac{\mathrm{d}v}{v} \tag{4-23c}$$

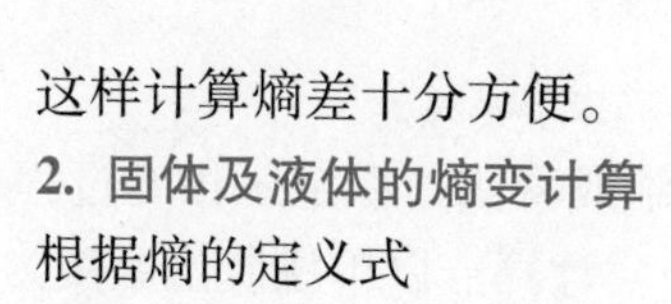

这样计算熵差十分方便。

2. 固体及液体的熵变计算

根据熵的定义式

$$\mathrm{d}S=\frac{\delta Q_{\mathrm{rev}}}{T}$$

其中，$\delta Q_{\mathrm{rev}}=\mathrm{d}U+p\mathrm{d}V$，因为固体、液体容积变化功 $p\mathrm{d}V$ 极小，可以忽略，所以

$$\delta Q_{\mathrm{rev}}=\mathrm{d}U=mc\mathrm{d}T$$

式中，m 为物质的质量；c 为固体或液体物质的比热容，一般情况下，$c_p=c_V=c$，则

$$dS=\frac{mc\mathrm{d}T}{T} \tag{4-24}$$

有限过程中，$\Delta S_{1-2}=\int_1^2\frac{mc\mathrm{d}T}{T}$，若温度变化较小，比热容可视为定值时，有

$$\Delta S_{1-2}=mc\ln\frac{T_2}{T_1} \tag{4-25}$$

3. 蓄功器的熵变

蓄功器是这样一种物体：越过其边界的所有能量都是以功的形式进行。蓄功器可以设想为一个理想弹簧，系统对它做功时，它可以被拉伸或压缩；或者假想为可以升降的重物，根据对其做功的方向，升高或降落。

蓄功器与系统交换的能量全部是功，而功可以全部无条件地转变成任何一种形式的能。蓄功器与外界无热量交换，在蓄功器中没有功的耗散，因此熵的变化永远为零。

4. 蓄热器熵的变化

蓄热器是一个热容量很大的系统，当能量以热的形式（也仅以热的形式）越过界面时，其温度始终保持不变，我们可以把恒温的热源与冷源看作蓄热器。

蓄热器熵变的计算是根据熵的定义式 $\mathrm{d}S=\frac{\delta Q_{\mathrm{rev}}}{T}$进行的。$\delta Q_{\mathrm{rev}}=\delta Q$ 蓄热是越过边界的热量，而 T 是蓄热器本身的温度。可以这样理解：当另一任意系统与蓄热器进行可逆热交换时，系统的温度应与蓄热器温度相同（否则传热不可逆），毫无疑问，此时上式求得的结果是正确的。而当任一系统与蓄热器之间有温度差，即传热不可逆时，可以设想在蓄热器 A 与系统间有另一蓄热器 B，如图 4-5 所示。假设蓄热器 B 的温度与蓄热器 A 的温度相同为 T，热量 δQ 由系统传给 B，再传给 A。现在，对于蓄热器 A 来说，A 与 B 之间传热没有温差，是可逆的，而温度 T 既是 B 的温度，也是 A 的温度。用 $\mathrm{d}S=\frac{\delta Q}{T}$算出的就是蓄热器的熵变 $\Delta S=\frac{Q}{T}$，在这里不可逆的传热哪里去了？显然，上述假想蓄热器的方法，把不可逆因素推到了蓄热器 B 与系统之间，在蓄热器 A 周围造成可逆条件，以便计算。

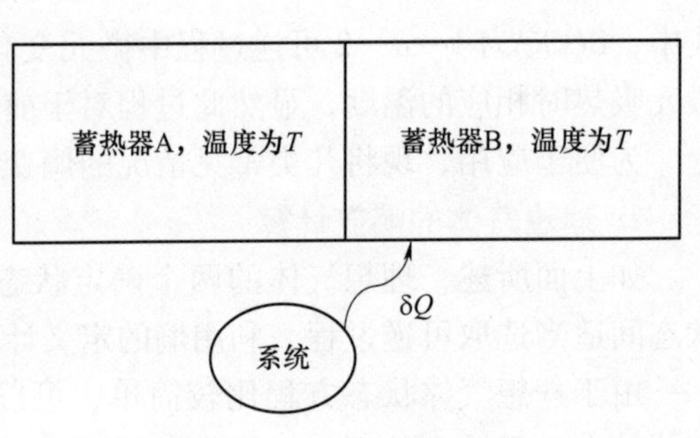

图 4-5　无温差传热示意图

5. 相变过程熵的计算

如果有相变过程出现，如固体溶解、液体汽化、蒸气凝结或凝固，在定压相变过程中，工质的饱和温度 T_s 保持不变，这时整个过程的熵变量必须分段计算。以单位质量温度为 T_1 的液体定压加热到温度为 $T_2(T_2>T_s)$ 的蒸气为例，过程的熵变量等于液体熵变、汽化过程熵变及蒸气熵变的总和，即

$$\Delta s=\Delta s_l+\Delta s_{l,\mathrm{v}}+\Delta s_{\mathrm{v}}$$

若工质为水和水蒸气，选择三相态时液态水的熵值为零，即 $T_0=273.16\mathrm{K}$ 时 $s_0=0$。液

态水的熵变 $ds_l = \frac{\delta Q}{T}$，$s_l = \int_{T_0}^{T} \frac{c_{p,\ l}dT}{T}$，温度范围不大时水的比热容可近似取为定值，因而从温度 T_1 定压加热到 T_s 时水的熵变为

$$\Delta s_l = \int_{T_0}^{T_s} \frac{c_{p,l}dT}{T} - \int_{T_0}^{T_1} \frac{c_{p,l}dT}{T} = c_{p,l}\ln\frac{T_s}{T_1} \tag{4-26}$$

定压相变过程中，水的饱和温度保持不变，$s_{l,v} = \frac{\gamma}{T_s}$。水蒸气的熵变 $s_v = \int_{T_s}^{T_2} \frac{c_{p,\ v}dT}{T}$ 从而得出

$$\Delta s = c_{p,l}\ln\frac{T_s}{T_1} + \frac{\gamma}{T_s} + \int_{T_s}^{T_2} \frac{c_{p,v}dT}{T} \tag{4-27}$$

式中，T_s 和 γ 分别为汽化温度和汽化潜热；$c_{p,l}$、$c_{p,v}$分别为水和水蒸气的比定压热容。

4.4 孤立系统熵增原理

进一步分析式（4-22）可见，在可逆过程中，熵的变化 $\Delta S = \int \frac{\delta Q_{rev}}{T_r}$；不可逆过程中熵的变化要大于 $\int \frac{\delta Q}{T_r}$。但是，如果外界条件相同而且热交换量相同，或者说如果不可逆过程与可逆过程时的 $\int \frac{\delta Q}{T_r}$ 相同，则此时不可逆过程中的熵变将大于可逆过程的熵变，增大的那部分完全是由于不可逆因素引起的，而且它的数值总是正的。我们把由不可逆因素引起的这部分熵变称为熵产，用符号 ΔS_g 表示，微分形式为 dS_g。$\int \frac{\delta Q}{T_r}$ 完全是由于热交换引起的，或者说是由于热流进、出系统所引起的系统熵变的部分，称为熵流，用 ΔS_f 表示，其微分形式为 dS_f。这样，对于任意不可逆过程熵的变化都可以用熵流与熵产的代数和表示，其微分式表示为

$$dS = dS_f + dS_g \tag{4-28}$$

积分式为

$$\Delta S_{12} = \Delta S_f + \Delta S_g \tag{4-29}$$

式中，$dS_f = \frac{\delta Q}{T_r}$；$\Delta S_f = \int \frac{\delta Q}{T_r}$。

由于热流方向不同，系统吸热，熵流为正；系统放热，熵流为负；绝热过程，熵流为零。熵产在可逆过程中为零；在不可逆过程中永远为正，绝不可能为负；且不可逆性越大，熵产越大。式（4-28）和式（4-29）适用于任何不可逆因素引起的熵的变化，因此，熵产成为过程不可逆性程度的度量。

由于孤立系统与外界没有热量交换，根据式（4-28），其熵流 $dS_f = 0$，因此有

$$dS_{iso} = dS_g \geqslant 0 \tag{4-30}$$

积分式为

$$\Delta S_{iso} \geqslant 0 \tag{4-31}$$

式（4-31）中，等号适用于可逆过程，不等号适用于不可逆过程，小于号不可能出现。式（4-31）表明：孤立系统的熵变化只取决于系统内不可逆程度。一切实际过程都是不可逆的，所以，孤立系统的一切实际过程都朝着系统熵增大的方向进行，极限时（可逆过程）维持系统熵不变。而任何使孤立系统熵减的过程都是不可能发生的。简单地说，即孤立系统的熵只能增大（不可逆过程）或不变（可逆过程），绝不可能减小，此为孤立系统熵增原理，简称熵增原理。

根据孤立系统的熵增原理，若一个过程进行的结果是使孤立系统的熵增加，则该过程就可以发生和进行，前述所有的自发过程都是此种过程。例如：热量从高温物体向低温物体的传递过程，有摩擦的飞轮制动过程等。而这些过程的反过程，即欲使非自发过程自动发生的过程，一定是使孤立系统熵减少的过程。例如：热量从低温物体向高温物体的自发传递过程，就是使孤立系统熵减少的过程，由于它违背了孤立系统的熵增原理和热力学第二定律，显然不可能发生。要使非自发过程能够发生，一定要有补偿，补偿的目的在于使孤立系统的熵不减少。例如：在制冷工程中消耗功的补偿是使包括热源、冷源和制冷机在内的孤立系统的熵增加。在理想情况下最低限度的补偿也要使孤立系统的熵增为零，此时的制冷循环为可逆循环。

正是由于孤立系统的熵增原理解决了过程的方向性问题，解决了由此引出的非自发过程的补偿和补偿限度问题。因此，孤立系统熵增原理的表达式式（4-30）及式（4-31）可作为热力学第二定律的数学表达式。

熵增原理可延伸使用于控制质量的绝热系统和稳定流动的绝热系统。因为对于控制质量的绝热系统也有

$$\delta Q = 0$$

绝热系统的熵变

$$\mathrm{d}S_{\mathrm{ad}} = \frac{\delta Q}{T} + \mathrm{d}S_{\mathrm{g}} \geqslant 0 \tag{4-32}$$

即

$$\begin{aligned} \mathrm{d}S_{\mathrm{ad}} &\geqslant 0 \\ \Delta S_{\mathrm{ad}} &\geqslant 0 \end{aligned} \tag{4-33}$$

对于经历从初态 1 到终态 2 的控制质量的绝热系统有

$$\Delta S_{\mathrm{ad}} = S_2 - S_1 \geqslant 0 \tag{4-34}$$

类似于式（4-31），大于号适用于不可逆过程，等号适用于可逆过程，若出现小于号说明过程不可能进行。

对于稳定流动系统，控制容积（CV）内各点参数不随时间而变，作为状态参数的熵的总变化为零。类似于能量方程式，式（4-34）可以理解为 $m$kg 工质稳定流经控制容积（CV）的熵方程，绝热时同样有

$$\Delta S_{\mathrm{ad}} = S_{\mathrm{out}} - S_{\mathrm{in}} \geqslant 0 \tag{4-35}$$

在利用熵增原理进行熵产计算时，常需要将系统划分为若干个子系统，每个子系统的熵变可根据熵是状态参数这一性质进行计算。整个孤立系统（或绝热系统）的熵增为各子系统熵变的代和，即

$$\Delta S_{\mathrm{iso}} = \sum_{j=1}^{n} \Delta S_{\mathrm{sub},j} \tag{4-36}$$

式中，下标 sub 表示子系统。

注意： 熵增原理表达式式（4-36）适用于孤立系统，所以计算熵的变化时，热量的方向应以构成孤立系统的有关物体为对象，它们吸热为正，放热为负，切勿搞错。

【例 4-2】 用孤立系统熵增原理理解【例 4-1】。

解： 如图 4-2 所示，孤立系统由热源、冷源及热机组成。熵是广延参量，具有可加性，因此，孤立系统熵变

$$\Delta S_{\mathrm{iso}} = \Delta S_{T_1} + \Delta S_{T_2} + \Delta S$$

式中，ΔS_{T_1}、ΔS_{T_2}分别为热源 T_1 及冷源 T_2 的熵变；ΔS 为循环的熵变，即工质的熵变。

因为工质历经循环恢复原来状态，所以

$$\Delta S = 0$$

而热源放热，所以

$$\Delta S_{T_1} = \frac{Q_1}{T_1} = \frac{-2000\mathrm{kJ}}{1000\mathrm{K}} = -2\mathrm{kJ/K}$$

冷源吸热，则

$$\Delta S_{T_2} = \frac{Q_2}{T_2} = \frac{800\mathrm{kJ}}{300\mathrm{K}} = 2.66\mathrm{kJ/K}$$

整理上述式子得

$$\Delta S_{\mathrm{iso}} = (-2 + 2.66 + 0)\mathrm{kJ/K} = 0.66\mathrm{kJ/K} > 0$$

所以此循环为不可逆热机循环。用同样办法，可判断在条件不变时，它不可能是制冷循环。

【例 4-3】 用孤立系统熵增原理证明热量从高温物体传向低温物体的过程是不可逆过程。

证明： 如图 4-6 所示，热量 Q 自高温的恒温物体 T_1 传向低温的恒温物体 T_2。孤立系统由物体 T_1 和物体 T_2 组成，则

$$\Delta S_{\mathrm{iso}} = \Delta S_{T_1} + \Delta S_{T_2} = \frac{-|Q|}{T_1} + \frac{|Q|}{T_2} = |Q|\left(\frac{1}{T_2} - \frac{1}{T_1}\right)$$

因为 $T_1>T_2$，所以$\frac{1}{T_2}-\frac{1}{T_1}>0$，那么 $\Delta S_{\mathrm{iso}}>0$。热量自高温物体传给低温物体的过程是不可逆过程。

如果将 T_1、T_2 分别作为热源，令卡诺机在热源与环境（作为冷源）之间工作，如图 4-7 所示。图 4-7a 中，在 T_1 热源下卡诺机做功

$$W_{T_1} = Q\left(1 - \frac{T_0}{T_1}\right)$$

图 4-7b 中，在 T_2 热源下卡诺机做功

$$W_{T_2} = Q\left(1 - \frac{T_0}{T_2}\right)$$

显然

$$W_{T_2} < W_{T_1}$$

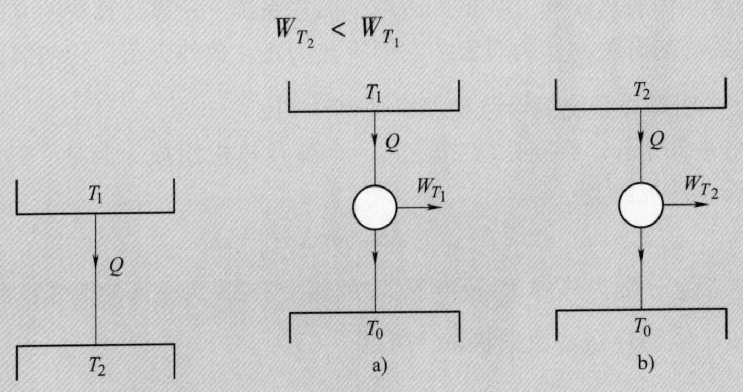

图 4-6　两热源传热过程　　　图 4-7　工作在热源与环境间的卡诺机

上述结果表明，热量 Q 在从高温 T_1 降至低温 T_2 时数量上没有改变，但由于不可逆过程导致熵的增大，使 Q 的做功能力减小。温降越大，做功能力下降越严重。能量的数量不变，而做功能力下降的现象称为能量贬值，或者功的耗散。孤立系统熵增的大小标志着能量贬值或功耗散的程度。

下面通过几例说明如何利用熵增原理进行热力学第二定律的定量分析计算。

【例 4-4】　某热机从 $T_H = 1000K$ 的热源吸热 2000kJ，向 $T_L = 300K$ 的冷源放热 810kJ。试求：

1）该热力循环是否可能实现？是否为可逆循环？

2）若将此热机作为制冷机用，能否从 $T_L = 300K$ 的冷源吸热 810kJ，而向 $T_H = 1000K$ 的热源放热 2000kJ？

解：1）将图 4-8 所示的动力循环的热源、热机和冷源划分为孤立系统，则孤立系统总熵变为热源 HR、热机 E 中工质 m 和冷源 LR 三者熵变量的代数和，即

$$\Delta S_{iso} = \Delta S_{HR} + \Delta S_m + \Delta S_{LR}$$

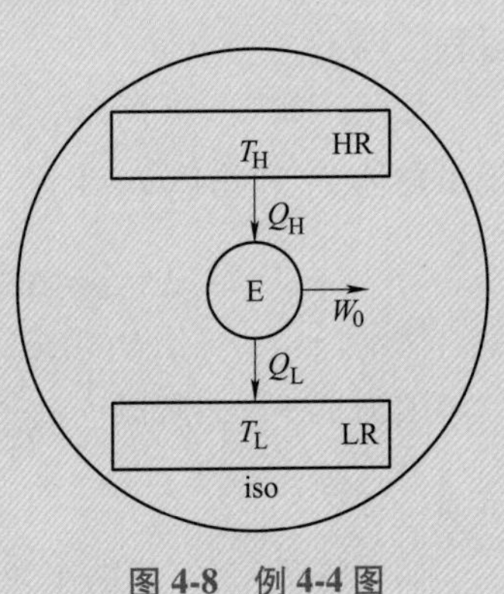

图 4-8　例 4-4 图

孤立系统中恒温热源在一个循环中放出热量 Q_H，其熵变为

$$\Delta S_{HR} = \frac{Q_H}{T_H}$$

恒温冷源在一个循环中吸收热量 Q_L，其熵变为

$$\Delta S_{LR} = \frac{Q_L}{T_L}$$

工质在热机中经历了一个循环回复到初态，其熵变为

$$\Delta S_m = 0$$

从而有

$$\Delta S_{iso} = \Delta S_{HR} + \Delta S_{LR} = \frac{Q_H}{T_H} + \frac{Q_L}{T_L}$$

$$= \frac{-2000}{1000}\text{kJ/K} + \frac{810}{300}\text{kJ/K} = 0.7\text{kJ/K} > 0$$

符合孤立系统熵增原理，因此该循环可以实现。且由于孤立系统熵变大于零，故为不可逆循环。

2）将该机作为制冷机用，则 Q_H 和 Q_L 的正负号与热机刚好相反。仍按上述方法划定孤立系统，则

$$\Delta S_{iso} = \Delta S_{HR} + \Delta S_{LR} = \frac{Q_H}{T_H} + \frac{Q_L}{T_L}$$

$$= \frac{2000}{1000}\text{kJ/K} - \frac{810}{300}\text{kJ/K} = -0.7\text{J/K} < 0$$

这违背孤立系统熵增原理，因此该循环不可能实现。

讨论：本题通过孤立系统划分成的几个子系统熵变的代数和，计算出孤立系统的熵变，从而进行循环可行与否、可逆与否的判断，对于循环也可以用克劳修斯不等式进行计算和判断，读者不妨一试。

在进行各子系统熵变的计算中，常常涉及热量的正负号。应予以提醒的是热量的正负号按子系统是吸热还是放热来取。

分析本题第2）问可知，表面上看起来该制冷机实现的是有补偿、有代价地把热量从低温传向高温的非自发过程，代价是外界消耗功，即

$$W_0 = Q_H - Q_L = 2000\text{kJ} - 810\text{kJ} = 1190\text{kJ}$$

但由于 $\Delta S_{iso}<0$，说明该制冷机补偿不够，仍违背孤立系统熵增原理和热力学第二定律，因此不能实现。只有补偿到使 $\Delta S_{iso} \geqslant 0$ 时，该制冷循环才可能实现。

【例4-5】 设两恒温物体A和B，温度分别为1500K和500K。试根据熵增原理计算分析下面两种情况是否可行？若可行是否可逆？

1）B向A传递热量1000kJ。

2）A向B传递热量1000kJ。

解：1）取A和B构成孤立系统，如图4-9所示。由热力学第一定律知，B放出的热量 Q_B 与A得到的热量 Q_A 在数值上相等，即 $|Q_B| = |Q_A| = Q = 1000\text{kJ}$。

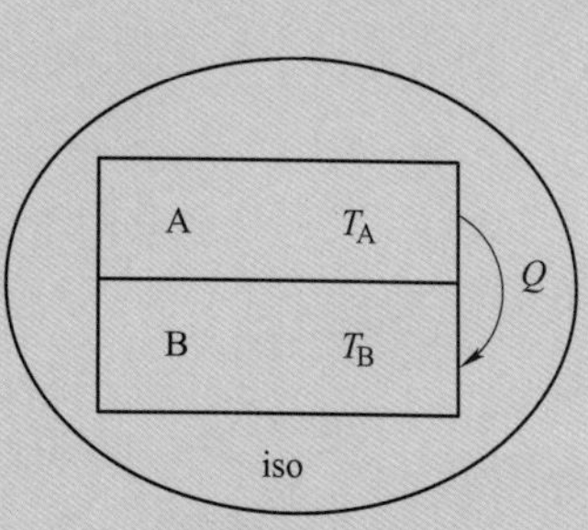

图4-9 例4-5图

考虑到B放热，则 $Q_B = -1000\text{kJ}$，于是有

$$\Delta S_{iso} = \Delta S_A + \Delta S_B = \frac{Q_A}{T_A} + \frac{Q_B}{T_B}$$

$$= Q\left(\frac{1}{T_A} - \frac{1}{T_B}\right) = 1000 \times \left(\frac{1}{1500} - \frac{1}{500}\right)\text{kJ/K}$$

$$= -1.33\text{kJ/K} < 0$$

违反孤立系统熵增原理，故不可行。

2）同理，对于A放出热量和B得到热量的情况，有

$$Q_A=-1000\text{kJ},\ Q_B=1000\text{kJ}$$

$$\Delta S_{iso}=\Delta S_A+\Delta S_B=\frac{Q_A}{T_A}+\frac{Q_B}{T_B}=Q\left(\frac{1}{T_B}-\frac{1}{T_A}\right)$$

$$=1000\times\left(\frac{1}{500}-\frac{1}{1500}\right)\text{kJ/K}$$

$$=1.33\text{kJ/K}>0$$

不违反孤立系统熵增原理，故可行。但由于 $\Delta S_{iso}>0$，所以该过程为不可逆过程，不可逆是由于不等温传热造成的。

【例 4-6】 将0.5kg温度为1200℃的碳素钢放入盛有4kg温度为20℃的水的绝热容器中最后达到热平衡。试求此过程中不可逆引起的熵产。碳素钢和水的比热容分别为 $c_c=0.47\text{kJ/(kg·K)}$ 和 $c_w=4.187\text{kJ/(kg·K)}$。

解： 首先求平衡温度 t_m。

在此过程中碳素钢的放热量 Q_c 和水的吸热量 Q_w 分别为

$$Q_c=m_cc_c(t_c-t_m)$$

$$Q_w=m_wc_w(t_m-t_w)$$

$$m_cc_c(t_c-t_m)=m_wc_w(t_m-t_w)$$

由热力学第一定律得

$$t_m=\frac{m_cc_ct_c+m_wc_wt_w}{m_cc_c+m_wc_w}$$

$$=\frac{0.5\times0.47\times1200+4\times4.187\times20}{0.5\times0.47+4\times4.187}℃$$

$$=36.3℃$$

水的熵变为

$$\Delta S_w=\int_{T_w}^{T_m}\frac{\delta Q}{T}=\int_{T_w}^{T_m}\frac{m_wc_w\mathrm{d}T}{T}$$

$$=m_wc_w\ln\frac{T_m}{T_W}$$

$$=4\times4.187\times\ln\frac{36.3+273}{20+273}\text{kJ/K}$$

$$=0.907\text{kJ/K}$$

碳素钢的熵变为

$$\Delta S_c=\int_{T_c}^{T_m}\frac{\delta Q}{T}=m_cc_c\ln\frac{T_m}{T_c}$$

$$=0.5\times0.47\times\ln\frac{36.3+273}{1200+273}\text{kJ/K}$$

$$=-0.367\text{kJ/K}$$

水和碳素钢所构成的绝热系统的总熵增即该过程的熵产为

$$\Delta S_g = \Delta S_{iso} = \Delta S_w + \Delta S_c$$
$$= 0.907\text{kJ/K} - 0.367\text{kJ/K} = 0.54\text{kJ}$$

讨论：

综合本节的例题不难看出，热力学第二定律和第一定律是紧密结合的。在解决热力学第二定律问题之前，首先要解决热力学第一定律的问题。可以说解决热力学第一定律问题是解决热力学第二定律问题的基础。只有同时遵循热力学第一定律和第二定律的过程才能实现。

4.5 做功能力损失

所谓系统的做功能力是指在给定的环境条件下，系统可能做出的最大有用功，它意味着过程终了时，系统应与环境达到热力平衡，因而通常取环境温度 T_0 作为计量做功能力的基准。

下面推导做功能力损失的表达式。

设一台可逆热机 R 和一台不可逆热机 IR 同时在温度为 T 的热源及温度为 T_0 的环境之间工作，如图 4-10 所示。根据卡诺定理 $\eta_R > \eta_{IR}$，由效率的定义式，得到

$$\frac{W_R}{Q_1} > \frac{W_{IR}}{Q_1'} \tag{4-37}$$

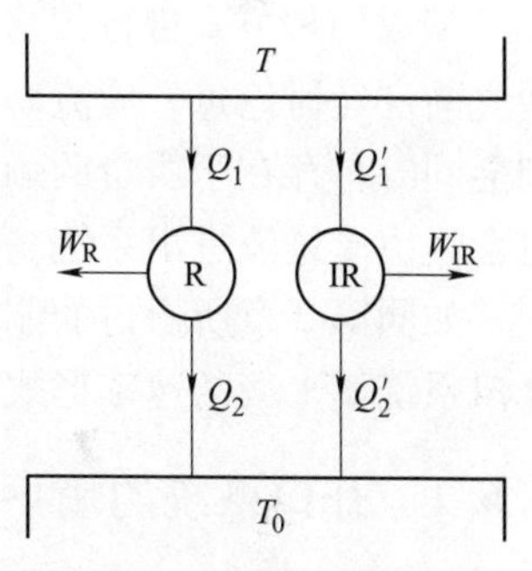

图 4-10　工作在热源与环境间的卡诺热机和不可逆热机

令两热机从热源吸热相同，即

$$Q_1 = Q_1'$$

则 $W_R > W_{IR}$。于是，不可逆引起的功损失为

$$\Pi = W_R - W_{IR} > 0$$

根据热力学第一定律得

$$W_R = Q_1 - Q_2$$
$$W_{IR} = Q_1' - Q_2'$$

则，做功能力损失为

$$\Pi = W_R - W_{IR} = (Q_1 - Q_2) - (Q_1' - Q_2') = Q_2' - Q_2 \tag{4-38}$$

若把热源、冷源及 R+IR 热机取作孤立系统，则

$$\Delta S_{iso} = \Delta S_{T_0} + \Delta S_T + \Delta S$$

循环中，工质熵变 $\Delta S = 0$，所以

$$\Delta S_{iso} = \frac{-(Q_1 + Q_1')}{T} + \frac{Q_2 + Q_2'}{T_0} = -\frac{Q_1}{T} - \frac{Q_1'}{T} + \frac{Q_2}{T_0} + \frac{Q_2'}{T_0} \tag{4-39}$$

根据卡诺定理，对于可逆机有 $\frac{Q_1}{T} = \frac{Q_2}{T_0}$，又 $Q_1 = Q_1'$，所以

$$\Delta S_{iso} = \frac{Q_2'}{T_0} - \frac{Q_1'}{T} = \frac{Q_2'}{T_0} - \frac{Q_1}{T} = \frac{Q_2'}{T_0} - \frac{Q_2}{T_0} = \frac{1}{T_0}(Q_2' - Q_2) \tag{4-40}$$

将式（4-40）代入式（4-38）中，得到

$$\Pi = T_0 \Delta S_{iso} \tag{4-41}$$

式（4-41）给出了做功能力损失的表达式。它表明，系统经不可逆过程的做功能力损失永远等于环境热力学温度与孤立系统熵增的乘积。以上推导过程并未假定不可逆是由什么因素引起的，所以对任何不可逆系统都适用。

4.6 熵平衡方程

所有实际（不可逆）过程都会产生熵，代表熵不是守恒量，存在于宇宙间的熵值会持续增加。由 4.4 节可知，过程中系统的熵变量等于传递进出系统的熵量加上所产生的熵量。

熵变量 = 熵传递量 + 熵增量

由此可见，熵与第 2 章所探讨的热力学第一定律的能量平衡有非常多的相同之处，能量为守衡量，不能产生或销毁。能量平衡说明系统内的能量变化等于能量的净传递量。

熵以两种方式进行传递：一是经由热传递；二是经由质流动。其中，经由热传递的熵传递先前已经讨论过，质流动在第 4 章推导能量平衡时提及。如果质量经由质量流进出系统，则会同时将存在于质量的熵一起带入。因此在开放系统中，当质量流进出系统时预期熵传递也会经由质量流进出系统。

如同第 2 章所探讨的能量，本节将推导开口及闭口系统的熵平衡式。首先从应用在一般开口系统熵平衡的速率形式开始，然后简化为闭口系统的熵平衡。

4.6.1 开口系统的熵平衡

如图 4-11 所示，开放系统具有复合的入口及出口，并有许多传递通过不同温度的表面。考虑熵传递方式及熵增，开口系统的熵速率平衡，则有

$$\frac{dS_{系统}}{dt} = \sum_{入口} \dot{m}_i s_i - \sum_{出口} \dot{m}_e s_e + \int \frac{\dot{Q}}{T} + \dot{S}_{gen} \tag{4-42}$$

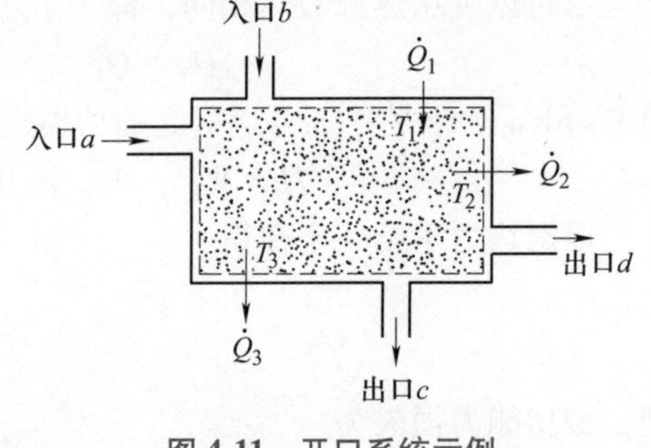

图 4-11　开口系统示例

式中，$\dot{Q}$ 代表经由入口或出口流进或流出系统的热流量；$\frac{dS_{系统}}{dt}$为过程中的熵增率；$\dot{S}_{gen}$为系统熵产率。

式（4-42）可应用在稳态及非稳态系统，能容纳任何数目的质量流入口或出口，且能应用在各种形式的热传递环境。如此可以应用在非常复杂的环境，导入各方面的考虑而增加其复杂度，并使其计算已超越本书的范围。然而，某些合理的简化可使式（4-42）更容易应用。

首先，假如热传递率为非稳态，且热传递会随系统边界的位置而异，则不易评估经由热传递的熵传递。此外，如果边界的温度改变，就必须要知道热传递率与发生热传递的温度的

函数关系，以求得其积分。其积分的计算可在两种情况下加以简化：首先是当系统与外界之间没有热量交换时，则经由热传递的熵传递为0；第二种情况是系统边界的温度为定值，且其热传递率为定值。第二种情况通常为系统具有等温的边界，若能计算出系统与其周围特定区域的传递热量，则可以通过计算热量的变化来简化计算熵传递积分在不同位置的总和，即

$$\int \frac{\dot{Q}}{T} = \sum_{j=1}^{n} \frac{\dot{Q}_j}{T_{b,j}} \tag{4-43}$$

此时，系统边界分为 n 个不连续的等温部分。

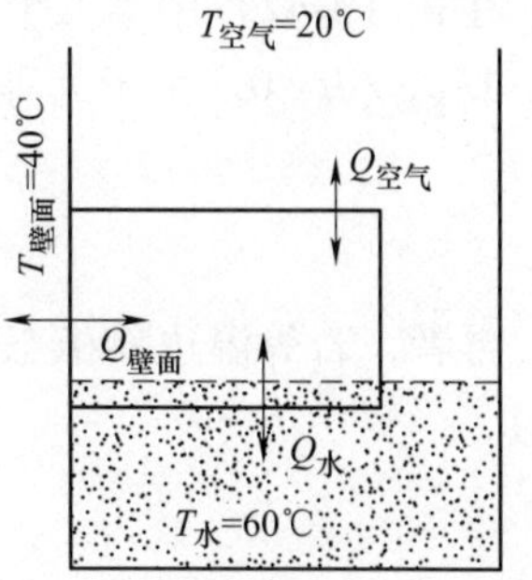

图 4-12　不连续的等温边界示例

图 4-12 为系统边界多个不同的区域，且具有不同热传递率的状态。一对象漂浮在容器内的水面上，并靠在容器边缘，而对象的其他部分则与空气接触。三个接触点皆未达到热平衡，空气温度为 20℃，水温为 60℃，而容器壁面温度为 40℃。各区域各有不同的热传递。

【例 4-7】　试计算图 4-13 所示的系统中，经由热传递的熵传递。此系统与三个恒温及一个绝热边界接触。

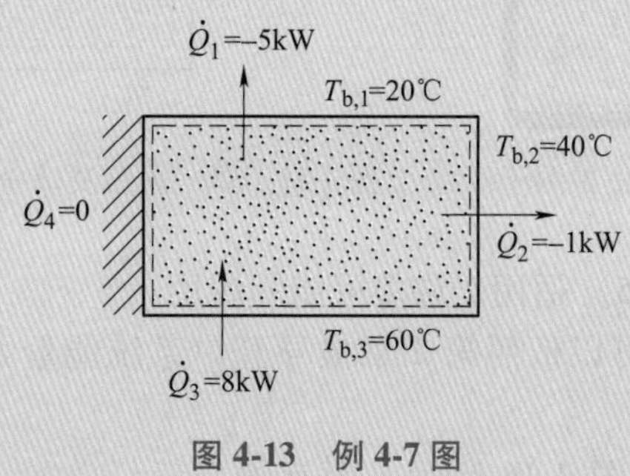

图 4-13　例 4-7 图

解：已知

$$\dot{Q}_1 = -5\text{kW}, T_{b,1} = 20℃ = 293\text{K}; \qquad \dot{Q}_2 = -1\text{kW}, T_{b,2} = 40℃ = 313\text{K}$$

$$\dot{Q}_3 = 8\text{kW}, T_{b,3} = 60℃ = 333\text{K}; \qquad \dot{Q}_4 = 0(\text{绝热})$$

则经由热传递的熵传递为

$$\int \frac{\dot{Q}}{T} = \sum_{j=1}^{4} \frac{\dot{Q}_j}{T_{b,j}} = \frac{\dot{Q}_j}{T_{b,1}} + \frac{\dot{Q}_2}{T_{b,2}} + \frac{\dot{Q}_3}{T_{b,3}} + \frac{\dot{Q}_4}{T_{b,4}} = 0.00377\text{kW/K}$$

由于系统有净热传递，所以也会有熵传递进入系统，而热传递的发生与温度有关。如果 $T_{b,3}$ 为 400K，而热传递率维持定值，则使净熵传递至系统外。熵传递可以为正值或负值，因此未先进行计算就直接假设熵传递方向，实为不妥。

切记，如果仅有单一边界温度，则此熵传递总和可变得非常简单。系统被单一物质包围，例如空气或液体，且此流体具有固定密度时，熵传递总和消失，因为只有一项需要加入。图 4-14所示系统就是单一边界温度的例子：一物件沉入桶内液体中，而此液体具有均一的温度。

此外，在烤箱中的食物亦具有均一的表面温度。实际上大部分暴露在环境中的物体表面温度均一，使得任何未接触环境部分的表面（如装置与其固定托架触面）有较小的热传递。

在式（4-42）中第二个通用假设为稳态系统。在此状况下，随时间变化系统的熵为定值：$dS_{系统}/dt=0$。由于为等温边界且以稳态运行，式（4-42）可重组简化为

$$\dot{S}_{gen} = \sum_{出口} \dot{m}_e s_e - \sum_{入口} \dot{m}_i s_i - \sum_{j=1}^{n} \frac{\dot{Q}_j}{T_{b,j}} \tag{4-44}$$

再者，若等温边界稳态的系统仅有单一入口及单一出口，如图 4-15 所示，熵平衡可简化为

$$\dot{S}_{gen} = \dot{m}(s_2 - s_1) - \sum_{j=1}^{n} \frac{\dot{Q}_j}{T_{b,j}} \tag{4-45}$$

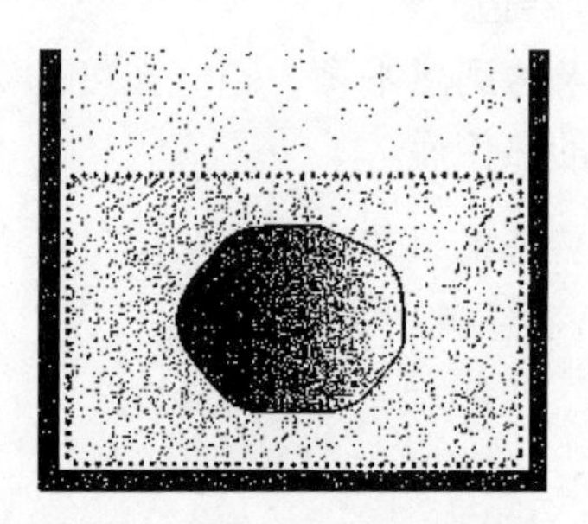

图 4-14　单一、等温边界例子

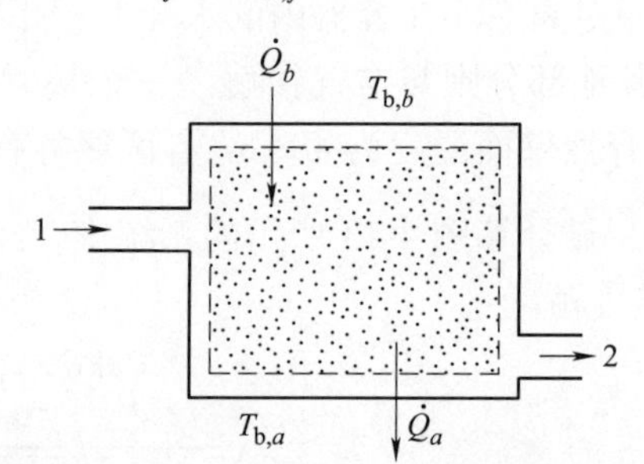

图 4-15　单一入口及单一出口的开口系统

如本章所讨论，式（4-45）适用于许多可能的应用。

开口系统的熵方程完全可以依照第 2 章推导开口系统能量方程的办法，导出它的熵方程。下面只做一般说明。

开口系统（控制体）如图 4-16 所示，因有物质进、出系统，熵是状态参数，随物质的进、出开口系统，必然将熵带进、带出系统。因此，整个开口系统熵的变化应包括工质进、出系统带入、带出的熵的代数和。当系统在某一微小时间间隔 $d\tau$ 内，进、出口状态处于平衡态且不随时间改变时，开口系统的熵变化为

$$dS_{c,v} = dS_f + dS_g + s_{in}\delta m_{in} - s_{out}\delta m_{out} \tag{4-46}$$

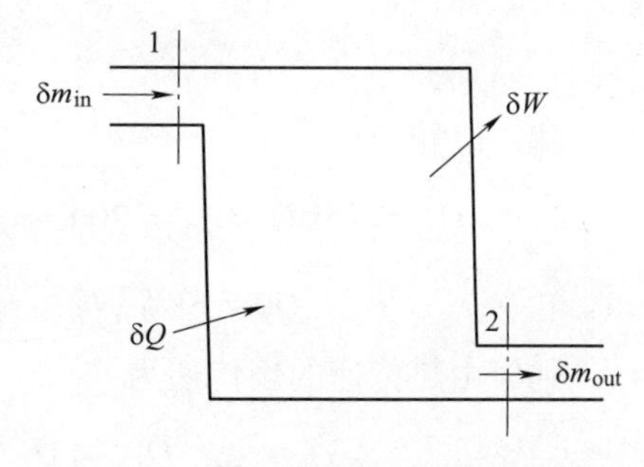

图 4-16　开口系统熵方程推导模型

式中，$dS_f=\dfrac{\delta Q}{T_r}$为开口系统与外界传热引起的熵流，因热量的方向而可正、可负、可零；dS_g 为熵产，可逆时为零，不可逆时永远为正；δm_{in}与δm_{out}分别为进、出系统的质量；s_{in}、s_{out}分别表示进、出系统的工质比熵。

当开口系统与多个不同温度的热源交换热量，又有多股工质进、出系统时，式（4-46）可写成

$$dS_{c,v} = \sum \frac{\delta Q}{T_{r,i}} + \sum_{in} s\delta m - \sum_{out} s\delta m + dS_g \tag{4-47}$$

式（4-46）和式（4-47）是开口系统的熵方程。

当开口系统处于稳定状态、稳定流动时，系统的熵变 $dS_{c,v}=0$，$\delta m_{in}=\delta m_{out}=\delta m$，而系统与外界交换的热量 δQ 与 δm 质量的工质自进口 1 流至出口 2 时与外界交换的热量相同，因此式（4-47）可改写为

$$0=\frac{\delta Q}{T_r}+\delta m(s_1-s_2)+dS_g \tag{4-48}$$

若以 $\Delta\tau$ 时间内 m(kg)流动工质为对象，则

$$0=\int\frac{\delta Q}{T_r}+m(s_1-s_2)+\Delta S_g$$

或

$$S_2-S_1=\int\frac{\delta Q}{T_r}+\Delta S_g \tag{4-49}$$

对于绝热的稳态、稳流过程，式（4-49）简化为

$$S_2-S_1=\Delta S_g\geqslant 0 \tag{4-50}$$

可逆绝热过程 $S_2-S_1=0$，不可逆绝热过程 $S_2-S_1>0$。

【例 4-8】 一喷嘴以 2m/s 速度吸入温度为 300K、压力 150kPa 的空气，并以 100m/s 的速度排出 280K、110kPa 的空气，其质量流量为 0.1kg/s，喷嘴表面温度维持 270K。假设空气为理想气体，且具有固定比热容。请问此过程能否发生？

解： 已知

$$v_1=2\text{m/s},\quad T_1=300\text{K},\quad p_1=150\text{kPa}$$
$$v_2=100\text{m/s},\quad T_2=280\text{K},\quad p_2=110\text{kPa}$$
$$\dot m=0.1\text{kg/s},\quad T_b=270\text{K}$$
$$c_p=1.005\text{kJ/(kg}\cdot\text{K)},\quad R_g=0.287\text{kJ/(kg}\cdot\text{K)}$$

针对此过程计算其熵增率，首先确定是否有热传递。假设过程中没有做功，且没有位能变化，热力学第一定律可简化为

$$\dot Q=\dot m\left(h_2-h_1+\frac{v_2^2-v_1^2}{2\times1000}\right)=\dot m\left[c_p(T_2-T_1)+\frac{v_2^2-v_1^2}{2\times1000}\right]$$
$$=-1.51\text{kW}$$

$$\dot S_{gen}=\dot m(s_2-s_1)-\frac{\dot Q}{T_b}=\dot m\left(c_p\ln\frac{T_2}{T_1}-R_g\ln\frac{p_2}{p_1}\right)-\frac{\dot Q}{T_b}=0.00756\text{kW/K}$$

依据假设的条件，熵增率大于 0，表示此过程可以发生。

【例 4-9】 一未隔热的泵吸入温度 15℃ 的饱和液态水，并以 25℃、13.4MPa（绝对压力）排出。水流经泵的质量流量为 7.0kg/s，抽水过程中泵消耗 375kW 的动力，泵的表面温度维持在 40℃。试计算泵的熵增率。

解： 已知

$$x_l=0.0,\quad t_1=15℃,\quad p_2=13.4\text{MPa},\quad t_2=25℃$$
$$\dot m=7.0\text{kg/s},\quad \dot W=-375\text{kW},\quad T_b=40℃=313\text{K}$$

假设无动能及位能变化，热力学第一定律可简化为

$$\dot{Q}=\dot{m}(h_2-h_1)+\dot{W}$$

假设水压变高时，水为可压缩流体。将水的热力性质

$$h_1=63.0\text{kJ/kg},\qquad h_2=179.4\text{kJ/kg}$$

代入上述公式，得 $\dot{Q}=566\text{kW}$。

由于是单一等温边界，将式（4-45）修正用以计算熵增率：

$$\dot{S}_{gen}=\dot{m}(s_2-s_1)-\frac{\dot{Q}}{T_b}$$

查询水、水蒸气的热物性参数表，可得

$$s_1=0.2245\text{kJ/(kg·K)},\qquad s_2=0.5672\text{kJ/(kg·K)}$$

解得

$$\dot{S}_{gen}=0.591\text{kW/K}$$

【例 4-10】 一蒸汽汽轮机吸收 5kg/s、6MPa、400℃的过热蒸汽，并以 500kPa、200℃排出。汽轮机能产生 1500kW 功率，汽轮机的表面温度维持在 50℃。试计算汽轮机的熵增率。

解：已知

$$\dot{m}=5\text{kg/s},\qquad t_1=400℃,\qquad p_1=6.0\text{MPa},\qquad t_2=200℃,\qquad p_2=500\text{kPa}$$

$$\dot{W}=1500\text{kW},\qquad T_b=50℃=323\text{K}$$

首先假设汽轮机为稳态，且蒸汽无动能及位能变化，以计算出过程中是否有传热。在此状况下，热力学第一定律可简化为

$$\dot{Q}=\dot{m}(h_2-h_1)+\dot{W}$$

采用计算机程序计算得热力性质为

$$h_1=3177.2\text{kJ/kg},\qquad h_2=2855.4\text{kJ/kg}$$

因此 $\dot{Q}=-109\text{kW}$。

由于是单一等温边界，将式（4-45）修正用以计算熵增率：

$$\dot{S}_{gen}=\dot{m}(s_2-s_1)-\frac{\dot{Q}}{T}$$

查询水、水蒸气的热物性参数表，可得

$$s_1=6.5408\text{kJ/(kg·K)},s_2=7.0592\text{kJ/(kg·K)}$$

解得

$$\dot{S}_{gen}=\dot{m}(s_2-s_1)=2.93\text{kW/K}$$

在此题的基础上，通过计算机计算模拟在相同入口和出口状态下，不同功率的涡轮机的熵增率，如图 4-17 所示。

由图 4-17 所示的规律可知，涡轮机产生的功越多，其过程熵增越多，越不可逆。从另一个角度说就是当能量通过热传递过程散失越多，涡轮机输出的功率越低。这也是为什么涡轮机需要隔热。此外，涡轮机的隔热也能有效改变其出口状态，只是此分析还不够明

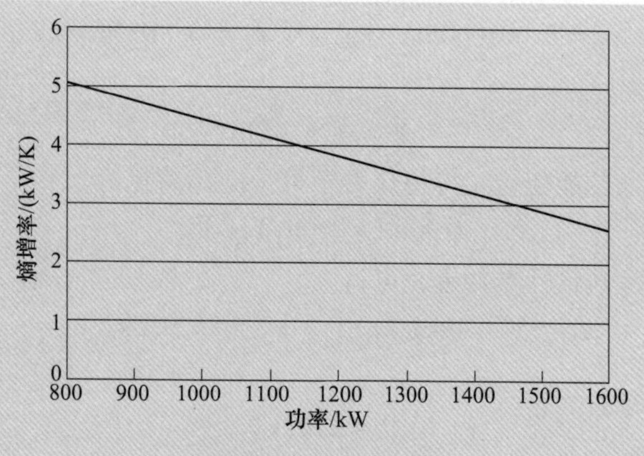

图 4-17 例 4-10 图

确，但对于涡轮机如何发挥最佳性能是具有指导意义的。

4.6.2 闭口系统的熵平衡

第 2 章采用开口系统的热力学第一定律能量平衡通式，将闭口系统作为一特例，从而推导出闭口系统的热力学第一定律表达式。相同的推论也可应用在熵平衡上，闭口系统的质量流进出系统，因此 $\dot{m}$ 项等于 0，而式（4-42）可简化闭口系统的熵平衡为

$$\frac{\mathrm{d}S_{系统}}{\mathrm{d}t} = \int \frac{\dot{Q}}{T} + \dot{S}_{\mathrm{gen}} \tag{4-51}$$

将不连续等温边界的假设应用于式（4-51），闭口系统的熵率平衡公式可写为

$$\frac{\mathrm{d}S_{系统}}{\mathrm{d}t} = \sum_{j=1}^{n} \frac{\dot{Q}_j}{\dot{T}_{\mathrm{b},j}} + \dot{S}_{\mathrm{gen}} \tag{4-52}$$

由于通常考虑的是闭口系统内的整个过程而非改变率，故将式（4-52）对时间积分并重新整理，可解得过程中的熵增量为

$$S_{\mathrm{gen}} = m(s_2 - s_1) - \sum_{j=1}^{n} \frac{Q_j}{T_{\mathrm{b},j}} \tag{4-53}$$

状态 1 为初始状态，而状态 2 为最终状态。如果整个过程中仅有单一等温边界，或是过程为绝热过程，则式（4-53）可再进一步简化。

【例 4-11】 质量 1kg 的加压水在 200kPa 的压力下，自饱和液态水加热至饱和蒸汽，加热表面维持在 500K。试计算过程中的熵增量。

解： 已知

$p_1 = p_2 = 200\mathrm{kPa}$， $m = 1\mathrm{kg}$， $x_1 = 0.0$， $x_2 = 1.0$， $T_\mathrm{b} = 500\mathrm{K}$

首先根据闭口系统的热力学第一定律计算传热量，如果压力固定，盛水容器的体积必定会膨胀，则移动边界功为

$$W = \int_1^2 p\mathrm{d}V = mp(v_2 - v_1)$$

由水的热力学性质

$$v_1 = 0.0010605\text{m}^3/\text{kg}, \qquad v_2 = 0.8857\text{m}^3/\text{kg}$$

得

$$W = 176.9\text{kJ}$$

假设系统无动能及位能变化，可将热力学第一定律简化为

$$Q = m(u_2 - u_1) + W$$

查询水、水蒸气的热物性参数表，可得

$$u_1 = 504.49\text{kJ/kg}, \qquad u_2 = 2529.5\text{kJ/kg}$$

解得

$$Q = 2202\text{kJ}$$

采用式（4-53）计算熵增量，具有单一等温边界

$$S_{\text{gen}} = m(s_2 - s_1) - \frac{Q}{T_{\text{b}}}$$

查询水、水蒸气的热物性参数表，可得

$$s_1 = 1.5301\text{kJ/(kg·K)}, \qquad s_2 = 7.1271\text{kJ/(kg·K)}$$

解得 $$S_{\text{gen}} = 1.19\text{kJ/K}$$

完成此计算后，如果将边界温度加热至与水温相同（即 $T_{\text{b}} = 120.2℃ = 393.2\text{K}$），则熵增量为何？其熵增量为 0，无有限温差的热传递存在，因此无不可逆过程存在，过程将为可逆过程。

可使用计算机软件建立此系统的模型，并测试在不同边界温度下的熵增量，或采用试算表计算（仅边界温度有变化）。计算结果如图 4-18 所示。

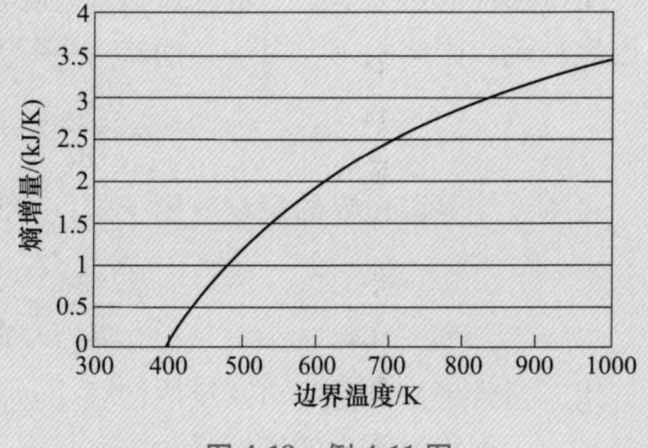

图 4-18　例 4-11 图

图 4-18 未显示熵增量为负值的温度，因为那些过程不可能发生，即这些热量在 200kPa 的压力下，自低温热源传递至较高温热源的过程是不可能发生的。

【例 4-12】　将 2.5kg 薄铁片置于烘箱中加热，自 10℃开始加热至 150℃后取出，烘箱温度维持在 300℃。试计算过程中的熵增量。

解：已知

$$m = 2.5\text{kg}, \qquad T_1 = 10℃ = 283\text{K}, \qquad T_2 = 150℃ = 423\text{K}$$

$$T_{\text{b}} = 300℃ = 573\text{K}$$

薄铁片可视为不可压缩物质，比热容为定值，而铁的比热容为 0.443kJ/(kg·K)。

假设系统无动能变化，此外，由于题目未提及功，可假设为 0。将薄铁片视为闭口系统，根据热力学第一定律，传导热量为

$$Q = m(u_2 - u_1) = mc(T_2 - T_1) = 155\text{kJ}$$

由于具有单一等温边界，则根据式（4-53），熵增量为

$$S_{gen} = m(s_2 - s_1) - \frac{Q}{T_b} = mc\ln\frac{T_2}{T_1} - \frac{Q}{T_b}$$

解得

$$S_{gen} = 0.182\text{kJ/K}$$

【例 4-13】 公司内一位非工程人员采用例 4-12 的方法，为了节能建议将烘箱维持 120℃以加热薄铁片。此过程是否可能发生？

解：分析过程同例 4-12，唯一不同的是 $T_b = 120℃ = 393\text{K}$。进行计算后得

$$S_{gen} = 0.052\text{kJ/K}$$

计算结果表示此过程可能发生，但实际上要从 120℃热源以传热方式将物质加热至 150℃是不可能发生的。但为何熵平衡推论此过程可能发生？此问题在于边界不是等温，且系统为薄铁片。在加热薄铁片过程中，边界温度逐渐上升，但实际上这并非是等温过程。在烘箱里，薄铁片的表面温度迅速增加，然后热传递至薄铁片内，待温度达 150℃后再将其取出。对薄铁片加热，其整体温度迅速增加并趋于均匀，但对于有一定厚度的铁块，当铁块的表面温度较内部温度高时，其分析将会不同。在例 4-12 中，边界温度为 300℃，此温度对铁块而言非常适当，但对薄铁片而言，温度似乎太高。因为薄铁片表面温度为 300℃时，其内部温度也接近此温度，所以 150℃对于薄铁片来说是比较容易达到的，即使此过程并非等温过程。然而，采用等温边界作为标准假设，再利用熵增量去比较不同的过程是不会导致错误结论的，但有时实际熵增量的数值是错误的。

例 4-13 的计算结果显然违反热力学第二定律，可见，当烘箱温度接近（或低于）所设定的薄铁片温度，在分析时非等温边界的影响就变得非常关键。因此，在进行熵增分析，藉以判断过程的可行性时，确认所做的假设是否有效，就变得很重要。

4.7 熵增的实质

4.7.1 熵的宏观物理意义

熵是热力学第二定律导出的重要概念，它不但在热学中得到广泛应用，而且在其他学科，如人文社会科学、生物生命科学等领域也逐渐得到应用和重视。为了进一步理解熵的深刻内涵，下面讨论一下熵的物理意义。

熵的物理意义可以从微观和宏观两个方面去理解。关于熵的微观意义，在大学物理中已述及，并鉴于课程性质，这里仅做简单介绍。有兴趣的读者可以去参阅有关参考书。

从微观上讲，系统微观粒子可以呈现不同的微观状态，简称为微态。根据统计力学，对应某一宏观状态的微态总数，称为出现该宏观状态的热力学概率，用 W 表示。统计分析表明：孤立系统内部发生的过程，总是沿着由热力学概率小的状态向热力学概率大的状态的方向进行。结合熵增原理，则系统熵与热力学概率关系式为

$$S = k\ln W \tag{4-54}$$

式中，k 称为玻尔兹曼常数。

由于热力学概率是系统混乱度或无序性的量度，因此从微观上讲，熵是系统混乱度或无序性的量度。从宏观上讲，由前述分析知：一个热力系熵的变化，无论可逆与否，均可以表示为熵流与熵产之和，即

$$dS = dS_f + dS_g = \frac{\delta Q}{T} + dS_g$$

即
$$dS = \frac{\delta Q T_0/T + T_0 dS_g}{T_0} \tag{4-55}$$

从上式的分子不难看出：第一项是系统与外界交换热量过程中引起的热无效能的变化 $dA_{n,Q}$，第二项为过程不可逆引起的有效能转变为无效能的增量，即有效能损失 dI。从而有

$$dS = \frac{dA_{n,Q} + dI}{T_0} \tag{4-56}$$

无论是热量迁移引起的无效能变化，还是不可逆引起的无效能增量，均会引起系统在一个过程中的无效能产生变化 dA_n，即

$$dA_n = dA_{n,Q} + dI$$
$$dS = \frac{dA_n}{T_0} \tag{4-57}$$

对于选定的环境状态而言，A 是定值，这样从式（4-56）或式（4-57）可以得到这样的结论：系统熵的变化是系统无效能变化的度量，这就是熵的宏观物理意义。

4.7.2 能量的品质与能量贬值原理

从热能间接利用的目的——获得动力对外做功而言，能量不但有数量多少的问题，而且有“品质”高低的问题。也正是由于能量的“品质”有高有低，才有了过程的方向性和热力学第二定律。

以获得动力对外做功为目的，电能和机械能可以完全转变为机械功，它们属于品质高的能量；热能则不然，从前述分析中可知，热能只有部分可以转换为机械功。相对于电能和机械能而言，热能属于品质较低的能量。根据卡诺循环和卡诺定理，或热量有效能分析可知，温度较高的热能具有的有效能比温度较低的同样数量的热能具有的有效能多，因此，热能的温度越高其品质越高。

从热力过程方向性的几个例子中可以看到，所有的自发过程，无论是存在势差的自发过程，还是有耗散效应的不可逆过程，虽然过程没有使能量的数量减少，但却使能量的品质降低了。例如：热量从高温物体传向低温物体，使所传递的热能温度降低了，从而使能量的品质降低了；在制动过程中，飞轮的机械能由于摩擦变成了热能，能量的品质也下降了。正是孤立系统内能量品质的降低才造成了孤立系统的熵增加。如果没有能量的品质高低就没有过程的方向性和孤立系统的熵增，也就没有热力学第二定律。这样，孤立系统的熵增与能量品质的降低，即能量的“贬值”联系在一起。在孤立系统中使熵减少的过程不可能发生，也就意味着孤立系统中能量的品质不能升高，即能量不能“升值”。事实上，所有自发过程的逆过程若能自动发生，都是使能量自动“升值”的过程。因而热力学第二定律还可以表述为：在孤立系统的能量传递与转换过程中，能量的数量保持不变，但能量的品质却只能下降，不能升高，极限条件下保持不变。这个表述称为能量贬值原理，它是热力学第二定律更一般、更概括性的说法。

总之，热力学第二定律是自然界最普遍的定律之一，只能遵守不能违背。掌握了该定律，人们就可以利用它去指导合理用能，改进循环和热力过程，以提高能量利用的经济性。

本章小结

熵是热力学中抽象但很重要的概念，它是表征由大量粒子组成的系统的“有序”程度的参数。熵由热力学第二定律引出，利用卡诺循环和卡诺定理可以导出或证明状态参数熵

$$dS = \frac{\delta Q_{rev}}{T}$$

同时可以导出克劳修斯不等式

$$\oint \delta Q/T \leqslant 0$$

通过克劳修斯不等式可以判断循环是否可行、是否可逆，因此克克劳修斯不等式是热力学第二定律的数学表达式之一。

利用克劳修斯不等式可以导出关系式

$$dS \geqslant \frac{\delta Q}{T}$$

由于此式可以用来判断热力过程的可行与否（是否可以发生）、可逆与否，因此它也是热力学第二定律的数学表达式之一。

引入熵产和熵流的概念，可以得到关系式

$$dS = dS_f + dS_g$$

熵产是不可逆因素引起的，恒大于或等于零。因此熵产是揭示不可逆过程大小的重要判据。熵产可以通过孤立系统的熵增原理求得。孤立系统的熵增原理为：孤立系统的熵只能增加，不能减少，极限的情况保持不变，即

$$dS_{iso} = dS_g \geqslant 0 \quad 或 \quad \Delta S_{iso} = \Delta S_g \geqslant 0$$

孤立系统的熵增原理的数学表达式也是热力学第二定律的数学表达式之一。

熵增原理也适用于控制质量的绝热系统，即

$$dS_{ad} = dS_g \geqslant 0 \quad 或 \quad \Delta S_{ad} = \Delta S_g \geqslant 0$$

以获得机械能（功）为目的和判据，分析能量的品质，可以获得用“能量贬值原理”表述的热力学第二定律。

通过本章学习，要求读者：深刻理解热力学第二定律的实质，掌握熵参数和熵的计算，了解克劳修斯不等式的意义。掌握利用熵增原理进行不可逆过程和循环的分析与计算。

思 考 题

4-1 一个孤立系统进行了可逆和不可逆过程。试判断两种过程系统的总能、总熵如何变化。

4-2 不可逆熵变能否计算？请判断并说明理由。

4-3 假设 A、B 两状态的熵相等，那么由 A 至 B 进行的过程什么情况下是绝热过程？什么情况下不是绝热过程？

4-4 既然能量是守恒的，那为什么还有能量损失呢？

4-5 与大气温度相同的压缩气体可以从大气中吸热而非膨胀做功（依靠单一热源做功），这是否违背了热力学第二定律？

习 题

4-1 试判别下列几种情况的熵变是正、负、可正可负还是零。

1）闭口系统中理想气体经历一可逆过程，系统与外界交换功量 20kJ，热量 20kJ。

2）闭口系统经历一不可逆过程，系统与外界交换功量 20kJ，热量-20kJ。

3）工质稳定流经开口系统，经历一可逆过程，开口系统做功 20kJ，换热-5kJ，工质流在系统进出口的熵变。

4）工质稳定流经开口系统，按不可逆绝热变化，系统对外做功 10kJ，系统的熵变。

4-2 0.25kg 的 CO 在闭口系统中由 $p_1=0.25\text{MPa}$、$t_1=120℃$ 膨胀到 $t_2=25℃$、$p_2=0.125\text{MPa}$，做出膨胀功 $W=8.0\text{kJ}$。试计算过程热量，并判断该过程是否可逆。已知环境温度 $t_0=25℃$，CO 的 $R_g=0.297\text{kJ/(kg·K)}$，$c_V=0.747\text{kJ/(kg·K)}$。

4-3 将 $m=0.36\text{kg}$，初始温度 T_m，1=1060K 的金属棒投入绝热容器内 $m_w=9\text{kg}$、温度 $T_w=295\text{K}$ 的水中，金属棒和水的比热容分别为 $c_m=0.42\text{kJ/(kg·K)}$ 和 $c_w=4.187\text{kJ/(kg·K)}$。求：终温 T_f 和金属棒、水以及它们组成的孤立系统的熵变。

4-4 某小型运动气手枪射击前枪管内空气压力 250kPa、温度 27℃、体积 1cm^3，被扳机锁住的子弹像活塞，封住压缩空气。扣动扳机，子弹被释放。若子弹离开枪管时枪管内空气压力为 100kPa、温度为 235K，求此时空气的体积、过程中空气做的功及单位质量空气熵产。

4-5 初态为 47℃、200kPa 的空气经历一过程达到 267℃ 和 800kPa 的终态。假定空气是热物性不变的理想气体，试计算下列过程中单位质量工质熵的变化；①此过程为准平衡过程；②此过程为不可逆过程；③此过程为可逆过程。

4-6 容积为 3m^3 的 A 容器中装有 80kPa、27℃的空气，B 容器为真空。若用空气压缩机对 A 容器抽真空并向 B 容器充气，直至 B 容器中空气压力为 640kPa、温度为 27℃。如图 4-19 所示，假定环境温度为 27℃。求：

1）空压机输入的最小功为多少？

2）A 容器抽真空后，将旁通阀打开使两容器内的气体压力平衡，气体的温度仍保持 27℃，该不可逆过程造成气体的做功能力损失为多少？

4-7 有弹簧作用的气缸-活塞系统的气缸内装有 27℃、160kPa 的空气 1.5kg，利用 900K 的热源加热，使气缸内气体的温度缓缓升高到 900K，此时气缸的体积是初始体积的 2 倍。过程中气体的压力与体积服从线性关系，即 $p=A+BV$。过程中摩擦可忽略，空气的比热容取定值，$c_V=718\text{J/(kg·K)}$，求过程的功和热量及过程的熵产。

4-8 5m^3 的刚性容器内储有 1kg、30℃的氩，热量从在 1300℃下运行的炉内传向容器，直至氩的比熵增加 0.343kJ/(kg·K)。求初、终态的压力、过程的传热量和熵产。氩的 $R_g=0.20813\text{kJ/(kg·K)}$，$c_V=0.312\text{kJ/(kg·K)}$。

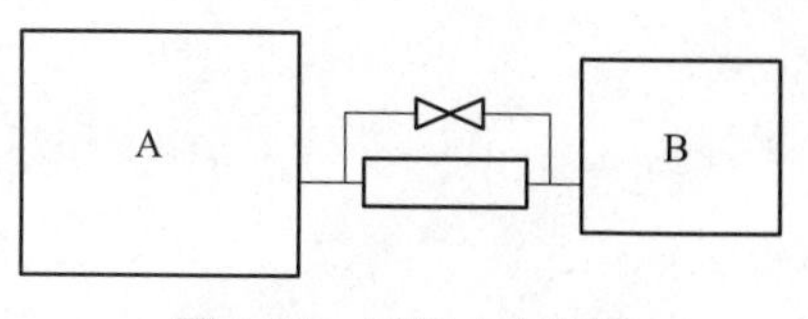

图 4-19 习题 4-6 附图

4-9 有一台热机，从温度为 1100K 的高温热源吸热 1000kJ，并向温度为 300K 的低温热源可逆地放热，从而进行一个双热源的循环并做出循环净功 690kJ。设定温吸热时无功的耗散，试求吸热过程中工质的温度，以及工质和热源二者熵变化的总和。

4-10 设有质量相同的某种物质两块，两者的温度分别为 T_A、T_B，现使二者相接触而温度变为相同，试求两者熵的总和的变化。

4-11 气缸中有 0.1kg 空气，其压力为 0.5MPa，温度为 1100K。设进行一个绝热膨胀过程，压力变化到 0.1MPa，而过程效率为 90%。试求空气所做的功、膨胀终了空气的温度及过程中空气熵的变化，并把该过程表示在 p-V 图及 T-s 图上。

4-12 一封闭的绝热气缸，用无摩擦的绝热活塞把气缸分为 A、B 两部分，且各充以压缩空气。开始时用销钉固定活塞，使 $V_A=0.3\text{m}^3$、$V_B=0.6\text{m}^3$，这时 $p_A=0.4\text{MPa}$、$t_A=127℃$，$p_B=0.2\text{MPa}$、$t_B=27℃$。然后拔去销钉，让活塞自由移动，则 B 内气体受压缩。设 B 部分气体压缩过程的效率为 95%，试求当 A、B 两部分气体达到压力相同的过程中，两部分气体各自熵的变化以及总的熵变化，并分析过程的不可逆因素。

4-13 一个 0.5m^3的刚性容器内含制冷剂 R134a，初始参数为 $p_1=200\text{kPa}$，干度 $x_1=0.4$。现从 35℃ 的热源向制冷剂传热直到压力升到 400kPa。试确定：制冷剂的熵变；热源的熵变；该过程的总熵变。

4-14 一个热力循环由等温膨胀 1→2、等熵压缩 2→3 和等压冷却 3→1 三个可逆过程组成。工质是 1.5kg 水蒸气，状态 1 是 200℃ 的干饱和水蒸气，状态 2 的压力为 100kPa。求：熵变 ΔS_{1-2}；加入的热量；净功。

4-15 空气经一台 12kW 的压缩机从 p_1 压缩到 p_2，通过对 10℃ 的环境散热而维持过程中空气温度恒定 25℃，试确定空气的熵变率。

4-16 一初始温度为 200℃ 的 20kg 铝块和一初始温度为 100℃ 的 20kg 铁块在一绝热包壳中接触。试确定：最终平衡的温度；该过程的总熵变。

第二篇

工质篇

课程启发之负重前行：责任担当

理想始终替代不了现实，所以理想气体与实际气体还是具有一定差异的。但什么事情都是先基础再复杂，先将理想气体的性质摸清楚才能更好地探索实际气体。科研亦是如此，一个一个脚印走，走得稳，才能为以后的科学研究提供质量保证，并担负起前行的重任。

对实际气体进行研究的相关学者面对着巨大的挑战，也曾在理想与现实之间苦苦探索。范德瓦尔便是众多研究者之一，他青年时家境贫寒，无力入学读书，但在工作之余，刻苦钻研，自学成材，于 1873 年提出半理论的实际气体状态方程。根据此式他研究由气体到流体的转变，并导出对应状态理论，从而阐明了临界状态的意义。范德瓦尔自 1877 年起任来登大学物理学教授，直至 1907 年退休。在担任教授期间，范德瓦尔仍致力于研究气体和流体的行径。1910 年范德瓦尔获诺贝尔物理学奖。

实际气体是我们每天都要触及的物质，它的性质我们必须要了解。但是实际气体是一个笼统的概念。实际气体由很多种气体组成，面对这么多种气体组成的混合气体，研究难度也随之增大。理想气体混合物相对于对实际气体混合物难度较小，学习也比较容易，因此我们将先对理想气体混合物进行介绍。

在日常生活中，我们经常看见有些玻璃上会有水滴生成，这是由于空气中含有水蒸气。也可以这么说，环境大气是干空气和水蒸气的混合物，这种混合物叫作湿空气。饱和湿空气中由于存在相变与升华而可能含有水蒸气、液态水及冰晶，所以十分复杂，国内外多年来有许多学者对此进行了深入探讨，但由于过于复杂，至今在该方面也没有一个公认的十分成功的研究方法与结果。虽然如此，这些国内外的研究为加深和理解饱和湿空气的作用本质及相变过程仍然有重要的贡献，推进了饱和湿空气热力和动力学的发展。

虽然前途不是特别平坦，但是我们始终在进步，困难始终没能阻碍科研者前进的脚步。心中充满希望，科研便不会停下。

第5章 工质的热力学性质

热力系统是由物质组成的，没有物质的热力系统是没有任何意义的。不同的物质具有不同的热力学性质，因此，由不同物质构成的各个热力系统具有完全不同的宏观平衡特性。

热能与机械能之间的转换总是要通过某一类物质来实现，习惯上我们称之为工质。从广义上来说，构成热力系统的物质都可以称为工质。热力系统内发生的一切过程，都是通过工质来实现的。因此在研究热力装置中发生的各种热力过程之前，首先要了解组成热力系统工质的基本热力学性质。所谓工质的热力学性质，是指工质在一定状态下所具有的状态参数值以及它们之间的相互关系。工质的热力学性质也常简称为工质的热力性质。研究工质的热力学性质就是研究不同工质状态参数之间的函数关系，以及由已知状态参数确定其他未知状态参数的方法。

工程热力学中能量的转换是通过工质的状态变化来实现的。由于气态工质容易实现膨胀、压缩和流动，所以最适合这类能量转换过程。本篇重点讨论气态工质的各种热力学性质以及确定它们的方法。

首先介绍物质的概念。

从构成物质的成分来分，工质可以是单一成分的纯物质，也可以是多组分的混合物。有化学反应发生时，还可以生成新的组分。

如果一种物质全部按一种固定的化学比例构成，则这种物质称为纯物质（pure substance）。例如，水、空气、氦气和二氧化碳皆是纯物质。

纯物质不一定要由单一的化学元素或化合物组成。如果多种元素或化合物的混合物整体保持均质，则此种混合物也称为纯物质，例如，空气是由多种气体组成的，但它也是纯物质，因为空气的化学比例固定。然而，油和水的混合物就不是纯物质，因为油不溶于水，而会聚集在水的表面，形成化学性质完全不同的两层。

同一种物质不同相的混合物也可能是纯物质，只要它们的化学组成比例保持不变。例如，水和冰的混合物也是纯物质，因为水和冰具有相同的化学组成。然而，液态空气和气态空气合在一起却不是纯物质，因为液体空气的和气态空气并非均质，组成空气的各种空气在相同压力下的凝结温度不同。

从日常经验中，我们知道物质可以以不同的相存在。相是指具有明确的分子排列，而且这种排列在整个物质中保持均质，而且能与其他物质在边界表面上明显区分出来，冰和水就是一个很好的例子。在不同的环境条件下，同一种物质可以表现出不同的相。虽然一种物质存在三种基本相——固态、液态和气态，但也可能在同一基本相下有其他相存在，只是分子结构不同。例如，固态的碳可以钻石和石墨两种形体存在，氦有两种液态相，铁有三种固态相，冰在高压下有七种不同的相。

根据物质的集态形式，工质可以分成气态、液态和固态三大类。在实际的热力系中，它们可以单独存在（单相系统），也可以同时存在（多相系统）。在发生热力过程时，工质可以从一种集态形式变化到另一种集态形式，也可以维持同一集态形式不变。

在热力学中学习相和相变化时，一般不需要知道物质在不同相状态下的分子结构和行为，但了解这方面的知识对理解热力学会有很大的帮助。分子之间的结合力在固体状态下最强，在气体状态下最弱。与液体和固体相比，分子在气体状态下被认为具有更高的能量。所以当压缩或凝结时，气体可以释放出大量的能量。

5.1 热力学一般关系式

前面章节中曾介绍了一些用来描述热力系状态的状态参数，例如比体积 v、压力 p、温度 T、比热力学能 u、比焓 h 和比熵 s 等。其中 p、v、T 是三个可以测量的基本状态参数，其余的则不能或很难通过直接测量得到，而需要通过间接的计算来确定。建立工质的基本热力学关系式，就可以实现由可测的状态参数计算其余的状态参数，从而全面地了解工质热力学性质的目的。

5.1.1 全微分的数学特征

在建立基本热力学关系式之前，先要总结一下二元函数全微分的数学特征。

对于一个简单可压缩热力系，任何一个状态参数 z 都可以用另外两个独立的状态参数 x、y 来确定，即它们可以表达为

$$z=f(x,y) \tag{5-1}$$

显然，z 是一个二元函数，它可由 xOy 平面上的点确定，即 z 是点函数。

二元函数 z 的全微分为

$$\mathrm{d}z=\left(\frac{\partial z}{\partial x}\right)_y\mathrm{d}x+\left(\frac{\partial z}{\partial y}\right)_x\mathrm{d}y \tag{5-2}$$

或写成 $\mathrm{d}z=M\mathrm{d}x+N\mathrm{d}y$。二元函数全微分存在的条件是式（5-2）在 z 保持不变（$\mathrm{d}z=0$）的条件下可表示为

$$\left(\frac{\partial z}{\partial x}\right)_y\mathrm{d}x+\left(\frac{\partial z}{\partial y}\right)_x\mathrm{d}y=0 \tag{5-3}$$

将上式各项同除以 $\left(\frac{\partial z}{\partial x}\right)_x\mathrm{d}y$，整理后得

$$\left(\frac{\partial z}{\partial x}\right)_y\left(\frac{\partial x}{\partial y}\right)_z\left(\frac{\partial y}{\partial z}\right)_x=-1 \tag{5-4}$$

上式称为全微分的循环关系式，利用它可以把一些变量转换成指定的变量。

如果引入某一中间变量 u，则根据复合函数的微分法则，该偏导数可以写成复合偏导数的乘积，即

$$\left(\frac{\partial z}{\partial v}\right)_a=\left(\frac{\partial z}{\partial u}\right)_a\left(\frac{\partial u}{\partial v}\right)_a$$

或

$$\left(\frac{\partial z}{\partial v}\right)_a \left(\frac{\partial u}{\partial z}\right)_a \left(\frac{\partial v}{\partial u}\right)_a = 1 \tag{5-5}$$

上式称为全微分的链式关系式。链式关系式可以用来确定工质的状态函数。

【例 5-1】 若 $Z=f(x, y)$ 且物系还有另一个变量 U，证明 U 恒定时，有

$$\left(\frac{\partial Z}{\partial x}\right)_U = \left(\frac{\partial Z}{\partial x}\right)_y + \left(\frac{\partial Z}{\partial y}\right)_x \left(\frac{\partial y}{\partial x}\right)_U$$

证明：$Z=f(x, y)$，全微分式为

$$dZ = \left(\frac{\partial Z}{\partial x}\right)_y dx + \left(\frac{\partial Z}{\partial y}\right)_x dy$$

在 U 恒定的条件下两边除以 dx，相当于除以 $(dx)_U$，则上式化为

$$\left(\frac{\partial Z}{\partial x}\right)_U = \left(\frac{\partial Z}{\partial x}\right)_y + \left(\frac{\partial Z}{\partial y}\right)_x \left(\frac{\partial y}{\partial x}\right)_U$$

5.1.2 基本热力学关系式

1. 热力学能的全微分表达式

由热力学第一定律和第二定律的基本表达式 $\delta q = du + \delta w$ 和 $ds \geqslant \frac{\delta q}{T}$ 知，若过程可逆，则有

$$\delta q = du + pdv \qquad 和 \qquad Tds = \delta q$$

可得

$$du = Tds - pdv \tag{5-6}$$

上式即为热力学能的全微分式。

2. 熵的全微分表达式

将式（5-6）除以温度 T，经整理后得到熵的全微分表达式为

$$ds = \frac{1}{T}du + \frac{p}{T}dv \tag{5-7}$$

3. 焓的全微分表达式

由焓的定义式 $h = u + pv$，经微分后得到焓的全微分表达式为

$$dh = du + pdv + vdp = Tds + vdp \tag{5-8}$$

4. 自由能的全微分表达式

由自由能定义式 $f = u - Ts$，将其微分并经代换后可得自由能的全微分表达式为

$$df = -sdT - pdv \tag{5-9}$$

5. 自由焓的全微分表达式

由自由焓的定义式 $g = h - Ts$，将其微分并经代换后可得自由焓的全微分表达式为

$$dg = -sdT + vdp \tag{5-10}$$

5.1.3 特性函数

独立变量适当选定以后，只要知道一个热力学函数（它是其他两个作为独立变量的参数的函数）就可以利用微分的方法求得其他的热力学函数和工质的状态方程，从而完全确定整个热力系的特性，这样的热力学函数称为特性函数。下列四个常用的热力学函数都满足特性函数的条件，因此它们都是特性函数。这些特性函数是

$$u = u(s,v),h = h(s,p)$$
$$f = f(T,v),g = g(T,p)$$

下面以自由能为例，来说明特性函数的作用。以 T、v 为独立变量时，$f(T, v)$ 的全微分式为

$$\mathrm{d}f = \left(\frac{\partial f}{\partial T}\right)_v \mathrm{d}T + \left(\frac{\partial f}{\partial v}\right)_T \mathrm{d}v \tag{5-11}$$

将上式与式（5-9）相比较，可得

$$s = -\left(\frac{\partial f}{\partial T}\right)_v \tag{5-12}$$

$$p = -\left(\frac{\partial f}{\partial v}\right)_T \tag{5-13}$$

若已知函数关系 $f = f(T, v)$，则由式（5-13）就可求出 $p = p(T, v)$，这个 p 函数就是描述工质基本状态参数 p、v、T 三者关系的状态方程。另外，由式（5-12）可以求出熵函数 $s = s(T, v)$，代入自由能的定义 $f = u - Ts$，可得到热力学能函数

$$u = f - T\left(\frac{\partial f}{\partial T}\right)_v \tag{5-14}$$

由式（5-13）和焓的定义式，可得到焓的函数表达式为

$$h = f - T\left(\frac{\partial f}{\partial T}\right)_v - \left(\frac{\partial f}{\partial v}\right)_T v \tag{5-15}$$

从上面的例子可以看出，特性函数使各种热力学函数之间构成了简单的相互关系。但问题是上述四个特性函数本身的数值是不能或难以用实验方法直接测定的，所以在计算 u、h、s 等函数时，通常还要用到热力学一般关系式。利用这些一般关系式，只需要根据实验数据就可以计算出各种参数。

5.1.4 麦克斯韦（Maxwell）关系式

利用全微分存在的条件式（5-3），可以由四个特性函数的全微分式导出联系 p、v、T、s 四个参数之间的重要关系式。在热力学中这些关系式常被称为麦克斯韦关系式，它们是

$$\left(\frac{\partial T}{\partial v}\right)_s = -\left(\frac{\partial p}{\partial s}\right)_v \tag{5-16}$$

$$\left(\frac{\partial T}{\partial p}\right)_s = \left(\frac{\partial v}{\partial s}\right)_p \tag{5-17}$$

$$\left(\frac{\partial p}{\partial T}\right)_v = \left(\frac{\partial s}{\partial v}\right)_T \tag{5-18}$$

$$\left(\frac{\partial v}{\partial T}\right)_p = -\left(\frac{\partial s}{\partial p}\right)_T \tag{5-19}$$

麦克斯韦关系式的重要性在于它们把熵函数和基本状态参数 p、v、T 联系起来，从而可以根据可测量的 p、v、T 之间的变化关系计算出熵函数的变化，使用上十分方便。

从上述四个特性函数的全微分式还可以导出各主要参数与特性函数偏导数之间的关系，它们是

$$T = \left(\frac{\partial u}{\partial s}\right)_v = \left(\frac{\partial h}{\partial s}\right)_p \tag{5-20}$$

$$p = -\left(\frac{\partial u}{\partial v}\right)_s = -\left(\frac{\partial f}{\partial v}\right)_T \tag{5-21}$$

$$v = \left(\frac{\partial h}{\partial p}\right)_s = \left(\frac{\partial g}{\partial p}\right)_T \tag{5-22}$$

$$s = -\left(\frac{\partial f}{\partial T}\right)_v = -\left(\frac{\partial g}{\partial T}\right)_p \tag{5-23}$$

5.2　热系数和比热容

5.2.1　热系数

对于纯物质，基本状态参数 p、v、T 之间的函数关系 $f(p, v, T)=0$ 就是该物质的状态方程。对于不同的物质，函数关系式 $f(p, v, T)=0$ 的具体形式各不相同。由这个函数关系式可以导出三个偏导数 $\left(\frac{\partial v}{\partial T}\right)_p$、$\left(\frac{\partial v}{\partial p}\right)_T$、$\left(\frac{\partial p}{\partial T}\right)_v$，它们都有明确的物理意义。

1. 热膨胀系数 α_p

$\left(\frac{\partial v}{\partial T}\right)_p$ 与比体积 v 的比值称为热膨胀系数，表示物体在定压条件下比体积随温度的变化率，用符号 α_p 表示，单位 K^{-1}，即

$$\alpha_p = \frac{1}{v}\left(\frac{\partial v}{\partial T}\right)_p \tag{5-24}$$

2. 定温压缩系数 β_T

$-\left(\frac{\partial v}{\partial p}\right)_T$ 是物体在定温条件下的压缩性，它与比体积 v 的比值称为定温压缩系数，表示物体在定温下比体积随压力的变化率，用符号 β_T 表示，单位 Pa^{-1}，即

$$\beta_T = -\frac{1}{v}\left(\frac{\partial v}{\partial p}\right)_T \tag{5-25}$$

3. 压力温度系数 α

$\left(\frac{\partial p}{\partial T}\right)_v$ 与压力的比值称为压力温度系数，表示物体在定容条件下压力随温度的变化率，用符号 α 表示，单位 K^{-1}，即

$$\alpha = \frac{1}{p}\left(\frac{\partial p}{\partial T}\right)_v \tag{5-26}$$

上述三个系数统称为热系数，它们都可以由实验测定。如果工质的状态方程已知，则它们的计算表达式也可以直接从状态方程导出。

按照全微分的循环关系式（5-4），对 $T=f(p, v)$ 函数有

$$\left(\frac{\partial p}{\partial T}\right)_v \left(\frac{\partial T}{\partial v}\right)_p \left(\frac{\partial v}{\partial p}\right)_T = -1 \tag{5-27}$$

由此三个热系数之间满足下列关系

$$\frac{\alpha_p}{\beta_T} = \left(\frac{\partial p}{\partial T}\right)_v = H_p \tag{5-28}$$

可知式（5-28）与物态方程的具体形式无关，它是 p、v、T 循环关系，式中 $H_p = \alpha p$。

【例 5-2】 假设已从实验数据中整理出物质的热膨胀系数和定温压缩系数分别为 $\alpha_p = \frac{v-a}{Tv}$，$\beta_T = \frac{3(v-a)}{4pv}$，其中 a 为常数。试推导出该物质的状态方程。

解：对于以 p、T 为独立变量的状态方程 $v=v(p, T)$，有

$$\mathrm{d}v = \left(\frac{\partial v}{\partial p}\right)_T \mathrm{d}p + \left(\frac{\partial v}{\partial T}\right)_p \mathrm{d}T$$

因为

$$\alpha_p = \frac{1}{v}\left(\frac{\partial v}{\partial T}\right)_p, \beta_T = -\frac{1}{v}\left(\frac{\partial v}{\partial p}\right)_T$$

所以

$$\mathrm{d}v = -\beta_T v \mathrm{d}p + \alpha_p v \mathrm{d}T$$

代入本题给的 α_p、β_T 表达式，得

$$\mathrm{d}v = -v\frac{3(v-a)}{4pv}\mathrm{d}p + v\frac{v-a}{Tv}\mathrm{d}T$$

分离变量

$$\frac{\mathrm{d}v}{v-a} = -\frac{3}{4p}\mathrm{d}p + \frac{1}{T}\mathrm{d}T$$

积分得

$$\ln(v-a) = \ln p^{\frac{-3}{4}} + \ln T + \ln C$$

即

$$p^{\frac{4}{3}}(v-a) = CT$$

此为该物质的状态方程，其中 C 为积分常数。

5.2.2 比热容

在讨论热力系之间的热相互作用时，已经引出了热容量的概念。在讨论一个具体的准平

衡热力过程时，我们可以更确切地将热容量定义为准平衡过程中使工质温度升高 1K 所需要的热量。单位工质的热容量称为该工质的比热容量，简称比热容，以符号 c 表示。其定义式为

$$c = \frac{\delta q}{\mathrm{d}T} \tag{5-29}$$

以质量为物量单位时，称为质量比热容，单位为 J/(kg · K)；以体积为物量单位时，称为容积比热容，单位为 J/(m³ · K)。为使两类比热容易于识别，容积比热容常以符号 c' 表示。

由于对单位工质的加热量 δq 是与过程有关的一个量，所以比热容也与过程有关。在热力工程中常见到的加热过程是定压加热过程和定容加热过程，所以相应的比热容称为比定压热容和比定容热容，分别以符号 c_p 和 c_V(或 c_p' 和 c_V') 表示，即

$$c_p = \left(\frac{\delta q}{\mathrm{d}T}\right)_p, c_V = \left(\frac{\delta q}{\mathrm{d}T}\right)_v \tag{5-30}$$

对于准平衡过程，热力学第一定律可写成

$$\delta q = \mathrm{d}u + p\mathrm{d}v = \mathrm{d}h - v\mathrm{d}p$$

因此

$$c_p = \left(\frac{\delta q}{\mathrm{d}T}\right)_p = \left(\frac{\partial h}{\partial T}\right)_p \tag{5-31}$$

$$c_V = \left(\frac{\delta q}{\mathrm{d}T}\right)_v = \left(\frac{\partial u}{\partial T}\right)_v \tag{5-32}$$

上面两式表明，比定压热容 c_p 和比定容热容 c_V 和状态参数 h、u 一样，也是工质状态的单值函数，即也是状态函数，因此可以利用热力学函数的偏导数来确定。当然，c_p 和 c_V 更方便的是利用实验进行测定。

根据全微分的链式关系式，c_p 和 c_V 可分别写成

$$c_p = \left(\frac{\partial h}{\partial T}\right)_p = \left(\frac{\partial h}{\partial s}\right)_p \left(\frac{\partial s}{\partial T}\right)_p = T\left(\frac{\partial s}{\partial T}\right)_p \tag{5-33}$$

$$c_V = \left(\frac{\partial u}{\partial T}\right)_v = \left(\frac{\partial u}{\partial s}\right)_v \left(\frac{\partial s}{\partial T}\right)_v = T\left(\frac{\partial s}{\partial T}\right)_v \tag{5-34}$$

将它们在分别对 p、v 求导，并利用麦克斯韦关系，得

$$\left(\frac{\partial c_p}{\partial p}\right) T = T\left(\frac{\partial^2 s}{\partial p \partial T}\right) = - T\left(\frac{\partial^2 v}{\partial T^2}\right)_p \tag{5-35}$$

$$\left(\frac{\partial c_V}{\partial v}\right) T = T\left(\frac{\partial^2 s}{\partial v \partial T}\right) = - T\left(\frac{\partial^2 p}{\partial T^2}\right)_v \tag{5-36}$$

式 (5-35) 和式 (5-36) 等号右边的量都可以由状态方程确定。也就是说，比定压热容随压力的变化以及比定容热容随比体积的变化都是由状态方程确定的，具有一定的规律性。这两个式子在确定工质热力学性质的实验研究中和在由实验结果导出状态方程的理论分析中都有重要的应用。将式 (5-33) 和式 (5-34) 相减，得

$$c_p - c_V = T\left[\left(\frac{\partial s}{\partial T}\right)_p - \left(\frac{\partial s}{\partial T}\right)_v\right] \tag{5-37}$$

为了将上式右端化成与基本状态参数 p、v、T 的关系，考虑下述熵函数和比体积函数的全微分式：

$$ds = \left(\frac{\partial s}{\partial v}\right)_T dv + \left(\frac{\partial s}{\partial T}\right)_v dT$$

$$dv = \left(\frac{\partial v}{\partial T}\right)_p dT + \left(\frac{\partial v}{\partial p}\right)_T dp$$

将 dv 代入 ds 式中，得

$$ds = \left[\left(\frac{\partial s}{\partial v}\right)_T \left(\frac{\partial v}{\partial T}\right)_p + \left(\frac{\partial s}{\partial T}\right)_v\right] dT + \left(\frac{\partial s}{\partial v}\right)_T \left(\frac{\partial v}{\partial p}\right)_T dp$$

ds 又可表示成

$$ds = \left(\frac{\partial s}{\partial T}\right)_p dT + \left(\frac{\partial s}{\partial p}\right)_T dp$$

所以得到

$$\left(\frac{\partial s}{\partial T}\right)_p = \left(\frac{\partial s}{\partial v}\right)_T \left(\frac{\partial v}{\partial T}\right)_p + \left(\frac{\partial s}{\partial T}\right)_v$$

将上式代入式（5-37）中，并利用麦克斯韦关系，得

$$c_p - c_V = T\left(\frac{\partial s}{\partial v}\right)_T \left(\frac{\partial v}{\partial T}\right)_p = T\left(\frac{\partial p}{\partial T}\right)_v \left(\frac{\partial v}{\partial T}\right)_p \tag{5-38}$$

这样，我们最终得到了以 p、v、T 表达的两个比热容差的一般关系式，亦就是说，比热容差可以直接由状态方程式求出。

如用符号 κ 表示比热容之比，则

$$\kappa = \frac{c_p}{c_V} = \frac{\left(\frac{\partial s}{\partial T}\right)_p}{\left(\frac{\partial s}{\partial T}\right)_v} \tag{5-39}$$

比热容之比又称为绝热指数。应用全微分的循环关系式，上式可改写成

$$\kappa = \frac{\left(\frac{\partial s}{\partial T}\right)_p}{\left(\frac{\partial s}{\partial T}\right)_v} = \frac{-\left(\frac{\partial p}{\partial T}\right)_s \left(\frac{\partial s}{\partial p}\right)_T}{-\left(\frac{\partial v}{\partial T}\right)_s \left(\frac{\partial s}{\partial v}\right)_T} = \frac{\left(\frac{\partial v}{\partial p}\right)_T}{\left(\frac{\partial v}{\partial p}\right)_s} \tag{5-40}$$

或者

$$\left(\frac{\partial p}{\partial v}\right)_s = \kappa\left(\frac{\partial p}{\partial v}\right)_T$$

上式就是用 p、v 和 T 表示的比热容比的一般关系式。式（5-38）和式（5-40）表明，虽然比定压热容和比定容热容本身不能由状态方程直接确定，但是它们的差值和比值却完全可以直接由状态方程求出。因此 $c_p - c_V$ 和 κ 也是状态的函数，与过程无关。

5.3　热力学能、焓和熵的一般关系式

前面已经导出了熵、热力学能和焓的全微分表达式，但是各式中都包含了一些不能直接测定的参数，为此需要通过一定的代换，使得热力学能、熵和焓的全微分表达式中只包含 p、v 和 T 等可测物理量或它们之间的偏导数，这样的表达式称为熵、热力学能和焓的一般关系式。

5.3.1　熵的一般关系式

取 (T, v) 为独立变量，则有

$$ds = \left(\frac{\partial s}{\partial T}\right)_v dT + \left(\frac{\partial s}{\partial v}\right)_T dv$$

利用式（5-34）和式（5-18），得

$$ds = \frac{c_V}{T}dT + \left(\frac{\partial p}{\partial T}\right)_v dv \tag{5-41}$$

又取 (p, T) 为独立变量，则有

$$ds = \left(\frac{\partial s}{\partial T}\right)_p dT + \left(\frac{\partial s}{\partial p}\right)_T dp$$

经过类似的代换后，又可得

$$ds = \frac{c_p}{T}dT - \left(\frac{\partial v}{\partial T}\right)_p dp \tag{5-42}$$

式（5-41）和式（5-42）是分别以 (T, v) 和 (p, T) 为独立变量的熵的一般关系式。

5.3.2　热力学能的一般关系式

由热力学基本关系式 $du = Tds - pdv$，将式（5-41）代入式中，得

$$du = T\left[\frac{c_V}{T}dT + \left(\frac{\partial p}{\partial T}\right)_v dv\right] - pdv = c_V dT + \left[T\left(\frac{\partial p}{\partial T}\right)_v - p\right] dv \tag{5-43}$$

上式就是以 (T, v) 为独立变量的热力学能的一般关系式。

5.3.3　焓的一般关系式

由热力学基本关系式

$$dh = Tds + vdp$$

将式（5-42）代入，得

$$dh = T\left[\frac{c_p}{T}dT - \left(\frac{\partial v}{\partial T}\right)_p dp\right] + vdp = c_p dT - \left[T\left(\frac{\partial v}{\partial T}\right)_p - v\right] dp \tag{5-44}$$

上式即是以 (T, p) 为独立变量的焓的一般关系式。

【例 5-3】 已知某种气体的状态方程为 $p=\frac{RT}{v-b}-\frac{a}{v^2}$，式中 a、b 为常数。试导出该气体的热力学能、焓、熵以及 c_p-c_V 的表达式。

解：利用热力学能的一般关系式即式（5-43）有

$$du=c_V dT+\left[T\left(\frac{\partial p}{\partial T}\right)_v-p\right]dv$$

由已知的状态方程，可导得

$$\left(\frac{\partial p}{\partial T}\right)_v=\frac{R}{v-b}$$

代入上式，得

$$du=c_V dT+\frac{a}{v^2}dv$$

积分后有

$$u=\int_{T_0}^{T}c_V dT-\frac{a}{v}+\frac{a}{v_0}+u_0$$

利用焓的定义式 $h=u+pv$，有

$$h=\int_{T0}^{T}c_p dT-\frac{a}{v}+\frac{a}{v_0}+u_0+pv$$

利用熵的一般关系式式（5-41），并将由状态方程导得的 $\left(\frac{\partial p}{\partial T}\right)_v=\frac{R}{v-b}$ 代入，得

$$ds=\frac{c_V}{T}dT+\left(\frac{\partial p}{\partial T}\right)_v dv=\frac{c_V}{T}dT+\frac{R}{v-b}dv$$

积分后得

$$s=\int_{T_0}^{T}\frac{c_V}{T}dT+R\ln\frac{v-b}{v_0-b}+s_0$$

熵、热力学能和焓的一般关系式在确定工质的热力学性质中具有重要的应用。

利用 c_p-c_V 的一般关系式即式（5-38），同时由状态方程求出

$$\left(\frac{\partial p}{\partial T}\right)_v=\frac{R}{v-b},\qquad \left(\frac{\partial p}{\partial v}\right)_T=\frac{2a}{v^3}-\frac{RT}{(v-b)^2}$$

根据排 p、v、T 的全微分循环关系式，得

$$\left(\frac{\partial v}{\partial T}\right)_p=-\frac{\left(\frac{\partial p}{\partial T}\right)_v}{\left(\frac{\partial p}{\partial v}\right)_T}=-\frac{\frac{R}{v-b}}{\frac{2a}{v^3}-\frac{RT}{(v-b)^2}}=-\frac{Rv^3(v-b)}{RTv^3-2a(v-b)^2}$$

代入式（5-38），得

$$c_p-c_V=\frac{R^2Tv^3}{RTv^3-2a(v-b)^2}$$

【例 5-4】　1kg 水由 $t_1=50℃$、$p_1=0.1\mathrm{MPa}$ 经定熵过程增压到 $p_2=15\mathrm{MPa}$，求水的终温及焓的变化量。已知 50℃ 时水的 $v=0.00101\mathrm{m^3/kg}$，$\alpha_p=465\times10^{-6}\mathrm{K^{-1}}$，$c_p=4.186\mathrm{kJ/(kg\cdot K)}$，并均可视为定值。

解：1）求终温。由式（5-42）

$$\mathrm{d}s=\frac{c_p}{T}\mathrm{d}T-\left(\frac{\partial v}{\partial T}\right)_p\mathrm{d}p$$

及 α_p 的定义，有

$$\mathrm{d}s=\frac{c_p}{T}\mathrm{d}T-v\alpha_p\mathrm{d}p$$

那么

$$\Delta s=\int_1^2\frac{c_p}{T}\mathrm{d}T-\int_1^2 v\alpha_p\mathrm{d}p=c_p\ln\frac{T_2}{T_1}-v\alpha_p(p_2-p_1)$$

因为定熵过程 $\Delta s=0$，故由上式，得

$$\begin{aligned}\ln\frac{T_2}{T_1}&=\frac{v\alpha_p}{c_p}(p_2-p_1)\\&=\frac{0.00101\mathrm{m^3/kg}\times465\times10^{-6}\mathrm{K^{-1}}}{4.186\times10^3\mathrm{J/(kg\cdot K)}}\times(15-0.1)\times10^6\mathrm{Pa}\\&=0.001672\end{aligned}$$

解得 $T_2=323.69\mathrm{K}$，即 $t_2=50.54℃$

2）求焓变。由式（5-44）

$$\mathrm{d}h=c_p\mathrm{d}T+\left[v-T\left(\frac{\partial v}{\partial T}\right)_p\right]\mathrm{d}p$$

及 α_p 的定义，有

$$\mathrm{d}h=c_p\mathrm{d}T+v(1-T\alpha_p)\mathrm{d}p$$

因焓是状态函数，故在初态和终态之间沿任一路径积分，其变化量均相等。为简便计算，我们将积分路径分为两段。首先在 T_1 下定温地由 p_1 积到 p_2，然后在 p_2 下定压地由 T_1 积到 T_2。那么

$$\begin{aligned}\Delta h&=\left[\int_{p_1}^{p_2}v(1-T\alpha_p)\mathrm{d}p\right]_{T_1}+\left(\int_{T_1}^{T_2}c_p\mathrm{d}T\right)_{p_2}\\&=v(1-T_1\alpha_p)(p_2-p_1)+c_p(T_2-T_1)\\&=0.00101\mathrm{m^3/kg}\times(1-323.15\mathrm{K}\times465\times10^{-6}\mathrm{K^{-1}})\times(15-0.1)\times10^6\mathrm{Pa}+\\&\quad4.186\times10^3\mathrm{J/(kg\cdot K)}\times(323.69\mathrm{K}-323.15\mathrm{K})\\&=15.05\times10^3\mathrm{J/kg}=15.05\mathrm{kJ/kg}\end{aligned}$$

基本热力学关系式是根据热力学第一定律和第二定律的基本表达式和状态参数的定义式而导出的一些微分关系式。它们反映了由热力学基本定律所确定的物质的热力学性质之间的相互关系。它们对一切工质、一切状态都是适用的，也是导出其他一般热力学关系式的依据。

本章小结

本章主要讨论了气体的热力性质，包括气体的状态方程和热力学一般关系式。首先讲述了工质的分类以及集态的不同存在形式。对于气体的状态方程，主要分析了热力学的一般关系式。

对于非基本状态参数，本章利用热力学基本定律和数学关系式推导得到了麦克斯韦关系式，进而推导得到了熵、热力学能和焓的热力学微分关系式。同时还推导和分析了比热容的关系式，利用比热容的关系式推出了 $c_p - c_V$ 和绝热指数 κ 是状态函数，与过程无关。

本章公式不必死记硬背，通过本章学习，要求读者：

1）了解热力学一般关系式的推导。

2）理解麦克斯韦关系式，了解热力学微分关系式和比热容关系式的推导方法。

3）掌握热力学能、焓和熵关系式的应用。

思考题

5-1　水中混合其他物质时是否是纯工质？取决于什么条件？

5-2　为什么工质的热力学能、焓和熵为零的基准可以任选？所有情况都能任选吗？

5-3　工质的热容是什么？如何理解？

5-4　工质的热力学能、焓和熵的关系式如何推导？因为比热容是温度的函数，因此它们也仅是温度的函数吗？

习　题

5-1　求证 $\mathrm{d}S = \frac{nC_{V,\mathrm{m}}}{T}\left(\frac{\partial T}{\partial p}\right)_V \mathrm{d}p + \frac{nC_{p,\mathrm{m}}}{T}\left(\frac{\partial T}{\partial V}\right)_p \mathrm{d}V$。

5-2　证明下列不等式：

1）$\left(\frac{\partial s}{\partial T}\right)_v = \frac{c_V}{T}, \left(\frac{\partial s}{\partial T}\right)_p = \frac{c_p}{T}$。

2）$\frac{\partial^2 u}{\partial T \partial v} = T\frac{\partial^2 s}{\partial T \partial v}, \frac{\partial^2 u}{\partial T \partial p} = T\frac{\partial^2 s}{\partial T \partial p}$。

5-3　证明：$\mathrm{d}U = C_{V,\mathrm{m}}\mathrm{d}T + \left[T\left(\frac{\partial p}{\partial T}\right)_V - p\right]\mathrm{d}V$

5-4　证明物质的体积变化与热膨胀系数 α_p、定温压缩系数 β_T 的关系为 $\frac{\mathrm{d}v}{v} = \alpha_p \mathrm{d}T - \beta_T \mathrm{d}p$。

5-5　已知水银的热膨胀系数 $\alpha_p = 0.1819 \times 10^{-3}\mathrm{K}^{-1}$，定温压缩系数 $\beta_T = 3.87 \times 10^{-5}\mathrm{MPa}^{-1}$，试计算液态水银在定容下温度由 273K 升高到 274K 时的压力增压。

5-6　某一气体的热膨胀系数和定温压缩系数分别为 $\alpha_p = \frac{nR}{pv}$，$\beta_T = \frac{1}{p} + \frac{a}{v}$，式中，$a$ 为常数，n 为物质的量，R 为通用气体常数。试求此气体的状态方程。

5-7 气体热膨胀系数和压力温度系数分别为 $\alpha_p = \dfrac{R}{pV_{\mathrm{m}}}$，$\alpha = \dfrac{1}{T}$。试求此气体的状态方程。

5-8 试证状态方程为 $p(v-b) = R_g T$（其中 b 为常数）的气体：

1）其热力学能 $\mathrm{d}u = c_V \mathrm{d}T$。

2）其焓 $\mathrm{d}h = c_p \mathrm{d}T + b\mathrm{d}p$。

3）其 $c_p - c_V$ 为常数。

5-9 有一服从状态方程 $p(v-b) = R_g T$ 的气体（其中 b 为正值常数），假定 c_V 为常数。试由 $\mathrm{d}u$、$\mathrm{d}h$、$\mathrm{d}s$ 方程导出 Δu、Δh、Δs 的表达式。

5-10 已知某种气体的 $pv = f(T)$，$u = u(T)$，求其状态方程。

第6章

理 想 气 体

热能与机械能的相互转换是通过工质在热工设备中的吸热、膨胀、做功等状态变化过程来实现的，工质的体积在系统压力和温度发生变化时应有较大的改变，即工质应有显著的膨胀和压缩特性。在物质的各种集态中，只有气态工质具有这种属性。气态工质视其离液态的远近，又可分为气体和蒸气两类。理想气体是气态工质的一种特例，是一种实际上并不存在的假想气体。本章主要研究理想气体的性质。

6.1 理想气体的概念

气体是一群间距很大的微观分子的集合体，分子间作用力相对于固体和液体而言最弱，易被压缩。气体分子持续地处于无规则的热运动中。由于分子数目十分庞大，且分子在各个方向上的无规则运动是均等的，所以在宏观平衡状态下，气体具有各向同性、压力和密度各处相等的特征。然而，气体分子的运动规律又是十分复杂的。气体分子虽小，但仍有一定的体积，分子之间又有相互作用力，分子在两次碰撞之间进行的是非直线运动，因此很难找到一个正确的状态方程来描述一定量气体的宏观特性。为了分析方便，简化各种热力过程的计算，人们提出了一个称为“理想气体”的气体模型。

理想气体是这样的一种气体，它假定气体的分子是一个个没有体积的弹性小球，分子之间没有相互作用力，分子之间的碰撞是弹性碰撞，无能量损失。这种假想的气体模型，称为理想气体模型。

人们提出理想气体的概念，其目的是为了简化实际气体分子之间复杂的相互作用，利用理想气体的性质来定性地分析气态工质在各种热力过程中的状态变化特征，解释各种复杂的热力学现象，获得各状态参数之间的函数关系，为研究实际气体的热力学性质和热力过程打好基础。事实上，对于工程上的各种热力过程来说，在大多数情况下，即在压力足够低、密度足够小的情况下，气态工质基本上呈现出理想气体的特征，可以当作理想气体来处理，其结果不会引起较大的误差。例如对空气来说，压力低于2MPa，温度高于180K，按理想气体计算其比体积或者密度的误差不超过4%，完全能满足热力工程设计计算的要求，而计算的复杂性和工作量则大大减小。这就是为什么理想气体在工程热力学中占有特殊重要地位的主要原因。

6.2 理想气体状态方程

通过大量的实验，人们发现在平衡状态下，气体的压力、温度和比体积之间存在着一定的关系。对于一定质量的气体，在温度保持不变的条件下，其压力和体积的乘积是一个常数，即

$$p_1V_1 = p_2V_2 = \cdots = C \tag{6-1}$$

常数 C 在不同的温度下有不同的值，即 C 是温度的函数。对于一定质量的气体，在压力不变的条件下，其体积和温度成正比，即

$$\frac{V_1}{T_1} = \frac{V_2}{T_2} = \cdots = \frac{V}{T} = 常数 \tag{6-2}$$

实验证明，不论何种气体，只要它的压力不太高，温度不太低，都近似地符合式（6-1）和式（6-2）所显示的规律。气体压力越低，它遵守上述两个经验规律的准确度越高，因此上述两式可以看成是理想气体特有的规律。

根据上述实验定律和理想气体温标的定义，可以导出质量为 m(kg) 的理想气体其 p、V、T 之间满足的函数关系

$$pV = mR_gT \tag{6-3}$$

式中，R_g 是一个常数，称为气体常数，单位为 J/(kg · K)。

式（6-3）称为理想气体状态方程。对于单位质量的理想气体而言，式（6-3）变为

$$pv = R_gT \tag{6-4}$$

对于同一种气体，无论在什么状态，气体常数 R_g 都是一个定值。对于不同种类的气体 R_g 的值各不相同。常用气体的气体常数 R_g 的值可以从附录 A 中查到。

阿伏伽德罗定律指出，在相同的温度和压力下，1mol 的任何气体所占据的体积都相同。压力为 101325Pa，温度 T_0 等于 273. 15K 时，任何气体的摩尔体积 V_0 都为 $22.4\times10^{-3}\text{m}^3/\text{mol}$。对 1mol 气体，式（6-3）可写成

$$pV_m = MR_gT = RT \tag{6-5}$$

式中，$R = MR_g$，M 是摩尔质量，数值上等于气体的相对分子质量。因为 R 与气体的种类无关，通常称为通用气体常数，或普适气体常数。R 的值为

$$R = \frac{p_0V_0}{T_0} = \frac{101325\text{Pa} \times 22.4 \times 10^{-3}\text{m}^3/\text{mol}}{273.15\text{K}} = 8.3144\text{J/(mol} \cdot \text{K)}$$

R 的值取决于 p_0、V_0、T_0 所用的单位。式（6-3）也可写成

$$pV = \frac{m}{M}(R_gMT) = nRT \tag{6-6}$$

式中，n 是气体的摩尔数。

【例 6-1】 体积为 0.0283m^3 的瓶内装有氧气，压力为 $6.865\times10^5\text{Pa}$，温度为 294K，发生泄漏后，压力降低至 $4.901\times10^5\text{Pa}$ 时才被发现，而温度未变。求：至发现时共漏去多少千克氧气？

解：由题意知 $p_1=6.865\times10^5\text{Pa}$，$p_2=4.901\times10^5\text{Pa}$，$V_1=V_2=0.0283\text{m}^3$，$T_1=T_2=294\text{K}$。

泄漏前瓶内原有氧气量为 $m_1=\dfrac{p_1V_1}{R_gT_1}$，泄漏后瓶内剩余氧气量为 $m_2=\dfrac{p_2V_2}{R_gT_2}$。

对于氧气，$R_g=259.8\text{J/(kg}\cdot\text{K)}$，因此，漏去的氧气量为

$$\Delta m=m_1-m_2=\frac{(p_2-p_1)V_1}{R_gT_1}=\frac{(6.865-4.901)\times10^5\times0.0283}{259.8\times294}\text{kg}=0.0728\text{kg}$$

6.3 理想气体性质计算

6.3.1 理想气体的比热容

1. 比定压热容和比定容热容

前面得到的比热容的一般关系式（5-31）~式（5-39）适用于一切工质。为了导出理想气体比热容的具体表达式，只需要将理想气体状态方程代入即可得到。对于工程上常用到的比定压热容和比定容热容，它们的定义式为

$$c_p=\left(\frac{\delta q}{\text{d}T}\right)_p=\left(\frac{\partial h}{\partial T}\right)_p \tag{6-7}$$

$$c_V=\left(\frac{\delta q}{\text{d}T}\right)_v=\left(\frac{\partial u}{\partial T}\right)_v \tag{6-8}$$

由于理想气体分子之间无相互作用力，只有分子运动的动能，而分子运动的动能仅取决于温度，所以理想气体的热力学能仅是温度的函数。这样，理想气体比定容热容的定义式可写成

$$c_V=\frac{\text{d}u}{\text{d}T} \tag{6-9}$$

即理想气体的比定容热容只是温度的函数。

同理，因为焓的定义 $h=u+pv$，而理想气体状态方程 $pv=R_gT$，即 pv 的乘积是温度的函数，所以焓值 h 也仅是温度的函数。这样理想气体比定压热容的定义式可写成

$$c_p=\frac{\text{d}h}{\text{d}T} \tag{6-10}$$

上述结果，也可以利用热力学能和焓的一般关系式导出。由式（5-43）

$$\text{d}u=c_V\text{d}T+\left[T\left(\frac{\partial p}{\partial T}\right)_v-p\right]\text{d}v$$

从理想气体状态方程 $pv=R_gT$ 求出 $\left(\dfrac{\partial p}{\partial T}\right)_v=\dfrac{R_g}{v}$ 代入上式，得

$$du = c_V dT + \left[T \left(\frac{R_g}{v} \right)_v - p \right] dv = c_V dT$$

这就是式（6-9）。

同理，由式（5-44），并利用理想气体状态方程

$$dh = c_p dT - \left[T \left(\frac{\partial v}{\partial T} \right)_p - v \right] dp, \qquad \left(\frac{\partial v}{\partial T} \right)_p = \frac{R_g}{p}$$

可得

$$dh = c_p dT - \left[T \left(\frac{R_g}{p} \right)_p - v \right] dp = c_p dT$$

这就是式（6-10）。

由此我们从热力学一般关系式，证明了理想气体的热力学能和焓只是温度的单值函数，与比体积或压力无关。

根据焓的定义式，利用理想气体状态方程可得

$$dh = du + d(pv)$$

即

$$c_p dT = c_V dT + R_g dT$$

由此可得

$$c_p - c_V = R_g \tag{6-11}$$

式（6-11）称为迈耶公式。它表明，虽然理想气体的比定压热容和比定容热容都随温度而变化，但是它们的差值却是一个与温度无关的常数。由于 R_g 是正数，所以在一定的温度下，同一种理想气体的比定压热容总是大于比定容热容。一些常用气体比热容查附录 A 可知。

2. 真实比热容和平均比热容

对于 1mol 理想气体，式（6-11）又可变成

$$Mc_p - Mc_V = MR_g$$

或

$$C_{p,m} - C_{V,m} = R \tag{6-12}$$

式中，$C_{p,\,m}$ 和 $C_{V,\,m}$ 分别称为摩尔定压热容和摩尔定容热容。

理想气体分子中原子数相同的气体，其摩尔热容都相等。对单原子气体，$C_{p,\,m} = (5/2)R$，$C_{V,\,m} = (3/2)R$；对双原子气体，$C_{p,\,m} = (7/2)R$，$C_{V,\,m} = (5/2)R$；对多原子气体，$C_{p,\,m} = (9/2)R$，$C_{V,\,m} = (7/2)R$。理想气体的比热容比 $\kappa = c_p/c_V$，常称为绝热指数，它显然是一个大于 1 的正数，且是温度的函数。利用式（6-11），理想气体的绝热指数可变换为

$$\kappa = \frac{c_p}{c_V} = \frac{c_V + R_g}{c_V} = 1 + \frac{R_g}{c_V}$$

由此得

$$c_V = \frac{R_g}{\kappa - 1} \tag{6-13}$$

$$c_p = \frac{R_g}{\kappa - 1} + R_g = \frac{R_g \kappa}{\kappa - 1} \tag{6-14}$$

上面已经得到了理想气体比热容只是温度的函数这一重要结论。实验表明，理想气体比热容和温度之间的函数关系十分复杂。但是通常总用下列多项式来近似表达理想气体的比定

压热容 c_p 与温度的关系：

$$c = C_0 + C_1\theta + C_2\theta^2 + \cdots = f(\theta) \qquad \theta = \{T\}_K/1000 \tag{6-15}$$

式中，C_0，C_1，C_2，$\cdots$ 都是与气体种类有关的常数，由附录 F 查得。式（6-15）是计算真实比热容的经验公式。

图 6-1 所示为理想气体比热容随温度 t 的变化曲线。在一般的情况下，比热容随温度的升高而增大，所以在给出比热容的数据时，应当指明是在哪一个温度下的比热容。如果已知比热容随温度变化的函数关系 $f(t)$，则单位质量的理想气体在由温度 t_1 升高到 t_2 的加热过程中所需的加热量，可直接通过积分求得，即

$$q = \int_{t_2}^{t_1} \delta q = \int_{t_2}^{t_1} c\mathrm{d}t = \int_{t_2}^{t_1} f(t)\,\mathrm{d}t \tag{6-16}$$

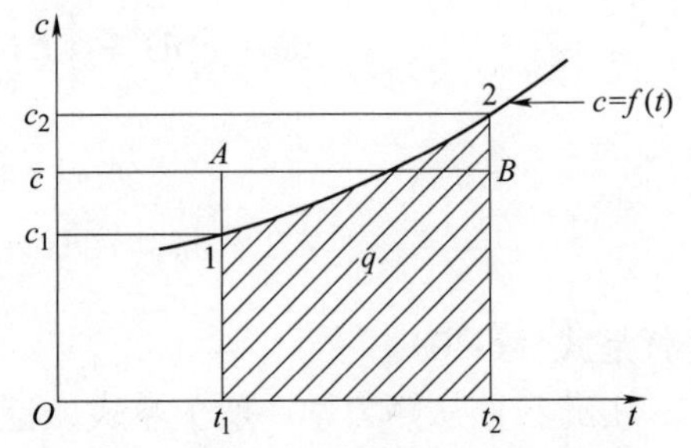

图 6-1　理想气体比热容随温度的变化

在图 6-1 上，上述积分值等于曲线 $c = f(t)$ 下面的面积 $t_1 12 t_2 t_1$。由于通过积分的方法来计算过程的加热量比较麻烦，而且要事先知道函数 $c = f(t)$ 的具体形式，故此法不适合工程应用。为此，引入“平均比热容”的概念。平均比热容的定义为单位质量的理想气体由温度 t_1 升高到 t_2 所吸收的热量除以温差 $t_2 - t_1$，即

$$\bar{c} = c\,\big|_{t_1}^{t_2} = \frac{q_{1,2}}{t_2 - t_1} = \frac{\int_{t_1}^{t_2} c\mathrm{d}t}{t_2 - t_1} \tag{6-17}$$

由图 6-1 可见，在曲线 $c = f(t)$ 上，作一与图形 $t_1 12 t_2 t_1$ 面积相等的同底矩形 $t_1 A B t_2 t_1$，则矩形高度 At_1（或 Bt_2）就是上述平均比热容 $\bar{c}$ 的值。

平均比定压热容和平均比定容热容可分别表示为

$$\bar{c}_p = c_p\,\big|_{t_1}^{t_2} = \frac{\int_{t_1}^{t_2} c_p \mathrm{d}t}{t_2 - t_1} \tag{6-18}$$

$$\bar{c}_V = c_V\,\big|_{t_1}^{t_2} = \frac{\int_{t_1}^{t_2} c_V \mathrm{d}t}{t_2 - t_1} \tag{6-19}$$

显然，平均比热容和起始温度 t_1 和终了温度 t_2 的值有关。如果我们将起始温度都取为 0℃，则从起始温度 0℃ 到任一温度 t（℃）的平均比热容仅为 t 的函数，即

$$\bar{c}_0 = c\,\big|_0^t = \frac{\int_0^t c\mathrm{d}t}{t} \tag{6-20}$$

工程上为了使用方便，把 $\bar{c}_0$ 编制成数据表。附录 C 中给出了各种气体从 0℃ 到 t（℃）的平均比热容 $\bar{c}_0$（$\bar{c}_{p_0}$ 或 $\bar{c}_{V_0}$）。利用平均比热容，可以很方便地计算出热力系从温度 t_1（℃）升高到温度 t_2（℃）时所需的加热量，即

$$q = \int_{t_1}^{t_2} c\mathrm{d}t = \int_0^{t_2} c\mathrm{d}t - \int_0^{t_1} c\mathrm{d}t = c\,\big|_0^{t_2} t_2 - c\,\big|_0^{t_1} t_1 \tag{6-21}$$

在温度 t_1 和 t_2 之间的平均比热容 $c\big|_{t_1}^{t_2}$，也可以容易地由 $c\big|_0^{t_2}$ 和 $c\big|_0^{t_1}$ 的值求得，即

$$c\big|_{t_1}^{t_2} = \frac{c\big|_0^{t_2} t_2 - c\big|_0^{t_1} t_1}{t_2 - t_1} \tag{6-22}$$

【例 6-2】 空气在加热器中由 300K 加热到 400K，空气流量 $\dot{m}=0.2\text{kg/s}$，求空气每秒的吸热量。试分别用真实比热容、平均比热容、气体热力性质表以及定值比热容方法求算。

解：(1) 真实比热容法

查附录 F，将比定压热容计算公式换算成摩尔定压热容计算式，可知，$C_{p,\,\mathrm{m}} = a_0 + a_1 T + a_2 T^2 + a_3 T^3$ 中各系数为 $a_0 = 28.15$，$a_1 = 1.967 \times 10^{-3}$，$a_2 = 4.801 \times 10^{-6}$，$a_3 = -1.966 \times 10^{-9}$。

由于

$$\Delta h = \int_1^2 c_p \mathrm{d}T = \frac{1}{M}\int_1^2 C_{p,\,\mathrm{m}} \mathrm{d}T = \frac{1}{M}\left[a_0(T_2 - T_1) + \frac{a_1}{2}(T_2^2 - T_1^2) + \frac{a_2}{3}(T_2^3 - T_1^3) + \frac{a_3}{4}(T_2^4 - T_1^4)\right]$$

代入已知数据，得

$$\Delta h = \frac{1}{28.97} \times \left[28.15 \times (400 - 300) + \frac{1}{2} \times 1.967 \times 10^{-3} \times (400^2 - 300^2) + \frac{1}{3} \times 4.801 \times 10^{-6} \times (400^3 - 300^3)\right] - \frac{1}{28.97} \times \left[\frac{1}{4} \times 1.966 \times 10^{-9} \times (400^4 - 300^4)\right] \text{kJ/kg}$$
$$= 101.29\text{kJ/kg}$$

$$\dot{Q} = \dot{m}\Delta h = 0.2 \times 101.29\text{kJ/s} = 20.26\text{kJ/s}$$

(2) 平均比热容法

$$\Delta h = c_p\big|_0^{t_2} t_2 - c_p\big|_0^{t_1} t_1$$

查附录 C，用插入法求得

$$t_1 = 27℃,\ c_p\big|_0^{t_1} = 1.0045\text{kJ/(kg}\cdot\text{K)}$$

$$t_2 = 127℃,\ c_p\big|_0^{t_2} = 1.0076\text{kJ/(kg}\cdot\text{K)}$$

$$\Delta h = (1.0076 \times 127 - 1.0045 \times 27)\text{kJ/kg} = 100.85\text{kJ/kg}$$

$$\dot{Q} = \dot{m}\Delta h = 0.2 \times 100.85\text{kJ/s} = 20.17\text{kJ/s}$$

(3) 气体热力性质表法

由气体热力性质表（附录 M），查得

$$T_1 = 300\text{K 时},\ h_1 = 302.29\text{kJ/kg}$$

$$T_2 = 400\text{K 时},\ h_2 = 403.01\text{kJ/kg}$$

$$\Delta h = (403.01 - 302.29)\text{kJ/kg} = 100.72\text{kJ/kg}$$

$$\dot{Q} = \dot{m}\Delta h = (0.2 \times 100.72)\text{kJ/s} = 20.144\text{kJ/s}$$

(4) 定值比热容法

对于像空气这种双原子气体，其

$$C_{p,\mathrm{m}} = \frac{7}{2}R = \frac{7}{2} \times 8.314\mathrm{kJ/(kg \cdot K)} = 29.10\mathrm{kJ/(kg \cdot K)}$$

$$\Delta h = c_p(400\mathrm{K} - 300\mathrm{K}) = \frac{C_{p,\mathrm{m}}}{M} \times 100\mathrm{K} = \frac{29.10}{28.97} \times 100\mathrm{kJ/kg} = 100.45\mathrm{kJ/kg}$$

$$\dot{Q} = \dot{m}\Delta h = 0.2 \times 100.45\mathrm{kJ/s} = 20.09\mathrm{kJ/s}$$

可以看出，前三种计算结果极为接近，最后一种方法相差略大些。

【例 6-3】 试根据比热容表计算空气从 373.15K 至 1273.15K 的平均比定压热容。

解：由附录 C 中查得空气的平均比定压热容 $\bar{c}_p$ 为

$$0℃至100℃(373.15\mathrm{K}),\ c_p\Big|_0^{100} = 1.006 \times 10^3\mathrm{J/(kg \cdot K)}$$

$$0℃至1000℃(1273.15\mathrm{K}),\ c_p\Big|_0^{1000} = 1.091 \times 10^3\mathrm{J/(kg \cdot K)}$$

根据式 (6-22)，得

$$\bar{c}_p = c_p\Big|_{100}^{1000} = \frac{c_p\Big|_0^{t_2} t_2 - c_p\Big|_0^{t_1} t_1}{t_2 - t_1}$$

$$= \frac{1.091 \times 10^3 \times 1000 - 1.006 \times 10^3 \times 100}{1000 - 100}\mathrm{J/(kg \cdot K)}$$

$$= 1.100 \times 10^3\mathrm{J/(kg \cdot K)}$$

6.3.2 理想气体的熵、热力学能和焓

1. 理想气体的熵

将理想气体状态方程和比热容的关系式代入熵的一般关系式 (5-41) 和式 (5-42) 中，就可以分别得到以 (T, v) 和 (T, p) 为独立变量的理想气体熵的计算式，它们是

$$\mathrm{d}s = c_V \frac{\mathrm{d}T}{T} + R_\mathrm{g} \frac{\mathrm{d}v}{v} \tag{6-23}$$

$$\mathrm{d}s = c_p \frac{\mathrm{d}T}{T} - R_\mathrm{g} \frac{\mathrm{d}p}{p} \tag{6-24}$$

将上述两式联立，消去 $\frac{\mathrm{d}T}{T}$，可得以 (p, v) 为独立变量的熵计算式，即

$$\mathrm{d}s = c_V \frac{\mathrm{d}p}{p} + c_p \frac{\mathrm{d}v}{v} \tag{6-25}$$

计算某两个状态之间的熵差时，可以将上述熵的计算式积分，此时需要知道 c_p 和 c_V 随温度变化的函数关系。虽然比热容 c_p 和 c_V 是随温度而变化的，但是在温度变化范围不大时或近似计算时，可以将比热容视为定值，这样可以使积分计算大为简化。

熵差的计算公式分别为

$$\Delta s_{1-2} = s_2 - s_1 = c_V \ln \frac{T_2}{T_1} + R_\mathrm{g} \ln \frac{v_2}{v_1} \tag{6-26}$$

$$\Delta s_{1-2} = s_2 - s_1 = c_p \ln \frac{T_2}{T_1} - R_g \ln \frac{p_2}{p_1} \tag{6-27}$$

$$\Delta s_{1-2} = s_2 - s_1 = c_V \ln \frac{p_2}{p_1} + c_p \ln \frac{v_2}{v_1} \tag{6-28}$$

【例 6-4】 气缸中有 3mol、400K 的氢气，在 101.325kPa 下向 300K 的大气中散热直至平衡，求氧气的熵变并判断过程进行的方向。已知：$C_{p,\,m}(H_2) = 29.1\text{J/(mol}\cdot\text{K)}$。

解： 题中所谓的到平衡是指氢气的终态温度为 300K。恒压过程有

$$\Delta S = nC_{p,m} \ln \frac{T_2}{T_1} = 3 \times 29.1 \times \ln \frac{300}{400} \text{J/K} = -25.1\text{J/K}$$

$$\Delta S_{环境} = \frac{-Q_{体系,\,实际}}{T_{环境}} = \frac{-nC_{p,\,m}\Delta T}{T_{环境}}$$

$$= \frac{-3 \times 29.1 \times (300 - 400)}{300} \text{J/K} = 29.1\text{J/K}$$

$$\Delta S_{隔离} = \Delta S_{体系} + \Delta S_{环境}$$

$$= (-25.1 + 29.1)\text{J/K} = 4\text{J/K} > 0$$

所以该过程是自发的。

通常，工程上感兴趣的是熵差，熵的绝对值是无关紧要的。因此可以人为地规定某一状态为起始点，取该点的熵值为零，这样就可以利用上述计算式很方便地写出理想气体在任一状态 (p，v，T) 时的熵值。

2. 理想气体的热力学能

前面我们已经得到了理想气体的热力学能只是温度的函数这一重要结论，因此，对应于某一温度，有一个完全确定的热力学能值。在温度相等的两个不同相态下，虽然其压力和比体积可以各不相同，但仍然具有相同的热力学能。所以在状态参数坐标图上，理想气体的定温线就是定热力学能线。

上面在讨论理想气体比热容的时候，已经得到了理想气体热力学能的计算式，即

$$\mathrm{d}u = c_V \mathrm{d}T$$

计算理想气体由任意状态 1 到状态 2 的热力学能的变化，只需将上式积分，即

$$\Delta u_{1-2} = u_2 - u_1 = \int_{T_1}^{T_2} c_V \mathrm{d}T \tag{6-29}$$

同样，在温度变化范围不大或工程上进行近似计算时，可以将比热容视为常数，这时热力学能的变化量可用下列简化公式计算：

$$\Delta u_{1-2} = c_V(T_2 - T_1) = c_V \Delta T_{1-2} \tag{6-30}$$

上述公式对于理想气体经历的任何状态变化过程都是适用的。利用平均比热容表上查取的数值，可以计算由起始温度 0℃ 变化到某一终态温度 t(℃) 时的热力学能差 Δu_{0-t}。若要计算从某一温度 t_1(℃) 变化到温度 t_2(℃) 时的热力学能改变量，则可以利用平均比热容表进行计算，计算公式为

$$\Delta u_{1-2} = \Delta u_{0-t_2} - \Delta u_{0-t_1} = c_V \Big|_0^{t_2} t_2 - c_V \Big|_0^{t_1} t_1 \tag{6-31}$$

3. 理想气体的焓

理想气体的焓也只是温度的函数。对于某一温度有一个完全确定的焓值。温度相等的两个状态，其焓值也相等。因此在状态参数坐标图上，定温线也一定是等焓线。

理想气体焓的计算式为

$$\mathrm{d}h = c_p \mathrm{d}T$$

计算理想气体由任意状态 1 变到状态 2 时焓的变化，只需将上式积分，即

$$\Delta h_{1-2} = h_2 - h_1 = \int_{T_1}^{T_2} c_p \mathrm{d}T \tag{6-32}$$

在温度变化不大的近似计算中，可将 c_p 视为常数，则

$$\Delta h_{1-2} = c_p(T_2 - T_1) = c_p \Delta T_{1-2} \tag{6-33}$$

上式对理想气体的任何状态变化过程都适用。

同样，利用平均比热容表上查取的平均比定压热容值，也可以计算出由起始温度 0℃变化到某一终态温度 t(℃) 时的焓差

$$\Delta h_{0-t} = c_p \big|_0^t t \tag{6-34}$$

计算两个不同温度状态之间的焓差时，可按下式计算

$$\Delta h_{1-2} = \Delta h_{0-t_2} - \Delta h_{0-t_1} = c_p \big|_0^{t_2} t_2 - c_p \big|_0^{t_1} t_1 \tag{6-35}$$

【例 6-5】 氮气在加热器中由 $t_1 = 100$℃被加热到 $t_2 = 200$℃，氮气流量为 $m = 500\text{kg/h}$，求氮气每小时吸热量及平均比热容。

解：气体在加热器中未做技术功，故按开口系统能量方程式有

$$Q = m\Delta h$$

按式（6-35）

$$\Delta h = c_p \big|_0^{t_2} t_2 - c_p \big|_0^{t_1} t_1$$

其中平均比定压热容由附录 C 查得

$$c_p \big|_0^{t_1} = c_p \big|_0^{100} = 1.040\text{kJ/(kg·K)}, c_p \big|_0^{t_2} = c_p \big|_0^{200} = 1.043\text{kJ/(kg·K)}$$

于是

$$\Delta h = (1.043 \times 200 - 1.040 \times 100)\text{kJ/kg} = 104.6\text{kJ/kg}$$

$$Q = m\Delta h = (500 \times 104.6)\text{kJ/h} = 52300\text{kJ/h}$$

吸热过程平均比热容按式（6-22）计算为

$$c_p \big|_{100}^{200} = \frac{\Delta h}{t_2 - t_1} = \frac{104.6}{200 - 100}\text{kJ/(kg·K)} = 1.046\text{kJ/(kg·K)}$$

【例 6-6】 $p_1 = 10^5\text{Pa}$，$t_1 = 15$℃的空气被压缩到 $p_2 = 6 \times 10^5\text{Pa}$，$t_2 = 250$℃，试按理想气体计算空气的焓、热力学能和熵的变化量。已知空气的比定压热容 $c_p = 1.004\text{kJ/(kg·K)}$，$R_g = 0.287\text{kJ/(kg·K)}$。

解：

$$\Delta h = c_p(t_2 - t_1) = 1.004 \times (250 - 15)\text{kJ/kg} = 236\text{kJ/kg}$$

$$\begin{aligned}\Delta u &= c_V(t_2 - t_1) \\ &= (c_p - R_g)(t_2 - t_1) \\ &= (1.004 - 0.287) \times (250 - 15)\text{kJ/kg} = 168.5\text{kJ/kg}\end{aligned}$$

$$\Delta s = c_p \ln\frac{T_2}{T_1} - R_g \ln\frac{p_2}{p_1}$$
$$= \left(1.004 \times \ln\frac{273.15+250}{273.15+15} - 0.287 \times \ln\frac{6\times10^5}{1\times10^5}\right) \text{kJ/(kg·K)}$$
$$= 0.0847 \text{kJ/(kg·K)}$$

本 章 小 结

通过阐述理想气体，讨论了理想气体的状态方程 $pv = R_g T$ 或 $pV_m = RT$，针对整个系统状态方程 $pV = mR_g T$ 或 $pV = nRT$。

气体常数与摩尔气体常数的关系式为 $R_g = \frac{R}{M}$。

理想气体的热力学能、焓和熵的计算均涉及比热容，所以本章介绍了理想气体的比热容。

理想气体的比热力学能和比焓仅是温度的函数，从而有

$$\Delta u_{1-2} = u_2 - u_1 = \int_{T_1}^{T_2} c_V \mathrm{d}T \quad 或 \quad \Delta u = c_V \Delta T$$

$$\Delta h_{1-2} = h_2 - h_1 = \int_{T_1}^{T_2} c_p \mathrm{d}T \quad 或 \quad \Delta h = c_p \Delta T$$

理想气体的比熵不但与温度有关，而且与压力或比体积有关。如

$$\Delta s_{1-2} = \int_1^2 c_p \frac{\mathrm{d}T}{T} - R_g \ln\frac{p_2}{p_1} \quad 或 \quad \Delta s_{1-2} = s_2 - s_1 = c_p \ln\frac{T_2}{T_1} - R_g \ln\frac{p_2}{p_1}$$

通过本章学习，要求读者：

1）掌握理想气体的状态方程。

2）掌握理想气体的比热容，能正确运用比热容计算理想气体的热力学能、焓和熵。

理想气体的气体常数、通用气体常数和平均比热容的符号和单位见下表：

名称	符号	单位
气体常数	R_g	J/(kg·K)
通用气体常数	R	J/(mol·K)
平均比热容	$\bar{c}$	J/(kg·K)

思 考 题

6-1 理想气体与实际气体的不同在哪？

6-2 什么条件下可以把气体看作理想气体？

6-3 气体常数 R_g 和通用气体常数 R 有何异同？有怎样的关系？

6-4 式（6-7）、式（6-8）、式（6-23）和式（6-24）均是通过可逆过程公式得到，试问由此四个公式得到的结论是否仅用于可逆过程？为什么？

6-5 理想气体的热力学能和焓有什么特点？

习 题

6-1 证明理想气体 $\left(\frac{\partial U}{\partial V}\right)_T = 0$。

6-2 试验证理想气体的内能与焓只是温度的函数。

6-3 某蒸汽锅炉燃煤需要的标准状况下，空气量为 $q_V = 66000\text{m}^3/\text{h}$，若鼓风炉送入的热空气温度为 $t_1 = 250℃$，表压力 $p_{g1} = 20.0\text{kPa}$。当时当地的大气压力 $p_b = 101.325\text{kPa}$。求实际的送风量为多少？（标准状态下，$p_0 = 101325\text{Pa}$，$T_0 = 273.15\text{K}$）

6-4 容量为 0.027m^3 的刚性储气筒，装有 $7\times10^5\text{Pa}$，20℃的空气，筒上装有一排气阀，压力达到 $8.75\times10^5\text{Pa}$ 时就开启，压力降为 $8.4\times10^5\text{Pa}$ 时才关闭。由于外界加热的原因造成阀门的开启，试求：

1）当阀门开启时，筒内温度为多少？

2）因加热而失掉多少空气？设筒内空气温度在排气过程中保持不变。

6-5 压气机在大气压力为 $1\times10^5\text{Pa}$，温度为20℃时，每分钟吸入空气为 3m^3。如经此压气机压缩后的空气送入容积为 8m^3 的储气筒，问需多长时间才能使筒内压力升高到 $7.8456\times10^5\text{Pa}$。设筒内空气的初温、初压与压气机的吸气状态相同，筒内空气温度在空气压入前后无变化。

6-6 $V = 1\text{m}^3$ 的容器有 N_2，温度为20℃，压力表读数1000mmHg，$p_b = 1\text{atm}$，求 N_2 质量。

6-7 一刚性容器抽真空，容器的容积为 0.3m^3，原容器中空气为0.1MPa，真空泵的容积抽气速率恒定为 $0.014\text{m}^3/\text{min}$，在抽气过程中容器内温度保持不变。求：使容器内压力降至0.035MPa所需的抽气时间。

6-8 氧气瓶体积 0.025m^3，内有氧气，压力表读数0.5MPa，若环境温度20℃，当地大气压0.1MPa，求：氧气比体积；氧气的物质的量。

6-9 在燃气轮机装置中，用从燃气轮机中排出的乏气对空气进行加热（加热在空气回热器中进行），然后将加热后的空气送入燃烧室进行燃烧。若空气在回热器中，从127℃定压加热到327℃。试按下列要求计算每千克空气所加入的热量：

1）按真实比热容计算。

2）按平均比热容计算。

3）按定值比热容计算。

6-10 某理想气体体积按 $a/\sqrt{p}$ 的规律膨胀，其中 a 为常数，p 代表压力。问：

1）气体膨胀时温度升高还是降低。

2）此过程气体的比热容是多少。

6-11 有1kg空气，初始状态为 $p_1 = 0.1\text{MPa}$，$t_1 = 100℃$，分别按定容过程和定压过程加热到相同的温度 $t_1 = 400℃$。试求加热过程所需热量，要求：

1）按定值比热容计算。

2）按平均比热容计算。

6-12 已知某理想气体的比定容热容 $c_V = a + bt$，其中 a、b 为常数，试导出其热力学能、焓、熵的计算式。

6-13 有 0.5m^3 空气，其温度 $t_1 = 150℃$，压力 $p_1 = 0.3\text{MPa}$。若空气进行一个膨胀过程，其压力降至

0.08MPa，温度降至20℃。试求空气熵的变化，要求：

1）按定值比热容计算。

2）按空气热力性质表计算。

6-14 有0.5m^3空气，其温度$t_1=150$℃，压力$p_1=0.3$MPa。若空气进行一个膨胀过程，其压力降至0.08MPa，温度降至20℃。试计算热力学能变、焓变及熵变，并回答：为什么在定压和定容过程热力学能和焓的变化相同，但熵变不同？

6-15 某理想气体初态时$p_1=520$kPa、$V_1=0.1419m^3$，经放热、膨胀过程，终态$p_2=170$kPa、$V_2=0.2744m^3$，过程中焓的变化量$\Delta H=-67.95$kJ。设该气体的比定压热容$c_p=5.20$kJ/(kg·K)。试求：

1）该过程的热力学能变化量。

2）该气体的比定容热容以及气体常数。

第 7 章

实际气体

在第 6 章的理想气体中，为建立理想气体模型，忽略了气体分子之间的相互作用力和分子本身的体积。实际上，气体分子之间存在着相互作用力，分子本身具有一定的体积，因此实际气体的热力学性质有别于理想气体。在许多场合，利用理想气体代替实际气体进行热力计算会带来较大的误差。因此，为了进行实际热力过程和循环的准确分析和计算，就必须弄清实际气体与理想气体之间存在的差别，研究和了解实际气体的性质，研究其状态参数之间的关系及其变化规律。

7.1 实际气体的状态变化

实际气体状态变化的特点，可以利用实际气体进行定温压缩时状态变化的情况来加以说明。不同温度下，实际气体的定温压缩过程曲线如图 7-1 所示的 p-v 图。

当温度比较高时，实际气体进行定温压缩时，其状态变化和理想气体的情况比较接近，如图上曲线 ab 所示，它基本上接近于等边双曲线。当定温压缩过程的温度降低时，实际气体的状态变化逐渐和理想气体的情况发生越来越大的差别，如图 7-1 所示，它已完全不同于等边双曲线。当定温压缩过程的温度更低时，压缩过程中实际气体将发生相变。

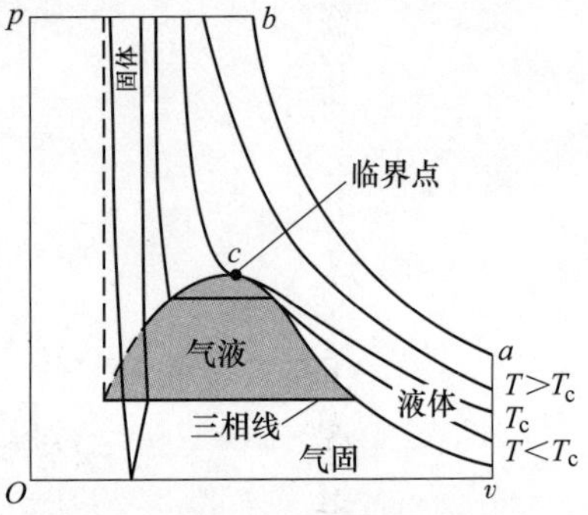

图 7-1 物质的 p-v 图

图 7-1 中临界点记为 c 点，这一状态称为临界点。临界点的温度、压力、比体积称为临界温度、临界压力、临界比体积，分别用 T_c、p_c、v_c。临界参数是实际气体的重要参数。一般认为，当实际气体的温度高于临界温度时，实际气体只存在气体状态。当实际气体的压力高于临界压力时，若温度高于临界温度则实际气体为气体状态，若温度低于临界温度则实际气体为液体状态；若由较高的温度逐渐降至临界温度以下而发生气态到液态的转变，则不会出现气液共存的状态。

如果把上述实际气体的状态变化关系表示在 p-T 图上，则如图 7-2 所示。三相点通常在 p-T 图中用 T_{tp} 表示。$T_{tp}c$ 为气液两相转变的汽化曲线，T_{tp} 点为实现气相和液相转变的最低点，同时该点是出现固相物质直接转变为气相物质（升华现象）的起始点。在 T_{tp} 点所对应的温度和压力下，气相、液相和固相三相共存而处于平衡的状态，这种状态称为三相点。三相点的状态在 p-v 图上的饱和区域内也表示为一条水平直线。对于每种物质，其三相点的温度及压力都有确定的数值，也是实际气体性质的重要参数。将前两个图进行组合的 p-v-T 图如图 7-3 所示。

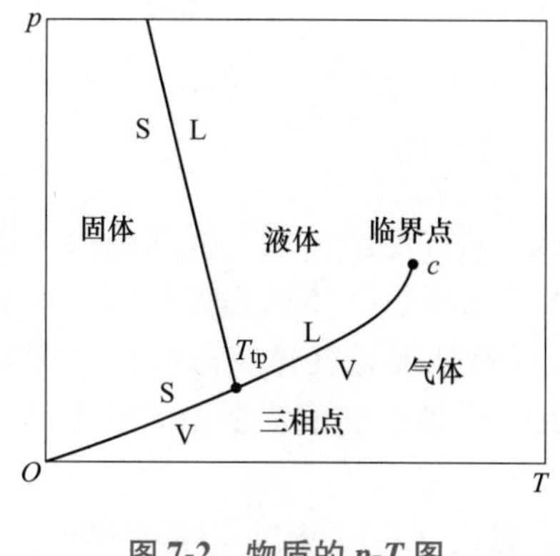

图 7-2　物质的 p-T 图

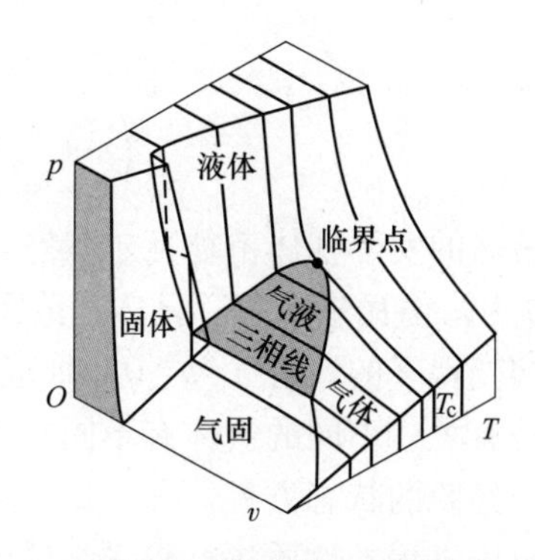

图 7-3　物质的 p-v-T 图

综上所述，实际气体状态变化的特点：当实际气体的温度高于临界温度很多，或虽低于临界温度但压力很低时，气体所处的状态离液体状态较远，实际气体的性质就较接近于理想气体的性质。但当气体所处的状态离液态不远时，实际气体就和理想气体有很大偏差。为了正确反映实际气体的性质，很多研究者做了大量工作，提出了许多经验的或半经验的气体状态方程式。工程上已根据各种实际气体的实验数据并利用某种状态方程式，制成各种计算用的图和表。按照图和表所给出的各种实际气体在不同状态下各状态参数的数据，可以方便地对实际气体的状态变化进行分析和计算。

7.2　实际气体状态方程

研究实际气体的热力学性质，最关键的是要获得准确的实际气体状态方程。一百多年来，对实际气体的状态方程已进行了大量的研究，利用理论分析、经验或半经验的方法，导出了许多不同形式的实际气体状态方程。但是，总的来说，在这些方程中准确度较高的适用范围小，而适用范围较广的又不够精确。所以至今对实际气体状态方程的研究仍在继续进行，并已取得了不少新的进展。

7.2.1　范德瓦尔方程

1873 年，范德瓦尔针对理想气体模型的两个假定，考虑了分子本身所占据的体积和分子之间的相互作用力，对理想气体状态方程进行了修正，提出了著名的范德瓦尔方程。下面对该方程进行比较系统的描述和讨论。

由于分子本身占据一定的体积，所以使分子自由活动的空间相应地缩小，范德瓦尔用 $v-b$ 代替理想气体状态方程中的 v 以表示这缩小了的活动空间。另一方面，由于分子之间存在相互吸引力，使分子撞击容器壁的力量减弱，导致气体对容器壁的压力减小。压力的这个减小量与撞击器壁的分子数成正比，又与吸引它的其余分子数成正比。这两部分分子数都与气体密度成正比，与比体积成反比。因此考虑了分子之间的作用力以后，实际气体比理想气体压力的减小量和 v^2 成反比，可以用 a/v^2 来表示压力的这个减小。a/v^2 常称为气体分子的内

压力。这样，实际气体的压力可表示成

$$p = \frac{RT}{v - b} - \frac{a}{v^2}$$

或写成

$$\left(p + \frac{a}{v^2}\right)(v - b) = RT \tag{7-1}$$

这就是著名的实际气体范德瓦尔状态方程式，简称范德瓦尔方程或范氏方程。式中的常数 a 和 b，称为范德瓦尔常数。显然，范氏方程是在理想气体状态方程的基础上，通过引入两个常数而演变得来的。若 $a=b=0$，则范氏方程就是理想气体状态方程。常数 a 和 b 的大小与气体种类有关。不同的气体有不同的范德瓦尔常数，它们需要由实验来确定。因此范氏方程是一个半经验的状态方程。

为了对范氏方程的性质进行较详细的分析，把式（7-1）按 v 降幂次排列，得到

$$pv^3 - (RT + pb)v^2 + av - ab = 0 \tag{7-2}$$

这是一个变量为 v 的三次方程式。对于不同的 p、T 值，方程式（7-2）的根分别可为三个不等的实根、三个相等的实根和一个实根两个虚根三种类型。范氏方程在 p-v 图上的等温线簇如图 7-4 所示。温度越高，等温线在图上的位置越靠右上方。每条等温线与水平线的交点为方程式（7-2）的根。上述三种类型的根，对应着图上三类不同形状的等温线。在高温时，等温线是一根根近似的双曲线，如图上的 FF 线，这时对应的解为一个实根两个虚根。当温度等于某一温度 T_c 时，对应的等温线 GH 是一根具有拐点 c 的曲线，对应的解为三个相等的实根。当温度低于 T_c 时，等温线是一根具有极大值和极小值的连续凹凸线，如图上曲线应 $AMDNB$，这时对应的解为三个不等的实根。随着温度的升高，这类连续凹凸线的极大值点 N 和极小值点 M 逐渐靠拢，并在温度为 T_c 时重合为一点，该点就是定温线 T_c 上的一个具有水平切线的拐点 c，常称为临界点。T_c 称为临界温度。

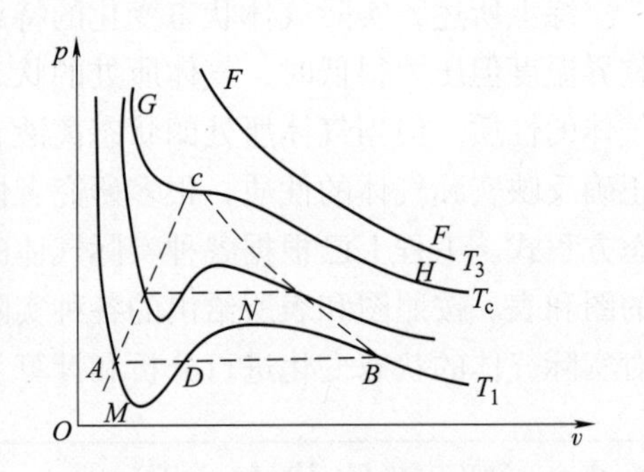

图 7-4　范氏方程在 p-v 图上的等温线簇

图 7-5 所示为安德鲁用二氧化碳作出的实验等温线簇。由图可见，在高于临界温度 T_c 的高温情况下，实验等温线和范氏方程的等温线十分一致，都是一根根近似的双曲线，此时工质处于气体状态。但是在低于临界温度时，范氏方程的等温线和实验曲线不相符合。实验曲线显示出有一段水平段，而没有出现连续的凹凸线。实验表明，此时工质处于气液两相共存的状态。在实验中如果蒸气中含的杂质极少，等温变化过程进行得很缓慢且不受到扰动，则可以观察到气体压力沿虚线 AM 降低或沿 BN 升高的现象，与范氏方程

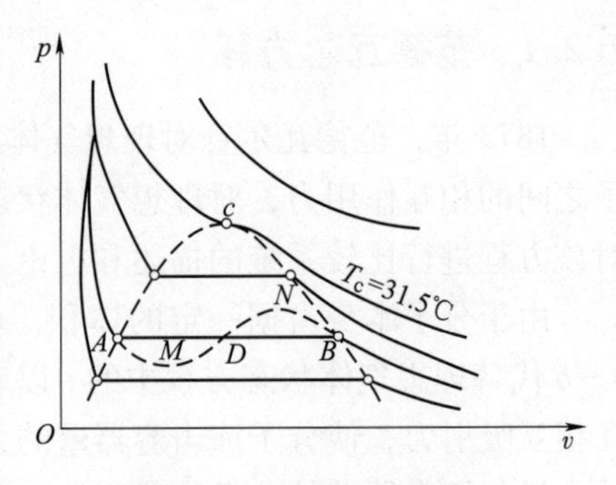

图 7-5　二氧化碳等温线簇

的曲线具有类似的趋势。但是在 AM 线和 BN 线上气体的状态极不稳定，一受扰动，立即回到 AB 水平线所表示的状态。这表明了范氏方程等温线上 AM 和 BN 部分对应于气体的亚稳定状态。但是，范氏方程等温线上 MN 段所描述的气体状态变化是绝对不能实现的，因为它对应的是压力升高体积变大的绝对不稳定状态。

下面进一步讨论临界点的性质。临界点 c 是定温线 T_c 上的拐点，因此它满足如下的两个数学关系

$$\left(\frac{\partial p}{\partial v}\right)_{T_c}=0 \qquad \left(\frac{\partial^2 p}{\partial v^2}\right)_{T_c}=0 \tag{7-3}$$

将临界点参数分别代入范德瓦尔方程，并利用上述两个偏微分关系式，可以得到下面三个方程：

$$\begin{gathered}\left(p_c+\frac{a}{v_c^2}\right)(v_c-b)=RT_c\\ -\frac{RT_c}{(v_c-b)^2}+\frac{2a}{v_c^3}=0\\ \frac{2RT_c}{(v_c-b)^3}-\frac{6a}{v_c^4}=0\end{gathered} \tag{7-4}$$

联立求解上述三个方程，可以得到范德瓦尔方程中的常数为

$$a=\frac{27}{64}R^2\frac{T_c^2}{p_c},\ b=\frac{RT_c}{8p_c},\ R=\frac{8}{3}\frac{p_c v_c}{T_c} \tag{7-5}$$

相应的临界参数为

$$v_c=3b,\ T_c=\frac{8a}{27Rb},\ p_c=\frac{a}{27b^2} \tag{7-6}$$

表 7-1 给出了一些常用气体的范德瓦尔常数 a、b 值，它们是由式（7-5）计算出来的。

表 7-1 几种常用气体的临界参数及范德瓦尔常数

工质	分子式	p_c /MPa	T_c /K	$v_c\times10^3$ /(m³/mol)	a /(m⁶Pa/mol²)	$b\times10^3$ /(m³/mol)	z_c
氦	He^4	0.23	5.2	0.058	0.003429	0.02349	0.308
氢	H_2	1.29	33.3	0.06410	0.02507	0.02683	0.299
氧	O_2	5.04	154.6	0.7488	0.13721	0.03163	0.296
氮	N_2	3.39	126.1	0.08992	0.13679	0.03866	0.291
空气		3.77	132.4	0.0905	0.1356	0.0365	0.310
一氧化碳	CO	3.5	133	0.09299	0.14739	0.03949	0.294
二氧化碳	CO_2	7.38	304.2	0.09418	0.36568	0.04284	0.275
氨气	NH_3	11.28	405.5	0.0725	0.42512	0.03736	0.243
甲烷	CH_4	4.64	190.8	0.09899	0.22881	0.04274	0.289
水蒸气	H_2O	22.12	647.3	0.0568	0.55241	0.03041	0.233

由气体常数 R 的计算式可得到

$$\frac{p_c v_c}{RT_c}=\frac{3}{8}=0.375 \tag{7-7}$$

令 $z_c=\frac{p_c v_c}{RT_c}$，z_c 称为临界压缩因子。式（7-7）表明，对于各种工质，按范氏方程计算出来的临界压缩因子 z_c 是一个常数。可实验结果并非如此，这也进一步说明了范氏方程只是一个半经验的方程。但是应当指出，范氏方程定性地反映出了工质状态变化的一些基本特征，它为进一步研究工质的状态特性，以及导出更精确的状态方程做出了很大的贡献。

范氏方程之所以只能在定性方面反应实际气体的性质和工质状态变化的一些基本特征，而在定量方面还不够准确，这主要是因为范氏方程中考虑物质内部结构的因素还不够全面，对分子之间相互作用力的描述也很近似的缘故。范氏方程只有在压力较低时才比较正确。为此，几十年来人们都在不断地寻找一个更通用、更精确的实际气体状态方程。

7.2.2 RK 方程

1949 年，雷里奇-邝（Redlich-Kwong）提出了一个新的二常数状态方程，简称 RK 方程。它既有较高的精度，又便于使用。方程的具体形式为

$$p=\frac{RT}{v-b}-\frac{a}{v(v+b)T^{\frac{1}{2}}} \tag{7-8}$$

式中

$$a=\frac{0.42748R^2T_c^{\frac{5}{2}}}{p_c},\quad b=\frac{0.08665RT_c}{p_c}$$

RK 方程虽然也是二常数状态方程，但较范氏方程有所改进，因为 RK 方程考虑了温度和密度对分子间作用力的影响，所以分子内压力项的表达与范氏方程不一样。

7.2.3 维里方程

另一类与二常数或多常数状态方程不同的实际气体状态方程是维里（Virial）方程。1901 年卡默林·昂尼斯（Kamerlingh Onnes）在考虑了分子间相互作用力以后，利用统计力学的方法导出了一个以幂级数形式表达的实际气体状态方程：

$$pv=RT\left(1+\frac{B}{v}+\frac{C}{v^2}+\frac{D}{v^3}+\cdots\right) \tag{7-9}$$

该方程称为维里方程。式中系数 B、C、D 分别称为第二、第三、第四维里系数，它们都是气体种类和温度的函数。维里方程也可以用对压力的幂级数表示。

维里方程在很低的压力下，只要取级数的第一项就足够正确。此时维里方程就是理想气体状态方程。随着压力的升高，后面的项数将逐渐变得重要起来。维里方程中 B/v 项反映了两个分子之间的相互作用；C/v^2 反映了三个分子之间的相互作用。维里系数可以由实验测定，但目前只有第二维里系数有实验值。

后来，在维里方程的基础上又发展了一些精度较高的实际气体状态方程，如 BWR（Benedict-Webb-Rubin）方程。它是一个多常数的维里型方程，于 1940 年提出，其方程式的形式为

$$p=\frac{RT}{v}+\frac{B_0RT-A_0-C_0/T^2}{v^2}+\frac{bRT-a}{v^3}+\frac{a\alpha}{v^6}+\frac{c}{v^3T^2}\left(1+\frac{\gamma}{v^2}\right)e^{\frac{-\gamma}{v^2}} \tag{7-10}$$

式中，B_0、A_0、C_0、a、b、c、α、γ 均为经验常数。对于不同气体有不同的值，可由气体的 p-v-T 实验数据拟合得到。BWR 方程对烃类气体具有很好的精度。

7.2.4 MH 方程

MH（Martin-Hou）方程是 1955 年由马丁和我国侯虞均教授共同开发的另一个维里型多常数经验方程，其形式为

$$p=\sum_{k=1}^{5}\frac{F_k(T)}{(v-b)^k} \tag{7-11}$$

式中

$$F_1(T)=RT$$

$$F_2(T)=A_2+B_2T+C_2e^{-5.475T/T_c}$$

$$F_3(T)=A_3+B_3T+C_3e^{-5.475T/T_c}$$

$$F_4(T)=A_4$$

$$F_5(T)=B_5T_0$$

方程中共包含有 9 个常数，对不同气体有不同的值。只要知道了气体临界参数及一个饱和蒸气压数据，就可以确定它们。MH 方程是一个精确度高、适用范围较广的多常数气体状态方程。它既可用于烃类又可以用于各类卤代烃制冷剂。1981 年侯虞钧教授对上述 MH 方程做了进一步的改进，在 $F_4(T)$ 中增加了 B_4T 一项。使方程既保持了气相区的精度，又大大提高了液相区的精度，从而把 MH 方程的适用范围扩大到了液相区。

7.2.5 对比态原理和通用压缩因子图

上述四种实际气体状态方程中都包含着与气体种类有关的常数，使用上不大方便。如果能设法消去这些常数，则这些方程就可用来求解各种气体的性质而不必考虑气体的种类，从而使方程具有更好的通用性，给既没有足够的 p、v、T 实验数据，又没有状态方程中所固有的常数数据的物质热力性质的计算带来很大的方便。对比态原理和通用压缩因子图是很好的两种方法，下面将对两种方法进行说明。

1. 对比态原理

下面以范氏方程为例，说明这种方法。范德瓦尔方程中包含着与气体种类有关的常数 a 和 b，现在把用临界参数表示的常数 a 和 b 以及 R 的表达式（7-5）代入到原方程中去，就可消去这些与气体种类有关的常数，得到

$$\left(p_r+\frac{3}{v_r^2}\right)(3v_r-1)=8T_r \tag{7-12}$$

式中，$p_r=\dfrac{p}{p_c}$，$v_r=\dfrac{v}{v_c}$，$T_r=\dfrac{T}{T_c}$，称为对比参数，它们都是无量纲数。

式（7-12）称为范德瓦尔对比态方程。对比态方程的特点是方程中不含有与气体种类有关的常数，是一个通用型方程。它对于一切符合范德瓦尔方程的气体都适用。

实验证明，对于能满足同一个形式为 $F(p_r, v_r, T_r)=0$ 的对比态方程的不同工质，如果有两个对比参数相同，则第三个对比参数也相同，且这些工质处于对比状态之中，这就是对比态定律。服从对比态定律，并能满足同一对比态方程的一组工质，称为热力学相似的工质。利用这种热力学相似特性，可以获得那些缺乏实验数据的工质的近似热力性质。应当指出，由于二常数状态方程是一种近似方程，所以由它转变过来的对比态方程也是近似的，相应的对比态定律也是近似的。严格地说，不同气体只有在临界状态下才处于对比状态之中，因为此时 p_r、T_r、v_r 都为 1。

2. 通用压缩因子图

实际气体状态方程还可以直接通过在理想气体状态方程中引进压缩因子 z 加以修正的途径来得到，即实际气体状态方程可以写成

$$pv = zR_gT \tag{7-13}$$

显然，气体的 z 值与 1 相差越大，表明该气体与理想气体性质的偏差也越大。所以 z 值的大小反映了某种实际气体对理想气体的偏离程度。由于 $z=f(p, T)$ 的关系式很难精确地得到，所以常用线图的形式给出。图 7-6 给出了氮气的压缩因子图。从图中可以看出，对于所有的定温线，随着压力趋向于零，z 都接近于 1，在临界点附近，z 值远小于 1，气体的非理想气体性质十分明显。

图 7-6　氮气压缩因子图

根据对比态定律，还可以作出通用的压缩因子图和局部放大的通用压缩因子图，如图 7-7 和图 7-8 所示。利用通用压缩因子图，可以很方便地来计算气体的各种热力性质。

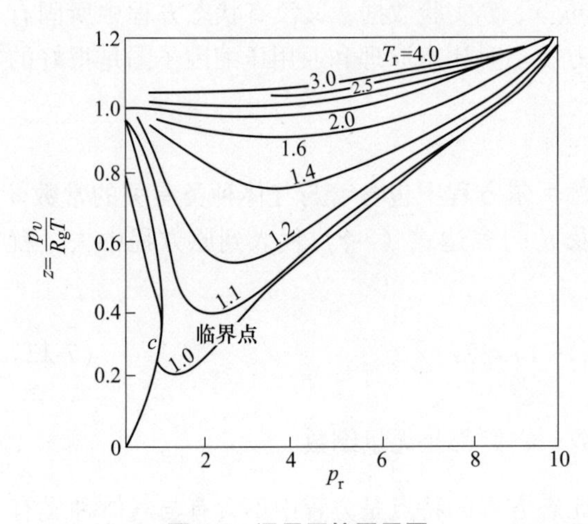

图 7-7　通用压缩因子图

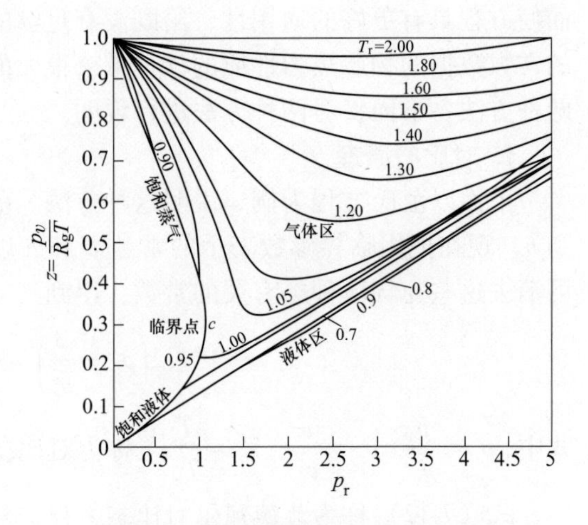

图 7-8　局部放大通用压缩因子图

【例 7-1】 已知 CO_2 气体的温度为 100℃，比体积为 $0.012m^3/kg$ 试分别用范式方程、对比态方程和通用压缩因子图计算其压力。

解：(1) 范式方程

由表 7-1，查得 CO_2 的 $p_c = 7.38MPa$，$T_c = 304.2K$，$v_c = 0.09418m^3/mol = 0.00214m^3/kg$，$a = 0.36568m^6 Pa/mol^2$，$b = 0.04284 \times 10^{-3}m^3/mol$。

由范式方程得

$$p = \frac{R_g T}{v - b} - \frac{a}{v^2}$$

$$= \frac{8.3144 \times 373}{44 \times 10^{-3} \times 0.012 - 0.04284 \times 10^{-3}}Pa - \frac{0.36568}{0.012^2 \times 44^2 \times 10^{-6}}Pa$$

$$= 5.0796 \times 10^6 Pa$$

(2) 对比态方程

$$v_r = \frac{v}{v_c} = \frac{0.012}{0.00214} = 5.607$$

$$T_r = \frac{T}{T_c} = \frac{373}{304.2} = 1.226$$

由式 (7-12) 可得

$$p_r = \frac{8T_r}{3v_r - 1} - \frac{3}{v_r^2} = 0.5245$$

$$p = p_r p_c = 0.5245 \times 7.38 \times 10^6 Pa = 3.870 \times 10^6 Pa$$

(3) 通用压缩因子图

由于该图纵坐标 z 和横坐 p_r 都与 p 有关，故不能直接确定 p 值。可采用试算法求解。先假定一个压力值，例如，可先按理想气体方程计算一个压力近似值 $p' = \frac{R_g T}{v} = 5.8 \times 10^6 Pa$，然后计算出 $p_r' = 0.7859$，由 p_r' 和 $T_r = 1.226$ 从图中查得 $z=0.85$，由此计算出 p 值为

$$p = \frac{zR_g T}{v} = \frac{0.85 \times 8.314 \times 373}{44 \times 10^{-3} \times 0.012}Pa = 4.99 \times 10^6 Pa$$

显然，计算值与假定值还不符；再将计算值作为新的近似值，参照同样的步骤，求得新的 p 值，一直到假定值与计算值基本一致为止，最后得 $p = 5.1088 \times 10^6 Pa$。

从上述三个计算结果中可以看出，以压缩因子图得到的结果最接近实际值，因为该图是通过实验得到的，而由对比态方程得到的结果误差最大。

7.3 实际气体的熵、热力学能和焓

实际气体熵、热力学能和焓的具体计算式可以通过将其状态方程和比热容分别代入工质的一般热力学关系式就可以得到。但是由于实际气体的状态方程比较复杂，比热容也不只是

温度的函数，因此积分运算十分繁杂，有时需要用计算机求解。

但是，熵、热力学能和焓是状态参数，可以利用状态参数的变化与过程经过的路径无关的性质，合理地选择积分路线，使积分运算大大简化。下面以实际气体在定温过程中焓和熵的变化为例，来说明这种积分过程。

设实际气体的状态方程为

$$v=\frac{R_gT}{p}-\frac{C}{T^3} \tag{7-14}$$

焓的热力学一般表达式为

$$\mathrm{d}h=c_p\mathrm{d}T-\left[T\left(\frac{\partial v}{\partial T}\right)_p-v\right]\mathrm{d}p \tag{7-15}$$

在定温过程中，$\mathrm{d}T=0$，所以有

$$\mathrm{d}h=\left[v-T\left(\frac{\partial v}{\partial T}\right)_p\right]\mathrm{d}p$$

$$\Delta h_{1-2,T}=\int_1^2\left[v-T\left(\frac{\partial v}{\partial T}\right)_p\right]\mathrm{d}p$$

由式（7-14）求得偏导数 $\left(\frac{\partial v}{\partial T}\right)_p$ ，带入上式得

$$\Delta h_{1-2,\ T}=\int_1^2\left[v-T\left(\frac{R_g}{p}+\frac{3C}{T^4}\right)\right]\mathrm{d}p=\int_1^2\left(\frac{R_gT}{p}-\frac{C}{T^3}-\frac{R_gT}{p}-\frac{3C}{T^3}\right)\mathrm{d}p$$

$$=\int_1^2-\frac{4C}{T^3}\mathrm{d}p=-\frac{4C}{T^3}(p_2-p_1) \tag{7-16}$$

同样，用类似的方法可以得出熵的变化量为

$$\Delta s_{1-2,T}=-\int_1^2\left(\frac{\partial v}{\partial T}\right)\mathrm{d}p=-\int_1^2\left(\frac{R_g}{p}+\frac{3C}{T^4}\right)\mathrm{d}p=-R_g\ln\left(\frac{p_2}{p_1}\right)-\frac{3C}{T^4}(p_2-p_1) \tag{7-17}$$

显然，对于定温过程而言，上述积分运算并不复杂。如果不是定温过程，积分就十分复杂。但是我们可以对积分路线进行适当选择，通过定温或定压或定容过程，使工质状态从初始状态变化到终止状态。这样分段积分后，整个计算就可以简化。

【例 7-2】 1kg 水由 $t_1=50℃$、$p_1=0.1\text{MPa}$ 经定熵增压过程到 $p_2=15\text{MPa}$。已知 50℃时水的 $v=0.0010121\text{m}^3/\text{kg}$，$\alpha_p=465\times10^{-6}\text{K}^{-1}$，$c_p=4.186\text{kJ/(kg·K)}$，并可将其视为定值。试确定水的终温及焓的变化量。

解： 由式（5-42）的 ds 方程

$$\mathrm{d}s=\frac{c_p}{T}\mathrm{d}T-\left(\frac{\partial v}{\partial T}\right)_p\mathrm{d}p=\frac{c_p}{T}\mathrm{d}T-v\alpha_p\mathrm{d}p$$

根据状态参数特性，选择先沿 $T_1=(50+273.15)\text{K}=323.15\text{K}$ 等温由 p_1 到 p_2，再在 p_2 下定压地由 T_1 到 T_2 进行积分，即

$$\Delta s_{1-2} = \left(- \int_{p_1}^{p_2} v\alpha_p \mathrm{d}p \right)_{T_1} + \left(\int_{T_1}^{T_2} \frac{c_p}{T} \mathrm{d}T \right)_{p_2}$$

$$= \left(c_p \ln \frac{T_2}{T_1} \right)_{p_2} - [v\alpha_p(p_2 - p_1)]_{T_1}$$

因等熵增压，所以 $\Delta s_{1-2} = 0$ 于是

$$\left(c_p \ln \frac{T_2}{T_1} \right)_{p_2} = [v\alpha_p(p_2 - p_1)]_{T_1}$$

即

$$\ln \frac{T_2}{T_1} = \frac{v\alpha_p(p_2 - p_1)}{c_p}$$

$$= \frac{0.0010121\mathrm{m}^3/\mathrm{kg} \times 465 \times 10^{-6}\mathrm{K}^{-1} \times (15 \times 10^6\mathrm{Pa} - 0.1 \times 10^6\mathrm{Pa})}{4.186 \times 10^3\mathrm{J}/(\mathrm{kg} \cdot \mathrm{K})}$$

$$= 0.001675$$

解得

$$T_2 = 323.69\mathrm{K}, \qquad t_2 = 50.54℃$$

由焓的一般关系式

$$\mathrm{d}h = c_p \mathrm{d}T + \left[v - T\left(\frac{\partial v}{\partial T} \right)_p \right] \mathrm{d}p = c_p \mathrm{d}T + (v - Tv\alpha_p)\mathrm{d}p$$

$$= c_p \mathrm{d}T + (1 - T\alpha_p)v\mathrm{d}p$$

仍沿上述两途径积分得

$$\Delta h_{1-2} = \left[\int_{p_1}^{p_2} (1 - T\alpha_p)v\mathrm{d}p \right]_{T_1} + \left[\int_{T_1}^{T_2} c_p \mathrm{d}T \right]_{p_2}$$

$$= [(1 - T\alpha_p)v(p_2 - p_1)]_{T_1} + [c_p(T_2 - T_1)]_{p_2}$$

所以

$$\Delta h_{1-2} = (1 - 323.15\mathrm{K} \times 465 \times 10^{-6}\mathrm{K}^{-1}) \times 0.001\,012\,1\mathrm{m}^3/\mathrm{kg} \times (15 - 0.1) \times 10^6\mathrm{Pa} + 4.186 \times 10^3\mathrm{J}/(\mathrm{kg} \cdot \mathrm{K}) \times (323.69\mathrm{K} - 323.15\mathrm{K})$$

$$= 15.07 \times 10^3\mathrm{J}/\mathrm{kg}$$

7.4 蒸气的热力性质

蒸气是一种典型的实际气体。它是由液体通过集态变化——蒸发而产生的，处于离液体不远的状态，因此蒸气偏离理想气体的距离更大，不能按理想气体处理。蒸气在热能动力工程和制冷工程中具有重要的作用，它是热力学工质中最重要、应用最广泛的一类。

但是蒸气的热力学性质也远比理想气体复杂，不能用简单的数学公式进行描述。在进行热力计算时，常常不是利用公式进行计算，而是直接查取一些经验或半径验的热力性质图表。本节将讨论蒸气单元工质的集态变化及单元系的复相平衡，并简要介绍克拉贝龙-克劳

修斯方程。

7.4.1 单元工质的集态变化

许多工质，在它们的热力状态变化过程中，不是以单一的气体状态出现，在一定的条件下，它们会发生集态的变化，也称为相的变化，简称相变。在发生集态变化时，工质发生气态、液态或固态三相之间的相互转换。这种分子之间集态的变化，是实际气体有别于理想气体的一个重要特征。液体通过蒸发而变成蒸气或者蒸气凝结变为液体，是热力工程中最经常发生的一类集态变化。在讨论有关蒸气的性质之前，我们首先要了解有关集态变化的基本知识。

实际气体在压力升高或温度降低时，会依次从气态变为液态，最终变为固态。图 7-9 给出了在 p-v 图上实际气体的一组实验等温线。

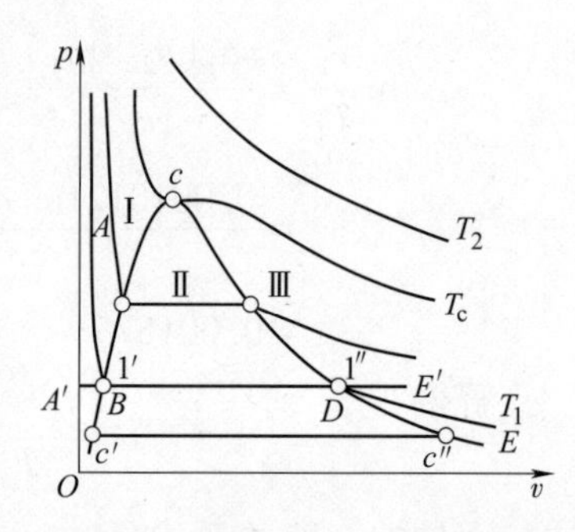

图 7-9 物质 p-v 图上的等温线

由图可知，在一定的温度范围内，等温线是一条有水平段的折线，如图上 $ABDE$ 线所示。让我们沿着这条等温线来看一下工质的集态是如何发生变化的。AB 段是液体的定温膨胀过程，过程中液体压力有明显的变化而比体积一般变化不大，这是因为液体具有很小的可压缩性。到达 B 点以后继续受热，液体开始汽化成蒸气。这时的蒸气称为饱和蒸气，液体称为饱和液体。汽化出来的蒸气和剩下的液体处于相同的温度和压力下。汽化过程沿水平线进行。在整个汽化过程中，气、液两相的温度和压力不变，饱和蒸气与饱和液体的温度和压力也不发生变化，但由于蒸气量不断增加，所以气液混合物的平均比体积逐步增大，一直到 D 点为止。在 D 点所有液体都汽化成蒸气。水平段 BD 是液相到气相的转变过程，称为汽化过程，也称为工质从液态到气态的集态变化过程。B 点称为饱和液体点，D 点称为饱和蒸气点。汽化过程既是定压过程也是定温过程。DE 段是蒸气的定温加热膨胀过程，其压力和比体积都会发生明显的变化。

工程上常常发生的加热过程是定压加热过程，此时工质从液态向气态的变化是沿着一根水平的等压线 $A'BDE'$ 进行的，其汽化过程 BD 段与上述定温加热过程完全相同。

凝结过程是汽化的逆过程。在凝结过程中也同样保持温度和压力不变。

在集态变化过程中，工质呈现两相共存的平衡状态称为饱和状态。饱和状态下的压力和温度称为饱和压力和饱和温度，一定的饱和压力必对应于一定的饱和温度，反之亦然。饱和压力和饱和温度分别用 p_s 和 T_s 表示，它们之间存在着确定的单值函数关系，即

$$p_s = f_1(T_s) \tag{7-18}$$

或

$$T_s = f_2(p_s) \tag{7-19}$$

从图 7-9 可以看出，随着温度的升高，等温线的水平部分上移且长度缩短，这表明饱和压力是饱和温度的递增函数。当温度升高到临界温度 T_c 时，水平线段缩成一点 c，即饱和蒸气点与饱和液体点相重合，成为等温线 T_c 上具有水平切线的拐点 c。c 点就是上一章中定义过的临界点，临界点上的参数称为临界参数。温度超过临界温度以后，工质只呈现单相状态，没有两相共存的饱和状态，习惯上认为超临界温度的工质总是处于气体状态。

将各定温线上各饱和蒸气点连接成的曲线 cc'' 称为饱和蒸气线；各饱和液体点连成的曲线 cc'，称为饱和液体线。这样，饱和液体线 cc' 与饱和蒸气线 cc'' 把临界压力以下的所有工质状态分成三个区域：饱和液体线左侧是液态区（Ⅰ），饱和蒸气线右侧是气态区（Ⅲ），两饱和线中间是气液两相共存区，即饱和区（Ⅱ）。

当温度低于某一温度时，气体达到饱和后直接转变为固体，称为固化。相反，固相达到饱和时直接转变为气相称为升华。液体在定压下冷却可以达到饱和而变成固体（冰），称为凝固，其反过程称为熔解。

升华、熔解和汽化过程相类似，都存在着两相区，都有相应的饱和压力与饱和温度。汽化、升华和熔解过程，虽然其温度不变，但都要吸收热量，这些热量，分别称为汽化潜热、升华潜热和熔解潜热。在 p-T 坐标图上，由于在一定压力下汽化、升华、熔解都具有相对应的确定温度，所以在坐标图上形成三根曲线，即汽化线 OC、升华线 OA 和熔解线 OB，统称为饱和曲线，如图 7-10 所示。三根饱和线把 p-T 平面划分成三个区，即固相区、液相区和气相区。这种能把工质各相位置显示出来的图常称为相图。图上三根饱和线的交点是气-液-固三相平衡共存的唯一状态点，称为三相点，其相应的温度称为三相点温度，用 T_{tp} 表示。对于每一种物质，其三相点是完全确定的。三相点温度易在实验室中准确地复现，因此在温度测量时常以某些物质的三相点温度 T_{tp} 作为温度基准点。表 7-2 给出了某些物质的三相点温度和相应的压力值。

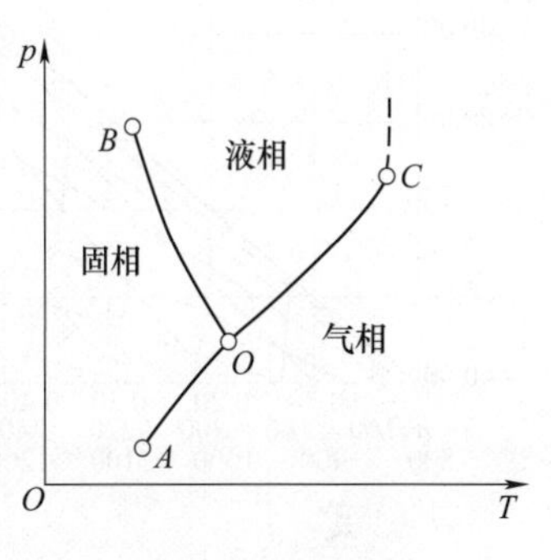

图 7-10 物质相

表 7-2 某些物质的三相点温度和相应压力值

工质	T_{tp}/K	p_{tp}/Pa	工质	T_{tp}/K	p_{tp}/Pa
氢 H_2	13.84	7039	氖 Ne	24.57	43196
一氧化氮 NO	109.50	21918	四氯乙烷 R134a	169.85	402.87
氧气 O_2	54.35	152	氯二氟甲烷 R22	115.73	0.41873
氮气 N_2	63.15	12534	硫化氢 H_2S	187.66	23185
一氧化碳 CO	68.14	15351	乙炔 C_2H_2	192.4	128256
氩 Ar	83.78	68754	氨 NH_3	195.42	6077
乙烷 C_2H_6	89.88	0.799934	二氧化硫 SO_2	197.69	167
甲烷 CH_4	90.67	11692	二氧化碳 CO_2	216.55	517970
乙烯 C_2H_4	104.00	120	水 H_2O	273.16	611.2

同时，也可以查看工质的温熵图来辨别工质的状态。以表中 R134a 为例，图 7-11 为 R134a 的温熵图。在温熵图中，饱和蒸气线的斜率的倒数（$\zeta = dS/dT$）表示干湿性，根据 $\zeta<0$、$\zeta=0$、$\zeta>0$ 三种情况将工质分别为湿性工质、绝热工质（等熵工质）、干性工质。

7.4.2 单元系的复相平衡

前面我们介绍的工质集态变化，就是典型的气—液—固三相的相互转变现象。一般说来，纯物质可以以固体、液体或气体形式分别存在或复相共存，而复相共存需要工质在特定

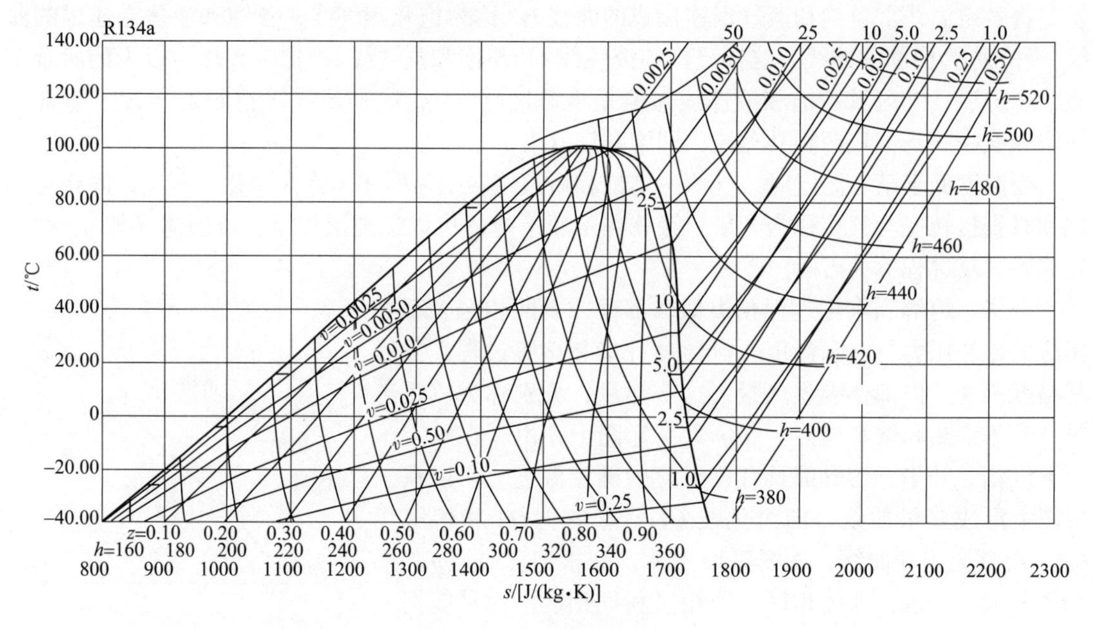

图 7-11 R134a 温熵图

的条件下，使工质处于两相平衡共存的状态并且各相之间可以相互转变。处于平衡共存状态的两相之间必定有相同的温度（热平衡）和相同的压力（力平衡），两相相互转换时，温度和压力维持不变。那么是否只要温度和压力相等，两相就可以实现平衡呢？下面来进一步讨论在定温定压下两相平衡的条件。

根据热力学第二定律，一个孤立热力系的熵只会增加，不会减少。如果该孤立系的熵已达到极大值，它就不再变化，系统处于平衡态。因此在平衡时体系应满足

$$\mathrm{d}s = 0, \qquad \mathrm{d}^2 s < 0 \tag{7-20}$$

反之，在满足式（7-20）的条件时，系统有稳定的平衡。

对于一个封闭的热力系，如果该热力系处于不平衡状态，则当热力系向平衡状态过渡时，必有

$$\mathrm{d}s \geqslant \frac{\delta q}{T} = \frac{1}{T}(\mathrm{d}u + \delta w)$$

或者

$$T\mathrm{d}s \geqslant \mathrm{d}u + \delta w \tag{7-21}$$

如果该热力系是一个定温定压的系统，系统内发生的是一个准平衡过程且只有膨胀功，则上式变为

$$T\mathrm{d}s \geqslant \mathrm{d}u + p\mathrm{d}v$$

或

$$\mathrm{d}u + \mathrm{d}(pv) - \mathrm{d}(Ts) \leqslant 0 \tag{7-22}$$

由自由焓的定义式 $g = u + pv - Ts$，上式变为

$$(\mathrm{d}g)_{T,p} \leqslant 0 \tag{7-23}$$

式（7-23）表明，对于一个定温定压的封闭系统，其内部发生的一切过程都是趋向于使

系统的自由焓减少。当自由焓达到最小值时，系统达到平衡状态，此时满足

$$dg = 0 \tag{7-24}$$

式（7-24）称为两相平衡的自由焓判据。同理，可以得到其他封闭系统的平衡判据为

定温定容系统 $\qquad df = 0$

定熵定压系统 $\qquad dh = 0 \qquad$ （7-25）

定熵定容系统 $\qquad du = 0$

现在假定定温定压系统中平衡的两相之间发生相互转变。设第一相增加了 dm_1，则它的自由焓增加了 g_1dm_1，第二相增加了 dm_2，它的自由焓增加了 g_2dm_2。由于系统处于平衡状态，系统总自由焓增量为零，即

$$dG = g_1dm_1 + g_2dm_2 = 0$$

又因质量守恒

$$dm_1 + dm_2 = 0$$

所以必有

$$g_1 = g_2 \tag{7-26}$$

由此我们得出结论：在定温定压条件下，两相自由焓相等是单元系统两相平衡的条件。通常比自由焓又称为化学势，常用符号 μ 表示，所以定温定压下两相平衡的条件又可写成

$$\mu_1 = \mu_2 \tag{7-27}$$

如果两相未达到平衡，即 $\mu_1 \neq \mu_2$，则该系统中将会发生不可逆的质量迁移，传质过程沿着使系统自由焓减少的方向进行，即 $dG = (\mu_2 - \mu_1)dm_2 < 0$。若 $\mu_2 > \mu_1$，则必有 $dm_2 < 0$；若 $\mu_2 < \mu_1$，则必有 $dm_2 > 0$。这就是说在定温定压条件下发生的不可逆相变中，质量总是从化学势较高的一相转移到化学势较低的一相，化学势较低的一相比较稳定。

总结起来说，一个单元系内部复相平衡的条件为

热平衡条件： $\qquad T_1 = T_2$

力平衡条件： $\qquad p_1 = p_2$

相平衡条件： $\qquad \mu_1 = \mu_2$

所以单元系两相达到平衡的条件是它们具有相同的压力、温度和化学势。

7.4.3 克拉贝龙-克劳修斯方程

前面中已经得出，单元工质处于两相平衡共存的状态时，其饱和压力 p_s 和饱和温度 T_s 之间存在着完全确定的关系。对于一个给定的 T_s 值，必有一个 p_s 与之相对应，p_s 和 T_s 之间的这种函数关系常称为克拉贝龙-克劳修斯方程。

为了导出这个方程，我们考虑一个两相平衡的单元系。其平衡温度和平衡压力分别为 T_s 和 p_s。根据相平衡条件，有

$$\mu_1 = \mu_2$$

由热力学一般关系式

$$dg = d\mu = -sdT + vdp$$

故

$$-s_1dT_s + v_1dp_s = -s_2dT_s + v_2dp_s \tag{7-28}$$

由此得

$$\frac{\mathrm{d}p_s}{\mathrm{d}T_s}=\frac{s_2-s_1}{v_2-v_1} \tag{7-29}$$

根据自由焓的定义 $g=h-Ts$，有

$$h_1-T_s s_1=h_2-T_s s_2$$

即

$$s_2-s_1=\frac{h_2-h_1}{T_s} \tag{7-30}$$

代入式（7-29），整理后得克拉贝龙-克劳修斯方程为

$$\frac{\mathrm{d}p_s}{\mathrm{d}T_s}=\frac{h_2-h_1}{T_s(v_2-v_1)}=\frac{\gamma}{T_s(v_2-v_1)} \tag{7-31}$$

式中，$\gamma=h_2-h_1$。

由热力学第一定律可知，γ 就是在定压过程中每千克工质从第一相变为第二相时所需要加入的热量，称为潜热。如果该过程为汽化过程，则 γ 就是汽化潜热；如果该过程为升华过程或熔解过程，则 γ 就分别为升华潜热或熔解潜热。

克拉贝龙-克劳修斯方程反映了 p-T 坐标图上饱和线的斜率与饱和状态各参数之间的关系，它对任何工质都是普遍适用的。如果知道了饱和线上工质的状态方程，则可以通过对式（7-31）的积分，得到饱和曲线 $p_s=f(T_s)$ 的具体函数关系式。

从上面的讨论中可以清楚地知道，在单元系复相平衡时，系统只需要一个状态参数 T_s 或 p_s（强度参数）就可以确定系统的状态。亦就是说，在复相平衡时系统只有一个强度参数可以自由地变化。

通常将一个热力系可以自由变化的独立强度参数的数目称为该热力系的自由度。单元系复相平衡时，系统只有一个自由度。

7.5 典型工质——水蒸气

水蒸气是人类在热能动力工程中使用最早，也是目前使用最广的一种工质。这是因为水蒸气易于获得、有合适的热力学特性、价格便宜、使用安全。通常，在热能动力装置的运行参数范围内，水蒸气的状态距液态不远，在工作过程中又有集态的变化，因此不能将它当作理想气体对待。由于分子结构和分子之间复杂的相互作用，水蒸气的热力性质及参数之间的关系要比理想气体复杂得多，至今尚不能通过纯理论分析的方法获得水蒸气热力性质的计算公式。目前都是采用理论分析和实验相结合的方法，得到水蒸气热力性质的复杂公式，然后利用计算机计算，将所得计算结果经实验验证以后编制成国际上通用的水蒸气热力性质图表，供工程计算时查取。对于水蒸气热力性质的理论分析，仍然是当今热力学研究的热点之一。下面对水蒸气的状态变化、状态方程和图表进行分析。

7.5.1 水的定压加热和水蒸气的产生过程

热力工程中水蒸气都是由水在锅炉中定压加热所产生的。加热开始时，水的温度低于饱和温度，称为未饱和水或过冷水。未饱和水在系统压力 p_1 下被加热，水温逐渐升高。由于液体的可压缩性很差，水的比体积增加极少。当水温达到系统压力 p_1 所对应的饱和温度 T_s 时，在加热面上出现气泡，水开始沸腾，这时的水称为饱和水。继续对水加热，水不断汽

化，水温为饱和温度维持不变，直至水完全汽化。水完全汽化的那一点状态，称为干饱和蒸汽状态，这时的蒸汽称为干饱和蒸汽。在水的汽化过程中，系统压力维持不变，容器中气液两相共存，温度为饱和温度，气液两相混合物的比体积显著增加。气液两相共存时的蒸汽称为湿饱和蒸汽。水全部汽化为蒸汽之后，继续维持定压加热，蒸汽温度开始升高，定温过程随之结束，这时的蒸汽称为过热蒸汽。显然，只有在气液两相共存的湿蒸汽范围内，过程表现出定压定温的性质。此时加入的热量，全部用于水的汽化，即加热量转变成蒸汽的潜热。

图 7-12 别给出了 p-v 图上和 T-s 图上水定压加热过程的过程曲线 $1^0—1'—1''—1$。由上所述，$1^0—1'$ 是未饱和水定压加热至饱和水的过程，$1'—1''$ 是饱和水在定温定压条件下加热至饱和蒸汽的汽化过程，$1''—1$ 是饱和蒸汽转变为过热蒸汽的定压加热过程。

水在整个定压加热过程中，其状态经历了未饱和水（过冷水）、饱和水、湿饱和蒸汽、干饱和蒸汽和过热蒸汽五种状态。

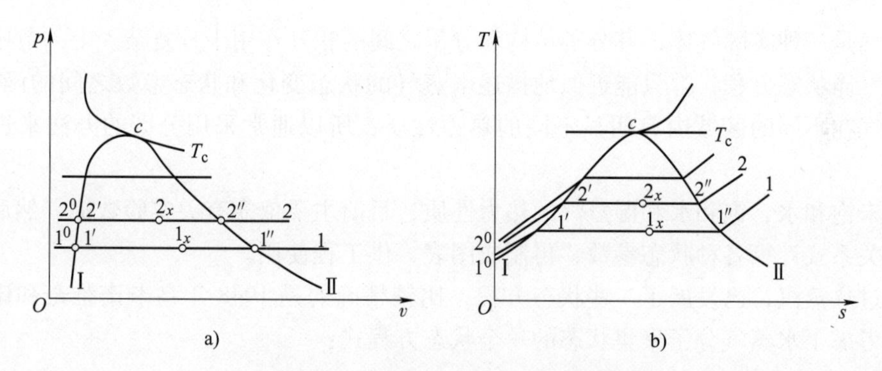

图 7-12 p-v 图和 T-s 图水定压加热曲线

如果压力由 p_1 升高到 p_2，则也可以得到类似的定压加热过程线 $2^0—2'—2''—2$。在前面讨论实际气体集态变化时已经指出，随着压力的增加，饱和温度 T 也相应增高，水平的定温汽化段缩短。这表明水全部汽化所需的汽化潜热减小。当压力增加到临界压力 p_c 时，此时对应的饱和温度为临界温度 T_c，水平汽化段完全消失，仅出现临界点 c。在临界状态时，液体的汽化潜热为零。水的临界参数为

$$p_c = 22.115\text{MPa}, t_c = 374.12℃, v_c = 0.003147\text{m}^3/\text{kg},$$

$$h_c = 2095.2\text{kJ/kg}, s_c = 4.4237\text{kJ/(kg·K)}$$

在湿饱和蒸汽区，气液两相共存。为了表示蒸汽相占有的份额，引入一个称为干度的参数，以 x 表示。它的定义为

$$x = \frac{m_v}{m_v + m_l} \tag{7-32}$$

式中，m_v、m_l 分别为湿蒸汽中所含有的饱和蒸汽和饱和水的质量。显然，x 越大，湿蒸汽状态越接近于饱和蒸汽状态。对于饱和水，$x = 0$；对于饱和蒸汽，$x = 1$。湿蒸汽的状态点在 p-v 图或 T-s 图上落在湿饱和蒸汽区内，如图 7-12 中的点 1_x、2_x。

【例 7-3】 10kg 水，其压力为 0.1MPa，此时的饱和温度 $t_s=99.64℃$。当压力不变时：

1）若其温度变为 150℃，问此时处于何种状态？

2）若测得 10kg 工质中含蒸汽 2.5kg，含水 7.5kg，问又处于何种状态？此时的温度是多少？

解： 1）因 $t=150℃>t_s=99.64℃$，故此时水已变成蒸汽且处于过热状态。过热蒸汽温度超过同压力下饱和温度的数值称为过热度。本题中蒸汽的过热度为 50.36℃。

2）10kg 工质中既含有水蒸气又含有水，即处于水、蒸汽共存状态，故其处于湿饱和蒸汽状态。其温度为饱和温度 99.64℃。

7.5.2 水蒸气的状态方程式

水蒸气是一种实际气体，其分子结构和分子之间的相互作用十分复杂。上一节中介绍的几种实际气体状态方程，都只能近似地描述水蒸气的状态变化和状态参数之间的函数关系。由于水蒸气在不同的区域内有明显不同的热力性质，所以通常采用分区的办法来进行逐一研究。

对于未饱和水、饱和水和湿蒸汽的热力性质，目前主要依靠有关实验数据，然后按照热力学一般关系式计算各种状态参数，再制成图表，供工程使用。

对于过热蒸汽，已发展了一些状态方程。比较精确的是 1948 年乌卡诺维奇和诺维可夫提出的，考虑了水蒸气分子聚集状态的一个状态方程式：

$$pv=R_gT\left(1-A\frac{1}{v}-B\frac{1}{v^2}\right) \tag{7-33}$$

式中

$$A=\frac{a}{R_gT}-b+\frac{CR_g}{T^{\frac{3+2m_1}{2}}}$$

$$B=\frac{bcR_g}{T^{\frac{3+2m_1}{2}}}-4\left(1-\frac{K}{T^{\frac{3m_2-4m_1}{2}}}\right)\left(1+\frac{8b}{v}-\frac{n}{v^3}\right)\frac{CR_g}{T^{\frac{3+2m_1}{2}}}$$

该方程中压力以 kgf/m^2 为单位（$1kgf/m^2=9.8Pa$），各常数分别为

$m_1=1.968$；　$m_2=2.957$；　$n=35.57\times10^{-9}$；　$K=22.7$；　$c=39\times10^4$

$a=63.2m^4/kg$；　$b=0.00085m^3/kg$；　$R=47.053(kgf\cdot m)/(kg\cdot K)$

注：C 在不同温度下有不同的值，即 C 是温度的函数。

7.5.3 水蒸气图表

由于在分析蒸汽加热过程时需要知道水蒸气的各项热物性参数，而利用水蒸气状态方程计算又十分复杂，不符合工程实用要求，所以常常采用实验和分析相结合的方法，预先将不同温度和压力下水蒸气的主要热力参数列成数据表或绘制成曲线图，以供工程设计或计算之用。但是各个国家在建立半经验的状态方程时所依据的理论方法不同，实验时测试技术方面

也存在差异，因此各自得出的水蒸气热力性质在数值上并不一致，为解决这一问题，国际上先后召开了10次水和水蒸气性质的国际会议，通过会议的研究和协商，制定了水和水蒸气的热力性质国际骨架表。表中列出了某一压力和温度范围内水蒸气的主要参数值，还给出了由于测试方法的精度而带来的允差。骨架表的参数范围已达到800℃和100MPa。

由于计算机的广泛应用和发展，已经可以对水和水蒸气的热力性质进行比较精确的计算，为此必须要将水和水蒸气性质公式化。早在1967年第六届国际水蒸气性质会议上，已经成立了“国际公式化委员会”（简称IFC），先后提出了“工业用1967年IFC公式”和“科学用1968年IFC公式”。这些公式包含了骨架表涉及的全部参数范围。但是IFC-67存在精度低、迭代时间长等缺点，1997年埃朗根又在国际水蒸气性质会议上，对水蒸气热力性质表进行了修改优化，此优化后的表直至现在仍被广泛使用。

由于在一般的热力工程计算中，只需要计算热力学能、焓、熵等参数在某一过程中的变化量，而与其绝对值无关，所以为了简化，在编制水蒸气图表时，国际会议同时规定了热力学能和焓的计算基准点（即零点），即规定在水的三相点（276.16K）时，液相水的热力学能和焓值均为零。在实用上由于此点的焓值也很小，在工程计算中也常取为零。

1. 水蒸气表

水蒸气表分成两种，第一种是未饱和水与过热蒸汽表；第二种是饱和水与干饱和蒸汽表。在未饱和水与过热蒸汽表中，以温度和压力为独立变量，列出了未饱和水与过热蒸汽的v、h、s值。表中未列出的参数可依据相应的公式计算得到。表中用粗线表示未饱和水与过热蒸汽的分界线。分界线上方为未饱和水，下方为过热蒸汽。

饱和水与干饱和蒸汽表分别以温度t（或压力p）为变量，依次列出饱和压力p_s（或饱和温度t_s）以及v'、h'、s'、v''、h''、s''和汽化潜热γ的数值。其中上标“′”表示饱和水的各参数，“″”表示干饱和蒸汽的各参数。同样，未列出的参数可用相应的公式计算。

湿饱和蒸汽的参数可用下列公式计算

$$v_x = xv'' + (1-x)v' = v' + x(v''-v') \tag{7-34}$$

$$h_x = xh'' + (1-x)h' = h' + x(h''-h') = h' + x\gamma \tag{7-35}$$

$$s_x = xs'' + (1-x)s' = s' + x(s''-s') \tag{7-36}$$

$$u_x = xu'' + (1-x)u' = u' + x(u''-u') \tag{7-37}$$

由此可见，湿饱和蒸汽参数v_x、h_x、s_x、u_x的值均介于饱和水与干饱和蒸汽各相应值之间。

饱和水与干饱和蒸汽表的节录见表7-3，未饱和水与过热蒸汽表的节录见表7-4。

表7-3 饱和水与干饱和蒸汽表（节录）

（一）依温度排列								
t/℃	p/MPa	v'/(m³/kg)	v''/(m³/kg)	h'/(kJ/kg)	h''/(kJ/kg)	γ/(kJ/kg)	s'/[kJ/(kg·K)]	s''/[kJ/(kg·K)]
0	0.0006112	0.00100022	206.154	−0.05	2500.51	2500.6	−0.0002	9.1544
0.01	0.0006117	0.00100018	206.012	0.00	2500.53	2500.5	0.0000	9.1541
5	0.0008725	0.00100008	147.048	21.02	2509.71	2488.7	0.0763	9.0236
15	0.0017053	0.00100094	77.910	62.96	2528.07	2465.1	0.2248	8.7794

（续）

(一) 依温度排列								
t/℃	p/MPa	v′/(m³/kg)	v″/(m³/kg)	h′/(kJ/kg)	h″/(kJ/kg)	γ/(kJ/kg)	s′/[kJ/(kg·K)]	s″/[kJ/(kg·K)]
25	0.0031687	0.00100302	43.362	104.77	2546.29	2441.5	0.3670	8.5560
35	0.0056263	0.00100605	25.222	146.59	2564.38	2417.8	0.5050	8.3511
70	0.031178	0.00102276	5.0443	293.01	2626.10	2333.1	0.9550	7.7540
100	0.101325	0.00104344	1.6736	419.06	2675.71	2256.6	1.3069	7.3545
110	0.143243	0.00105156	1.2106	461.33	2691.26	2229.9	1.4186	7.2386
150	0.47571	0.00109046	0.39286	632.28	2746.35	2114.1	1.8420	6.8381
200	1.55366	0.00115641	0.12732	852.34	2792.47	1940.1	2.3307	6.4312
250	3.97351	0.00125145	0.050112	1085.3	2800.66	1715.4	2.7926	6.0716
300	8.58308	0.00140369	0.021669	1344.0	2748.71	1404.7	3.2533	5.7042
350	16.521	0.00174008	0.008812	1 670.3	2563.39	893.0	3.7773	5.2104
373.99	22.064	0.003106	0.003106	2085.9	2085.87	0.0	4.4092	4.4092
(二) 依压力排列								
t/℃	p/MPa	v′/(m³/kg)	v″/(m³/kg)	h′/(kJ/kg)	h″/(kJ/kg)	γ/(kJ/kg)	s′/[kJ/(kg·K)]	s″/[kJ/(kg·K)]
6.9491	0.001	0.0010001	129.185	29.21	2513.29	2484.1	0.1056	8.9735
24.1142	0.003	0.0010028	45.666	101.07	2544.68	2443.6	0.3546	8.5758
28.9533	0.004	0.0010041	34.796	121.30	2553.46	2432.2	0.4221	8.4725
32.8793	0.005	0.0010053	28.191	137.72	2560.55	2422.8	0.476 1	8.3830
45.7988	0.01	0.001010 3	14.673	191.76	2583.72	2392.0	0.6490	8.1481
60.0650	0.02	0.0010172	7.649 7	251.43	2608.90	2357.5	0.8320	7.9068
81.3388	0.05	0.0010299	3.2409	340.55	2645.31	2304.8	1.0912	7.5928
99.634	0.1	0.0010432	1.6943	417.52	2675.14	2257.6	1.3028	7.3589
120.240	0.2	0.0010605	0.88585	504.78	2706.53	2201.7	1.5303	7.1272
151.867	0.5	0.0010925	0.37486	640.35	2748.59	2108.2	1.8610	6.8214
179.916	1.0	0.0011272	0.19438	762.84	2777.67	2014.8	2.1388	6.5859
212.417	2.0	0.0011767	0.099588	908.64	2798.66	1890.0	2.4471	6.3395
233.893	3.0	0.0012166	0.066662	1008.2	2803.19	1794.9	2.6454	6.1854
263.980	5.0	0.0012862	0.039439	1154.2	2793.64	1639.5	2.9201	5.9724
311.037	10.0	0.0014522	0.018026	1407.2	2724.46	1317.2	3.3591	5.6139
373.99	22.064	0.003106	0.003106	2085.9	2085.87	0.0	4.4092	4.4092

注：本表数据摘录自严家騄等著《水和水蒸气热力性质图表》（第三版）（高等教育出版社 2015 年出版）。

表 7-4 未饱和水与过热蒸汽表（节录）

	p = 0.01MPa			p = 0.1MPa		
饱和参数	t_s = 45.799℃ v' = 0.0010103m³/kg，v'' = 14.673m³/kg h' = 191.76kJ/kg，h'' = 2583.7kJ/kg s' = 0.6490kJ/(kg·K) s'' = 8.1481kJ/(kg·K)			t_s = 99.634℃ v' = 0.0010432m³/kg，v'' = 1.6943m³/kg h' = 417.52kJ/kg，h'' = 2675.14kJ/kg s' = 1.3028kJ/(kg·K) s'' = 7.3589kJ/(kg·K)		
t/℃	v/(m³/kg)	h/(kJ/kg)	s/[kJ/(kg·K)]	v/(m³/kg)	h/(kJ/kg)	s/[kJ/(kg·K)]
0	0.0010002	−0.04	−0.0002	0.0010002	0.05	−0.0002
10	0.0010003	42.01	0.1510	0.0010003	42.10	0.1519
20	0.0010018	83.87	0.2963	0.0010018	83.96	0.2963
30	0.0010044	125.68	0.4366	0.0010044	125.77	0.4365
40	0.0010079	167.51	0.5723	0.0010078	167.59	0.5723
50	14.869	2591.8	8.1732	0.0010121	209.40	0.7037
60	15.336	2610.8	8.2313	0.0010171	251.22	0.8312
70	15.802	2629.9	8.2876	0.0010227	293.07	0.9549
80	16.268	2648.9	8.3422	0.0010290	334.97	1.0753
90	16.732	2667.9	8.3954	0.0010359	379.96	1.1925
100	17.196	2686.9	8.4471	1.6961	2675.9	7.3609
110	17.660	2706.2	8.6008	1.7448	2696.2	7.4146
120	18.124	2725.1	8.5466	1.7931	2716.3	7.4665
130	18.587	2744.2	8.5945	1.8411	2736.3	7.5167
140	19.059	2763.3	8.7447	1.8889	2756.2	7.5654
150	19.513	2782.5	8.7905	1.9364	2776.0	7.6128
160	19.976	2801.7	8.7322	1.9838	2795.8	7.6590
170	20.438	2820.9	8.7761	2.0311	2815.6	7.7041
180	20.901	2840.2	8.8192	2.0783	2835.3	7.7482
190	21.363	2859.6	8.8614	2.1253	2855.0	7.7912
200	21.826	2879.0	9.9029	2.1723	2874.8	7.8334
300	26.446	3076.0	9.2805	2.6388	3073.8	8.2148
400	31.063	3278.7	9.6064	3.1027	3277.3	8.5422
500	35.680	3487.4	9.8953	3.5656	3486.5	8.8317
600	40.296	3703.4	10.1579	4.0279	3702.7	9.0946

注：本表数据摘录自严家騄等著《水和水蒸气热力性质图表》（第三版）（高等教育出版社 2015 年出版）。

2. 水蒸气的焓熵图（h-s 图）

水和水蒸气热力性质表给出的参数值是不连续的，在读取两个表列值间隔中的参数值时需要使用内插法，使用上不方便。因此工程上又出现了一些根据水蒸气表中的数据，以状态参数为坐标的水蒸气热力性质线图，如 p-v 图、T-s 图和 h-s 图，其中 h-s 图在热力工程上用途

最广。这是因为在热力工程中，常常需要计算定压过程中的热量和绝热过程中的功量。如利用 T-s 图和 p-v 图，热量由 T-s 图上过程曲线下的面积表示，功量由 p-v 图上过程曲线下的面积表示，计算很不方便。而在 h-s 图上，热量和功量都可以用线段的长度表示，如液体的定压加热量、汽化热量、过热蒸汽加热量、绝热膨胀技术功等，使用十分方便。但应当指出，T-s 图和 p-v 图在分析热力过程时仍有其方便之处。

h-s 图首先由莫里尔于 1901 年提出并绘制，故也有人称该图为莫里尔图。h-s 图以 h 和 s 为坐标，根据水蒸气表中 h 的数据绘制而成的，如图 7-13 所示。图中粗线为 $x=0$ 和 $x=1$ 的界限曲线。界限曲线上的 c 点是临界点。界限曲线之上为过热蒸汽区，界限曲线之下为湿饱和蒸汽区。

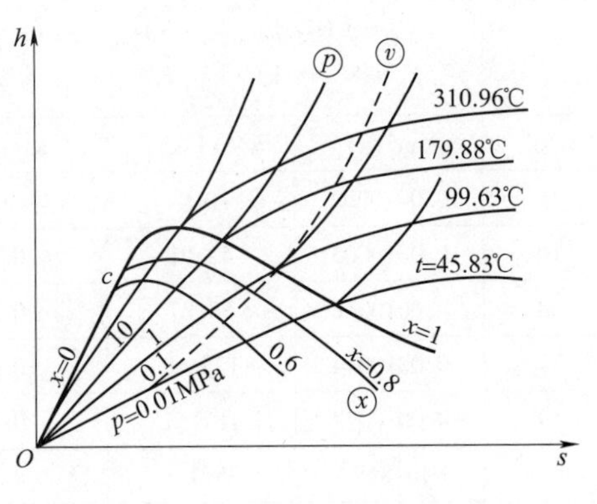

图 7-13　水蒸气的 h-s 图

焓熵图上的主要线群有：

（1）定压线群　在 h-s 图上，定压线是一簇向右上方发散的曲线群，曲线的斜率为 $\left(\frac{\partial h}{\partial s}\right)_p = T$。在湿蒸汽区，由于压力一定，温度也是定值，所以定压线是一根根斜率为常数的直线。进入过热蒸汽区以后，定压线的斜率将随温度的增加而增加，变成一根根向上翘的曲线。在直线与曲线相交处，定压线平滑过渡。

（2）定容线群　在 h-s 图上，定容线也是一簇向右上方发散的曲线群。曲线的斜率可由热力学基本关系式 $T\mathrm{d}s = \mathrm{d}h - v\mathrm{d}p$ 得到。当定容变化时有

$$\left(\frac{\partial h}{\partial s}\right)_v = T + v\left(\frac{\partial p}{\partial s}\right)_v \tag{7-38}$$

由于比体积 v 不变，$\left(\frac{\partial p}{\partial s}\right)_v$ 是正数，所以必有 $\left(\frac{\partial h}{\partial s}\right)_v > T = \left(\frac{\partial h}{\partial s}\right)_p$ 即 h-s 图上定容线的斜率大于定压线的斜率，即定容线要比定压线陡。由于定容线与定压线靠得很近，交点不清楚，所以 h-s 图上定容线常用红线（或虚线）画出。

（3）定温线群　在 h-s 图上，定温线是一簇向右方水平方向伸展的曲线。曲线的斜率也可由热力学基本关系式 $T\mathrm{d}s = \mathrm{d}h - v\mathrm{d}p$ 确定，即有

$$\left(\frac{\partial h}{\partial s}\right)_T = T + v\left(\frac{\partial p}{\partial s}\right)_T \tag{7-39}$$

在湿蒸汽区域，温度不变，压力也不变，所以有 $\left(\frac{\partial p}{\partial s}\right)_T = 0$，得

$$\left(\frac{\partial h}{\partial s}\right)_T = T \tag{7-40}$$

由此，在湿蒸汽区定温线是斜率为 T 的直线，它与该温度对应的饱和压力 p_s 的定压线重合。在过热蒸汽区，由于 $\left(\frac{\partial p}{\partial s}\right)_T = -\left(\frac{\partial T}{\partial v}\right)_p < 0$，所以有 $\left(\frac{\partial h}{\partial s}\right)_T < \left(\frac{\partial h}{\partial s}\right)_p$，即定温线的斜率小于定压线的斜率，且定温线随着压力的降低向右变得越来越平坦，逐步接近水平，表示其焓值趋向于仅由温度 T 所决定的理想气体特征。反之，越是接近饱和区，蒸汽热力性质越

远离理想气体，其焓值不仅与温度 T 有关，而且也和压力或比体积有关。

（4）定质线群　干度 x=常数的曲线称为定质线，有时也直接称为定干度线。定质线只存在于两相区内，包含从 $x=0$ 的饱和水线到 $x=1$ 的干饱和蒸汽线在内的曲线群，所有曲线都通过临界点 c。

3. 水蒸气图表的应用

水蒸气图表给热力工程的设计计算带来了极大的方便，但在精度要求高时通常以查表为宜。因为读线图不易读出精确的数值，但是查图的优点是读数方便，不需插值。

一般来说，水蒸气图表有两个重要的用途：一是查取水蒸气的状态参数；二是计算水蒸气的热力过程。

只要知道了某一状态下水蒸气的任意两个独立状态参数，就可以从图或表中查出其余的未知参数，并可判明水蒸气所处的状态。例如已知水蒸气的压力为5MPa，温度为300℃，在 h-s 图上查出 $p=5\text{MPa}$ 的定压线和 $t=300℃$ 的定温线的交点，即是该水蒸气的状态点。显然它是处于过热蒸汽状态。对应于该状态的其他参数为

$$h=2925.4\text{kJ/kg},\quad s=6.2104\text{kJ/(kg}\cdot\text{K)},\quad v=0.0453\text{m}^3/\text{kg}$$

又例如已知水蒸气压力为0.1MPa，$s=7.12\text{kJ/(kg}\cdot\text{K)}$，该状态点位于湿蒸汽区。在 h-s 图上查出 $p=0.1\text{MPa}$ 的定压线和 $s=7.12\text{kJ/(kg}\cdot\text{K)}$ 的定熵线的交点即是该水蒸气的状态点。对应于该状态的其他参数为

$$h=2592\text{kJ/kg},\qquad v=1.62\text{m}^3/\text{kg},\qquad x=0.96,\qquad t=100℃$$

同样，用水蒸气表也可以直接查出一个状态所对应的各参数值，但是在湿蒸汽区，干度不能从表上直接读出，需要通过已知压力下的饱和水参数与干饱和蒸汽的参数进行计算。上例中，对应于 $p=0.1\text{MPa}$ 时，查以压力为独立变量的饱和蒸汽表，得

$$s'=1.3027\text{kJ/(kg}\cdot\text{K)},\qquad s''=7.3608\text{kJ/(kg}\cdot\text{K)}$$

则该湿蒸汽的干度为

$$x=\frac{s-s'}{s''-s'}=\frac{7.12-1.3027}{7.3608-1.3027}\approx0.96$$

与查图的结果相同。

【例7-4】　水蒸气以 $p_1=3.5\text{MPa}$、$t_1=440℃$ 的初态在汽轮机中可逆绝热膨胀到0.1MPa。试求1kg的水蒸气所做的技术功。

解：（1）用 h-s 图求解（见图7-14）

1）初参数的确定，由 $p_1=3.5\text{MPa}$，$t_1=440℃$，在 h-s 图上找出 p_1、t_1 线的交点即为1点。并查出

$$h_1=3308\text{kJ/kg};\ s_1=6.975\text{kJ/(kg}\cdot\text{K)};$$
$$v_1=0.092\text{m}^3/\text{kg}$$

2）终参数的确定，由已知 $p_1=3.5\text{MPa}$，且过程可逆绝热，$s_2=s_1=6.975\text{kJ/(kg}\cdot\text{K)}$，从点1作垂线向下交 $p_2=0.1\text{MPa}$ 的定压线于点2，即终态点，并查得

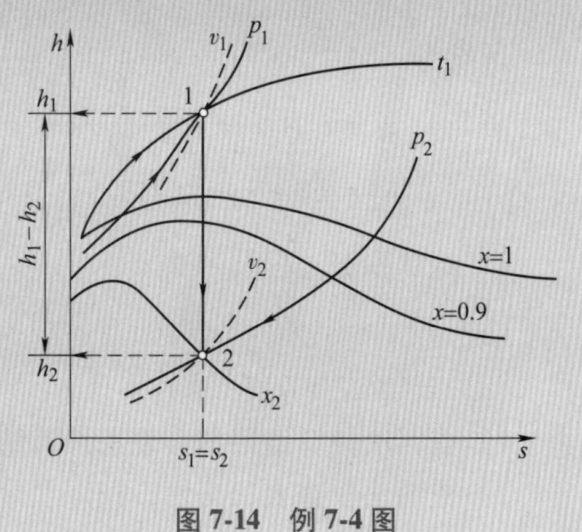

图7-14　例7-4图

$$h_2 = 2536\text{kJ/kg};\ x_2 = 0.936$$

$$v_2 = 1.6\text{m}^3/\text{kg};\ t_2 \approx 100℃$$

3）绝热膨胀技术功

$$w_t = h_1 - h_2 = (3308 - 2536)\text{kJ/kg} = 772\text{kJ/kg}$$

（2）用水蒸气表来计算

1）初态参数的确定，根据未饱和水与过热蒸汽表，查得

$p_1 = 3.0\text{MPa}, t = 440℃, h = 3321.9\text{kJ/kg}, s = 7.0535\text{kJ/(kg·K)}, v = 0.1061\text{m}^3/\text{kg}$

$p_1 = 4.0\text{MPa},\ t = 440℃,\ h = 3307.7\text{kJ/kg},\ s = 6.9058\text{kJ/(kg·K)},\ v = 0.0787\text{m}^3/\text{kg}$

用内插法求得

$$h_1 = \frac{3321.9 + 3307.7}{2}\text{kJ/kg} = 3315\text{kJ/kg}$$

$$s_1 = \frac{7.0535 + 6.9058}{2}\text{kJ/(kg·k)} = 6.979\text{kJ/(kg·K)}$$

$$v_1 = \frac{0.1061 + 0.0787}{2}\text{m}^3/\text{kg} = 0.092\text{m}^3/\text{kg}$$

2）终参数的确定，由已知的 $p_2 = 0.1\text{MPa}$，$s_2 = s_1 = 6.979\text{kJ/(kg·K)}$，查依压力为序的饱和蒸汽表，得

$$t = 99.63℃;v_1 = 0.0010434\text{m}^3/\text{kg};\quad h' = 417.5\text{kJ/kg};$$

$$s' = 1.3027\text{kJ/(kg·K)};\quad \gamma = 2258.2\text{kJ/kg};$$

$$v'' = 1.6946\text{m}^3/\text{kg};\quad h'' = 2675.7\text{kJ/kg};\quad s'' = 7.3608\text{kJ/(kg·K)}$$

s_2 值在 s' 与 s'' 之间，可见状态 2 是湿蒸汽。先求 x_2，得

$$x_2 = \frac{s_2 - s'}{s'' - s'} = \frac{6.979 - 1.3027}{7.3608 - 1.3027} = 0.937$$

所以得

$$v_2 = v' + x(v'' - v') \approx xv'' = 0.397 \times 1.6946\text{m}^3/\text{kg} = 1.588\text{m}^3/\text{kg}$$

$$h_2 = h' + x\gamma = (417.5 + 0.937 \times 2258.2)\text{kJ/kg} = 2533.4\text{kJ/kg}$$

3）绝热膨胀过程技术功

$$w_t = h_1 - h_2 = (3315 - 2533.4)\text{kJ/kg} = 781.6\text{kJ/kg}$$

（3）计算结果分析

1）查图法计算结果与查表法计算结果比较，误差小于 2%。

2）查图法较查表法简便，误差在允许的范围内（工程计算误差允许 3%~5%）。

本 章 小 结

由于实际气体之间存在相互作用力，且实际气体分子本身具有一定的体积，致使实际气体与理想气体的热力性质及状态方程有所差异。如按理想气体性质对实际气体进行分析计算将会产生很大的误差，所以对于实际气体，只能从热力学的基本定律导出一般关系式，然后用理论分析、经验或半经验的方法，导出了许多不同形式的实际气体状态方程，例如，范式方程、RK 方程、维里方程、MH 方程。后来由于前几种方程中都包含着与气体种类有关的常数，使用上不大方便，人们便研究出对比态原理以及通用压缩因子，简化了其中的烦琐过程。同时，实际气体的热力性质的计算也较理想气体复杂很多，所以本书对实际气体的热力性质不做过多分析说明，只对定温、定压或定容过程进行简要说明。

蒸气是一种常见的实际气体，所以与理想气体的热力性质不同，状态相变等问题可以在实际气体的 p-v 图上中的等温线进行分析，同样在 p-T 图及 T-s 图也可以进行物质相变的分析。而在某一状态过程中会出现两种状态并存的情况，称之为复相平衡，处于复相平衡时的条件为它们具有相同的压力、相同的温度和相同的化学势。

实际气体的典型工质为水蒸气，水蒸气的计算通常用理论分析和实验相结合的方法，得到水蒸气热力性质的复杂公式，然后利用计算机计算，将所得计算结果经实验验证以后编制成国际上通用的水蒸气热力性质图表，供工程计算时查取，使用十分方便。

思 考 题

7-1 实际气体性质与理想气体性质差异产生的原因是什么？在什么条件下才可以把实际气体当作理想气体处理？

7-2 压缩因子的物理意义怎么理解？能否将 z 当作常数处理？

7-3 范德瓦尔方程的精度不高，但是在实际气体状态方程的研究中范德瓦尔方程的地位却很高，为什么？

7-4 如何利用状态方程和热力学一般关系求取实际气体的 Δu、Δh、Δs？

7-5 平衡的一般判据是什么？

习 题

7-1 试推导范德瓦尔气体在定温膨胀时所做功的计算式。

7-2 导出遵守范德瓦尔状态方程的气体的 $c_p - c_V$ 的表达式，并证明满足范德瓦尔方程的气体比定容热容不随气体比体积变化。

7-3 在一容积为 $3.0 \times 10^{-2} m^3$ 的球形钢罐中储有 0.5kg 甲烷（CH_4），若甲烷由 25℃上升到 33℃，用 RK 方程求其压力变化。

7-4 试用通用压缩因子图计算 CH_4 在 $p = 9.279MPa$、$T = 286.1K$ 下的摩尔体积并与实测值 $V_m = 0.211 \times 10^{-3} m^3/mol$ 做比较。

7-5 一容积为 $3m^3$ 的容器中储有状态为 $p = 4MPa$、$t = -113℃$ 的氧气。试求容器内氧气的质量：①用理

想气体状态方程；②用压缩因子。

7-6　试用下述方法求压力为5MPa、温度为450℃的水蒸气的比体积：①理想气体状态方程；②压缩因子图。已知此状态时水蒸气的比体积是0.063291m^3/kg，以此比较上述计算结果的误差。

7-7　NH_3气体的压力$p=10.13MPa$，温度$T=633K$。试根据通用压缩因子图求其密度，并和理想气体状态方程计算的密度加以比较。

7-8　在二氧化碳的三相点状态，$T_{tp}=216.55K$，$p_{tp}=0.518MPa$，固态、液态和气态比体积分别为$v_s=0.661\times10^{-3}m^3/kg$，$v_l=0.894\times10^{-3}m^3/kg$，$v_g=722\times10^{-3}m^3/kg$。计算：①在三相点升华线、熔解线和汽化线的斜率各为多少；②按蒸气压方程计算$t_2=-80℃$时饱和蒸气压力（查表数据为0.0602MPa）。

7-9　氦（He^4）正常沸点为4.2K($p_0=760mmHg$)，但在1mmHg的压力下沸点变成1.2K。估计在此温度范围内液氦的平均汽化潜热。氦气体常数$R_g=2077.1J/(kg\cdot K)$。

7-10　据克拉贝龙方程利用水蒸气下表数据计算200℃时水的汽化潜热。

t/℃	p_s/kPa	v''/(m^3/kg)	v'/(m^3/kg)	h''/(kJ/kg)	h'/(kJ/kg)
190	1254.2	0.1565	0.0011	2785.8	807.6
195	1397.6	0.1410	0.0011	2789.4	829.9
200	1551.6	0.1273	0.0012	2792.5	854.0
205	1722.9	0.1152	0.0012	2795.3	875.0
210	1906.2	0.1044	0.0012	2797.7	897.7

7-11　分析当水的温度$t=80℃$，压力分别为0.01MPa、0.05MPa、0.1MPa、0.5MPa及1MPa时，各处于什么状态并求出该状态下的焓值。

7-12　已知湿蒸汽的压力$p=1MPa$，干度$x=0.9$。试分别用水蒸气表和h-s图求出h_x、v_x、u_x、s_x。

7-13　在$V=60L$的容器中装有湿饱和蒸汽，经测定其温度$t=210℃$，干饱和蒸汽的含量$m_v=0.57kg$，试求此湿蒸汽的干度、比体积及焓值。

7-14　压力维持200kPa恒定的气缸内有0.25kg饱和水蒸气。加热后水温度升高200℃，求初、终态水蒸气的热力学能和过程的加热量。

7-15　将1kg、$p_1=0.6MPa$、$t_1=200℃$的蒸汽在定压条件下加热到$t_2=300℃$，求此定压加热过程加入的热量和内能的变化量。若将此蒸汽再送入某容器中绝热膨胀至$p_3=0.1MPa$，求此膨胀过程所做的功量。

第 8 章

理想气体混合物

8.1 理想气体混合物的基本概念

混合气体的热力学性质取决于各组成气体的热力学性质及成分。若各组成气体全部处在理想气体状态，则其混合物也处在理想气体状态，具有理想气体的一切特性。混合气体也遵循状态方程式，混合气体的摩尔体积与同温、同压的任何一种单一气体的摩尔体积相同，标准状态时也是 $0.0224141\mathrm{m^3/mol}$；混合气体的摩尔气体常数也等于通用气体常数 $R = R_{g,\ eq}M_{eq} = 8.3145\mathrm{J/(mol \cdot K)}$，其中 $R_{g,\ eq}$ 和 M_{eq} 分别是混合气体的平均气体常数和平均摩尔质量。简而言之，可把理想气体混合物看作气体常数和摩尔质量分别为 $R_{g,\ eq}$ 和 M_{eq} 的某种假想气体。本节将给出理想气体的分压力定律和分体积定律，然后，阐述组元气体成分的性质，最后通过组元气体的成分得到混合气体的平均气体常数和平均摩尔质量，下节将讨论混合气体的比热容、热力学能、焓和熵。

8.1.1 分压力定律和分体积定律

设有温度、压力为 T、p，物质的量为 n 的理想气体混合物，占有体积 V，质量为 m。这时，据理想气体状态方程式有

$$pV = nRT \tag{a}$$

组成气体可按多种方式分离，如图 8-1 所示。在与混合气体温度相同的情况下，每一种组成气体都独自占据体积 V 时，组成气体的压力称为分压力，用 p_i 表示。对每一组成都可写出状态方程，如第 i 组成的为

$$p_iV = n_iRT \tag{b}$$

将各组成气体的状态方程相加，即

$$V\sum_i p_i = RT\sum_i n_i \tag{c}$$

由于混合气体分子总数等于各组成分子数之和，因而，混合气体物质的量等于各组成气体物质的量之和，即 $n = \sum_i n_i$。式（a）与式（c）比较

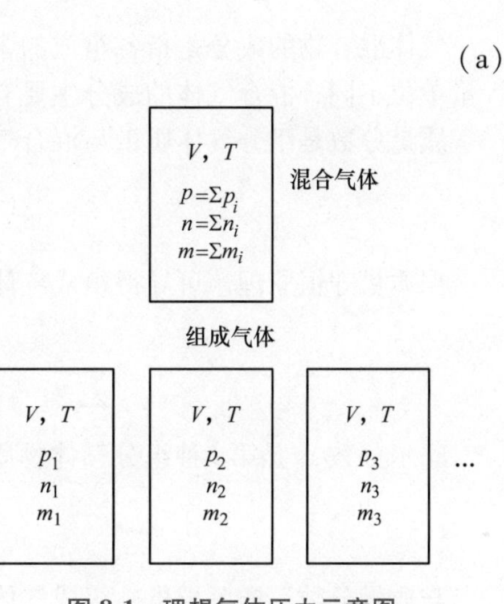

图 8-1　理想气体压力示意图

后得出

$$p = \sum_i p_i \tag{8-1}$$

式（8-1）表明：混合气体的总压力 p 等于各组成气体分压力 p_i 之和。该结论道尔顿（Dalton）已于1801年实验证实，故称为道尔顿分压力定律。

此外，式（b）和式（a）相比，得出 $\frac{p_i}{p} = \frac{n_i}{n} = x_i$（$x_i$ 称为摩尔分数），即

$$p_i = x_i p \tag{8-2}$$

式（8-2）表明：理想气体混合物各组成的分压力等于其摩尔分数与总压力的乘积。

另一种分离方式如图8-2所示。各组成气体都处于与混合物相同的温度、压力（T、p）下，各自单独占据的体积 v_i 称为分体积。对第 i 种组成写出状态方程式为

$$pV_i = n_i RT \tag{d}$$

对各组成气体相加，得出

$$p\sum_i V_i = RT\sum_i n_i \tag{e}$$

式（e）与式（a）比较可得

$$V = \sum_i V_i \tag{8-3}$$

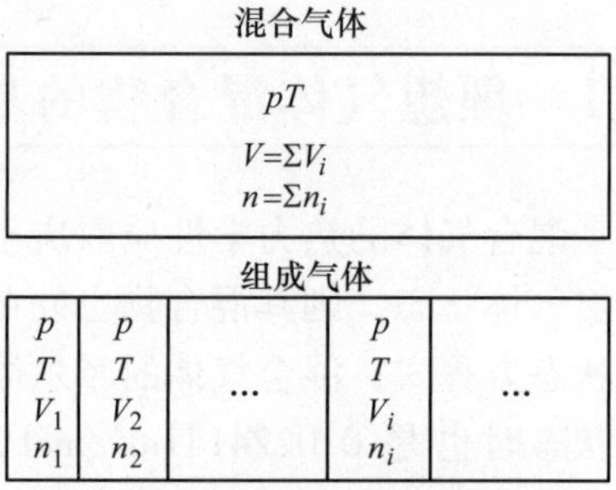

混合气体

pT $V=\Sigma V_i$ $n=\Sigma n_i$

组成气体

p T V_1 n_1	p T V_2 n_2	…	p T V_i n_i	…

图8-2 理想气体分体积示意图

式（8-3）表明：理想气体的分体积之和等于混合气体的总体积，这一结论称为亚美格（Amagat）分体积定律。

显然，只有当各组成气体的分子不具有体积，分子间不存在作用力时，处于混合状态的各组成气体对容器壁面的撞击效果才能如同单独存在于容器时的一样，因此，道尔顿分压力定律和亚美格分体积定律只适用于理想气体状态。

8.1.2 混合气体的成分

气体混合物的成分是指各组成的含量占总量的百分数，通常可用化学分析方法测定。依计量单位不同，混合气体的成分主要有三种表示方法：质量分数、摩尔分数和体积分数。

质量分数是组分气体质量与混合气体总质量之比，第 i 种气体的质量分数用 w_i 表示，即

$$w_i = \frac{m_i}{m} \tag{8-4}$$

据质量守恒原理，可导得组成气体的质量分数之和为1，即

$$\sum_i w_i = \sum_i \frac{m_i}{m} = \frac{\sum_i m_i}{m} = \frac{m}{m} = 1$$

摩尔分数 x_i 是第 i 种组分气体物质的量与混合气体总物质的量之比，即

$$x_i = \frac{n_i}{n} \tag{8-5}$$

与质量分数一样可导出，组成气体的摩尔分数之和为1，即

$$\sum_i x_i = 1$$

体积分数 φ_i 是第 i 种组分气体体积与混合气体总体积之比，即

$$\varphi_i = \frac{V_i}{V} \tag{8-6}$$

根据体积分数概念，组成气体的体积分数之和为1，即

$$\sum_i \varphi_i = 1$$

以 φ_i 表示混合气体的成分是普遍采用的一种方法，如烟气、燃气等混合气体的成分分析往往以体积分数表示，化学反应或相转变过程，用摩尔分数 x_i 更为方便。式（d）和式（a）相比，得

$$\frac{V_i}{V} = \frac{n_i}{n}$$

即

$$x_i = \varphi_i$$

可见，体积分数与摩尔分数相同，故混合气体成分的三种表示法，实质上只有质量分数 w_i 和摩尔分数 x_i 两种，它们之间存在如下换算关系：

$$x_i = \frac{n_i}{n} = \frac{m_i/M_i}{m/M_{eq}} = \frac{M_{eq}}{M_i}w_i \tag{8-7}$$

考虑到 $M_iR_{g,i} = M_{eq}R_{g,eq}$，所以有

$$x_i = \frac{R_{g,i}}{R_{g,eq}}w_i \tag{8-8}$$

8.1.3 混合气体的平均摩尔质量和平均气体常数

混合气体中各种组成气体的分子由于杂乱无章的热运动必定处于均匀混合状态。故可以假想成一种单一气体，其分子数和总质量恰与混合气体的相同，这种假拟单一气体的摩尔质量和气体常数就是混合气体的平均摩尔质量和平均气体常数，实质上是折合量，故也称折合摩尔质量和折合气体常数。

根据假拟气体的概念：假拟气体的质量等于混合气体中各组成气体质量的总和，即 $m = \sum_i m_i$，或写作 $nM_{eq} = \sum_i m_i$，从 n_i 和 M_i 表示第 i 种组成气体物质的量和摩尔质量，而得出折合摩尔质量为

$$M_{eq} = \frac{\sum_i n_iM_i}{n} = \sum_i x_iM_i \tag{8-9}$$

相应的折合气体常数再由 $R = R_{g,eq}M_{eq}$ 确定。

由式（8-8）也可导出混合气体折合气体常数 $R_{g,eq}$ 的计算式。对每一个组成气体写出式（8-8）并全部相加得

$$\sum_i x_i = \frac{\sum_i R_{g,i}w_i}{R_{g,eq}} = 1$$

所以

$$R_{g,eq} = \sum_i R_{g,i}w_i \tag{8-10}$$

然后再由 $R = R_{g,eq}M_{eq}$，确定折合摩尔质量。

归纳起来，若已知组成气体的质量分数 w_i 和气体常数 $R_{g,i}$，先由式（8-10）计算混合气体折合气体常数 $R_{g,eq}$；若已知组成气体的摩尔分数 x_i 及摩尔质量 M_i，先直接由式（8-9）计算混合气体的折合摩尔质量 M_{eq}，然后再由 $R = R_{g,eq}M_{eq}$ 确定另一参数。

【例 8-1】 燃烧 1kg 重油产生烟气 20kg，其中 $m_{CO_2} = 3.16\text{kg}$，$m_{O_2} = 1.15\text{kg}$，$m_{H_2O} = 1.24\text{kg}$，其余为 m_{N_2}。烟气中的水蒸气可以作为理想气体计算。对于烟气，试求：各组分的质量分数 w_i；折合气体常数 $R_{g,eq}$；折合摩尔质量 M_{eq}；燃烧 1kg 重油所产生的烟气在标准状态下的体积和在 $p=0.1\text{MPa}$、$t=200℃$ 时的体积

解：（1）质量分数　已知 $m=20\text{kg}$，所以，$m_{N_2} = m-(m_{CO_2}+m_{O_2}+m_{H_2O}) = 14.45\text{kg}$，可得

$$w_{CO_2} = \frac{m_{CO_2}}{m} = \frac{3.16\text{kg}}{20\text{kg}} = 0.1580 = 15.8\%$$

$$w_{O_2} = \frac{m_{O_2}}{m} = \frac{1.15\text{kg}}{20\text{kg}} = 0.0575 = 5.75\%$$

$$w_{H_2O} = \frac{m_{H_2O}}{m} = \frac{1.24\text{kg}}{20\text{kg}} = 0.0620 = 6.20\%$$

$$w_{N_2} = \frac{m_{N_2}}{m} = \frac{14.45\text{kg}}{20\text{kg}} = 0.7225 = 72.25\%$$

核算　$$\sum_i w_i = 0.1580 + 0.0575 + 0.0620 + 0.7225 = 1.0$$

（2）折合气体常数 $R_{g,eq}$　查附录 G 得出各组成气体的摩尔质量，带入式（8-10）确定 $R_{g,eq}$：

$$R_{g,eq} = \sum_i w_i R_{g,i} = \sum_i w_i \frac{R}{M_i} = R\sum \frac{w_i}{M_i}$$

$$= 8.3145\text{J/(mol·K)} \times \left(\frac{0.1580}{44.01} + \frac{0.0575}{32.0} + \frac{0.0620}{18.02} + \frac{0.7225}{28.01}\right) \times 10^3\text{mol/kg}$$

$$= 287.86\text{J/(kg·K)}$$

（3）折合摩尔质量

$$M_{eq} = \frac{R}{R_{g,eq}} = \frac{8.3145\text{J/(mol·K)}}{287.86\text{J/(kg·K)}} = 28.88 \times 10^{-3}\text{kg/mol}$$

（4）摩尔分数 x_i　由式（8-7）$x_i = \dfrac{M_{eq}}{M_i}w_i$ 可得

$$x_{CO_2} = \frac{M_{eq}}{M_{CO_2}} w_{CO_2} = \frac{28.88 \times 10^{-3}\text{kg/mol}}{44.01 \times 10^{-3}\text{kg/mol}} \times 0.1580 = 0.1037 = 10.37\%$$

$$x_{O_2} = \frac{M_{eq}}{M_{O_2}} w_{O_2} = \frac{28.88 \times 10^{-3}\text{kg/mol}}{32.0 \times 10^{-3}\text{kg/mol}} \times 0.0575 = 0.0519 = 5.19\%$$

$$x_{H_2O} = \frac{M_{eq}}{M_{H_2O}} w_{H_2O} = \frac{28.88 \times 10^{-3}\text{kg/mol}}{18.02 \times 10^{-3}\text{kg/mol}} \times 0.0620 = 0.0994 = 9.94\%$$

$$x_{N_2} = \frac{M_{eq}}{M_{N_2}} w_{N_2} = \frac{28.88 \times 10^{-3}\text{kg/mol}}{28.01 \times 10^{-3}\text{kg/mol}} \times 0.7225 = 0.7450 = 74.50\%$$

核算 $\sum_i x_i = 0.1037 + 0.0519 + 0.0994 + 0.7450 = 1.0$

（5）标准状态和 $p=0.1\text{MPa}$、$t=200℃$ 时的体积

$$V_0 = V_{m,0}n = V_{m,0}\frac{m}{M} = 22.4141 \times 10^{-3}\text{m}^3/\text{mol} \times \frac{20\text{kg}}{28.88 \times 10^{-3}\text{kg/mol}} = 15.52\text{m}^3$$

$$V = \frac{mR_gT}{p} = \frac{20\text{kg} \times 287.86\text{J/(kg}\cdot\text{K)} \times (200+273)\text{K}}{0.1 \times 10^6\text{Pa}} = 27.23\text{m}^3$$

【例 8-2】 某混合气体中含有 15kg 氮气、5kg 一氧化碳气和 3kg 氧气，求该混合气体的平均气体常数及标准状态下 40m^3 混合气体的质量。

解：（1）平均气体常数 $R = \sum x_i R_i$ 先由已知的各组元气体的质量求它们的质量成分 x_i，得

$$x_{N_2} = \frac{15}{15+5+3} = 0.6522$$

$$x_{CO} = \frac{5}{15+5+3} = 0.2174$$

$$x_{O_2} = \frac{3}{15+5+3} = 0.1304$$

查附录 G，可得

$$\begin{aligned} R &= \sum x_i R_i \\ &= (0.6522 \times 296.8 + 0.2174 \times 296.8 + 0.1304 \times 259.8)\text{J/(kg}\cdot\text{K)} \\ &= 291.98\text{J/(kg}\cdot\text{K)} \end{aligned}$$

（2）标准状态下 40m^3 混合气体的质量

$$m = \frac{p_0 V}{RT_0} = \frac{1.01325 \times 10^5 \times 40}{291.98 \times 273.15}\text{kg} = 50.82\text{kg}$$

讨论： 基于理想气体假设，根据组分比例加权求得低压状态的混合气体折合气体常数（折合摩尔质量），就可将其看作某种“纯质”理想气体。

8.2 理想气体混合物的热力性质

8.2.1 理想气体混合物的比热容

根据比热容的定义，混合气体的比热容是单位质量混合气体温度升高1℃所需热量。1kg混合气体中有$w_i$kg的第i种组分，则混合气体的比热容为

$$c = \sum_i w_i c_i \tag{8-11}$$

同理可得混合气体的摩尔热容和体积热容分别为

$$C_m = \sum_i x_i C_{m,i} \tag{8-12}$$

$$C' = \sum_i \varphi_i C'_i \tag{8-13}$$

式中，c_i、$C_{m,i}$、C'_i分别为第i种组成气体的比热容、摩尔热容和体积热容。混合气体的比热容c、摩尔热容C_m、体积热容C'之间仍适用$c_p = \left(\frac{\partial u}{\partial T}\right)_p$所表示的关系。混合气体的比定压热容和比定容热容之间的关系也遵循迈耶公式。

8.2.2 理想气体混合物的热力学能和焓

理想气体混合物的分子满足理想气体的两点假设，各组成气体分子的运动不因存在其他气体而受影响。混合气体的热力学能、焓和熵都是广延参数，具有可加性。因而，混合气体的热力学能等于各组成气体热力学能之和，即

$$U = \sum_i U_i \tag{8-14}$$

混合气体的比热力学能u和摩尔热力学能U_m分别为

$$u = \frac{U}{m} = \frac{\sum_i m_i u_i}{m} = \sum_i w_i u_i \tag{8-15}$$

$$U_m = \frac{U}{n} = \frac{\sum_i n_i U_{m,i}}{n} = \sum_i x_i U_{m,i} \tag{8-16}$$

同样，混合气体的焓等于各组成气体焓值的总和：

$$H = \sum_i H_i \tag{8-17}$$

混合气体的比焓h和摩尔焓H_m分别为

$$h = \sum_i w_i h_i \tag{8-18}$$

$$H_m = \sum_i x_i H_{m,i} \tag{8-19}$$

同时，各组成气体都是理想气体，温度相同为T，所以混合气体的比热力学能和比焓也

是温度的单值函数，即

$$u = f_u(T), \qquad h = f_h(T)$$

混合气体也可以用 $\Delta u = c_V\Big|_{t_1}^{t_2}(t_2 - t_1)$、$\Delta h = c_p\Big|_{t_1}^{t_2}(t_2 - t_1)$ 确定过程的热力学能变化量 Δu 和焓变化量 Δh。

8.2.3 理想气体混合物的熵

理想气体混合物中各组成气体分子处于互不干扰的情况，各组成气体的熵相当于温度 T 下单独处在体积 V 中的熵值，这时压力为分压力 p_i，故 $s_i = f(T, p_i)$。第 i 种组分微元过程中的比熵变为

$$\mathrm{d}s_i = c_{p,i}\frac{\mathrm{d}T}{T} - R_{\mathrm{g},i}\frac{\mathrm{d}p_i}{p_i} \tag{8-20}$$

混合物的熵等于各组成气体熵的总和，即

$$S = \sum_i S_i$$

单位质量混合气体的熵为

$$s = \sum_i w_i s_i \tag{8-21}$$

式中，w_i、s_i 分别为第 i 种组成气体的质量分数及比熵值。

当混合气体分子成分不变时微元过程的熵变为

$$\mathrm{d}s = \sum_i w_i \mathrm{d}s_i + \sum_i s_i \mathrm{d}w_i = \sum_i w_i \mathrm{d}s_i \tag{8-22}$$

将第 i 种组分微元过程的比熵变化代入，得混合气体的比熵变为

$$\mathrm{d}s = \sum_i w_i c_{p,i}\frac{\mathrm{d}T}{T} - \sum_i w_i R_{\mathrm{g},i}\frac{\mathrm{d}p_i}{p_i} \tag{8-23}$$

同理，单位物质的量混合气体的熵变为

$$\mathrm{d}S_{\mathrm{m}} = \sum_i x_i C_{p,\mathrm{m},i}\frac{\mathrm{d}T}{T} - \sum_i x_i R\frac{\mathrm{d}p_i}{p_i} \tag{8-24}$$

【例 8-3】 刚性绝热器被隔板一分为二，如图 8-3 所示，左侧 A 装有氧气，$V_{\mathrm{A1}} = 0.3\mathrm{m}^3$，$p_{\mathrm{A1}} = 0.4\mathrm{MPa}$，$T_{\mathrm{A1}} = 288\mathrm{K}$；右侧 B 装有氮气，$V_{\mathrm{B1}} = 0.6\mathrm{m}^3$，$p_{\mathrm{B1}} = 0.505\mathrm{MPa}$，$T_{\mathrm{B1}} = 328\mathrm{K}$。抽取隔板，氧和氮相互混合，重新达到新平衡后求：混合气体的温度 T_2 和压力 p_2；混合气体中氧和氮的分压力 p_{A2}、p_{B2}；混合前后熵变量 ΔS 和熵产 S_{g}。按定值比热容计算。

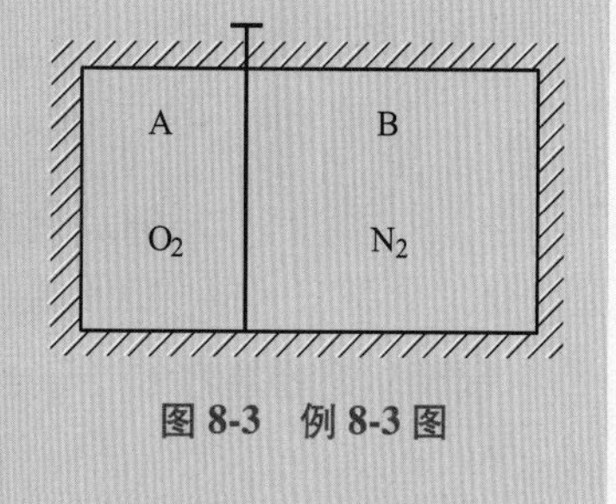

图 8-3 例 8-3 图

解： 不同种类气体的混合过程是非平衡过程。混合达到平衡态后的混合气体终态参数，可借助于热力学第一定律和理想气体状态方程式确定。

(1) 混合气体的温度 T_2 和压力 p_2　根据初态确定 O_2 和 N_2 的物质的量 n_{A} 和 n_{B} 为

$$n_{\mathrm{A}}=\frac{p_{\mathrm{A1}}V_{\mathrm{A1}}}{RT_{\mathrm{A1}}}=\frac{0.4\times10^{6}\mathrm{Pa}\times0.3\mathrm{m}^{3}}{8.3145\mathrm{J/(mol\cdot K)}\times288\mathrm{K}}=50.1\mathrm{mol}$$

$$n_{\mathrm{B}}=\frac{p_{\mathrm{B1}}V_{\mathrm{B1}}}{RT_{\mathrm{B1}}}=\frac{0.504\times10^{6}\mathrm{Pa}\times0.6\mathrm{m}^{3}}{8.3145\mathrm{J/(mol\cdot K)}\times328\mathrm{K}}=111.0\mathrm{mol}$$

$$n=n_{\mathrm{A}}+n_{\mathrm{B}}=50.1\mathrm{mol}+111.0\mathrm{mol}=161.1\mathrm{mol}$$

选取容器内全部气体为热力系，是一个封闭热力系。容器为刚性绝热的，气体除自身混合外，系统与外界无任何能量交换，即 $Q=0$，$W=0$。依热力学第一定律解析式 $Q=\Delta U+W$，故有 $\Delta U=0$，即

$$\Delta U=\Delta U_{\mathrm{A}}+\Delta U_{\mathrm{B}}=n_{\mathrm{A}}C_{V,\mathrm{m,A}}(T_2-T_{\mathrm{A1}})+n_{\mathrm{B}}C_{V,\mathrm{m,B}}(T_2-T_{\mathrm{B1}})=0$$

$$T_2=\frac{n_{\mathrm{A}}C_{V,\mathrm{m,A}}T_{\mathrm{A1}}+n_{B}C_{V,\mathrm{m,B}}T_{\mathrm{B1}}}{n_{\mathrm{A}}C_{V,\mathrm{m,A}}+n_{\mathrm{B}}C_{V,\mathrm{m,B}}}$$

已知 $T_{\mathrm{A1}}=288\mathrm{K}$，$T_{\mathrm{B1}}=328\mathrm{K}$，$O_2$、$N_2$ 都是双原子气体，摩尔定容热容为 $\frac{5}{2}R$，即 $C_{V,\mathrm{m,A}}=C_{V,\mathrm{m,B}}=\frac{5}{2}\times8.3145\mathrm{J/(mol\cdot K)}$，将已知数值代入后，解出 $T_2=315.6\mathrm{K}$。混合气体的压力为

$$p_2=\frac{nRT_2}{V}=\frac{nRT_2}{V_{\mathrm{A1}}+V_{\mathrm{B1}}}$$

$$=\frac{161.1\mathrm{mol}\times8.3145\mathrm{J/(mol\cdot K)}\times315.6\mathrm{K}}{(0.3+0.6)\mathrm{m}^3}$$

$$=0.4697\times10^{6}\mathrm{Pa}$$

（2）O_2 和 N_2 的分压力

$$p_{\mathrm{A2}}=x_{\mathrm{A}}p_2=\frac{n_{\mathrm{A}}}{n}p_2=\frac{50.1\mathrm{mol}}{161.1\mathrm{mol}}\times0.4697\mathrm{MPa}=0.1461\mathrm{MPa}$$

$$p_{\mathrm{B2}}=x_{\mathrm{B}}p_2=\frac{n_{\mathrm{B}}}{n}p_2=\frac{111.0\mathrm{mol}}{161.1\mathrm{mol}}\times0.4697\mathrm{MPa}=0.3236\mathrm{MPa}$$

（3）热力系的熵变

$$\Delta S=\Delta S_{\mathrm{A}}+\Delta S_{\mathrm{B}}=n_{\mathrm{A}}\Delta S_{\mathrm{m,\ A}}+n_{\mathrm{B}}\Delta S_{\mathrm{m,\ B}}$$

$$=n_{\mathrm{A}}\left(C_{p,\mathrm{m,A}}\ln\frac{T_2}{T_{\mathrm{A1}}}-R\ln\frac{p_{\mathrm{A2}}}{p_{\mathrm{A1}}}\right)+n_{\mathrm{B}}\left(C_{p,\mathrm{m,B}}\ln\frac{T_2}{T_{\mathrm{B1}}}-R\ln\frac{p_{\mathrm{B2}}}{p_{\mathrm{B1}}}\right)$$

因摩尔定容热容 $C_{p,\mathrm{m,A}}=C_{p,\mathrm{m,B}}=\frac{7}{2}\times8.3145\mathrm{J/(mol\cdot K)}=29.10\mathrm{J/(mol\cdot K)}$，故

$$\Delta S=50.1\mathrm{mol}\times\left[29.10\mathrm{J/(mol\cdot K)}\times\ln\frac{315.6\mathrm{K}}{288\mathrm{K}}-8.3145\mathrm{J/(mol\cdot K)}\times\ln\frac{0.1461\mathrm{MPa}}{0.4\mathrm{MPa}}\right]+$$

$$111.0\mathrm{mol}\times\left[29.10\mathrm{J/(mol\cdot K)}\times\ln\frac{315.6\mathrm{K}}{328\mathrm{K}}-8.3145\mathrm{J/(mol\cdot K)}\times\ln\frac{0.3236\mathrm{MPa}}{0.504\mathrm{MPa}}\right]$$

$$=836.6\mathrm{J/K}$$

因为过程绝热，熵流 $S_f = 0$，故 $S_g = \Delta S = 836.6\text{J/K}$。

讨论：不同种类气体的混合过程是非平衡过程，虽然遵循热力学第一定律，但即使起始时各气体压力和温度相等，过程也必定不可逆。

8.3 典型混合物——湿空气

烘干、供暖、空调、冷却塔等工程过程中通常都是采用环境大气，环境大气是干空气和水蒸气的混合物。由于大气中干空气和水蒸气的压力都很低，因此干空气和水蒸气均处于理想气体状态，它们的混合物——湿空气也处在理想气体状态，理想气体遵循的规律及理想气体混合物的计算公式都可应用。一般情况下，大气中水蒸气的含量及变化都较小，可近似作为干空气来计算。但烘干装置、供暖通风、室内调温调湿，以及冷却塔等设备中作为工质的空气，其水蒸气含量的多少具有特殊作用，因此需要对湿空气的热力性质、参数的确定等做专门研究。

8.3.1 湿空气的概念

湿空气是指含有水蒸气的空气，完全不含水蒸气的空气则称为干空气。通常，湿空气中水蒸气分压力很低，为0.002~0.004MPa，一般处于过热状态。地球上的干空气成分会随时间、地理位置、海拔、环境污染等因素而产生微小的变化，为便于计算，工程上将干空气标准化，标准化的干空气的摩尔分数（体积分数）见表8-1。因干空气的组元和成分通常是一定的，故可以看成一种“单一气体”。

地球上大气压力随海拔高度而降低，也将随地理位置、季节等因素而变化。以海拔为零，标准状态下大气压力 $p_0 = 760\text{mmHg}$ 为基础，则地球表面以上大气压的值可按下式计算

$$p = p_0(1 - 2.2557 \times 10^{-5}z)^{5.256} \tag{8-25}$$

式中，z 为海拔高度（m）；p 为海拔高度为 z 时的大气压力（mmHg）。

大气压力的改变，导致各地水的沸点也不一致，表8-2列出了不同海拔高度水的沸点。

表8-1 标准化干空气的组成表

成分	相对分子质量	摩尔分数
O_2	32.000	0.2095
N_2	28.016	0.7809
Ar	39.944	0.0093
CO_2	44.01	0.0003

表8-2 不同海拔高度水的沸点

海拔高度/m	大气压力/kPa	水的沸点/℃
0	101.33	100
1000	89.55	96.3

（续）

海拔高度/m	大气压力/kPa	水的沸点/℃
2000	79.50	93.2
5000	54.05	83.0
10000	26.50	66.2
20000	5.53	34.5

此外，在湿空气分析计算中做如下两点假设：①湿空气中水蒸气凝聚成的液相水或固相冰中，不含有空气；②空气的存在不影响水蒸气与凝聚相的相平衡，相平衡温度为水蒸气分压力所对应的饱和温度。

为了描述方便，分别以下标“a”“v”“s”表示干空气、水蒸气和饱和水蒸气的参数，而无下标时则为湿空气参数。

8.3.2 未饱和空气与饱和空气

根据理想气体的分压力定律，湿空气总压力等于干空气分压力和水蒸气分压力 p_v 之和，即 $p=p_a+p_v$，如果湿空气来自环境大气，其压力即为大气压力 p_b，这时

$$p_b=p_a+p_v \tag{8-26}$$

湿空气中水蒸气，由于其含量不同（表现为分压力的高低）以及温度不同，或者处于过热状态，或者处于饱和状态，因而湿空气有未饱和与饱和之分。干空气和过热水蒸气组成未饱和湿空气。温度为 t 的湿空气，当水蒸气分压力 p_v 低于对应于 t 的饱和压力 p_s 时，水蒸气处于过热状态，如图 8-4 中 A 点所示，这时，水蒸气的密度 ρ_v 小于饱和蒸汽密度 $\rho''[=f(t)]$，即

$$\rho_v<\rho'' \text{ 或 } v_v>v''$$

如果湿空气保持温度不变，而水蒸气含量增加，则水蒸气分压力增大，其状态点将沿着定温线向左上方（p-v 图上），或水平向左（T-s 图上）变化，当分压力增大到 $p_s(t)$，如图 8-4 中点 C 时，水蒸气达到饱和状态，这种干空气和饱和水蒸气组成的湿空气称为饱和湿空气。饱和湿空气吸收水蒸气的能力已经达到极限，若再向它加入水蒸气，水蒸气将凝结为水滴从空气中析出，这时水蒸气的分压力和密度是该温度下可能有的最大值，即 $p_v=p_s(t)$、$\rho_v=\rho''$，p_s 和 ρ'' 按温度 t 可在饱和水蒸气图表或饱和湿空气表上查得。

8.3.3 露点

未饱和湿空气也可通过另一途径达到饱和，如果湿空气内水蒸气的含量保持一定，即分压力 p_v 不变而温度逐渐降低，状态点将沿着定压冷却线 A—B 与干饱和蒸汽线相交于点 B（见图 8-4），也达到了饱和状态，继续冷却就会结露。点 B 温度即为对应于 p_v 的饱和温度，称为露点，用 t_d 表示。显然 $t_d=f(p_v)$，可在饱和水蒸气表或饱和湿空气表上由 p_v 值查得。

露点是在一定的 p_v 下（指不与水或湿物料相接触的情况），未饱和湿空气冷却达到饱和湿空气，即将结出露珠时的温度，可用湿度计或露点仪测量，测得 t_d 相当于测定了

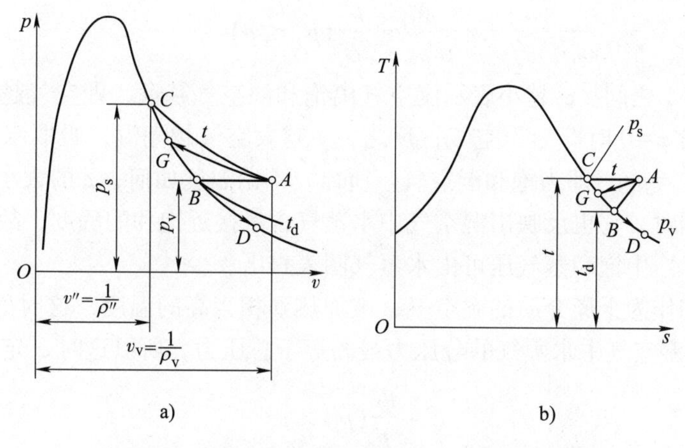

图 8-4 湿空气中水蒸气状态的 *p-v* 图和 *T-s* 图

p_v。达到露点后继续冷却，就会有水蒸气凝结成水滴析出，湿空气中的水蒸气状态，将沿着饱和蒸汽线变化，如图 8-4 上的 *B—D* 所示。这时温度降低，分压力也随之降低，即为析湿过程。

8.4 湿空气性质与焓湿图

在某一温度下湿空气中水蒸气分压力的大小固然反映了水蒸气含量的多少，但为方便湿空气吸湿能力和热力过程的分析计算，本节引入湿空气的相对湿度、含湿量和焓等概念。

8.4.1 湿空气的绝对湿度和相对湿度

绝对湿度是单位体积（$1m^3$）的湿空气中所含水蒸气的质量，其符号为 ρ_v。由于湿空气中水蒸气具有与湿空气同样的体积，所以绝对湿度就是湿空气中水蒸气的密度，即

$$\rho_v = \frac{m_v}{V} = \frac{1}{v_v}$$

对于饱和空气，因其中的水蒸气处于饱和状态，故其绝对湿度即为干饱和蒸汽的密度，即

$$\rho''_v = \frac{1}{v''_v}$$

绝对湿度并不能完全说明湿空气的潮湿程度和吸湿能力。因为同样的绝对湿度，若空气温度不同，湿空气吸湿能力也不同。例如，若 $\rho_v = 0.009\text{kg/m}^3$，当湿空气温度 t 为 25℃时，因其饱和密度 $\rho''_v = 0.0244\text{kg/m}^3$，远大于 ρ_v，所以湿空气中水蒸气远未达到饱和，空气具有较强的吸湿能力。若空气温度较低，仅 10℃，则该温度所对应的饱和压力与水蒸气饱和密度都较低，$\rho''_v = 0.0094\text{kg/m}^3$，非常接近 ρ_v，因而吸湿能力较小，会感到阴冷潮湿。所以绝对湿度不能完全说明空气的吸湿能力，为此，引入相对湿度的概念。

湿空气中水蒸气分压力 p_v，与同一温度同样总压力的饱和湿空气中水蒸气分压力 $p_s(t)$ 的比值，称为相对湿度，以 φ 表示，则

$$\varphi = \frac{p_v}{p_s} \approx \frac{\rho_v}{\rho''}(p_s \leqslant p) \tag{8-27}$$

φ 值介于0和1之间。φ 越小表示湿空气离饱和湿空气越远，即空气越干燥，吸取水蒸气的能力越强，当 $\varphi=0$ 时即为干空气；反之，φ 越大空气越潮湿，吸取水蒸气的能力也越差，当 $\varphi=1$ 时，$p_v=p_s$，即为饱和湿空气。所以，不论温度如何，φ 的大小直接反映了湿空气的吸湿能力。同时，它也反映出湿空气中水蒸气含量接近饱和的程度，故又称饱和度。计算值时，式（8-27）中饱和蒸气压可由水蒸气图表查出。

某些场合，如作为干燥介质的湿空气，被加热到相当高的温度，这时的 $p_s(t)$ 可能大于总压力 p，实际上湿空气中水蒸气的分压力最高等于总压力，所以这时 φ 定义为

$$\varphi = \frac{p_v}{p}(p_s > p) \tag{8-28}$$

8.4.2 湿空气的含湿量

以湿空气为工作介质的某些过程，如干燥、吸湿等过程中，干空气作为载热体或载湿体，它的质量或质量流量是恒定的，发生变化的只是湿空气中水蒸气的质量。因此，湿空气的一些状态参数，如湿空气的含湿量、焓、气体常数、比体积、比热容等，都是以单位质量干空气为基准，以方便计算。定义单位质量干空气所带有的水蒸气质量为含湿量（又称比湿度），以 d 表示，习惯上表示为kg/kg（干空气）或kg/kg(a)，即

$$d = \frac{m_v}{m_a} = \frac{n_v M_v}{n_a M_a} \tag{8-29}$$

式中，n_v 和 n_a 分别为湿空气中水蒸气和干空气的摩尔数；M_v、M_a 分别为水蒸气和干空气的摩尔质量，$M_v=18.016\times10^3\,\text{kg/mol}$，$M_a=28.97\times10^3\,\text{kg/mol}$。

由分压力定律可知，理想气体混合物中的各组元摩尔数之比等于分压力之比，且 $p_a=p-p_v$，所以

$$d = 0.622\frac{p_v}{p_a} = 0.622\frac{p_v}{p-p_v} \tag{8-30}$$

通常，湿空气中水蒸气的分压力与空气压力相比可以忽略不计，于是

$$d \approx 0.622\frac{p_v}{p} \tag{8-31}$$

可见，总压力一定时，湿空气的含湿量 d 只取决于水蒸气的分压力 p_v，并且随着 p_v 的升降而增减，即

$$d = f(p_v)(p = 常数)$$

若将式（8-27）$p_v=\varphi p_s$ 带入式（8-30），则

$$d = 0.622\frac{\varphi p_s}{p-\varphi p_s} \tag{8-32}$$

因 $p_s=f(t)$，所以，压力一定时，含湿量取决于 φ 和 t，即

$$d = F(\varphi, t)$$

式（8-29）、式（8-30）和式（8-32）与 $p_s=f(t)$、$t_d=f(pv)$ 一起，给出了在总压力和

温度一定时，湿空气的状态参数 p_s、t_d、φ、d 之间的关系。

8.4.3 湿空气的焓

湿空气的比焓是指含有1kg干空气的湿空气的焓值，它等于1kg干空气的焓和 $d$kg水蒸气的焓之总和，以 h 表示，即

$$h=\frac{H}{m_a}=\frac{m_a h_a+m_v h_v}{m_a}=h_a+dh_v \tag{8-33}$$

湿空气的焓值是以0℃时干空气与0℃时饱和水为基准点，单位是kJ/kg（干空气）。

若温度变化范围不大（不超过100℃），干空气比定压热容为 $c_{p,a}=1.005\text{kJ/(kg·K)}$，则干空气的比焓为

$$\{h_a\}_{\text{kJ/kg(干空气)}}=c_{p,a}t=1.005\{t\}_{℃}$$

水蒸气的比焓也有足够精确的经验公式，即

$$\{h_v\}_{\text{kJ/kg(水蒸气)}}=2501+1.86\{t\}_{℃}$$

式中，2501kJ/kg是0℃时饱和水蒸气的焓值，而常温低压下水蒸气的平均质量定压热容可取1.86kJ/(kg·K)。将 h_a 和 h_v 的计算式代入式（8-33），得

$$h=1.005t+d(2501+1.86t) \tag{8-34}$$

式中，t 单位为℃；d 的单位为kg/kg（干空气）；h 的单位为kJ/kg（干空气）。

水蒸气比焓 h_v 的精确值，可由水蒸气图表中查得。为了简便，通常以温度为 t 的饱和水蒸气焓 h'' 代替，即取 $h_v\approx h''(t)$。温度不太高时误差极微（$t=100℃$ 时，误差不超过0.3%），因此湿空气的比焓也近似可由下式确定

$$h=1.005t+dh'' \tag{8-35}$$

式中，各变量单位同式（8-34）。

8.4.4 湿空气的比体积

1kg干空气和 $d$kg水蒸气组成的湿空气的体积，称为湿空气的比体积，用 v[m³/kg(干空气)] 表示：

$$v=(1+d)\frac{R_g T}{p} \tag{8-36}$$

式中，R_g 为湿空气的气体常数，计算公式为

$$R_g=\sum w_i R_{g,i}=\frac{1}{1+d}R_{g,a}+\frac{d}{1+d}R_{g,v}=\frac{R_{g,a}+R_{g,v}d}{1+d} \tag{8-37}$$

【例8-4】 房间的容积为50m³，室内空气温度为30℃，相对湿度为60%，大气压力为 $p_b=0.1013\text{MPa}$，求湿空气的露点温度 t_d、含湿量 d、干空气质量 m_a、水蒸气质量 m_v 及湿空气的焓值 H。

解： 由饱和水蒸气热力性质表查得 $t=30℃$ 时，$p_s=4241\text{Pa}$，所以

$$p_v=\varphi p_s=0.6\times4241\text{Pa}=2544.6\text{Pa}$$

与此分压力对应的饱和温度即为湿空气的露点温度，从饱和水蒸气热力性质表中可查得 $t_d=21.36℃$。

含湿量

$$d = 0.622\frac{p_v}{p - p_v} = 0.622 \times \frac{2544.6\text{Pa}}{101300\text{Pa} - 2544.6\text{Pa}}$$
$$= 0.0160\text{kg/kg(干空气)}$$

干空气分压力

$$p_a = p - p_v = 101300\text{Pa} - 2544.6\text{Pa} = 98755.4\text{Pa}$$

干空气质量

$$m_a = \frac{p_a V}{R_{g,a}T} = \frac{98755.4\text{Pa} \times 50\text{m}^3}{287\text{J/(kg·K)} \times (30 + 273.15)\text{K}} = 56.78\text{kg}$$

水蒸气质量

$$m_v = dm_a = 0.0160\text{kg/kg(干空气)} \times 56.78\text{kg(干空气)} = 0.91\text{kg}$$

将 $t=30℃$ 代入式（8-34），得湿空气的比焓为

$$h = 71.06\text{kJ/kg(干空气)}$$

湿空气的总焓

$$H = m_a h = 56.78\text{kg(干空气)} \times 71.06\text{kJ/kg(干空气)} = 4034.8\text{kJ}$$

讨论：

1）与湿空气的分压力对应的饱和温度即为露点，因此含湿量相等（总压力相同）的湿空气的露点相同。

2）水蒸气比焓的确定有三种方法：①由 $t=30℃$、$p_v=2544.6\text{Pa}$，从过热蒸汽热力性质表中查得 $h_v=2556.8\text{kJ/kg}$；②取 h_v 近似等 $t=30℃$ 的饱和水蒸气焓，在饱和水蒸气热力性质表中查得 $h_v=2556.4\text{kJ/kg}$；③由经验公式 $h_v=2501+1.86t$，代入 $t=30℃$，得 $h_v=2556.8\text{kJ/kg}$。温度较低时，三种方法的结果基本一致。

【例 8-5】 若上例中湿空气定压冷却到 10℃，求凝水量 Δm_v 和放热量。

解： 终态温度 $t_2=10℃$ 低于露点，故终态为饱和湿空气。湿空气冷却到 $t_d=21.36℃$ 达到饱和，再继续冷却就会有凝水析出。凝水量等于初、终态湿空气中含有水蒸气量的差值。

由 $t_2=10℃$，在饱和水蒸气热力性质表中查出 $p_s=1227.9\text{Pa}$，$p_{v,2}=p=1227.9\text{Pa}$。

终态含湿量

$$d_2 = 0.622\frac{p_v}{p - p_v} = 0.622 \times \frac{1227.9\text{Pa}}{101300\text{Pa} - 1227.9\text{Pa}}$$
$$= 0.00763\text{kg/kg(干空气)}$$

凝水量

$$\Delta m_v = m_a(d_2 - d_1)$$
$$= 56.78\text{kg(干空气)} \times (0.0160 - 0.00763)\text{kg/kg(干空气)}$$
$$= 0.475\text{kg}$$

$t=10℃$ 代入式（8-34）计算得终态湿空气比焓为

$$h_2 = 29.27\text{kJ/kg(干空气)}$$

定压冷却过程湿空气的放热量 $Q = m_a(h_1 - h_2)$，上题已得出 $h_1 = 71.06\text{kJ/kg}$(干空气)，$m_a = 56.78\text{kg}$。因此

$$Q = 56.78\text{kg(干空气)} \times [71.06\text{kJ/kg(干空气)} - 29.27\text{kJ/kg(干空气)}]$$
$$= 2372.84\text{kJ}$$

讨论：湿空气定压降温过程中达到露点前保持含湿量不变，从露点继续降温则保持相对湿度为1，过量的水蒸气凝结为液态水从空气中析出，同时放出汽化潜热。又因等压过程的热量等于焓差，所以总热量等于干空气质量与湿空气初终态比焓差的乘积。

8.4.5　焓湿图

1. 干湿球温度

湿空气的 φ 和 d 的简便测量方法通常是采用干湿球温度计。干球温度计即普通温度计，测出的是湿空气的真实温度 t（也称干球温度）。另一支温度计的感温球上包裹有浸在水中的湿纱布，称为湿球温度计。干湿球温度计示意图如图8-5所示。图8-6所示是一种实用的便携式干湿球温度计。

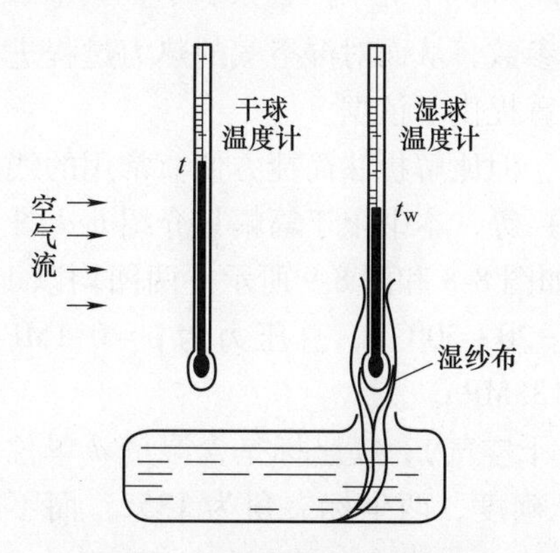

图8-5　干湿球温度计示意图

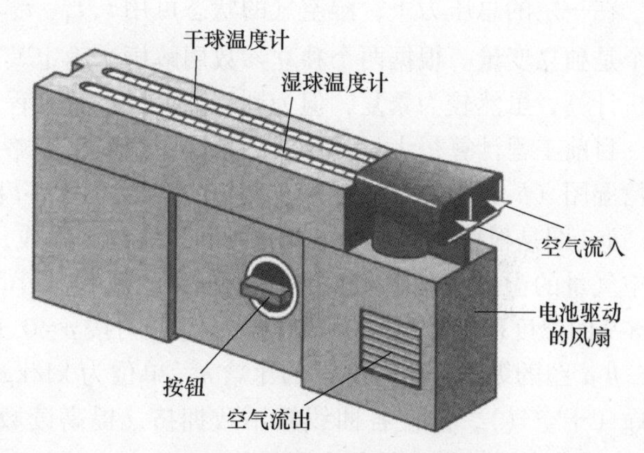

图8-6　便携式干湿球温度计

大量未饱和空气流吹过干湿球温度计，开始时湿纱布中水分温度与主体湿空气温度相同，由于湿空气未饱和，湿纱布中水分汽化，在湿纱布表面形成薄层有效汽膜（见图8-7），

有效汽膜内湿空气接近饱和。汽膜内水蒸气分压力高于空气流内水蒸气的分压力 p_v，汽膜内水蒸气向空气流扩散。汽化需要的热量来自水分本身，因此水分温度下降，温度低于湿空气流温度。热量由空气传给湿纱布中水分，传热速率随着两者温差增大而提高。因湿空气流量大，湿纱布表面积小，湿空气向湿纱布的传热和从湿纱布汽化的水分对主流湿空气的影响可忽略不计。直至空气向湿纱布单位时间传递的热量等于单位时间内湿纱布表面水分汽化所需热量达到平衡，湿纱布中水温

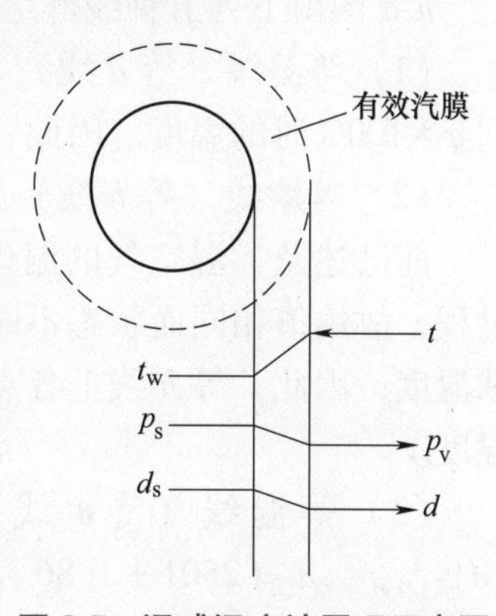

图8-7　湿球温度计原理示意图

保持恒定不变，湿球温度计指示的正是平衡时湿纱布中水分的温度，这一温度称为湿空气的湿球温度，以 t_w 表示。由于汽膜内湿空气接近饱和，故 t_w 也是气膜内水蒸气分压力对应的饱和温度。湿空气的 φ 越小，湿纱布中水分汽化越快，汽化所需热量越大，湿球温度越低。当然，气流的速度对蒸发和传热过程会有影响，但实验表明，当气流速度在 2~10m/s 范围内时，气流速度对湿球温度值影响很小。若湿空气已达饱和状态，湿纱布中水分不能汽化，湿球温度与干球温度相等。所以 φ 与 t_w 及 t 有一定的函数关系。

考虑到露点是湿空气中水蒸气分压力 p_v 对应的饱和温度，湿球温度可看成汽膜内水蒸气分压力 p_v' 对应的饱和温度，因而

$$t \geqslant t_w \geqslant t_d \tag{8-38}$$

式中，未饱和湿空气取不等号，饱和湿空气取等号。

根据 t 和 t_w 计算 d 的解析式为

$$d = \frac{c_{p,a}(t_w - t) + d_s\gamma(t_w)}{c_{p,v}(t - t_w) + \gamma(t_w)} \tag{8-39}$$

式中，$c_{p,a}$ 为干空气比定压热容；$c_{p,v}$ 是低压时水蒸气的比定压热容；d_s 是湿球表面饱和含湿量；γ 为汽化潜热。

2. 湿空气的焓湿图

在一定的总压力下，湿空气的状态可用 t、t_d、t_w、φ、d、p_v 等不同参数表示，其中只有两个是独立变量。根据两个独立参数用解析法确定其他参数，从而对湿空气的热力过程进行分析计算，虽然较为繁复，但为利用计算机进行工程计算提供了依据。

目前工程计算仍大量利用线图，线图法虽精度略差，但比解析法简捷方便。常用的线图有焓湿图（h-d 图）、温湿图（t-d 图）、焓温图（h-t 图）等，本书限于篇幅只介绍 h-d 图。

h-d 图是根据式（8-32）和式（8-34）绘制而成，如图 8-8 和图 8-9 所示。两图均以 1kg 干空气量的湿空气为基准。图 8-8 的温度范围较小（-20~50℃），总压力为 p=0. 1MPa，图 8-9 的温度范围较宽（0~250℃），总压力按 p=0. 10133MPa。

h-d 图的纵坐标是湿空气的比焓 h，单位为 kJ/kg（干空气），横坐标是含湿量 d 单位为 g/kg（干空气），为使各曲线簇不致拥挤，提高读数准确度，两坐标夹角为 135°，而不是 90°。图中水平轴标出的是含湿量值。

h-d 图由下列五种线群组成：

（1）等湿线（等 d 线）　等 d 线是一组平行于纵坐标的直线群。露点 t_d 是湿空气冷却到 φ=100%时的温度。因此，含湿量 d 相同、状态不同的湿空气具有相同的露点。

（2）等焓线（等 h 线）　等 h 线是一组与横轴成 135°角的平行直线。

前已述及，湿空气的湿球温度 t_w 近似等于绝热饱和温度 t_w'，绝热增湿过程近似为等 h 过程，故焓值相同而状态不同的湿空气具有相同的湿球温度。φ=100%时的干球温度等于湿球温度，因此，等 h 线上各点湿球温度相等，等于通过与该等 h 线及 φ=100%交点的干球温度。

（3）等温线（等 t 线）　由湿空气比焓表达式 $\{h\}_{kJ/kg(干空气)} = 1.005\ \{t\}_{℃} + \{d\}_{kJ/kg(干空气)}(2501 + 1.86\{t\}_{℃})$ 可见，当湿空气的干球温度 t=定值时，h 和 d 间成直线变化关系。t 不同时斜率不同。因此，等 t 线是一组互不平行的直线，t 越高，则等 t 线斜率越大。

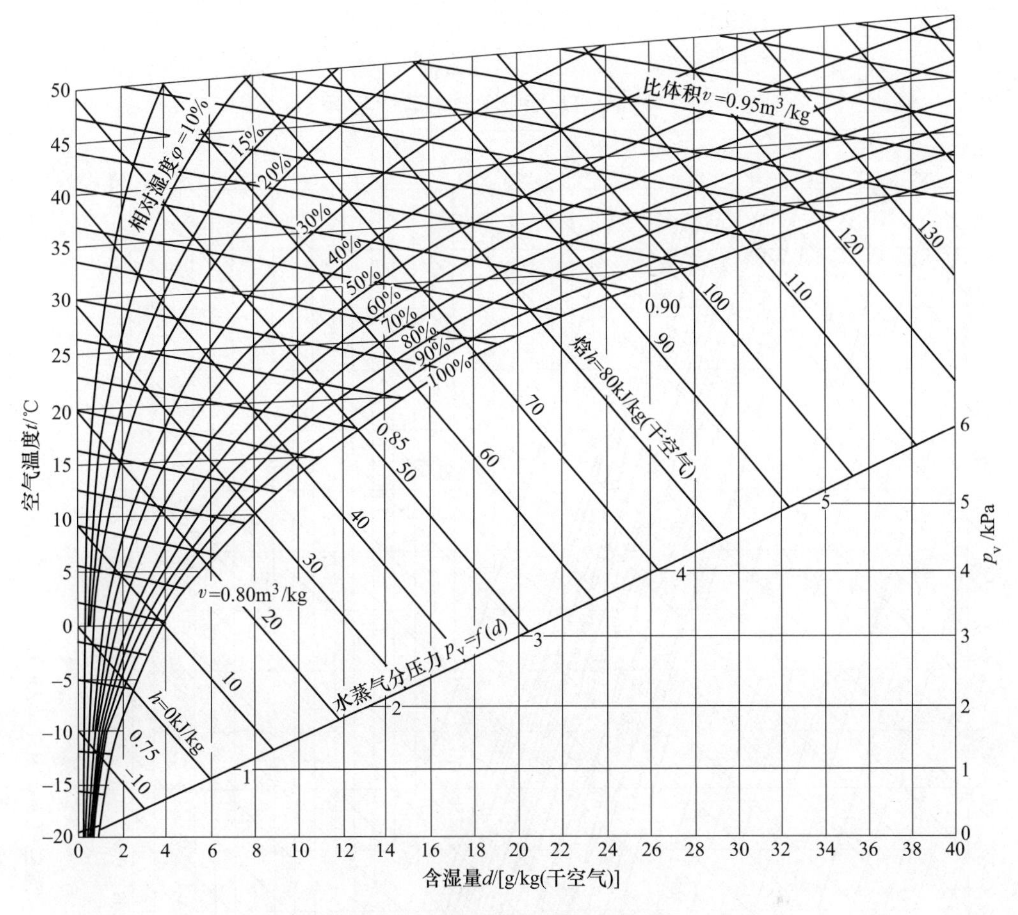

图 8-8 湿空气 *h-d* 图（t<50℃）

（4）等相对湿度线（等 φ 线） 等 φ 线是一组上凸形的曲线。由式（8-32）的 $d=0.622\dfrac{\varphi p_s}{p-\varphi p_s}$ 可知，总压力 p 一定时，$\varphi=f(d,\ t)$。这表明利用式（8-32）可在 h-d 图上绘出等 φ 线。

h-d 图是在一定的总压力 p 下绘制的，水蒸气的分压力最大也不可能超过 p。图 8-9 的 $p=0.101325$MPa，对应的水蒸气饱和温度为 100℃。因此，当湿空气温度等于或高于 100℃时，据式（8-28）$\varphi=\dfrac{p_v}{p}$，即 $p_v=\varphi p$。式（8-32）将成为 $d=0.622\dfrac{\varphi p}{p-\varphi p}=0.622\dfrac{\varphi}{1-\varphi}$。这时，等 φ 线就是等 d 线，所以各等 φ 线与 $t=100$℃的等温线相交后，向上折与等 d 线重合。

$\varphi=100\%$的曲线，称临界线。它将 h-d 图分成了两部分：上部是未饱和湿空气，$\varphi<1$；$\varphi=100\%$曲线上的各点是饱和湿空气；下部分没有实际意义。因为达到 $\varphi=100\%$空气已经饱和，再冷却则水蒸气凝结为水析出，湿空气本身仍保持 $\varphi=100\%$。

$\varphi=0$，即干空气状态，这时 $d=0$，所以它和纵坐标线重合。

（5）水蒸气分压力线 式（8-38）给出了总压一定时 p 与 d 的函数关系，重新整理后可得

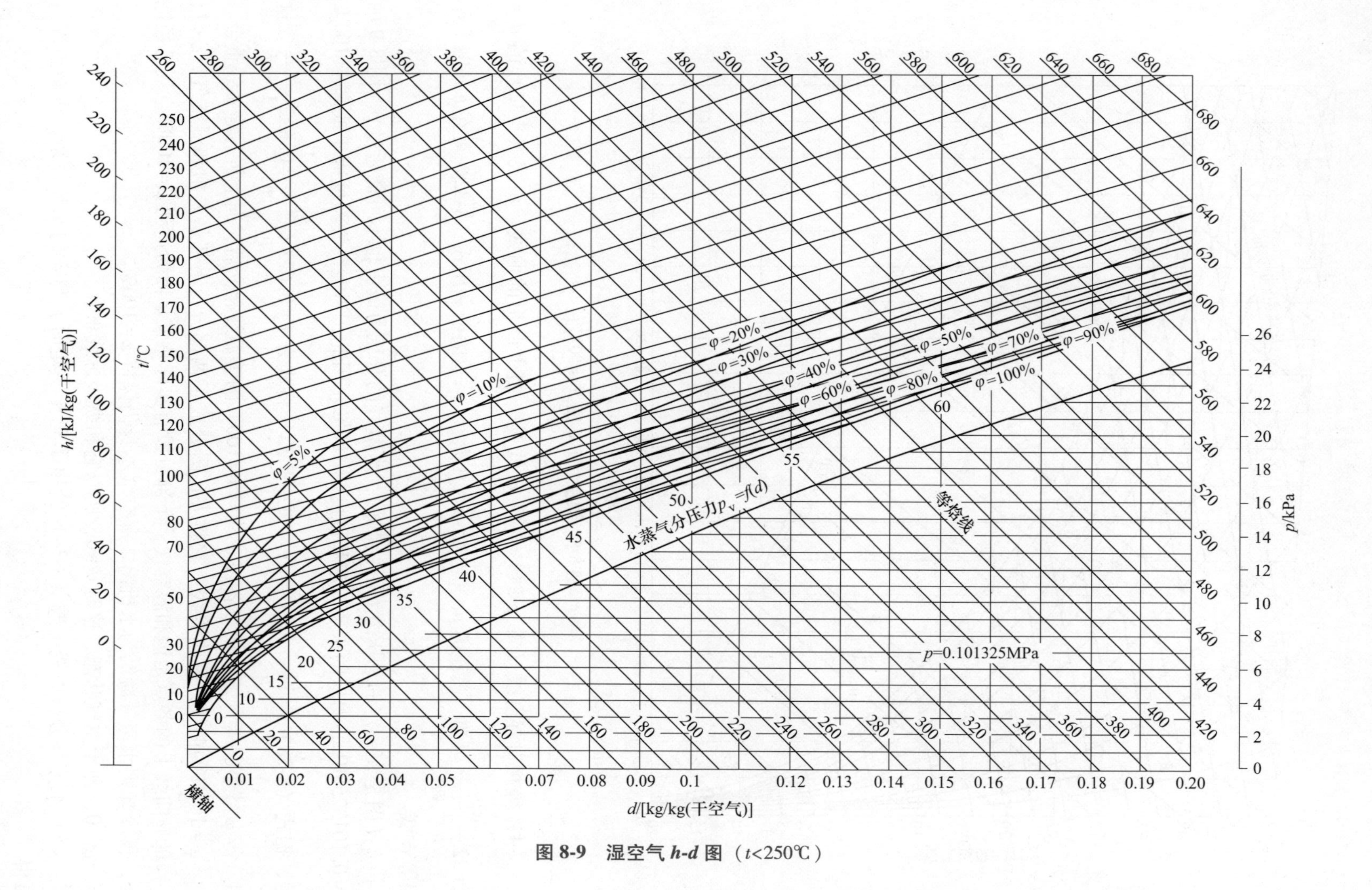

图 8-9 湿空气 h-d 图（t<250℃）

$$p_v = \frac{pd}{0.622 + d} \tag{8-40}$$

据此可绘制 p_v-d 的关系曲线。当 $d \ll 0.622$ 时，p_v 与 d 与近似成直线关系。所以图中 d 很小那段的为 p_v 直线。该曲线画在 $\varphi=100\%$等相对湿度线下方，p_v 的单位为 kPa。

【例 8-6】 已知条件与例 8-4 相同：$t=30℃$，$\varphi=60\%$，$p=0.1013\text{MPa}$，求 d、t_d、h、p_v、p_a。

解： 因 $p=0.1013\text{MPa}$，利用图 8-8 根据 $t=30℃$的等温线和 $\varphi=60\%$的等 φ 线的交点确定状态 A，直接读出 $d=0.016\text{kg/kg}$（干空气），$h=71\text{kJ/kg}$（干空气）。由通过点 A 的等 d 线与 $\varphi=100\%$的等 φ 线交点 B，读出 $t_d=21.5℃$。再向下与空气分压力线的交点 C，读得 $p_v=2.5\text{kPa}$（见图 8-10）。

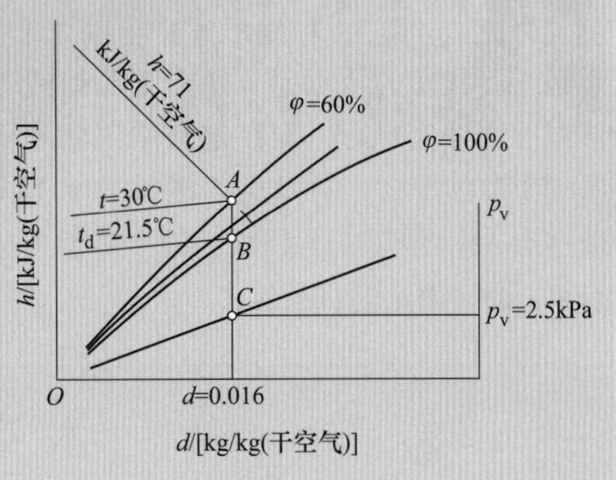

图 8-10　例 8-6 图

于是

$$p_a = p - p_v = 101.3\text{kPa} - 2.5\text{kPa} = 98.8\text{kPa}$$

讨论： 查取露点的过程基于含湿量与水蒸气分压力的对应关系；与例 8-4 比较，查 h-d 图获得的湿空气数据虽较粗糙，但更快捷。

【例 8-7】 由干湿球温度计测出湿空气的干球温度 $t=15℃$、湿球温度 $t_w=12℃$，若已知空气总压力 $p_b=0.1\text{MPa}$，分别利用解析式法和 h-d 图法求湿空气的 d、φ、p_v、p_a。

解：（1）解析式法　根据 $t=15℃$，查水蒸气热力性质表得 $p_s(t)=1.707\text{kPa}$，查得 $t_w=12℃$ 时，$p_s(t_w)=1.401\text{kPa}$、$d_s(t_w)=8.84\times10^{-3}\text{kg/kg(干空气)}$、$\gamma(t_w)=2472\text{kJ/kg}$，代入式（8-39），得

$$d = \frac{c_{p,a}(t_w - t) + d_s\gamma(t_w)}{c_{p,v}(t - t_w) + \gamma(t_w)}$$

$$= \frac{1.005\text{kJ/(kg·K)} \times (12-15)℃ + 8.84\times10^{-3}\text{kg/kg(干空气)} \times 2472\text{kJ/kg}}{1.86\text{kJ/(kg·K)} \times (15-12)℃ + 2472\text{kJ/kg}}$$

$$= 0.007603\text{kg/kg(干空气)}$$

与 $p_s(t)=1.707\text{kPa}$ 一起代入 d 的定义式 $d=0.622\dfrac{\varphi p_s}{p-\varphi p_s}$，解得 $\varphi=0.7074$。

水蒸气的分压力

$$p_v = \varphi p_s(t) = 0.7074 \times 1.707\text{kPa} = 1.2075\text{kPa}$$

干空气分压力

$$p_a = p_b - p_v = 100\text{kPa} - 1.2075\text{kPa} = 98.7925\text{kPa}$$

（2）h-d 图法　因 $p=0.1\text{MPa}$，利用图 8-8，根据 $t=12℃$ 的等温线与 $\varphi=100\%$ 的等 φ 线相交于点 A，得 $h=34.0\text{kJ/kg}$（干空气）。该等焓线与 $t=15℃$ 的等温线相交于点 B，点 B 即为要求确定的湿空气状态点。读出 $d=0.007\text{kg/kg}$（干空气），$\varphi=0.71$，$p_v=1.2\text{kPa}$，如图 8-11 所示。

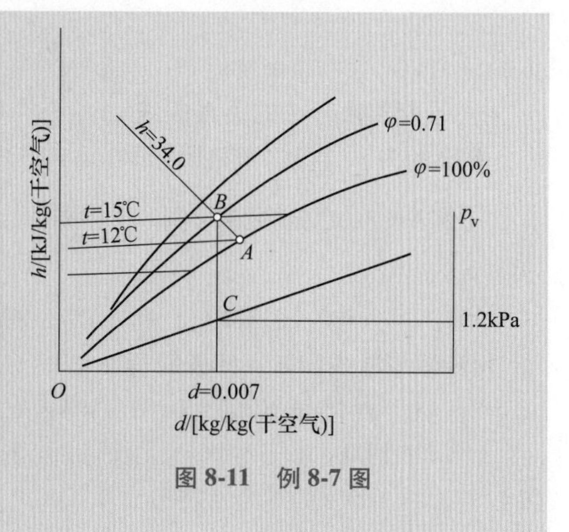

图 8-11　例 8-7 图

讨论：h-d 图上根据干球温度和湿球温度确定湿空气状态的依据是 h-d 图上等焓线与等湿球温度线近似平行，而在饱和空气状态干球温度等于湿球温度，所以点 A 满足 $t_w=12℃$，而通过点 A 等焓线与 $t=15℃$ 的等干球温度线的交点 B，同时满足题目条件。

本章小结

工程上大量存在混合气体，本章讨论如何由组成气体的性质确定混合气体（包括湿空气）的热物性以及分析混合气体，特别是湿空气，热力过程的参数和能量变化特征。

工程上处理理想气体混合物的基本方法是把组分气体都处在理想气体状态的混合气体作为某种假想的理想气体，所以只要根据组分气体的成分确定折合气体常数和折合摩尔质量就可像对待空气一样考虑其他气体混合物。需要强调的是混合气体中各个组分气体状态是与混合气体温度、容积相同，压力为分压力，所以在处理与压力有关的量，如熵时，应采用分压力概念。

湿空气是干空气和水蒸气的混合物，由于水蒸气的分压力很低，所以湿空气可以作为理想气体混合物，但是，水蒸气还受到饱和温度和饱和压力对应的制约，也就是湿空气中水蒸气的分压力不能超过与湿空气温度对应的饱和压力，造成空气有饱和及未饱和之分，有吸湿能力高低的区别，因而就有相对湿度、含湿量、湿球温度、露点等这样的参数。在一定的大气压力下，湿空气的含湿量与水蒸气分压力有对应关系，故而 d 相等的湿空气 p_v 相等，对应的饱和温度也相等，亦即具有相同的 t_d；湿球温度近似等于绝热饱和温度，绝热增湿过程近似为等焓过程，所以 h 相等的各状态点 t_w 也相等；饱和空气中 $p_v=p_s$，因此干球温度、湿球温度和露点之间有 $t\geqslant t_w\geqslant t_d$（饱和时取等号）。湿空气过程的求解，就是求解水蒸气和干空气的质量守恒方程以及过程的能量方程（通常为开口系稳定流动能量方程）构成的方程组，特别要强调的是若用焓湿图确定湿空气参数，必须确保总压力与使用的图一致，且保持不变。

思 考 题

8-1 理想气体混合物中各组成气体究竟处于什么样的状态？

8-2 混合气体中如果已知两种组分 A 和 B 的摩尔分数 $x_A > x_B$，能否断定质量分数也是 $w_A > w_B$？

8-3 何为湿空气的露点温度？解释降雾、结露、结霜现象，并说明它们发生的条件。

8-4 何为湿空气含湿量？相对湿度越大含湿量越高，这样说对吗？

8-5 湿空气加湿除喷水外还可以喷蒸汽，请写出喷蒸汽加湿的质量守恒方程和能量守恒方程，并将过程示意图表示在 h-d 图上。

习 题

8-1 混合气体中各组成的摩尔分数为 $x_{CO_2}=0.4$，$x_{N_2}=0.2$，$x_{O_2}=0.4$。混合气体的温度 $t=50℃$，表压力 $p_g=0.04\text{MPa}$，气压计上水银柱高度为 $p_b=750\text{mmHg}$。求：体积 $V=4\text{m}^3$ 混合气体的质量；混合气体在标准状态下的体积 V_0。

8-2 50kg 废气和 75kg 的空气混合，废气中各组成气体的质量分数为：$w_{CO_2}=14\%$，$w_{O_2}=6\%$，$w_{H_2O}=5\%$，$w_{N_2}=75\%$。空气中的氧气和氮气的质量分数为：$w_{O_2}=23.2\%$，$w_{N_2}=76.8\%$。混合后气体压力 $p=0.3\text{MPa}$，求：混合气体各组分的质量分数；折合气体常数；折合摩尔质量；摩尔分数；各组成气体分压力。

8-3 烟气进入锅炉第一段管群时温度为 1200℃，流出时温度为 800℃，烟气的压力几乎不变。求每 1mol 烟气的放热量 Q_p。可借助平均摩尔定压热容表计算。已知烟气的体积分数 $\varphi_{CO_2}=0.12$，$\varphi_{H_2O}=0.08$，其余为 N_2；各气体的平均摩尔定压热容见表 8-3。

表 8-3 习题 8-3 数据表

t/℃	$C_{p,m}\big\|_0^t$/[J/(mol·K)]		
	CO_2	H_2O	N_2
800	47.763	37.392	30.748
1200	50.740	39.285	31.828

8-4 流量为 3mol/s 的 CO_2，2mol/s 的 N_2 和 4.5mol/s 的 O_2 三股气流稳定流入总管道混合，混合前每股气流的温度和压力相同，都是 76.85℃、0.7MPa，混合气流的总压力 $p=0.7\text{MPa}$，温度仍为 $t=76.85℃$。借助气体热力性质表，试：①计算混合气体中各组分的压力；②计算混合前后气流焓值变化 ΔH 及混合气流的焓值；③导出温度、压力分别相同的几种不同气体混合后，系统熵变为 $\Delta S=-R\sum n_i\ln x_i$，并计算本题混合后熵的变化量 ΔS。

8-5 如图 8-5 所示的绝热混合器中，氮气与氧气均匀混合。已知氮气进口压力 $p_1=0.5\text{MPa}$，温度 $t_1=27℃$，质量 $m_1=3\text{kg}$；氧气进口压力 $p_2=0.1\text{MPa}$，温度 $t_2=127℃$，质量 $m_2=2\text{kg}$。①求混合后的温度；②判断混合气流出口压力 p_3 能否达到 0.4MPa。

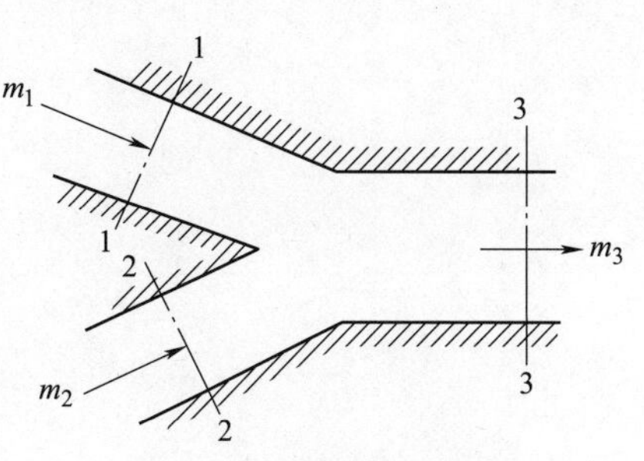

图 8-12 习题 8-5 附图

8-6 某种由甲烷和氮气组成的天然气，已知其摩尔分数 $x_{CH_4}=70\%$，$x_{N_2}=30\%$。现将它从 1MPa、220K 可逆绝热压缩到 10MPa。试计算该过程的终态温度、熵变化以及各组成气

体的熵变。设该混合气体可按定值比热容理想混合气体计算，已知甲烷的摩尔定压热容 $C_{p,\mathrm{m},\mathrm{CH_4}}$ = 35.72J/(mol·K)，氮气的为 $C_{p,\mathrm{m},\mathrm{N_2}}$ = 29.08J/(mol·K)。

8-7　压力为100kPa，温度为30℃，相对湿度为60%的湿空气经绝热节流至50kPa，试求节流后空气的相对湿度。湿空气按理想气体处理，30℃时水蒸气的饱和压力为42.45kPa。

8-8　将压力为0.1MPa，温度为0℃，相对湿度为60%的湿空气经多变压缩（n=1.25）至60℃，若湿空气压缩过程按理想气体处理。试求压缩终了湿空气的相对湿度。

8-9　设大气压力 p_b=0.1MPa，温度 t=28℃，相对湿度 φ=0.72，试用饱和空气状态参数表确定空气的 p_v、t_d、d、h。

8-10　湿空气 t=35℃，t_d=24℃，总压力 p=0.10133MPa，①求 φ 和 d；②在海拔1500m处，大气压力 p=0.084MPa，求这时的 φ 和 d。

8-11　室内空气的 t_1 = 20℃，φ_1 = 40%，与室外 t_2 = −10℃，φ_2 = 80% 的空气相混合，已知 $q_{m,\mathrm{a1}}$ = 50kg/s、$q_{m,\mathrm{a2}}$ = 20kg/s，求混合后湿空气状态 t_3、φ_3、h_3。

8-12　烘干装置入口处湿空气 t_1 = 20℃、φ_1 = 30%、p = 0.1013MPa，加热到 t_2=85℃。试计算从湿物体中吸收1kg水分所需干空气质量和加热量。

8-13　在容积 V=60m^3 的房间里，空气的温度和相对湿度分别为21℃及70%。问空气的总质量及焓值各为多少？设当地大气压为 p_b=0.1013MPa。

8-14　某空调系统每小时需要 t_2=−21℃、φ_2=60%的湿空气若干（其中干空气质量 m_a=4500kg/h）。现将室外温度 t_1=35℃、φ_1=70%的空气经处理后达到上述要求。求：①在处理过程中所除去的水分及放热量；②如将35℃的纯干空气4500kg冷却到21℃，应放出多少热量。设大气压力 p_b=101325Pa。

8-15　已知湿空气的温度 t=18℃，露点 t_d=8℃，试求相对湿度、绝对湿度和含湿量。如将上述湿空气加热至40℃，其相对湿度、绝对湿度有何变化？如将其冷却至饱和状态，求其相对湿度与绝对湿度。当时大气压力为0.1013MPa。

第三篇

工　程　篇

课程启发之知行合一：科学精神

前两篇的论述涉及了热能利用中热能转换的热力学基础理论。掌握了基础理论知识就能对实际工程中的热力学问题进行分析，从而合理而有效地利用热能。本篇介绍工程中常见的典型热力过程和热力循环，并通过热力过程和热力循环的研究，探讨工程热力学理论在实际工程中的应用。在本篇的学习过程中，读者需认真学习、深入研究，争取继承并且进一步发扬吴仲华、钱学森等前辈学者的科学精神，透过现象看本质，深刻领会工程热力学与工程实际以及我们日常生活的密切关联。历史在前进，时代在变化，工程热力学的研究手段更加先进，与各类工程专业结合更为密切，与其他学科的交叉渗透更加广泛深入。但是，无论如何变化，科学的精神仍然需要坚持。

第9章 热力过程与工程应用

为了实现某种能量转换，热力系的工质状态必须发生连续的变化，称为热力过程。工程上实施热力过程，除了实现预期的能量转换外，另一目的就是获得某种预期的工质的热力状态。例如：燃气轮机中燃气膨胀做功过程的目的是为了实现热能转换为机械能；压气机中气体的压缩增压过程，则是为了获得预期的高压气体。两种目的表面上不同，实际上却存在着密切的内在联系，那就是任何热力过程都有确定的状态变化和相应的能量转换。因此，研究热力过程的目的和任务在于揭示各种热力过程中状态参数的变化规律和相应的能量转换状况。

工质的热力过程与其工程应用是紧密相连的。因此，本章对工质的热力过程分析讨论后，紧接着就会介绍相应的工程应用。

9.1 理想气体的热力过程

即使工程上应用的许多工质可以作为理想气体处理，其热力过程也是很复杂的。首先在于实际过程的不可逆性，其次是实际热力过程中气体的热力状态参数都在变化，难以找出其变化规律。为了分析方便和突出能量转换的主要矛盾，在理论研究中对不可逆因素暂不考虑，认为过程是可逆的。在实际应用中，根据可逆过程的分析结果，引入各种经验和实验的修正系数，使之与实际尽量接近。另外，从对实际热力过程的观察与分析中发现，许多热力过程虽然诸多参数在变化，但相比而言某些参数变化很小，可以忽略不计。例如：某些换热器中流体的温度和压力都在变化，但温度变化是主要的，压力变化很小，可以认为是在压力不变条件下进行的热力过程；燃气轮机中燃气的热力过程，由于燃气流速很快，与外界交换的热量很少，可以视为绝热过程，在可逆条件下就是定熵过程。这种保持一个状态参数不变的过程称为基本热力过程。上述基本热力过程的共同特点是：在热力过程中某一状态参数的值保持不变。然而许多实际热力过程中往往是所有的状态参数都在变化。例如：压气机中气体在压缩的同时被冷却，使气体的压力、比体积和温度在压缩过程中都在变化。但实际过程中气体状态参数的变化往往遵循一定规律，符合这种特点的过程称为多变过程。

理想气体热力过程的研究步骤如下：

1）根据过程特点列出或推导出过程方程式 $p = p(v)$。

2）根据过程方程和状态方程，推导得到过程中基本状态参数间关系。

3）分析过程中单位质量工质的膨胀功 w、技术功 w_t 和热量 q 之间能量交换和转换关系，建立功量和热量计算式。

4）在 p-v 图和 T-s 图上表示出各过程，并进行定性分析。

下面根据上述步骤重点讨论多变过程，而基本热力过程视作多变过程的特例进行阐述。为简化和方便分析，比热容取定值。

9.1.1　过程方程

在许多实际热力过程中，往往所有的气体状态参数都在变化，但气体状态参数的变化遵循一定规律。实验研究发现，这一规律可以表示为如下的过程方程：

$$pv^n = 定值 \tag{9-1}$$

符合这一方程的可逆过程称为多变过程，式中的指数 n 叫作多变指数（polytropic index）。在某一多变过程中 n 为定值，但不同的多变过程其 n 值不相同，可在 0 到 $\pm\infty$ 间变化。对于比较复杂的实际过程，可分成几段不同多变指数的多变过程来描述，每段的 n 值保持一定。

由于多变指数 n 可在 0 到 $\pm\infty$ 间变化，所以四个基本热力过程可视为多变过程的特例：

当 $n=0$ 时，$p=$定值，为定压过程（isobaric process）。

当 $n=1$ 时，$pv=$定值，为定温过程（isothermal process）。

当 $n=\kappa$ 时，$pv^\kappa=$定值，为定熵过程（isentropic process）与可逆绝热过程（reversible adiabatic process）。$\kappa=-\dfrac{v}{p}\left(\dfrac{\partial p}{\partial v}\right)$ 表示的是定熵指数（绝热指数），理想气体的定熵指数 κ 等于比热容比 $\gamma=c_p/c_V$，恒大于 1。根据理想气体的定值比热容，单原子、双原子和多原子气体的等熵指数分别为 1.67、1.4 和 1.3。

当 $n=\pm\infty$ 时，$v=$定值，为定容过程（isochoric process）。这是因为过程方程两侧开 n 次方可写为 $p^{1/n}v=$定值，$n=\pm\infty$，$1/n\to 0$，从而有 $v=$定值。

9.1.2　基本状态参数间关系

由多变过程的过程方程可得 p 和 v 间的关系为

$$\frac{p_2}{p_1}=\left(\frac{v_1}{v_2}\right)^n \tag{9-2}$$

结合状态方程可得

$$\frac{T_2}{T_1}=\left(\frac{p_2}{p_1}\right)^{1-\frac{1}{n}} \tag{9-3}$$

$$\frac{T_2}{T_1}=\left(\frac{v_1}{v_2}\right)^{n-1} \tag{9-4}$$

9.1.3　单位质量工质的功量和热量的分析计算

多变过程单位质量工质的膨胀功为

$$w=\int_1^2 p\mathrm{d}v=\int_1^2 p_1v_1^n\frac{\mathrm{d}v}{v^n}=\frac{p_1v_1^n}{n-1}(v_1^{1-n}-v_2^{1-n}) \tag{9-5}$$

$$=\frac{1}{n-1}(p_1v_1-p_2v_2) \tag{9-6}$$

$$=\frac{R_\mathrm{g}}{n-1}(T_1-T_2)$$

$$=\frac{R_\mathrm{g}T_1}{n-1}\left[1-\left(\frac{p_2}{p_1}\right)^{\frac{n-1}{n}}\right] \tag{9-7}$$

多变过程单位质量工质的技术功为

$$w_\mathrm{t}=-\int_1^2 v\mathrm{d}p=-\int_1^2[\mathrm{d}(pv)-p\mathrm{d}v]=p_1v_1-p_2v_2+\int_1^2 p\mathrm{d}v \tag{9-8}$$

$$=p_1v_1-p_2v_2+\frac{1}{n-1}(p_1v_1-p_2v_2) \tag{9-9}$$

$$=\frac{n}{n-1}(p_1v_1-p_2v_2)$$

$$=\frac{nR_\mathrm{g}}{n-1}(T_1-T_2)$$

$$=\frac{nR_\mathrm{g}T_1}{n-1}\left[1-\left(\frac{p_2}{p_1}\right)^{\frac{n-1}{n}}\right] \tag{9-10}$$

由式（9-10）可知，多变过程的技术功是膨胀功的 n 倍，即

$$w_\mathrm{t}=nw \tag{9-11}$$

多变过程单位质量工质的热量为

$$q=\Delta u+w$$

$$=c_V(T_2-T_1)+\frac{R_\mathrm{g}}{n-1}(T_1-T_2)$$

根据迈耶公式 $c_p-c_V=R_\mathrm{g}$ 及 $c_p/c_V=\kappa$ 得

$$c_V=\frac{1}{\kappa-1}R_\mathrm{g},R_\mathrm{g}=c_V(\kappa-1)$$

代入上式有

$$q=c_V(T_2-T_1)+\frac{\kappa-1}{n-1}(T_1-T_2)$$

$$=\frac{n-\kappa}{n-1}c_V(T_2-T_1)$$

令 $c_n=(n-\kappa)c_V/(n-1)$，由比热容定义知，c_n 为理想气体多变过程的比热容，则上式可表示为

$$q=c_n(T_2-T_1) \tag{9-12}$$

9.1.4 *p-v* 图和 *T-s* 图

可逆过程在 p-v 图和 T-s 图上可用连续实线表示。根据数学知识，求得各点的斜率即可

画出该曲线。因此，只要求得 $\left(\frac{\partial p}{\partial v}\right)_n$ 及 $\left(\frac{\partial T}{\partial s}\right)_n$，即可在 p-v 图和 T-s 图上画出多变过程线。

由多变过程的过程方程可得

$$\left(\frac{\partial p}{\partial v}\right)_n = -n\frac{p}{v} \tag{9-13}$$

据熵的定义，可逆过程中

$$\delta q = T\mathrm{d}s \tag{9-14}$$

结合多变过程比热容的概念可得

$$\delta q = c_n\mathrm{d}T \tag{9-15}$$

联立式（9-14）和式（9-15）有

$$\left(\frac{\partial T}{\partial s}\right)_n = \frac{T}{c_n} = \frac{(n-1)T}{(n-\kappa)c_V} \tag{9-16}$$

为了在 p-v 图和 T-s 图上对多变过程的状态参数变化和能量转换规律进行定性分析，需掌握多变过程线在 p-v 图和 T-s 图上随多变指数 n 变化的分布规律。为此，首先在 p-v 图和 T-s 图上过同一初态 1 画出四条基本过程的曲线，如图 9-1 所示。从图 9-1a 可以看到，定容线和定压线把 p-v 图分成了Ⅰ、Ⅱ、Ⅲ和Ⅳ四个区域。在Ⅱ、Ⅳ区域，多变过程线的 n 值由定压线 $n=0$ 开始按顺时针方向逐渐增大，直到定容线的 $n=+\infty$。在Ⅰ、Ⅲ区域，$n<0$，n 值则从 $n=-\infty$ 按顺时针方向增大到 $n=0$。实际工程中，$n<0$ 的热力过程极少存在，故可以不予讨论。在 T-s 图上，n 的值也是按顺时针方向增大的，上述 n 的变化规律同样成立。这样，当已知过程的多变指数的数值时，就可以定性地在 p-v 图和 T-s 图上画出该过程线。例如，对于双原子气体，当 $n=1.2$ 时，过程线如图 9-2 所示的 1—A 和 1—A'。

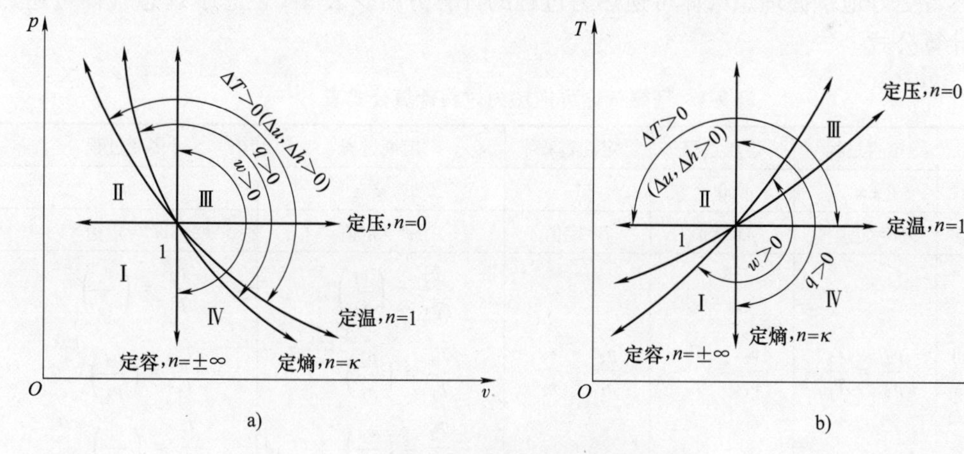

图 9-1 理想气体的各热力过程

为了分析多变过程的能量转换与交换，还需确定过程的 q、ΔT、Δu、Δh 和 w 的正负。这些可根据多变过程与四条基本过程线的相对位置来判断（见图 9-1）。

q 的正负是以过初态的定熵线为分界的。在 T-s 图上，过同一初态的多变过程，若过程线位于定熵线右方，则 $q>0$（见图 9-1b）。在 p-v 图上，过同一初态的多变过程，若过程线位于定熵线的右上方，则 $q>0$（见图 9-1a）；否则，$q<0$。

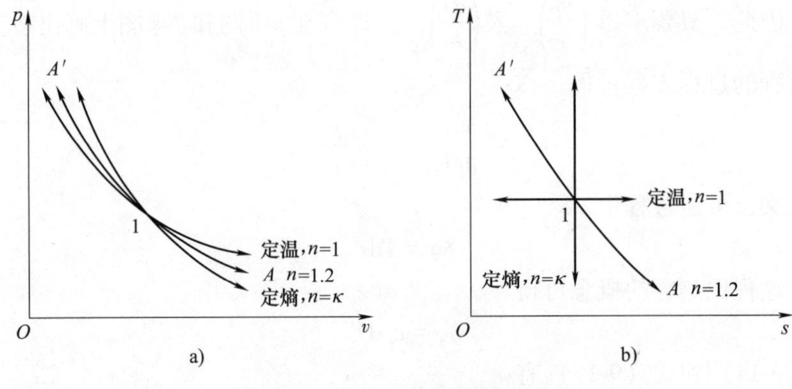

图 9-2 n=1.2 理想气体热力过程

膨胀功的正负是以定容线为分界的。在 p-v 图上，过同一初态的多变过程，若过程线位于定容线右侧，则 $w>0$（见图 9-1a）。在 T-s 图上，过同一初态的多变过程，若过程线位于定容线右下方，则 $w>0$（见图 9-1b）；反之，$w<0$。

由于理想气体的比热力学能和比焓仅是温度的单值函数，故 ΔT 的正负决定了 Δu 和 Δh 的正负。ΔT 的正负是以定温线为分界的。在 T-s 图上，过同一初态的多变过程，若过程线位于定温线上方，则过程的 $\Delta T>0$（见图 9-1b）；在 p-v 图上，过同一初态的多变过程，若过程线位于定温线的右上方，则 $\Delta T>0$（见图 9-1a）；反之，$\Delta T<0$。例如：上述双原子气体 $n=1.2$ 的过程 1—A 和 1—A′，虽然多变指数 n 相同，但过程 1—A 的 $q>0$，$w>0$，$\Delta T<0$；而过程 1—A′的 $q<0$，$w<0$，$\Delta T>0$。

为使读者更好地掌握理想气体可逆热力过程的计算分析，表 9-1 汇总了理想气体可逆热力过程的计算公式。

表 9-1 理想气体可逆热力过程计算公式表

过程	定容过程	定压过程	定温过程	定熵过程	多变过程
多变指数 n	$\pm\infty$	0	1	κ	n
过程方程式	v=定值	p=定值	T=定值	pv^{κ}=定值	pv^{n}=定值
p、v、T 之间的关系式	$\dfrac{p_2}{p_1}=\dfrac{T_2}{T_1}$	$\dfrac{v_2}{v_1}=\dfrac{T_2}{T_1}$	$\dfrac{p_2}{p_1}=\dfrac{v_1}{v_2}$	$\dfrac{p_2}{p_1}=\left(\dfrac{v_1}{v_2}\right)^{\kappa}$ $\dfrac{T_2}{T_1}=\left(\dfrac{p_2}{p_1}\right)^{\frac{\kappa-1}{\kappa}}$ $\dfrac{T_2}{T_1}=\left(\dfrac{v_1}{v_2}\right)^{\kappa-1}$	$\dfrac{p_2}{p_1}=\left(\dfrac{v_1}{v_2}\right)^{n}$ $\dfrac{T_2}{T_1}=\left(\dfrac{p_2}{p_1}\right)^{\frac{n-1}{n}}$ $\dfrac{T_2}{T_1}=\left(\dfrac{v_1}{v_2}\right)^{n-1}$
膨胀功 $w=\int_1^2 p\mathrm{d}v$	0	$p(v_2-v_1)$ $R_g(T_2-T_1)$	$R_gT_1\ln\dfrac{v_2}{v_1}$ $p_1v_1\ln\dfrac{v_2}{v_1}$ $p_1v_1\ln\dfrac{p_1}{p_2}$	$-\Delta u$ $\dfrac{1}{\kappa-1}(p_1v_1-p_2v_2)$ $\dfrac{R_g}{\kappa-1}(T_2-T_1)$ $\dfrac{R_gT_1}{\kappa-1}\left[1-\left(\dfrac{p_2}{p_1}\right)^{\frac{\kappa-1}{\kappa}}\right]$	$\dfrac{1}{n-1}(p_1v_1-p_2v_2)$ $\dfrac{R_g}{n-1}(T_2-T_1)$ $\dfrac{R_gT_1}{n-1}\left[1-\left(\dfrac{p_2}{p_1}\right)^{\frac{n-1}{n}}\right]$

（续）

过程	定容过程	定压过程	定温过程	定熵过程	多变过程
技术功 $w_t=-\int_1^2 v\mathrm{d}p$	$v(p_1-p_2)$	0	w	$-\Delta h$ $\frac{\kappa}{\kappa-1}(p_1v_1-p_2v_2)$ $\frac{\kappa}{\kappa-1}R_g(T_1-T_2)$ $\frac{\kappa R_gT_1}{\kappa-1}\left[1-\left(\frac{p_2}{p_1}\right)^{\frac{\kappa-1}{\kappa}}\right]$ κw	$\frac{n}{n-1}(p_1v_1-p_2v_2)$ $\frac{n}{n-1}R_g(T_1-T_2)$ $\frac{nR_gT_1}{n-1}\left[1-\left(\frac{p_2}{p_1}\right)^{\frac{n-1}{n}}\right]$ nw
过程热量 q	Δu $c_V\Delta T$	Δh $c_p\Delta T$	w $T(s_2-s_1)$	0	$\frac{n-\kappa}{n-1}c_V(T_2-T_1)$
过程比热容 c	c_V	c_p	∞	0	$\frac{n-\kappa}{n-1}c_V$

此外，本节值得特别注意的是可逆绝热过程，即定熵过程或等熵过程。许多工程系统或装置（例如泵、压气机、汽轮机等）基本上为绝热运转，在运转过程中，当其不可逆性（例如摩擦）为最小时，系统的效率最高。我们将装置真实操作下的性能，与理想状态操作下的性能之比，定义为等熵效率。之前有提过不可逆性在实际工程问题中总是存在，所以对于实际工程问题，我们都希望有一个理论极限的效率，类似卡诺效率，实际效率则向这个理论极限去改进。如上所述，等熵过程在工程应用中的效率往往是最高的，故等熵效率可作为实际过程理想化程度的衡量指标，具体将在后面的章节中结合相应的装置或系统加以阐述。

【例 9-1】 初压力为 0.1MPa、初温为 27℃的 1kg 氮气，在 $n=1.25$ 的压缩过程中被压缩至原来体积的 1/5，若取比热容为定值，试求压缩后的压力、温度、压缩过程所消耗压缩功及与外界交换的热量。若从相同初态出发分别经定温和定熵过程压缩至相同体积，试进行相同的计算，并将此三过程画在同一 p-v 图和 T-s 图上。

解：（1）多变过程

对于氮气有 $R_g=0.297\text{kg}/(\text{kg}\cdot\text{K})$，$c_V=0.742\text{kg}/(\text{kg}\cdot\text{K})$。由题意知，$v_1/v_2=5$，根据基本状态参数间关系得

$$p_2=p_1\left(\frac{v_1}{v_2}\right)^n=0.1\times5^{1.25}\text{MPa}=0.748\text{MPa}$$

$$T_2=T_1\left(\frac{v_1}{v_2}\right)^{n-1}=(27+273)\times5^{0.25}\text{K}=448.6\text{K}$$

单位质量气体所耗功（压缩功）

$$w=\frac{R_g}{n-1}(T_1-T_2)=\frac{0.297}{1.25-1}\times(300-448.6)\text{ kJ/kg}=-176.5\text{kJ/kg}$$

单位质量气体与外界交换的热量

$$q=\Delta u+w=c_V\Delta T+w=0.742\times(448.6-300)\text{kJ/kg}-176.5\text{kJ/kg}$$
$$=-66.24\text{kJ/kg}$$

（2）定温过程

$$p_2 = p_1 \frac{v_1}{v_2} = 0.1 \times 5\text{MPa} = 0.5\text{MPa}$$

$$T_2 = T_1 = 300\text{K}$$

$$w = q = R_g T_1 \ln \frac{v_2}{v_1} = 0.297 \times 300 \times \ln \frac{1}{5}\text{kJ/kg} = -143.4\text{kJ/kg}$$

（3）定熵过程

$$p_2 = p_1 \left(\frac{v_1}{v_2}\right)^{\kappa} = 0.1 \times 5^{1.4}\text{MPa} = 0.952\text{MPa}$$

$$T_2 = T_1 \left(\frac{v_1}{v_2}\right)^{\kappa-1} = 300 \times 5^{0.4}\text{MPa} = 571.1\text{K}$$

$$w = \frac{R_g}{\kappa - 1}(T_1 - T_2) = \frac{0.297}{1.4 - 1} \times (300 - 571.1)\text{kJ/kg} = -201.3\text{kJ/kg}$$

$$q = 0$$

在 p-v 图（见图 9-3）和 T-s 图（见图 9-4）上，从同一初态 1 出发压缩至相同体积的定温过程、$n=1.25$ 的多变过程和定熵过程分别为 $1—2_T$、$1—2_n$ 和 $1—2_s$。

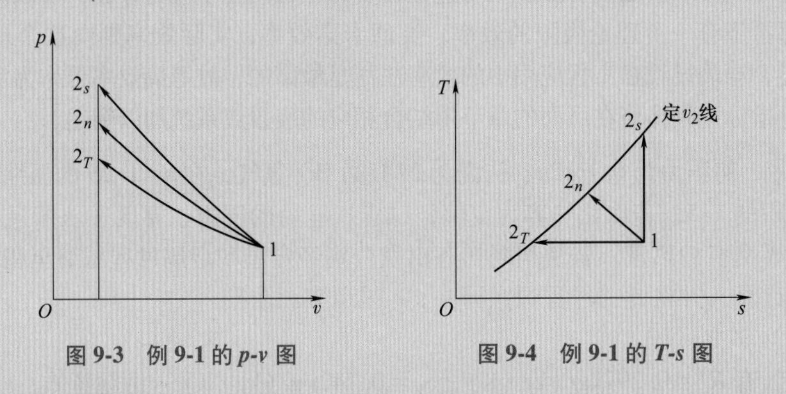

图 9-3　例 9-1 的 p-v 图　　　图 9-4　例 9-1 的 T-s 图

讨论：

1）多变过程气体与外界的热量也可用式（9-12），即 $q = c_n \Delta T$ 来计算。但由于计算要涉及多变过程的比热容 $c_n = (n-\kappa)c_V/(n-1)$ 的计算，作者仍推荐用能量方程的基本公式来计算。

2）从 p-v 图和 T-s 图上的分析可以得到：定温过程的终压与终温最低、消耗压缩功最少、放出热量最多；相反，定熵过程的终压与终温最高、消耗压缩功最大、放热量最少（为零）；而多变过程居于两者之间。这定性地验证了计算的正确性。通过本题可以看出，根据热力过程在 p-v 图和 T-s 图上的走向及过程线下面积的大小，可以定性判断热力过程状态参数的变化，功量、热量的正负及大小。因此，两图对于定性分析热力过程和验证计算结果是十分重要的。

【例 9-2】 在 T-s 图上用图形面积表示某种理想气体可逆过程 $a—b$（见图 9-5）的焓差 h_a-h_b 和技术功值。

解：通过 b 点作等温线与通过 a 点的等压线相交于 c 点。因 T-s 图上过程线下的面积可以表示过程的热量，所以图 9-5 中面积 $abdea$ 即为过程 a—b 的热量。

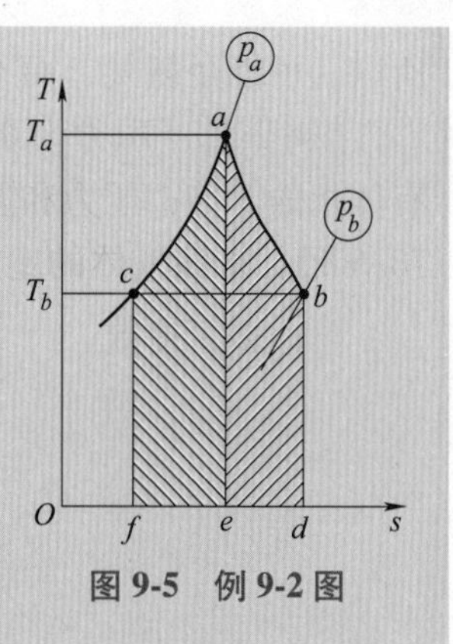

图 9-5 例 9-2 图

根据热力学第一定律，$q=\Delta h+w_t$，过程的技术功

$$w_t=q-\Delta h=q+(h_a-h_b)$$

考虑沿等压线进行过程 c—a，该过程的热量 $q_{c-a}=h_a-h_c$，可用面积 $aefca$ 表示。由于 $T_c=T_b$，理想气体的焓只是温度的函数，所以 $h_b=h_c$。因此，面积 $aefca$ 也表示 h_a-h_b 的大小。于是面积 $abdefca$ 就可表示过程 a—b 的技术功数值。

【例 9-3】 分析理想气体可逆多变过程中系统与外界交换的功和热量，即$\dfrac{w_n}{q_n}$的关系。

解：可逆多变过程中

$$w_n=\frac{R_g}{n-1}(T_1-T_2),q_n=c_V\frac{n-\kappa}{n-1}(T_2-T_1)$$

所以

$$\frac{w_n}{q_n}=\frac{\dfrac{R_g}{n-1}(T_1-T_2)}{\dfrac{n-\kappa}{n-1}c_V(T_2-T_1)}=-\frac{R_g}{c_V(n-\kappa)}=-\frac{R_g}{\dfrac{R_g}{\kappa-1}(n-\kappa)}=-\frac{\kappa-1}{n-\kappa}$$

对于理想气体，κ 恒大于 1，所以当多变指数 $n>\kappa$ 时，$n-\kappa>0$，$\dfrac{w_n}{q_n}<0$，表示气体膨胀做功同时向外界放热或气体被压缩同时自外界吸热。若 $1<n<\kappa$，此时 $n-\kappa<0$，w_n 与 q_n 同号，即气体被压缩时向外界放热，膨胀时自外界吸热。

讨论：当 $1<n<\kappa$ 时，过程线介于等温线和等熵线之间，因此，热力学能增量的正负，亦即 ΔT 的正负与 q 的符号相反，这表明膨胀时，气体做功量大于吸热量，气体的热力学能减少；压缩时外界对气体做的功大于气体的放热量，热力学能增加，温度上升。

【例 9-4】 某高压容器含有未知气体，据不完整记载，可能是氮或氩。今取出一些样品进行实验，5L 气体样品从 25℃ 绝热可逆膨胀到 6L 时温度降低了 21℃，试问能否判断出是何种气体？

解：分析，若气体是氮，则因是双原子气体，取定比热容时 $\kappa=1.4$；若气体是氩，则应是单原子气体，$\kappa=1.67$。

$$\frac{T_2}{T_1}=\left(\frac{V_1}{V_2}\right)^{\kappa-1},(\kappa-1)\ln\frac{V_1}{V_2}=\ln\frac{T_2}{T_1}$$

$$\kappa=\frac{\ln\dfrac{T_2}{T_1}}{\ln\dfrac{V_1}{V_2}}+1=\frac{\ln\dfrac{(25+273.15)\mathrm{K}}{(25-21+273.15)\mathrm{K}}}{\ln\dfrac{6\mathrm{L}}{5\mathrm{L}}}+1=1.40$$

所以，可能是氮气，而不是氩气。

【例 9-5】 压力为 0.425MPa、质量为 3kg 的某种理想气体按可逆多变过程膨胀到原有体积的 3 倍，压力和温度分别下降到 0.1MPa、27℃，膨胀过程中做功 339.75kJ、吸热 70.50kJ，求该气体的比定压热容 c_p 及比定容热容 c_V。

解：多变指数

$$n=\frac{\ln\frac{p_1}{p_2}}{\ln\frac{v_2}{v_1}}+1=\frac{\ln\frac{0.425\mathrm{MPa}}{0.1\mathrm{MPa}}}{\ln\frac{3v_1}{v_1}}=1.317$$

因 $\frac{p_1V_1}{R_gT_1}=\frac{p_2V_2}{R_gT_2}$，所以

$$T_1=T_2\frac{V_1}{V_2}\frac{p_1}{p_2}=(27+273)\mathrm{K}\times\frac{1}{3}\times\frac{0.425\mathrm{MPa}}{0.1\mathrm{MPa}}=425\mathrm{K}=152℃$$

据闭口系能量方程得

$$Q=\Delta U+W$$

$$\Delta U=Q-W=-269.25\mathrm{kJ}$$

$$c_V=\frac{\Delta U}{m(T_2-T_1)}=0.718\mathrm{kg}/(\mathrm{kg}\cdot\mathrm{K})$$

根据例 9-3 $\frac{w_n}{q_n}=-\frac{\kappa-1}{n-\kappa}$，所以

$$\kappa=-\frac{q_n-nw_n}{q_n-w_n}=1.40$$

$$c_p=\kappa c_V=1.40\times0.718\mathrm{kg}/(\mathrm{kg}\cdot\mathrm{K})=1.005\mathrm{kg}/(\mathrm{kg}\cdot\mathrm{K})$$

讨论：一些读者常常习惯于把比定压热容、比定容热容、气体常数等作为已知条件计算其他参数和过程的功及热量等，但本例却是已知功和热量求 c_p 和 c_V，所以初看到本例觉得无从着手。如果这样，建议先求出多变指数，再考虑能量方程。因为系统与外界交换的功和热量是通过系统在状态变化过程中实现的，必然与初、终态的状态参数和表征过程特征的多变指数有关。然后再和能量方程联系起来就可能找出解题的切入点。本例题是先求出多变指数 n，再求出 T_1，然后据闭口系能量方程求出 ΔU，进而求出 c_V，找到了解题的切入点。

9.2 实际气体的热力过程

9.2.1 蒸气的热力过程

蒸气热力过程分析、计算的目的和理想气体一样，在于实现预期的能量转换和获得预期的工质的热力状态。由于蒸气热力性质的复杂性，第一节叙述过的理想气体的状态方程和理

想气体热力过程的解析公式均不能使用。蒸气热力过程的分析与计算只能利用热力学第一定律和热力学第二定律的基本方程，以及蒸气热力性质图表。其一般步骤如下：

1）由已知初态的两个独立参数（p、T）在蒸气热力性质图表上查算出其余各初态参数之值。

2）根据过程特征（定压、定熵等）和终态的已知参数（如终压或终温等），由蒸气热力性质图表查取终态状态参数值。

3）由查算得到的初、终态参数，应用热力学第一定律、热力学第二定律的基本方程和由其推导出的一般关系式计算 q、$w(w_t)$、Δh、Δu 和 Δs_g 等。

在实际工程应用中，蒸气（包括水蒸气和常用的压缩蒸气制冷工质）的基本热力过程以定压过程和绝热过程最为重要和典型。水在锅炉中的加热、汽化和过热，乏汽在凝汽器中凝结，以及制冷剂在蒸发器中汽化吸热等都可简化为定压过程。蒸汽在汽轮机中的膨胀做功和制冷工质在压缩机中压缩升温过程等可近似为绝热过程。这些过程在 h-s 图上求解更为方便。

1. 定压过程

蒸气的加热（如锅炉中水和水蒸气的加热）和冷却（如冷凝器中制冷工质蒸气的冷却冷凝）过程，在忽略流动压损的条件下均可视为定压过程。对于定压过程，当过程可逆时有

$$w = \int_1^2 p\mathrm{d}v = p_1(v_2 - v_1) \tag{9-17}$$

$$q = \Delta h \tag{9-18}$$

2. 绝热过程

蒸气的膨胀（如水蒸气经汽轮机膨胀对外做功）和压缩（如制冷压缩机中对制冷工质的压缩）过程，在忽略热交换的条件下可视为绝热过程，有

$$q = 0 \tag{9-19}$$

$$w = -\Delta u \tag{9-20}$$

$$w_t = -\Delta h \tag{9-21}$$

在可逆条件下是定熵过程

$$\Delta s = 0 \tag{9-22}$$

【例 9-6】 汽轮机进口水蒸气的参数为 $p_1 = 9.0\text{MPa}$、$t_1 = 500℃$，水蒸气在汽轮机中进行绝热可逆膨胀至 $p_2 = 0.004\text{MPa}$，试求：进口蒸汽的过热度；单位质量蒸汽流经汽轮机对外所做的功。

解： 1）查饱和水与饱和水蒸气热力性质表得 $p_1 = p_{s1} = 9.0\text{MPa}$ 时，$t_{s1} = 303.385℃$。

进口蒸汽过热度 $D = t_1 - t_{s1} = 500℃ - 303.385℃ = 196.615℃$。

2）由 $p_1 = 9.0\text{MPa}$、$t_1 = 500℃$ 查水蒸气的焓熵图得 $h_1 = 3386\text{kJ/kg}$，$s_1 = 6.66\text{kJ/(kg·K)}$。

由 $p_2 = 0.004\text{MPa}$、$s_2 = s_1$，查水蒸气的焓熵图得 $h_2 = 2005\text{kJ/kg}$。

由热力学第一定律稳定流动能量方程

$$q = \Delta h + \frac{1}{2}\Delta c^2 + g\Delta z + w_{sh}$$

化简得

$$w_{sh} = -\Delta h = h_1 - h_2 = 3386\text{kJ/kg} - 2005\text{kJ/kg} = 1381\text{kJ/kg}$$

讨论：

通过本题求解可以看出蒸汽热力过程的求解步骤。求解中终态参数的确定按过程是定熵的特征和终压 p_2 查取。因此，蒸汽热力过程求解的关键是掌握过程的特征和熟练运用蒸汽热力性质图表。

【例 9-7】 如图 9-6 所示，汽柜和汽缸经阀门相连接，汽柜与汽缸壁面均绝热，汽柜内有 0.5kg、2.0MPa、370℃的水蒸气。开始时活塞静止在汽缸底部，阀门逐渐打开后，蒸汽缓慢地进入汽缸，汽缸中的蒸汽始终保持 0.7MPa 的压力，推动活塞上升。当汽柜中压力降到与汽缸中的蒸汽压力相等时立即关闭阀门，分别求出汽柜和汽缸中蒸汽的终态温度。

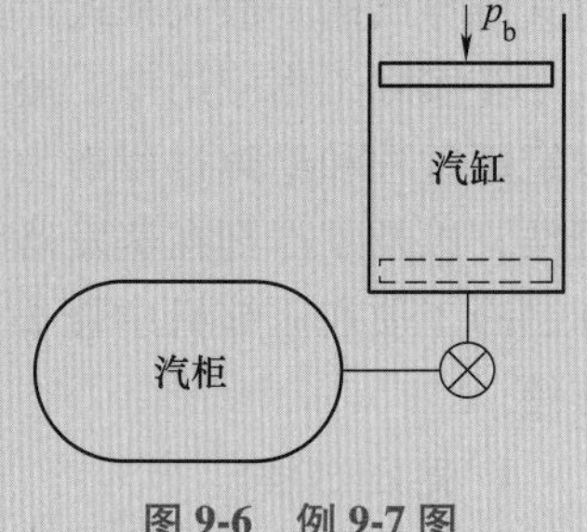

图 9-6　例 9-7 图

解： 取全部蒸汽为闭口系，设汽柜内水蒸气的初、终态分别为 1 和 2，汽缸内蒸汽终态为 3，则 $Q = \Delta U + W$。

其中
$$\Delta U = (m_2u_2 - m_1u_1) + (m_1 - m_2)u_3 = 0$$

因绝热，$Q=0$，所以

$$m_1u_1 - m_2u_2 = (m_1 - m_2)u_3 + (m_1 - m_2)pv_3$$

$$m_1u_1 - m_2u_2 = (m_1 - m_2)(u_3 + pv_3) = (m_1 - m_2)h_3$$

$$h_3 = \frac{m_1u_1 - m_2u_2}{m_1 - m_2}$$

查 h-s 图，$p_1 = 2.0\text{MPa}$，$t_1 = 370℃$，$h_1 = 3175.0\text{kJ/kg}$，$s_1 = 7.01\text{kJ/(kg·K)}$，$v_2 = 0.143\text{m}^3/\text{kg}$。可以认为留在汽柜内蒸汽经历可逆绝热过程，所以 $s_2 = s_1$，据 $p_1 = 0.7\text{MPa}$，$s_1 = 7.01\text{kJ/(kg·K)}$，查得 $t_2 = 230℃$ 时，$h_2 = 2910\text{kJ/kg}$，$v_2 = 0.320\text{m}^3/\text{kg}$，求得 $V_1 = m_1v_1 = 0.0715\text{m}^3$。

$$m_2 = \frac{V_2}{v_2} = \frac{0.0715\text{m}^3}{0.320\text{m}^3/\text{kg}} = 0.2234\text{kg}$$

$$u_1 = h_1 - p_1v_1 = 3175\text{kJ/kg} - 2\times10^3\text{kPa}\times0.143\text{m}^3/\text{kg} = 2889\text{kJ/kg}$$

$$u_2 = h_2 - p_2v_2 = 2910\text{kJ/kg} - 0.7\times10^3\text{kPa}\times0.32\text{m}^3/\text{kg} = 2686\text{kJ/kg}$$

$$h_3 = 3053.0\text{kJ/kg}$$

由 $h_3 = 3053.0\text{kJ/kg}$、$p_3 = 0.7\text{MPa}$，查图得 $t_3 = 297℃$。

讨论： 无论是理想气体还是水蒸气，其绝热放气过程中，可以认为留在容器内的气体进行等比熵过程。从汽缸放出的蒸汽进行的是不可逆过程，但是本例中取全部蒸汽为闭口系后系统只是通过活塞与外界发生功的交换，且作用于活塞的压力维持定值，因此功的计算比较容易。

9.2.2 湿空气的热力过程

在湿空气（moist air）的热力过程中，由于湿空气中的水蒸气常发生集态变化而致使湿空气的质量发生变化，因此计算分析中除要应用能量方程外，还要用到质量守恒方程。湿空气的热力过程分析也是焓湿图应用的一个重要方面。工程上种种复杂的湿空气热力过程常是几种基本热力过程的组合，为此下面介绍几种典型的湿空气的基本热力过程。

1. 加热（或冷却）过程

对湿空气单独加热或冷却（露点以上）的过程，是含湿量保持不变的过程，如图 9-7 中的过程 1—2（加热）和过程 1—2′（冷却）所示。在加热过程中，湿空气的温度升高，焓增加而相对湿度减小，冷却过程与加热过程正好相反。对于如图 9-7 所示的加热（或冷却）系统，若进出口湿空气的比焓、水蒸气量和干空气量分别为 h_1、h_2、m_{v1}、m_{v2} 和 m_{a1}、m_{a2}，由于过程含湿量不变，则有

$$m_{v1} - m_{v2} = 0$$

$$m_{a1} = m_{a2} = m_a$$

根据稳定流动能量方程，过程中吸热量（或放热量）等于焓差，可得单位质量干空气吸收（或放出）的热量为

$$q = h_2 - h_1 \tag{9-23}$$

2. 冷却去湿过程

在湿空气的冷却过程中，如果湿空气被冷却到露点以下，就有蒸汽凝结和水滴析出，如图 9-8 所示的过程 1—2。水蒸气的凝结致使湿空气的含湿量减少，从而有

$$m_w = m_{v1} - m_{v2} = m_a(d_1 - d_2) \tag{9-24}$$

$$Q = (H_2 + H_w) - H_1 = m_a(h_2 - h_1) + m_w h_w$$

则

$$q = (h_2 - h_1) - (d_2 - d_1)h_w \tag{9-25}$$

式中，m_w、h_w 分别为凝结水的质量和比焓。其中 $h_w = h'(t_2) \approx 4.187t_2$。

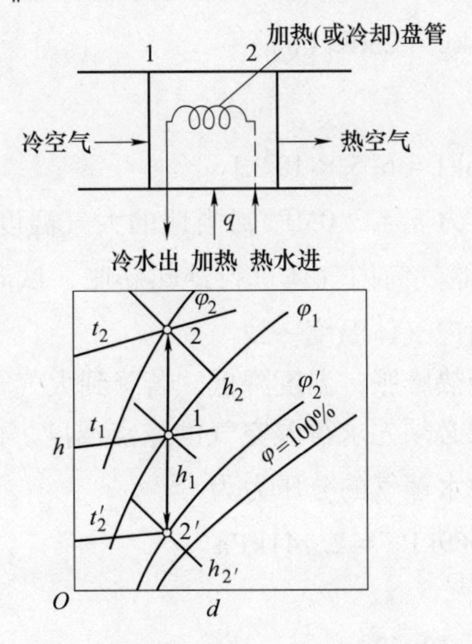

图 9-7 湿空气的加热（或冷却）过程

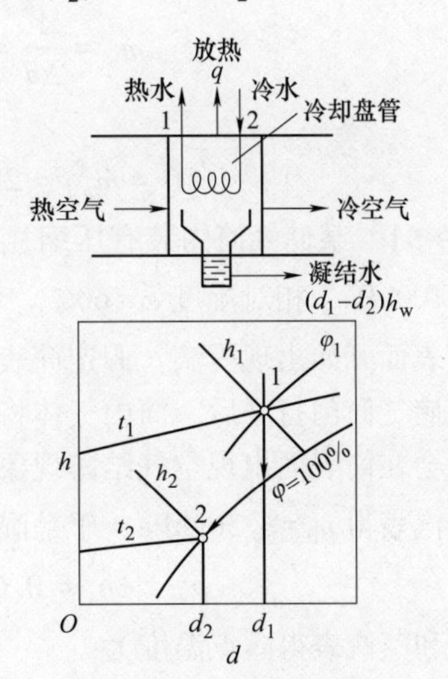

图 9-8 冷却去湿过程

3. 绝热加湿（加水）过程

物品的干燥过程对于湿空气而言是一加湿过程。这一加湿过程通常是在绝热条件下进行的，故称为绝热加湿过程。绝热加湿过程中湿空气的含湿量增加，从而有

$$m_{v2} - m_{v1} = m_w = m_a(d_2 - d_1) \tag{9-26}$$

由 $Q = H_2 - (H_1 + H_w) = m_a(h_2 - h_1) - m_w h_w = 0$ 可得

$$h_2 - h_1 = (d_2 - d_1)h_w \tag{9-27a}$$

式中，h_w 为加入水分的比焓值。

由于水的比焓值 h_w 不大，d_2-d_1 之差很小，则 $(d_2 - d_1)h_w$ 相对于 h_2 和 h_1 可以忽略不计，故有

$$h_2 - h_1 \approx 0 \quad 或 \quad h_2 \approx h_1 \tag{9-27b}$$

因此，湿空气的绝热加湿过程可近似看作湿空气焓值不变的过程，如图 9-9 所示。在绝热加湿过程中，含湿量 d 和相对湿度 φ 增大，温度 t 降低。

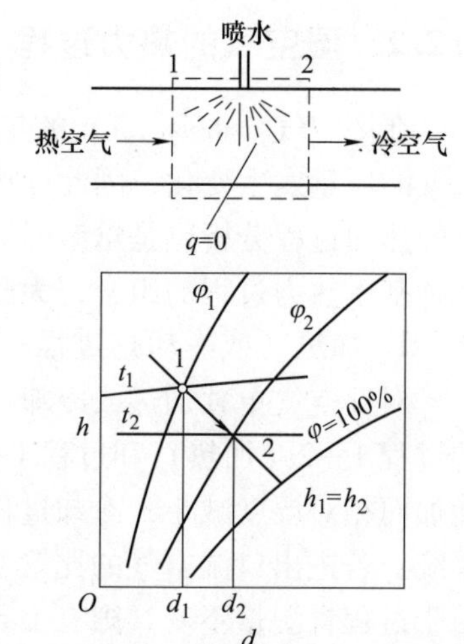

图 9-9 绝热加湿过程

【例 9-8】 将压力为 100kPa、温度为 25℃、相对湿度 60%的湿空气在加热器中加热到 50℃，然后送进干燥箱用以烘干物体。从干燥箱出来的空气温度为 40℃，试求在该加热及烘干过程中，每蒸发 1kg 水分所消耗的热量。

解： 根据题意，由 $t_1 = 25℃$、$\varphi_1 = 60\%$ 在 h-d 图上查得

$$h_1 = 56\text{kJ/kg(a)},\ d_1 = 0.012\text{kg/kg(a)}$$

加热过程含湿量不变，$d_2 = d_1$，由 d_2 及 $t_2 = 50℃$ 查得 $d_3 = 0.016\text{kg/kg(a)}$。

根据上述各状态点参数，可计算得 1kg 干空气吸收的水分和所耗热量。

$$\Delta d = d_3 - d_2 = d_3 - d_1 = 0.004\text{kg/kg(a)}$$

$$q = h_2 - h_1 = 82\text{kJ/kg(a)} - 56\text{kJ/kg(a)} = 26\text{kJ/kg(a)}$$

蒸发 1kg 水分所需干空气量为

$$m_a = \frac{1}{\Delta d} = \frac{1}{0.004}\text{kg} = 250\text{kg(a)}$$

则

$$Q = m_a q = 250 \times 26\text{kJ} = 6.5 \times 10^3\text{kJ}$$

【例 9-9】 某储气筒内装有压缩氮气，压力 $p_1 = 3.0\text{MPa}$，当地的大气温度 $t_0 = 27℃$，压力 $p_0 = 100\text{kPa}$，相对湿度 $\varphi = 60\%$。今打开储气筒内气体进行绝热膨胀，试问压力为多少时，筒表面开始出现露滴？假定筒表面与筒内气体温度一致。

解： 储气筒门打开后，筒内气体将进行绝热膨胀，温度降低，若降到大气露点温度值以下，则会在筒表面出现空气结露现象。所以必须先求得湿空气的露点温度。由 $t_0 = 27℃$ 查饱和蒸汽表得 $p_0 = 3.569\text{kPa}$，于是湿空气中水蒸气的分压力为

$$p_v = \varphi p_s = 0.6 \times 3.569\text{kPa} = 2.141\text{kPa}$$

查饱和蒸汽表得露点温度为

$$t_d = t_s(p_v) = 18.58℃$$

氮气膨胀到此温度 $t_2 = t_d = 18.58℃$ 时，所对应的压力为

$$p_2 = p_1 \left(\frac{T_2}{T_1}\right)^{\frac{\kappa}{\kappa-1}} = 3.0\text{MPa} \times \left[\frac{(273 + 18.58)\ \text{K}}{(273 + 27)\ \text{K}}\right]^{1.4/0.4} = 2.72\text{MPa}$$

故当筒内压力小于等于 2.72MPa 时，筒表面有露滴出现。

9.3　通用装置的热力过程

9.3.1　喷管

在叶轮式动力机械中，热能向机械能的转换主要是在喷管（nozzle）中实现的。喷管就是用于加速气体（蒸气）流速，并使气流压力降低的变截面短管，如图 9-10a 所示。气体或蒸气在喷管中绝热膨胀，压力降低，流速增加。高速流动的气流冲击叶轮机的叶片，使叶轮机旋转，气流的动能转变为叶轮机旋转的机械能。如图 9-10b 所示，喷管也是火箭发动机的一个重要部件，它用于膨胀并加速由燃烧室燃烧推进产生的燃气，使之达到超高声速。

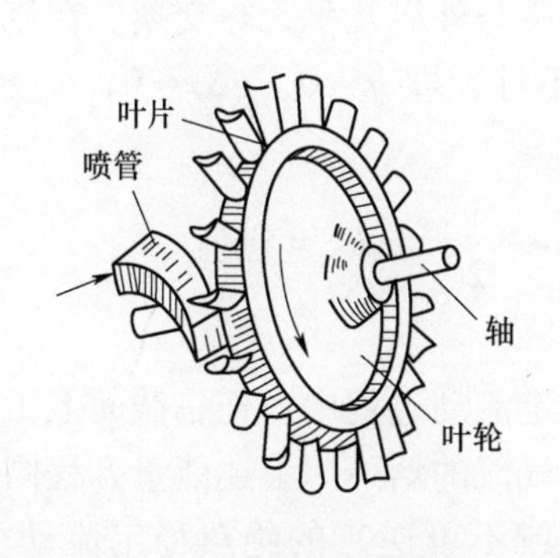

a) 叶轮机工作原理示意图

b) 火箭发动机喷管

图 9-10　喷管应用实例

与喷管中的热力过程相反，在工程实际中还有另一种情况，即高速气流进入变截面短管中时，气流的速度降低，而压力升高。这种能使气流压力升高而速度降低的变截面短管称为扩压管（diffuser）。扩压管在叶轮式压气机中得到应用。

喷管和扩压管都是变截面的短管，本节以喷管为主分析变截面短管内气体的流动规律。掌握了喷管内的气体流动规律就很容易分析扩压管内的气体流动。为了突出能量转换的主要矛盾，本节主要讨论喷管内可逆过程气体的流动规律。对于理想气体，比热容取定值。为使分析简单，在气体流动过程中，仅考虑沿流动方向的状态和流速变化，不考虑垂直于流动方向的状态和流速变化，即认为流动是一维（一元）流动；同时，假定气体在喷管和扩压管

中的流动是稳定流动。下面就从一维稳定流动的基本方程开始展开讨论。

1. 一维稳定流动的基本方程

(1) 连续性方程　根据质量守恒原理，流体在稳定流过如图 9-11 所示的流道时，流经任一截面的质量流量保持不变。若任一截面的面积为 A，流体在该截面的流速为 c，比体积为 v，则质量流量为

$$q_m = \frac{Ac}{v} = 常数 \tag{9-28a}$$

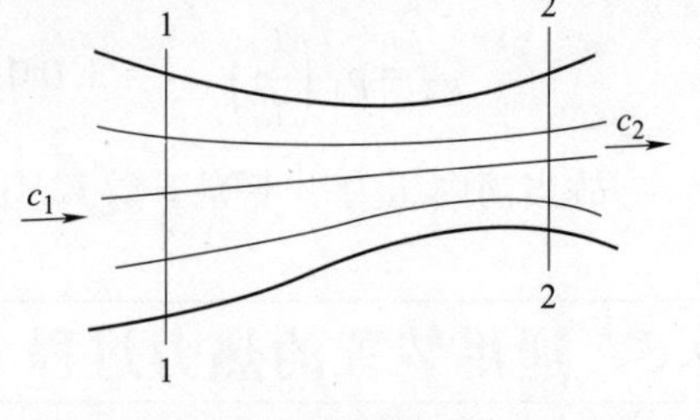

图 9-11　通过变截面管道的一维流动

对截面 1—1、2—2 和任意截面，均有

$$q_{m1} = q_{m2} = \frac{A_1 c_1}{v_1} = \frac{A_2 c_2}{v_2} = \frac{Ac}{v} = 常数$$

式 (9-28a) 称为稳定流动的连续性方程。对其两边微分，得

$$\frac{dA}{A} = \frac{dv}{v} - \frac{dc}{c} \tag{9-28b}$$

连续性方程式 (9-28b) 反映了稳定流动过程中工质流速变化率、比体积变化率和流道截面面积变化率之间必须遵循且相互制约的关系。不管气体是理想气体还是实际气体，也不管过程是可逆还是不可逆，该式均适用。

(2) 能量方程　将稳定流动能量方程应用于本节的研究对象，气流流经喷管、扩压管或阀门等时，由于流道较短，工质流速较高，故工质与外界几乎无热交换。在流动中，工质与外界也无轴功交换，工质进出口位能差可忽略不计，即 $q \approx 0$，$g\Delta z \approx 0$，$w_s \approx 0$。因此能够得到

$$h_1 + \frac{1}{2}c_1^2 = h_2 + \frac{1}{2}c_2^2 = h + \frac{1}{2}c^2 = h_0 = 定值 \tag{9-29a}$$

$$dh + c dc = 0 \tag{9-29b}$$

式 (9-29) 指出，工质在绝热不做外功的稳定流动过程中，任一截面上工质的焓与其动能之和保持定值，因而，气体动能的增加，等于气流的焓降。上述能量方程同样适用于任何工质（理想气体或实际气体）、任何过程（可逆或不可逆）的绝热稳定流动。h_0 称为滞止焓或总焓，是气体在绝热流动过程中，因受到某种物体的阻碍，流速降低为零的绝热滞止过程中的焓值，它等于任一截面上气流的焓和其动能的总和。气流滞止时的温度和压力分别称为滞止温度（stagnation temperature）和滞止压力（stagnation pressure），用 T_0 和 p_0 表示，具体将在下文中详细阐述。

(3) 过程方程　在可逆绝热（定熵）流动过程中，工质的状态参数变化遵循定熵过程的方程，对于理想气体有

$$pv^{\kappa} = 常数 \tag{9-30}$$

两边微分整理得

$$\frac{dp}{p} = -\kappa \frac{dv}{v} \tag{9-31}$$

对于理想气体 $\kappa = c_p/c_V$；对于水蒸气，若应用上两式，κ 仅是经验数据。式 (9-31) 说明，在定熵流动过程中，若压力下降，比体积将增大；反之，比体积减小。结合能量方程

式（9-29）分析知，工质流速与比体积同时增大或减小，而压力变化与比体积变化和流速变化相反。上述的式（9-28）~式（9-31）是研究喷管和扩压管中一维稳定流动的基本方程。

（4）声速和马赫数　在气体高速流动的分析中，声速和马赫数是十分重要的两个参数。由物理学知识可知，声音在气体介质中传播的速度，即声速为

$$c_{\mathrm{a}} = \sqrt{\left(\frac{\partial p}{\partial \rho}\right)_s} = \sqrt{-v^2\left(\frac{\partial p}{\partial v}\right)_s}$$

对于理想气体，根据过程方程式有

$$\left(\frac{\partial p}{\partial v}\right)_s = -\kappa\frac{p}{v}$$

联立上述两式有

$$c_{\mathrm{a}} = \sqrt{\kappa p v} \tag{9-32a}$$

对于理想气体有

$$c_{\mathrm{a}} = \sqrt{\kappa R_{\mathrm{g}} T} \tag{9-32b}$$

上式说明，气体的声速与气体的热力状态有关，气体的状态不同，声速也不同。在气体的流动过程中，气体的热力状态发生变化，声速也要变化。因此，声速是状态参数，即当地（某截面处）热力状态下的声速，又称当地声速。

马赫数是气体在某截面处的流速与该处声速之比，用 Ma 表示，即

$$Ma = \frac{c}{c_{\mathrm{a}}} \tag{9-33}$$

根据 Ma 的大小，流动可分为：$Ma<1$，亚声速流动；$Ma=1$，声速流动；$Ma>1$ 超声速流动。

2. 促使流速改变的条件

气体在管道中流动的目的在于实现热能和动能的相互转换，因此促进流速改变的条件是研究的重点。流体要流动，必须有外部动力的作用，这就是力学条件。有了动力之后，还必须创造条件充分利用这个动力，使流体得到最大的能量转换。也就是说要使管道的流道形状能密切地配合流动过程的需要，以致这个过程不产生任何能量损失，达到完全可逆的程度，这就形成了对管道形状的要求，即几何条件。必须同时满足力学条件和几何条件才有可能使工质实现预期的转换。

（1）力学条件——压力变化与流速变化的关系　在绝热条件下比较不做功的管内流动能量方程式和热力学第一定律解析式可得

$$\frac{1}{2}(c_2^2 - c_1^2) = -\int_1^2 v\mathrm{d}p$$

将上式写成微分形式

$$c\mathrm{d}c = -v\mathrm{d}p$$

联立声速方程和马赫数定义式可得

$$-\kappa Ma^2\frac{\mathrm{d}c}{c} = \frac{\mathrm{d}p}{p} \tag{9-34}$$

式（9-34）即为促使流速变化的力学条件。可见，在本节所研究的流动中，$\mathrm{d}c$ 与 $\mathrm{d}p$ 的符号始终相反。这就是说，气体在管道中流动，如果气体流速增加则压力必下降；反之，流

速减小则压力必上升。因此，气体通过喷管要想得到加速，必须创造喷管中气流压力不断下降的力学条件。例如，火箭的尾喷管、汽轮机的喷管，就是使气流膨胀以获得高速流动的设备。反之，如要获得高压气流，则必须使高速气流在适当条件下降低其流速：叶轮式压气机以及涡轮喷气式发动机和引射式压缩器的扩压管就是使高速气流降低速度而获得高压气体的设备。

（2）几何条件——流速变化与截面变化的关系　现在讨论当流速变化时气流截面的变化规律，以揭示有利于流速变化的几何条件。由上面的基本方程可得到以马赫数为参变量的截面面积与流速变化的关系式，为此将过程方程式的微分式（9-31）带入式（9-34），即

$$\frac{\mathrm{d}v}{v}=Ma^2\frac{\mathrm{d}c}{c}$$

将上面的结果代入连续性方程式（9-28b）得

$$\frac{\mathrm{d}A}{A}=(Ma^2-1)\frac{\mathrm{d}c}{c} \tag{9-35}$$

式（9-35）称为管内流动的特征方程。它给出了马赫数、截面面积变化率与流速变化率之间的关系。对于本章所研究的流动，当 Ma^2-1 有不同的取值时，$\mathrm{d}A$ 与 $\mathrm{d}c$ 之间有着完全不同的变化关系，即

当 $Ma<1$，亚声流流动，$\mathrm{d}A$ 与 $\mathrm{d}c$ 异号，亦即流动截面面积的变化趋势与管内流速的变化趋势相反。

当 $Ma=1$，声速流动，$\mathrm{d}A=0$，亦即流动截面面积缩至最小。

当 $Ma>1$，超声流动，$\mathrm{d}A$ 与 $\mathrm{d}c$ 同号，亦即流动截面面积的变化趋势与管内流速的变化趋势相同。

对于喷管而言，增大气体流速是其主要使用目的，即 $\mathrm{d}c>0$。相应地，对喷管的要求是：亚声速气流要做成渐缩喷管；超声速气流要做成渐扩喷管；气流由亚声速连续增加至超声速时要做成渐缩渐扩喷管（缩放喷管），或叫作拉瓦尔喷管。拉瓦尔喷管的最小截面（临界截面）处称为喉部，喉部处气流速度即是 $Ma=1$ 的声速。各种喷管的形状如图 9-12 所示。对于扩压管，升高气流压力是其主要使用目的，即 $\mathrm{d}p>0$。根据式（9-34）可知流动过程中 $\mathrm{d}c<0$ 时，$\mathrm{d}p>0$，即流速降低，压力升高。相应地，对扩压管的要求是：对超声速气流要制成渐缩形；对亚声速气流要制成渐扩形，当气流由超声速连续降至亚声速时，要做成渐缩渐扩形扩压管。但这种扩压管中气流流动情况复杂，不能按理想的可逆绝热流动规律实现由超声速到亚声速的连续转变。

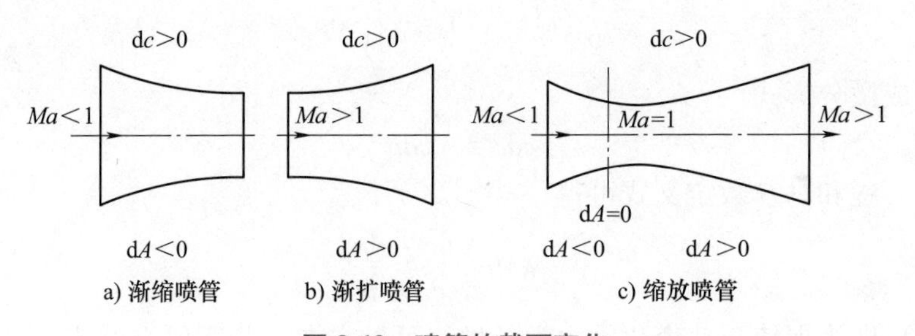

图 9-12　喷管的截面变化

3. 喷管的热力计算

由于流体在扩压管中的过程是喷管的反过程，所以热力计算主要针对喷管讨论，扩压管的计算原理与之相同。

（1）定熵滞止参数　流体的初速 c_1 直接影响流动过程的分析，使喷管的计算变得复杂，为此引入滞止状态的概念。设想一个定熵滞止过程（即减速增压的扩压过程）将气流初速完全滞止到零。气流速度为零时的状态称为滞止态，滞止态下的热力参数称为滞止参数。

对于理想气体，其滞止参数可按如下公式确定，即

$$T_0 = T + \frac{c^2}{2c_p}, p_0 = p\left(\frac{T_0}{T}\right)^{\kappa/(\kappa-1)}, v_0 = v\left(\frac{T}{T_0}\right)^{1/(\kappa-1)} \text{或 } v_0 = \frac{R_g T_0}{p_0} \tag{9-36}$$

对于水蒸气，其滞止参数可方便地从 h-s 图（图 9-13）上查得。例如，流动中水蒸气的热力状态 1 为（p_1，t_1），流速为 c_1，因此

$$h_0 = h_1 + \frac{1}{2}c_1^2 \tag{9-37}$$

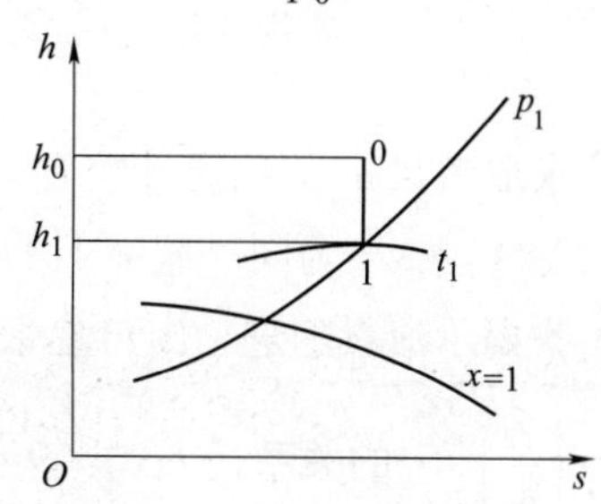

图 9-13　滞止点在 h-s 图上的表示

（2）流速的计算　由能量方程式（9-29a）可得气体在喷管中绝热流动时任一截面上的流速为

$$c = \sqrt{2(h_0 - h)} \tag{9-38}$$

此式不论何种工质，也不论过程是否可逆都适用。对于理想气体，又有

$$c = \sqrt{2c_p(T_0 - T)} \tag{9-39}$$

假定比热容为定值，流动过程是可逆的，上式可进一步推演得到

$$c = \sqrt{2\frac{\kappa}{\kappa-1}R_g T_0\left[1 - \left(\frac{p}{p_0}\right)^{(\kappa-1)/\kappa}\right]} \tag{9-40a}$$

或

$$c = \sqrt{2\frac{\kappa}{\kappa-1}p_0 v_0\left[1 - \left(\frac{p}{p_0}\right)^{(\kappa-1)/\kappa}\right]} \tag{9-40b}$$

（3）临界流速和临界压力比　气流在喷管中压力降低，流速升高，当流速增至当地声速时，称流动达到临界状态，该状态下的参数叫临界参数，临界流动状态的截面称为临界截面，临界压力与初压力之比称为临界压力比 ν_{cr}。

临界截面上流速 c_{cr} 可由式（9-40b）计算如下

$$c_{cr} = \sqrt{2\frac{\kappa}{\kappa-1}p_0 v_0\left[1 - \left(\frac{p_{cr}}{p_0}\right)^{(\kappa-1)/\kappa}\right]}$$

在临界截面，气流速度等于当地声速，故

$$\sqrt{2\frac{\kappa}{\kappa-1}p_0 v_0\left[1 - \left(\frac{p_{cr}}{p_0}\right)^{(\kappa-1)/\kappa}\right]} = \sqrt{\kappa p_{cr} v_{cr}}$$

又因 $\dfrac{v_0}{v_{cr}} = \left(\dfrac{p_{cr}}{p_0}\right)^{1/\kappa}$，代入上式化简可得

$$\frac{p_{cr}}{p_0} = \nu_{cr} = \left(\frac{2}{\kappa+1}\right)^{\kappa/(\kappa-1)} \tag{9-41}$$

可见，临界压力比 ν_{cr} 仅与工质的性质有关。

临界流速计算公式还可将临界压力比 ν_{cr} 代入简化，得式

$$c_{cr} = \sqrt{2\frac{\kappa}{\kappa+1}p_0 v_0} = \sqrt{2\frac{\kappa}{\kappa+1}R_g T_0} \tag{9-42}$$

式（9-42）表明，工质一旦确定（即 κ 值已知），临界速度只取决于滞止状态。由于滞止参数由初态参数确定，故而临界流速只决定于进口截面上的初态参数，对于理想气体则仅决定于滞止温度。

（4）流量的计算　对已有的喷管，当尺寸已定，又知道喷管进、出口参数时，可按

$$q_m = \frac{Ac}{v} \tag{9-43}$$

求取流量 q_m。当设计喷管时，给出流量和进、出口参数，则可按上式求截面积 A。要注意的是 A、c、v 为同一截面上的数值。

为揭示流量随进、出口参数变化的关系，把流量公式做进一步推导。将式（9-40b）及 $\frac{v_1}{v_2} = \left(\frac{p_2}{p_1}\right)^{1/\kappa}$ 的关系代入式（9-43），可得

$$q_m = A_2\sqrt{\frac{2\kappa}{\kappa-1}\frac{p_0}{v_0}\left[\left(\frac{p_2}{p_0}\right)^{\frac{2}{\kappa}} - \left(\frac{p_2}{p_0}\right)^{\frac{\kappa+1}{\kappa}}\right]} \tag{9-44}$$

式（9-44）表明，当进口参数，即滞止参数与喷管出口截面面积保持恒定时，流量仅随出口截面压力与滞止压力之比而变。

对于渐缩喷管，当背压 p_b（喷管出口截面外的环境压力）由 p_0 逐渐降低，出口压力 p_2 以及 $\frac{p_2}{p_0}$ 也随之降低，流量则逐渐增加，如图 9-14 上 AB 曲线所示。当背压 p_b 继续减小，由于气流在渐缩喷管中最多只能被加速到声速，因而渐缩喷管的出口压力最多降至 $p_2 = p_{cr}$ 就不再随 p_b 的降低而降低，而是维持 $p_2 = p_{cr}$ 不变，从而流量也保持最大值不变，如图 9-14 上的 BC 线所示。这时，渐缩喷管的出口截面面积，即是临界截面面积 A_{min}，出口压力即是临界压力 p_{cr}，也就是说式（9-44）中的 $A_2 = A_{min}$，$p_2 = p_{cr}$。考虑到式（9-41），则式（9-44）可变为

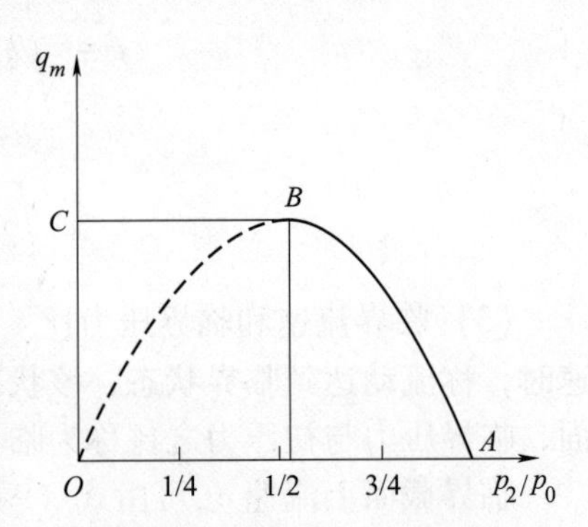

图 9-14　渐缩喷管的流量随压力比的变化

$$q_{m,max} = A_2\sqrt{2\frac{\kappa}{\kappa+1}\left(\frac{2}{\kappa+1}\right)^{\frac{2}{\kappa-1}}\frac{p_0}{v_0}} \tag{9-45}$$

对于缩放喷管，因渐缩段后有渐扩通道引导，可使气流得到进一步膨胀和加速，出口压力可降至 p_{cr} 以下，故缩放喷管都工作于 $p_b < p_{cr}$ 的情况下，这时缩放喷管的最小喉部截面即临界截面。分析可知，缩放喷管渐缩段的工作情况与渐缩喷管当 $p_b = p_{cr}$ 时的工作情况相同，因而流量总可达到最大值 $q_{m,max}$。在渐扩段中，工作压力继续降至 p_b，但并不影响流量，因

为稳定流动的喷管中，各截面的流量相等。所以，缩放喷管的进口参数及喉部尺寸 $A_{\min}$ 一定时，p_b 在小于 p_{cr} 的范围内变动，临界截面上的压力总是 p_{cr}，流速总是 c_{cr}，流量保持 $q_{m,\max}$ 不变，流量可按式（9-45）计算得到。倘若 $A_{\min}$ 改变，流量也当然随之改变。

（5）喷管形状的选择与尺寸计算　在给定条件下进行喷管的设计，首先需要确定喷管的几何形状，然后再按照给定的流量计算截面的尺寸。其目的是使喷管的外形和截面尺寸完全符合气流在可逆膨胀中体积变化的需要，保证气流得到充分膨胀，尽可能减少不可逆损失。

1）形状选择：

当 $p_b \geqslant p_{cr}$，即 $\dfrac{p_b}{p_0} \geqslant \dfrac{p_{cr}}{p_0} = \nu_{cr}$ 时，选渐缩喷管。

当 $p_b < p_{cr}$，即 $\dfrac{p_b}{p_0} < \dfrac{p_{cr}}{p_0} = \nu_{cr}$ 时，选缩放喷管。

2）尺寸计算：对于渐缩喷管只需求出口截面的面积 $A_2 = q_m \dfrac{v_2}{c_{f2}}$；对于缩放喷管，须求临界截面的面积 $A_{\min}$、出口截面的面积 A_2 及渐扩部分的长度 l，即

$$A_{\min} = q_m \frac{v_{cr}}{c_{cr}} \qquad A_2 = q_m \frac{v_2}{c_2} \tag{9-46}$$

渐扩部分长度通常依经验而定。如选过短，则气流扩张过快，易引起扰动增加内部摩擦损失；如选过长，则气流与壁面摩擦损失增加，也不利。通常取顶锥角 φ（见图 9-15）在 10°~20°之间，并有

$$l = \frac{d_2 - d_{\min}}{2\tan \dfrac{\varphi}{2}} \tag{9-47}$$

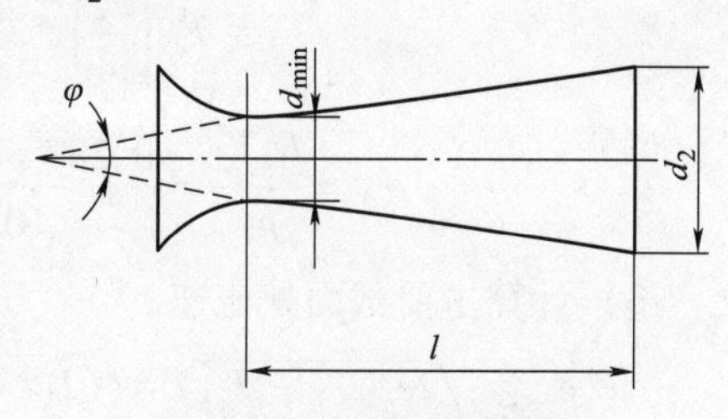

图 9-15　渐放喷管顶锥角

（6）喷管的设计计算　喷管设计已知条件是：气体种类，气体进口的初参数 p_1、T_1 和 c_1，气体的质量流量 q_m 和背压 p_b。设计的目的是让喷管充分利用压差 $p_1 - p_b$，使气流的技术功全部用于增加气体的动能，从而获得最大的出口流速。设计的步骤如下：

1）通过 p_b/p_1（设计背压）与临界压力比 ν_{cr} 的比较，选择合理的喷管形状，选型原则如前所述。

2）根据定熵过程状态参数之间的关系，计算所选喷管主要截面（临界截面、出口截面）的热力状态参数。

3）由气体流速计算式（9-38）或式（9-39）求解主要截面处的气流速度。

4）根据质量流量公式 $q_m = Ac/v$，由上两步计算所得 c、v 及已知的 q_m 求解各主要截面面积。

喷管长度的设计，尤其是缩放喷管渐扩部分长度的选择，要考虑到截面面积变化对气流扩张的影响。过短或过长，都将引起气流内部和气流与管壁间的摩擦损失，通常依实验和经验而定，这里不做介绍。

【例 9-10】 试设计一喷管，流体为空气，进口压力 $p_1=500\text{kPa}$，$t_1=207℃$，空气的进口流速可以忽略不计，背压 $p_b=102\text{kPa}$，质量流量 $q_m=1.2\text{kg/s}$。

解：对于空气有 $R_g=0.287\text{kJ/(kg·K)}$，$\kappa=1.4$ 以及有 $\nu_{cr}=0.528$，$c_p=1.004\text{kJ/(kg·K)}$。

1）选择喷管。由于 $\dfrac{p_b}{p_1}=\dfrac{102}{500}=0.204<\nu_{cr}=0.528$，故应选缩放喷管。

2）计算主要截面的状态参数。

① 临界截面：

$$p_{cr}=\nu_{cr}p_1=0.528\times500\text{kPa}=264\text{kPa}$$

$$T_{cr}=T_1\nu_{cr}^{\frac{\kappa-1}{\kappa}}=480\text{K}\times0.528^{\frac{1.4-1}{1.4}}=399.9\text{K}$$

$$v_{cr}=\frac{R_gT_{cr}}{p_{cr}}=\frac{0.287\times10^3\times399.9}{264\times10^3}\text{m}^3/\text{kg}=0.4347\text{m}^3/\text{kg}$$

② 出口截面：

$$p_2=p_b=102\text{kPa}$$

$$T_2=T_1\left(\frac{p_2}{p_1}\right)^{\frac{\kappa-1}{\kappa}}=480\text{K}\times\left(\frac{102}{500}\right)^{\frac{1.4-1}{1.4}}=304.8\text{K}$$

$$v_2=\frac{R_gT_2}{p_2}=\frac{0.287\times10^3\times304.8}{102\times10^3}\text{m}^3/\text{kg}=0.8576\text{m}^3/\text{kg}$$

3）计算主要截面处流速。

$$c_{cr}=\sqrt{2c_p(T_1-T_{cr})}=\sqrt{2\times1.004\times10^3\times(480-399.9)}\text{m/s}=401\text{m/s}$$

$$c_2=\sqrt{2c_p(T_1-T_2)}=\sqrt{2\times1.004\times10^3\times(480-304.8)}\text{m/s}=593.1\text{m/s}$$

4）计算主要截面的截面积。由 $q_m=\dfrac{Ac}{v}$，有

$$A_{cr}=\frac{q_mv_{cr}}{c_{cr}}=\frac{1.2\times0.4347}{401}\text{m}^2=0.0013\text{m}^2$$

$$A_2=\frac{q_mv_2}{c_2}=\frac{1.2\times0.8576}{593.1}\text{m}^2=0.00174\text{m}^2$$

（7）喷管的校核计算　喷管校核计算的目的是对某已知的喷管进行核算，看其形状及截面面积是否满足气流膨胀的要求，以得到尽可能多的动能，并核算气流出口流速和通过喷管的质量流量。校核计算的已知条件是：喷管进口的气流参数 p_1、T_1 和 c_1，背压 p_b，喷管的类型和主要截面积尺寸。校核计算的步骤如下：

1）通过 p_b/p_1 与 ν_{cr}的比较，确定喷管出口截面气流的压力 p_2。对于渐缩喷管，当 $p_b/p_1\gg\nu_{cr}$时，$p_2=p_b$；当 $p_b/p_1<\nu_{cr}$时，$p_2=p_{cr}=\nu_{cr}p_1$。对于缩放喷管，当 $p_b/p_1<\nu_{cr}$时，$p_2=p_b$。

2）与设计计算步骤的2）相同。

3）与设计计算的3）相同。

4）根据公式 $q_m = Ac/v$，由最小截面处的流速、比体积和截面面积，求流过喷管的气体的流量。

【例9-11】 流经一渐缩喷管水蒸气初参数为 $p_1 = 3.0\text{MPa}$，$t_1 = 420℃$。若喷管出口截面面积为 2.8cm^2，试求出口流速与质量流量。若背压 $p_b = 1.0\text{MPa}$，出口流速为多少？

解： 分析题意知，本题是校核计算。

1）确定出口压力。由题所给喷管进口水蒸气参数可知，喷管进口水蒸气为过热水蒸气，$\nu_{cr} = 0.546$。

$$\frac{p_b}{p_1} = \frac{2.0}{3.0} = 0.67 > \nu_{cr}$$

故渐缩喷管出口压力 $p_b = p_2 = 2.0\text{MPa}$。

2）计算出口截面状态参数。

由 $p_1 = 3.0\text{MPa}$，$t_1 = 420℃$，查未饱和水与过热蒸汽热力性质表得

$$h_1 = 3275.3\text{kJ/kg}, s_1 = 6.9846\text{kJ/(kg·K)}$$

由 $p_1 = 2.0\text{MPa}$，$s_2 = s_1$，查未饱和水与过热蒸汽热力性质表得

$$h_2 = 3155.4\text{kJ/kg}, v_2 = 0.1409\text{m}^3/\text{kg}$$

3）计算出口流速及喷管质量流量。

$$c_2 = \sqrt{2(h_1 - h_2)} = \sqrt{2 \times 10^3 \times (3275.3 - 3155.4)}\ \text{m/s} = 489.7\text{m/s}$$

$$q_m = \frac{A_2 c_2}{v_2} = \frac{2.8 \times 10^{-4} \times 489.7}{0.1409}\text{kg/s} = 0.973\text{kg/s}$$

4）若 $p_b = 1.0\text{MPa}$，则

$$\frac{p_b}{p_1} = \frac{1.0}{3.0} = 0.33 < \nu_{cr}$$

$$p_2 = p_{cr} = \nu_{cr} p_1 = 0.546 \times 3.0\text{MPa} = 1.64\text{MPa}$$

由 $p_2 = 1.64\text{MPa}$，$s_2 = s_1$，查水蒸气的 $h\text{-}d$ 图可得 $h_2 = 3108\text{kJ/kg}$，则

$$c_2 = c_{cr} = \sqrt{2(h_1 - h_2)} = \sqrt{2 \times 10^3 \times (3275.3 - 3108)}\ \text{m/s} = 578.4\text{m/s}$$

讨论： 1）渐缩喷管的工况有两种：一种是设计工况，此时出口压力等于背压；另一种是非设计工况，背压小于临界压力，喷管出口处的压力等于临界压力，气体在喷管外自由膨胀后达到背压。本题中第一种为设计工况，第二种为非设计工况。

2）本题工质为水蒸气，它的状态参数必须通过查图或查表求得，不能用理想气体的公式来计算。

4. 有摩阻的绝热流动

在以上的分析及计算中，认为管内的流动是可逆过程。实际上，由于流动过程中工质存在内部摩擦和工质与管壁的摩擦，在流动过程中，有一部分已经生成的动能重新转化为热能

而被工质吸收，所以实际的管内流动是不可逆过程。由于摩阻的存在，喷管的实际出口流速 $c_{2'}$ 将比理想流速 c_2 小。工程上常用速度系数 ϕ、喷管效率 η_N 或能量损失系数 ζ 来表示气流出口速度的下降和动能的减少，即

$$\phi = \frac{c_{2'}}{c_2} \tag{9-48}$$

$$\eta_N = \frac{\frac{1}{2}c_{2'}^2}{\frac{1}{2}c_2^2} = \frac{h_0 - h_{2'}}{h_0 - h_2} = \phi^2 \tag{9-49}$$

$$\zeta = \frac{\frac{1}{2}c_2^2 - \frac{1}{2}c_{2'}^2}{\frac{1}{2}c_2^2} = 1 - \phi^2 \tag{9-50}$$

速度系数 ϕ 与流体性质、喷管形式、喷管尺寸、壁面粗糙度等因素有关，通常由实验测定，一般在 0.92~0.98 范围内。渐缩喷管，摩擦损耗小，可取较大值；缩放喷管，则取较小值。工程中常按可逆过程先求出 c_2，再由 ϕ 值求得 $c_{2'}$，故 $c_{2'} = \phi c_2 = \sqrt{2(h_1 - h_{2'})}$。

【例 9-12】 一渐缩喷管，出口截面面积为 25cm²，进口水蒸气参数为 $p_1 = 9.0\text{MPa}$，$t_1 = 500℃$，背压 $p_b = 7.0\text{MPa}$。试求：

（1）出口流速 c_2，质量流量 q_m。

（2）若存在摩阻，有 $\phi = 0.97$，则 $c_{2'}$、q_m、Δs_g 分别为多少？

解：（1）无摩阻时

1）确定出口压力。

$$\frac{p_b}{p_0} = \frac{p_b}{p_1} = \frac{7}{9} = 0.778 > \nu_{cr} = 0.546$$

所以 $p_2 = p_b = 7.0\text{MPa}$。

2）确定出口截面参数。查水蒸气的焓熵图或查未饱和水与过热蒸汽热力性质表，得

$$h_1 = 3385.0\text{kJ/kg}, s_1 = 6.6560\text{kJ/(kg·K)}$$

由 p_2 和 $s_2 = s_1$，查未饱和水与过热蒸汽热力性质表得

$$h_2 = 3304.6\text{kJ/kg}, v_2 = 0.04474\text{m}^3/\text{kg}$$

3）求出口流速和质量流量。

$$c_2 = \sqrt{2(h_1 - h_2)} = \sqrt{2 \times 10^3 \times (3385.0 - 3304.6)}\text{m/s} = 401\text{m/s}$$

$$q_m = \frac{A_2 c_2}{v_2} = \frac{25 \times 10^{-4} \times 401}{0.04474}\text{kg/s} = 22.4\text{kg/s}$$

（2）有摩阻时

$$c_{2'} = \varphi c_2 = 0.97 \times 401\text{m/s} = 388.97\text{m/s}$$

由 $c_{2'} = \phi c_2 = \phi\sqrt{2(h_1 - h_2)} = \sqrt{2(h_1 - h_{2'})}$ 得

$$h_{2'} = h_1 - \phi^2(h_1 - h_2)$$
$$= 3385.0\text{kJ/kg} - 0.97^2 \times (3385 - 3304.6)\text{kJ/kg} = 3309.4\text{kJ/kg}$$

由 p_2 和 $h_{2'}$，查未饱和水与过热蒸汽热力性质表，得 $v_{2'} = 0.04488\text{m}^3/\text{kg}$，$s_{2'} = 6.664\text{kJ/(kg·K)}$，则有

$$q_m = \frac{A_2 c_{2'}}{v_{2'}} = \frac{25 \times 10^{-4} \times 388.97}{0.04488}\text{kg/s} = 21.7\text{kg/s}$$

$$\Delta s_g = \Delta s_{ad} = s_{2'} - s_1 = 6.664\text{kJ/(kg·K)}$$

讨论：本题和例 9-11 一样，工质仍为水蒸气，因此各截面的状态参数必须通过查图或查表求得。

本题问题（2）是考虑了喷管内黏性摩阻的计算。从计算可以看到，由于工质的黏性摩阻，喷管出口蒸汽比焓增大，可利用的 Δh 减少，出口流速降低，比体积增大。同时由于工质的黏性摩阻，喷管通流能力下降，流量减小。热力学第二定律的分析计算说明，蒸汽工质的黏性摩阻使喷管蒸汽产生熵产，由于喷管是控制质量的绝热系，故蒸汽进出口的熵变就是熵产。

9.3.2 压气机

在工程中，压缩气体被广泛使用，它主要由压气机产生。使得气体压力升高的设备称为压气机（压缩机）。按其产生压缩气体的压力范围，习惯上常分为通风机（<115kPa）、鼓风机（115~350kPa）和压缩机（350kPa 以上）。压气机按其构造和工作原理的不同，可分为活塞式压气机（见图 9-16a）和叶轮式压气机（见图 9-17）。此外，还有罗茨式压气

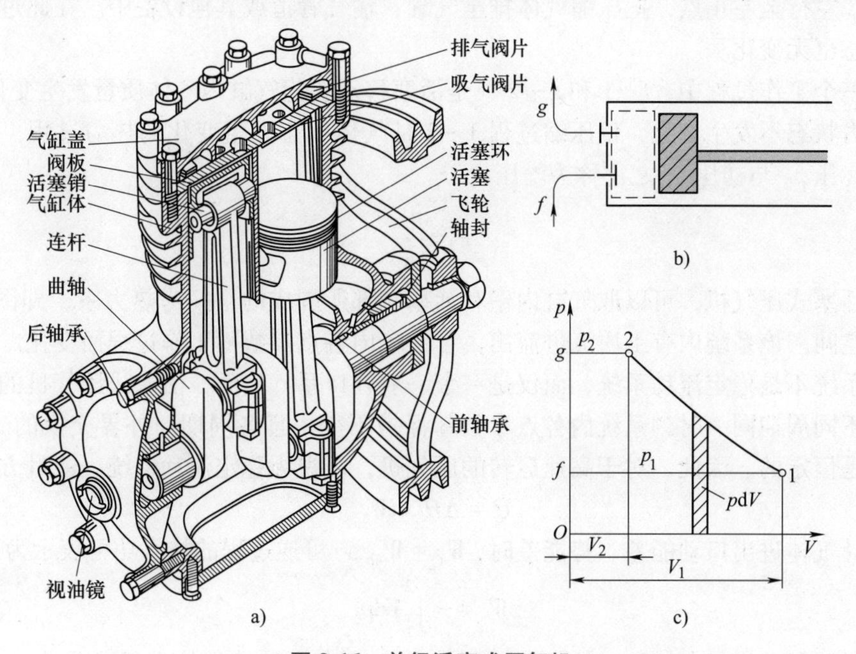

图 9-16 单级活塞式压气机

机（见图 9-18）等。广义地说，抽真空的真空泵也是压气机，它将低于大气压力的气体吸入，升高压力至略高于大气压时排出。压气机被广泛地应用于动力、化工和制冷等工程中，压缩的介质为各种气体和蒸气。

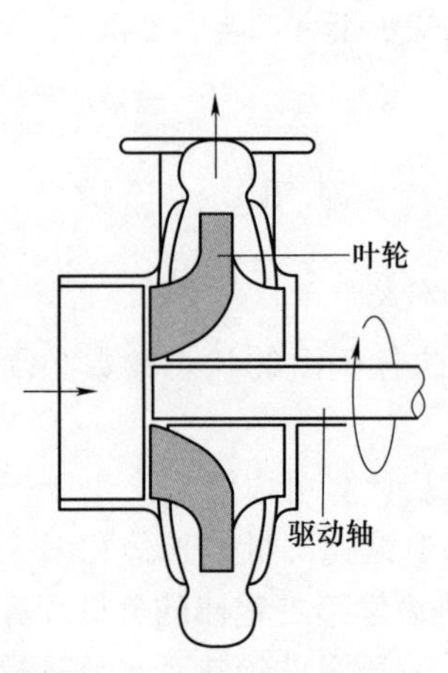

图 9-17　叶轮式压气机示意图

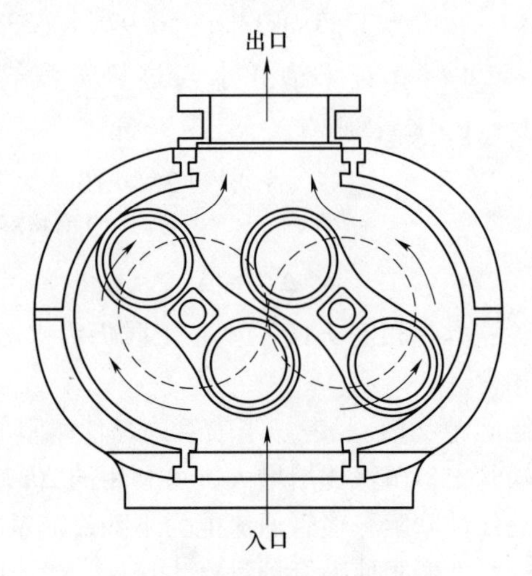

图 9-18　罗茨式压气机示意图

1. 单级活塞式压气机的工作过程分析

图 9-16b 所示为单级活塞式压气机示意图，图 9-16c 显示了压气机工作时，活塞不同位置时气体的压力与相应的气缸体积的变化曲线（称为示功图）。在图 9-16c 中，f—1 为进气过程：进气阀开启，排气阀关闭。活塞自左止点右行至右止点，气体自缸外被吸入缸内，气体热力状态没有变化。1—2 为压缩过程：进、排气阀均关闭，活塞在外力推动下左行，缸内气体被压缩，其压力升高，比体积减小。2—g 为排气过程：进气阀关闭，排气阀开启，活塞从点 2 左行至左止点，把压缩气体排至气罐、输气管道或其他设备中。在此过程中，气体热力状态也无变化。

在这三个工作过程中，f—1 和 g—2 只是活塞移动引起气缸内气体质量发生变化的过程，气体的热力状态不发生变化，仅压缩过程 1—2 是气体状态发生变化的热力过程。在该过程中，气体终压 p_2 与初压 p_1 之比称为增压比 π。

$$\pi = \frac{p_2}{p_1} \tag{9-51}$$

对于活塞式压气机，可以取气缸内壁和活塞端部所围成的空间为热力系，即图 9-16b 中虚线所围空间。该系统内有工质流进流出，且系统内各点参数随工作过程而变化。因此，严格地讲此系统不是稳定流动系统，而仅是一个一般开口系。然而，活塞式压气机的工作是周期性的，不同周期同一时刻系统内各点参数却保持不变，且各周期与外界交换的工质质量、能量也均是恒定的。因此，对于高速运转的压气机，可视为稳定流动系统。能量方程仍为

$$Q = \Delta H + W_t$$

在不计气体进出口动能差、势能差时，$W_t = W_{sh}$， 可逆过程的技术功可表示为

$$W_t = -\int_1^2 V\mathrm{d}p$$

压气机是耗功机械，压缩气体需要消耗外功。通常把压缩气体消耗功的大小（即绝对

值）称为压气机所需的功（或称耗功），用符号 W_C 表示

$$W_C = - W_t \tag{9-52a}$$

对于单位质量工质，有

$$w_C = - w_t \tag{9-52b}$$

压气机耗功的多少取决于压缩过程的性质，它是压气机性能的主要指标。压缩过程的性质与气体被冷却（热交换）的情况有关。若过程进行得非常快，又未有任何冷却措施，则过程可视为绝热过程；反之，若过程进行时气体能被充分冷却，则在理论上可实现定温过程。理想气体的定温和可逆绝热（定熵）压缩过程如图 9-19 中的 1—2_T 和 1—2_s 所示。实际的压缩过程，都采用了一定的冷却措施，但难以实施定温过程，过程介于定温和绝热过程之间。对于理想气体则是多变指数为 $1<n<\kappa$ 的多变过程，如图 9-19 所示。

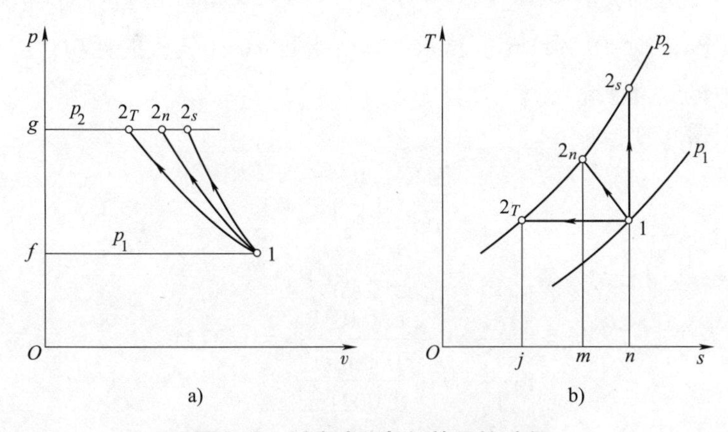

图 9-19 活塞式压气机的压缩过程

对于理想气体可逆压缩过程，单位质量工质所需的功可表示为

绝热过程

$$w_{C,s} = \frac{\kappa}{\kappa - 1} R_g T_1 (\pi^{\frac{\kappa-1}{\kappa}} - 1) \tag{9-53}$$

对应为图 9-19a 中面积 $f12_sgf$ 和图 9-19b 中面积 $n12_s2_Tjn$。

多变过程

$$w_{C,n} = \frac{n}{n - 1} R_g T_1 (\pi^{\frac{n-1}{n}} - 1) \tag{9-54}$$

对应为图 9-19a 中面积 $f12_ngf$ 和图 9-19b 中面积 $n12_n2_Tjn$。

定温过程

$$w_{C,T} = R_g T_1 \ln\pi \tag{9-55}$$

对应为图 9-19a 中面积 $f12_Tgf$ 和图 9-19b 中面积 $n12_Tjn$。

从图 9-19 中可以得到

$$w_{C,s} > w_{C,n} > w_{C,T}$$
$$T_{2T} < T_{2n} < T_{2s}$$

上述分析说明，定温压缩过程耗功最少，其终温最低（终温低有利于润滑），因此定温过程是最理想的压缩过程。但实际工程实现不了定温过程，只能实现多变过程。但可以通过

降低多变指数 n 减少耗功。为此，工程上采用了加气缸冷却水套、喷雾化水等措施，使过程尽量接近于定温过程。另一个在工程上常采用的方法是：多级压缩、级间冷却，这将在后续进行讨论。

压缩 m(kg) 工质多变过程所需的功为

$$W_{C,n} = \frac{n}{n-1} m R_g T_1 (\pi^{\frac{n-1}{n}} - 1) = \frac{n}{n-1} p_1 V_1 (\pi^{\frac{n-1}{n}} - 1) \tag{9-56}$$

上面的分析结论对于工质是蒸气的压气机原则上也适用。不同的是压气机的耗功和状态参数的确定不能再用理想气体的公式，而必须根据热力学第一定律的能量方程式和查图、查表求解。

【例 9-13】 空气为 $p_1 = 1\times10^5$P，$t_1 = 50$℃，$V_1 = 0.032\text{m}^3$，进入压气机按多变过程压缩至 $p_2 = 32\times10^5$Pa，$V_2 = 0.0021\text{m}^3$。试求：多变指数 n；压气机的耗功；压缩终了空气温度；压缩过程中传出的热量。

解：(1) 计算多变指数 n

$$\frac{p_2}{p_1} = \left(\frac{V_1}{V_2}\right)^n$$

$$n = \frac{\ln\dfrac{p_2}{p_1}}{\ln\dfrac{V_1}{V_2}} = \frac{\ln\dfrac{32\times10^5\text{Pa}}{1\times10^5\text{Pa}}}{\ln\dfrac{0.032\text{m}^3}{0.0021\text{m}^3}} = 1.2724$$

(2) 计算压气机的耗功 W_t

$$W_t = \frac{n}{n-1}(p_1V_1 - p_2V_2) = \frac{1.2724}{1.2724-1}\times(1\times10^5\text{Pa}\times0.032\text{m}^3 - 32\times10^5\text{Pa}\times0.0021\text{m}^3) = -16.44\text{KJ}$$

(3) 计算压缩终温 T_2

$$T_2 = T_1\left(\frac{p_2}{p_1}\right)^{\frac{n-1}{n}} = (273+50)\ \text{K}\times\left(\frac{32\times10^5\text{Pa}}{1\times10^5\text{Pa}}\right)^{\frac{0.2724}{1.2724}} = 678.3\text{K}$$

(4) 计算压缩过程传热量 Q

$$Q = \Delta H + W_t = mc_p(T_2 - T_1) + W_t$$

$$m = \frac{p_1V_1}{R_gT_1} = \frac{1\times10^5\text{Pa}\times0.032\text{m}^3}{287\text{J/(kg}\cdot\text{K)}\times323\text{K}} = 3.452\times10^{-2}\text{kg}$$

于是

$$Q = 3.452\times10^{-2}\text{kg}\times1.004\text{kJ/(kg}\cdot\text{K)}\times(678.3\text{K} - 323\text{K}) - 16.44\text{kJ} = -4.13\text{kJ}$$

【例 9-14】 压气机中气体压缩后的温度不宜过高，取极限值为 150℃，吸入空气的压力和温度为 $p_1 = 0.1$MPa，$t_1 = 20$℃。若压气机缸套中流过 465kg/h 的冷却水，在气缸套中的水温升高 14℃。求在单级压气机中压缩 250m^3/h 进气状态下空气可能达到的最高压力，及压气机必需的功率。

解：方法一

(1) 压气机的产气量为

$$q_m = \frac{p_1 q_{V1}}{R_g T_1} = \frac{1\times10^5\text{Pa}\times250\text{m}^3/\text{h}}{287\text{J}/(\text{kg}\cdot\text{K})\times293\text{K}} = 297.3\text{kg/h}$$

(2) 求多变压缩过程的多变指数

根据能量守恒有 $Q_{气}=-Q_{水}$，即 $q_m c_n(T_2-T_1)=-q_{m,水}c_{水}\Delta t_{水}$，则

$$c_n = \frac{-q_{m,水}c_{水}\Delta t_{水}}{q_m(T_2-T_1)} = \frac{-465\text{kg/h}\times4187\text{J}/(\text{kg}\cdot\text{K})\times14\text{K}}{297.3\text{kg/h}\times(150-20)\text{K}} = -705.3\text{J}/(\text{kg}\cdot\text{K})$$

又因
$$c_n = \frac{n-\kappa}{n-1}c_V = \frac{n-\kappa}{n-1}\frac{5}{2}R_g$$

解得 $n=1.20$。

(3) 求压气机的终压

$$p_2 = p_1\left(\frac{T_2}{T_1}\right)^{\frac{n}{n-1}} = 0.1\times10^6\text{Pa}\times\left(\frac{423\text{K}}{293\text{K}}\right)^{\frac{1.2}{1.2-1}} = 0.905\text{MPa}$$

(4) 求压气机的耗功

$$W_t = \frac{n}{n-1}q_m R_g(T_1-T_2) = \frac{1.20}{1.20-1}\times297.3\text{kg/h}\times\frac{1}{3600}\text{h/s}\times 287\text{J}/(\text{kg}\cdot\text{K})\times(293-423)\text{K} = -18.49\text{kW}$$

方法二

在求得压气机产气量 q_m 后，再求压气机的耗功量为

$$\begin{aligned}W_t &= Q-\Delta H = -Q_{水}-\Delta H = -q_m c_n(T_2-T_1) - q_{m,水}c_{水}\Delta t_{水}\\ &= -465\text{kg/h}\times4187\text{J}/(\text{kg}\cdot\text{K})\times14\text{K}\times\frac{1}{3600}\text{h/s} - 297.3\text{kg/h}\times\\ &\quad 1004\text{J}/(\text{kg}\cdot\text{K})\times(150-20)\text{K}\times\frac{1}{3600}\text{h/s}\\ &= -18.35\times10^3\text{W} = -18.35\text{kW}\end{aligned}$$

由 $W_t = \frac{n}{n-1}q_m R_g(T_1-T_2)$ 可求得多变指数为

$$\begin{aligned}n &= \frac{1}{1-\dfrac{q_m R_g(T_1-T_2)}{W_t}}\\ &= \frac{1}{1-\dfrac{297.3\text{kg/h}\times287\text{J}/(\text{kg}\cdot\text{K})\times(20-150)\text{K}\times\frac{1}{3600}\text{h/s}}{-18.35\text{kW}}} = 1.20\end{aligned}$$

压气机的终压为

$$p_2 = p_1\left(\frac{T_2}{T_1}\right)^{\frac{n}{n-1}} = 0.1\times10^6\text{Pa}\times\left(\frac{423\text{K}}{293\text{K}}\right)^{\frac{1.2}{1.2-1}} = 0.905\text{MPa}$$

讨论：本例题提到压气机排气温度的极限值。压气机的排气温度一般规定不得超过180℃（部分情况不允许超过160℃）。由于排气温度超过限定值，会引起润滑油变质，从而影响润滑效果，严重时还可能引起自燃，甚至发生爆炸，所以不可能用单级压缩产生压力很高的压缩空气。

例如，实验室需要压力为6.0MPa的压缩空气，应采用一级压缩还是两级压缩？若采用两级压缩，最佳中间压力应为多少？设大气压力为0.1MPa，大气温度为20℃，$n=1.25$，采用中冷器将压缩空气冷却到初温，压缩终了空气的温度又是多少？

决定上述例子是采用一级压缩还是二级压缩，实际上就是要看压缩终温是否超过了规定值。

如采用一级压缩，则终了温度为 $T_2=T_1\left(\dfrac{p_2}{p_1}\right)^{\frac{n-1}{n}}=664.5\text{K}=391.5℃$ 显然超过了润滑油允许温度。所以应采用两级压缩中间冷却，其最佳中间压力为 $p_2=\sqrt{p_1p_4}=0.7746\text{MPa}$，两级压缩后的终温则为：$T_4=T_2=T_1\left(\dfrac{p_4}{p_1}\right)^{\frac{n-1}{n}}=441\text{K}=168℃$。

2. 活塞式压气机余隙容积的影响分析

在实际的活塞式压气机中，由于气缸头部要安装进、排气阀片，以及制造公差和加工工艺等原因，在气缸与活塞左止点之间会留有一定的空隙，此空隙所占据的容积称之为余隙容积（clearance volume），如图9-20所示的V_c。

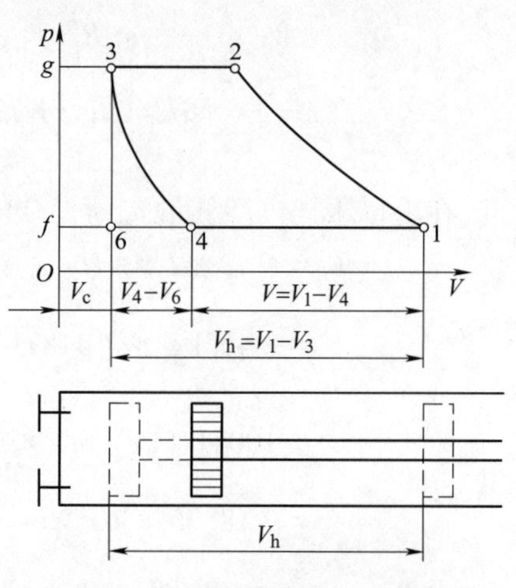

图9-20　有余隙容积的活塞式压气机示功图

由于有了余隙容积，压气机的工作过程要发生变化。从考虑了余隙容积后的压气机的示功图可以看出，虽然气缸的容积为V_1，但由于余隙容积的存在，不但活塞左止点从气缸端部右移至V_3（即V_c）的位置，导致活塞排量（活塞从左止点运行到右止点活塞扫过的容积，称之为活塞排量）从V_1变为$V_h=V_1-V_3$，而且由于余隙容积的存在，使得活塞式压气机在排气终了时不能马上进气。因为此时气缸内气体压力$p_3=p_2$，大于进气压力p_1，因此只有当气缸内压力由于膨胀而降低到小于或等于进气压力p_1时，才有可能进气，于是气缸的有效容积从V_1变为$V=V_1-V_4$。有余隙容积的压气机的工作过程为：1—2为压缩过程，2—3为排气过程，3—4为余隙容积中剩余气体的膨胀过程，4—1为进气过程。定义$\zeta=\dfrac{V_c}{V_h}$为余隙容积比。

定义有效容积V与活塞排量V_h之比为容积效率，以η_V表示，则

$$\eta_V=\frac{V}{V_h}=\frac{V_1-V_4}{V_1-V_3} \tag{9-57}$$

显然在工质和活塞排量确定的条件下，有效容积越大压气机生产量越大，因此容积效率越大的压气机生产量越大。

从式（9-57）和图9-20可以看到，在余隙容积 $V_3(V_c)$ 一定的情况下，容积效率与 V_4 有关，而 V_4 取决于增压比 π，随着增压比 π 的增大，V_4 增大，容积效率减小。容积效率 η_V 与增压比 π 的关系为

$$\eta_V = \frac{V}{V_h} = \frac{V_1 - V_4}{V_1 - V_3} = \frac{V_1 - V_3 - (V_4 - V_3)}{V_1 - V_3} = 1 - \frac{V_4 - V_3}{V_1 - V_3} = 1 - \frac{V_3}{V_1 - V_3}\left(\frac{V_4}{V_3} - 1\right)$$

若过程1—2和过程3—4是多变指数 n 相同的多变过程，则

$$\frac{V_4}{V_3} = \left(\frac{p_3}{p_4}\right)^{\frac{1}{n}} = \left(\frac{p_2}{p_1}\right)^{\frac{1}{n}} = \pi^{\frac{1}{n}}$$

故有

$$\eta_V = \frac{V}{V_h} = 1 - \frac{V_3}{V_1 - V_3}\left(\frac{V_4}{V_3} - 1\right) = 1 - \frac{V_c}{V_h}(\pi^{\frac{1}{n}} - 1) = 1 - \zeta(\pi^{\frac{1}{n}} - 1) \tag{9-58}$$

由式（9-58）和图9-20可知，在余隙容积比 ζ 和多变指数 n 一定的条件下，容积效率 η_V 随着增压比 π 的增大而减小。当增压比 π 增大到一定值的时候，容积效率为 η_V 零。在活塞排量一定的前提下，随着容积效率 η_V 的减小，有效容积减小，从而导致生产量减少。

对于存在余隙容积的实际活塞式压气机，若气体为理想气体，压缩过程1—2和膨胀过程3—4均为多变指数为 n 的热力过程，则耗功量为

$$W_C = \frac{n}{n-1}p_1V_1\left[\left(\frac{p_2}{p_1}\right)^{\frac{n-1}{n}} - 1\right] - \frac{n}{n-1}p_4V_4\left[\left(\frac{p_3}{p_4}\right)^{\frac{n-1}{n}} - 1\right]$$

鉴于 $p_4 = p_1$，$p_3 = p_2$，$V = V_1 - V_4$，故

$$\begin{aligned} W_C &= \frac{n}{n-1}(V_1 - V_4)\left[\left(\frac{p_2}{p_1}\right)^{\frac{n-1}{n}} - 1\right] \\ &= \frac{n}{n-1}p_1V\left[\left(\frac{p_2}{p_1}\right)^{\frac{n-1}{n}} - 1\right] \\ &= \frac{n}{n-1}mR_gT_1(\pi^{\frac{n-1}{n}} - 1) \end{aligned} \tag{9-59}$$

比较式（9-59）与式（9-56）可知，有余隙容积存在时，在增压比 π 相同的条件下，有效容积与无余隙容积活塞排量 V_1 相同时的耗功量相同。即压缩相同质量气体所耗的功相等，或压缩单位质量（1kg）气体所耗的功相等，均为

$$w_{C,n} = \frac{n}{n-1}R_gT_1(\pi^{\frac{n-1}{n}} - 1)$$

如果有余隙容积的压气机与无余隙容积的压气机活塞容积 V_1 相同，由于有余隙容积的压气机的有效容积变小，从 V_1 变为 $V=V_1-V_4$，因此吸气量 m 减少，生产量减少。显然，要保证生产量不变，有余隙容积的压气机活塞容积要大于无余隙容积的压气机活塞容积，因此有余隙容积的压气机必须使用较大气缸的压气机。

【例 9-15】 活塞式压气机每往复一次生产 0.5kg，压力为 0.35MPa 的压缩空气。空气进入压气机时的温度为 17℃，压力为 0.098MPa，若压缩过程为 $n=1.35$ 的可逆多变过程，余隙容积比为 0.05，试求压缩过程中气缸内空气的质量。

解：参见图 9-20，活塞式压气机各过程中气缸内气体的质量不同。活塞每往复一次生产气体的体积是 V_2-V_3（也可用有效吸气容积 V_1-V_4 表示），因排气过程状态参数不变，故压力为 $p_3=p_2=0.35\text{MPa}$，温度为 $T_3=T_2$，与存在于余隙容积中空气的参数相同。

$$T_3=T_2=T_1\left(\frac{p_2}{p_1}\right)^{\frac{n-1}{n}}=(273+17)\ \text{K}\times\left(\frac{0.35\text{MPa}}{0.098\text{MPa}}\right)^{\frac{1.35-1}{1.35}}=403.4\text{K}$$

容积效率

$$\eta_{\text{V}}=1-\zeta\left[\left(\frac{p_2}{p_1}\right)^{\frac{1}{n}}-1\right]=1-0.05\times\left[\left(\frac{0.35\text{MPa}}{0.098\text{MPa}}\right)^{\frac{1}{1.35}}-1\right]=0.9216$$

据容积效率定义，$\eta_{\text{V}}=\dfrac{V}{V_{\text{h}}}=\dfrac{V_1-V_4}{V_1-V_3}$，而有效吸气容积内气体即是产出的压缩空气，有

$$V=V_1-V_4=\frac{mR_{\text{g}}T_1}{p_1}=\frac{0.5\text{kg}\times287\text{J/(kg}\cdot\text{K)}\times290\text{K}}{0.098\times10^6\text{Pa}}=0.4246\text{m}^3$$

所以
$$V_1-V_3=\frac{V_1-V_4}{\eta_{\text{V}}}=\frac{0.4246\text{m}^3}{0.9216}=0.4607\text{m}^3$$

又题给余隙容积比 $\zeta=\dfrac{V_3}{V_1-V_3}=0.05$，故

$$V_3=\zeta(V_1-V_3)=0.05\times0.4607\text{m}^3=0.0230\text{m}^3$$

因此余隙容积中残存的空气量为

$$m_3=\frac{p_3V_3}{R_{\text{g}}T_3}=0.0695\text{kg}$$

压缩过程中气缸内的空气总质量为

$$m+m_3=0.5\text{kg}+0.0695\text{kg}=0.5695\text{kg}$$

讨论：压气机每往复一次，生产压缩气体 0.5kg，但由于存在余隙容积，需配备适合约 0.57kg 气体的气缸，如果压力比提高，或余容比增大，配备的气缸体积需更大。因此，虽不增加压缩 1kg 气体的理论耗功量，但实际耗功增大。同时余隙容积的存在使生产量下降，所以有人称余隙容积为有害容积。

3. 叶轮式压气机的工作过程分析

叶轮式压气机相对于活塞式压气机的最大优点是流量大，气体能无间歇地连续流进流出。叶轮式压气机分为轴流式压气机和径流式（离心式）压气机两种。

图 9-21 所示为一轴流式压气机。在轴流式压气机中，气流沿轴向进入进口导向叶片 1，固定在转子 8 上的高速旋转的工作叶片 2 将气流推动，产生高速气流。高速气流流经固定在

机壳上的导向叶片 3（相当于扩压管）降低流速使气体压缩，压力升高。一列工作叶片和一列导向叶片构成一工作级。气流连续流过压气机的各工作级，不断被压缩和升压，最后经扩散器 7（进一步利用气流余速使气流降速升压）从排气管排出。

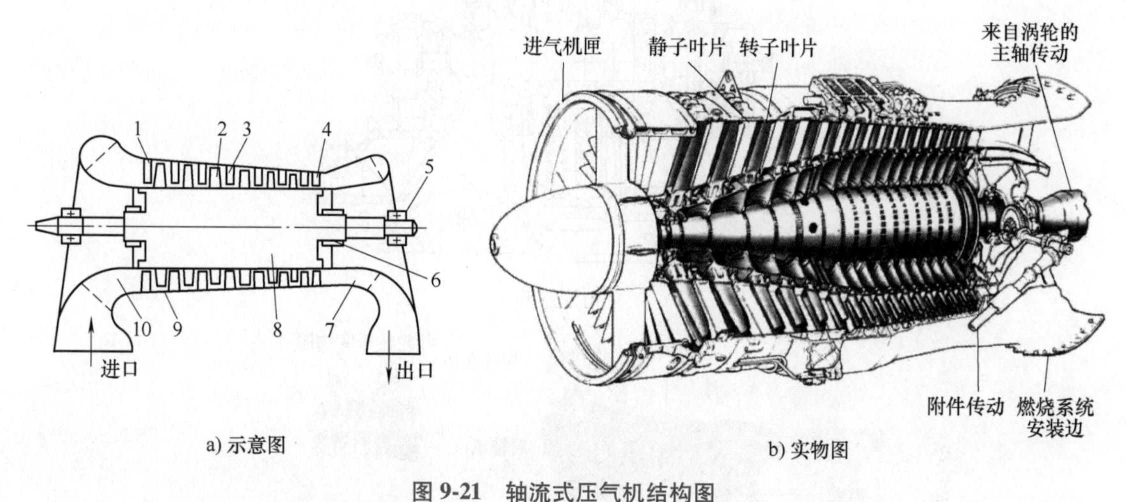

图 9-21 轴流式压气机结构图

1—进口导向叶片 2—工作叶片 3—导向叶片（扩压管） 4—整流装置
5—轴承 6—密封 7—扩散器 8—转子 9—机壳 10—收缩器

图 9-22 所示为一单级径流式（离心式）压气机示意图与实物图，图 9-23 所示为一多级径流式压气机结构图。在图 9-22 所示的单级径流式压气机中，气流沿轴向进入叶轮，受高速旋转的叶轮推动，依靠离心力的作用而加速，然后在蜗壳型流道（扩压管）中降低流速提高压力，并排出压气机。在图 9-23 所示的多级径流式压气机中，气体自进气口 4 进入压气机，通过叶轮 1 对气体做功，使气体流速增高，然后进入扩压管 2 中降低流速，提高压力。接着经过弯道 3 进入下一级叶轮、扩压管继续压缩，最后经排气口 5 流出。

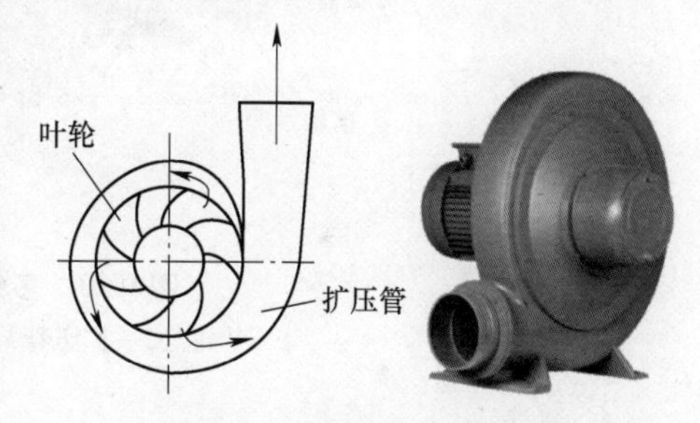

图 9-22 单级径流式压气机

叶轮式压气机是开口系并满足稳定流动的条件，由于叶轮式压气机不能采用加水套和喷水等冷却措施，因此其压缩过程是绝热过程。根据热力学第一定律的能量方程式，压气机所耗功为

$$w_C = -w_t = h_2 - h_1 \tag{9-60}$$

当工质是理想气体且过程可逆时，可用式（9-53）计算压气机的耗功。

压缩过程在 p-v 图和 T-s 图中如图 9-19 中 $1—2_s$ 所示。压气机耗功在 p-v 图中，等于面积 $f12_sgf$。

与活塞式压气机相比，叶轮式压气机的气流速度要高得多，因而黏性摩阻影响不可忽略。由于摩阻使压气机的耗功增加，摩阻消耗的功变为热量后又被气体吸收，使终温升高。图 9-24 中虚线 1—2′所示为实际压缩过程，1—2 为可逆压缩过程。不可逆绝热压缩的压气机

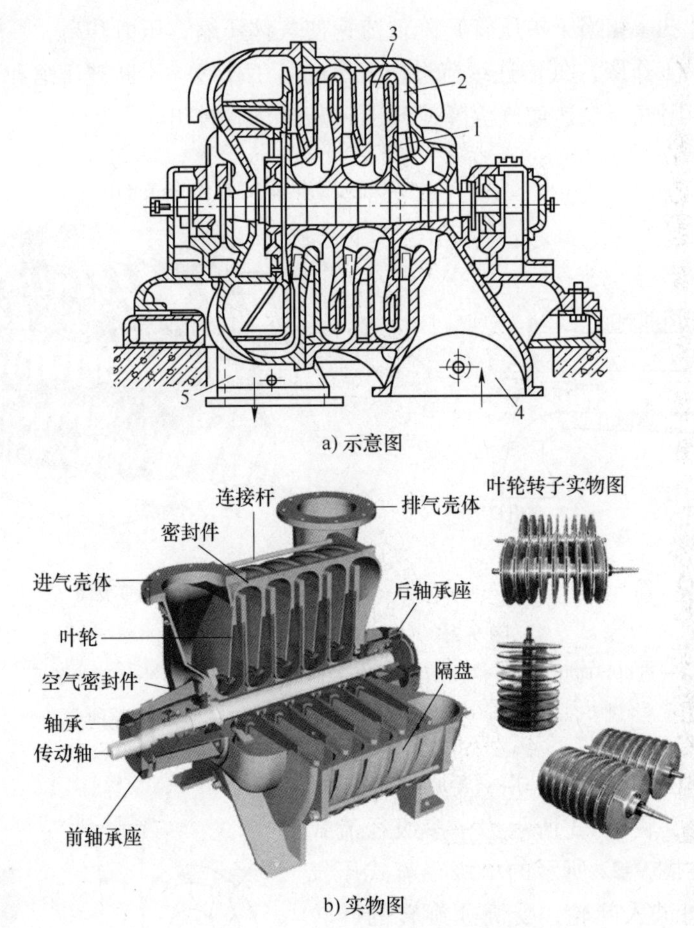

a) 示意图

b) 实物图

图 9-23　多级径流式压气机结构图

1—叶轮　2—扩压管　3—弯道　4—进气口　5—排气口

耗功量可根据稳定流动系统能量方程式得到。当忽略进出口的动能和势能差时，压气机的耗功为

$$w'_{\mathrm{C}} = \Delta h = h_{2'} - h_1 \tag{9-61}$$

可逆绝热压缩的压气机耗功与不可逆绝热压缩的压气机耗功之比称为压气机的绝热效率

$$\eta_{\mathrm{C},s} = \frac{w_{\mathrm{C}}}{w'_{\mathrm{C}}} = \frac{h_2 - h_1}{h_{2'} - h_1} \tag{9-62}$$

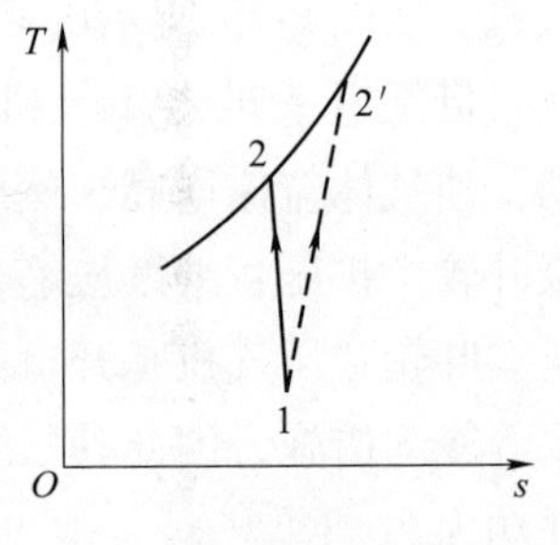

图 9-24　叶轮式压气机的绝热压缩过程

绝热效率的数值能反映压缩过程不可逆因素的大小，也是衡量压气机工作完善程度的重要参数。

【例 9-16】 某轴流式压气机每秒钟产生 6kg 压力为 0.4MPa 的压缩空气，进气状态为 $p_1 = 0.1\mathrm{MPa}$、$t_1 = 27℃$。压气机的绝热效率 $\eta_{\mathrm{C},s} = 0.85$，试求：

1）压缩空气的出口温度。

2）拖动该压气机的电动机功率。

3）不可逆压缩过程中的熵产及有效能损失，并将其表示在 T-s 图上。设大气温度与进气温度相同。

解： 空气物性参数 $R_g = 0.287\text{kJ/(kg·K)}$，$c_p = 1.004\text{kJ/(kg·K)}$。

1）计算可逆压缩的气体出口温度

$$T_2 = T_1 \pi^{\frac{\kappa-1}{\kappa}} = T_1 \left(\frac{p_2}{p_1}\right)^{\frac{\kappa-1}{\kappa}} = 300\text{K} \times \left(\frac{0.4}{0.1}\right)^{\frac{1.4-1}{1.4}} = 445.8\text{K}$$

由 $\eta_{C,s} = \dfrac{T_2 - T_1}{T_{2'} - T_1}$，可得可逆压缩的气体出口温度为

$$T_{2'} = T_1 + \frac{T_2 - T_1}{\eta_{C,s}} = 300\text{K} + \frac{445.8\text{K} - 300\text{K}}{0.85} = 471.5\text{K}$$

2）计算电动机功率 P_C

$$w_C = c_p(T_{2'} - T_1) = 1.004 \times (471.5 - 300)\text{kJ/kg} = 172.2\text{kJ/kg}$$

$$P_C = q_m w_C = 6\text{kg/s} \times 172.2\text{kJ/kg} = 1.033 \times 10^3\text{kW}$$

3）计算不可逆压缩过程中的熵产 ΔS_g 和有效能损失 I

$$\Delta S_g = \Delta S = q_m\left(c_p \ln\frac{T_{2'}}{T_1} - R_g \ln\frac{p_2}{p_1}\right)$$

$$= 6 \times \left(1.004 \times \ln\frac{471.5}{300} - 0.287 \times \ln 4\right)\text{kW/K}$$

$$= 0.336\text{kW/K}$$

$$I = T_0 \Delta S_g = 300\text{K} \times 0.336\text{kW/K} = 100.8\text{kW}$$

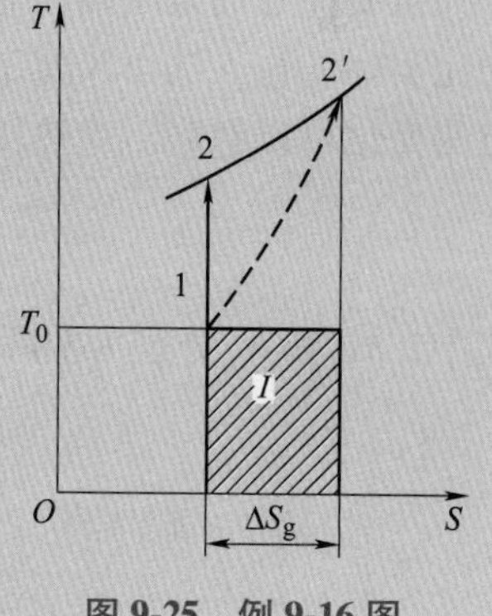

图 9-25 例 9-16 图

ΔS_g 及 I 在 T-S 图上的表示如图 9-25 所示。

9.3.3 稳流装置的等熵效率

所有的实际过程皆具有不可逆性，而其影响是使装置的性能降低。在实际的工程分析中，我们希望利用某些参数去量化装置能量降低的程度。例如，可以将实际循环与一个完全由可逆过程组成的理想循环做比较，以此来衡量一个循环装置在指定状况下性能的理论极限，并检视实际装置在不可逆性条件下的效率。现将分析扩展至稳流状态下运转的工程装置，例如涡轮机、压缩机、喷嘴。稳流装置的理想过程为等熵过程，其实际过程越接近理想化等熵过程，装置的效率越佳，因此，在第 9 章已经有过介绍的等熵或绝热效率，可作为装置实际过程与理想过程间差异的量度指标。因为不同的装置有不同的功能，故等熵效率在不同的装置中有不同的定义。下面以涡轮机、压缩机及喷嘴的等熵效率为例来做进一步说明。

1. 涡轮机的等熵效率

涡轮机在稳定工作状态下，流体的入口状态与出口压力是固定的。因此，绝热涡轮机的理想过程是等熵过程。涡轮机的等熵效率 η_T 定义为

$$\eta_T = \frac{\text{涡轮机的实际输出功}}{\text{涡轮机的等熵输出功}} = \frac{w_{t,a}}{w_{t,s}}$$

通常，蒸气流经涡轮机时，动能与位能的变化相对于焓的变化较小，可以忽略。因此，上式可简化为

$$\eta_T = \frac{h_1 - h_{2a}}{h_1 - h_{2s}} \tag{9-63}$$

式中，h_{2a}和h_{2s}分别为实际与等熵过程涡轮机出口状态气体的焓值（见图9-26）。

η_T的值主要决定于涡轮机各组成组件的设计，在良好的设计下，涡轮机的等熵效率可达90%以上。

2. 压缩机与泵的等熵效率

压缩机的等熵效率η_C定义为气体被压缩到指定压力时所需的等熵输入功与实际输入功的比值：

$$\eta_C = \frac{\text{压缩机的等熵输入功}}{\text{压缩机的实际输入功}} = \frac{w_{C,s}}{w_{C,a}}$$

需要注意的是压缩机等熵效率的定义中等熵输入功为分子而非分母，这是因为等熵输入功比实际的输入功小，此定义避免压缩机等熵效率大于100%。当气体被压缩时，动能及位能的变化可以忽略。绝热压缩机的输入功等于焓的变化量，故上式可变化为

$$\eta_C = \frac{h_{2s} - h_1}{h_{2a} - h_1} \tag{9-64}$$

式中，h_{2a}和h_{2s}分别为实际与等熵压缩过程出口状态气体的焓值（见图9-27）。

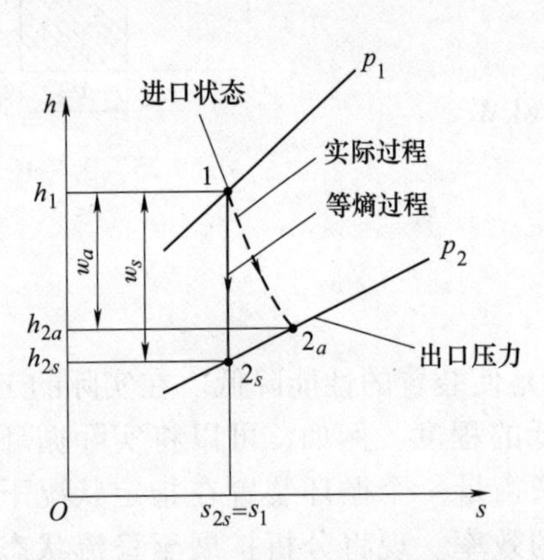

图 9-26　涡轮机实际与等熵过程对比

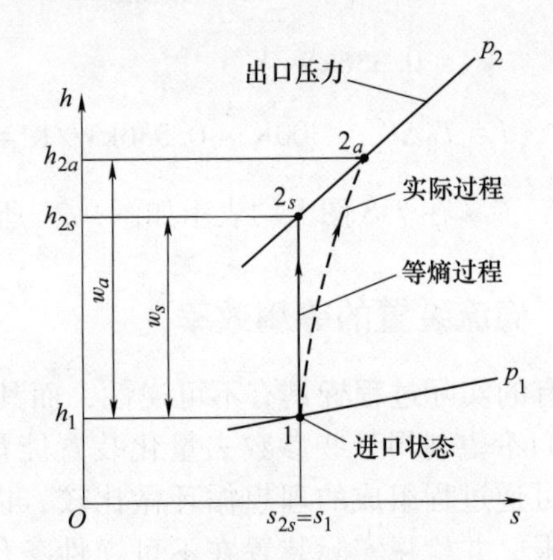

图 9-27　压缩机实际与等熵过程对比

当液体动能与位能的变化忽略不计，泵的等熵效率η_P同样被定义为

$$\eta_P = \frac{h_{2s} - h_1}{h_{2a} - h_1} = \frac{v(p_2 - p_1)}{h_{2a} - h_1} \tag{9-65}$$

然而，有时候压缩机会利用风扇或机壳环绕冷却水套进行冷却，以降低输入功的需求。在此情况下，等熵过程不适用，因为压缩机不再绝热，以上等熵效率的定义没有意义。故实际压缩机是在压缩过程中进行冷却的可逆等温过程，在此定义等温效率来比较实际过程与可逆等温过程，即

$$\eta_C = \frac{\text{压缩机的可逆等温输入功}}{\text{压缩机的实际输入功}}$$

【例 9-17】 空气以 0.2kg/s 的稳定流量被绝热压缩机从 100kPa、12℃压缩至 800kPa。若压缩机的等熵效率为 80%，试求：空气的出口温度；压缩机所需的输入功率。

解：本题是指定流量的空气被压缩至指定压力，等熵效率为已知，求输入功率。

假设：①稳定操作状况下；②空气视为理想气体；③动能与位能的变化忽略不计。

分析：系统的示意图与过程的 T-s 图如图 9-28 所示。

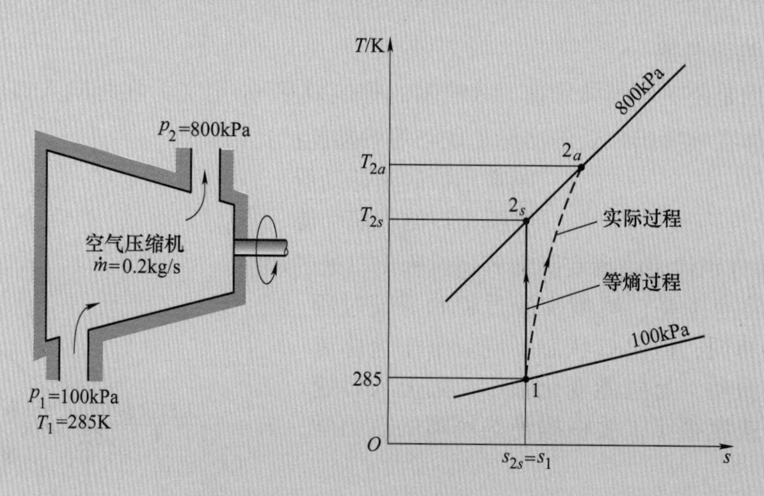

图 9-28　例 9-17 的示意图与 T-s 图

（1）计算空气出口温度

已知道出口状态下的一个性质（压强），还需要知道一个性质来确定这个状态，从而确定出口温度。由于压缩机的等熵效率为已知，可以求得 h_{2a}。在压缩机入口，$T_1=285\text{K}$，$p_1=100\text{kPa}$，查空气的热力性质表，可得

$$h_1 = 285.14\text{kJ/kg}, p_{r1} = 1.1584$$

利用理想气体等熵关系式，可以求得空气在等熵压缩过程出口相对压力

$$p_{r2} = p_{r1}\frac{p_2}{p_1} = 1.1584 \times \frac{800\text{kPa}}{100\text{kPa}} = 9.2672$$

由 $p_{r2}=9.2672$，查表可知 $h_{2s}=517.05\text{kJ/kg}$。

将 $h_{2s}=517.05\text{kJ/kg}$ 代入等熵效率关系式，$\eta_C = \dfrac{h_{2s}-h_1}{h_{2a}-h_1}$，可以得到

$$0.80 = (517.05 - 285.14)\text{kJ/kg} \div (h_{2a} - 285.14\text{kJ/kg})$$

因此

$$h_{2a} = 575.03\text{kJ/kg}$$

（2）计算压缩机所需的输入功率查表可知 $T_{2a} = 569.5\text{K}$。

由稳流装置能量平衡可得

$$\dot{E}_{\text{in}} = \dot{E}_{\text{out}}$$

$$\dot{m}h_1 = \dot{W}_{a,\text{out}} + \dot{m}h_{2a}$$

$$\dot{W}_{a,\text{out}} = \dot{m}(h_{2a} - h_1)$$
$$= 0.2\text{kg/s} \times [(575.03 - 285.14)\text{kJ/kg}] = 58\text{kW}$$

讨论： 在求压缩机需要输入功率时，使用 h_{2a} 的值取代 h_2，因为 h_{2a} 是空气在压缩机出口时的实际焓，而 h_{2s} 的值是当过程假设为等熵时出口空气的焓值。

3. 喷嘴的等熵效率

喷嘴的作用是使工作流体加速，故喷嘴的等熵效率 η_J 定义为在相同入口状态与出口压力条件下，流体在喷嘴出口处的实际动能与等熵动能的比值，即

$$\eta_J = \frac{\text{喷嘴出口的实际动能}}{\text{喷嘴出口的等熵动能}} = \left(\frac{v_{2a}}{v_{2s}}\right)^2$$

式中，v_{2a}^2 和 v_{2s}^2 分别代表喷嘴实际和等熵过程出口处的动能。

需要特别注意的是，喷嘴实际过程和等熵过程两者出口压力相同，但出口状态不同。由于流体流经喷嘴时没有做功，且位能变化很小，加上入口速度相对于出口速度很小，故根据绝热喷嘴的热力学第一定律有

$$h_1 = h_{2a} + \frac{v_{2a}^2}{2} \rightarrow \frac{v_{2a}^2}{2} = h_1 - h_{2a}$$

喷嘴的等熵效率亦可用焓的变化表示为

$$\eta_J = \frac{h_1 - h_{2a}}{h_1 - h_{2s}} \tag{9-66}$$

式中，h_{2a} 和 h_{2s} 分别代表实际和等熵过程喷嘴出口的焓值（见图 9-29）。

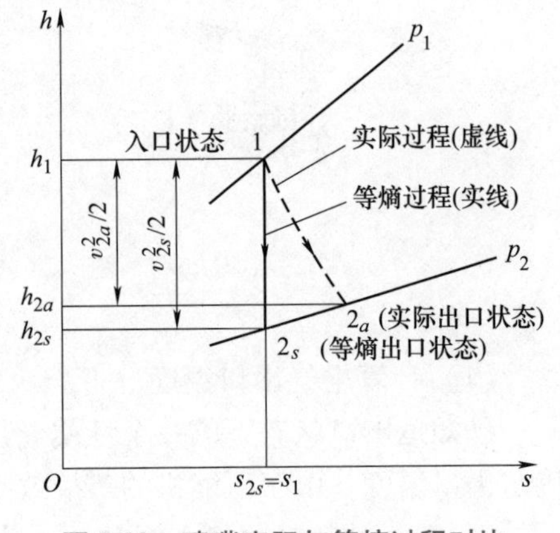

图 9-29　喷嘴实际与等熵过程对比

喷嘴的等熵效率一般超过 90%，但超过 95%则相当罕见。

【例 9-18】 空气在 200kPa、950K 以低速进入一绝热喷嘴，并以 80kPa 的压力排出。若喷嘴的等熵效率为 92%，试求：可能的最大出口速度；实际出口温度；空气的实际出口速度。假设空气的比热容为定值。

解： 本题是考虑空气在喷嘴中加速，出口压力与等熵效率为已知，求最大与实际的出口速度以及出口温度。

假设：①稳定操作状况下；②空气视为理想气体；③入口动能忽略不计。

分析：系统的示意图与过程的 T-s 图如图 9-30 所示。

空气在加速过程中，因为部分的内能转换为动能，使得空气温度下降。利用空气热力性质表可以得到更精确的解，在此假设空气比热容为定值（此假设会牺牲部分精准度）。我们猜测空气的平均温度约为 800K。由空气热力性质表可求得此假设温度下 $c_p = 1.009\text{kJ/(kg} \cdot \text{K)}$ 与 $\kappa = 1.354$。

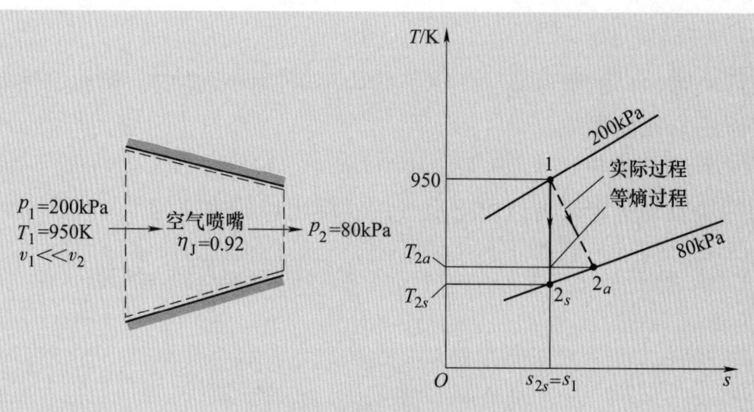

图 9-30　例 9-18 的示意图与 *T-s* 图

（1）计算可能的最大出口速度

在喷嘴的过程中没有不可逆性时，空气的出口速度会有最大值，出口速度可由稳流能量方程式求得。然而，我们需先求得出口温度。对于理想气体等熵过程有

$$\frac{T_{2s}}{T_1}=\left(\frac{p_{2s}}{p_1}\right)^{\frac{\kappa-1}{\kappa}}$$

则

$$T_{2s}=T_1\left(\frac{p_{2s}}{p_1}\right)^{\frac{\kappa-1}{\kappa}}=950\text{K}\times\left(\frac{80\text{kPa}}{200\text{kPa}}\right)^{\frac{0.354}{1.354}}=748\text{K}$$

此状态下的平均温度为 849K，略高于假设的平均温度 800K，此平均温度可经由 748K 的 κ 值计算进行修正，但并不需要，因为与平均温度已经相当接近（重新计算会使温度改变 1.5K，并没有意义）。

由空气等熵稳流过程的能量平衡方程式

$$\dot{e}_{\text{in}}=\dot{e}_{\text{out}}$$

$$h_1+\frac{v_1^2}{2}=h_{2s}+\frac{v_{2s}^2}{2}$$

可得等熵出口速度为

$$v_{2s}=\sqrt{2(h_1-h_{2s})}=\sqrt{2c_{p,\text{avg}}(T_1-T_2)}$$

$$=\sqrt{2\times1.099\text{kJ/(kg}\cdot\text{K)}\times(950\text{K}-748\text{K})}=666\text{m/s}$$

（2）计算实际出口温度

空气的实际出口温度高于等熵出口温度，由于

$$\eta_\text{J}=\frac{h_1-h_{2a}}{h_1-h_{2s}}=\frac{c_{p,\text{avg}}(T_1-T_{2a})}{c_{p,\text{avg}}(T_1-T_{2s})}$$

则

$$0.92=\frac{950\text{K}-T_{2a}}{950\text{K}-748\text{K}}$$

解得　$T_{2a} = 764\text{K}$。

也就是实际喷嘴出口的温度高出16K，此为不可逆性所造成，例如摩擦。这是一种利用重量使空气温度升高的损失。

（3）计算实际出口速度

利用喷嘴等熵效率的定义可以求出空气的实际出口速度，即

$$\eta_\text{J} = \frac{v_{2a}^2}{v_{2s}^2} \rightarrow v_{2a} = \sqrt{\eta_\text{J} v_{2s}^2} = \sqrt{0.92 \times (666\text{m/s})^2} = 639\text{m/s}$$

本章小结

本章研究工质的热力过程与工程应用，主要有理想气体的热力过程、实际气体的热力过程和通用装置的热力过程。自然界中并不存在理想气体，理想气体是一种简化处理气体性质的物理模型，所有气体在压力趋于无穷小，温度又不太低时都可以作为理想气体处理。处在理想气体状态的气体的热力学能、焓只是温度的函数。

对于实际气体，我们从水蒸气和湿空气的热力过程进行分析。水蒸气是广泛使用的工质，虽然可以认为空气中的水蒸气处在理想气体状态，但动力工程中应用的水蒸气并不处在理想气体状态。水蒸气的参数及各种关系在压力很低时可采用理想气体的关系确定，而在压力较高时则需要按基本定义及热力学基本定理直接导出的关系确定。

工质热力状态变化的规律及能量转换状况与工质是否流动无关，对于确定的工质它只取决于过程特征。归纳起来，分析计算理想气体热力过程的方法和步骤如下：

1）根据过程的特点，结合状态方程式找出不同状态时状态参数间的关系式，从而由已知初态参数确定终态参数，或者反之。

2）在 p-v 图和 T-s 图中画出过程曲线，以直观地表达过程中工质状态参数的变化规律及能量转换情况。

3）确定工质初、终态比热力学能、比焓、比熵的变化量。

4）确定工质对外做出的功和过程热量。各种可逆过程的膨胀功都可由 $w = \int_1^2 p\text{d}v$ 计算。在求出 w 和 Δu 之后，可按 $Q = \Delta u + w$ 计算过程热量，或反之从已知热量求过程功。各种可逆过程的技术功都可以按照 $w_\text{t} = -\int_1^2 v\text{d}p$ 计算。

本章还研究了气体和蒸气在喷管中的流动及绝热节流的特性。对于气体在喷管内流动，先讨论气体可逆流动特性，其后，对于实际的不可逆流动，利用实验系数进行修正。研究喷管中可逆流动的基本方程有连续性方程（质量守恒方程）、稳定流动能量方程、可逆绝热过程方程和声速方程。必须建立声速是状态参数的概念，它取决于喷管各截面上气流的状态，由于喷管不同截面上的参数在变化，所以各个截面上的“当地”声速是不同的。

对于实际的不可逆流动，先是计算同等压力变化条件下的可逆流动，再通过速度系数等修正得到实际流动的参数，应注意的是在用速度系数修正速度后还要对温度进行修正，以满足流动过程的能量守恒。

热力学原理在常见工程设备——压气机中也有具体的应用。通常压气机是消耗机械能（或电能）来生产压缩气体的一种工作机。活塞式压气机绝热压缩所消耗的功最多，定温压缩最少，多变压缩介于两者之间，并随 n 减小而减少。同时，绝热压缩后气体的温度升高较多，不利于压气机的安全运行；气体的比体积较大，需要体积较大的储气桶，所以尽量减小压缩过程的多变指数 n，使过程接近于定温过程。

实际的活塞式压气机的余隙容积是不可避免地，因而产生了容积效率问题，且随着增压比增大容积效率下降，所以虽然余隙容积对理论耗功没有影响，但仍被称为有害容积。为避免单级压缩因增压比太高而影响容积效率以及温度过高带来的安全问题，常采用多级压缩节间冷却的方法。

叶轮式压气机的转速高，连续不断地吸气和排气，没有余隙容积，所以产气量大。但每级的增压比小，并且因气流速度高，容易造成较大的摩擦损耗，故叶轮式压气机压缩过程分析以绝热压缩为主，压气机的绝热效率表示了叶轮式压气机压缩过程的工作情况。

思 考 题

9-1 研究工质热力过程的目的何在？

9-2 试以理想气体的定温过程为例，归纳气体的热力过程要解决的问题及使用方法。

9-3 为什么说理想气体多变过程的过程方程能概括四个基本的热力过程？

9-4 理想气体多变过程的过程方程中的多变指数是定值还是变值？

9-5 在理想气体的 p-v 图和 T-s 图上，如何判断过程线的 q、Δu、Δh 和 w 的正负？

9-6 图 9-31 中，1—2 为定容过程，1—3 为定压过程，2—3 为绝热过程，设工质为理想气体，且过程可逆，试画出相应的 T-s 图，并指出：Δu_{12} 和 Δu_{13} 哪个大？Δs_{12} 和 Δs_{13} 哪个大？q_{12} 和 q_{13} 哪个大？

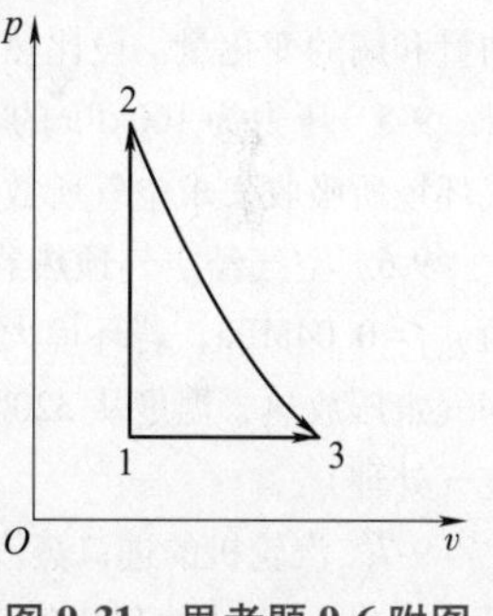

图 9-31 思考题 9-6 附图

9-7 在 T-s 图上如何表示理想气体任意两点间的比热力学能差和比焓差？

9-8 在 p-v 图上如何表示理想气体定熵过程中任意两点间的比热力学能差和比焓差？

9-9 在 T-s 图上如何表示理想气体定熵过程的体积变化功和技术功。

9-10 蒸气热力过程的计算步骤是什么？为什么没有类似理想气体热力过程的计算公式？

9-11 在什么条件下水蒸气可以视为理想气体？

9-12 对提高气流速度起主要作用的是通道形状还是气体本身的状态变化？

9-13 喷管的目的是为了使气体的流速增大，试从能量方程入手分析流动过程中膨胀功的具体形式。

9-14 声速与流体的状态有关，流速是反应流动状态的动力学参数，马赫数是否也可以看作状态参数？

9-15 在定熵流动中，当气体流速分别处于亚声速和超声速时，图 9-32 所示形状的各种管道宜作为喷管还是扩压管？

9-16 用水银温度计测量具有一定流速的流体温度，温度计上温度的读数与实际流体的温度哪一个高一些？

9-17 喷管流速计算公式 $c_2=\sqrt{2(h_0-h_2)}$ 是否适用于可逆过程？为什么？

9-18 工程应用中的扩压管为什么仅有渐扩形状的？

9-19 从热力学观点看，为什么说活塞式压气机与叶轮式压气机压缩过程的本质是一致的？

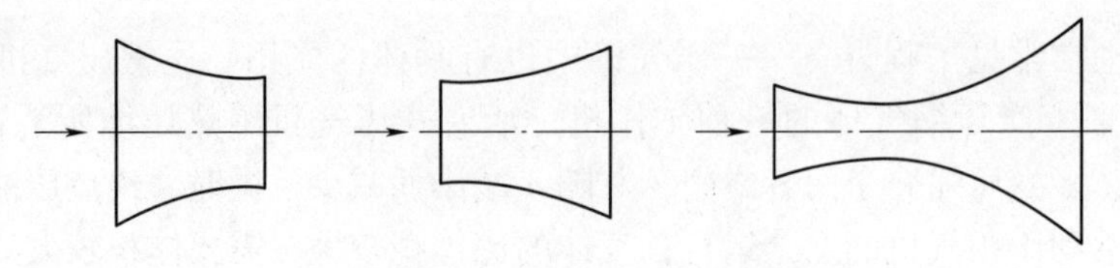

图 9-32　思考题 9-15 附图

9-20　余隙容积对活塞式压气机有怎样的影响？

9-21　为什么叶轮式压气机不能采用喷水和加水套的方法减少耗功？

习　题

9-1　氧气由 $t_1=30℃$、$p_1=0.1\text{MPa}$，定温压缩至 $p_2=0.3\text{MPa}$。①试计算压缩单位质量氧气所消耗的技术功；②若按绝热过程压缩，初态和终压与上述相同，试计算压缩单位质量氧气所消耗的技术功；③将它们表示在同一幅 p-v 图和 T-s 图上，并在图上比较两者的耗功。

9-2　2kg 氮气由 $t_1=27℃$、$p_1=0.15\text{MPa}$，被压缩至 $v_2/v_1=1/4$。若一次压缩为定温压缩，另一为多变指数 $n=1.28$ 的多变压缩过程。试求两次压缩过程的终态基本参数，过程体积变化功，热量和热力学能变化。并将两次压缩过程表示在 p-v 图和 T-s 图上。

9-3　试将满足以下要求的理想气体多变过程在 p-v 图和 T-s 图上表示出来（先画出四个基本热力过程）：①气体受压缩，升温和放热；②气体的多变指数 $n=0.8$，膨胀；③气体受压缩，降温又降压；④气体的多变指数 $n=1.2$，放热；⑤气体膨胀，降压且放热。

9-4　有 1kg 空气，初态 $t_1=27℃$、$p_1=0.6\text{MPa}$，分别经下列三种可逆过程膨胀到 $p_1=0.1\text{MPa}$：①定温过程；②$n=1.25$ 的多变过程；③定熵过程。试将各过程画在 p-v 图和 T-s 图上，并求各过程终态温度、做功量和熵的变化量。设比热容为定值。

9-5　压力为 160kPa 的 1kg 空气，从 450K 定容冷却到 300K，空气放出的热量全部被温度为 280K 的大气环境所吸收。求空气所放出热量的有效能和传热过程的有效能损失，并将有效能损失表示在 T-s 图上。

9-6　空气经空气预热器从 $t_1=28℃$ 定压吸热到 $t_2=180℃$，空气的进口流量为每小时 3.6m^3，进口表压力 $p_{g1}=0.04\text{MPa}$。若环境大气压力为 $p_b=0.1\text{MPa}$，试求：①每小时空气吸热量及比焓和比熵的变化；②若烟气定压放热，温度从 320℃ 降至 160℃，烟气与空气间不等温传热引起的能量损失为多少？（烟气性质按空气处理）

9-7　汽轮机的进口蒸汽参数为 $t_1=435℃$、$p_1=3.0\text{MPa}$。若经可逆绝热膨胀至 $p_2=0.005\text{MPa}$，蒸汽流量为 4.0kg/s，求汽轮机的理想功率为多少千瓦？

9-8　利用空气冷却汽轮机乏汽的装置称为干式冷却器。若流经干式冷却器的空气入口温度为环境温度 $t_1=20℃$，出口温度为 $t_2=35℃$。进入冷却器乏汽的压力为 7.0kPa，干度为 0.86，出口为相同压力的饱和水。设乏汽流量为 220t/h，空气进出口压力不变，比热容为定值。试求：流经干式冷却器的空气流量；空气流经干式冷却器的焓增量和熵增量；乏汽流经干式冷却器的熵变以及不可逆传热引起的熵变。

9-9　温度为 35℃ 的 R134a 饱和液经节流阀后温度下降到 −10℃，试问节流后的 R134a 是什么状态？压力为多少？节流过程的㶲损失为多少？并在 T-s 图上表示出该过程。

9-10　压力为 200kPa 的 R134a 干饱和蒸气经可逆绝热压缩过程至 1.2MPa，试求压缩单位质量 R134a 所消耗的技术功。

9-11　设大气压力为 0.1MPa，温度为 25℃，相对湿度为 $\varphi=55\%$，试用分析法求湿空气的露点温度、含湿量及比焓。并查 h-d 图校核之。

9-12　设大气压力为 0.1MPa，温度为 30℃，相对湿度为 80%。如果利用空气调节设备使温度降低到

10℃去湿，然后再加热到20℃，试求所得空气的相对湿度。

9-13 在容积为100m^3 的封闭室内，空气的压力为0.1MPa，温度为25℃，露点温度为18℃。试求室内空气的含湿量和相对湿度。若此时室内放置盛水的敞口容器，容器的加热装置使水能保持25℃定温蒸发至空气达到定温下的饱和空气状态。试求达到饱和空气状态下空气的含湿量和水的蒸发量。

9-14 一股空气流，压力为0.1MPa，温度为20℃，相对湿度为30%，体积流量为15m^3/min。另一股空气流，压力也为0.1MPa。温度为35℃，相对湿度为80%，体积流量为20m^3/min。两股空气流在绝热条件下混合，混合后压力仍为0.1MPa。试求混合后空气的温度、相对湿度和含湿量。

9-15 燃气经过燃气轮机中某级渐缩喷管绝热膨胀，质量流量 $q_m = 0.6$kg/s，燃气进口温度为 $t_1 =$ 600℃，初压为 $p_1 = 0.6$MPa，燃气在喷管出口处的压力为 $p_2 = 0.4$MPa，喷管进口流速及摩擦损失不计，试求燃气在喷管出口的流速和出口截面面积。设燃气的热力性质与空气相同，比热容取定值。

9-16 水蒸气经汽轮机中的喷管进行可逆绝热膨胀，进入喷管的水蒸气参数为 $t_1 = 500$℃，$p_1 = 0.9$MPa，喷管背压为 $p_b = 0.4$MPa，质量流量 $q_m = 0.9$kg/s，试：进行喷管的选型；求喷管重要截面的流速和面积。

9-17 水蒸气经汽轮机中某级拉瓦尔喷管进行绝热膨胀，进入喷管的水蒸气参数为 $t_1 = 500$℃，$p_1 =$ 0.8MPa，喷管背压为 $p_b = 0.3$MPa，若质量流量 $q_m = 6$kg/s，试求喷管临界截面和出口截面的状态参数、流速和面积。

9-18 题9-17中若进口流速 $c_m = 120$m/s，其他条件不变，喷管临界截面和出口截面的状态参数、流速和面积又各为多少?

9-19 水蒸气在喷管中做绝热膨胀，进口的参数为 $t_1 = 500$℃，$p_1 = 9$MPa。已知速度系数为0.92，实际出口流速为621m/s，试求进口与出口间水蒸气的熵产。

9-20 压力 $t_1 = 250$℃，$p_1 = 0.4$MPa 的氨蒸气在喷管中做绝热可逆膨胀，背压 $p_b = 0.25$MPa，若质量流量为360kg/h，试进行喷管设计（喷管的形状选择，喷管重要截面的流速和面积的计算）。

9-21 某单级活塞式压气机每小时吸入温度 $t_1 = 17$℃、压力 $p_1 = 0.1$MPa 的空气 120m^3，输出空气的压力为 $p_2 = 0.64$MPa。试按下列三种情况计算压气机所需要的理想功率：①定温压缩；②绝热压缩；③多变压缩（$n = 1.2$）。

9-22 某轴流式压气机，每秒生产20kg压力为0.5MPa的压缩空气。若进入压气机的空气温度 $t_1 =$ 20℃、压力 $p_1 = 0.1$MPa，压气机的绝热效率 $\eta_{C,s} = 0.85$，求出口处压缩空气的温度及该压气机的耗功率。

9-23 某单级活塞式压气机每小时吸入温度 $t_1 = 25$℃、压力 $p_1 = 0.15$MPa 的氧气 200m^3，压缩过程为 $n = 1.25$ 的多变过程，输出压力为 $p_2 = 0.9$MPa。若存在余隙容积，余隙比为0.03，试求：容积效率和生产量；压气机所需的功率。

第10章 理想气体工作循环

气体动力循环是以远离液态区的气体为工质的热力循环，包括活塞式内燃机动力循环、叶轮式燃气轮机装置动力循环、喷气推进机循环以及外燃式的斯特林循环（Stirling cycle）。活塞式内燃机（internal combustion engine）具有结构紧凑、体积小、重量轻、效率高等特点，但功率一般不大。而叶轮式燃气轮机装置则具有结构简单、体积小、重量轻、功率大、起动快等特点，是一种很有发展前途的热机。根据它们各自的特点，人们把它们应用于各种相应的场合。本章主要讨论各种气体动力循环的理想循环，进行热力学分析计算，并探讨提高循环热效率的途径。

10.1 理想气体循环概述

从本章开始，将要应用热力学理论对热力循环进行分析和研究。热力循环分析的目的是：在热力学基本定律的基础上对热力循环进行分析计算，进而寻求提高能量利用经济性（能量利用率）的方向及途径。由于热力循环是由一系列不同热力过程构成的，因此必须掌握构成循环的热力过程，在对热力过程进行分析的基础上对整个循环进行能量分析与计算，从而分析得到提高热效率 η_t、制冷系数 ε（coefficient of the refrigeration）或制热系数 ε' 的方法与途径。

热力循环分析的方法有以热力学第一定律为基础的“第一定律法”和以热力学第二定律为基础的“第二定律法”。“第一定律法”从能量的数量关系出发，对循环中各过程的热量和功量等进行分析计算，动力循环以热效率（thermal efficiency）为指标（制冷循环以制冷系数为指标），寻求提高循环热效率的方向及途径。“第二定律法”是从能量的品质出发，对循环中各热力过程的熵产进行分析计算，以熵产和有效能损失为指标，寻求提高循环能量转换率的方向及途径。近年来，以热力学第二定律为基础结合热力学第一定律分析方法的“㶲分析方法”日益受到重视，并逐步被工程界和企业界所接受。

鉴于以热力学第一定律为基础的热效率法简单、直观，故本书将采用这种从能量的数量关系出发的“第一定律法”作为分析方法。对热力循环进行分析的步骤如下：

1）熟悉和掌握实际循环的设备与流程。循环是由一系列热力过程构成的，各个热力过程在不同设备中完成循环流程，因此学习循环，必须掌握实现循环的流程与热力设备。

2）实际循环的理想化（简化）。如前所述，实际循环都是不可逆的，诸多不可逆因素使得循环分析复杂而困难。基于热力学的研究基础，可对实际循环进行理想化处理。具体而言，气体动力循环在简化时常采用所谓的“空气标准假设”：假定工作流体是一种理想气体，具有与空气相同的热力性质，并将排气过程和燃烧过程用向低温热源的放热过程和自高温热源的吸热过程取代。实际气体循环中工质主要是燃气，且在循环的不同部位成分及质量稍有不同。由于燃气和空气的热物性相近，所以在做初步理论分析时假定工质全部由空气构成通常不会造成很大的误差。此外，简化过程还假定循环工质比热容为定值，忽略黏性摩阻，将不可逆的绝热膨胀和压缩过程视为可逆的定熵过程，等等。

3）理想循环的能量分析。针对理想化后的循环，进行热力过程的分析和能量分析计算，包括吸热量 q_H、放热量 q_L、耗功量 w_C（或 w_p）、做功量 w_t、净功量 w_0 的分析计算，以及热效率 η_t 等的分析计算。

4）提高热效率 η_t 的分析。在理想循环能量分析计算的基础上，对于动力循环，根据用平均温度计算热效率 η_t 的方法，讨论哪些措施和方法可以降低 $\overline{T}_L$，哪些措施和方法可以提高 $\overline{T}_H$，从而得到提高循环热效率 η_t 的方法与途径。

$$\eta_t = 1 - \frac{\overline{T}_L}{\overline{T}_H} \tag{10-1}$$

5）考虑不可逆（摩阻）因素的分析。实际过程是不可逆的，在理想循环分析的基础上，针对考虑不可逆黏性摩阻的实际循环进行能量分析计算，并确定由理想循环分析所得的提高循环热效率 η_t 的方法与途径是否仍然有效，需进行哪些修正。

以气体为工质的动力装置称为气体动力循环装置，它主要有活塞式（往复式内燃机）、轮机式（燃气轮机装置）和喷气式发动机等。本章主要介绍活塞式发动机和燃气轮机装置循环。

10.2 活塞式内燃机理想循环

活塞式内燃机是一种利用燃料在气缸内燃烧生成高温高压气体推动活塞运动从而获得机械能的热力发动机。燃料燃烧产生热能及热能转变为机械能的过程都是在气缸内进行的，循环工质是燃料燃烧的产物——燃气，故称为内燃机。广义地说，内燃机还包括叶轮式的燃气轮机（gas turbine）等，但习惯上内燃机专指活塞式内燃机。尽管内燃机循环的最高温度达到2500K以上，但因为燃烧是间歇式进行的，所以对材料的耐热性能要求比较宽松。因此，与其他热机相比可以抑制冷却系统和排气的损失，从而提高热效率。

内燃机的形式很多，但其基本构造大致相同。内燃机按其所使用的燃料可分为汽油机和柴油机等。由于汽油机和柴油机的结构紧凑，占用空间小而被广泛用于交通运输中。图10-1a所示为单缸四冲程汽油机和柴油机的结构图解，图10-1b所示为典型汽油机的结构组成图解。它的主要部件和组件如下：

1）气缸体——内燃机的主体，是安装其他零件、部件和附件的支承骨架。

2）活塞——活塞是内燃机的重要部件，它在气缸中作往复运动。

3）连杆——与活塞相连接，连杆通过与它相连的曲轴把活塞的往复直线运动变为曲轴的旋转运动。

4）曲轴飞轮组件——曲轴的作用是将连杆传来的作用力转变成转矩，并通过与曲轴相连的飞轮传递给传动装置。飞轮除传递曲轴的转矩外，还有储存膨胀冲程机械能的重要作用。

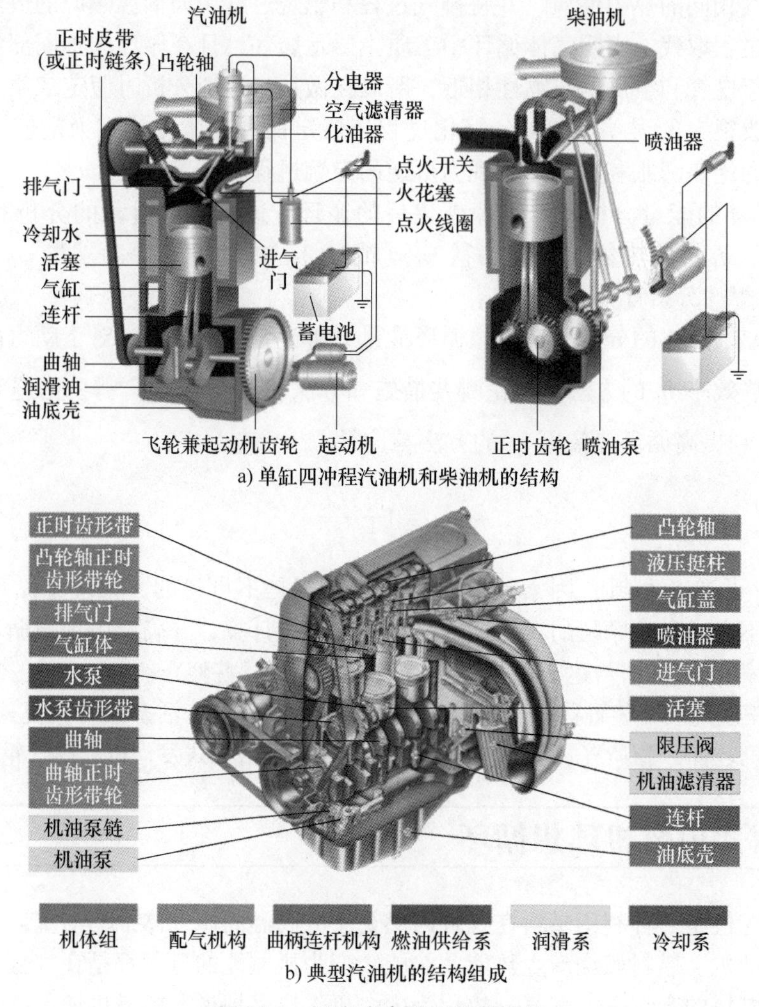

a) 单缸四冲程汽油机和柴油机的结构

b) 典型汽油机的结构组成

图 10-1　活塞式内燃机结构图解

5）配气机构——配气机构是为确保进、排气适时且有序进行而设置的。其主要包括进、排气阀和凸轮轴，由曲轴带动工作。

除上述部件和组件外，汽油机的气缸盖上装有火花塞。如果是柴油机，代替火花塞的是喷油器。

几乎所有的内燃机都是让活塞在筒状气缸内往复运动，通过曲轴机构将这种运动转换成旋转运动的。内燃机可以按四冲程或两冲程的工作方式来完成一个循环。如图 10-2 所示，活塞在气缸上止点（top dead center，TDC）和下止点（bottom dead center，BDC）之间完成一次位移的过程称为一个行程。图 10-3 所示分别为四冲程式和二冲程式循环中活塞的运动和气缸内气体状态的 p-V 图。在前者中，通过吸气、压缩、膨胀（燃烧）和排气这 4 个过程的重复，保持发动机连续运转，期间活塞运行 2 个往复，曲轴旋转 2 圈。而在后者的二冲程式发动机中，排气和吸气同时进行，活塞运行 1 个往复、曲轴旋转 1 圈就完成 1 个循环。以四冲程汽油机为例，各行程简介如下：

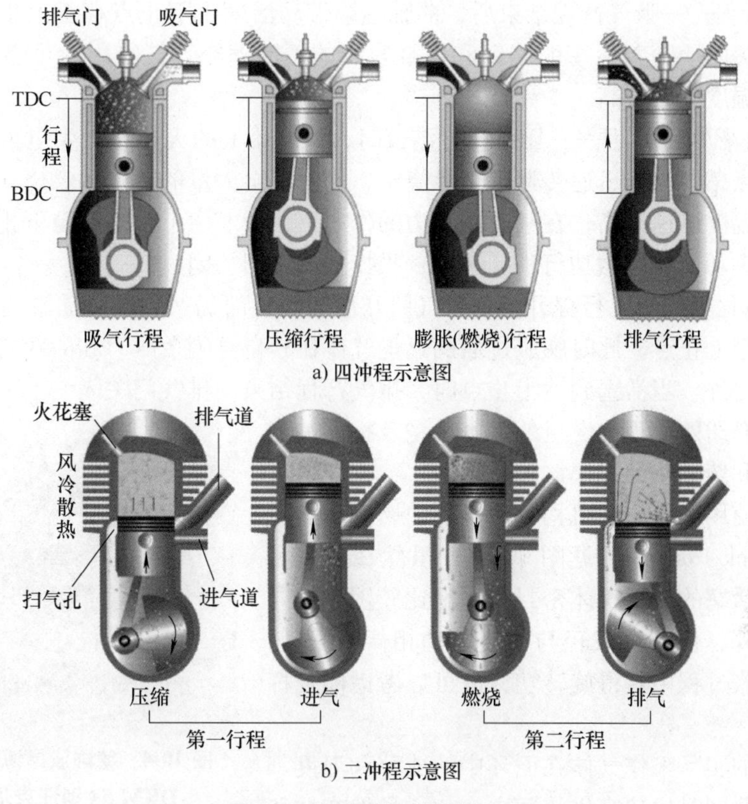

图 10-2 活塞式汽油机的行程

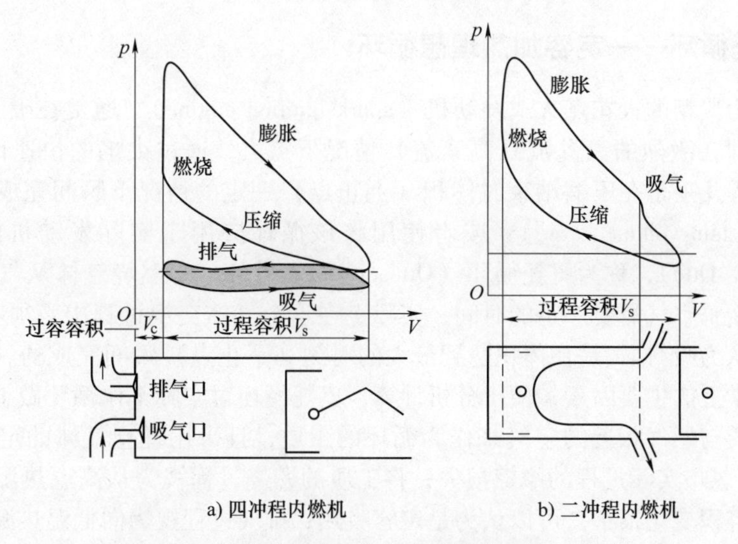

图 10-3 活塞的运动和气缸内气体状态的 *p-V* 图

1）吸气行程——活塞在曲轴的带动下由上止点移至下止点，此时排气门关闭，吸气门开启。在活塞移动过程中，气缸容积逐渐增大，气缸内形成一定的真空度。空气和汽油的混合物通过吸气门被吸入气缸，并在气缸内进一步混合形成可燃混合气。

2）压缩行程——吸气行程结束后，曲轴继续带动活塞由下止点移至上止点。这时吸气门与排气门均关闭。随着活塞的移动和气缸容积的不断缩小，气缸内的可燃混合气体被压缩，其压力和温度同时升高。

3）膨胀（燃烧）行程——压缩行程结束时，气缸盖上的火花塞产生电火花，将气缸内可燃混合气体点燃，火焰迅速传遍整个燃烧室，同时放出大量的热能。燃烧气体的体积急剧膨胀，压力和温度迅速升高，在气体的压力的作用下，活塞由上止点移至下止点并通过连杆推动曲轴旋转做功，也称做功行程。这时，吸排气门仍旧关闭。

4）排气行程——排气行程开始，排气门开启，吸气门仍然关闭，曲轴通过连杆带动活塞由下止点移至上止点，此时膨胀过后的燃烧气体在其自身剩余压力和活塞的推动下，经排气门排出气缸之外。当活塞到达上止点时，排气行程结束，排气门关闭。

本节主要介绍四冲程内燃机的基本结构及按四冲程工作的汽油机和柴油机的工作循环。

此外，不使用活塞曲轴机构的转子式内燃机（汪克尔发动机，Wankel engine，见图 10-4)，虽然在活塞和气缸之间以及活塞的端面气体密封和润滑比较困难，导致净热效率下降，但其可减轻与往复运动相伴的振动，直接从气体膨胀过程中获得旋转功，故可以考虑能发挥其特殊用途。

图 10-4　德国波昂博物馆展出的 DKM 54 型汪克尔发动机

内燃机内的实际工作气体在循环中的成分和温度都大幅变化，与此同时比热容也将随之变化。虽然在循环的详细分析中有必要考虑这些变化，但本书中如非特殊说明，都将工作气体视为理想气体。

10.2.1　奥托循环——定容加热理想循环

汽油机作为典型的火花点火式发动机（spark-ignition engine)，通常在吸入/压缩可燃性混合气体时，即在激烈的紊乱流（高紊流）情况下点火，通过火焰的快速传播实现燃烧。因此，加热过程几乎是在压缩结束时体积（上止点）一定的情况下瞬间完成，所以称之为定容循环（constant-volume cycle)，或者使用将该循环应用于实际发动机的科学家的名字（Nicolaus A. Otto)，称为奥托循环（Otto cycle)。另外，将燃烧气体从气缸内排出同时向气缸内吸入新鲜空气需要一定的时间，实际上在这个气体交换过程中必须考虑状态变化，但理论循环中认为吸/排气是在体积达到最大的时刻（下止点）瞬间完成的。为了使问题简化，突出热力学上的主要因素，便于分析计算，奥托循环对实际工作循环做了如下理想化处理：以热力性质与燃气相近的空气来作为循环的工质，且采用理想气体的定值比热容（空气标准假设)；忽略实际过程的摩擦损失；将工质的燃烧过程视为从高温热源吸热，由于燃烧时气缸内的容积变化很小，可以认为是定容吸热；排气过程视为向低温热源定容放热；忽略压缩和膨胀过程中工质与气缸壁之间的热交换，近似认为是绝热（或定熵）压缩和膨胀过程。由此可见，奥托循环本质上就是将汽油机的实际工作循环简化后的定容加热理想循环，如图 10-5 所示。

如图 10-6 所示，工作气体从状态 1 被绝热压缩成高温高压的状态 2，在此体积不变，通过燃烧被加热（吸热）变成状态 3 之后，经绝热膨胀到达状态 4，进一步地在体积不变情况

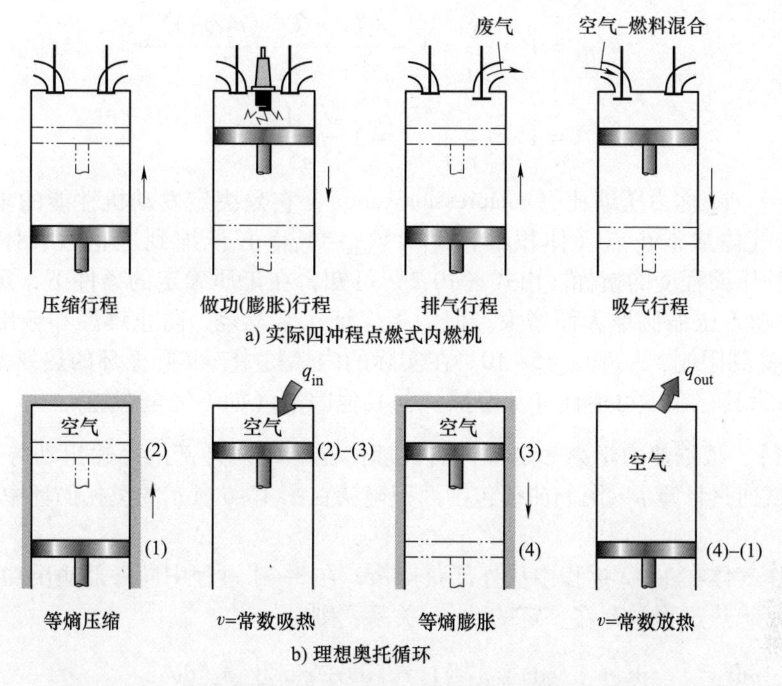

图 10-5 实际四冲程火花点火发动机与理想奥托循环发动机工作过程

下被冷却（放热）回到状态 1 完成循环。在 3→4 的膨胀过程中通过增高了的压力推动活塞下行对外做功，其值大于 1→2 的压缩过程中外部输入的功。

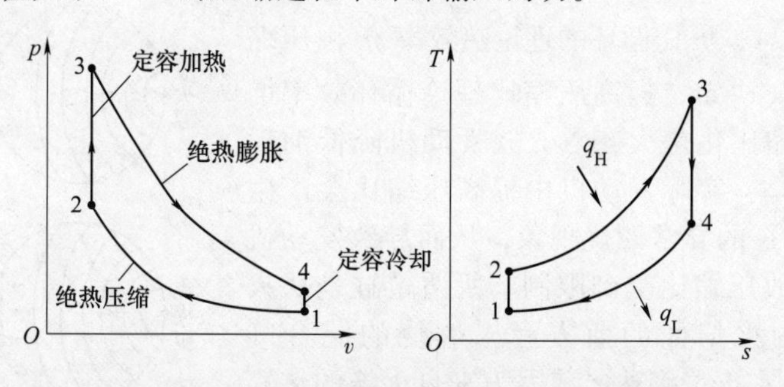

图 10-6 表示奥托循环的 *p*-*v* 图和 *T*-*s* 图

该循环中绝热过程（可逆过程）前后的温度比以及单位质量工质的吸热量 q_H、放热量 q_L 计算如下：

1→2 绝热压缩： $T_1/T_2 = (v_2/v_1)^{\kappa-1}$

2→3 定容加热： $q_H = c_V(T_3 - T_2)$

3→4 绝热膨胀： $T_4/T_3 = (v_3/v_4)^{\kappa-1} = (v_2/v_1)^{\kappa-1}$

4→1 定容冷却： $q_L = c_V(T_4 - T_1)$

这里，T、v 分别表示温度和比体积，下标的数字表示各点的状态参数。另外，c_V、κ 分别是比定容热容和定熵指数（或比热容比）。循环对外输出的净功为

$$w_0 = q_H - q_L = c_V[(T_3 - T_2) - (T_4 - T_1)]$$

因此，理论热效率（theoretical thermal efficiency）η_t 可如下求得。

$$\eta_t = 1 - \frac{q_L}{q_H} = 1 - \frac{(T_3 - T_2)(v_2/v_1)^{\kappa-1}}{T_3 - T_2}$$
$$= 1 - \left(\frac{v_2}{v_1}\right)^{\kappa-1} = 1 - \frac{1}{\varepsilon^{\kappa-1}} \tag{10-2}$$

在此，$\varepsilon = v_1/v_2$ 称为压缩比（compression ratio），它是决定发动机性能的重要参数，表示活塞将工作气体从下止点（体积最大 $V_1 = V_{max} = V_{BDC}$）压缩到上止点（体积最小 $V_2 = V_{min} = V_{TDC}$）的压缩程度的指标。由式（10-2）可知，在工质确定的条件下，定容加热理想循环的热效率随着压缩比增大而增大。但为了保证正常燃烧、防止爆燃和输出功率不受影响，ε 的提高受到限制，一般 $\varepsilon = 5 \sim 10$。在实际的内燃机中，实际循环的热效率比理想的奥托循环低，因为其存在不可逆性（如摩擦）与其他因素（如不完全燃烧）。

【例 10-1】 根据热力学第一定律，热机理论循环中向外部的净输出功等于从外部获得的热量。试通过计算 p-v 图的曲线包围面积确认在图 10-6 所示的奥托循环中这一关系也成立。

解：工作气体在 1→2 过程中从外部获得功，在 3→4 过程中向外部输出功。考虑到不管哪一个都是绝热过程，存在一定的 p-v-κ 关系，则

$$\int p\mathrm{d}v = \int_{v_3}^{v_4} p\mathrm{d}v + \int_{v_1}^{v_2} p\mathrm{d}v = p_3 v_3^{\kappa} \int_{v_3}^{v_4} v^{-\kappa}\mathrm{d}v + p_2 v_2^{\kappa} \int_{v_1}^{v_2} v^{-\kappa}\mathrm{d}v$$
$$= \frac{R}{\kappa - 1}(T_3 - T_2)(1 - \varepsilon^{1-\kappa}) = c_V(T_3 - T_2)(1 - \varepsilon^{1-\kappa}) = q_H - q_L$$

这里，因工作气体是理想气体，故 $c_V = R_g/(\kappa - 1)$。

根据式（10-2），奥托循环的理论热效率 η_t 由压缩比 ε 和比热容比 κ 决定，提高压缩比理论循环效率增加。因此，高压缩比化是火花点火式发动机降低油耗的基本方针。但是，实际发动机中提高压缩比会产生所谓敲缸（knock）的异常燃烧现象，从而导致发动机不能正常工作，故压缩比受到限制。所谓敲缸是从火花塞传播过来的火焰面的前方尚未燃烧的混合气体（端部气体），在火焰到达之前因为来自火焰的热辐射以及来自燃烧压力的压缩导致高温高压状态发生化学反应，引起自我着火的一种现象。在此情况下，由于端部气体迅速燃烧，产生如图 10-7 所示的数千赫兹的强压力波，因而加大了发动机振动产生敲门似的异常音。一般来说，发动机冷却不良或大气温度较高时，或者发动机高负荷低转速时易于发生敲缸现象，严重的敲缸可烧毁活塞。

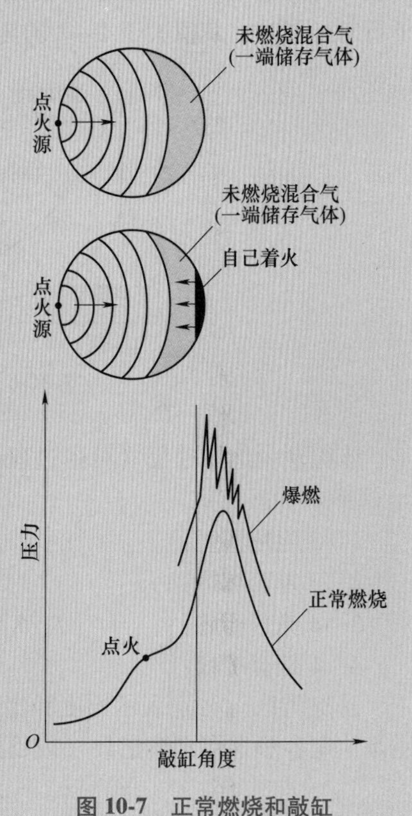

图 10-7 正常燃烧和敲缸

图 10-8 表示奥托循环的理论热效率如何随压缩比变化的计算结果，κ 根据工作气体的组成和温度取不同的值，对空气大约 $\kappa = 1.4$，对混合气体 $\kappa = 1.3 \sim 1.35$，对燃烧气体 $\kappa = 1.25 \sim 1.3$。因此，κ 值大的稀薄混合气

体理论热效率也高，这是稀薄燃烧方式热效率升高的原因之一。考察一下压缩比对理论热效率的影响，如图 10-8 所示，轿车使用的火花塞点火式发动机通常采用 $\varepsilon=9\sim12$，柴油发动机由于没有敲缸的限制采用 $\varepsilon=16\sim21$，如果仅仅考虑压缩比的差别比较两者，火花塞点火式发动机的热效率约低 10%以上。

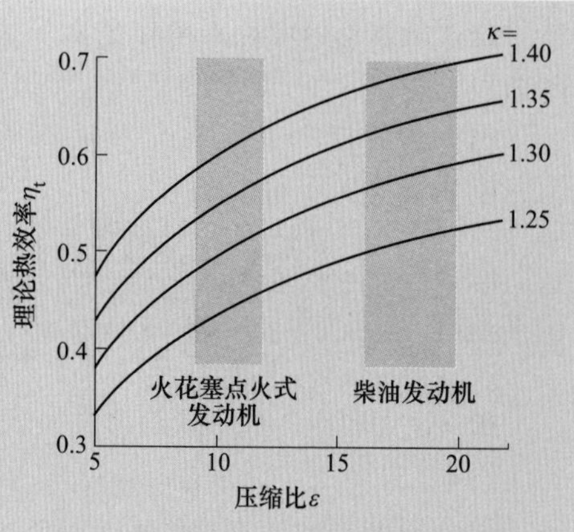

图 10-8 压缩比引起的理论热效率增加（奥托循环）

【例 10-2】 一个理想奥托循环的压缩比为 9.5，在等熵压缩过程之前，空气的状态为 $p_1=100\text{kPa}$、$t_1=17℃$ 和 $V_1=600\text{cm}^3$，等熵膨胀过程终温是 800K。若采用室温比热容，试求：循环最高温度；循环最大压力；加热量；热效率。

解：利用空气标准假设，因此空气在室温下的比热容视为一定值。动能与位能的变化忽略不计。空气性质：气体常数 $R_g=0.287\text{kJ/(kg}\cdot\text{K)}$，在室温下其他的参数为 $c_V=0.718\text{kJ/(kg}\cdot\text{K)}$ 和 $\kappa=1.4$。

（1）循环最高温度

理想奥托循环的 p-v 图如图 10-6 所示，奥托循环的最高温度与最大压力发生于定容加热过程的终点（状态 3），故循环最高温度 T_3 求解如下：

$$T_3=T_4\left(\frac{v_2}{v_1}\right)^{\kappa-1}=800\text{K}\times9.5^{0.4}=1968.7\text{K}$$

（2）循环最高压力

$$p_1V_1=mR_gT_1\rightarrow m=\frac{p_1V_1}{R_gT_1}=\frac{100\text{kPa}\times600\times10^{-6}\text{m}^3}{0.287\text{kJ/(kg}\cdot\text{K)}\times290\text{K}}=7.209\times10^{-4}\text{kg}$$

$$p_3=\frac{mR_gT_3}{V_4/9.5}=\frac{7.209\times10^{-4}\text{kg}\times0.287\text{kJ/(kg}\cdot\text{K)}\times1968.7\text{K}\times9.5}{600\times10^{-6}\text{m}^3}=6449.23\text{kPa}$$

（3）加热量

$$T_2=T_1\left(\frac{v_1}{v_2}\right)^{\kappa-1}=290\text{K}\times9.5^{0.4}=713.65\text{K}$$

$$\begin{aligned}Q_H&=mc_V(T_3-T_2)\\&=7.209\times10^{-4}\text{kg}\times0.718\text{kJ/(kg}\cdot\text{K)}\times(1968.70-713.65)\text{K}=0.6496\text{kJ}\end{aligned}$$

（4）热效率

$$\eta_t=1-\frac{1}{\varepsilon^{\kappa-1}}=1-\frac{1}{9.5^{0.4}}=0.5936=59.36\%$$

【例 10-3】 一个空气标准奥托循环的压缩比为 9。在压缩过程开始的空气参数为 95kPa、37℃和 3g。循环中的最高温度是 1020K。试确定：放热量；净功；热效率；循环的平均有效压力。

解：本题是空气标准奥托循环，采用空气热力性质表计算，p-v 图和 T-s 图如图 10-6 所示。

（1）放热量

由 $pv=R_gT$，得

$$v_1=\frac{R_gT_1}{p_1}=\frac{0.287\text{kJ}/(\text{kg}\cdot\text{K})\times(37+273)\text{K}}{95\text{kPa}}=0.9365\text{m}^3/\text{kg}=v_4$$

$$v_2=v_3=v_1/\varepsilon=0.9365\text{m}^3/\text{kg}\div 9=0.10406\text{m}^3/\text{kg}$$

由 $T_3=1020\text{K}$，查空气热力性质表可得 $u_3=776.10\text{kJ/kg}$，$v_{r3}=23.72$，则

$$v_4/v_3=v_{r4}/v_{r3}\rightarrow v_{r4}=23.72\times 9=213.48$$

由 $v_{r4}=213.48$，查空气热力性质表可得 $u_4=328.717\text{kJ/kg}$，$T_4=458.30\text{K}$。

由 $T_1=310\text{K}$，查空气热力性质表可得 $u_1=221.25\text{kJ/kg}$，$v_{r1}=572.3$。

综上可得，放热量为

$$Q_{4-1}=m(u_1-u_4)=0.003\text{kg}\times(221.25-328.717)\text{kJ/kg}=-0.3224\text{kJ}$$

（2）净功

$$v_1/v_2=v_{r1}/v_{r2}\rightarrow v_{r2}=\frac{v_2}{v_1}v_{r1}=\frac{v_{r1}}{\varepsilon}=572.3/9=63.589$$

由 $v_{r2}=63.589$，查空气热力性质表可得 $u_2=531.25\text{kJ/kg}$，$T_2=723.92\text{K}$。则加热量为

$$Q_{2-3}=m(u_3-u_2)=0.003\text{kg}\times(776.10-531.25)\text{kJ/kg}=0.7346\text{kJ}$$

净功为

$$W_{net}=Q_{net}=Q_{2-3}+Q_{4-1}=0.7346\text{kJ}-0.32240\text{kJ}=0.4122\text{kJ}$$

（3）热效率

$$\eta_t=W_{net}/Q_{2-3}=0.4122\text{kJ}/0.7346\text{kJ}=0.5611=56.11\%$$

（4）循环的平均有效压力

$$\begin{aligned}\text{MEP}&=W_{net}/(V_1-V_2)\\&=0.4122\text{kJ}/[0.003\text{kg}\times(0.9365-0.10406)\text{m}^3/\text{kg}]\\&=165.057\text{kPa}\end{aligned}$$

注：本题是空气标准奥托循环，采用变比热容方法，查空气热力性质表来确定参数。过程 1—2 和 3—4 是等熵过程才可采用相对比体积之间的关系。

10.2.2 狄塞尔循环——定压加热理想循环

狄塞尔发动机（Diesel engine）中，在气缸内把纯空气压缩成高温高压状态，然后将燃料（柴油）以雾状高压喷入。燃烧室内形成激烈的紊乱流动即高紊流流场，在燃料和空气迅速混合形成可燃性混合气体的同时，从满足自我点火条件的部分开始，燃烧顺次进行。这种燃烧方式由狄塞尔（Rudolf Diesel）予以实用化，除冷态起动等特殊条件外，不需要外部点火装置，也被称为压缩点火式发动机（compression-ignition engine）。因此，燃烧进行得比较缓慢，压缩结束（上止点）后的膨胀过程中压力基本保持一定。虽然实际的燃烧允许燃

烧速度稍微快一点和一定程度的压力升高，但大型低速柴油发动机的燃烧压力变化过程近似于等压。所以，狄塞尔循环（Diesel cycle）将对工作流体的加热作为是在等压条件下进行的来处理，也叫定压加热理想循环（constant-pressure cycle）。狄塞尔循环的由实际循环简化而来的方法与奥托循环类似。

图 10-9 为表示狄塞尔循环的 p-v 图和 T-s 图。狄塞尔循环和奥托循环的区别仅仅是状态 2→3 为定压加热，绝热过程前后的温度比和单位质量工质的吸热量 q_H、放热量 q_L 的求法如下：

1→2 绝热压缩：$T_1/T_2=(v_2/v_1)^{\kappa-1}$

2→3 定压加热：$q_H=c_p(T_3-T_2)$

3→4 绝热膨胀：$T_4/T_3=(v_3/v_4)^{\kappa-1}$

4→1 定容冷却：$q_L=c_V(T_4-T_1)$

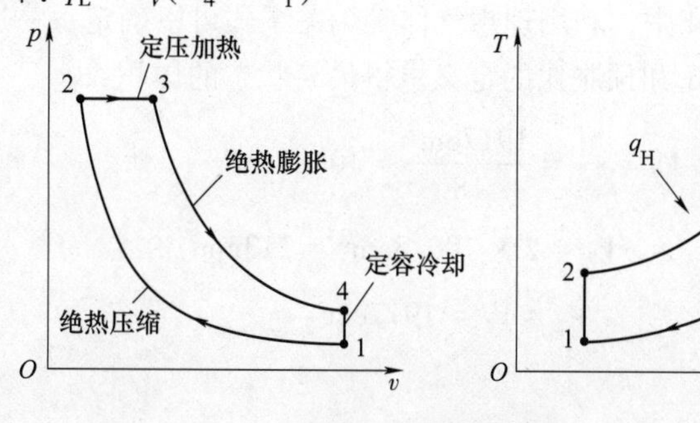

图 10-9 狄塞尔循环

据此，理论循环效率

$$\eta_t=1-\frac{q_L}{q_H}=1-\frac{T_4-T_1}{\kappa(T_3-T_2)} \tag{10-3}$$

这里引入压缩比 $\varepsilon=v_1/v_2$，预胀比 $\sigma=v_3/v_2$，则

$$\frac{T_2}{T_1}=\varepsilon^{\kappa-1} \qquad \frac{T_3}{T_2}=\sigma \qquad \frac{T_4}{T_3}=\left(\frac{v_3}{v_4}\right)^{\kappa-1}=\left(\sigma\frac{v_2}{v_1}\right)^{\kappa-1}$$

式（10-3）的理论循环效率可如下求得。

$$\eta_t=1-\frac{1}{\varepsilon^{\kappa-1}}\frac{\sigma^{\kappa}-1}{\kappa(\sigma-1)} \tag{10-4}$$

根据式（10-4），狄塞尔循环的理论热效率由压缩比 ε 和预胀比 σ 决定，提高压缩比和使预胀比接近于 1 都可增大理论循环效率。图 10-10 表示绝热指数 $\kappa=1.35$，预胀比 $\sigma=1.5$ 和 2 时，理论热效率 η_t 随压缩比 ε 变化的计算结果及其与奥托循环的比较。如果压缩比相同，则狄塞尔循环的热效率将低于奥托循环。然而，如前所述，狄塞尔发动机由于没有敲缸的限制反而可以提高压缩比，因此理论上其热效率比奥托循环高。

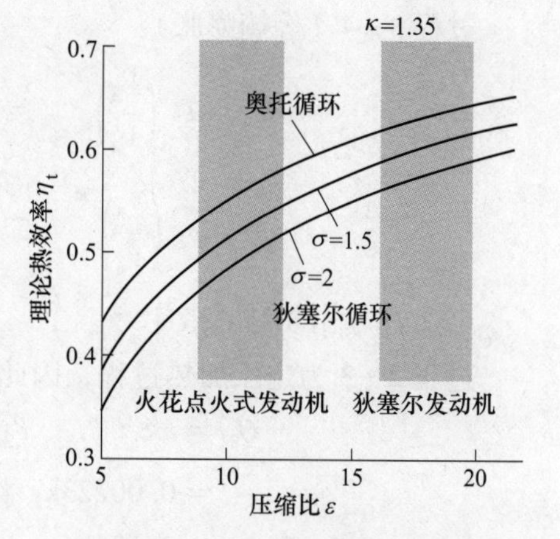

图 10-10 压缩比引起的理论热效率增加（狄塞尔循环）

【例 10-4】 在一个狄塞尔循环中，压缩比为 18，预胀比为 2，其中 $v_2 = v_1/18$，$v_3 = 2v_2$，并以空气为工作流体。在压缩过程开始时，工作流体的状态为 100kPa、27℃及 1917cm^3。利用空气标准假设，试求：空气在每一个过程最终状态的温度与压力；净输出功与热效率。

解： 利用空气标准假设，因此空气在室温下的比热容视为一定值。动能与位能的变化忽略不计。空气性质：气体常数 $R_g = 0.287\text{kJ/(kg·K)}$，在室温下其他的参数为 $c_V = 0.718\text{kJ/(kg·K)}$、$c_p = 1.005\text{kJ/(kg·K)}$、$\kappa = 1.4$、$v = 0.860\text{m}^3/\text{kg}$。空气质量 $= 1917 \times 10^{-6}\text{m}^3 \div 0.860\text{m}^3/\text{kg} = 0.00223\text{kg}$。

（1）空气在每一个过程最终状态的温度和压力

在过程 1—2 与过程 3—4 中，利用理想气体等熵关系式可以确定每一过程最终状态的温度与压力。但需先由压缩比和预胀比的定义求得最终状态的体积：

$$V_2 = \frac{V_1}{\varepsilon} = \frac{1917\text{cm}^3}{18} = 106.5\text{cm}^3$$

$$V_3 = \sigma V_2 = 2 \times 106.5\text{cm}^3 = 213\text{cm}^3$$

$$V_4 = V_1 = 1917\text{cm}^3$$

过程 1—2（等熵压缩）：

$$T_2 = T_1\left(\frac{V_1}{V_2}\right)^{\kappa-1} = 300\text{K} \times 18^{1.4-1} = 953\text{K}$$

$$p_2 = p_1\left(\frac{V_1}{V_2}\right)^{k} = 100\text{kPa} \times 18^{1.4} = 5720\text{kPa}$$

过程 2—3（等压加热）：

$$p_3 = p_2 = 5720\text{kPa}$$

$$T_3 = \sigma T_2 = 953\text{K} \times 2 = 1906\text{K}$$

过程 3—4（等熵膨胀）：

$$T_4 = T_3\left(\frac{V_3}{V_4}\right)^{\kappa-1} = 1906\text{K} \times \left(\frac{213\text{cm}^3}{1917\text{cm}^3}\right)^{1.4-1} = 791\text{K}$$

$$p_4 = p_3\left(\frac{V_3}{V_4}\right)^{\kappa} = 5720\text{kPa} \times \left(\frac{213\text{cm}^3}{1917\text{cm}^3}\right)^{1.4} = 264\text{kPa}$$

（2）净输出功与热效率

过程 2—3 为定压加热过程，因此总吸热量为

$$\begin{aligned} Q_H &= mc_p(T_3 - T_2) \\ &= 0.00223\text{kg} \times 1.005\text{kJ/(kg·K)} \times (1906 - 953)\text{K} \\ &= 2.136\text{kJ} \end{aligned}$$

过程 4—1 为定容冷却过程，总排热量为

$$Q_L = mc_V(T_4 - T_1)$$
$$= 0.00223\text{kg} \times 0.718\text{kJ/(kg·K)} \times (791 - 300)\text{K}$$
$$= 0.786\text{kJ}$$

因此净输出功为

$$W_{net} = Q_H - Q_L = 2.136\text{kJ} - 0.786\text{kJ} = 1.35\text{kJ}$$

热效率为

$$\eta_t = \frac{W_{net}}{Q_H} = \frac{1.35\text{kJ}}{2.136\text{kJ}} = 0.632 = 63.2\%$$

【例 10-5】 一个空气标准狄塞尔循环（见图 10-11）在压缩过程开始时的空气参数为 95kPa 和 290K。在加热过程终了时的压力和温度分别是 6.5MPa 和 2000K。试确定：压缩比；等压预胀比；热效率；平均有效压力。

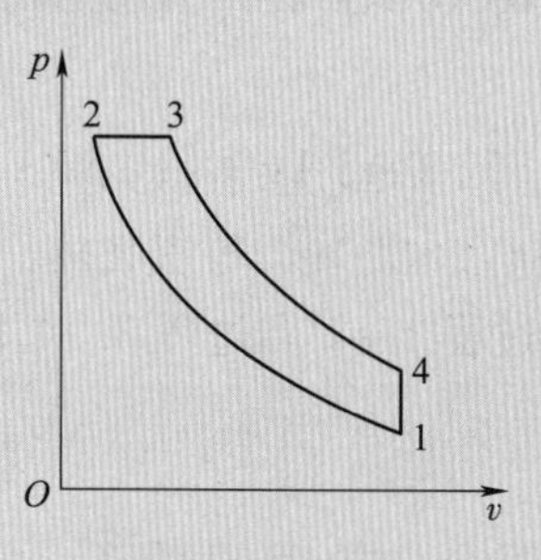

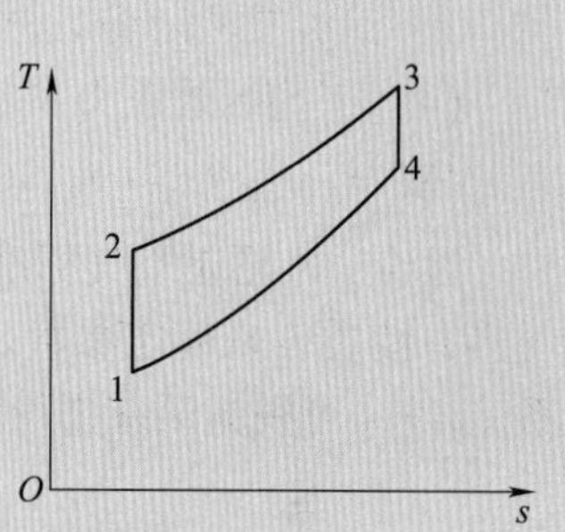

图 10-11 例 10-5 图

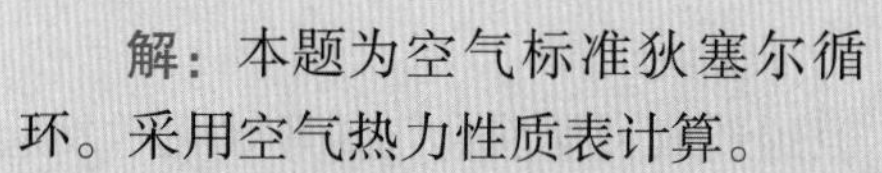

解：本题为空气标准狄塞尔循环。采用空气热力性质表计算。

（1）压缩比 ε

由 $T_1 = 290\text{K}$，查空气热力性质表可得 $p_{r1} = 1.2311$、$v_{r1} = 676.1$、$u_1 = 206.91\text{kJ/kg}$，则

$$p_{r2} = p_{r1}(p_2/p_1) = 1.2311 \times (6500\text{kPa}/95\text{kPa}) = 84.233$$

由 $p_{r2} = 84.233$，查空气热力性质表可得 $T_2 = 926.04\text{K}$、$h_2 = 962.186\text{kJ/kg}$、$v_{r2} = 31.588$，则压缩比为

$$\varepsilon = v_1/v_2 = v_{r1}/v_{r2} = 676.1/31.588 = 21.404$$

（2）等压预胀比 σ

由 $pv = R_g T$，得

$$6500\text{kPa} \times v_3 = 0.287\text{kJ/(kg·K)} \times 2000\text{K} \rightarrow v_3 = 0.088308\text{m}^3\text{/kg}$$

$$6500\text{kPa} \times v_2 = 0.287\text{kJ/(kg·K)} \times 926.04\text{K} \rightarrow v_2 = 0.040888\text{m}^3\text{/kg}$$

$$\sigma = v_3/v_2 = 0.088308\text{m}^3\text{/kg} \div 0.040888\text{m}^3\text{/kg} = 2.16$$

（3）热效率 η_t

由 $pv = R_g T$，得

$$95\text{kPa} \times v_1 = 0.287\text{kJ/(kg·K)} \times 290\text{K}$$

$$v_1 = 0.8761\text{m}^3\text{/kg} = v_4$$

由 $T_3 = 2000\text{K}$，查空气热力性质表可得 $v_{r3} = 2.776$、$h_3 = 2252.1\text{kJ/kg}$，则有

$$v_{r4} = v_{r3}(v_4/v_3) = 2.776 \times 0.8761\text{m}^3\text{/kg} \div (0.088308\text{m}^3\text{/kg}) = 27.54$$

由 $v_{r4} = 27.54$，查空气热力性质表可得 $u_4 = 733.746\text{kJ/kg}$。

吸热量为

$$q_{2-3} = h_3 - h_2 = 2252.1\text{kJ/kg} - 962.186\text{kJ/kg} = 1289.914\text{kJ/kg}$$

放热量为

$$q_{4-1} = u_1 - u_4 = 206.91\text{kJ/kg} - 733.746\text{kJ/kg} = -526.836\text{kJ/kg}$$

循环净功为

$$w_{\text{net}} = \sum q = q_{2-3} + q_{4-1} = 1289.914\text{kJ/kg} - 526.836\text{kJ/kg} = 736.078\text{kJ/kg}$$

热效率为

$$\eta_t = w_{\text{net}}/q_{2-3} = 763.078\text{kJ/kg} \div 1289.914\text{kJ/kg} = 0.5916 = 59.16\%$$

（4）平均有效压力 MEP

$$\text{MEP} = w_{\text{net}}/(v_1 - v_2) = 763.078\text{kJ/kg} \div [(0.8761 - 0.040888)\text{m}^3/\text{kg}] = 913.634\text{kPa}$$

讨论：本题是空气标准狄塞尔循环，等压吸热，等容放热，采用变比热容方法，查空气热力性质表来确定参数。过程 1→2 和过程 3→4 是等熵过程才可用相对压力之间的关系。$v_1 - v_2$ 可视为活塞排量。

10.2.3 萨巴特循环——混合加热理想循环

高速柴油机中，虽然一般从上止点开始喷射燃料，但到形成可燃混合气并开始化学反应需要一定的时间。在此着火延迟期间（ignition-delay period）蓄积的混合气在上止点附近瞬间急剧燃烧，气缸内温度进一步升高，后续的膨胀行程中喷射进来的燃料一和空气混合马上就发生反应进行燃烧。即对工作气体的加热可近似看成一部分是在定容条件下，剩余部分是在定压条件下进行的，可以作为奥托循环和狄塞尔循环的组合形式来处理。这种理论循环称为萨巴特循环（Sabathe cycle）。

图 10-12 为萨巴特循环的 p-v 图和 T-s 图。对各个过程采用与此前相同的方法计算，则有：

1→2 绝热压缩：　$T_1/T_2 = (v_2/v_1)^{\kappa-1}$

2→2′ 定容加热：　$q_V = c_V(T_{2'} - T_2)$，　$T_{2'}/T_2 = p_{2'}/p_2$

2′→3 定压加热：　$q_p = c_p(T_3 - T_{2'})$，　$T_3/T_{2'} = v_3/v_{2'} = v_3/v_2$

3→4 绝热膨胀：　$T_4/T_3 = (v_3/v_4)^{\kappa-1} = (v_3/v_1)^{\kappa-1}$

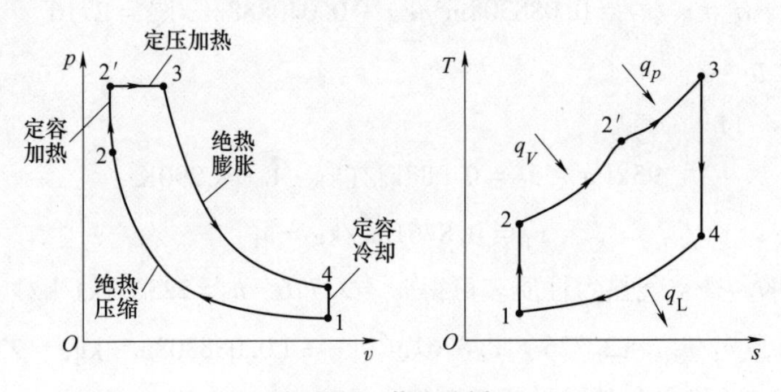

图 10-12　萨巴特循环

4→1 定容冷却：　　$q_L = c_V(T_4 - T_1)$

因此，理论热效率

$$\eta_t = 1 - \frac{q_L}{q_V + q_p} = 1 - \frac{c_V(T_4 - T_1)}{c_V(T_{2'} - T_2) + c_p(T_3 - T_{2'})} = 1 - \frac{1}{\varepsilon^{\kappa-1}} \frac{\xi\sigma^{\kappa} - 1}{\xi - 1 + \kappa\xi(\sigma - 1)} \tag{10-5}$$

这里，$\varepsilon = v_1/v_2$，$\sigma = v_3/v_{2'} = v_3/v_2$，$\xi = p_{2'}/p_2$ 分别为压缩比、预胀比和压力比（pressure ratio）。若 $\sigma = 1$，则式（10-5）变成表示奥托循环的式（10-2）；若 $\xi = 1$，则式（10-5）变成表示狄塞尔循环的式（10-4）。

【例 10-6】 若奥托循环、狄塞尔循环以及萨巴特循环的理论热效率分别用 $\eta_{t,O}$、$\eta_{t,D}$、$\eta_{t,S}$ 表示，证明压缩比相等时 $\eta_{t,O} > \eta_{t,S} > \eta_{t,D}$。

解： 由式（10-2）、式（10-4）和式（10-5）可得

$$\eta_{t,O} - \eta_{t,S} = \frac{1}{\varepsilon^{\kappa-1}} \frac{\xi(\sigma - 1)[(\sigma^{\kappa} - 1)/(\sigma - 1) - \kappa]}{\xi - 1 + \kappa\xi(\sigma - 1)}$$

$$\eta_{t,S} - \eta_{t,D} = \frac{1}{\varepsilon^{\kappa-1}} \frac{(\xi - 1)(\sigma - 1)[(\sigma^{\kappa} - 1)/(\sigma - 1) - \kappa]}{\kappa(\sigma - 1)[(\xi - 1) + \kappa\xi(\sigma - 1)]}$$

这里，$(\sigma^{\kappa} - 1)/\kappa(\sigma - 1)$ 总是大于 1，即

$$(\sigma^{\kappa} - 1)/(\sigma - 1) - \kappa > 0$$

因此，$\eta_{t,O} - \eta_{t,S} > 0$，$\eta_{t,S} - \eta_{t,D} > 0$，即 $\eta_{t,O} > \eta_{t,S} > \eta_{t,D}$ 成立。

10.2.4 活塞式内燃机理想循环热力学对比

内燃机各种理想循环的热力性能（如循环热效率）取决于实施循环时的条件，因此在做各种理想循环的比较时，必须在一定参数条件下进行。一般在初始状态相同的情况下，分别以压缩比、吸热量、最高压力和最高温度相同作为比较基础。在进行分析比较时，应用温熵图最为简便。

1. 压缩比相同、吸热量相同时的比较

图 10-13 所示为 ε、q_H 相同时三种理想循环的 T-s 图。图中 1—2—3—4—1 为定容加热理想循环（奥托循环）；1—2—2′—3′—4′—1 为混合加热理想循环（萨巴特循环）；1—2—3″—4″—1 为定压加热理想循环（狄塞尔循环）。在所给的条件下，三种循环的等熵压缩线 1—2 重合，同时定容放热过程都在通过点 1 的定容线上。因为工质在加热过程中吸热量 q_H 相同，所以图上面积 23562 = 面积 22′3′5′62 = 面积 23″5″62。

各循环放热量各不相同：

$$\text{面积 } 14561 < \text{面积 } 14'5'61 < \text{面积 } 14''5''61$$

即定容加热循环的放热量最小，混合加热循环次之，定压加热循环的最大。根据循环热效率公式 $\eta_t = 1 - \dfrac{q_L}{q_H}$，可以得到三种理想循环热效率之间有如下关系：

$$\eta_{t,O} > \eta_{t,S} > \eta_{t,D}$$

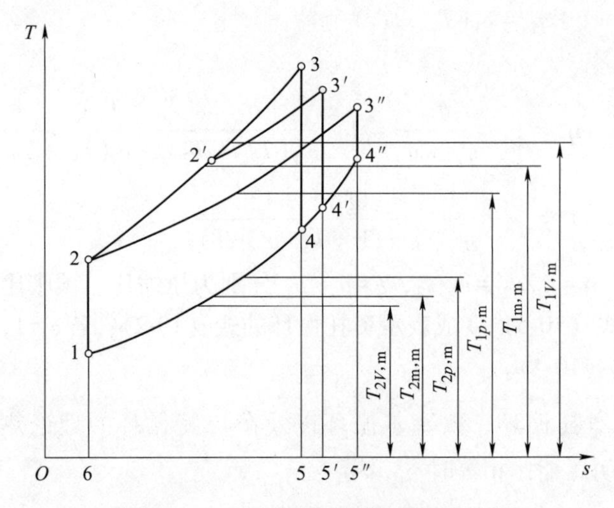

图 10-13 ε、q_H 相同时理想循环的比较

从循环的平均吸热温度和平均放热温度来比较，可得出相同的结果。

需说明的是上述结论是在各循环压缩比相同条件下分析得出的，回避了不同机型可有不同的压缩比的问题，并不完全符合内燃机的实际情况。

2. 循环最高压力和最高温度相同时的比较

这个比较实际上是热力强度和机械强度相同情况下的比较。图 10-14 中 1—2—3—4—1 为定容加热理想循环；1—2′—3′—3—4—1 为混合加热理想循环；1—2″—3—4—1 为定压加热理想循环。在所给的条件下，三种循环的最高压力和最高温度重合在点 3，压缩的初始状态都重合在点 1。从 *T-s* 图上可以看出，三种循环排出的热量 q_L 都相同，都等于面积 14651，而所吸收的热量 q_H 则不同。面积 2″3652″>面积 2′3′3652′>面积 23652，即

$$q_{H,D} > q_{H,S} > q_{H,O}$$

所以循环的热效率

$$\eta_{t,D} > \eta_{t,S} > \eta_{t,O}$$

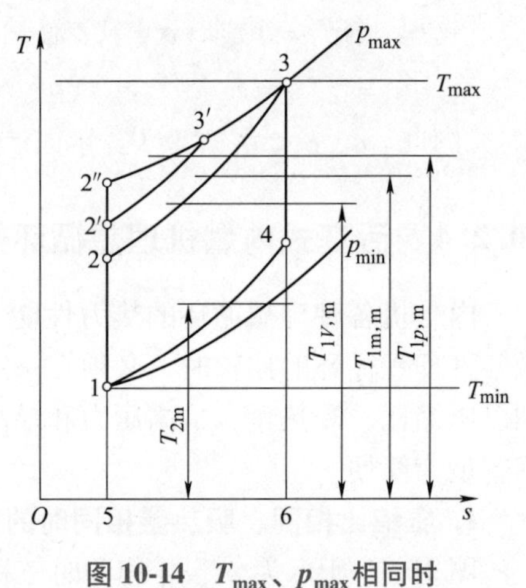

图 10-14 T_{max}、p_{max} 相同时理想循环的比较

从循环的平均吸热温度和平均放热温度来比较同样可得出上述结果。因此，在进气状态相同、循环的最高压力和最高温度相同的条件下，定压加热理想循环的热效率最高，混合加热理想循环次之，而定容加热理想循环最低。因此，在内燃机的热强度和机械强度受到限制的情况下，采用定压加热循环可获得较高的热效率，这是符合实际情况的。事实上，柴油机的热效率通常高于汽油机的热效率。

3. 进气状态、最高压力、吸热量彼此相同时的比较

如图 10-15 所示，1—2′—3′—4′—1 是定容加热理想循环，1—2″—3″—4″—1 定压加热理想循环，1—2—3—4—5—1 是混合加热理想循环。如同上述，过状态点 1 的各个循环的定熵压缩过程和定容放热过程都相应地在同一条定熵线上和同一条定容线上。

从图 10-15 可以看到，三种理想循环的放热量：

$$q_{L,D} < q_{L,S} < q_{L,O}$$

考虑到三种理想循环的吸热量是相同的，即

$$q_{H,D} = q_{H,S} = q_{H,O}$$

依据循环热效率，$\eta_t = 1 - \dfrac{q_L}{q_H}$，显然可得

$$\eta_{t,D} > \eta_{t,S} > \eta_{t,O}$$

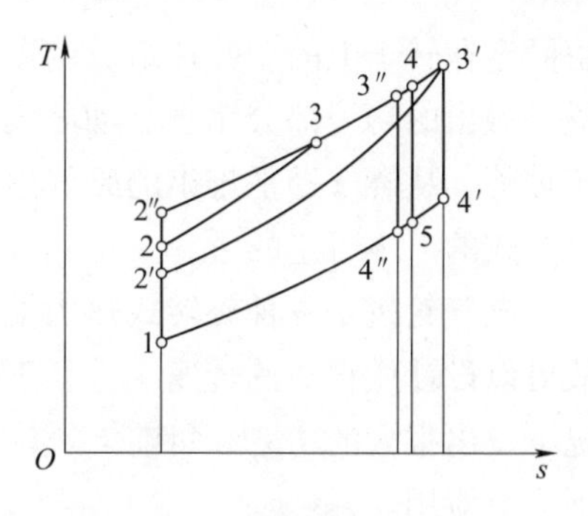

图 10-15　进气状态、p_{max}、q_H 相同时理想循环的比较

即在相同的机械强度和热力强度下，定压加热循环的热效率最高，定容加热循环的最低，混合加热循环的居中。这里可以看到压缩比最高的定压加热循环的热效率最高。实际应用中很难控制循环的最高温度，但必须控制循环的最高压力。因此控制最高压力和热负荷情况的比较更加接近实际。

读者也可就其他条件，如各循环的最高压力相同、热负荷 q_H 相同的情况进行比较，培养分析能力。同时可体会到各种场合的条件各不相同，故需要发展出不同的机器适应各种需要。

10.3　燃气轮机装置理想循环

燃气轮机（gas turbine）装置是以燃气为工质的热动力装置，它主要由压气机、燃烧室和燃气透平组成（见图 10-16）。与内燃机循环中各个过程都在气缸内进行不同，燃气轮机装置中工质在不同设备间流动，完成循环。

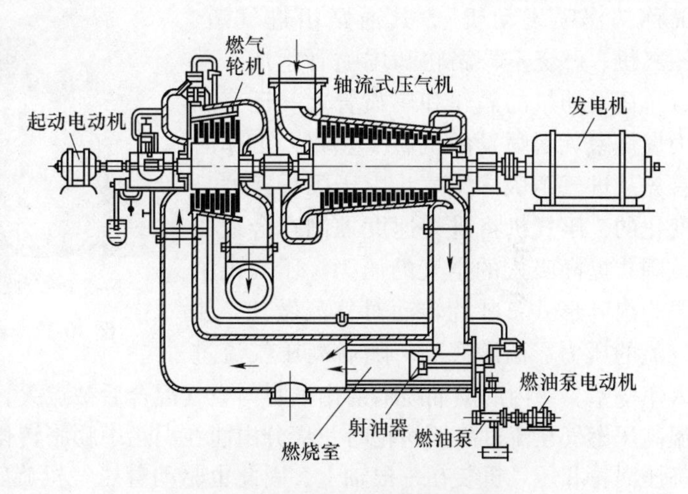

a) 简单的燃气轮机装置示意图

b) 燃气轮机实物图

图 10-16　燃气轮机装置

如图 10-16 所示，装置通过高速运转的压气机将大量空气连续地压缩，压缩到一定压力后送入燃烧室。在燃烧室内向该空气流喷射燃料使之混合燃烧，产生的燃气温度通常可高达 1800～2300K，这时二次冷却空气（约占总空气量的 60%～80%）经通道壁面渗入与高温燃气混合，使混合气体降低到适当的温度，而后进入燃气透平。在燃气透平中混合气体先在由静叶片组成的喷管中膨胀，把热能部分地转变为动能，形成高速气流，然后冲入

由固定在转子上的动叶片组成的通道，形成推力推动叶片，使转子转动而输出机械功。燃气透平做出的功一部分用于驱动压气机，剩下的部分作为轴功输出用于驱动发电机、螺旋桨、车轴等。从燃气透平排出的废气进入大气环境，放热后完成循环。所以，燃气透平实际循环是开式的、不可逆的。

燃气轮机是一种旋转式热力发动机，没有往复运动部件以及由此引起的不平衡惯性力，故可以设计成很高的转速，并且工作过程是连续的。因此，它可以在重量和尺寸都很小的情况下发出很大的功率。目前，燃气轮机装置在航空器、舰船、机车、峰值负荷电站等方面得到广泛应用。

此外，还有一种热机也像燃气轮机一样利用燃气膨胀后的动能，但动能不转变为轴上的机械功，而是基于反作用原理来推动某些装置，如飞机、火箭等。这种将速度能不是作为轴功而是通过喷嘴喷射以动能的形式输出直接用于推进的热机称为喷气式发动机（turbojet engine）。图 10-17 所示为典型的轴流式涡轮喷气式发动机，简称“涡喷发动机”，其通常由进气道、压气机、燃烧室、涡轮和尾喷管组成，部分军用发动机的涡轮和尾喷管之间还有加力燃烧室。涡喷发动机属于热机，工作时首先从进气道吸入空气。由于飞行速度是变化的，压气机将进气速度控制在合适的范围并提高吸入的空气的压力。压气机主要为扇叶形式，叶片转动对气流做功，使气流的压力、温度升高。随后高压气流进入燃烧室，室内的燃油喷嘴射出油料与空气混合后被点火，产生高温高压燃气向后排出。高温高压燃气在流过高压涡轮时，部分内能在涡轮中膨胀转化为机械能，驱动涡轮旋转。由于高压涡轮和压气机装在一根轴上，因此也驱动着压气机旋转，从而反复地增压吸入的空气。最后，从高压涡轮中流出的高温高压燃气在尾喷管中继续膨胀，高速从尾部喷口向后排出。这一速度比气流进入发动机的速度大得多，从而产生了对发动机的反作用推力，驱使飞机向前飞行。

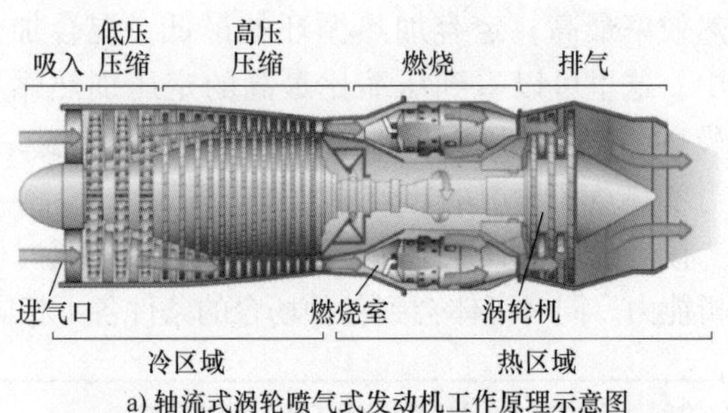

a) 轴流式涡轮喷气式发动机工作原理示意图

b) 清华大学收藏的苏联制造的轴流式涡轮喷气式发动机

图 10-17　典型的轴流式涡轮喷气式发动机

10.3.1　布雷顿循环——定压加热理想循环

图 10-18a 所示为最简单的开放型燃气轮机循环（open gas turbine cycle）的构成。与容积式相比，这种流动式热机构造复杂。而且由于燃烧连续地进行，燃烧室和涡轮翼暴露于高温环境中，燃烧温度受制于材料的强度和耐腐蚀性，热效率比较低。尤其是部分负荷时的性能较差，不适合于负荷变动大的装置。不过，由于可使涡轮高速运转连续地输出轴功，在小型轻量化的条件下获得高出力，因此除了用作飞机、高速舰艇、应急发电机等的动力源之外，最近基于耐高温材料的开发，涡轮翼冷却技术和天然气稀薄燃烧技术等的进展，也用于超过

150MW 的高效大功率联合发电厂。

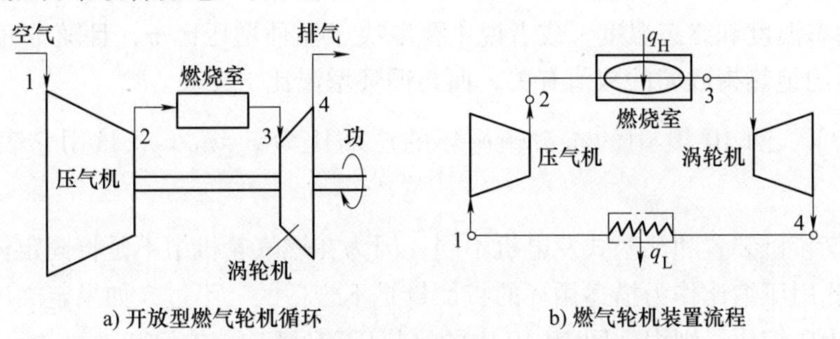

a) 开放型燃气轮机循环 b) 燃气轮机装置流程

图 10-18 燃气轮机装置循环构成与流程简图

为了从热力学观点分析燃气轮机装置的循环，必须对实际工作循环进行合理的简化。简化的思路和方法和内燃机一样，即由于燃气的热力性质与空气接近，可认为循环中的工质具有空气的性质，采用空气标准假设；燃烧室中的燃烧可视为空气在定压下从热源吸热；排气过程视为一定压放热过程。这样原来燃气轮机装置的开式循环就简化成一个如图 10-18b 所示的闭式循环。再假定所有过程都是可逆的，就可得到如图 10-19 所示的燃气轮机定压加热理想循环 p-v 图和 T-s 图。图中 1→2 为绝热压缩过程，2→3 为定压吸热过程，3→4 为绝热膨胀过程，4→1 为定压冷却过程。

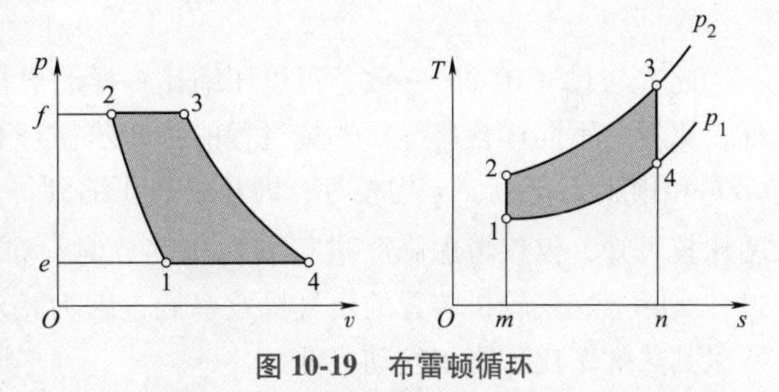

图 10-19 布雷顿循环

这种燃气轮机的基本循环，其加热与放热过程是在等压条件下进行的，因此称为定压燃烧循环或布雷顿循环（Brayton cycle）。与此前相同，对各个过程有：

1→2 绝热压缩： $T_1/T_2=(p_1/p_2)^{(\kappa-1)/\kappa}$

2→3 定压吸热： $q_H=c_p(T_3-T_2)$

3→4 绝热膨胀： $T_4/T_3=(p_4/p_3)^{(\kappa-1)/\kappa}=(p_1/p_2)^{(\kappa-1)/\kappa}$

4→1 定压冷却： $q_L=c_p(T_4-T_1)$

将循环最高压力与最低压力之比，即循环增压比，用 π 表示；循环最高温度与最低温度之比，即循环增温比，用 τ 表示，则有

$$\pi=\frac{p_2}{p_1},\tau=\frac{T_3}{T_1}$$

与此同时，根据循环特性可得

$$\frac{T_2}{T_1}=\left(\frac{p_2}{p_1}\right)^{\frac{\kappa-1}{\kappa}}=\left(\frac{p_3}{p_4}\right)^{\frac{\kappa-1}{\kappa}}=\frac{T_3}{T_4}\rightarrow\frac{T_4}{T_1}=\frac{T_3}{T_2}$$

于是理论循环热效率为

$$\eta_t=1-\frac{q_L}{q_H}=1-\frac{T_4-T_1}{T_3-T_2}=1-\frac{T_1\left(\frac{T_4}{T_1}-1\right)}{T_2\left(\frac{T_3}{T_2}-1\right)}=1-\frac{T_1}{T_2}=1-\frac{1}{\pi^{(\kappa-1)/\kappa}} \tag{10-6}$$

由式（10-6）可知，布雷顿循环（或定压加热理想循环）的热效率 η_t 依赖于压气机中绝热压缩的初态温度和终态温度，或者说主要取决于循环增压比 π，且随 π 值增大而提高，此外也和工质的绝热指数 κ 的数值有关，而与循环增温比 τ 无关。

【例 10-7】 图 10-19 中的布雷顿循环的压缩比为 $\varepsilon = v_1/v_2$，试用它表示理论热效率 η_t。

解： 燃气轮机装置和活塞式发电机不同，因为在燃气轮机中不是将固定体积的气体进行压缩，因此用压缩比作为描述循环的特征量是不合适的。不过，如果定义压气机前后的气体体积比为压缩比，则根据图 10-19 中的绝热压缩过程 1→2 可得

$$\pi = \frac{p_2}{p_1} = \left(\frac{v_1}{v_2}\right)^{\kappa} = \varepsilon^{\kappa}$$

根据式（10-6）有

$$\eta_t = 1 - \frac{1}{\varepsilon^{\kappa-1}}$$

此式与式（10-2）一致，可见压缩比一样的奥托循环和布雷顿循环的热效率相等。此外，比较一下同样含有等压燃烧过程的狄塞尔循环和布雷顿循环。现假定两者压缩比 $\varepsilon = v_1/v_2$ 和预胀比 $\sigma = v_3/v_2$ 均相等，即从绝热压缩到等压燃烧的过程相同，则根据两者的 p-v 图比较可知，仅仅考虑膨胀进行到初压部分时，布雷顿循环的输出功大，热效率高。不过，实际上燃气轮机装置的压气机效率低，因为相对于涡轮产生的功，压气机耗功变大，所以其热效率比狄塞尔发动机低。

【例 10-8】 证明在布雷顿循环中，涡轮产生的功 w_τ 与压气机消耗的功 w_C 之比 λ 等于其燃烧前后温度之比 $\xi = T_3/T_2$。

解： 1→2 和 3→4 系绝热过程，所以

$$w_\tau = \int_4^3 v\mathrm{d}p = \frac{\kappa}{\kappa-1}p_4 v_4\left[\left(\frac{p_3}{p_4}\right)^{\frac{\kappa-1}{\kappa}} - 1\right] = \frac{\kappa}{\kappa-1}R_g T_4\left(\frac{T_3}{T_4} - 1\right)$$

$$w_C = \int_1^2 v\mathrm{d}p = \frac{\kappa}{\kappa-1}p_1 v_1\left[\left(\frac{p_2}{p_1}\right)^{\frac{\kappa-1}{\kappa}} - 1\right] = \frac{\kappa}{\kappa-1}R_g T_1\left(\frac{T_2}{T_1} - 1\right)$$

而且，由 $p_1 = p_4$，$p_2 = p_3$，可得 $T_2/T_1 = T_3/T_4$，故

$$\lambda = \frac{w_\tau}{w_C} = \frac{T_4(T_3/T_4 - 1)}{T_1(T_2/T_1 - 1)} = \frac{T_4}{T_1} = \frac{T_3}{T_2} = \xi$$

由此可见，增加燃烧的发热量、增大温升可以提高热效率。不过，在燃烧连续进行的燃气轮机装置中，由于受构成材料的耐热性能限制，工作气体的温度不能像活塞式发动机那么高。

【例 10-9】 某燃气轮机装置定压加热理想循环，空气进入压气机时压力 $p_1 = 101\text{kPa}$，温度 $t_1 = 37℃$。压气机增压比 $\pi = 12$，空气排出燃气轮机时的温度 $t_4 = 497℃$。若环境温度 $t_0 = 37℃$，压力 $p_0 = 100\text{kPa}$，空气比热容取定值，$\kappa = 1.4$，$c_p = 1005\text{J/(kg·K)}$，试求：

①压缩空气的压气机耗功；②空气流经燃气轮机做的功；③燃烧过程和排气过程的换热量；④假设低温热源、高温热源的温度分别是 37℃ 和 1300℃，确定系统在循环中的㶲损失；⑤循环的热效率。

解：参照图 10-19。已知 $T_1 = 310\text{K}$、$T_4 = 770\text{K}$、$\pi = p_2/p_1 = 12$、$T_0 = 310\text{K}$、$T_\text{H} = 1573\text{K}$。

（1）压气机耗功

压缩过程绝热，所以

$$T_2 = T_1 \pi^{\frac{\kappa-1}{\kappa}} = 310\text{K} \times 12^{\frac{1.4-1}{1.4}} = 630.5\text{K}$$

$$w_\text{C} = h_2 - h_1 = c_p(T_2 - T_1) = 1.005\text{kJ/(kg}\cdot\text{K)} \times (630.5 - 310)\text{K} = 322.1\text{kJ/kg}$$

（2）空气流经燃气轮机做的功

过程 3→4 是可逆绝热过程，所以

$$T_3 = T_4 \left(\frac{p_3}{p_4}\right)^{\frac{\kappa-1}{\kappa}} = T_4 \left(\frac{p_2}{p_1}\right)^{\frac{\kappa-1}{\kappa}} = T_4 \pi^{\frac{\kappa-1}{\kappa}} = 770\text{K} \times 12^{\frac{1.4-1}{1.4}} = 1566.1\text{K}$$

$$w_\text{C} = h_3 - h_4 = c_p(T_3 - T_4) = 1.005\text{kJ/(kg}\cdot\text{K)} \times (1566.1 - 770)\text{K} = 800.1\text{kJ/kg}$$

（3）定压吸热过程和放热过程中的换热量

$$q_1 = h_3 - h_2 = c_p(T_3 - T_2) = 1.005\text{kJ/(kg}\cdot\text{K)} \times (1566.1 - 630.5)\text{K} = 940.3\text{kJ/kg}$$

$$q_2 = h_1 - h_4 = c_p(T_1 - T_4) = 1.005\text{kJ/(kg}\cdot\text{K)} \times (310 - 770)\text{K} = -462.3\text{kJ/kg}$$

（4）循环中气体㶲损失

$$I = T_0 \Delta S_\text{iso} = T_0(\Delta S + \Delta S_\text{H} + S_0) = T_0(\Delta S_\text{H} + S_0) = T_0\left(\frac{Q_1}{T_\text{H}} + \frac{|Q_2|}{T_0}\right)$$

$$= 310\text{K} \times \left(-\frac{940.3\text{kJ/kg}}{1573\text{K}} + \frac{462.3\text{kJ/kg}}{310\text{K}}\right) = 277.0\text{kJ/kg}$$

（5）循环热效率

$$\eta_\text{t} = \frac{w_\text{net}}{q_1} = 1 - \frac{q_2}{q_1} = 1 - \frac{462.3\text{kJ/kg}}{940.3\text{kJ/kg}} = 0.508$$

讨论：本例中循环不可逆㶲（exergy）损失也可以通过分别求出吸热过程和放热过程的不可逆损失，然后相加，或求出热源放热的热量㶲和循环输出的功㶲（循环净功）之差而得，请读者自行演算。

由于气流在压气机和燃气透平中的流速较高，因而摩擦的影响不可忽略。图 10-20 所示是考虑了黏性摩阻不可逆因素后，燃气轮机装置定压加热循环的 T-s 图。图中 1→2 及 3→4 是可逆绝热压缩过程和可逆绝热膨胀过程，1→2′和 3→4′是相应的不可逆过程。在前面压气机部分，定义了叶轮式压气机的绝热效率 $\eta_{\text{C},s}$，用于衡量压缩过程中不可逆因素的大小。对于燃气透平用相对内效率 η_T 来描述它的不可逆程度。相对内效率 η_T 定义为不可逆时燃气透平的做功 w'_T 与可逆时燃气透平的做功 w_T 之比，即

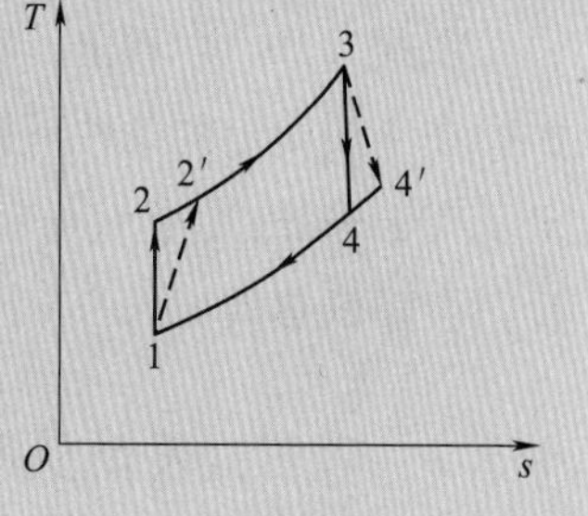

图 10-20　有摩阻的布雷顿实际循环

$$\eta_T = \frac{w'_T}{w_T} = \frac{h_3 - h_{4'}}{h_3 - h_4} \tag{10-7}$$

由式（10-7）可见，η_T 越接近1越好，一般 $\eta_T = 0.85 \sim 0.92$。

又因为

$$\eta_{C,s} = \frac{w_C}{w'_C} = \frac{h_2 - h_1}{h_{2'} - h_1} \tag{10-8}$$

故燃气透平和压气机的功分别为

$$w'_T = w_T \eta_T = (h_3 - h_4)\eta_T$$

$$w'_C = \frac{w_C}{\eta_{C,s}} = \frac{h_2 - h_1}{\eta_{C,s}}$$

循环净功 w_0 为

$$w_0 = w'_T - w'_C = (h_3 - h_4)\eta_T - \frac{h_2 - h_1}{\eta_{C,s}}$$

实际循环的吸热量 q_H 为

$$q_H = h_3 - h_{2'} = (h_3 - h_1) - (h_{2'} - h_1)$$

$$= (h_3 - h_1) - \frac{h_2 - h_1}{\eta_{C,s}}$$

实际循环的热效率可表示为

$$\eta_i = \frac{w_0}{q_H} = \frac{(h_3 - h_4)\eta_T - (h_2 - h_1)/\eta_{C,s}}{(h_3 - h_1) - (h_2 - h_1)/\eta_{C,s}}$$

若工质的比热容为定值，则实际循环的热效率（又称循环内部热效率或指示效率）为

$$\eta_i = \frac{(T_3 - T_4)\eta_T - \dfrac{1}{\eta_{C,s}}(T_2 - T_1)}{(T_3 - T_1) - \dfrac{1}{\eta_{C,s}}(T_2 - T_1)} = \frac{\dfrac{\tau}{\pi^{(\kappa-1)/\kappa}}\eta_T - \dfrac{1}{\eta_{C,s}}}{\dfrac{\tau - 1}{\pi^{(\kappa-1)/\kappa} - 1} - \dfrac{1}{\eta_{C,s}}} \tag{10-9}$$

式中，$\pi = p_2/p_1$；$\tau = T_3/T_1$；κ 为等熵指数。

由式（10-9）看出，实际循环的热效率不仅取决于 π 和 κ，而且与 τ、$\eta_{C,s}$ 和 η_T 等有关。在工质确定的条件下，提高 τ、$\eta_{C,s}$ 和 η_T 均能提高热效率，而 π 的提高有一最佳值 π_{opt}，当 $\pi<\pi_{opt}$ 时提高 π 可以提高热效率，但当 $\pi>\pi_{opt}$ 时提高 π 不但不能提高热效率，反而会降低热效率。

10.3.2 喷气式发动机循环

图10-21表示用于飞机推进的喷气式发动机的基本构成。通过扩压器（diffuser）和压气机（compressor）压缩以飞机飞行速度流入的空气，利用燃烧生成的高温高压气体驱动涡轮（turbine），同时利用其从排气喷嘴喷出获得推进力。描述此过程的理论循环与布雷顿循

环相同，如图 10-22 所示。在图中，若考虑摩擦不起作用的理想状态，压缩过程消耗的功（面积 11′3′3）完全由涡轮做功（面积 55′3′4）承担，则燃烧产生的热量（面积 123456）将完全被用于排气喷嘴的推进功（面积 61′5′5）。

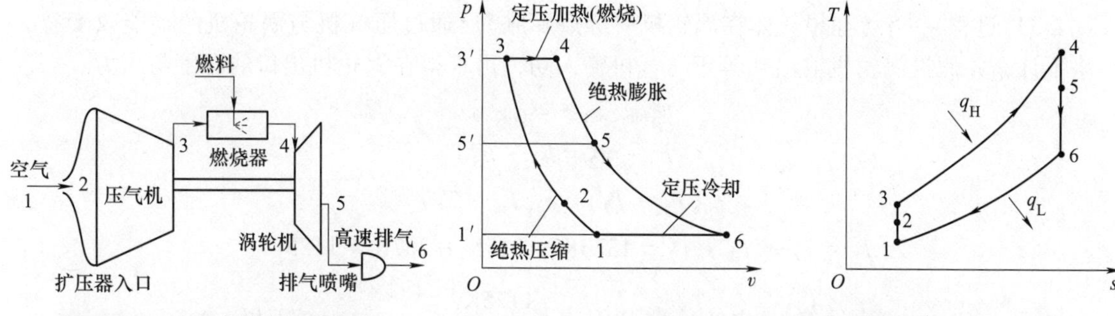

图 10-21 喷气式发动机的构成　　　图 10-22 喷气式发动机循环

【例 10-10】 一架涡轮喷气式飞机在空气压力为 35kPa、温度为-40℃的高度以 260m/s 的速度飞行。压气机的增压比为 10，气体在涡轮机入口的温度为 1100℃，空气进入压气机的质量流量为 45kg/s。利用冷空气标准假设，试求：气体在涡轮机出口的温度与压力；气体在喷嘴出口的速度；循环的推进效率。

解： 本题涡轮机的初始状况为已知，旨在求气体在涡轮机出口的温度与压力、气体在喷嘴出口的速度及推进效率。

假设：①在稳定情况下运转；②利用冷空气标准假设，在室温下的比热容为定值，$c_p=1.005\text{kJ/(kg·K)}$，且 $\kappa=1.4$；③除了扩压器入口与喷嘴出口外，动能与位能的变化忽略不计；④涡轮机输出功等于压气机输入功。

（1）气体在涡轮机出口的温度和压力

在求得涡轮机出口温度与压力之前，需求得其他状态的温度与压力。

1）过程 1→2（理想气体在扩压器中等熵压缩）。为了方便起见，可以假设飞机固定，空气以 $c_1=260\text{m/s}$ 的速度向飞机移动。理想上，空气在扩压器出口的速度可以忽略不计（$c_2\approx0$），有

$$h_2+\frac{c_2^2}{2}=h_1+\frac{c_1^2}{2}\rightarrow 0=c_p(T_2-T_1)-\frac{c_1^2}{2}$$

则

$$T_2=T_1+\frac{c_1^2}{2c_p}$$

$$=233\text{K}+\frac{(260\text{m/s})^2}{2\times1.005\text{kJ/(kg·K)}}=267\text{K}$$

$$p_2=p_1\left(\frac{T_2}{T_1}\right)^{\kappa/(\kappa-1)}=35\text{kPa}\times\left(\frac{267\text{K}}{233\text{K}}\right)^{1.4/(1.4-1)}=56.4\text{kPa}$$

2）过程 2→3（理想气体在压气机中等熵压缩）。

$$p_3 = \pi p_2 = 10 \times 56.4\text{kPa} = 564\text{kPa}(=p_4)$$

$$T_3 = T_2\left(\frac{p_3}{p_2}\right)^{(\kappa-1)/\kappa} = 267\text{K} \times 10^{(1.4-1)/1.4} = 515\text{K}$$

3）过程4→5（理想气体在涡轮机中等熵膨胀）。通过压气机与涡轮机的动能改变忽略不计，并假设涡轮机输出功等于压气机输入功，可求得在涡轮机出口的温度与压力。

$$w_{\text{comp,out}} = w_{\text{turb,out}}$$

$$h_3 - h_2 = h_4 - h_5$$

$$c_p(T_3 - T_2) = c_p(T_4 - T_5)$$

$$T_5 = T_4 - T_3 + T_2 = 1373\text{K} - 515\text{K} + 267\text{K} = 1125\text{K}$$

$$p_5 = p_4\left(\frac{T_5}{T_4}\right)^{\kappa/(\kappa-1)} = 564\text{kPa} \times \left(\frac{1125\text{K}}{1373\text{K}}\right)^{1.4/(1.4-1)} = 281\text{kPa}$$

（2）气体在喷嘴出口的速度

欲求在喷嘴出口的空气速度，需先求喷嘴出口温度，再应用稳流能量方程式。

过程5→6（理想气体在喷嘴中等熵膨胀）：

$$T_6 = T_5\left(\frac{p_6}{p_5}\right)^{(\kappa-1)/\kappa} = 1125\text{K} \times \left(\frac{35\text{kPa}}{281\text{kPa}}\right)^{(1.4-1)/1.4} = 620\text{K}$$

$$h_6 + \frac{c_6^2}{2} = h_5 + \frac{c_5^2}{2} \rightarrow 0 = c_p(T_6 - T_5) + \frac{c_6^2}{2}$$

则

$$c_6 = \sqrt{2c_p(T_5 - T_6)}$$
$$= \sqrt{2 \times 1.005\text{kJ/(kg·K)} \times (1125\text{K} - 620\text{K})} = 1007\text{m/s}$$

（3）循环的推进效率

循环推进效率为产生的推进动力与传至工作流体的总热量之比。

$$\dot{W}_\text{P} = \dot{m}(c_6 - c_1)c_1$$
$$= 45\text{kg/s} \times (1007\text{m/s} - 260\text{m/s}) \times 260\text{m/s}$$
$$= 8740\text{kW}$$

$$\dot{Q}_\text{in} = \dot{m}(h_4 - h_3) = \dot{m}c_p(T_4 - T_3)$$
$$= 45\text{kg/s} \times 1.005\text{kJ/(kg·K)} \times (1373\text{K} - 515\text{K})$$
$$= 38803\text{kW}$$

$$\eta_\text{P} = \frac{\dot{W}_\text{P}}{\dot{Q}_\text{in}} = \frac{8740\text{kW}}{38803\text{kW}} = 0.225 = 22.5\%$$

即输入能量中的22.5%被用以推动飞机克服大气产生的阻力。

讨论：对于所剩余的能量用于何处，以下为简要说明：

$$\dot{E}_\text{out} = \dot{m}\frac{c_g^2}{2} = 45\text{kg/s} \times \frac{(1007\text{m/s} - 260\text{m/s})^2}{2} = 12555\text{kW}(32.4\%)$$

$$\dot{Q}_{out}=\dot{m}(h_6-h_1)$$
$$=\dot{m}c_p(T_6-T_1)$$
$$=45\text{kg/s}\times1.005\text{kJ/(kg}\cdot\text{K)}\times(620\text{K}-233\text{K})$$
$$=17502\text{kW}(45.1\%)$$

因此，32.4%的能量为气体额外的动能（气体相对于地面上一固定点的动能）。为了有最高的推进效率，排气相对于地面的速度 c_g 应为零。也就是说，排气应以飞机的速度离开喷嘴。其余的45.1%能量用于增加气体离开引擎时的焓。后面这两种形式的能量最后变成大气空气内能的一部分，如图10-23所示。

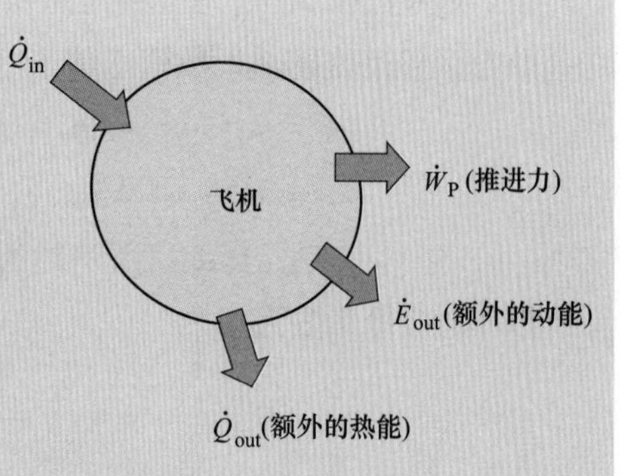

图 10-23 以不同的形式供给飞机的能量（来自于燃料燃烧）

10.4 空气压缩制冷理想循环

由于空气定温加热和定温放热不易实现，故不能按逆卡诺循环运行。在空气压缩制冷循环中，用两个定压过程来代替逆卡诺循环的两个定温过程，故为逆布雷顿循环1—2—3—4—1，其 p-v 图和 T-s 图如图10-24所示，实施这一循环的装置如图10-25所示。图10-24中 T_L 为冷库中需要保持的温度，$T_0(T_H)$ 为环境温度。压缩机可以是活塞式的或是叶轮式的。从冷库出来的空气（状态1）$T_1=T_L$ 进入压缩机后被绝热压缩到状态2，此时温度已高于 T_0；然后进入冷却器，在定压下将热量传给冷却水，达到状态3，$T_3=T_0$；再进入膨胀机绝热膨胀到状态4，此时温度已低于 T_L；最后进入冷库，在定压下自冷库吸收热量（称为制冷量），回到状态1，完成循环。循环中空气排向高温热源的热量为

$$q_H=h_2-h_3$$

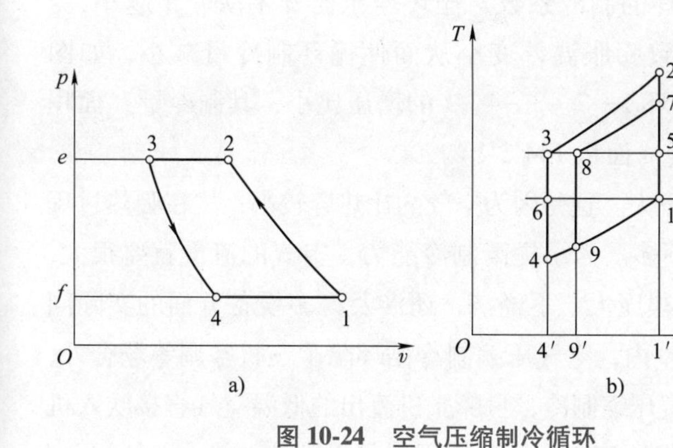

图 10-24 空气压缩制冷循环

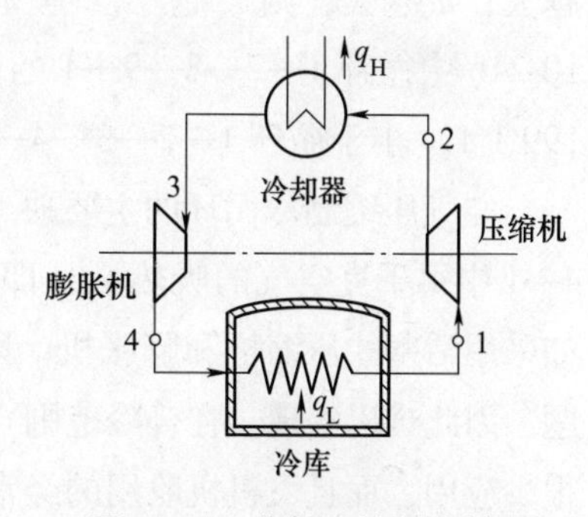

图 10-25 空气压缩制冷循环装置流程图

自冷库的吸热量为

$$q_L=h_1-h_4$$

在 T-s 图上 q_H 和 q_L 可分别用面积 2—3—4′—1′—2 和面积 4—1—1′—4′—4 表示，两者之差即为循环净热量 q_0，数值上等于净功 w_0，即

$$q_0 = q_H - q_L = (h_2 - h_3) - (h_1 - h_4) = (h_2 - h_1) - (h_3 - h_4)$$
$$= w_C - w_T = w_0$$

式中，w_C 和 w_T 分别是压缩机所消耗的功和膨胀机输出的功。

循环的制冷系数为

$$\varepsilon = \frac{q_L}{w_0} = \frac{h_1 - h_4}{(h_2 - h_3) - (h_1 - h_4)}$$

若近似取比热容为定值，则

$$\varepsilon = \frac{T_1 - T_4}{(T_2 - T_3) - (T_1 - T_4)} = \frac{1}{\dfrac{T_2 - T_3}{T_1 - T_4} - 1}$$

1→2 和 3→4 都是定熵过程，因而有

$$\frac{T_2}{T_1} = \left(\frac{p_2}{p_1}\right)^{\frac{\kappa-1}{\kappa}} = \frac{T_3}{T_4}$$

将上式代入制冷系数表达式可得

$$\varepsilon = \frac{1}{\dfrac{T_3}{T_4} - 1} = \frac{T_4}{T_3 - T_4} = \frac{T_1}{T_2 - T_1} = \frac{1}{\left(\dfrac{p_2}{p_1}\right)^{\frac{\kappa-1}{\kappa}} - 1} = \frac{1}{\pi^{\frac{\kappa-1}{\kappa}} - 1} \tag{10-10}$$

式中，$\pi = p_2/p_1$，称为循环增压比。

在同样冷库温度和环境温度条件下，逆卡诺循环 1—5—3—6—1（见图 10-24）的制冷系数为 $T_1/(T_3 - T_1)$，显然大于式（10-10）所表示的空气压缩制冷循环的制冷系数。

由式（10-10）可见，空气压缩制冷循环的制冷系数与循环增压比 π 有关：π 越小，ε 越大；π 越大，则 ε 越小。但 π 减小会导致膨胀温差变小从而使循环制冷量减小，如图 10-24b 中循环 1—7—8—9—1 的增压比比循环 1—2—3—4—1 的增压比小，其制冷量（面积 199′1′1）小于循环 1—2—3—4—1 的制冷量（面积 144′1′1）。

空气压缩制冷循环的主要缺点是制冷量不大。这是因为空气的比热容较小，故在吸热过程 4→1 中每千克空气的吸热量（即制冷量）不多。为了提高制冷能力，空气的流量就要很大，如采用活塞式压缩机和膨胀机，则不但设备很庞大、不经济，还涉及许多设备方面的实际问题，因此难以实现。在普冷范围（t_c>−50℃）内，空气压缩制冷循环除了飞机空调等场合外，很少应用，而且飞机机舱用的经常是开式空气压缩制冷，自膨胀机流出的低温空气直接吹入机舱。J. Herschel 等人在 1944 年首次将开式空气压缩制冷循环应用于飞机环控系统，包括主/次换热器、再热器、冷凝器、水分离器、空气循环机、冲压空气风道等部件。根据空气循环机的组成和制冷系统结构不同，其主要经历了涡轮通风式（基本循环）、二轮升压式、三轮升压式和四轮升压式等制冷循环，系统结构和动态特性越来越复杂而性能不断提高。

图 10-26 所示为波音 B737NG 空调系统原理图，由气源系统过来的引气通过流量控制与关断阀（flow control and shut-off valve，FCSOV）后进入制冷组件。FCSOV 控制进入空调系统的引气量，并将引气分成两个部分，一部分是不经任何调节的高温高压气体，被称为热路；另一部分进入空气循环制冷组件进行降温除水，被称为冷路。冷路空气首先经过主热交换器进行一次散热冷却；冷却后的气体随后经过空气循环机的压缩机进行增压升温，这里空气被加热的目的是为了使引气在次热交换器可以更好地散热；随后，增压升温后的气体进入次热交换器进行第二次冷却；接下来，经过初步冷却的空气经过回热器和冷凝器进入涡轮进行最后一次冷却，温度大幅度降低，该过程热空气释放的热量主要用于对涡轮做功，而涡轮则带动压缩机和风扇转动；降温完成后的空气进入水分离器完成空气的除水工作，这样才可以保证最终提供的空气是新鲜干燥的。引气在水分离器中被除去的水分被排入冲压空气中，可以降低冲压空气的温度，提高热交换器的降温效果。经过除水干燥后的冷空气最终进入混合总管与热路空气混合，由混合阀控制冷热空气混合比例，达到设定的温度值再供给驾驶舱和客舱使用。

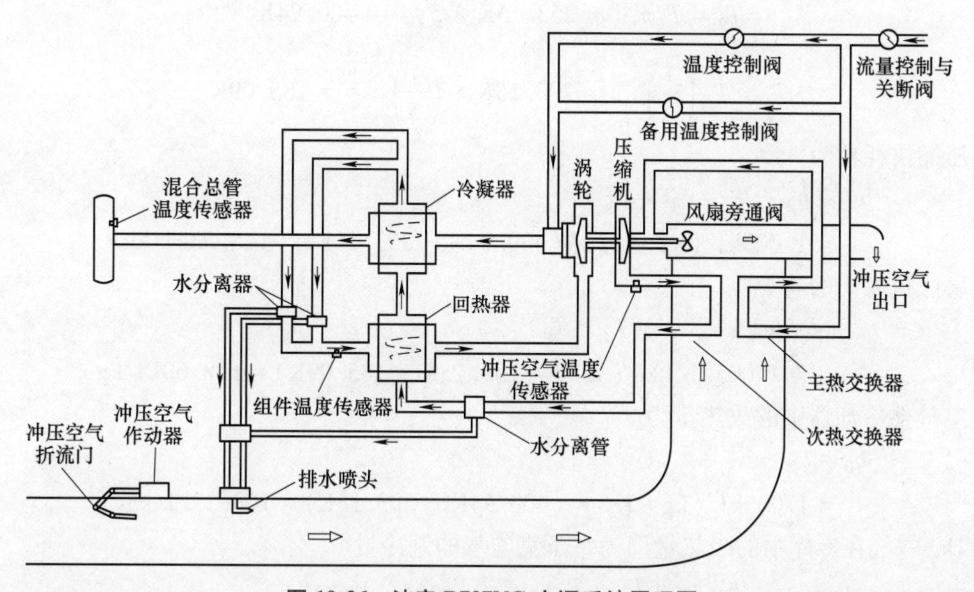

图 10-26 波音 B737NG 空调系统原理图

空气压缩制冷系统极易制取低温，当使用温度低于-80℃时，空气压缩制冷系统的能效比值已接近甚至高于蒸气压缩制冷系统，且温度越低，效果越明显，而流程和设备却简单得多，所以空气压缩制冷系统是获得-80℃以下低温的一种很有前途的制冷手段。但是，由于空气制冷在较高制冷温度下运行性能相对较低，一些关键技术上尚未成熟，最重要的是要提高其在空调工况下的能效比，但此时空气压缩制冷系统的能效比远低于蒸气压缩制冷系统，所以要把空气制冷技术推广到空调领域受到很大的限制。空气压缩制冷系统的效率较低是将该系统应用于普冷领域的最大障碍，要应用和推广空气压缩制冷循环，就必须采取措施提高其效率。

然而，随着近年来人类对环境与生态保护的认识日益深刻，包括压缩气体制冷在内的各种对环境友善的制冷方式，又重新开始受到重视。在压缩空气制冷设备中应用回热原理，并

采用叶轮式压缩机和膨胀机，改善了压缩空气制冷循环的主要缺点，为压缩空气制冷设备的广泛应用和发展提供了基础。这种循环已广泛应用于工业材料的冷却处理、低温环境实验模拟以及石化工业的存储与加工［空气和其他气体（如氦气）的液化装置］等方面。

【例 10-11】 压缩气体制冷循环中空气进入压缩机时的状态为 $p_1=0.1\text{MPa}$、$t_1=-20℃$，在压缩机内定熵压缩到 $p_{21}=0.5\text{MPa}$，然后进入冷却器。离开冷却器时空气温度 $t_3=20℃$。若 $t_C=-20℃$、$t_0=20℃$，空气视为定比热容的理想气体，$\kappa=1.4$。试求制冷系数 ε 及 1kg 空气的制冷量 q_C。

解： 据题意，$T_1=T_C=253.15\text{K}$，$T_3=T_0=293.15\text{K}$，$\pi=\dfrac{p_2}{p_1}=\dfrac{0.5\text{MPa}}{0.1\text{MPa}}=5$，$\dfrac{T_2}{T_1}=\left(\dfrac{p_2}{p_1}\right)^{\frac{\kappa-1}{\kappa}}=\dfrac{T_3}{T_4}$，故

$$T_2=T_1\pi^{\frac{\kappa-1}{\kappa}}=253.15\text{K}\times 5^{\frac{1.4-1}{1.4}}=400.94\text{K}$$

$$T_4=T_3\left(\frac{1}{\pi}\right)^{\frac{\kappa-1}{\kappa}}=293.15\text{K}\times\left(\frac{1}{5}\right)^{\frac{1.4-1}{1.4}}=185.09\text{K}$$

压缩机耗功为

$$\begin{aligned}w_C&=h_2-h_1=c_p(T_2-T_1)\\&=1.005\text{kJ/(kg}\cdot\text{K)}\times(400.94\text{K}-253.15\text{K})=148.53\text{kJ/kg}\end{aligned}$$

膨胀机做出的功为

$$\begin{aligned}w_T&=h_3-h_4=c_p(T_3-T_4)\\&=1.005\text{kJ/(kg}\cdot\text{K)}\times(293.15\text{K}-185.09\text{K})=108.60\text{kJ/kg}\end{aligned}$$

空气在冷却器中的放热量为

$$\begin{aligned}q_0&=h_2-h_3=c_p(T_2-T_3)\\&=1.005\text{kJ/(kg}\cdot\text{K)}\times(400.94\text{K}-293.15\text{K})=108.33\text{kJ/kg}\end{aligned}$$

1kg 空气在冷库中的吸热量即为每千克空气的制冷量

$$\begin{aligned}q_C&=h_1-h_4=c_p(T_1-T_4)\\&=1.005\text{kJ/(kg}\cdot\text{K)}\times(253.15\text{K}-185.09\text{K})=68.40\text{kJ/kg}\end{aligned}$$

循环输入的净功为

$$w_{net}=w_C-w_T=148.53\text{kJ/kg}-108.60\text{kJ/kg}=39.93\text{kJ/kg}$$

循环的净热量为

$$q_{net}=q_0-q_C=108.33\text{kJ/kg}-68.40\text{kJ/kg}=39.93\text{kJ/kg}$$

循环的制冷系数为

$$\varepsilon=\frac{q_C}{w_{net}}=\frac{68.40\text{kJ/kg}}{39.93\text{kJ/kg}}=1.71$$

讨论： 从计算结果可以看到，压缩空气制冷循环 1kg 空气的制冷量较小，循环的制冷系数也不大。

本章小结

本章分析不同气体动力装置的特性和能量转换规律，研究提高各类装置热效率的途径。由于燃料、工质等性质差异及其他原因，各种热力设备的循环有较大的不同。分析热力循环时要注意不同设备的循环的特性对循环的影响，更要抓住影响这些循环及其经济性的热力学本质。

本章主要讨论三种常见的以气体为工质的动力循环：活塞式内燃机循环、燃气轮机装置循环以及空气压缩制冷循环。这些实际循环都是复杂和不可逆的，利用标准空气假设可将之抽象简化为内可逆的理想循环。

常见的活塞式内燃机理想循环有混合加热循环、定压加热循环及定容加热循环，循环分析可以混合加热为主。这些循环的 T-s 图对计算热效率和分析影响热效率的因素很有帮助。构成这部分核心内容的还有循环特性参数 ε、λ、σ 与热效率关系分析和各种理想循环的热力学比较以及由此得到的启示。分析循环热效率影响因素时可以采用比较平均吸、放热温度或循环吸、放热量的方法，故 T-s 图比较方便，如在平均放热温度不变的前提下，提高 ε 和 λ 均使平均吸热温度升高，故热效率提高；而增大 σ 则与之相反，故热效率降低。

根据燃气轮机装置的基本构成、特点简化得到的燃气轮机动力装置的定压加热理想循环不同于活塞式内燃机循环，但同样，循环（理想的和实际的）的 T-s 图对循环热效率和最大输出净功的计算以及循环分析有很大的助益。这里主要介绍了两种燃气轮机装置理想循环：布雷顿循环以及喷气式发动机循环。与活塞式内燃机循环分析一样，不应死记热效率的计算公式，而应把重点放在循环的 T-s 图和据 T-s 图进行分析，并将之提升到热力学原理的基础上。

空气压缩制冷理想循环不同于动力循环，是逆向循环的一种，其目的是将热量从低温物体传向高温物体。压缩气体制冷循环也称为逆向布雷顿循环，常可利用理想气体性质和过程的特征进行循环分析，计算循环制冷量、制冷系数等。需要突出强调提高循环压力比，虽可提高循环制冷量，但循环制冷系数将下降。

思考题

10-1 内燃机工作有哪四个工作行程？各有什么特点？

10-2 从内燃机循环的分析、比较发现各种理想循环在加热前都有绝热压缩过程，这是否是必然的？

10-3 为什么压缩空气制冷循环不采用逆向卡诺循环？

10-4 压缩空气制冷循环的制冷系数、循环压力比、循环制冷量三者之间的关系如何？

10-5 你认为从热力学观点分析，下列两种比较内燃机三种理想循环热效率的方法，哪种更合理：

1）在压缩比 ε 和吸热量 q_{H} 相同的条件下。

2）在初态相同及循环最高压力与最高温度相同的条件下。

10-6 卡诺定理指出热源温度越高循环热效率越高。定压加热理想循环（布雷顿循环）的循环增温比 τ 高，循环的最高温度就越高，但为什么布雷顿循环的热效率与循环增温比 τ 无关而取决于循环增压比 π？

10-7　试以活塞式内燃机和定压加热燃气轮机装置为例，总结分析动力循环的一般方法。

10-8　你有哪些方法可以提高内燃机的能量利用率？

10-9　在分析动力循环时，如何理解热力学第一、第二定律的指导作用？

10-10　内燃机定容加热理想循环和燃气轮机装置定压加热理想循环的热效率分别为 $\eta_t = 1 - \dfrac{1}{\varepsilon^{\kappa-1}}$ 和 $\eta_t = 1 - \dfrac{1}{\pi^{(\kappa-1)/\kappa}}$。若两者初态相同，压缩比相同，它们的热效率是否相同？为什么？若卡诺循环的压缩比与它们相同，则热效率如何？为什么？

10-11　燃气轮机装置循环中，压气机耗功占了燃气轮机输出功的很大部分（约60%），为什么还能广泛应用于飞机、舰船等场合？

10-12　有一燃气轮机装置，其流程如图10-27所示。它由一台压气机产生压缩空气，而后分两路进入两个燃烧室燃烧。燃气分别进入两个透平，其中透平Ⅰ发出的动力全部供给压气机，另一透平Ⅱ发出的动力则为输出的净功率。设气体工质进入透平Ⅰ和Ⅱ时状态相同，两透平的相对内效率也相同，试问这样的方案和图10-15及图10-18所示的方案相比较（压气机和透平的效率都相同），在热力学效果上有何差别？装置的热效率有何区别？

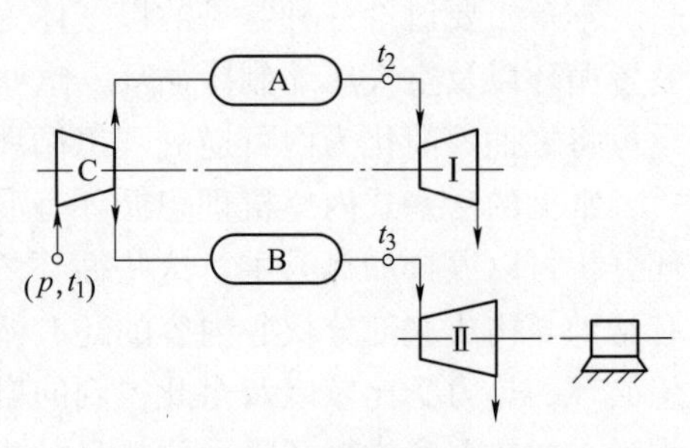

图10-27　思考题10-12附图

习　题

10-1　某活塞式内燃机定容加热理想循环，压缩比 $\varepsilon=10$，气体在压缩冲程的起点状态是 $p_1=100\text{kPa}$、$t_1=35℃$，加热过程中气体吸热650kJ/kg。假定比热容为定值且 $c_p = 1.005\text{kJ/(kg·K)}$、$\kappa = 1.4$，求：循环中各点的温度和压力；循环热效率，并与同温度限的卡诺循环热效率做比较；平均有效压力。

10-2　利用空气标准的奥托循环模拟实际火花点火活塞式汽油机的循环。循环的压缩比为7，循环加热量为1000kJ/kg，压缩起始时空气压力为90kPa，温度10℃，假定空气的比热容可取定值，求循环的最高温度、最高压力、循环热效率和平均有效压力。

10-3　某狄塞尔循环的压缩比是19，输入空气的热量 $q_1=800\text{kJ/kg}$。若压缩起始时状态是 $t_1=25℃$、$p_1=100\text{kPa}$，计算：循环中各点的压力、温度和比体积；预胀比；循环热效率，并与同温限的卡诺循环热效率做比较；平均有效压力。假定气体的比热容为定值，且 $c_p = 1005\text{J/(kg·K)}$、$c_V = 718\text{J/(kg·K)}$。

10-4　某内燃机狄塞尔循环的压缩比是17，压缩起始时工质状态为 $p_1=95\text{kPa}$、$t_1=10℃$。若循环最高温度为1900K，假定气体比热容为定值 $c_p = 1.005\text{kJ/(kg·K)}$、$\kappa = 1.4$。试确定：循环各点温度，压力及比体积；预胀比；循环热效率。

10-5　已知某活塞式内燃机混合加热理想循环 $p_1=0.1\text{MPa}$、$t_1=60℃$，压缩比 $\varepsilon=\dfrac{v_1}{v_2}=15$，定容升压比 $\pi=\dfrac{p_3}{p_2}=1.4$，定压预胀 $\sigma=\dfrac{v_4}{v_5}=1.45$，试分析计算循环各点温度、压力、比体积及循环热效率。设工质比热容取定值，$c_p = 1.005\text{kJ/(kg·K)}$，$c_V = 0.718\text{kJ/(kg·K)}$。

10-6　有一活塞式内燃机定压加热理想循环的压缩比 $\varepsilon=20$，工质取空气，比热容取定值，$\kappa=1.4$，循环做功行程的4%为定压加热过程，压缩行程的初始状态为 $p_1=100\text{kPa}$，$t_1=20℃$。求：循环中每个过程的初始压力和温度；循环热效率。

10-7 若某内可逆奥托循环压缩比 $\varepsilon=8$，工质自 1000℃高温热源定容吸热，向 20℃的环境介质定容放热。工质在定熵压缩前压力为 110kPa，温度为 50℃；吸热过程结束后温度为 900℃。假定气体的比热容可取定值，且 $c_p = 1005\text{J}/(\text{kg}\cdot\text{K})$、$\kappa = 1.4$，环境大气压 $p_0=0.1\text{MPa}$，求：循环中各状态点的压力和温度；循环热效率；吸、放热过程做功能力损失和循环㶲效率。

10-8 某内可逆狄塞尔循环压缩比 $\varepsilon=17$，定压预胀比 $\sigma=2$，定熵压缩前 $t=40℃$，$p=100\text{kPa}$，定压加热过程中工质从 1800℃的热源吸热；定容放热过程中气体向 $t_0=25℃$，$p_0=100\text{kPa}$ 的大气放热。若工质为空气，比热容可取定值，$c_p = 1.005\text{kJ}/(\text{kg}\cdot\text{K})$，$R_g = 0.287\text{kJ}/(\text{kg}\cdot\text{K})$，求：定熵压缩过程终点的压力和温度及循环的最高温度和最高压力；循环热效率和㶲效率；吸、放热过程的㶲损失；在给定热源间工作的热机的最高效率。

10-9 如图 10-28 所示，在定容加热理想循环中，如果绝热膨胀不在点 4 停止，而使其继续进行到点 5，并使 $p_5=p_1$。

1）试在 T-s 图上表示循环 1—2—3—5—1，并根据 T-s 图上这两个循环的图形比较它们的热效率哪一个较高。

2）设 2、3 各点上的参数与习题 10-1 各点的相同，求循环 1—2—3—5—1 的热效率。

10-10 燃气轮机装置发展初期曾采用定容燃烧，这种燃烧室配制置有进排气阀门和燃油阀门。当压缩空气与燃料进入燃烧室混合后，全部阀门都关闭，混合气体借电火花点火定容燃烧，燃气的压力、温度瞬间迅速提高。然后，排气阀门打开，燃气流入透平膨胀做功。这种装置理想循环的 p-v 图如图 10-29 所示。图中 1→2 为绝热压缩，2→3 为定容加热，3→4 为绝热膨胀，4→1 为定压放热。试：画出理想循环的 T-s 图；设 $\pi = \dfrac{p_2}{p_1}$，$\theta = \dfrac{T_3}{T_2}$，并假定气体的绝热指数 κ 为定值，求循环热效率 $\eta_t = f(\pi, \theta)$。

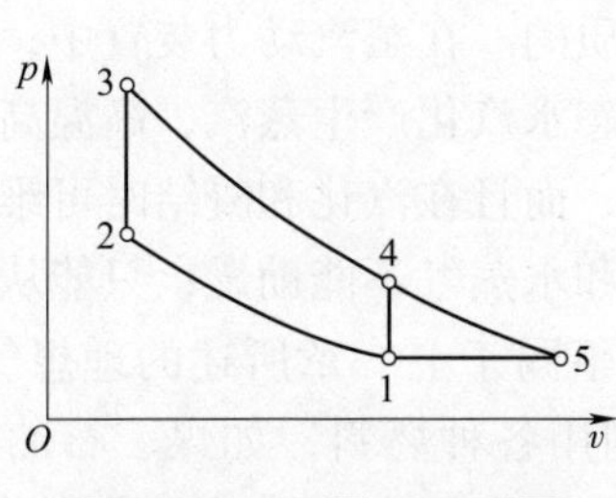

图 10-28 习题 10-9 附图

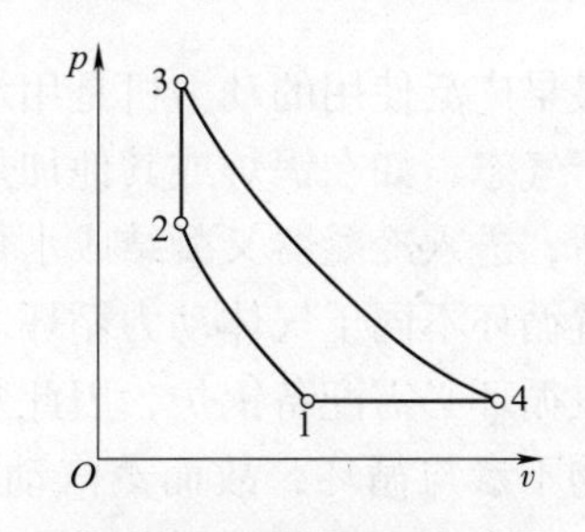

图 10-29 习题 10-10 附图

10-11 某涡轮喷气推进装置（见图 10-30），涡轮机输出功用于驱动压气机。工质的性质与空气近似相同，装置进气压力 90kPa，温度 290K，压气机的压力比是 14∶1，气体进入涡机时的温度为 1500K，排出涡轮机的气体进入喷管膨胀到 90kPa，若空气比热容为 $c_p = 1.005\text{kJ}/(\text{kg}\cdot\text{K})$，$c_V = 0.718\text{kJ}/(\text{kg}\cdot\text{K})$，试求进入喷管时气体的压力及离开喷管时气流的速度。

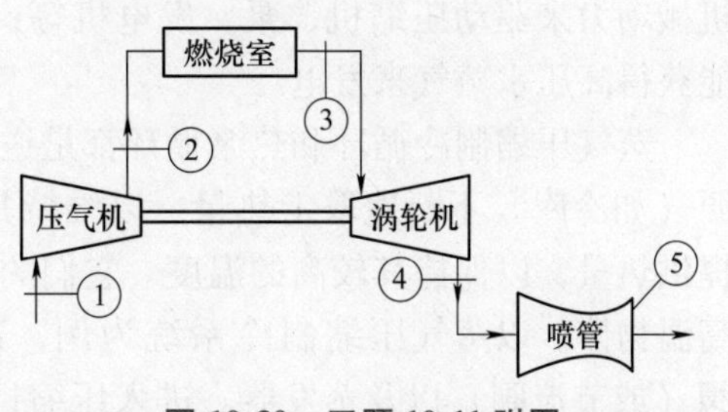

图 10-30 习题 10-11 附图

10-12 压缩空气制冷循环运行温度 $T_C=290\text{K}$，$T_0=300\text{K}$，如果循环增压比分别为 3 和 6，分别计算它们的循环性能系数和每千克工质的制冷量。假定空气为理想气体，取比热容定值 $c_p = 1.005\text{kJ}/(\text{kg}\cdot\text{K})$、$\kappa = 1.4$。

第11章

实际气体工作循环

实际气体工作循环是以水蒸气、氟利昂蒸气、氨蒸气等实际气体为工质的热力循环，这类循环所采用的工质不符合理想气体假设，工质的各种热力参数不能用理想气体的各种表达式来确定。同时，只有 p、v、T 和 c_p 等少数几种参数值可由实验测定，u、h、s 等的值无法直接测量，只能根据它们与可测量参数的一般关系式由可测参数值计算而得。本章主要介绍动力工程和制冷工程中常用的蒸汽动力循环（朗肯循环与有机朗肯循环）、蒸气压缩制冷循环、热泵循环以及其他制冷循环，并对循环过程进行热力学分析，探讨提高循环效率的途径。

11.1 实际气体工作循环概述

工业上最早广泛使用的动力机是用水蒸气做工质的。在蒸汽动力装置中，水时而处于液态，时而处于气态，如在锅炉或其他加热设备中液态水汽化产生蒸汽，高温高压蒸汽经汽轮机膨胀做功后，进入冷凝器又凝结成水再返回锅炉，而且在汽化和凝结时可维持定温，因而蒸汽动力装置循环不同于气体动力循环。此外，水和水蒸气不能助燃，只能从外热源吸收热量，所以蒸汽循环必需配备锅炉，因此装置设备也不同于上一章所述的理想气体工作循环。由于燃烧产物不参与循环，故而蒸汽动力装置可利用各种燃料，如煤、石油，甚至可燃垃圾。通常，大型化工企业利用工艺过程释放的余热产生高压水蒸气，再将其引入汽轮机产生机械动力来驱动压缩机、泵、发电机等；而发电厂则会燃烧煤、天然气（LNG）或通过核能获得高压水蒸气来发电。

蒸气压缩制冷循环和热泵循环都是逆向循环，两者的区别在于，前者的目的是从低温热源（如冷库）不断地取走热量，以维持其低温；后者则是向高温物体（如供暖的建筑物）提供热量，以保持其较高的温度。它们的热力学本质是相同的，都是使热量从低温物体传向高温物体。以蒸气压缩制冷系统为例，这类系统有四个元件：压缩机、冷凝器、热膨胀阀（或节流阀）以及蒸发器。进入压缩机的制冷剂会处在饱和蒸气的热力学状态，会被压缩到较高的压强，因此其温度也会提高。压缩的热蒸气在热力学上称为过热蒸气，其压强较大，温度较高，但若周围有冷空气或是冷却水，过热蒸气会因此而凝结。接着过热蒸气的制冷剂会经过冷凝器，此时制冷剂的热会排出，冷凝器会冷却热蒸气，并且使其完全凝结。排出的热可能会由水或是空气带走。凝结的液态制冷剂在热力学上是处于饱和液体的状态，在通过膨胀阀后，其压强会突然降低，使得液态制冷剂中的一部分被绝热闪蒸。绝热闪蒸的自冷却效果使制冷剂的温度降低，且低于要冷却的区域的温度。低温的液气态共存制冷剂会通过蒸发器带走密闭空间中的热量，使得密闭空间的温度降低到想要的温度。

无论蒸汽动力循环（vapor power cycle）还是制冷循环（蒸气压缩制冷循环和热泵循环等），其所采用的循环工质皆为实际气体。例如，火力发电厂动力装置中采用的水蒸气、制冷装置的工质氟利昂蒸气、氨蒸气等。这类物质临界温度较高，蒸气在通常的工作温度和压力下离液态不远，不能看作理想气体。通常蒸气的比体积较远离液态的气体的比体积小得多，分子本身体积不容忽略，分子间内聚力随平均距离减小又急剧增大，因而分子运动规律极其复杂，宏观上反映为状态参数的函数关系式繁复，循环计算分析过程中需要借助计算机或利用为各种蒸气专门编制的图或表。

11.2 蒸汽动力循环

11.2.1 蒸汽动力装置的应用、设备及流程

蒸汽动力装置（steam power plant）是以水蒸气作为工质的热动力装置。工业上最早使用的动力装置就是以水蒸气为工质的蒸汽机。由于水有容易获得、无污染并具有良好的热力学性能等许多优点，蒸汽动力装置仍然是现代电力生产最主要的热动力装置。热力发电厂就是由蒸汽作为原动力的发电厂。水被加热，转变为蒸汽，推动汽轮机运转，带动发电机工作，也做一些其他工作（如推进船舶）。大部分燃烧化石燃料的火力发电厂、核能发电厂都是热电厂，全球大部分的电力都是来自这两种电厂。另外地热、生物质能以及小部分太阳能发电站也是热电厂。图 11-1 所示为国内外典型的不同类型热力发电项目实景。

a) 内蒙古大唐国际托克托火力发电厂

b) 辽宁大连红沿河核电站

c) 冰岛东北部克拉夫拉地热发电厂

d) 甘肃敦煌熔盐塔式太阳能发电厂

图 11-1 国内外典型的不同类型热力发电项目实景

不同类型热力发电厂的主要区别在于产生蒸汽动力装置所需工作蒸汽的热源。如图 11-2a 所示，在以化石为燃料的火力发电厂中，通过燃料燃烧产生的热气向通过锅炉内盘管的水传热以实现蒸汽发生。以生物质、城市废物（垃圾）以及煤和生物质的混合物为燃料的发电厂与之相似。在核能发电厂中，蒸汽发生所需的能量来自于反应堆密封结构中发生的受控核反应。图 11-2b 所示的压水式核反应堆有两个水循环。一个环路使水通过反应堆堆芯和安全壳结构内的锅炉进行循环；这些水保持在一定的压力下，从而使其能够被加热但不沸腾。另一个环路将蒸汽从锅炉引入到汽轮机。图 11-2c 中的地热能发电厂也使用了一个相互连接的热交换器。来自地下深处的热水流向热交换器的一侧，同时另一种沸点比水低的二次工作流体，如异丁烷或其他有机物质，在热交换器的另一侧汽化并被引入汽轮机。太阳能发电站设有收集和集中太阳辐射的集热器。如图 11-2d 所示，一种合适的物质，如熔盐或油，流经集热器被加热，接着被引导到一个相互连接的热交换器，该热交换器取代化石燃料和核能热电厂的锅炉。被加热的熔盐或油提供了水汽化所需的能量。

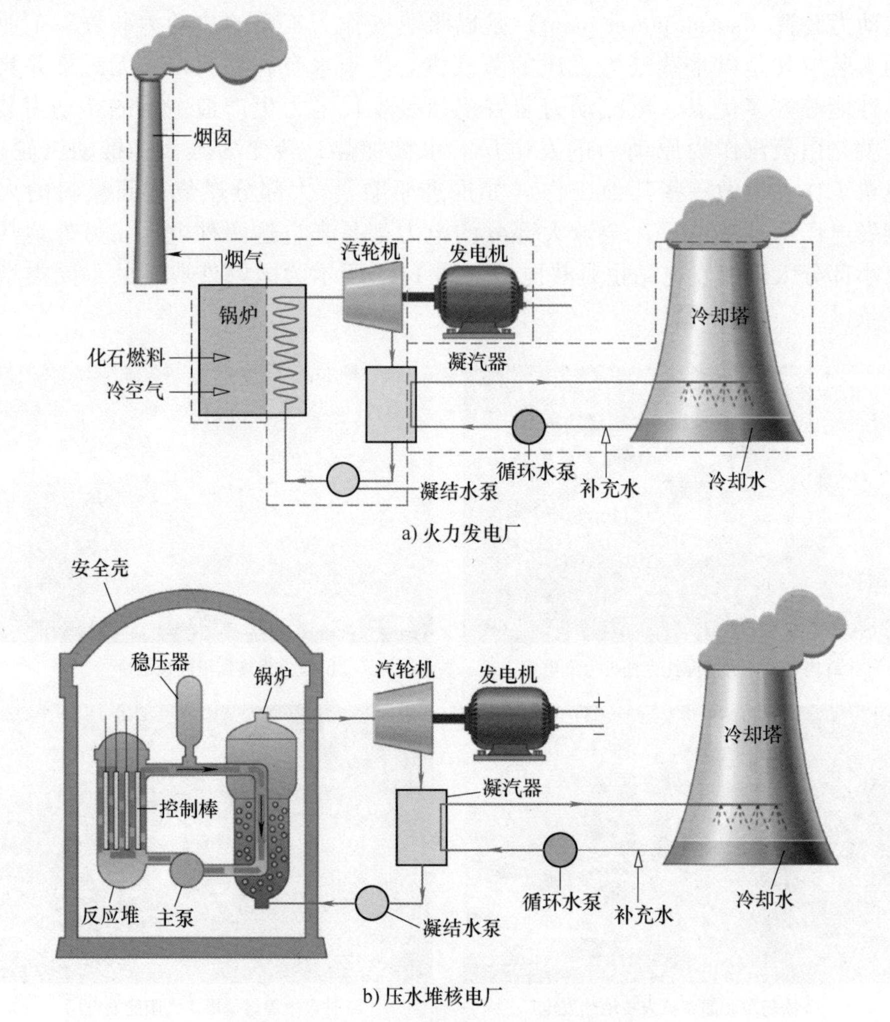

a) 火力发电厂

b) 压水堆核电厂

图 11-2　不同类型的热力发电厂原理图

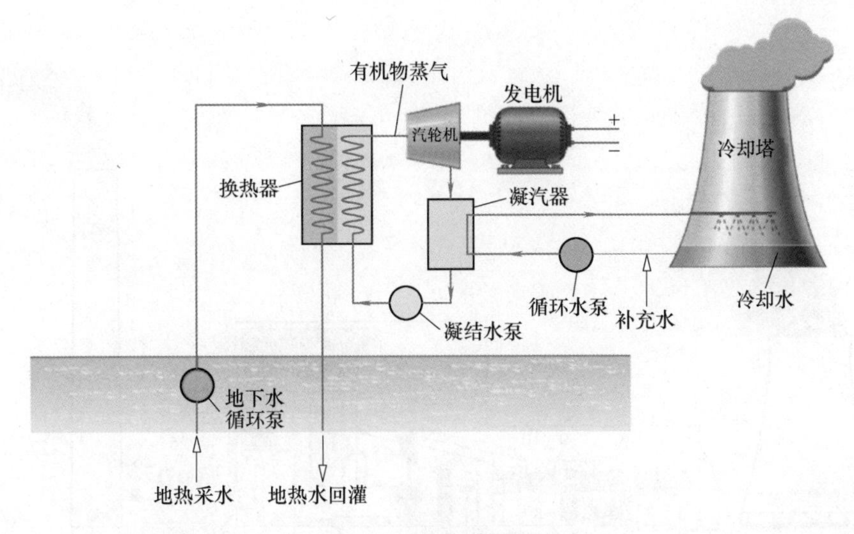

c) 地热能发电厂

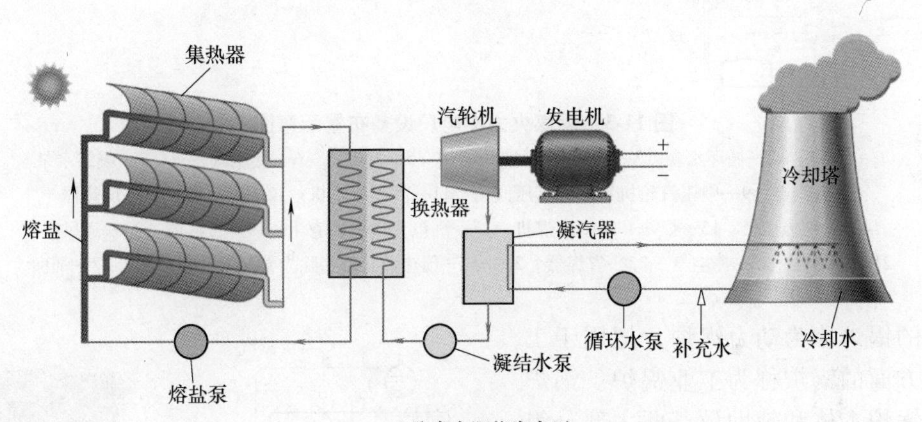

d) 聚光太阳能发电厂

图 11-2 不同类型的热力发电厂原理图（续）

本节以图 11-3 所示的一燃煤火力发电厂为例，详细介绍发电厂设备布置以及工作流程。与内燃机和燃气轮机相比，蒸汽动力装置的工质水蒸气本身不能燃烧也不能助燃，工质在循环中从锅炉中燃烧的烟气吸收热量，锅炉就是高温热源，它的热量由燃料燃烧产生。进入锅炉的水在吸热后变为水蒸气，然后高温、高压的蒸汽在汽轮机中膨胀做功，汽轮机带动发电机发电。做功后的蒸汽进入冷凝器中冷凝变为水，同时向低温热源（冷却水）放出热量。水经水泵加压后送入锅炉再加热，完成一个循环。水蒸气的动力循环是一个闭式循环。在循环中，水有相变，即沸腾汽化和凝结过程，根据水蒸气的特点组成的动力循环中，锅炉、汽轮机、凝汽器及水泵是循环的主要设备，除此之外还有很多辅助设备，它们都是实际动力循环不可缺少的，具体设备如图 11-3 所示。下面就锅炉和汽轮机的结构和工作原理做简单介绍。

1. 锅炉

在蒸汽动力循环装置中，锅炉（boiler）是必不可少的设备之一。在工矿企业、交通运输以及人民生活中，锅炉也是必不可少的热工设备。锅炉的形式很多，通常把用于发电、动

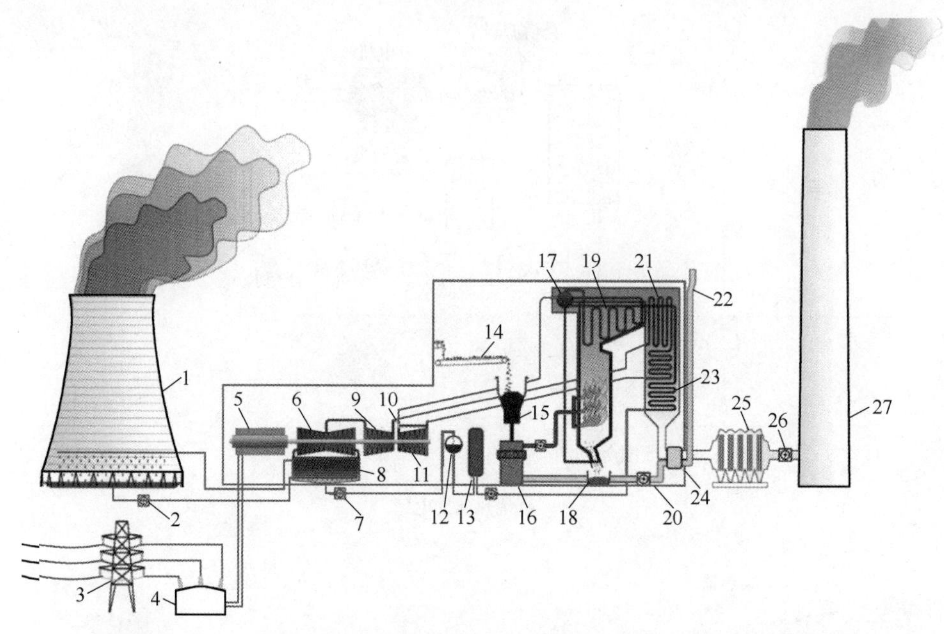

图 11-3　燃煤火力发电厂设备布置示意图

1—冷却塔　2—循环水泵　3—铁塔　4—变压器组　5—发电机　6—低压汽轮机　7—凝结水泵　8—凝汽器　9—中压汽轮机　10—高压阀门　11—高压汽轮机　12—除氧器　13—加热器　14—输煤传送带　15—煤斗　16—磨煤机　17—汽包　18—煤渣斗　19—过热器　20—送风机　21—再热器　22—冷空气　23—省煤器　24—空气预热器　25—除尘器　26—送风机　27—烟囱

力方面的锅炉称为动力锅炉，把用于工业生产方面的锅炉称为工业锅炉。锅炉设备由锅炉本体和辅助设备两大部分组成。图 11-4 为一以煤作为燃料的锅炉本体示意图和实物图，图 11-5 为锅炉工作过程示意图。

（1）锅炉本体　如图 11-5 所示，锅炉本体由炉膛 7、燃烧器 6、锅筒 17、水冷壁 8、蒸汽过热器 9（以及 10、11 和 19）、省煤器 12 和空气预热器 4 所组成。当燃料燃烧时，高温烟气通过锅炉的受热面（包括锅筒、水冷壁、蒸汽过热器、省煤器）对受热面内的水加热，使之沸腾汽化直至过热。

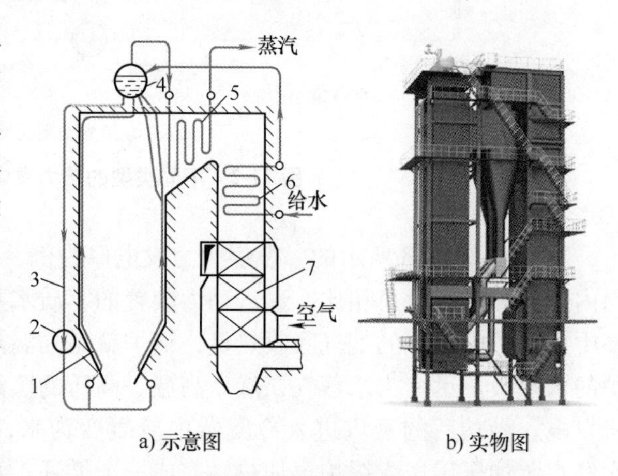

a) 示意图　　b) 实物图

图 11-4　锅炉本体

1—炉膛蒸发受热面　2—循环泵　3—下降管　4—锅筒　5—过热器　6—省煤器　7—空气预热器

空气预热器 4 布置在尾部烟道，是利用排烟余热加热进入炉内空气的热交换器。

（2）锅炉辅助设备　锅炉的辅助设备是为了维持锅炉正常运行而设置的。它主要包括通风设备、给水设备和燃料系统设备。如图 11-5 所示，通风设备由送风机 16、引风机 14 和烟囱 15 构成；给水设备由水箱、给水泵和水处理设备组成；燃料系统设备包括煤斗 1、给煤

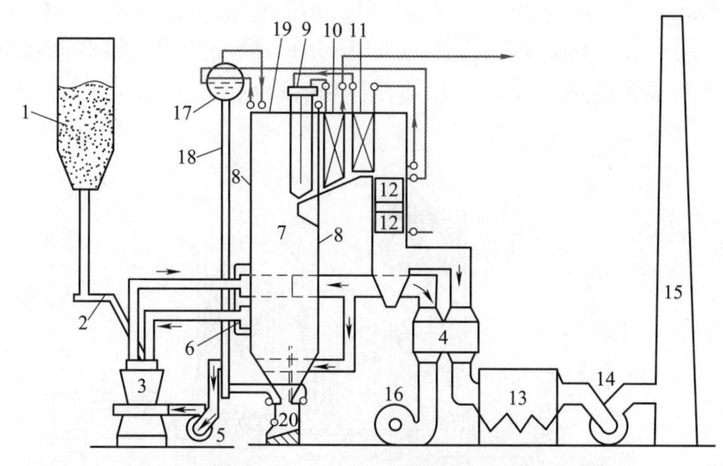

图 11-5 锅炉工作过程示意图

1—煤斗 2—给煤机 3—磨煤机 4—空气预热器 5—排粉风机 6—燃烧器 7—炉膛 8—水冷壁 9—屏式过热器 10—高温过热器 11—低温过热器 12—省煤器 13—除尘器 14—引风机 15—烟囱 16—送风机 17—锅筒 18—下降管 19—顶棚过热器 20—排渣室

机 2、磨煤机 3、排粉风机 5、排渣室 20 和除尘器 13。除上述设备外，辅助设备还包括各种仪表控制设备和各种管道、阀门等。

2. 汽轮机

在蒸汽动力循环装置中，汽轮机或蒸汽透平（steam turbine）是另一主要设备，它是蒸汽动力装置中的原动机（动力机）。汽轮机按其用途可分为电站汽轮机、船用汽轮机和用于工矿企业蒸汽动力装置的工业汽轮机。它们可以有不同的形式，但其基本工作原理相同。汽轮机从本质上而言就是一种将蒸汽的热能转变成透平转子旋转动能的旋转式机械。相较于原由詹姆斯 · 瓦特发明的单级往复式蒸汽机，汽轮机大幅提高了热效率，更接近热力学中理想的可逆过程，并能提供更大的功率，至今它几乎取代了往复式蒸汽机，世界上大约 80% 的电能都是汽轮机所产生。

图 11-6 是一单级汽轮机（single-stage steam turbine）示意图和实物图。高温高压的蒸汽从进汽管进入汽轮机，通过喷管 4，其压力下降、膨胀增速，使蒸汽的热能转换为汽流的动能。离开喷管的高速汽流冲击叶片 3，使叶轮 2 旋转做功，蒸汽的动能转化为机械功。

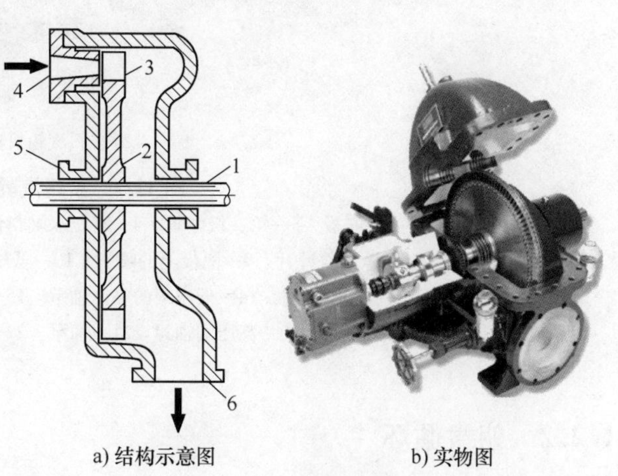

a) 结构示意图 b) 实物图

图 11-6 单级汽轮机

1—轴 2—叶轮 3—叶片 4—喷管 5—机壳 6—排汽管

工业和电站汽轮机多为多级汽轮机。所谓“级”是汽轮机的工作级，每一个工作级由一组喷管和其后的一列动叶片构成。图 11-7 是一多级汽轮机剖视图与实物图。除上述的蒸汽动力循环装置外，地热电站、核能电站、太阳能电站以及余热利用等用以产生动力的许多装置，其工作原理大同小异，也是以蒸汽作为工质的动力循环装置。这些循环除上面所述的热工设备外，还涉及许多其他热工设备，并具有各自的特点。

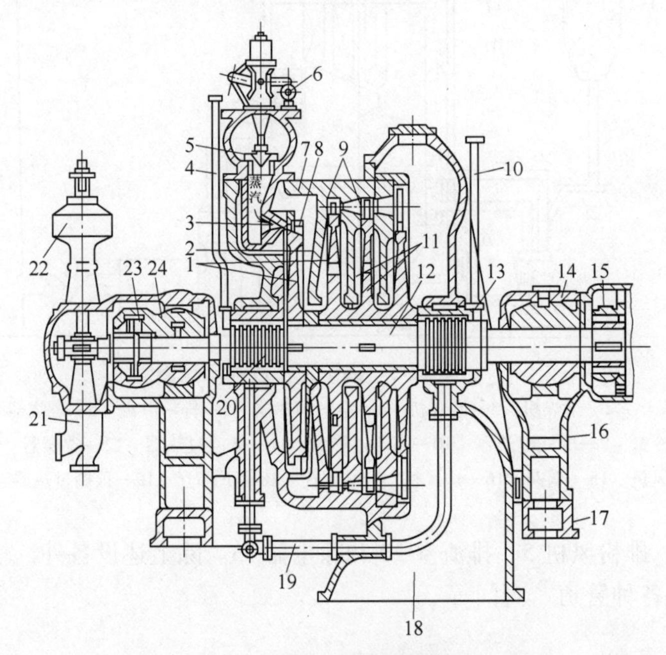

a) 多级汽轮机剖视图

b) 多级汽轮机实物图

图 11-7　多级汽轮机

1—叶轮　2—隔板　3—第一级喷管　4—高压端轴封信号管　5—进汽阀　6—配汽凸轮轴　7—机壳　8—工作叶片　9—隔板上的喷管　10—低压端轴封信号管　11—隔板上的轴封　12—轴　13—低压端轴封　14—低压端的径向轴承　15—联轴器　16—轴承支架　17—基础架　18—排汽口　19—导管　20—高压端轴封　21—油泵　22—离心调速器　23—推力轴承　24—轴承

11.2.2　朗肯循环

热力学第二定律指出，在相同温限内，卡诺循环的热效率最高。在采用气体作为工质的循环中，因定温加热和放热难以实施，而且在 p-v 图上气体的定温线和绝热线的斜率相差不

多，以致卡诺循环的净功并不大，故在实际上难于采用。在采用蒸气作为工质时，以水蒸气为例，压力不变时汽化和凝结的温度也不变，因而也就有了定温加热和放热的可能。更因这时定温过程亦即定压过程，在图上与绝热线之间的斜率相差亦大，故所做的净功也较大。所以，以蒸汽为工质时原则上可以采用卡诺循环，如图 11-8 中循环 6—7—8—5—6 所示，然而在实际的蒸汽动力装置中并不采用卡诺循环，其主要原因是：首先在压气机中绝热压缩过程 8—5 难于实现，因状态 8 是水和蒸汽的混合物，压缩过程中压气机工作不稳定；同时状态 8 的比体积比水的比体积大得多，需用比水泵大得多的压气机。其次，循环局限于饱和区，上限温度受制于临界温度，故即使实现卡诺循环，其热效率也不高。再次，膨胀末期，湿蒸汽干度过小，即含水分甚多，不利于动力机安全。实际蒸汽动力循环均以朗肯循环（Rankine cycle）为基础。

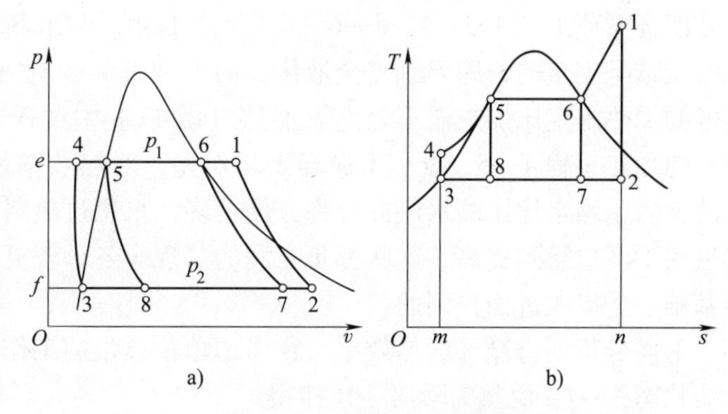

图 11-8 水蒸气的朗肯循环

朗肯循环是基本的蒸汽循环，图 11-9 给出了其基本构成，包括锅炉、汽轮机、凝汽器和给水泵。几乎所有系统的工作介质均为水。低压液体经过水泵被可逆绝热压缩为高压压缩液（状态 3→4），在锅炉被等压加热成为高温高压的蒸汽（状态 4→1）。然后，在汽轮机进行可逆绝热膨胀输出机械功，变成低压湿蒸汽（状态 1→2）。在凝汽器被等压冷却重新成低压饱和液体（状态 2→3）。这个循环的 *T-s* 图如图 11-8 所示。虽然与气体循环的布雷顿循环一样有 4 个变化过程，但由于伴随气液相变，故 *T-s* 图有很大的不同。在利用核能、太阳能等作为热源的蒸汽动力装置循环中，蒸汽发生器取代锅炉，产生的新蒸汽通常是饱和蒸汽或稍稍过热的蒸汽。目前我国已建、在建的核电站以压水堆型为主（见图 11-2b）。水在蒸汽发生器中预热、汽化生成饱和蒸汽，过程中压力近似为定值。蒸汽发生器由经过堆芯的一回路冷却剂提供热量。典型的压水堆核电厂二回路蒸汽循环的 *T-s* 图如图 11-10 所示，除新蒸汽参数外，与图 11-8 所示循环没有实质差异。

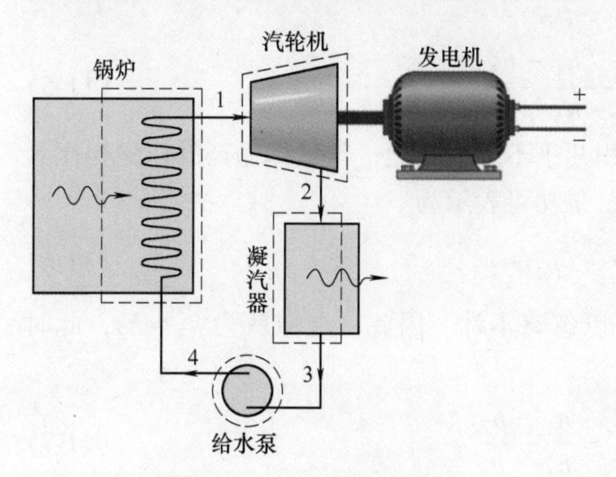

图 11-9 朗肯循环的构成

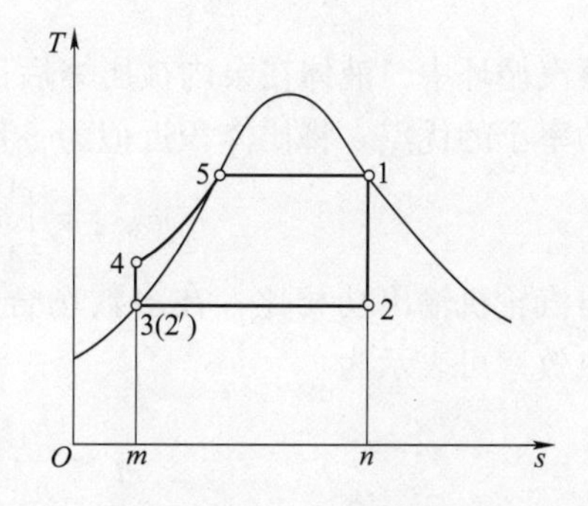

图 11-10 压水堆核电厂二回路蒸汽循环的 *T-s* 图

朗肯循环1—2—3—4—5—6—1（见图11-8）与水蒸气的卡诺循环主要不同之处在于乏汽的凝结是完全的，即乏汽完全液化，而不是止于点8。此外，采用了过热蒸汽，蒸汽在过热区的加热是定压加热而不是定温加热（图11-8中过程6—1）。完全凝结使循环中多了一段水的加热过程4—5，减小了循环平均温差，对热效率是不利的，但是对简化设备却是有利的，因压缩水比压缩水汽混合物方便得多。采用过热蒸汽则增大了循环的平均温差，并使乏汽的干度也得到提高，这些都是有利的。现今各种较复杂的蒸汽动力循环都是在朗肯循环的基础上予以改进而得到的。

下面分析朗肯循环的热效率。在考虑单位质量的工作介质的热功输出和输入时：

状态3→4：由热力学第一定律得

$$\delta q = T\mathrm{d}s = \mathrm{d}h - v\mathrm{d}p$$

可逆绝热变化（$\mathrm{d}s=0$）外部施加的功$v\mathrm{d}p$为

$$v\mathrm{d}p = \mathrm{d}h$$

可知其与焓的增加量相等，因此，泵功为

$$w_{3-4} = h_4 - h_3 \quad (h_4 > h_3) \tag{11-1}$$

状态4→1：锅炉内等压变化（$\mathrm{d}p=0$），加热量$\delta q=\mathrm{d}h$，即加热量与焓的增加量相等。因此，锅炉内的加热量为

$$q_{4-1} = h_4 - h_1 \quad (h_4 > h_1) \tag{11-2}$$

状态1→2：在汽轮机内可逆绝热膨胀对外做功与泵功相反，等于焓的减少量，因此汽轮机做功为

$$w_{1-2} = h_1 - h_2 \quad (h_1 > h_2) \tag{11-3}$$

这个焓降称为等熵热降（isentropic heat drop）或绝热热降（adiabatic heat drop）。

状态2→3：冷凝器内等压变化的放热量与锅炉内相反，等于焓的减少量，因此冷凝器的放热量为

$$q_{2-3} = h_2 - h_3 \quad (h_2 > h_3) \tag{11-4}$$

理论热效率为

$$\eta = \frac{w_{1-2} - w_{3-4}}{q_{4-1}} = 1 - \frac{q_{2-3}}{q_{4-1}}$$

将式（11-1）~式（11-4）代入得

$$\eta = \frac{h_1 - h_2 - (h_4 - h_3)}{h_1 - h_4} \tag{11-5}$$

在蒸汽循环中，液体在泵内被压缩后比体积几乎不发生变化，与气体循环的压缩相比具有压缩功率小的优点。将比体积近似为一定值，泵功可表示为

$$w_{3-4} = \int_3^4 v\mathrm{d}p \approx v(p_4 - p_3) \tag{11-6}$$

这与汽轮机输出功相比，在多数场合下可以忽略不计。因此，近似认为$h_4 \approx h_3$，此时的理论热效率可表示为

$$\eta \approx \frac{h_1 - h_2}{h_1 - h_4} \approx \frac{h_1 - h_2}{h_1 - h_3} \tag{11-7}$$

图11-11所示为汽轮机入口水蒸气压力、温度对理论热效率影响的计算结果。由图可

知，热效率随着压力、温度的上升而升高。但是，由于锅炉是由传热管构成，在其内流动的水从管外加热，会产生材料的耐热性问题，从而难以像燃气轮机那样在高温下工作，汽轮机入口温度上限在900K左右。另外，当汽轮机出口湿蒸汽的干度比较小时，蒸汽中的水滴将对汽轮机叶片产生损伤。为了使该干度达到88%~90%，汽轮机入口的蒸汽又必须处于高温状态。图11-12所示为凝汽器压力对理论热效率的影响。热效率随凝汽器压力降低而升高。

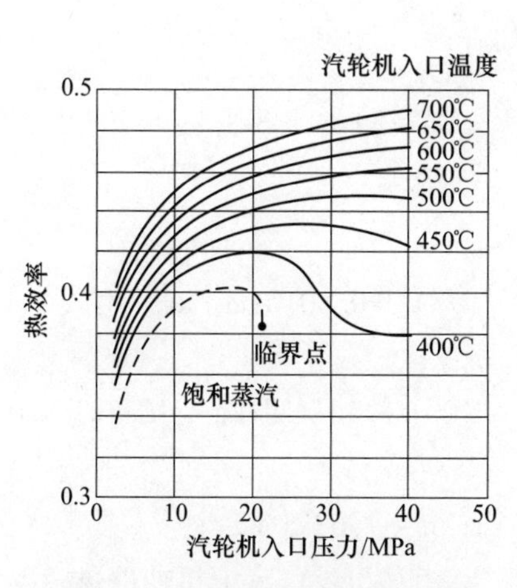

图11-11　朗肯循环的理论热效率
（凝汽器压力5kPa）

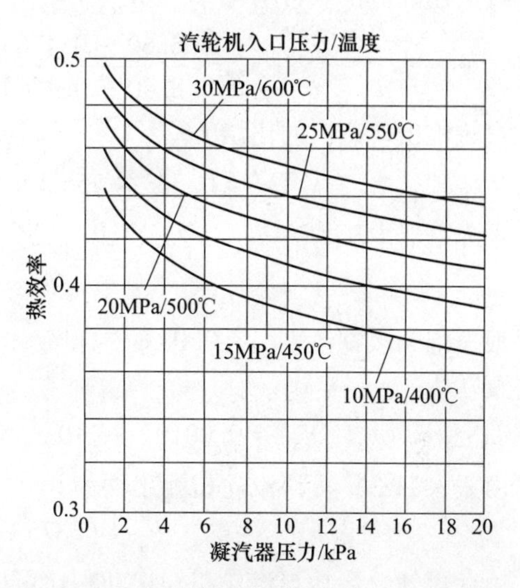

图11-12　凝汽器压力对理论热效率的影响

实际的蒸汽轮机（steam turbine）由于存在摩擦或黏性等因素，不能做到可逆绝热膨胀，如图11-13所示朝着熵增方向变化。设假定可逆绝热膨胀时蒸汽轮机出口的比焓为h_2，实际蒸汽轮机出口的比焓为$h_{2'}$，表示蒸汽轮机效率的绝热效率（adiabatic efficiency，或称等熵效率）可考虑为这两种情况下蒸汽轮机输出功之比，表示为

$$\eta_T = \frac{h_1 - h_{2'}}{h_1 - h_2} \tag{11-8}$$

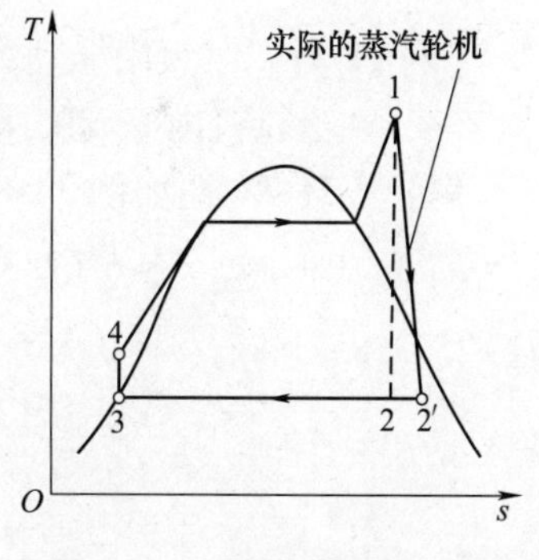

图11-13　蒸汽轮机的T-s图

蒸汽轮机实际的热效率比由式（11-7）算出的热效率低。

【例11-1】　有一已知下述状态点的朗肯循环。汽轮机入口蒸汽：$p_1 = 10\text{MPa}$，$t_1 = 500℃$，$h_1 = 3375\text{kJ/kg}$，$s_1 = 6.60\text{kJ/(kg·K)}$。汽轮机出口蒸汽：$p_2 = 5.0\text{kPa}$。求汽轮机出口蒸汽的比焓、干度和理论热效率。

解：设汽轮机出口蒸汽的干度为x_2，比熵s_2可表示为

$$s_2 = x_2 s'' + (1 - x_2) s'$$

其中，s'、s''分别为饱和液体和干饱和蒸汽的比熵。在汽轮机内熵保持不变，根据$s_1 = s_2$可得

$$x_2 = \frac{s_1 - s'}{s'' - s'}$$

根据饱和水物性表，5.0kPa 时的饱和液体和干饱和蒸汽的状态参数为 $h'=138\text{kJ/kg}$，$h''=2562\text{kJ/kg}$，$s'=0.476\text{kJ/(kg·K)}$，$s''=8.40\text{kJ/(kg·K)}$。

将上述数值代入可求得 x_2 为

$$x_2 = \frac{(6.60 - 0.476)\text{kJ/(kg·K)}}{(8.40 - 0.476)\text{kJ/(kg·K)}} = 0.773$$

汽轮机出口蒸汽的比焓 h_2 为

$$h_2 = x_2h'' + (1 - x_2)h' = 0.773 \times 2562\text{kJ/kg} + (1 - 0.773) \times 138\text{kJ/kg} = 2012\text{kJ/kg}$$

在冷凝器内压力为 p_2 下冷凝，出口成为饱和液体。因此，

$$h_3 = h' = 138\text{kJ/kg}$$

根据饱和水物性表，5.0kPa 时饱和液体的比体积为 $v'=0.00101\text{m}^3/\text{kg}$，由式（11-6）可得泵功为

$$w_{3-4} = v(p_3 - p_4) = 0.00101 \times (10 \times 10^6 - 5 \times 10^3) \times 10^{-3}\text{kJ/kg} = 10.1\text{kJ/kg}$$

由式（11-3）可得汽轮机输出功为

$$w_{1-2} = h_1 - h_2 = (3375 - 2012)\text{kJ/kg} = 1363\text{kJ/kg}$$

由此可知，泵功与汽轮机输出功相比可以忽略。由式（11-7）可求得理论热效率为

$$\eta = \frac{h_1 - h_2}{h_1 - h_3} = \frac{(3375 - 2012)\text{kJ/kg}}{(3375 - 138)\text{kJ/kg}} = 0.421$$

【例 11-2】 某太阳能动力装置利用水为工质，从太阳能集热器出来的是 175℃ 的饱和水蒸气，在汽轮机内等熵膨胀后排向 7.5kPa 的凝汽器，求循环的热效率。

解： 循环 T-s 图如图 11-8 所示。状态 1：由 175℃，查饱和水蒸气表 $p_4=891.8\text{kPa}$，$h_1=2773.23\text{kJ/kg}$，$s_1=6.6253\text{kJ/(kg·K)}$。由 7.5kPa 查饱和水蒸气表，$h'=168.65\text{kJ/kg}$、$h''=2573.85\text{kJ/kg}$；$s'=0.5760\text{kJ/(kg·K)}$、$s''=8.2493\text{kJ/(kg·K)}$；$v'=0.00101\text{m}^3/\text{kg}$。

据 $s_1=s_2$、$s'<s_2<s''$，所以状态 2 为饱和湿蒸汽状态，有

$$x_2 = \frac{s_2 - s'}{s'' - s'} = \frac{(6.6253 - 0.5760)\text{kJ/(kg·K)}}{(8.2493 - 0.5760)\text{kJ/(kg·K)}} = 0.788$$

$$\begin{aligned} h_2 &= h' + x_2(h'' - h') = 168.65\text{kJ/kg} + 0.788 \times (2573.85 - 168.65)\text{kJ/kg} \\ &= 2063.95\text{kJ/kg} \end{aligned}$$

状态 3：$h_3 = h' = 168.65\text{kJ/kg}$，$v_3 = v' = 0.00101\text{m}^3/\text{kg}$。

状态 4：$s_3=s_4$。

$$\begin{aligned} h_4 &\approx h_3 + v_3(p_4 - p_3) \\ &= 168.65\text{kJ/kg} + 0.00101\text{m}^3/\text{kg} \times (891.8 - 7.5)\text{kPa} \\ &= 169.54\text{kJ/kg} \end{aligned}$$

汽轮机输出功：

$$w_\text{T} = h_1 - h_2 = (2773.23 - 2063.95)\text{kJ/kg} = 709.28\text{kJ/kg}$$

水泵耗功：

$$w_P = h_4 - h_3 = (169.54 - 168.65)\,\text{kJ/kg} = 0.89\text{kJ/kg}$$

从集热器吸热量：

$$q_1 = h_1 - h_4 = (2773.23 - 169.54)\,\text{kJ/kg} = 2603.69\text{kJ/kg}$$

凝汽器中放热量：

$$q_2 = h_2 - h_3 = (2063.95 - 168.65)\,\text{kJ/kg} = 1895.3\text{kJ/kg}$$

循环热效率：

$$\eta_t = \frac{w_{net}}{q_1} = \frac{w_T - w_P}{q_1} = \frac{(709.28 - 0.89)\,\text{kJ/kg}}{2603.69\text{kJ/kg}} = 0.272$$

或

$$\eta_t = 1 - \frac{q_2}{q_1} = 1 - \frac{1895.3\text{kJ/kg}}{2603.69\text{kJ/kg}} = 0.272$$

讨论：蒸汽动力循环计算最常见的错误是武断地把 h_2 等同于凝汽器压力下的干饱和蒸汽的焓，通常蒸汽膨胀末端处于湿饱和蒸汽状态，所以先按等比熵确定 x_2，再进一步计算 h_2。

【例 11-3】 我国生产的 300MW 汽轮发电机组，其新蒸汽压力和温度分别为 $p_1 = 17\text{MPa}$、$t_1 = 550℃$，汽轮机排汽压力 $p_2 = 5\text{kPa}$。若按朗肯循环运行，求：汽轮机所产生的功 w_T、水泵功 w_P、循环热效率 η_t 和理论耗汽率 d_0。

解：循环 p-v 图见图 11-8。根据 $p_1 = 17\text{MPa}$、$t_1 = 550℃$，在 h-s 图上（见图 11-14b）定出新蒸汽状态点 1，得 $h_1 = 3426\text{kJ/kg}$。理想情况蒸汽在汽轮机中做可逆绝热膨胀，过程 1→2 为定熵过程。在 h-s 图上从点 1 作定熵线与 $p_2 = 5\text{kPa}$ 等压线相交，得状态点 2，$h_2 = 1963.5\text{kJ/kg}$。查饱和水与饱和水蒸气表，得 $p_2 = 5\text{kPa}$ 时，$v' = 0.0010053\text{m}^3/\text{kg}$、$h' = 137.72\text{kJ/kg}$。于是求得

$$w_T = h_1 - h_2 = (3426 - 1963.5)\,\text{kJ/kg} = 1462.5\text{kJ/kg}$$

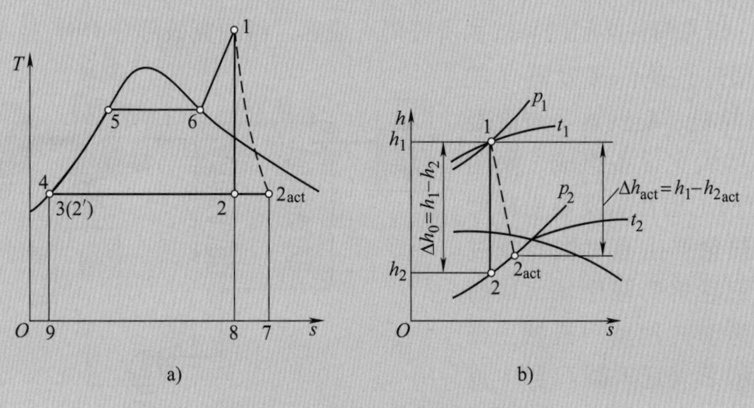

图 11-14 汽轮机中的不可逆过程

$$w_P = h_4 - h_3 \approx (p_4 - p_3)v_{2'} = (p_1 - p_2)v_{2'}$$
$$= (17 \times 10^6 - 5 \times 10^3)\text{Pa} \times 0.0010053\text{m}^3/\text{kg} = 17.09 \times 10^3\text{J/kg} = 17.09\text{kJ/kg}$$
$$h_4 = h_3 + w_P = h_{2'} + w_P = 137.72\text{kJ/kg} + 17.09\text{kJ/kg} = 154.81\text{kJ/kg}$$
$$q_1 = h_1 - h_4 = (3426 - 154.81)\text{kJ/kg} = 3271.19\text{kJ/kg}$$
$$\eta_t = \frac{w_{net}}{q_1} = \frac{h_1 - h_2 - w_P}{q_1} = \frac{(3426 - 1963.5 - 17.09)\text{kJ/kg}}{3271.19\text{kJ/kg}} = 0.4419$$

若略去水泵功，则

$$\eta_t = \frac{w_{net}}{q_1} = \frac{h_1 - h_2}{h_1 - h_{2'}} = \frac{(3426 - 1963.5)\text{ kJ/kg}}{(3426 - 137.72)\text{ kJ/kg}} = 0.4448$$
$$d_0 = \frac{1}{h_1 - h_2} = \frac{1}{(3426 - 1963.5)\text{kJ/kg} \times 10^3} = 6.84 \times 10^{-7}\text{kg/J}$$

讨论：①忽略水泵功造成循环热效率的计算误差仅为（0.4448−0.4419）/0.4419 = 0.0066，故在初步分析中常忽略水泵功；②在 h-s 图上从点 1 作定熵线与 p_2 相交，可避免例 11-2 讨论中错误，但精度略差。

11.2.3 有机朗肯循环

常规的蒸汽动力循环发电技术，需要煤等化石燃料作为动力，以水-水蒸气为工质，过热水蒸气必须在高温高压（500~600℃、15~25MPa 甚至更高）下推动汽轮机做功发电。有机朗肯循环（organic Rankine cycle，ORC）与常规朗肯循环的原理一样，不同之处在于：采用 R123、R245fa、正戊院等低沸点有机物作为工质，利用回收的是低品位热源的热能。因此，ORC 本质上就是有机工质的朗肯循环。由于有机物的沸点较低，ORC 系统在低温下可实现较高的汽轮机入口压力，能够高效回收及利用低温工业及内燃机余热、太阳能、地热能（图 11-2c）、生物质能及海洋温差能等中低温热源。我国在《“十三五”节能环保产业发展规划》中明确写到“加强有机朗肯循环发电、吸收式换热集中供热、低浓度瓦斯发电等技术攻关，推动中低品位余热余压资源回收利用”，可见 ORC 已成为实现我国节能减排战略的关键技术。虽然国外已有较多的中低温热源驱动 ORC 发电机组成功运行，但国内尚处于基础研究阶段，相关的科学问题和技术研究仍不成熟，亟须突破部分 ORC 技术瓶颈。

有机朗肯循环系统由蒸发器（或余热锅炉）、汽轮机、凝汽器（或冷凝器）和工质泵四大主设备组成，如图 11-15 所示。有机工质在蒸发器中从低温热源中吸收热量产生有机饱和或过热蒸气，进入汽轮机膨胀做功，从而带动发电机或拖动其他动力机械。在汽轮机做完功的乏气进入凝汽器中重新冷却为液体，由工质泵打入蒸发器，完成一个热力循环。图 11-16 是理想状

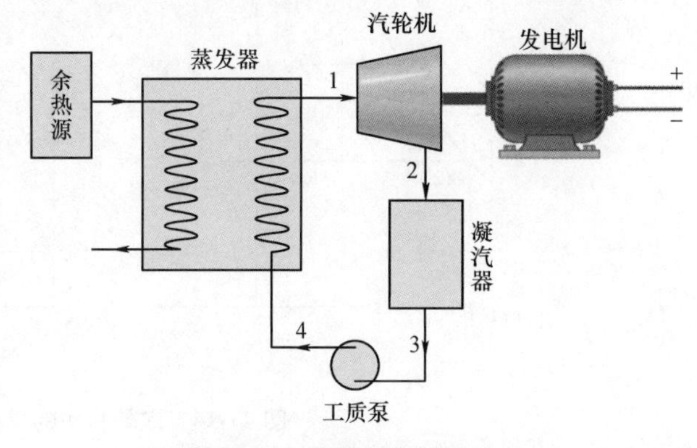

图 11-15　有机朗肯循环构成

态下水和有机工质的 T-s 图。对于低品位的焓热，有机朗肯循环技术与常规的水蒸气朗肯循环相比有很多优点。最显著的特点是，有机工质的沸点低，在压力不太高（0.15～2.5MPa），温度 60～70℃甚至 40～50℃的条件下，就可以汽化为蒸气，从而可以利用原来废弃的品位较低的热能，将这些能源回收后以电能的形式对外输出。

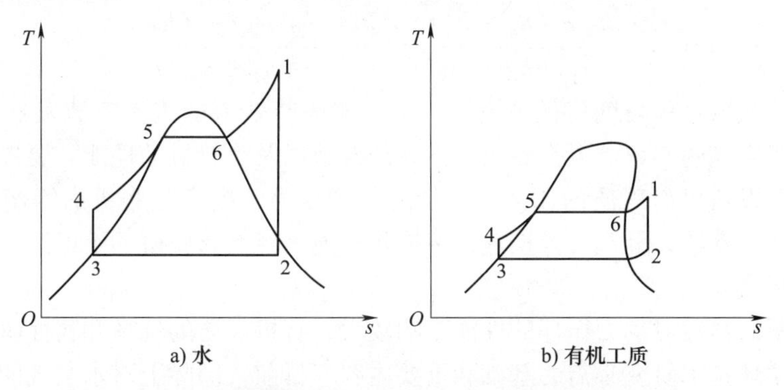

图 11-16　理想状态下水和有机工质的朗肯循环 T-s 图

有机工质在回收显热方面也有较高的效率。由于朗肯循环中显热和潜热二者的比例不相等，而有机朗肯循环系统中显热的比例较大，因此采用有机朗肯循环要比水蒸气的朗肯循环回收的热量多。在相同的热力参数下，有机工质的汽化潜热远小于水蒸气，能更充分利用低品位热能，减少汽轮机的冷源损失，提高系统的效率。此外，有机朗肯循环系统还具有设备简单、安全性高、机动性良好以及对维护保养的要求较低等优点。

能量供应和环境保护一样，是当今世界面临的主要问题。有机朗肯循环余热发电系统利用的虽然是低品位热能，但若能提高能量利用率、降低系统的不可逆损失，对可待续发展仍然具有重要意义。下面应用热力学第一定律对有机朗肯循环进行热力学分析。为了便于分析，做如下假设：稳定状态条件，忽略蒸发器、凝汽器以及管道中的压降，汽轮机和工质泵中按等熵效率计算。以干有机物作为工质时，有机朗肯循环的 T-s 图如图 11-17 所示的 1—2—3—4—5—6—1，考虑单位质量的工作介质的热功输出和输入时：

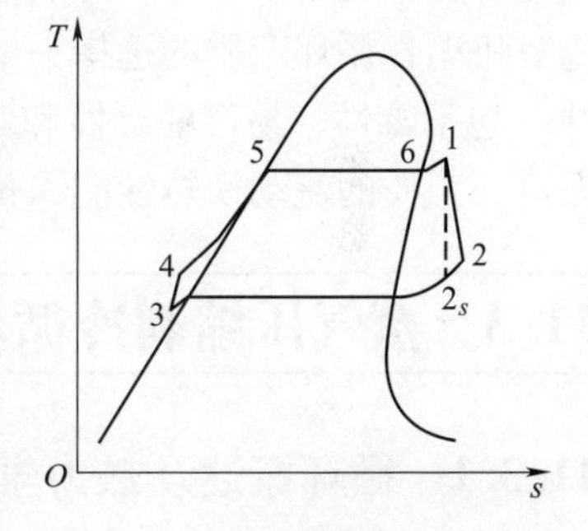

图 11-17　干有机工质朗肯循环 T-s 图

状态 1→2：汽轮机中的绝热膨胀过程，工质对外输出的功为

$$w_{1-2} = h_1 - h_2 = (h_1 - h_{2s})\eta_{tu} \tag{11-9}$$

式中，η_{tu} 为汽轮机的等熵效率。

状态 2→3：凝汽器中的等压放热过程，由汽轮机排出的乏气进入凝汽器被循环水冷凝，工质放出的热量为

$$q_{2-3} = h_2 - h_3 \tag{11-10}$$

状态 3→4：工质泵中的压缩过程，冷凝后的液体工质进入储液罐，再通过工质泵升压并送至蒸发器，外界对工质做的功为

$$w_{3-4} = h_4 - h_3 \tag{11-11}$$

状态 4→1：蒸发器中的等压吸热过程，有机工质在蒸发器中被余热流预热、蒸发、汽化，工质吸收的热量为

$$q_{4-1}=h_1-h_4 \tag{11-12}$$

循环的热效率为

$$\eta=\frac{h_1-h_2-(h_4-h_3)}{h_1-h_4}=\frac{(h_1-h_{2s})\eta_{\mathrm{tu}}-(h_4-h_3)}{h_1-h_4} \tag{11-13}$$

可见，上述热力过程与朗肯循环基本一致，影响热效率的因素有蒸发器出口蒸气的参数、汽轮机出口乏气的参数、凝汽器出口液体的参数以及汽轮机的性能。要提高循环的热效率，就要提高蒸发器出口工质的压力，降低乏气的斥力，提高膨胀机的等熵效率。究其根源，就是要提高蒸发器、凝汽器等换热器的换热性能，降低膨胀机的不可逆损失，减少凝汽器内的冷源热损失。

此外，工质的物性对动力循环的性能影响较大，有机工质的选择和物性研究是低温余热发电有机朗肯循环技术研究必需的基础和重要内容。目前，国际上对水蒸气朗肯循环所使用的工质——水的物性计算方法进行了系统和深入的研究，制定了水的物性计算国际统一标准，如 1967 年国际公式化委员会通过的 IFC-67 水和水蒸气热力性质计算公式，以及后来通过的国际标准 IAPWS-IF97，在国际范围内规范了水的物性计算方法。但对于有机工质，尤其是很多新研制的工质，对其物性的研究尚不深入，更无统一的国际标准可循。有机朗肯循环中可利用的有机工质大致可按两种方法进行分类：①人工合成工质与天然工质；②纯工质与混合工质。纯工质可分为卤代烃（氟利昂族）、碳氢化合物制冷剂、有机氧化物和环状有机化合物；混合工质可分为非共沸混合工质、近共沸混合工质及共沸混合工质。低温余热发电有机朗肯循环工质的选择一般应从以下几个方面考虑：环保性能，化学稳定性，工质安全性（包括毒性、易燃易爆性和对设备管道的腐蚀性等），工质的临界参数、正常沸点及凝固温度，工质的流动换热性能，价格、成本要求，等等。

11.3 蒸气压缩制冷循环

11.3.1 循环概述及热力学分析

在人们生产和生活中，常需要某一物体或空间的温度低于周围的环境温度，而且需要在相当长的时间内维持这一温度。为了获得并维持这一温度，必须用一定的方法将热量从低温物体移至周围的高温环境，这就是制冷。实现制冷的设备称为制冷装置，它是通过制冷工质（又称制冷剂）的循环过程将热量从低温物体（如冷藏室）移至高温物体（如大气环境）的。根据热力学第二定律，热量从低温物体移至高温物体时，外界必须付出代价，这种代价通常是消耗机械能或热能。制冷装置中进行的循环是逆循环。在消耗机械能作为补偿的循环中，单位质量制冷剂在低温下自冷藏室吸热 q_{L}（即循环制冷量），消耗机械净功 w_0，使其温度升高向外界放出热量 q_{H}。根据能量守恒定律 $q_{\mathrm{H}}=q_{\mathrm{L}}+w_0$，循环中从低温物体吸收的热量 q_{L} 与消耗的机械功 w_0 之比称为制冷系数 ε，（也可以把制冷系数称为制冷装置的工作性能系数，用符号 COP 表示），其表达式为 $\varepsilon=\dfrac{q_{\mathrm{L}}}{w_0}=\dfrac{q_{\mathrm{L}}}{q_{\mathrm{H}}-q_{\mathrm{L}}}$， 这部分内容在第 10 章分析空

气压缩制冷循环时已做介绍。

在环境温度 T_H 与冷藏室的温度 T_L 之间进行的最简单的、制冷系数最大的可逆循环是逆卡诺循环，如图 11-18 所示，它的制冷系数为可简化为 $\varepsilon_c=\dfrac{q_L}{w_0}=\dfrac{T_L}{T_H-T_L}$。由于 $T_H>T_L$，制冷系数恒为正，且可以大于 1。当 T_H 一定时，$\Delta T=T_H-T_L$ 越小，ε_c 越大。为了不浪费机械能，在满足冷冻或冷藏的条件下，就不应该在冷藏库中维持比必要数值更低的温度。例如，为保存食物或药品，若-5℃已满足要求，就不必把冷藏室的温度维持在-10℃。

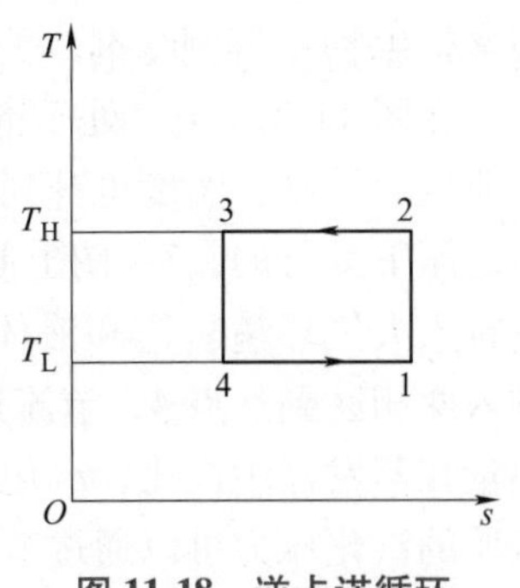

图 11-18　逆卡诺循环

逆卡诺循环给人们提供了一个在一定温度范围内工作的最有效的制冷循环，整个循环是可逆的，而且制冷系数与循环中所采用的工质性质无关。但是实际制冷装置不是按逆卡诺循环工作的，而且会根据所用制冷工质的性质，采用不同的循环。按制冷工质的不同，制冷装置可分为空气制冷装置和蒸气制冷装置。从 10.4 节的讨论中可以看出空气压缩制冷循环有两个根本弱点，其一是不能实现定温吸、排热过程，使循环偏离了逆向卡诺循环而降低了经济性；其二是由于空气的比定压热容较小，单位质量工质的制冷量也较小。这两个缺点是由气体的热力性质决定的。采用回热后，可以使之得到改善，但仍不能彻底消除。采用低沸点物质作为制冷剂，利用在湿蒸气区定压即定温的特性，在低温下定压汽化吸热制冷，可以克服空气压缩制冷循环的上述缺点。下面将详细讨论蒸气压缩制冷循环。

蒸气压缩制冷装置广泛地应用于空气调节、食品冷藏及一些生产工艺中。由于要求和用途不同，蒸气压缩制冷装置的结构及工作的温度范围也不同。图 11-19 是直冷式冰箱的结构图和系统原理图，图 11-20 是空调的结构图与系统图。在这两类装置中，都有压缩机、冷凝器、节流阀（毛细管）和蒸发器，这四大部件也是其他蒸气压缩制冷装置中的基本设备。图 11-19 和图 11-20 所示的是蒸气压缩制冷循环的两类装置，它们都是逆循环，都是在循环中消耗机械功，将热量从低温物体传给高温物体。但由于用途不同，两者的蒸发温度（低温热源温度）不同，冰箱的蒸发温度要比空调的蒸发温度低得多。将图 11-19 和图 11-20 中的设备进行简化，就可得到图 11-21a 所示的一般蒸气压缩制冷装置的简图。

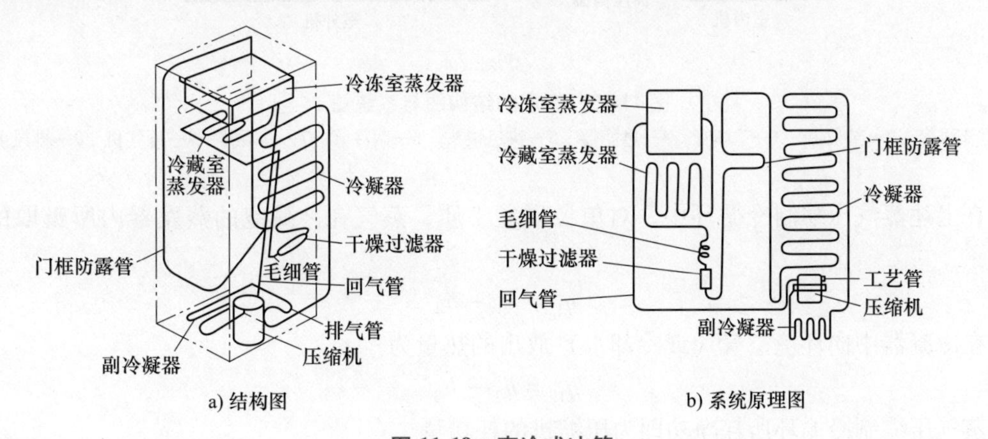

图 11-19　直冷式冰箱

蒸气压缩制冷循环中常用的工质有氨和氟利昂（$C_mH_nF_xCl_y Br_z$—— 饱和碳氧化合物的卤素衍生物）等制冷剂。关于制冷剂的相关内容后续会详细介绍。

在图 11-21a 中，处于饱和蒸气状态点 1 的制冷工质进入压缩机被压缩到过热状态点 2，工质压力升高，温度也升到环境温度以上。冷凝器将过热蒸气冷却冷凝到点 3。冷却冷凝是在定压下进行的，*T-s* 图上制冷剂从过热区冷凝放热到饱和液体区，冷凝放热过程放出的热量排入大气环境。饱和液体经节流阀（或毛细管）进行绝热节流后，压力和温度都降低，进入两相区到达点 4，节流过程中有一小部分工质汽化。两相区的湿饱和蒸气从冷藏室吸收热量在蒸发器中汽化，汽化后的饱和蒸气再次进入压缩机，从而完成了一个循环。蒸发器中工质的汽化压力可以通过节流阀的开度（或毛细管的长度）来调节，以达到控制冷藏空间温度的目的。图 11-21b 是制冷循环的 *T-s* 图，图中压缩、冷凝和蒸发都简化为可逆过程，3→4 是不可逆的绝热节流过程。

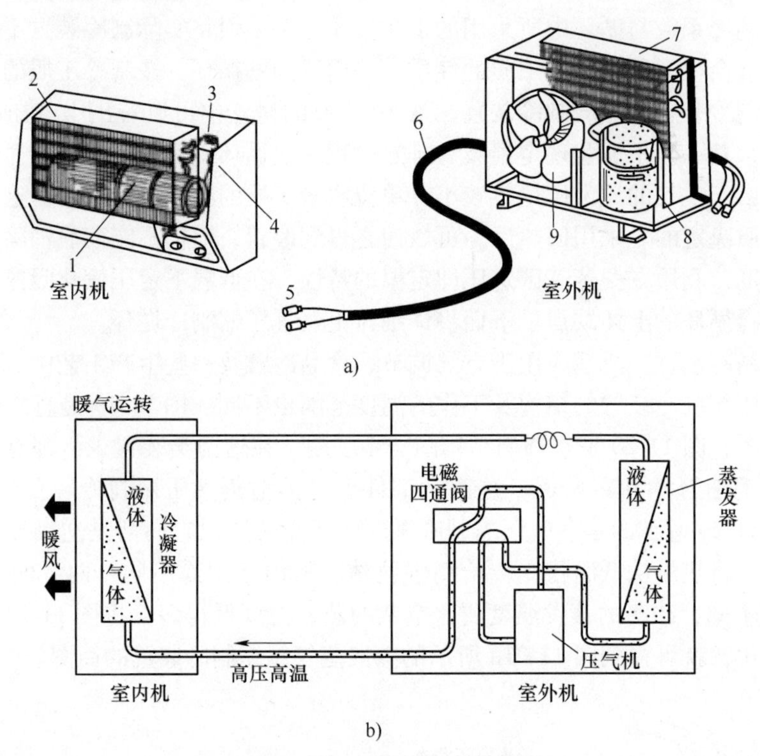

图 11-20　空调的结构图与系统图

1—贯流风扇　2—蒸发器　3—毛细管　4—过滤器　5—快速接头　6—制冷管　7—冷凝器　8—压气机　9—排风风扇

在上述蒸气压缩制冷循环中，对单位质量工质，蒸气在冷藏室的蒸发器内所吸取的热量为

$$q_L = h_1 - h_4$$

在冷凝器中向环境空气（或冷却水）放出的热量为

$$q_H = h_2 - h_3$$

蒸气压缩制冷循环所耗净功即为压缩机的耗功量，有

$$w_0 = w_C = h_2 - h_1$$

由于3—4为绝热节流过程，有

$$h_4 = h_3$$

故
$$w_0 = h_2 - h_1 = (h_2 - h_3) - (h_1 - h_4) = q_H - q_L$$

蒸气压缩制冷循环的制冷系数为

$$\varepsilon = \frac{q_L}{w_0} = \frac{h_1 - h_4}{h_2 - h_1} \tag{11-14}$$

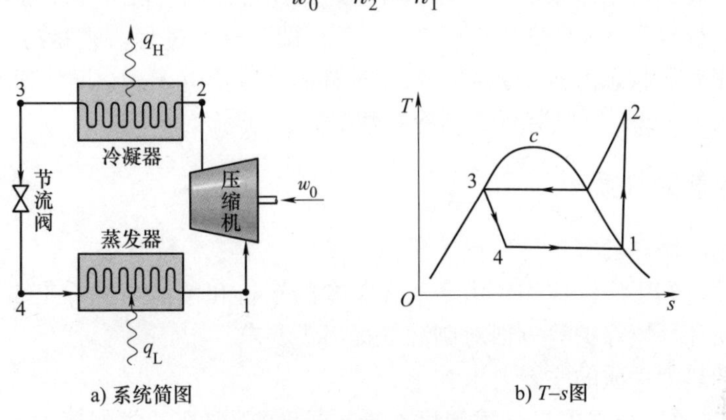

a) 系统简图　　b) T–s图

图 11-21　蒸气压缩制冷循环

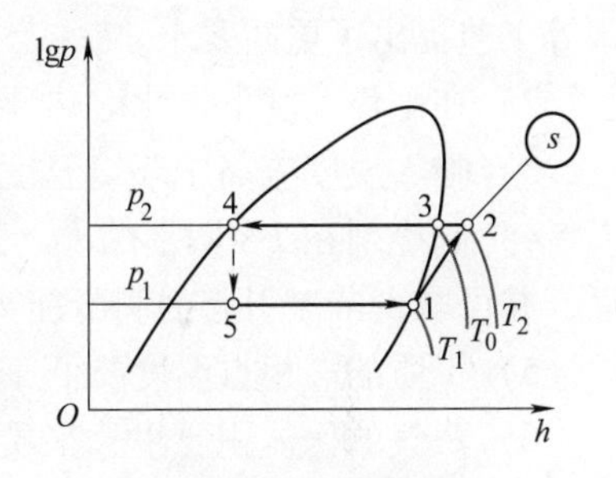

图 11-22　制冷循环在 lg$p$-h 图上的表示

从以上计算式可以看到，制冷循环的吸热量（即制冷量）、放热量和功量均与过程的比焓差有关，如将循环表示在 lg$p$-h 图上，则上述诸量均可用过程线在横坐标上的投影长度表示，因此对蒸气压缩制冷循环进行分析计算时，常采用压焓图。上述循环的压焓图如图 11-22 所示。根据状态1的 p_1（或 T_1）及 x_1 可在图上确定状态点1；由通过点1的等熵线与压力为 p_2 等压线的交点可定出状态点2，p_2 等压线与 $x=0$ 线的交点即为状态点3；通过点3作垂线与 p_1 等压线的交点即为状态点4。当然上述各点焓值也可以从该制冷剂的热力性质表上查取，但显然在 lg$p$-h 图上求取更为方便。

实际上，由于有传热温差与摩阻的存在，压缩蒸气制冷循环中制冷剂的冷凝温度高于环境温度，蒸发温度低于冷库温度，而且压缩过程也是不可逆的绝热压缩。当考虑上述情况时，循环的 T-s 图和 lg$p$-h 图如图 11-23 所示。图中状态2为实际压缩状态。对图示循环，除

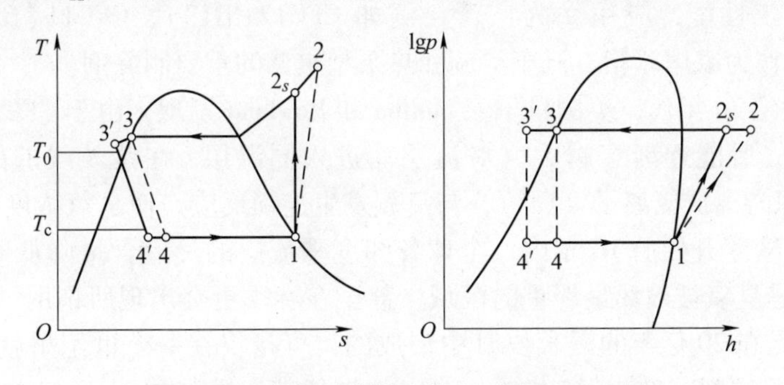

图 11-23　实际制冷循环的 T-s 图及 lg$p$-h 图

状态 2 外，其他状态的确定方法如上所述。状态 2 的确定与压缩机的绝热效率 η_C 有关。据绝热效率的定义（9.3 节）：

$$\eta_C = \frac{h_{2s} - h_1}{h_2 - h_1}$$

即 $h_2 = h_1 + (h_{2s} - h_1)/\eta_C$，由 lg$p$-$h$ 得出 h_{2s}就可进而求得 h_2。

为提高制冷装置的制冷系数，实际循环中还采用过冷的方法在不增加耗功的情况下增加制冷量，而使 ε 提高。图 11-23 中的过程 3→3′，即为过冷过程。它将冷凝器中的饱和液进一步冷却，节流后的状态由 4 变为 4′，汽化过程的制冷量由 h_1-h_4 增加到 h_1-$h_{4'}$。由于循环耗功未变，仍为 h_2-h_1，所以装置的制冷系数提高。

11.3.2 制冷剂的性质

压缩蒸气制冷循环具有单位质量工质制冷量大，制冷系数更接近于同温限的逆向卡诺循环等优点，因此得到了广泛应用。由于实际装置的运行和性能与制冷工质的性质密切相关，因此在热力性质和环境保护等方面对制冷剂提出了要求。

对制冷剂的热力性质的主要要求如下：

1）对应于装置工作温度（蒸发温度、冷凝温度），要有适中的压力。若蒸发压力过低，密封容易出问题；冷凝压力过高，对冷凝系统材料的耐压强度要求提高，增加了成本也对焊接等工艺提出了更高要求。

2）在工作温度下汽化潜热要大，使单位质量工质具备较大的制冷能力。

3）临界温度应高于环境温度，使冷却过程能更多地利用定温排热。

4）制冷剂在 T-s 图上的上、下界限线应要陡峭，以便使冷却过程更加接近定温放热过程，并可减少节流引起的制冷能力下降。

5）工质的三相点温度要低于制冷循环的下限温度，以免造成凝固阻塞。

6）蒸气的比体积要小、工质的传热特性要好，以使装置更紧凑。

此外，还要求制冷剂溶油性好、化学性质稳定、与金属材料及压缩机中密封材料等有良好的相容性、安全无毒、价格低廉等。

常用的制冷剂有氨（NH_3）和多种商品名为氟利昂的氯氟烃和含氢氯氟烃等。氨是一种良好的制冷剂，对应于制冷温度范围有合适的压力，汽化潜热大，制冷能力较强，价格低廉，对环境破坏小，但有较大的毒性，对铜有腐蚀性，具有气味，应用场合受到一定限制。氟利昂类制冷剂汽化时吸热能力适中，性能稳定，能够满足不同温度范围对制冷剂的要求，由于其优异的热工性能，应用尤为广泛，例如 CFC12（R12）、CFC11（R11）和 HCFC22（R22）等曾分别作为家用冰箱、汽车空调和热泵型空调的重要制冷剂。

但是在 20 世纪 70 年代，美国科学家 Molina 和 Rowland 发现，由于 CFC 和 HCFC 物质相当稳定，进入大气后能逐渐穿越大气对流层而进入同温层，在紫外线的照射下，CFC 和 HCFC 物质中的氯游离成氯离子（Cl^-），与臭氧发生连锁反应，使臭氧浓度急剧减小。根据调查显示，自 1978 年开始的 10 年内，全球各纬度平流层的臭氧含量降低约 1.2%～10%不等，南极上空则是臭氧被破坏最严重的区域，甚至在春季更会出现所谓的“臭氧空洞”。南极上空的臭氧层是在 20 亿年的漫长岁月中形成的，可是仅在一个世纪里就被破坏了 60%。21 世纪初全球臭氧层削减率达每年 2%～3%，如果任其发展，在 21 世纪末，平流层臭氧含量将降至极低的水平。

臭氧层阻挡了太阳辐射中的紫外线，如果没有臭氧层，进入大气层的紫外线就很容易被细胞核吸收，从而破坏生物的遗传物质 DNA。臭氧层变薄甚至出现大面积空洞大大削弱了对紫外线 B 的吸收能力，使大量紫外线 B 直接照射到地球表面，导致人体免疫功能降低，皮肤癌增加，并使农、畜、水产品减产，原有的生态平衡遭到破坏。此外，地球上空大量积聚 CFC 和 HCFC 类物质还加剧了温室效应。因此，虽然 CFC 和 HCFC 类物质有优异的热力性能，但是必须限制进而禁止使用。我国政府于 1992 年 8 月起正式成为保护臭氧层的《蒙特利尔协定书》的缔约国。按照该协定书规定，我国在 2010 年前停止使用与生产 CFC 物质。

作为替代物，首先必须满足环境保护方面的要求，而且也应该满足前述对制冷剂的热力性质及其他方面的要求。考虑到不可能抛弃现有的冰箱、空调等设备，因此替代物的热物理性质越接近被替代的 CFC 或 HCFC 物质越好，以实现现有设备顺利改用新工质。研究和试验表明 R134a 是 R12 较好的替代物，它是一种含氢的氟代烃物质，由于不含氯原子，因而不会破坏臭氧层，温室效应也仅为 R12 的 30%左右。它的正常沸点和蒸气压曲线与 R12 十分接近，热工性能也接近 R12，其他有关性能也较为有利。为了使替代工质的性质更完善，常采用两种甚至多种纯物质的混合物作为制冷剂，有关这方面的论述请参阅有关专业文献。

【例 11-4】 某蒸气压缩制冷循环，用氨作为制冷剂。制冷量为 10^6kJ/h，冷凝器出口氨饱和液温度为 27℃，冷藏室（蒸发器）的温度为-13℃，试求：

1）单位质量氨的制冷量和在冷凝器中放出的热量。

2）压缩机的耗功率。

3）循环的制冷系数及相同温限逆卡诺循环的制冷系数。

解： 循环的 T-s 图如图 11-21b 所示，根据已知条件和图示各过程特点查氨（NH_3）的压焓图，求取各状态点参数。

由 $h_3=h_3(t_3)$，根据 $t_3=27$℃查得 $h_3=h_3''=450\text{kJ/kg}$。

根据节流过程特点，$h_4=h_3=450\text{kJ/kg}$。

由蒸发器温度 $t_1=-13$℃，查氨（NH_3）饱和液与饱和蒸气的热力性质表得 $h_1=h_1''(t_1)=1570\text{kJ/kg}$，$s_3=s_3''=6.2\text{kJ/(kg}\cdot\text{K)}$。

1→2 为定熵过程，由 $p_2=p_3$、$s_2=s_1$，查得 $h_2=1770\text{kJ/kg}$。

（1）单位质量氨的制冷量和在冷凝器中放出的热量

$$q_{\mathrm{L}}=h_1-h_3=(1570-450)\text{kJ/kg}=1120\text{kJ/kg}$$

$$q_{\mathrm{H}}=h_2-h_3=(1770-450)\text{kJ/kg}=1320\text{kJ/kg}$$

（2）压缩机的耗功率

压缩单位质量氨耗功：

$$w_{\mathrm{C}}=h_2-h_1=(1770-1570)\text{kJ/kg}=200\text{kJ/kg}$$

氨的质量流量：

$$q_m=\frac{Q_{\mathrm{L}}}{q_{\mathrm{L}}}=\frac{10^6\text{kJ/h}}{1120\text{kJ/kg}}=893\text{kg/h}=0.248\text{kg/s}$$

压气机消耗功率：

$$P_C = q_m w_C = 0.248 \times 200\text{kW} = 49.6\text{kW}$$

（3）循环制冷系数

$$\varepsilon = \frac{q_L}{w_0} = \frac{1120}{200} = 5.6$$

同温限逆卡诺循环的制冷系数是指热源温度是环境温度（27℃）和冷源温度是蒸发器温度（-13℃）的逆卡诺循环的制冷系数。

$$\varepsilon = \frac{T_L}{T_H - T_L} = \frac{273 + (-13)}{(273 + 27) - (273 - 13)} = 6.5$$

讨论：本题是典型的蒸气压缩制冷循环分析计算。计算中忽略了压缩机的不可逆性。若考虑压缩机的不可逆因素，制冷系数比计算的结果要小。循环的制冷系数比同温度范围内的卡诺制冷系数小，这主要是由于压缩机出口温度比环境高，形成了不等温放热。3→4为不可逆的绝热节流过程，若用膨胀机代替节流阀，可使制冷系数增大，也可提高单位工质的制冷量，但会导致制冷系统设备数量增加。

【例 11-5】 用 R134a 作工质的理想制冷循环如图 11-22 中循环 1—2—3—4—5—1 所示。若在蒸发器中制冷剂汽化温度 $t_c = t_1 = -20℃$，在冷凝器中冷凝温度 $t_4 = t_3 = 40℃$，制冷剂的质量流量 $q_m = 0.005\text{kg/s}$，环境温度 $t_0 = 30℃$。求：循环的制冷系数；总制冷量；电动机功率；节流过程的做功能力损失；㶲效率。

解：（1）制冷系数

状态 1 是饱和温度为-20℃的干饱和蒸气，由 $t_1 = -20℃$，从 R134a 饱和性质表（附表 J）中查得

$$p_1 = 133.2\text{kPa}, h_1 = 385.89\text{kJ/kg}, s_1 = 1.7387\text{kJ/(kg·K)}$$

同理，由 $t_4 = 40℃$ 及 $x_4 = 0℃$ 查得

$$p_2 = p_3 = p_4 = 1016.3\text{kPa}, h_4 = 256.44\text{kJ/kg}, s_4 = 1.1906\text{kJ/(kg·K)}$$

由 $p_2 = 1016.3\text{kPa}$、$s_2 = s_1 = 1.7387\text{kJ/(kg·K)}$，从 R134a 过热蒸气表经由插值求得 $h_2 = 427.65\text{kJ/kg}$，压缩过程绝热，故压缩机耗功为

$$w_C = h_2 - h_1 = 427.65\text{kJ/kg} - 385.89\text{kJ/kg} = 41.76\text{kJ/kg}$$

单位质量工质的制冷量为

$$q_C = h_1 - h_5 = h_1 - h_4 = 385.89\text{kJ/kg} - 256.44\text{kJ/kg} = 129.45\text{kJ/kg}$$

制冷系数为

$$\varepsilon = \frac{q_C}{w_C} = \frac{q_C}{w_{net}} = \frac{129.45\text{kJ/kg}}{41.76\text{kJ/kg}} = 3.10$$

（2）总制冷量

$$q_Q = q_m q_C = 0.005\text{kg/s} \times 129.45\text{kJ/kg} = 0.647\text{kW}$$

若用冷吨表示，则总制冷量为 0.168 冷吨。

（3）电动机功率

$$P = q_m w_{net} = q_m w_C = 0.005\text{kg/s} \times 41.76\text{kJ/kg} = 0.21\text{kW}$$

（4）节流过程的做功能力损失

由 $p_1 = p_5 = 133.2\text{kPa}$ 及 $h_4 = h_5$，在 lg$p$-h 图上查得 $s_5 = 1.242\text{kJ/(kg·K)}$。因节流过程 4→5 为绝热稳定流动过程，所以熵产及做功能力损失分别为

$$s_g = s_5 - s_4 = 1.242\text{kJ/(kg·K)} - 1.1906\text{kJ/(kg·K)} = 0.0514\text{kJ/(kg·K)}$$

$$I = T_0 s_g = 303.15\text{K} \times 0.0514\text{kJ/(kg·K)} = 15.58\text{kJ/kg}$$

（5）循环㶲效率

由题意，$T_0 = 303.15\text{K}$，循环制冷量 q_C 中的冷量㶲为

$$e_{x,Q} = \left(\frac{T_0}{T_1} - 1\right) q_C = \left(\frac{303.15\text{K}}{253.15\text{K}} - 1\right) \times 129.45\text{kJ/kg} = 25.57\text{kJ/kg}$$

所以循环㶲效率为

$$\eta_e = \frac{e_{x,Q}}{w_{net}} = \frac{25.57\text{kJ/kg}}{41.76\text{kJ/kg}} = 61.23\%$$

讨论：①题中 R134a 数据主要从 R134a 的饱和蒸气表及过热蒸气表查得，建议读者利用 R134a 的 lg$p$-h 图和有关电子文档查取并对照，归纳不同方法获取数据的特点；②请考虑本题节流过程的㶲损失与冷量㶲之和与输入压气机的机械功之间的关系。

11.4　热泵循环及其他制冷循环

11.4.1　热泵循环

前已述及，热泵循环与制冷循环的本质都是消耗高质能以实现热量从低温热源向高温热源的传输。热泵是将热能从低温物系（如环境大气）向加热对象（高温热源，如室内空气）输送的装置。热泵循环和制冷循环的热力学原理相同，但热泵装置与制冷装置两者的工作温度范围和达成的效果不同。在室外温度低于室内温度时，如果将大气环境作为逆循环的低温热源，将室内空间作为高温热源，则循环的目的是为了将热量从低温的大气环境传给高温的室内空间，这种装置称为热泵，相应的循环称为热泵循环。

压缩蒸气式热泵系统及其 T-s 图与图 11-22 相似，不同的是工作温度范围，若热泵循环中消耗的机械功为 w_0，获得的热量为 q_H，从大气中吸收的热量为 q_L，根据热力学第一定律，$q_H = q_L + w_0$，热泵循环的热力学指标用供热（或供暖）系数 ε'表示，定义为

$$\varepsilon' = \frac{q_H}{w_0} = \frac{q_L + w_0}{w_0} = \varepsilon + 1 \tag{11-15}$$

由式（11-15）可见，ε'永远大于1，且制冷系数越高，供热系数也越高。从式（11-15）还可知，热泵优于其他供暖装置（如用电加热器供暖），这是因为 q_H 中不仅包含有消耗的功 w_0 变成的热量，而且还有从环境吸得的热量 q_L，因而热泵是一种比较理想的供热装置。经合理设计，同一装置可以轮换用来供热和制冷。在图 11-20 所示的空调系统中增加换向阀门后，就能控制工质在装置内的流动方向，冬季用来供热，夏季用来制冷，这样的空调称为

双制式空调（冷暖空调）。图 11-24 所示是它的系统简图，当工质按虚线箭头方向流动时为供热循环，工质按实线箭头方向流动时为制冷循环。

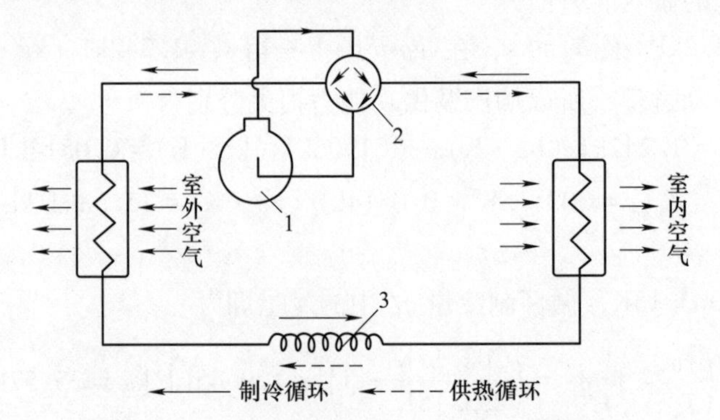

图 11-24　双制式空调（冷暖空调）系统简图

1—压缩机　2—四通换向阀　3—毛细管节流装置

11.4.2　其他制冷循环

压缩气体制冷循环和压缩蒸气制冷循环都是以消耗机械功作为补偿手段，使热量从低温物体传向高温物体的。这部分介绍的气流引射压气制冷循环和吸收式制冷循环则主要是耗费热能或较高压的蒸气来达到制冷的目的。消耗机械能和热能从热力学第二定律的角度来看都是使熵增大，以弥补热量从低温物体传向高温物体造成的熵减小，从而使孤立系统熵增大。

1. 气流引射式制冷

气流引射压气式制冷装置是利用喷射器或引射器代替压缩机来实现对制冷用蒸气的压缩，以消耗较高压力的蒸气来实现制冷的设备。制冷温度在 3~10℃ 范围内时，可采用水蒸气作为制冷剂的蒸汽喷射式制冷机，消耗的水蒸气压力在 0.3~1MPa。

图 11-25 为气流引射压气式制冷装置流程图及 *T-s* 图。该装置主要由锅炉、喷射器、冷凝器、节流阀、蒸发器和水泵等组成。锅炉中产生的蒸汽在喷管内绝热膨胀到很低的压力，因而造成混合室内压力较低，于是将作为制冷工质的蒸汽吸入。两路蒸汽混合后进入扩压管，利用蒸汽在经过喷管时得到的动能将混合汽压缩，使压力增加到其饱和温度比冷凝器中

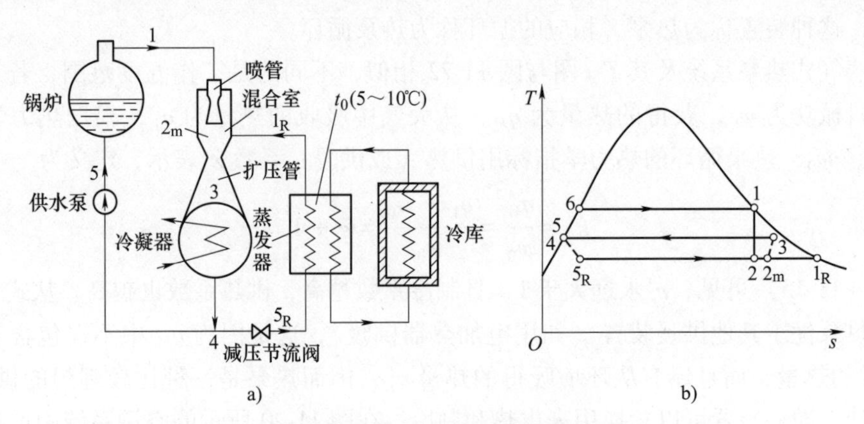

图 11-25　气流引射压气式制冷循环装置流程图及 *T-s* 图

冷却水温度稍高的值。此后，蒸汽进入冷凝器，凝结成液态。由冷凝器出来的凝结水一部分由水泵升压送入锅炉，完成工作蒸汽循环，如图 11-25b 中 $1—2—2_m—3—4—6—1$。其余的流经减压节流阀，降压降温后进入蒸发器，吸热汽化，完成逆向循环 $1_R—2_m—3—4—5_R—1_R$。

在气流引射压气制冷循环中，补偿主要不是耗功（水泵耗功很少），而是锅炉中吸收的热量，因此气流引射式制冷循环的能量利用经济性的指标不再是制冷系数，而是能量利用系数 ξ，即

$$\xi = \frac{Q_L}{Q_H} \tag{11-16}$$

气流引射式制冷循环与压缩式制冷循环相比的优点是除水泵消耗少量电力或机械功，不需要动力机和压缩机，代之以构造简单、体积很小的引射式压缩器，在有蒸汽供应的场合有其采用的价值。其缺点是热力学完善性较差，能量利用系数较低，且制冷温度只能在 0℃以上，故仅适用于空调、冷藏，不能用于冷冻。

2. 吸收式制冷循环

工质（制冷剂）从冷库吸热时的温度需低于冷库温度，而为了向高温热源（通常为环境介质）转移从冷库吸收的热量，工质的温度必须高于环境温度。无论在压缩蒸气制冷还是在压缩气体制冷循环中，均通过外界向压缩机输入机械功压缩制冷剂，实现温度升高。由于通常的压缩蒸气制冷循环工质的压缩过程完全处于过热区，因此压缩机耗功较大。若能设计循环，在制冷剂的液态区实施压缩，则可使压缩耗功实质性地减少。吸收式制冷循环就是一种在液态区实施压缩，使压缩耗功减少的制冷循环。

图 11-26 是吸收式制冷循环的系统流程图。吸收式制冷循环的制冷剂是混合溶液，如氨水溶液，水-溴化锂溶液等。溶液中沸点较高的纯质是吸收剂，沸点较低且易挥发的纯质是制冷剂。例如，对于水-溴化锂溶液，溴化锂是吸收剂；对于氨水溶液，水是吸收剂。

图 11-26 所示的吸收式制冷循环中若采用氨水溶液，氨气发生器从外热源吸收热量 Q_H，使溶液中的氨蒸发变为高压氨蒸气，此蒸气在冷凝器中向环境放热（Q_O）而冷凝成氨液，再经减压调节阀降压降温至低于冷藏室温度，然后进入冷藏室的蒸发器吸热（制冷，Q_L），产生的干饱和氨蒸气进入到吸收器中。与此同时，发生器中由于氨气蒸发而浓度变小的水溶液经过节流阀后也流入吸收器，作为吸收剂吸收氨气。吸收过程放出的热量被冷却水带走，以保持吸收器内氨水溶液具有较低的温度而吸收更多的氨气。较浓的氨水溶液经溶液泵升压进入氨发生器，从而完成一个循环。

通过上面的叙述可见，由于溶液泵消耗的功很小，因此吸收式制冷的补偿主要是蒸气发生器中吸收的热量 Q_H，能量利用系数 ξ 仍为

$$\xi = \frac{Q_L}{Q_H}$$

目前，实际的吸收式制冷循环的性能系数的数量级为 1。在制冷量相同的情况下，吸收式制冷装置体积比压缩蒸气制冷装置大，也需要更多的维护工作量，并且只适用于冷负荷稳定的场合，但它可以利用温度较低的余热资源，如低压水蒸气、地热水、烟气、内燃机排气等，因而近年来得到迅速发展。由于水的热物理特性，这种制冷系统还只能应用于空调场合。但是溴化锂溶液对普通碳钢有较强的腐蚀性，机组要求很高的气密性，因而对材料及制

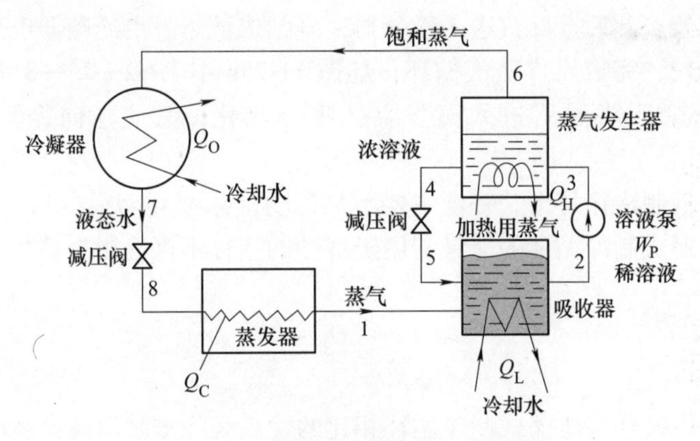

图 11-26　吸收式制冷循环系统流程图

造有较高的要求。

3. 热电制冷

由物理学知识可知，当直流电通过两种不同导体组成的回路时，节点上将产生吸热或放热现象，这就是佩尔捷（Peltier）效应。佩尔捷（Peltier）效应的本质是导体中的自由电子（载流子）从一种材料向另一种材料迁移通过节点时，因每种材料载流子的势能不同而与外界交换能量，以满足能量守恒。

实用的热电制冷装置是由半导体电偶构成的。在半导体材料中，N 型材料有多余的电子，P 型材料则电子不足。若把一只 P 型半导体元件和一只 N 型半导体元件联结成电偶，接上直流电后，在接头处就会产生温差和实现热量转移。若把一些半导体热电偶在电路上串联，就可构成一个常见的制冷热电堆，如图 11-27 所示。在上面接头处，电流方向是 N→P，温度下降并吸热，是冷端；下面的接头处电流方向是 P→N，温度上升并放热，是热端。

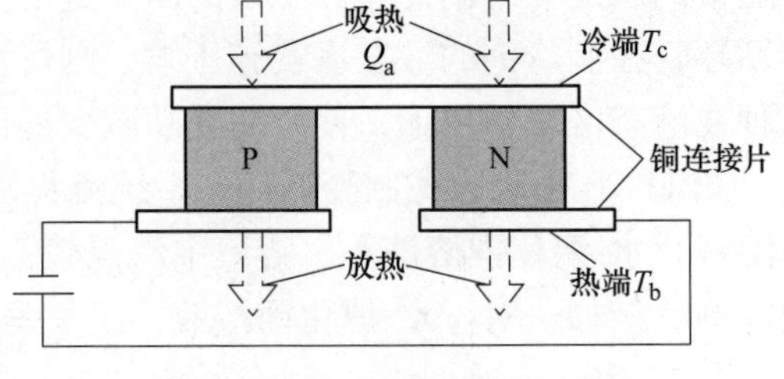

图 11-27　热电制冷原理示意图

热电制冷装置与一般制冷装置的显著区别在于：不使用制冷剂，没有运动部件，无噪声、无振动、无磨损，容量尺寸宜于小型化，使用直流电工作，工作可靠、维护方便、使用寿命长。但是，热电制冷装置对于工作电压脉动范围的要求较高，目前半导体材料的成本比较高，热电制冷的效率比较低，再加上制造工艺比较复杂，必须使用直流电等因素，这些都在一定程度上限制了热电制冷的推广和应用。

4. 液化循环

液化器是利用氮、氢、氦等气体液化的制冷机，其工作介质是氮、氢、氦等气体。图 11-28 为林德循环（Linde cycle）装置流程图。图 11-29 为林德循环的 T-s 图。经由压缩机的高压气体被常温冷却（状态 2），经过气液分馏后的气体继续被冷却（状态 3）。根据焦耳-汤姆孙效应，节流后的介质为湿蒸气（状态 4），在蒸发中气液被分离，液体（状态 5）被取出，残余的气体（状态 6）与被压缩机压缩后的高压气体进行热交换，之后进入压缩机重新被压缩。该循环通过液化减少了压缩机入口工作介质的补给，通过膨胀形成低温。如果焦耳-汤姆孙系数不是正数，则表示空气、沼气、氩等从室温冷却的液化能。但是，由于氮和氢室温焦耳-汤姆孙系数为负，来自室温的液化能不能为负。因此，为了液化，需采用另外的某种方法使焦耳-汤姆孙系数为正，直到能根据温度确定是不是冷却为止，如下面的克劳德循环。

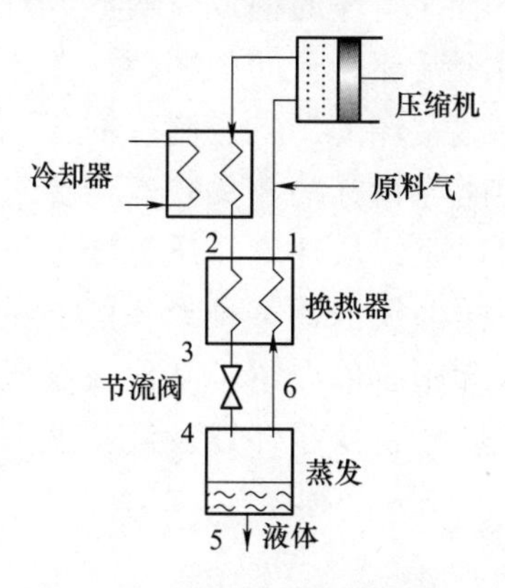

图 11-28　林德循环装置流程图

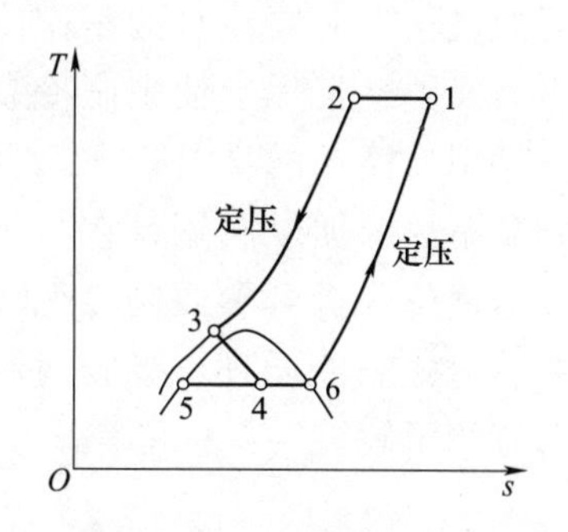

图 11-29　林德循环 *T-s* 图

图 11-30、图 11-31 分别为克劳德循环（Claude cycle）的装置流程图以及 *T-s* 图。该循环的高压气体一部分经膨胀机绝热膨胀，供高压气体冷却使用。

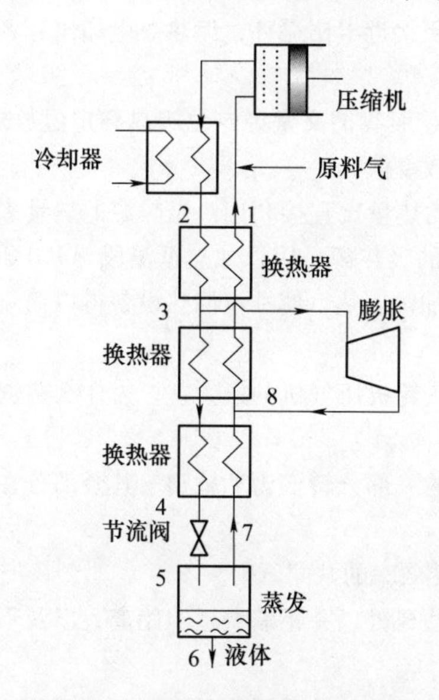

图 11-30　克劳德循环装置流程图

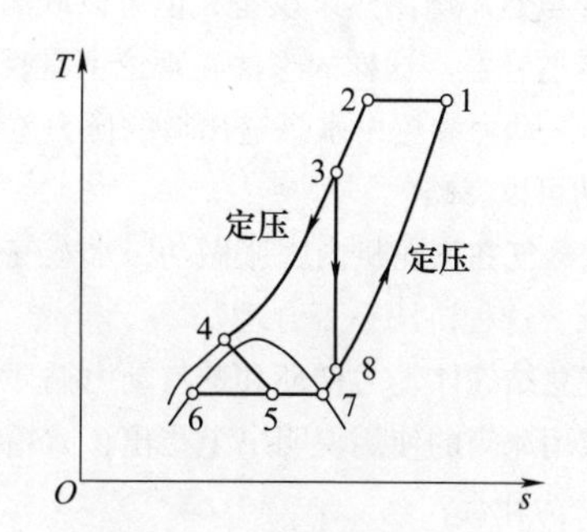

图 11-31　克劳德循环 *T-s* 图

本 章 小 结

本章主要讨论了实际气体工作循环，介绍了蒸汽动力循环、蒸气压缩制冷循环的设备和流程，进行了能量分析计算（包括热量、功量、热效率的计算），并在 *p-v* 图以及 *T-s* 图上进行了定性分析。

对蒸汽动力循环而言，卡诺循环并非适当的模式，因为实际上它无法被近似。蒸汽

动力循环的典型循环为朗肯循环，其由四个内部可逆过程组成：锅炉中的等压加热、汽轮机中的等熵膨胀、凝汽器中的等压排热，以及泵中的等熵压缩。现今各种水蒸气的复杂循环几乎都是在它的基础上发展起来的。朗肯循环的构成及初参数对朗肯循环影响的分析是掌握蒸汽循环的基础。蒸气压缩制冷循环是逆向的循环，在分析蒸气压缩制冷循环的过程中需要注意的是制冷剂的性质对循环的影响、制冷剂与环境的关系等，同时也需要了解实际生活中制冷装置使用性能与指标的相关规范与要求。热泵循环同蒸气压缩制冷循环同样是逆向循环。热泵循环通常从环境介质等低温热源吸取能量，输送到高温热源加以利用，它与制冷循环一样必须消耗某种形式的能量，所以对于热泵循环的理论分析可参照制冷循环。另外本章还简单介绍了其他补偿形式的制冷循环：气流引射式制冷循环、吸收式制冷循环、热电制冷循环以及液化循环，这些同样需要读者有所了解。

思考题

11-1　干饱和蒸汽朗肯循环（图 11-8 中循环 6—7—3—4—5—6）与同样初压力下的过热蒸汽朗肯循环（图 11-8 中循环 1—2—3—4—5—6—1）相比较，前者更接近卡诺循环，但热效率却比后者低，如何解释此现象？

11-2　用蒸汽作为循环工质，其放热过程为定温过程，而我们又常说定温吸热和定温放热最为有利，可是为什么在大多数情况下蒸汽循环反较柴油机循环的热效率低？

11-3　应用热泵来供给中等温度（例如 100℃上下）的热量比直接利用高温热源的热量来得经济，因此有人设想将乏汽在凝汽器中放出热量的一部分作为热泵的吸热源，用以加热低温段（100℃以下）的锅炉给水，这样虽然需增添热泵设备，但可以取消低温段的抽汽回热，使抽汽回热设备得以简化，而对循环热效率也能有所补益。这样的想法在理论上是否正确？

11-4　蒸汽动力装置中水泵进出口的压力差远大于燃气轮机压气机的压力差，为什么蒸汽动力循环中水泵消耗的功可以忽略？

11-5　水蒸气在汽轮机内膨胀做功，水蒸气热力学能的一部分转变为功输出，其余部分在凝汽器中释放，也就是炕，这种讲法是否合理？

11-6　试总结气体动力循环和蒸汽动力循环提高循环热效率的共同原则。

11-7　家用冰箱的使用说明书上指出，冰箱应放置于通风处，并距墙壁适当距离，以及不要把冰箱温度设置过低，为什么？

11-8　压缩蒸气制冷循环采用节流阀来代替膨胀机，压缩空气制冷循环是否也可以采用这种方法？为什么？

11-9　本章提到的各种制冷循环是否有共同点？若有是什么？

11-10　同一装置是否既可作为制冷机又可作为热泵？为什么？

习　题

11-1　简单蒸汽动力装置循环（即朗肯循环），蒸汽的初压 $p_1 = 3\text{MPa}$，终压 $p_2 = 6\text{kPa}$，初温见表 11-1，试求在各种不同初温时循环的热效率 η_t、耗汽率 d 及蒸汽的终干度 x_2，并将所求得的各值填写入表 11-1 内，以比较所求得的结果。

表 11-1　习题 11-1 数据

t_1/℃	300	500
η_t		
d/(kg/J)		
x_2		

11-2　简单蒸汽动力装置循环，蒸汽初温 $t_1=500℃$，终压 $p_2=0.006\text{MPa}$，初压见表 11-2，试求在各种不同初压时循环的热效率 η_t、耗汽率 d 及蒸汽的终干度 x_2，并将所求得的各值填写入表 11-2 内，以比较所求得的结果。

表 11-2　习题 11-2 数据

p_1/MPa	3.0	15.0
η_t		
d/(kg/J)		
x_2		

11-3　某蒸汽动力装置朗肯循环的最高运行压力是 5MPa，最低压力是 15kPa，若蒸汽轮机的排汽干度不能低于 0.95，输出功率不小于 7.5MW，忽略水泵功，试确定锅炉输出蒸汽必须的温度和质量流量。

11-4　某利用地热水作为热源、R134a 作为工质的朗肯循环，R134a 离开锅炉时状态为 85℃的干饱和蒸气，在汽轮机内膨胀后进入冷凝器时的温度是 40℃，试计算循环热效率。

11-5　某 R134a 为工质的朗肯循环利用当地海水为热源。已知 R134a 的流量为 1000kg/s，当地表层海水的温度 25℃，深层海水的温度为 5℃。若加热和冷却过程中海水和工质的温差为 5℃，试计算循环的功率和热效率。

11-6　某朗肯循环蒸汽初压 $p_1=6\text{MPa}$，初温 $t_1=600℃$，凝汽器内维持压力 10kPa，蒸汽质量流量是 80kg/s，锅炉内传热过程假定在平均温度为 1400K 的热源和水之间进行；凝汽器内冷却水平均温度为 25℃。试求：水泵功；锅炉烟气对水的加热率；汽轮机做功；凝汽器内乏汽的放热率；循环热效率；各过程及循环不可逆做功能力损失。已知 $T_0=290.15\text{K}$。

11-7　某蒸汽循环进入汽轮机的蒸汽温度 400℃、压力 3MPa，绝热膨胀到 0.8MPa 后，抽出部分蒸汽进入回热器，其余蒸汽在再热器中加热到 400℃后进入低压汽轮机继续膨胀至 10kPa 排向凝汽器，忽略水泵功，求循环热效率。

11-8　一制冷机在-20℃和 30℃的热源间工作，若其吸热为 10kW，循环制冷系数是同温限间逆向卡诺循环的 75%，试计算：散热量；循环净耗功量；循环制冷量折合多少冷吨？

11-9　一逆向卡诺制冷循环，其性能系数为 4：

1）问高温热源与低温热源温度之比是多少？

2）若输入功率为 1.5kW，试问制冷量为多少冷吨？

3）如果将此系统改作热泵循环，高、低温热源温度及输入功率维持不变，试求循环的性能系数及能提供的热量。

11-10　某蒸气压缩制冷装置采用氨（NH_3）为制冷剂，从蒸发器中出来的氨气的状态是 $t_1=-15℃$，$x=0.95$。进入压缩机升温升压后进入冷凝器。在冷凝器中冷凝成饱和氨液，温度为 $t_4=25℃$。从点 4 经节流阀（见图 11-21），降温降压成干度较小的湿蒸气状态，再进入蒸发器汽化吸热。

1）求蒸发器管子中氨的压力 p_1 及冷凝器管子中的氨的压力 p_2。

2）求 q_C、w_{net} 和制冷系数 ε，并在 T-s 图上表示 q_C。

3）设该装置的制冷量 $q_Q=4.2\times10^4$kJ/h，求氨的流量 q_m。

4）求该装置的㶲效率。

11-11　题 11-10 中若氨压缩机的绝热效率 $\eta_{C,s}=0.80$，其他参数不变，求循环的 w_{net}、ε 及㶲效率 η_e。

11-12　以 R12 为工质的蒸气压缩制冷循环，蒸发器温度为-5℃，它的出口是干饱和蒸气。冷凝器温度为 30℃，出口处干度为零。压缩机的压缩效率为 75%，试求循环耗功量。若工质改用 R134a，循环耗功量为多少？它们的㶲效率各为多少？

11-13　一个以 R12 为工质的理想蒸气压缩制冷循环，运行在 900kPa 和 300kPa 之间，离开冷凝器的工质有 5℃的过冷度，试确定循环的性能系数。若工质改用 R134a，性能系数又为多少？

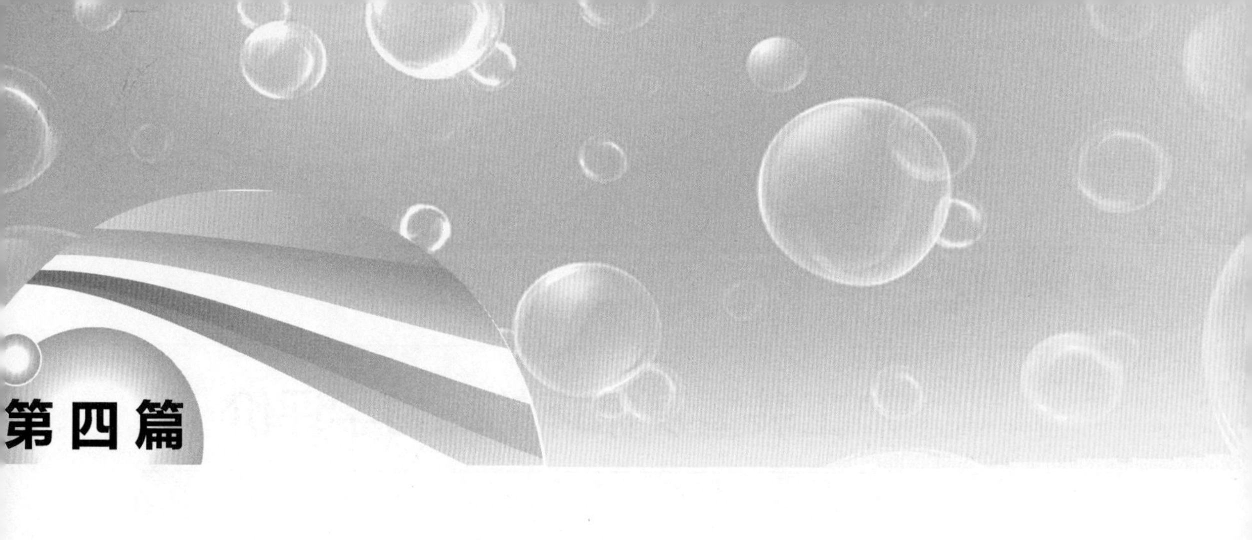

创　新　篇

课程启发之科学创新：继往开来

热力学的发展经历了几个阶段，从早期对温度、压力、功和热的测量与理解，到后来对能量守恒、熵增和自由能等概念的提出与应用，再到现代对非平衡态、统计物理和量子效应等领域的探索。

在这个过程中，无数科学家付出了艰辛的努力，为热力学理论的建立和发展做出了不可磨灭的贡献。法国科学家卡诺（Sadi Carnot）在1824年发表了《关于动力机器中动力之本质》一书，首次提出了可逆循环和效率概念，并指出了蒸汽机效率与温度之间的关系；德国物理学家克劳修斯（Rudolf Clausius）在1850年提出了第二定律，并引入了“熵”这一术语；美国物理化学家、数学物理学家吉布斯（Josiah Willard Gibbs）分别在1876年和1878年发表了《论非均相物体的平衡》的第一部分和第二部分，奠定了化学平衡理论并开创了统计物理。

这些科学家不仅具备深厚的专业知识和严谨的实验技术，还有着敏锐的洞察力和勇于创新的精神。他们面对复杂而难以解释的现象时，并没有困惑或选择放弃，而是通过不断地观察、思考、推演、验证，找到了合理而简洁地描述自然规律的方法。他们也没有满足于已有成果或既定框架，而是敢于挑战传统观念或假设，引入新颖而有意义的概念或工具，推动了热力学理论从经验到抽象、从局部到全局、从静态到动态、从经典到现代的演进。

现代热力学仍然是一个活跃且前沿的科学领域，在纳米光子学、时间晶体等方面都有着新颖且重要的发现。这些发现不仅拓展了我们对物质运动规律的认识，也为我们提供了制作新型材料或器件的可能性。同时，这些发现也给我们带来新的问题与挑战，在如何解释与应用这些新效应方面还需要更多的探索与创新。

作为当代大学生，在接受高等教育时也要向这些优秀科学家看齐，在专业知识与实验技能的学习上要下苦功夫，在思想方法与创新能力的培养上要敢于尝试，在科学探索与社会服务的目标上要有远大志向。只有这样，我们才能更好地在热力学领域中做出自己的贡献，在其他领域中发挥自己的作用，为国家和社会的发展和进步贡献自己的力量。

第12章

热工装置及循环的热力学评价

对于一个已经设计好的循环或者热工装置来说，在其工作的过程中一定会发生能量转换。在能量转换的过程中，每种循环或者热工装置都会体现出不同的性能，性能的优劣可以用能量利用的经济性来表征，即能量产出的效益与所付出代价之比。因此从不同的方面来评价能量利用的经济性是必要的，不同的评价方法能够从多方面、多角度、全面地评判能量利用的经济性，直接影响循环或热工装置的选择和改进。具体的评价方法可以分为以下三种：

1）以热力学第一定律为评价基础，包含 COP、热效率、制冷系数、供暖系数和能效比等方面的评估。

2）以热力学第二定律为评价基础，包含熵分析、㶲分析、高级㶲分析等方面的评估。

3）综合评价，包含夹点分析、热经济学分析等方面的评估。

基于以上评价方法，一个已经设计好的循环或者热工装置，在发生能量转换的过程中，可以从不同的方面评估装置或循环的性能，以便在众多的热工装置中选择性能更符合实际工程应用需求的设备。下面介绍具体的评价方法。

12.1　基于热力学第一定律的评价

12.1.1　热效率

第 1 章详细介绍了热机循环，经济性指标最高的正循环是同温限间的卡诺循环。通常热机循环是以环境作为低温热源，即 $T_1 = T_0$。于是，卡诺循环的热效率为

$$\eta = \frac{T_1 - T_2}{T_1} = 1 - \frac{T_2}{T_1} \tag{12-1}$$

$$\eta = \frac{w_0}{q_1} = \frac{q_1 - q_2}{q_1} = 1 - \frac{q_2}{q_1} \tag{12-2}$$

从式中可得出结论：循环热效率总是小于 1。同样的，热效率和制冷系数、供暖系数、能效比、COP 等性能指标一样，它反映的是热机有效输出能量与其输入能量的比值，并作为一项重要指标评价热机的性能。热效率高表示热机能源利用效率高，热机性能好。常见的热机如图 12-1 所示。

第 2 章已经介绍了热力学第一定律。热力学第一定律通常叫作能量守恒定律。热力学第一定律明确了能量既不能产生也不能消失，只能由一种能量转变为另一种能量，这就是能量守恒定律。评价一个循环或热工装置性能的好坏，可以从能量转换的数量来考虑，即消耗一

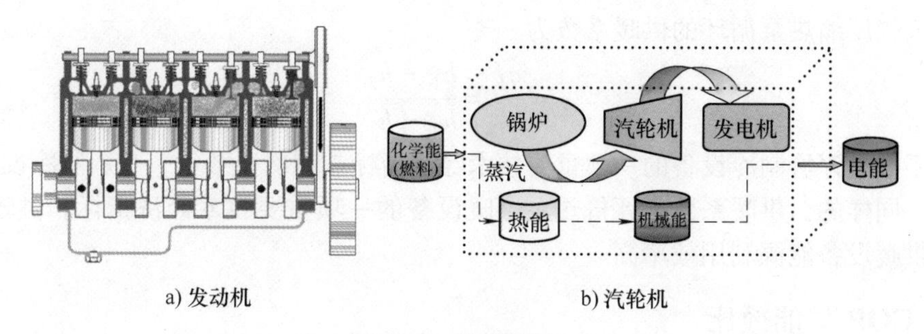

a) 发动机　　b) 汽轮机

图 12-1　常见的热机

定的能量（如热能、机械能、电能等），能够产出多少所需转换的能量（如制冷量、制热量、机械功等）。因此可以采用热力学第一定律对具体的循环或热工装置进行评价，从热能与其他形式能量相互转换时数量上的关系进行分析，判断出循环或热工装置在能量转换数量上的效果。可以使用热效率、制冷系数、制热系数、COP 与能效比体现循环或热工装置在能量转换效率上具体表现。下面介绍制冷系数、供暖系数、COP 与能效比在评价中产生的作用。

12.1.2　制冷系数与供暖系数

蒸气压缩循环制冷和热泵装置是通过制冷剂蒸气压缩循环产生冷量或热量的设备。对于制冷循环，所产生的冷量与所消耗的能量之比称为制冷系数。对于热泵循环，所产生的热量与所消耗的能量之比称为供暖系数。第 11 章详细介绍了制冷循环，经济性指标最高的逆循环是同温限间的卡诺循环。通常制冷循环是以环境作为高温热源，即 $T_1=T_0$。于是，逆卡诺循环的制冷系数为

$$\varepsilon = \frac{T_2}{T_1 - T_2} = \frac{T_2}{T_0 - T_2} = \frac{1}{T_0/T_2 - 1} \tag{12-3}$$

空气压缩制冷循环的制冷系数为

$$\varepsilon = \frac{q_2}{w_{\text{net}}} = \frac{T_1 - T_4}{(T_2 - T_3) - (T_1 - T_4)} \tag{12-4}$$

进一步的

$$\varepsilon = \frac{T_1}{T_2 - T_1} = \frac{T_{\text{L}}}{T_2 - T_{\text{L}}} = \frac{1}{(p_2/p_1)^{(\kappa-1)/\kappa} - 1} = \frac{1}{\pi^{(\kappa-1)/\kappa} - 1} \tag{12-5}$$

理论蒸气压缩循环的制冷系数为

$$\varepsilon = \frac{q_2}{w_{\text{C}}} = \frac{h_1 - h_3}{h_2 - h_1} \tag{12-6}$$

实际蒸气压缩循环的制冷系数为

$$\varepsilon = \frac{q_2}{w_{\text{C}}} = \frac{q_2}{w_{\text{C}}/\eta_{\text{C},s}} = \frac{q_2}{w_{\text{C}}/\eta_{\text{C},s}} = \varepsilon\eta_{\text{C},s} \tag{12-7}$$

同样的，第 11 章详细介绍了热泵循环，经济性指标最高的逆循环是同温限间的卡诺循环。通常热泵循环是以环境作为低温热源，即 $T_2=T_0$。于是，逆卡诺循环的供暖系数为

$$\varepsilon = \frac{T_1}{T_1 - T_2} = \frac{T_1}{T_1 - T_0} = \frac{1}{1 - T_0/T_1} \tag{12-8}$$

理论蒸气压缩热泵循环的供暖系数为

$$\varepsilon = \frac{q_1}{w_C} = \frac{h_1 - h_3}{h_2 - h_1} \tag{12-9}$$

制冷系数是评价制冷设备的一项重要技术经济指标。制冷系数大，表示制冷设备能源利用效率高。同样的，供暖系数是评价热泵供暖设备的一项重要技术经济指标。供暖系数大，表示热泵供暖设备能源利用效率高。

12.1.3 COP 与能效比

可以看到以上公式在计算制冷系数的时候，仅考虑了压缩机的功耗，实际上，其他设备也需要消耗一定的能量，比如风机消耗、控制和安全装置的消耗，因此用制冷系数来评价制冷机是不够全面的，在此引入能效比（energy efficiency ratio，EER）：在额定工况和规定条件下，空调器进行制冷运行时，制冷量与有效输入功率（effective power input）之比，即

$$\mathrm{EER} = \frac{Q_0}{W} \tag{12-10}$$

同样的，以上公式在计算供暖系数的时候，也仅仅考虑了压缩机的耗功，实际上，其他设备也需要消耗一定的能量，比如风机消耗、控制和安全装置的消耗，此外还有用于除霜等的消耗，因此用只用供暖系数来评价热泵装置是不够全面的，在此引入性能系数（coefficient of performance，COP）：在额定工况（高温）和规定条件下，空调器进行热泵制热运行时，制热量与有效输入功率之比，即

$$\mathrm{COP} = \frac{Q_k}{W} \tag{12-11}$$

总的来说，对于既有制冷功能又有制热功能的装置，制冷时表征装置能性能的指标可以用 EER 表示，制热时表征装置性能的指标可以用 COP 表示。在生活中购买空调、冰箱等制冷装置、制热装置时，EER 和 COP 的大小往往是人们进行选择的重要考量。EER 或 COP 值越大，意味着在同样的制冷或制热能力的情况下，消耗电能越少，更加节能。例如 COP 在纯电动汽车性能评价中是一项重要的指标。

目前纯电动汽车具有无排放、能量转化利用率高、噪声低、运行成本低等优点，是我国新能源汽车产业发展和工业转型的主要战略方向。与传统燃油汽车的空调系统不同，电动汽车空调系统为电驱动型，无法利用发动机冷却液产生热量来实现驾乘舱制热。目前大多数电动汽车都是采用空调制冷+热敏电阻（PTC）制热的方式。PTC 制热由电能直接转化为热能，性能系数 COP<1.0，能耗大。热泵空调系统通过逆卡诺循环能实现集制冷、制热的功能于一体，制热效率更高（COP>2.0），能够很大程度上降低系统电能消耗，进而提升续航里程。图 12-2 是乘用车用直接式热泵空调系统循环图。压缩机出口的高温高压气体经过室内冷凝器与空气换热后经过电子膨胀阀节流，在室外换热器中吸热后进入气液分离器后回到压缩机。电池温度管理通过热泵系统冷却和 PTC 加热进行。

图 12-3 是乘用车用蒸汽喷射热泵空调系统循环图。室内冷凝器高压低温制冷剂经过经济器，与经济器另一侧的低温中压制冷剂进行换热。经济器一侧的高压低温制冷剂进一步冷却后经过电子膨胀阀节流降温降压后进入室外换热器。经济器另一侧出口的低温中压气态制冷剂进入压缩机补气。该系统一方面通过经济器换热，制冷剂进一步过冷，降低高压侧压

力，降低压缩机比，减少了耗功，提高制热量，提高热泵系统的 COP；另一方面蒸汽喷射增加了压缩机的制冷剂流量，从而进一步增加了冷凝器的换热量。

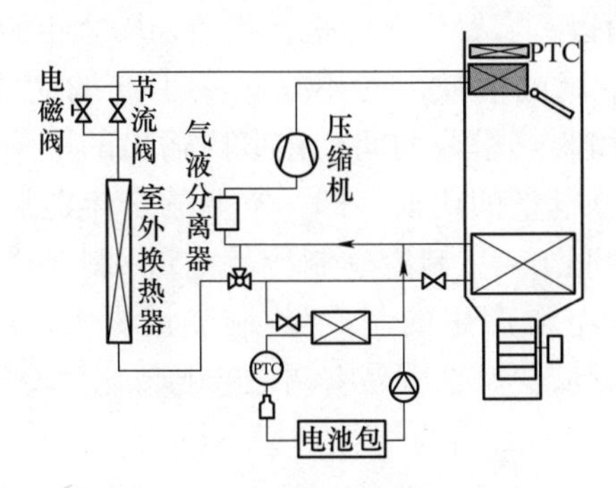

图 12-2　乘用车用直接式热泵空调系统循环图

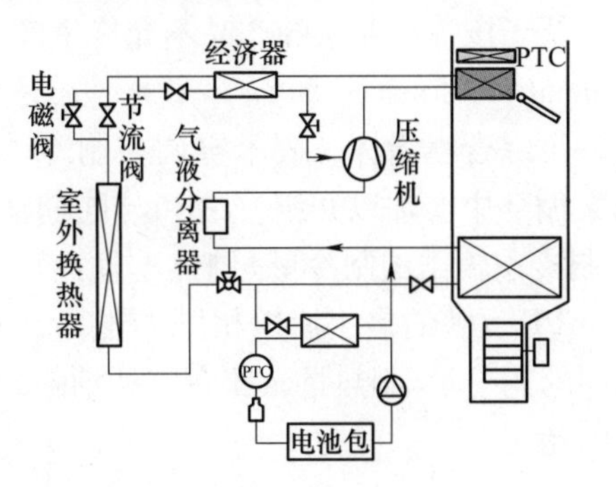

图 12-3　乘用车用蒸汽喷射热泵空调系统循环图

图 12-4 为蒸汽喷射循环压焓图。蒸汽喷射热泵空调系统计算公式如下。

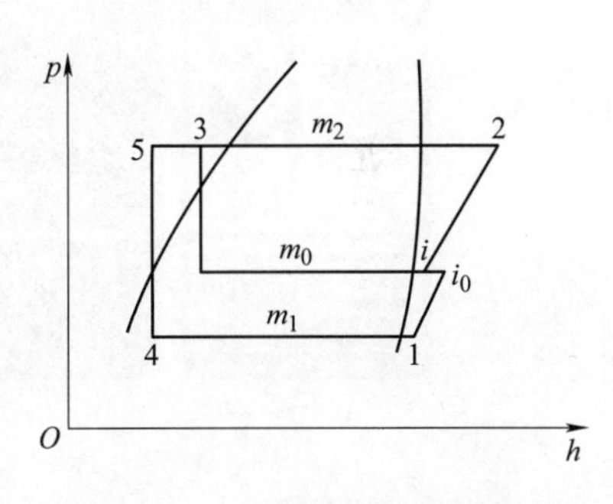

图 12-4　蒸汽喷射循环压焓图

蒸发器换热量：

$$Q_1 = \dot{m}_1(h_1 - h_4) = \dot{m}_1(h_1 - h_5) \tag{12-12}$$

经济器换热量：

$$Q_0 = \dot{m}_0(h_i - h_3) = \dot{m}_0(h_i - h_3) \tag{12-13}$$

压缩机功率：

$$N = \dot{m}_1(h_0 - h_1) + (\dot{m}_0 + \dot{m}_1)(h_2 - h_i) \tag{12-14}$$

制热量：

$$Q_2 = Q_1 + Q_0 + N = \dot{m}_2(h_2 - h_3) \tag{12-15}$$

系统制热效率：

$$\mathrm{COP} = Q_2/N \tag{12-16}$$

式中，$\dot{m}_0$ 为压缩机喷气口处的制冷剂的质量流量；$\dot{m}_1$ 为流经蒸发器的制冷剂的质量流量；$\dot{m}_2$ 为流经室外冷凝器的制冷剂的质量流量。

关于空调、冰箱等制冷装置的性能指标，我国通过实施能效标识制度来对其加以规范和管理。相比于发达国家，我国能效标识制度正式实施相对较晚，但取得了长足进步。2016 年我国率先全面实施了二维码能效标识，为其他国家提供了借鉴，引领了能效标识数字化技术的浪潮。能效标识制度的实施充分发挥了基础性的节能作用，支持了我国一系列节能政策的实施，带来了显著的节能环保效益。此外，能效标识制度有效支撑了能效标准实施和市场监管，促进高端化、绿色化、智能化用能产品推广。在提高家电产品能效的同时，倒逼低效产品淘汰，引导消费者购买绿色高效的产品。

根据《多联式空调（热泵）机组能效限定值及能效等级》（GB 21454—2021），以国内销售的空调产品为例，其都有“中国能效标识”（CHINA ENERGY LABEL）字样的彩色标签，为蓝白背景的彩色标识（见图 12-5），分为 1、2、3、4、5 共 5 个等级。等级 1 表示产

品达到国际先进水平，最节电，即能耗最低；等级 2 表示比较节电；等级 3 表示产品的能源效率为我国市场的平均水平；等级 4 表示产品能源效率低于市场平均水平；等级 5 是市场准入指标，低于该等级要求的产品不允许生产和销售。需要注意的是，我国采用全年能源消耗效率（anual performance factor，APF）来评价空调的能效，而不是单一工况的制冷系数。APF 是一个综合性指标，表示空调在制冷季节和制热季节期间，在室内输出的冷量与制热量（热泵循环中会加以介绍）之和与同期消耗总电量的比值。即，空调的全年能源消耗效率 =（制冷季输出的制冷量+制热季输出的制热量）/（制冷季制冷耗电量+制热季制热耗电量）。APF 反映的是：消耗相同的电量，哪台空调产生的制冷量/制热量更大；或者说，产生相同的制冷量/制热量，哪台空调消耗的电量最少。也就是空调把电能转化为冷气/热气的效率问题。

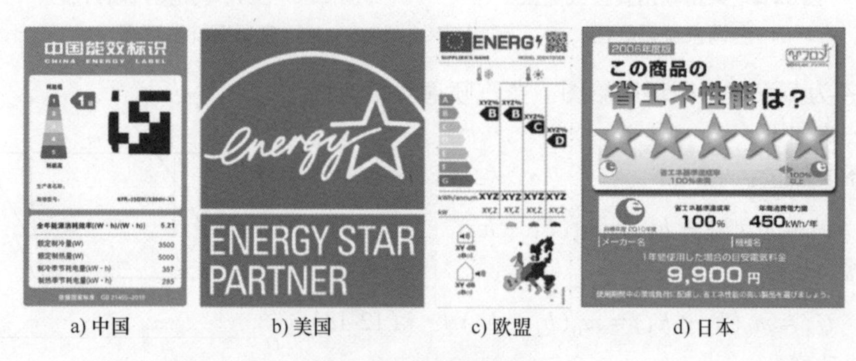

a) 中国　　b) 美国　　c) 欧盟　　d) 日本

图 12-5　空调能效标识

针对家用电器强制性能效标识，欧盟不仅颁布实施了实施性指令，还颁布实施了框架性指令。欧盟规定能效基准标识的具体运行机制主要是：产品生产商（或产品供应商）必须针对欧盟能效基准标识是否有着精确的相关信息进行自我申明。欧盟委员会与欧盟能效认证标识标准委员会共同进行协商并做出统一的运作规则，任何欧盟成员国均须直接负责能效标识的具体运行与监督。在能效分级方法上，欧盟摒弃了增加 A+、A++、A+++等级的方式，回归到“A~G”等级方式，和我国目前模式一致。美国采取私营式强制能效企业标识基准认证管理方式，1980 年联邦贸易委员会首次组织企业实施了强制性企业能效基准标识。1992 年环保局组织实施了企业自愿性能效标识“能源之星”。购买各类节能产品的企业及用户能够得到来自美国国家电力公司部门提供的相应节能补贴，各个部门共同组织实施强制性能效标识与自愿性能效标识。日本则通过实施最大限定值的方式使机械器具能源效率得到提高和推广。通过“Top Runner”管理模式，首先有关认证机构通过认证淘汰那些不符合能耗标准的产品；其次由于能耗产品上附有能效标识，消费者通过此标识购买高能效产品，不断地排斥低能效产品，从而迅速将高能耗产品淘汰。

以热力学第一定律为主体包含热效率、制冷系数与供暖系数、COP 与能效比等方面的评价虽然能够很好地从能量转换的数量上评价，但是热力学第一定律并未涉及能量转换的方向性以及能量品位的高低，为了全面地评价能量转换过程的经济性，仍需基于热力学第二定律进行多方面评价。

12.2 基于热力学第二定律的评价

由于热力学第一定律的局限性，其仅从能量的数量方面考虑，能量不可能凭空产生也不可能凭空消失，能量可以从一种形式的能转换成另一种形式的能，但因其未能从能量的质量方面进行阐述，因此第一定律不能解释为何功可以全部转换为热量而热量不能全部转换为功。热力学第二定律关注的是能量的质量，从方向上对能量转换进行了阐述。在对能量利用的经济性评价中，热力学第二定律评价能够从能量转换的方向性以及能量品位高低的角度对能量转换进行说明。能量按品位（质量）可以分为三种：无限可转换能、有限可转换能和不可转换能。无限可转换能可以全部转换为任何其他形式能量，如机械能和电能。无限可转换能的品位最高。有限可转换能可以部分地转换为机械能，如温度不同于环境温度的热源所具有的热能。热源的温度越高，其可转换为机械能的比例越大，热能的品位也越高。不可转换能不可能转换为机械能，如环境温度下的热源所具有的热能。不可转换能的品位最低，为废热。热力学第二定律的实质是能量转换有明显的方向性：能量品位降低的过程可以自发进行；而能量品位升高的过程不能自发进行，必须有能量品位降低的过程作为补充条件，其总效果是能量品位降低。高温物体热能的品位比低温物体高，因此热量可以自动地从高温物体传向低温物体，反之则不行。机械能的品位比热能高，因此机械能可以自动地转换为热能，反之则不行。因此热力学第二定律评价可以通过以下三个重要方面来分析：熵分析、㶲分析以及高级㶲分析。

12.2.1 熵分析

熵作为一个科学概念是由德国物理学家克劳修斯于1865年提出来的。从物理学角度来说，熵是物质分子紊乱程度的描述，紊乱程度越大熵也越大。从能量及其利用角度来说，熵是不可逆耗散程度的量度，不可逆能量耗散越多熵变化越大。熵增加意味着有效做功能量的减少。在工程热力学中，熵是热力学第二定律的一个重要概念及参数，它提供了分析研究热力过程的方向性与不可逆性的基础，提供了过程能否进行到何种程度的判据。

熵分析方法建立在熵产概念的基础上，该法计算出系统内各个过程的熵产大小及其分布，从而分析影响熵产变化的因素，进而评价热力系统的性能。熵分析方法的理论基础是第一定律的“平衡”思想和第二定律的熵概念，该方法可以清楚地找到热力系统中产生熵产的物理原因，从而找到方法使系统达到熵产最小。在热力学中，换热器是温差传热不可逆现象比较集中的地方，故其在换热器的优化中得到了广泛应用。在发电厂中，常规熵分析法是对锅炉系统各个不可逆过程进行能量平衡和熵分析：计算热力系统的各个过程、子系统及整个系统的熵产分布，从而得到热力系统各个过程的熵产，并据此进行不可逆损失分析，找出系统中薄弱环节和不可逆损失较大的关键部位。

根据热力学第二定律，系统的熵变由熵流和熵产组成，即

$$\Delta S = \Delta S_{\mathrm{f}} + \Delta S_{\mathrm{gen}} \tag{12-17}$$

式中，S为工质熵，单位为$\mathrm{kW \cdot K^{-1}}$，$S=q_m s$，q_m为工质流量，单位为$\mathrm{kg \cdot s^{-1}}$，s为比熵，单位为$\mathrm{kJ \cdot (kg \cdot K)^{-1}}$。

对于一个稳态热力系统，若流出系统的工质熵之和为$\sum S_{\mathrm{out}}$，进入系统的工质熵之和

为 $\sum S_{\text{in}}$，则系统的熵变为 $\sum S_{\text{out}}-\sum S_{\text{in}}$；若系统与外界交换各股热流引起的熵流之和为 $\Delta S_{\text{f}}=\sum\int_{Q}\frac{\delta Q}{T}$，则系统不可逆因素导致的熵产之和为 $\sum S_{\text{gen}}$：

$$\sum S_{\text{gen}}=\sum S_{\text{out}}-\sum S_{\text{in}}-\sum\int_{Q}\frac{\delta Q}{T} \tag{12-18}$$

所谓系统的做功能力，是指在给定的环境条件下，系统可能做出的最大有用功，它意味着过程终了时，系统应与环境达到热力平衡，因而通常取环境温度 T_0 作为计量做功能力的基准。

下面推导做功能力损失的表达式。

设一台可逆热机 R 和一台不可逆热机 IR 同时在温度为 T 的热源及温度为 T_0 的环境之间工作，如图 12-6 所示。

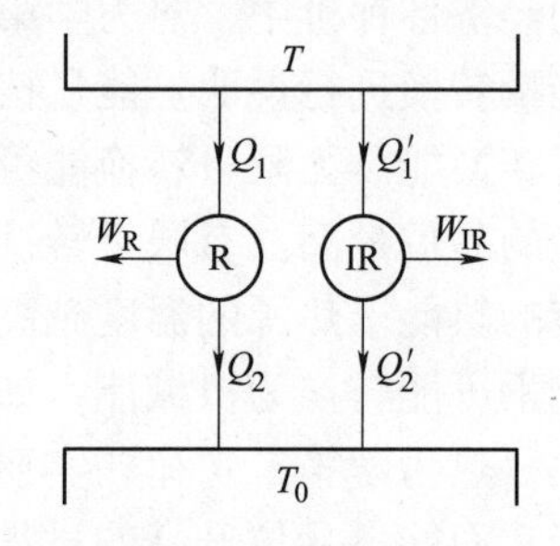

图 12-6　工作在热源与环境间的可逆（卡诺）热机和不可逆热机

根据卡诺定理 $\eta_{\text{R}}>\eta_{\text{IR}}$，由效率的定义式，得到

$$\frac{W_{\text{R}}}{Q_1}=\frac{W_{\text{IR}}}{Q_1'}$$

令两热机从热源吸热相同，即

$$Q_1=Q_1'$$

则 $W_{\text{R}}>W_{\text{IR}}$。于是，不可逆引起的功损失为

$$I=W_{\text{R}}-W_{\text{IR}}>0$$

根据热力学第一定律得

$$W_{\text{R}}=Q_1-Q_2$$

$$W_{\text{IR}}=Q_1'-Q_2'$$

则做功能力损失为

$$I=W_{\text{R}}-W_{\text{IR}}=(Q_1-Q_2)-(Q_1'-Q_2')=Q_2'-Q_2 \tag{12-19}$$

若把热源、冷源及 R+IR 热机取作孤立系统，则

$$\Delta S_{\text{iso}}=\Delta S_{T_0}+\Delta S_T+\Delta S$$

循环中，工质熵变 $\Delta S=0$，故

$$\Delta S_{\text{iso}}=\frac{-(Q_1+Q_1')}{T}+\frac{Q_2+Q_2'}{T_0}=-\frac{Q_1}{T}-\frac{Q_1'}{T}+\frac{Q_2}{T_0}+\frac{Q_2'}{T_0}$$

根据卡诺定理，对于可逆机有 $\frac{Q_1}{T}=\frac{Q_2}{T_0}$，又 $Q_1=Q_1'$，所以

$$\Delta S_{\text{iso}}=-\frac{2Q_1}{T}+\frac{Q_2+Q_2'}{T_0}=-\frac{2Q_2}{T_0}+\frac{Q_2+Q_2'}{T_0}=\frac{Q_2'}{T_0}-\frac{Q_2}{T_0}=\frac{1}{T_0}(Q_2'-Q_2) \tag{12-20}$$

得到

$$I=T_0\Delta S_{\text{iso}} \tag{12-21}$$

式（12-21）给出了做功能力损失的表达式。它表明，系统经不可逆过程的做功能力损失永远等于环境热力学温度与孤立系熵增的乘积。以上推导过程并未假定不可逆是由什么因素引起的，所以对任何不可逆系统都适用。

对发电厂的节能评价通常采用第一定律分析方法，其实质是系统热量的数值平衡，故对发电厂的评价只限于利用效率以及经济成本的评价。效率分析法只根据能量数量上的多少，忽视了能量品质的高低，而熵分析方法弥补了这方面的不足，其考虑了能量的品质、实际的热力学过程都会引起能量贬值和功的耗散，都是不可逆过程。

火力发电厂的生产流程如图 12-7 所示。为了提高燃烧效率先把原煤加工成煤粉，由热风送入燃烧器，燃烧后释放出的热量首先在过热器中把蒸汽加热成过热蒸汽，过热蒸汽带动汽轮机转动，把热能转化为机械能；其次在省煤器中加热给水，节省燃料；最后剩余的热量用于加热空气，达到排放标准后排入大气。火力发电厂的工作过程中包含三大系统，分别是燃烧系统、汽水系统和电气系统。这里对燃烧系统和汽水系统的原理做一个介绍。

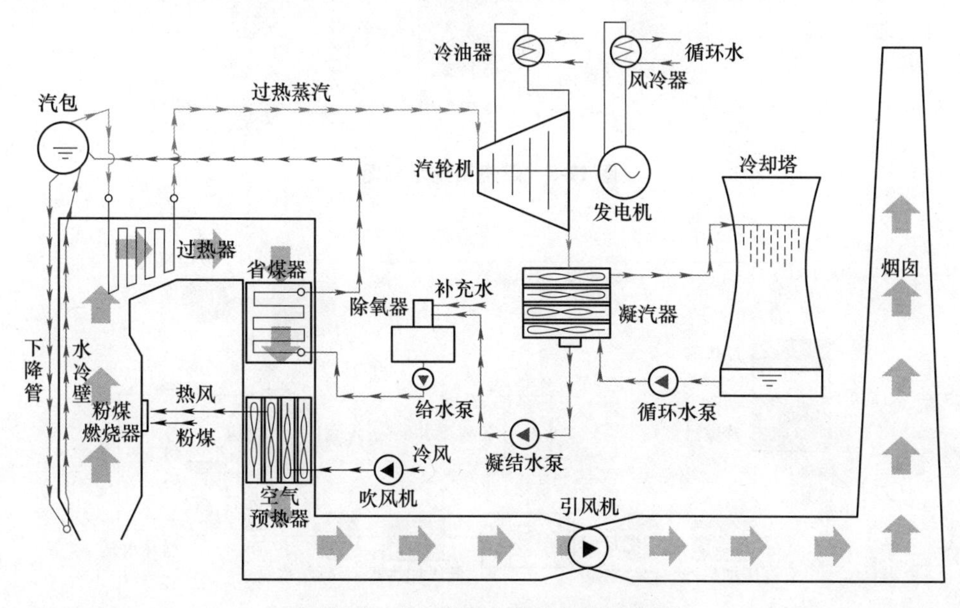

图 12-7　火力发电厂生产流程示意图

燃烧系统由燃烧设备、制粉系统和风烟系统组成，具有煤燃烧和热量传递的功能。图 12-8 为燃烧系统示意图。燃料煤在自输煤系统中由输送带输入煤斗中，进入制粉系统，经磨煤机研磨和分离器分离后，变成一定细度的煤粉，利用热空气采用直吹的方式把煤粉送入燃烧设备中，使煤能够高效率、稳定、持续地燃烧，并且尽量减少污染物的排放。空气进入风烟系统，首先经空气预热器加热，达到一定温度后分别被送入磨煤机和锅炉的炉膛内。经过空气预热器加热后的空气具有一定的温度，有利于煤粉在炉膛内的燃烧。释放完热量的烟气经过除尘达到释放标准后排向大气。除尘器中分离出的细煤灰和锅炉中燃烧后的炉渣一起由冲灰水冲入灰渣泵，送至灰场。

汽水系统实现水的加热、蒸发和过热作用，图 12-9 是汽水系统的示意图。给水在进入锅炉前先进入省煤器，在此先对给水加热，以降低排烟的温度，节省燃料的同时提高热量的利用率。之后给水沿管道进入汽包和水冷壁构成的循环回路中。部分给水在省煤器中被加热沸腾形成饱和蒸汽，分离后在过热器中被再次加热成过热蒸汽，推动汽轮机转动。释放热量后的气体作为汽轮机的排气经气道进入凝汽器中，除氧后流入省煤器。

其中锅炉作为能量转换的重要部件，对其进行熵产计算可以对发电厂的节能性能给予评价。发电厂锅炉的熵产计算是通过研究热力过程的不可逆性，从燃料燃烧、工质流经各个受热面以及排烟损失等各种热损失入手，对各个换热过程的进出口的熵进行计算。

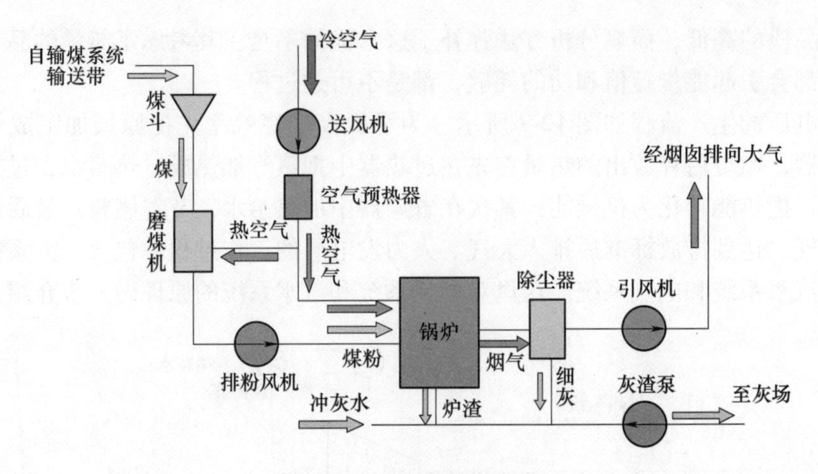

图 12-8　燃烧系统示意图

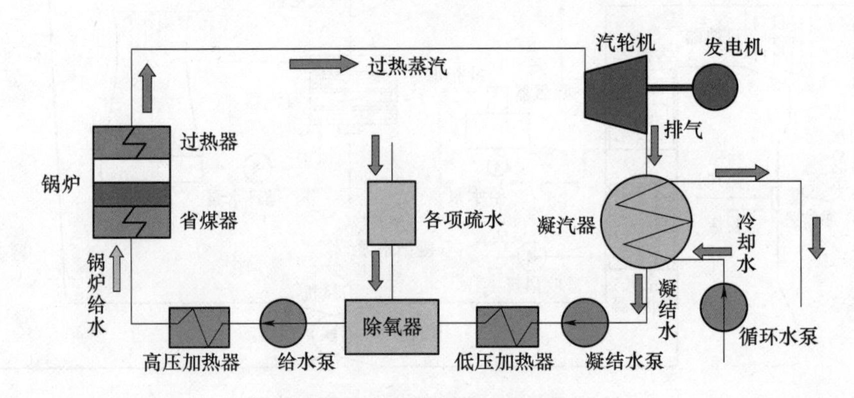

图 12-9　汽水系统示意图

如图 12-10 所示，锅炉熵产计算的模型将锅炉熵产分为炉内过程总熵产和锅炉换热过程熵产。炉内过程熵产包括燃烧过程与烟气放热过程的熵产，具体包括空预器熵产 $S_{\text{aph}}^{\text{gen}}$、不完全燃烧熵产 $S_{q_3+q_4}^{\text{gen}}$、燃尽煤绝热燃烧熵产 $S_{\text{jr}}^{\text{gen}}$、锅炉散热损失熵产 $S_{\text{qs}}^{\text{gen}}$、锅炉排烟热损失熵产 $S_{\text{qz}}^{\text{gen}}$、灰渣热损失熵产 $S_{q_6}^{\text{gen}}$ 和烟气放热过程熵产 $S_{\text{ln}}^{\text{gen}}$。锅炉换热过程总熵产 $S_{\text{hr}}^{\text{gen}}$ 主要包括工质吸热与流动过程的熵产，具体包括给水流动阻力熵产、再热器蒸汽流动阻力熵产和锅炉换热过程熵产（无阻力）。这样的划分结构清晰明了，便于理解和应用。选取各个状态点进行进出口熵的计算，从而建立整个锅炉系统进行的熵产模型。通过熵产计算模型，将各个部分的熵产逐一计算并叠加，锅炉系统总熵产就等于炉内过程熵产和换热过程熵产之和。

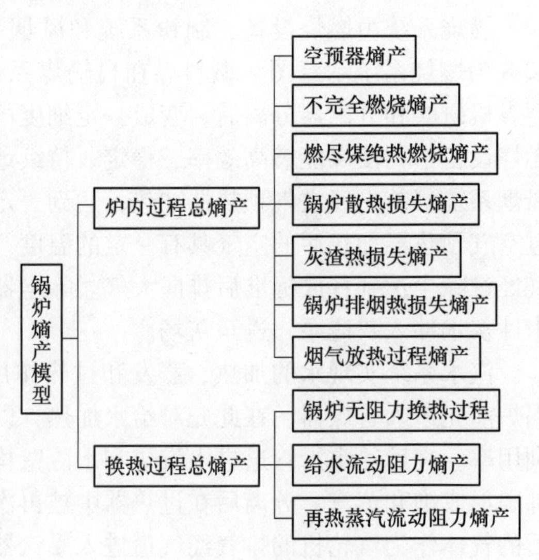

图 12-10　锅炉熵产计算模型

根据热力学基础理论，热力学把由于不可逆现象所丧失的做功可能性，叫作过程的不可逆损失，不可逆损失与过程熵产的关系以 I_r 来表示

$$I_r = T_0 S_{gen} \tag{12-22}$$

通过上式可以计算出系统不可逆过程的做功能力损失最终大小，并且根据各部分计算的熵产大小，改进各部分的性能，最大限度地将熵产降到最低，减小系统不可逆过程的做功能力损失。

下面以600MW亚临界燃煤锅炉为例进行熵产分析。

该锅炉为亚临界压力一次中间再热控制循环汽包炉。锅炉采用摆动式燃烧器调温，四角布置，切向燃烧，正压直吹式制粉系统，单炉膛，π型露天布置，固态排渣，全钢架结构，平衡通风。

对该锅炉的以下工况进行熵分析，具体数据见表12-1：

1）锅炉最大连续蒸发量工况（BMCR）。

2）汽轮机最大连续蒸发量工况（TMCR）下对应的锅炉负荷。

3）锅炉额定工况下连续蒸发量（ECR），以及该工况下75%、50%、30%的锅炉负荷。

表12-1 600MW亚临界锅炉各工况下熵产分布

名称	单位	BMCR	TMCR	ECR	75%ECR	50%ECR	30%ECR
不完全燃烧	kW/K	39.39	37.65	34.47	35.34	30.08	24.78
空预器	kW/K	68.98	65.92	58.21	36.64	18.20	7.71
燃尽煤绝热燃烧过程	kW/K	972.43	934.15	862.81	651.18	457.55	329.09
锅炉散热损失	kW/K	6.78	6.48	5.92	6.09	4.88	3.68
锅炉排烟热损失	kW/K	39.12	36.97	32.41	18.08	9.61	5.38
烟气放热过程	kW/K	342.49	325.91	295.46	201.23	123.19	91.25
灰渣热损失	kW/K	1.30	1.24	1.12	0.83	0.55	0.39
炉内过程总熵产	kW/K	1470.49	1408.32	1290.40	949.39	644.06	462.28
给水流动阻力	kW/K	22.20	22.26	21.54	31.40	59.90	82.61
再热流动阻力	kW/K	10.11	9.53	9.02	7.44	5.24	2.97
锅炉温差传热（无阻力）	kW/K	1079.43	1029.77	940.15	676.57	433.53	296.38
锅炉换热过程总熵产	kW/K	1111.74	1061.56	970.71	715.41	498.67	381.96
锅炉总熵产	kW/K	2582.23	2469.88	2261.11	1664.80	1142.73	844.24
第二定律正平衡效率	%	50.24	50.23	50.23	50.26	48.83	46.85
第二定律反平衡效率	%	50.82	50.80	50.81	50.54	49.10	46.85

从表12-1中可以看出，在锅炉的全部不可逆损失中，燃尽煤绝热燃烧过程和锅炉换热过程的熵产占绝大部分，这是由于燃料燃烧过程中的不可逆性以及各个受热面温差传热的不可逆性导致的。

为了进一步对比各个不可逆损失的分布状况，表12-2列出了锅炉系统在不同况下的熵产分布比例。

表 12-2　600MW 亚临界锅炉各工况下熵产分布比例

名称	单位	BMCR	TMCR	ECR	75%ECR	50%ECR	30%ECR
不完全燃烧	%	1.52	1.52	1.52	2.12	2.63	2.94
空预器	%	2.67	2.67	2.57	2.20	1.59	0.91
燃尽煤绝热燃烧	%	37.66	37.82	38.16	39.11	40.04	41.07
锅炉散热损失	%	0.26	0.26	0.26	0.37	0.43	0.44
锅炉排烟热损失	%	1.51	1.50	1.43	1.09	0.84	0.64
灰渣热损失	%	0.05	0.05	0.05	0.05	0.05	0.05
烟气放热过程	%	13.26	13.20	13.07	12.09	10.78	10.81
炉内过程总熵产	%	56.95	57.02	57.07	57.03	56.36	54.76
给水流动阻力	%	0.86	0.90	0.95	1.89	5.24	9.79
再热流动阻力	%	0.39	0.39	0.40	0.45	0.46	0.35
锅炉温差传热（无阻力）	%	41.80	41.69	41.58	40.64	37.94	35.11
锅炉换热过程熵产	%	43.05	42.98	42.93	42.97	43.64	45.24

锅炉系统在不同工况下，由于受热面内工质以及烟气的状态参数相差较大，导致各部分熵产的变化趋势不明显。从表 12-2 中可以看出，燃尽煤绝热燃烧、锅炉换热过程、烟气放热过程以及空预器的熵产在锅炉系统熵产中所占份额较大，这些过程的熵产大小对锅炉系统的不可逆性分布的影响较大。这些过程的熵产所占比例呈现一定的变化趋势，如图 12-11 所示。

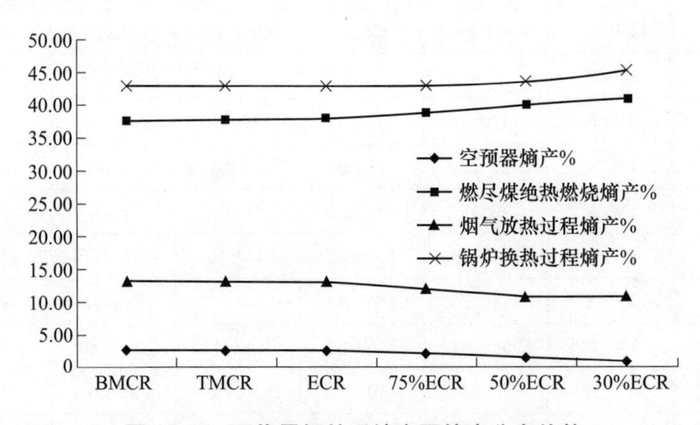

图 12-11　亚临界锅炉系统主要熵产分布趋势

空预器过程的熵产主要是由于锅炉尾部烟气与空气的温差传热造成的。由于变工况过程中，锅炉排烟温度进一步降低，进入空预器的温度也在降低。而一、二次风的进口温度不变，使得烟气和空气的传热温差减小，故空预器熵产的变化呈下降趋势。

烟气放热过程熵产是燃尽煤绝热燃烧产物获得的热量转化为烟气放热量造成的熵产，炉内烟气放热量包括锅炉散热损失、锅炉输出热量、空预器换热量、排烟热损失以及固体灰渣热损失，这些热量处于不同的热力学平均温度之下，造成的影响不同。随着锅炉负荷的降低，烟气放热量也进一步减小，其熵产所占比例呈下降趋势。

燃尽煤绝热燃烧熵产主要是由于炉膛内燃料燃烧的不可逆性。在炉膛中，煤粉的绝热燃烧是典型不可逆过程，占锅炉总熵产的40%左右。在变工况的条件下，由于锅炉负荷的变化，进入低负荷区域，炉膛内的绝热燃烧平均温度随着负荷减小而降低，使得燃尽煤绝热燃烧的熵产的比例随着锅炉负荷的降低进一步增大。

锅炉换热过程熵产主要包括给水流动阻力熵产、再热器蒸汽流动阻力以及无阻力锅炉传热过程熵产，其中锅炉传热过程熵产包括工质从省煤器开始依次流经水冷壁、各级过热器以及再热蒸汽流经各个再热器等各个受热面的换热过程熵产。随着锅炉负荷的降低，烟气放热量降低，各受热面换热工况变差，其换热过程熵产的比例随之提高。

在变工况条件下，锅炉系统的第二平衡效率随着锅炉负荷的降低而降低，这是由于锅炉负荷的降低导致锅炉系统的平均吸热温度下降。在锅炉负荷降低的情况下，燃尽煤绝热燃烧过程熵产及锅炉换热过程熵产在总熵产中所占比例呈现增大趋势，说明在锅炉系统不可逆损失中，燃烧损失以及受热面温差传热损失对锅炉的损失分布以及第二定律效率影响最大。

以上对600MW亚临界锅炉各工况下熵产分析可以看出锅炉各部分熵产占总熵产的比例，根据所占比例为改进锅炉各部分性能给出了指导性意见。可以针对熵产占比较高的部分设计新的优化结构或控制策略，最大可能减小熵产，以提高整体锅炉性能，降低不可逆做功损失，提高能量利用的经济性。

【例12-1】 刚性容器中贮有空气2kg，初态参数 $p_1=0.1\text{MPa}$，$T_1=293\text{K}$，内装搅拌器，输入轴功率 $\dot{W}_s=0.2\text{kW}$ 而通过容器壁向环境放热速率为 $\dot{Q}=0.1\text{kW}$。求：工作1h后孤立系统熵增。注：空气 $c_V=0.7175\text{kJ/(kg·K)}$

解： 取刚性容器中空气为系统，经1h，由闭口系能方程 $W_s=Q+\Delta U$，得

$$3600\text{s}\times\dot{W}_s=3600\text{s}\times\dot{Q}+mc_V(T_2-T_1)$$

$$T_2=T_1+\frac{3600\text{s}\times(\dot{W}_s-\dot{Q})}{mc_V}=293\text{K}+\frac{3600\times(0.2-0.1)}{2\times0.7175}\text{K}=544\text{K}$$

由定容过程：

$$\frac{p_2}{p_1}=\frac{T_2}{T_1},p_2=p_1\frac{T_2}{T_1}=0.1\text{MPa}\times\frac{544\text{K}}{293\text{K}}=0.186\text{MPa}$$

取以上系统及相关外界构成孤立系统：

$$\Delta S_{\text{iso}}=\Delta S_{\text{sys}}+\Delta S_{\text{sur}}$$

$$\Delta S_{\text{sys}}=mc_V\ln\frac{T_2}{T_1}=\left(2\times0.7175\times\ln\frac{544}{293}\right)\text{kJ/K}=0.89\text{kJ/K}$$

$$\Delta S_{\text{sur}}=\frac{Q}{T_0}=\frac{3600\times0.1\text{kJ}}{293\text{K}}=1.23\text{kJ/K}$$

$$\Delta S_{\text{iso}}=0.89\text{kJ/K}+1.23\text{kJ/K}=2.12\text{kJ/K}$$

【例 12-2】 已知状态 $p_1=0.2\text{MPa}$、$t_1=27℃$的空气，向真空容器做绝热自由膨胀，终态压力为 $p_2=0.1\text{MPa}$。求：做功能力损失。（设环境温度为 $T_0=300\text{K}$）

解： 取整个容器（包括真空容器）为系统，由能量方程得知：$\Delta Q=0$，$T_1=T_2=T$。

取以上系统及相关外界构成孤立系统：

$$\Delta s_{\text{sys}}=c_p\ln\frac{T_2}{T_1}-R_{\text{g}}\ln\frac{p_2}{p_1}=0-R_{\text{g}}\ln\frac{p_2}{p_1}$$

$$=R_{\text{g}}\ln\frac{p_1}{p_2}=0.287\text{kJ/(kg·K)}\times\ln\frac{0.2\text{MPa}}{0.1\text{MPa}}=0.199\text{kJ/(kg·K)}$$

$$\Delta s_{\text{iso}}=\Delta s_{\text{sys}}+\Delta s_{\text{sur}},\Delta s_{\text{sur}}=0$$

$$\Delta w=T_0\Delta s_{\text{iso}}=300\text{K}\times0.199\text{kJ/(kg·K)}=59.7\text{kJ/kg}$$

12.2.2 烟分析

长期以来，人们习惯于从能量的数量来度量能的价值，却不管所消耗的是什么样的能量。其实，各种不同形态的能量，其利用的价值并不相同。例如我们周围的空气，虽然具有无限的热能（从数量上看），但却不能转换成有用的功，否则将违反热力学第二定律，因为其“质”为零。即使同一形态的能量，在不同条件下，也具有不同的做功能力。例如同样是 10000kJ 的热量，在 100℃下的做功能力大约只是 800℃下的 1/3。可见能量有质的区别，不能只从数量的多少来评价能量的价值。“焓”与“内能”虽具有“能”的含义和量纲，但它们并不能反映出能的质量。而“熵”与能的“质”有密切关系，但却不能反映能的“量”，也没有直接规定能的“质”。为了合理利用能，就需要用一个既能反映数量又能反映各种能量之间“质”的差异的统一尺度。“烟”正是一个可以科学地评价能量价值的热力学物理量。

能量的“质量”高低是在能量转换过程中表现出来的。机械能和电能可无限度地、完全转换成内能和热量，但内能和热量并不能无限度地、连续地转换为机械能。按照热力学第二定律，若以能量的转换程度作为一种尺度，则可划分为下列三类不同质的能量。

1）可无限转换的能量。这是理论上可百分之百地转换为其他能量形式的能量，如机械能、电能、水能、风能等，它们是技术上和经济上更为宝贵“高级能量”。高级能量从本质上说是完全有序的能量。因此，各种高级能量之间理论上能够彼此完全转化，它们的“质”与“量”完全统一。

2）可有限转换的能量，如热能、焓、化学能等，其转换为机械能、电能的能力受热力学第二定律的限制。即使在极限情况下，也只有一部分能够转换为可利用的机械功。由于这类能量从本质上讲只有部分是有序的，因而只有有序的部分才能转换为其他能量形式，这类能量称为“低级能量”。

3）不可转换的能量，如环境介质的内能，根据热力学第二定律，它们虽然可以具有相当的“数量”，在环境的条件下，却无法利用来转换成可利用的机械功，因而其“质”为零。

各种形态的能量，转换为“高级能量”的能力并不相同。如果以这种转换能力为尺度，就能评价各种形态能量的优劣。但是转换能力的大小与环境条件有关，还与转换过程的不可逆程度有关。因此，实际上采用在给定的环境条件下，理论上最大可能的转换能力作为度量能量品位高低的尺度，这种尺度称为㶲（exergy）。它的定义如下：

当系统由一任意状态可逆地变化到与给定环境相平衡的状态时，理论上可以无限转换为任何其他能量形式的那部分能量，称为㶲。

因为只有可逆过程才有可能进行最完全的转换，所以可以认为㶲是在给定的环境条件下，在可逆过程中，理论上所能做出的最大有用功或消耗的最小有用功。

与此相应，一切不能转换为㶲的能量，称为𬉼（anergy）。

任何能量 E 均由㶲（E_x）和𬉼（A_n）所组成，即

$$E = E_x + A_n \tag{12-23}$$

可无限转换的能量，例如电能的𬉼为零；而不可转换的能量，例如环境介质的㶲为零。

从㶲和𬉼的观点看，能量的转换规律可归纳如下：

1）㶲与𬉼的总量保持守恒，此即能量守恒原理。

2）𬉼再也不能转换为㶲，否则将违反热力学第二定律。

3）可逆过程不出现能的贬值变质，所以㶲的总量保持守恒。

4）在一切实际不可逆过程中，不可避免地会发生能的贬值，㶲将部分地“退化”为𬉼，称为㶲损失。因为这种退化是无法补偿的，所以㶲损失才是能量转换中的真正损失。

5）孤立系统的㶲值不会增加，只能减少，至多维持不变，这称为孤立系统㶲减原理。所以㶲与熵一样，可用作自然过程方向性的判据。

通常的能量平衡和能量转换效率不能反映出㶲的利用程度，因而引入㶲效率的概念。㶲效率与能量转换效率有类似的定义，所不同的是收益㶲与支付㶲的比值。㶲效率为

$$\eta_{ex} = \text{收益㶲/支付㶲} \tag{12-24}$$

对于稳态、稳流过程，所谓㶲平衡，指的是进入该系统的各种㶲之总和应该等于离开系统的各种㶲与该系统内产生的各种㶲损失的总和，即

$$\sum E_{x,in} = \sum E_{x,out} + \sum I_i \tag{12-25}$$

式中，$\sum I_i$ 代表系统内各种㶲损失之和。㶲损失也就是前面所说的做功能力损失。

1. 热量㶲与热量𬉼

若某系统的温度高于环境温度，当系统由任意状态可逆地变化到与环境状态相平衡的状态（又称“死态”）时，放出热量 Q，与此同时对外界做出最大有用功。这种最大有用功称为热量㶲$E_{x,Q}$。下面来分析它的计算方法。

现设有一个温度为 T 的系统，当其可逆变化到与环境状态相平衡的状态时，放出热量 Q，我们以此系统作为热源，以环境介质（温度为 T_0）作为冷源。在此热源与冷源之间设想有无穷多个微卡诺热机进行工作，以保证热源在放出 Q 时，可逆地变化到与环境相平衡的状态。每个微卡诺热机如图 12-12 所示。

它们分别从热源吸热，对外做出最大有用功 δW_{max}。根据卡诺热机效率公式，δW_{max} 应为

$$\delta W_{max} = \left(1 - \frac{T_0}{T}\right)\delta Q_1 \tag{12-26}$$

当系统由初态变到与环境平衡的状态时，放出总热量 Q，则无穷多个卡诺热机做出总的最大有用功为

$$W_{\max} = \int \left(1 - \frac{T_0}{T}\right) \delta Q_1$$

按照定义，此 $W_{\max}$ 为系统放出的热量 Q 的热量㶲，故

$$E_{x,Q} = W_{\max} = \int \left(1 - \frac{T_0}{T}\right) \delta Q$$

因可逆时

$$\int \frac{\delta Q}{T} = \int \mathrm{d}S$$

所以

$$E_{x,Q} = \int \delta Q - T_0 \int \frac{\delta Q}{T} = Q - T_0 \int \mathrm{d}S \tag{12-27}$$

故热量炕为

$$A_{n,Q} = Q - E_{x,Q} = Q - \left(Q - T_0 \int \mathrm{d}S\right)$$

即

$$A_{n,Q} = T_0 \int \mathrm{d}S \tag{12-28}$$

热量㶲和热量炕可用图 12-13 的 T-S 图表示。

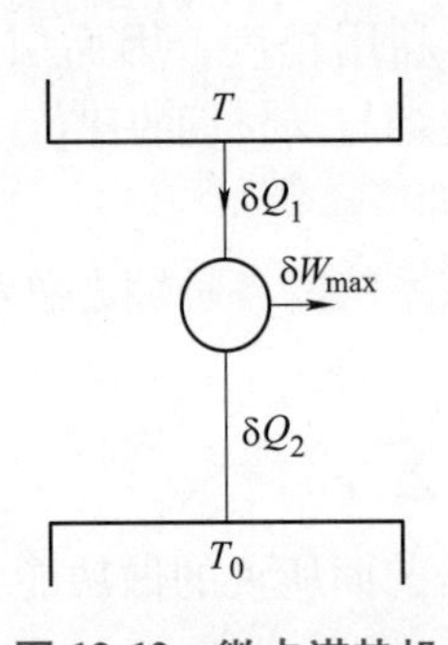

图 12-12　微卡诺热机

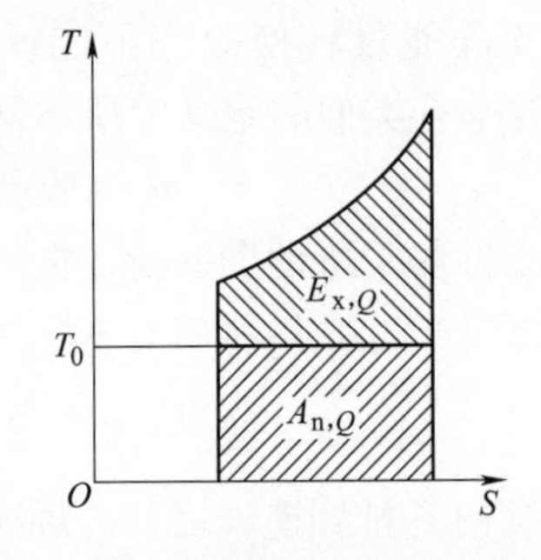

图 12-13　热量㶲和热量炕在 T-S 图上的分布

热量㶲和热量炕具有下列性质：

1）热量㶲是系统放出的热量中所能转换的最大有用功。

2）热量㶲的大小不仅与 Q 的大小有关，而且还与系统的温度 T 和环境温度 T_0 有关。

3）相同数量的 Q，不同温度 T 下具有不同的热量㶲，当环境温度确定以后，T 越高，㶲越大。

4）热量炕 $A_{n,Q}$ 除了与环境温度 T_0 有关外，还取决于熵变的大小。所以，在 T_0 一定情况下，熵变是热量炕的一种量度。

5）热量㶲与热量炕一样是过程量，不是状态量。

2. 冷量㶲

如果系统温度 T 低于环境温度 T_0，要使此系统可逆地变化到与环境相平衡的“死态”，需要有无穷多个卡诺热机在环境与此系统之间工作。系统吸收这些微卡诺热机所放出的热量而逐渐升温，最后达到“死态”。这时每个微卡诺热机的工作参看图 12-14，在 T_0 下自环境吸热 δQ，在 T 下向系统放热 δQ，同时每个微卡诺机做出最大有用功

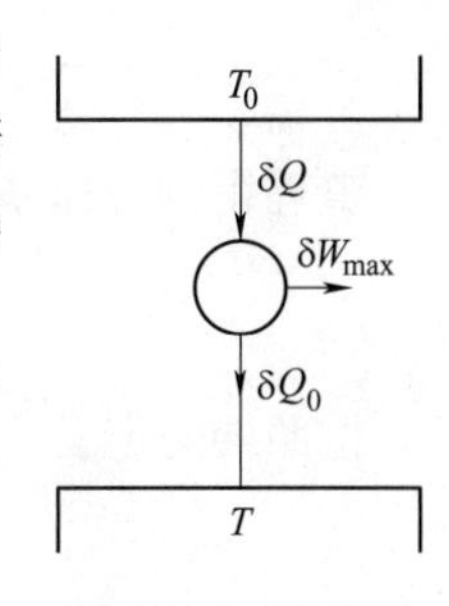

图 12-14 冷量㶲推导模型

$$\delta W_{\max} = \left(1 - \frac{T_0}{T}\right)\delta Q$$

按能量守恒，$\delta Q=\delta W+\delta Q_0$ 故

$$\delta W_{\max} = \left(1 - \frac{T_0}{T}\right)(\delta W_{\max} + \delta Q_0)$$

整理后，可得

$$\delta W_{\max} = \left(\frac{T_0}{T} - 1\right)\delta Q_0$$

当系统变化到“死态”时，所吸收的热量为 Q_0，与此同时，外界得到了最大有用功为

$$W_{\max} = \int\left(\frac{T_0}{T} - 1\right)\delta Q_0$$

按照㶲的定义，这种最大有用功称为冷量㶲E_{x,Q_0}，即

$$E_{x,Q_0} = W_{\max} = \int\left(\frac{T_0}{T} - 1\right)\delta Q_0 = T_0\Delta S - Q_0 \tag{12-29}$$

值得注意的是，冷量㶲E_{x,Q_0}是系统吸热 Q_0 时外界得到的最大有用功；而热量㶲$E_{x,Q}$是系统放热 Q 时，做出的最大有用功。两种情况下，热量的方向不同，热量㶲方向与 Q 相同，而冷量㶲的方向与 Q_0 相反。

3. 焓㶲

图 12-15 表示一个稳定流动的开口系统。设 1kg 工质以任意状态下进入开口系统，而离开系统时处于与环境状态相平衡的死态，即压力为 p_0，温度为 T_0 的状态，并位于海平面高度（$z_0=0$）上，而且相对于环境，工质的宏观流动速度为 $c_0=0$。为了使开口系统与环境之间进行可逆换热，设有一系列微卡诺热机工作（图中只示出了其中的一个）。

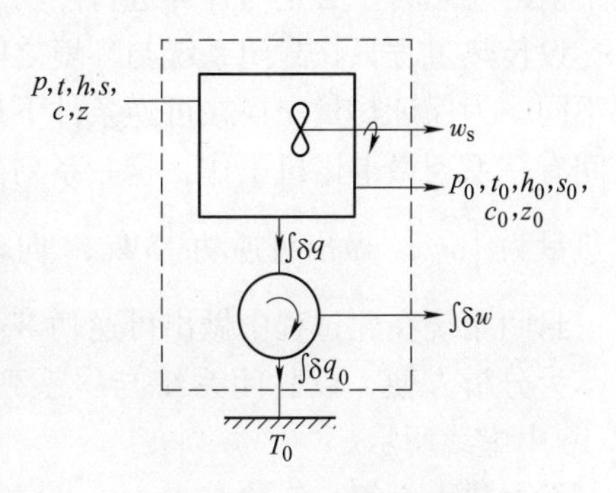

图 12-15 焓㶲推导模型

若以开口系统与一系列微卡诺热机作为研究对象（如图 12-15 中虚线所示），据热力学第一定律有

$$\int\delta q_0 = (h_0 - h) + w_s + \int\delta w + \frac{1}{2}(c_0^2 - c^2) + g(z_0 - z) \tag{12-30}$$

这里 $c_0=0$，$z_0=0$，由于所取的综合系统向环境放热，故 $\int\delta q_0$ 为负值。

根据热力学第二定律，对于由开口系、卡诺热机和环境所组成的总的绝热系统，其中经历的是可逆过程，因而总熵变为零，即

$$(s_0 - s) + \Delta s^0 = 0 \tag{12-31}$$

环境熵变 $\Delta s^0=s-s_0$，环境得到的热量可表示为

$$-\int \delta q_0 = T_0 \Delta s^0 = T_0(s - s_0) \tag{12-32}$$

整理得到开口系统对外做出的最大有用功为

$$w_s + \int \delta w = (h - h_0) - T_0(s - s_0) + \frac{1}{2}c^2 + gz$$

按照㶲的定义，这就是单位质量稳定流动工质的㶲，即

$$e_x = (h - h_0) - T_0(s - s_0) + \frac{1}{2}c^2 + gz \tag{12-33}$$

在许多情况下，动能、位能可以忽略不计，因此单位质量稳定流动工质的焓㶲为

$$e_x = (h - h_0) - T_0(s - s_0) \tag{12-34}$$

焓炕为

$$a_n = T_0(s - s_0) \tag{12-35}$$

焓㶲具有下列性质：

1）它是状态参数，取决于工质流动状态及环境状态。当环境状态一定时，焓㶲只取决于工质流动状态。

2）初、终状态之间的焓㶲差，就是这两个状态间所能做出的最大有用功。

$$e_{x1} - e_{x2} = (h_1 - h_2) - T_0(s_1 - s_2) \tag{12-36}$$

当环境状态一定时，㶲差只取决于初、终态，而与路径和方法无关。

4. 内能㶲

设有质量 m 的工质组成的系统，如图 12-16 所示，当其从温度 T、压力 p、内能 U、熵 S、容积 V 的任意状态经可逆变化到与环境相平衡的死态时，必定与外界进行热功交换。

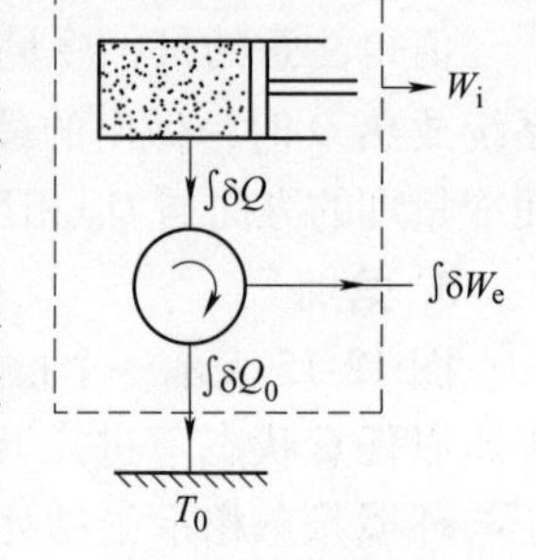

图 12-16　内能㶲推导模型

设传热过程只在封闭系统与环境之间进行。由于系统与环境温度不同，为保证热量交换在可逆条件下进行，设想封闭系统与环境之间有一系列微卡诺机工作，这一系列微卡诺机从封闭系统吸收的总热量为 $\int \delta Q$，做出可逆功 $\int \delta W_e$，向环境放热 $\int \delta Q_0$。

封闭系统在此过程中做出可逆功 W_i。

为分析方便，以封闭系统与一系列微卡诺机作为对象，如图 12-16 中虚线所示。

根据热力学第一定律有

$$\int \delta Q_0 = (U_0 - U) + \left(W_i + \int \delta W_e\right) \tag{12-37}$$

式中，U 与 U_0 分别为封闭系统任意状态和与环境相平衡的死态的内能；$\int \delta Q_0$ 为组合系统向环境释放的热量，这里 $\int \delta Q_0$ 为负值。

微卡诺机内的工质经历循环，参数无变化。取封闭系统、微卡诺机及环境为一孤立系统，根据热力学第二定律，经可逆过程，孤立系统总熵不变，即

$$\Delta S + \Delta S^0 = (S_0 - S) + \Delta S^0 = 0 \tag{12-38}$$

式中，ΔS 为封闭系统的熵变；ΔS^0 代表环境熵变，它等于环境吸热 $-\int\delta Q_0$ 与其热力学温度 T_0 之比，即

$$\Delta S^0 = -\int \frac{\delta Q_0}{T_0} \tag{12-39}$$

综合式（12-37）~式（12-39）得到

$$W_{\mathrm{i}} + \int \delta W_{\mathrm{e}} = (U - U_0) - T_0(S - S_0) \tag{12-40}$$

由于封闭系统的压力与环境压力不同，因此，在与外界交换的功量中，必定包括了反抗环境压力所做的膨胀功 $p_0(V_0 - V)$，这是无法利用的。所以，整个系统所能提供的最大有用功，即封闭系统内能㶲应从式（12-40）的总功中扣除 $p_0(V_0-V)$，即

$$E_{\mathrm{x},U} = U - U_0 - p_0(V_0 - V) - T_0(S - S_0) \tag{12-41}$$

单位质量工质的内能㶲为

$$e_{\mathrm{x},U} = u - u_0 - p_0(v_0 - v) - T_0(s - s_0) \tag{12-42}$$

内能㶲是状态函数，它与系统的状态和环境状态有关。当环境状态给定后，内能㶲仅取决于系统本身的状态，而与经历的过程无关。

封闭系统由一个状态变化到另一个状态过程中能提供的最大有用功显然就等于这两个状态内能㶲之差，即

$$W_{\max} = E_{\mathrm{x},U_1} - E_{\mathrm{x},U_2} \tag{12-43}$$

5. 㶲分析与能量分析比较

基于热力学第一定律的评价方法往往只是考虑了能量数量的平衡，而忽略了能量“质”的不同，不能揭示能源转换和利用过程中的不可逆损失，也不适用于不同品位能源同时存在的综合系统。因此，该评价方法一般无法详尽地反映出能源有效利用的程度。而㶲分析法则是一种综合考虑“质”“量”两方面性能的能源系统评价方法，能够表征能量转变为功的能力和技术上的有用程度，可从能级和能质两方面来对某单一能量或能量系统的转换过程来进行评价。㶲分析法能够正确地解释系统㶲中损失的分布、成因与大小，为合理用能提供指导性意见，因此近年来引起了能源工作者的高度重视。下面举例说明热力学第一定律评价与㶲分析法评价的区别。

如图 12-17 所示，工质流为稳态稳流，图 a 表示控制体收入能量（E_1）和输出能量（E_2，W_{s}，Q）的数量关系；图 b 表示对应于图 a 各项能量的㶲值。输出项中除对外做功 W_{s} 为有效利用能量外，其余各项均作为控制体的能量或㶲的损失。两种分析列于表 12-3。

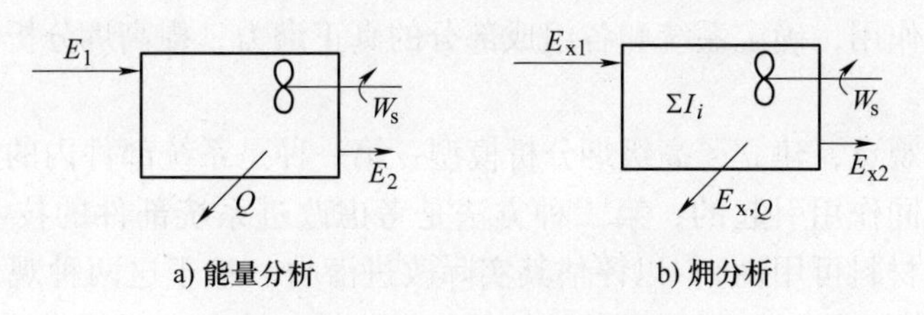

图 12-17 㶲分析与能量分析比较

表 12-3 能量分析与㶲分析

名称	能量分析	㶲分析
依据	热力学第一定律	热力学第一、第二定律
平衡式	$E_1 = W_s + E_2 + Q$	$E_{x1} = W_s + E_{x2} + \sum I_i$
效率	$\eta = \dfrac{W_s}{E_1} = 1 - \dfrac{Q + E_2}{E_1}$	$\eta_{ex} = \dfrac{W}{E_{x1}} = 1 - \dfrac{E_{x1} + E_{x,Q} + \sum I_i}{E_{x1}}$

注：$\sum I_i$ 为控制体内各项㶲损失，η_{ex} 为㶲效率。

从表 12-3 中可以看出两种分析方法具有不同的特点：

1）能量分析中是功量、热量等不同质的能量的数量平衡或比值；而㶲分析是同质能量的平衡式或比值。说明㶲分析比能量分析更科学、合理。

2）能量分析仅反映出控制体输出外部能量的损失，如 Q、E_2；而㶲分析除反映控制体输出外部的㶲损失 E_{x1}、$E_{x,Q}$外，还能反映控制体内各种不可逆因素造成的㶲损失 $\sum I_i$。说明㶲分析比能量分析更全面，更能深刻揭示能量损耗的本质，找出各种损失的部位、大小、原因，从而指明减少损失的方向与途径。

由于能量分析存在局限性，有时可能得出错误的信息。例如，现代化电站锅炉按能量分析其热效率高达 90%以上，似乎能量已被充分利用，节能已无多少潜力可挖。然而，按㶲分析㶲效率约为 40%，锅炉内部的燃料燃烧及烟气与水系之间的温差传热造成很大的不可逆㶲损失，表明直接采用燃料燃烧加热水产生蒸汽的方式，不是最理想的用能方式。再如，蒸汽动力循环按能量分析，其最大能量损失发生在凝汽器（约占 50%），而按㶲分析，凝汽器中虽然损失的能量数量很大，但因其温度接近环境温度，㶲损失却很小（约占 1%～2%），已没有多大利用价值。可见两种分析方法所得结论可能完全不同，㶲分析要比能量分析更科学、更深入与更全面。无论是在评价能源效率的利用程度方面或是在节能潜力评估方面，㶲分析法都能提供出更为科学的指导意义。

尽管能量分析存在一定的缺陷，但是，它能确定系统能量的外部损失，为节能指明一定方向，同时，能量分析也为㶲分析提供能量平衡的依据，因此，对用能系统的全面分析需同时做能量分析和㶲分析，以寻求提高用能效率和节能的有效途径。

12.2.3 高级㶲分析

与传统的㶲分析方法相比，高级㶲分析可以更深入地了解系统的㶲性能，可以定量评估各部件之间的相互作用，确定系统和各组成部分的真正潜力，提高㶲分析和㶲经济评价得出的结论的质量。

基于以下两种观点，建立了高级㶲分析模型：第一种是系统部件内的㶲损失是由部件本身和其他部件的共同作用引起的；第二种方法是考虑改进系统部件的技术和商业限制（如制造方法、成本和材料可用性），以评估其实际改进潜力。基于这两种观点，可将部件内的㶲损失分为内生/外生或不可避免/可避免的部分。此外，结合这两种分解方法，可以分别计算不可避免的内生、不可避免的外生、可避免的内生和可避免的外生㶲损失。这将有助于我们更加深入地了解系统的㶲性能，有助于从热力学、经济学和环境影响的观点改进系统，进一步理解㶲分析得到的㶲损失值，从而提高分析的准确性，促进能量转换系统的改进。

在㶲分析中，建立稳态条件下第 k 个部件的㶲平衡方程，即

$$\dot{E}_{F,k} = \dot{E}_{P,k} - \dot{E}_{D,k} \tag{12-44}$$

这里假设用于所有㶲平衡的系统边界都在参考环境的温度 T_0 处，因此，一个部件不存在㶲损失，㶲损失只出现在整个系统的水平上，此时㶲平衡关系式为

$$\dot{E}_{F,tot} = \dot{E}_{P,tot} + \sum_k \dot{E}_{D,k} + \dot{E}_{L,tot} \tag{12-45}$$

1. 内生和外生㶲损失

㶲损失率取决于通过部件的质量流量和其内部的比熵产生，即

$$\dot{E}_{D,k} = T_0 \dot{S}_{gen,k} = T_0 \dot{m}_k \dot{s}_{gen,k} \tag{12-46}$$

能量转换系统的一个部件的不可逆性（㶲损失）可以用两部分来表示：第一部分依赖于所考虑的组成部件的低效（用部件内的比熵产表示，$\dot{s}_{gen,k}$），第二部分依赖于系统结构和整个系统其他组成部件的低效（主要用质量流量的变化来表示，$\dot{m}_k$）。因此，部件内部发生的㶲损失可分为两部分：一是仅由于所考虑部件的性能而引起的内源性㶲损失；二是由整个系统其余部件的低效引起的外源性㶲损失。将㶲损失分解为内生和外生部分，有助于我们理解系统部件之间的相互作用，并为改进系统提供非常有用的信息。

为了考虑系统部件之间的相互作用，提出了引入与第 k 个部件相关的内生和外生㶲损失的思想，建立关系式

$$\dot{E}_{D,k} = \dot{E}_{D,k}^{EN} + \dot{E}_{D,k}^{EX} \tag{12-47}$$

式中，与第 k 个部件相关的内生㶲损失 $\dot{E}_{D,k}^{EN}$ 是指当所有其他部件以理想方式运行且第 k 个部件以其真实的㶲效率运行时，仍会出现在同一部件内的整个㶲损失，显然，内生㶲损失只与第 k 个部件内的低效有关。外生㶲损失 $\dot{E}_{D,k}^{EX}$ 是整个㶲损失在第 k 个部件内的剩余部分，即外生㶲损失是由于第 k 个部件的低效和其余部件的低效同时造成的。确定第 k 个部件的内生和外生㶲损失，为第 k 个部件和整个系统提供了一种优化方法。降低第 k 个部件内生㶲损失的值（通过提高第 k 个部件本身），一般也会促进其他部件外生㶲损失的减少，即其他部件一般会“自动”表现出㶲损失的减少。

学者们提出了几种不同的方法来获得内生㶲损耗，其中热力学循环和工程（图解）方法是两种主要方法。

（1）热力学循环　热力循环的真实的和理想的温度-熵（T-s）图被用于内生（㶲）损失计算。真实的 T-s 图显示了过程组分的不可逆性，而在理想的 T-s 图中只有等熵线和等温线。在该方法中，为每个部件绘制一个混合图，即唯一考虑的部件具有非理想行为，而其余部件理想地工作。实际上，第 k 分量混合图是循环的理想图，它只应用第 k 分量的不可逆性，因此混合图的数目必须等于所考虑的分量的数目。该方法最重要的优点是它能够用于工艺中的任何设备。获得的结果具有适当的精度。

（2）工程（图解）法　工程（图解）方法是基于常规分析结果的，是分析能量转换系统的一种精确方法。该方法的主要原理是通过绘图（见图 12-18）计算第 k 部件的内生

烟损失。

目标设备是第 k 个部件，并且过程中的其他部件是剩余部件，即“其他”（$\dot{E}_{\mathrm{D,others}}$）。图 12-18 显示了过程的总不可逆性的变化（$\dot{E}_{\mathrm{D,tot}}$）与其除考虑的组分（$\dot{E}_{\mathrm{D,others}}$），因此截距就是内生的烟损失（$\dot{E}_{\mathrm{D},k}^{\mathrm{EN}}$）第 k 个分量。工程（图解）方法可用于分析任何能源密集型过程，但只能考虑具有恒定烟效率的设备。表 12-4 总结了两种分析方法的优缺点。

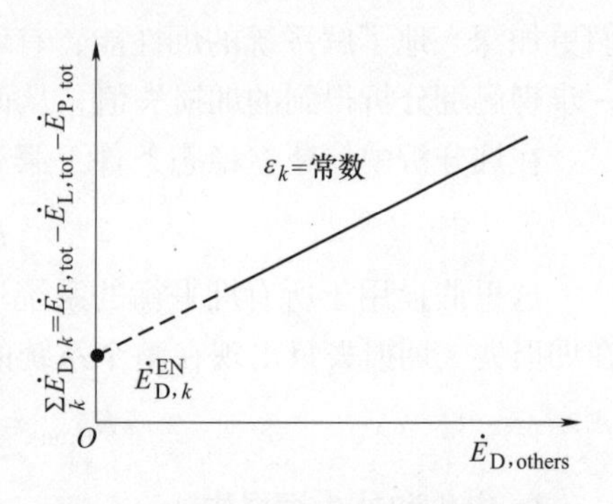

图 12-18　工程（图解）方法表示 $\dot{E}_{\mathrm{D},k}^{\mathrm{EN}}$

表 12-4　两种方法的优缺点

方法	优点	缺点
热力学方法	该方法适用于所有热力系统	发电厂系统的应用尚未得到证实。此外，该方法需要定义部件的理想运行。某些部件的理想运行只能近似确定
工程（图解）方法	该法是一种既适用于简单又适用于复杂热力系统的精确方法	无法确定节流阀等耗散装置的内生烟损失。方法可能耗时长

2. 可避免和不可避免的烟损失

热系统中真正的热力学低效与烟损失有关。烟分析识别出烟损失最大的系统部件和导致它们的过程。然而，在一个部件中只能避免部分烟损失。由于材料的可用性、成本和制造方法等技术限制而不能降低烟损失率是烟损失不可避免的一部分。总烟损失率和不可避免的烟损失率之间的差异代表了可避免的烟损失率，这为提高部件的热力学效率提供了一个现实的措施。因此，在第 k 个部件中可将烟损失分解为不可避免和可避免的部分，其表达式为

$$\dot{E}_{\mathrm{D},k} = \dot{E}_{\mathrm{D},k}^{\mathrm{UN}} + \dot{E}_{\mathrm{D},k}^{\mathrm{AV}} \tag{12-48}$$

式中，$\dot{E}_{\mathrm{D},k}^{\mathrm{UN}}$为部件中不可避免的烟损失，由于材料的可用性、成本和制造方法等技术限制，这部分的烟损失是不可避免的。剩余的烟损失称为可避免烟损失 $\dot{E}_{\mathrm{D},k}^{\mathrm{AV}}$，是可回收的，应引起重视。这种拆分方法为第 k 个部件的改进提供了更现实的度量。

$\dot{E}_{\mathrm{D},k}^{\mathrm{UN}}$是在不可避免的循环中计算的。在这个循环中，系统部件都在最有利的运行条件下工作，每个部件的有利条件表示可以实现的最大改进潜力。通过对不可避免循环的计算，可以得到单位产品烟的烟损失比$\left(\frac{\dot{E}_{\mathrm{D},k}}{\dot{E}_{\mathrm{P},k}}\right)^{\mathrm{UN}}$，因此，不可避免的烟损失计算公式为

$$\dot{E}_{\mathrm{D},k}^{\mathrm{UN}} = \dot{E}_{\mathrm{P},k}\left(\frac{\dot{E}_{\mathrm{D},k}}{\dot{E}_{\mathrm{P},k}}\right)^{\mathrm{UN}} \tag{12-49}$$

因此，第 k 个部件内可避免的烟损失 $\dot{E}_{\mathrm{D},k}^{\mathrm{AV}}$的计算公式为

$$\dot{E}_{\mathrm{D},k}^{\mathrm{AV}} = \dot{E}_{\mathrm{D},k} - \dot{E}_{\mathrm{D},k}^{\mathrm{UN}} \tag{12-50}$$

3. 组合分解㶲损失

结合上述两种分解㶲损失的方法，既考虑了部件之间的相互作用，又考虑了部件改进的约束。在这种情况下，可以将㶲损失分解为四个不同部分，以得到更详细、更有价值的㶲损失行为信息，具体表达式为

$$\dot{E}_{\mathrm{D},k} = \dot{E}_{\mathrm{D},k}^{\mathrm{UN,EN}} + \dot{E}_{\mathrm{D},k}^{\mathrm{UN,EX}} + \dot{E}_{\mathrm{D},k}^{\mathrm{AV,EN}} + \dot{E}_{\mathrm{D},k}^{\mathrm{AV,EX}} \tag{12-51}$$

式中，$\dot{E}_{\mathrm{D},k}^{\mathrm{UN,EN}}$是㶲损失不可避免的内生部分，由于技术上对第 k 个部件的限制，无法降低；$\dot{E}_{\mathrm{D},k}^{\mathrm{UN,EX}}$是㶲损失中不可避免的外生部分，由于其他部件的技术限制，无法减少；$\dot{E}_{\mathrm{D},k}^{\mathrm{AV,EN}}$是㶲损失中可避免的内生部分，通过提高所考虑部件的效率，可以减少；$\dot{E}_{\mathrm{D},k}^{\mathrm{AV,EX}}$是㶲损失中可避免的外生部分，可以通过提高剩余部件的效率或优化系统结构来减少。

因此，在改进系统时应更多的集中于㶲损失中可避免的内生和可避免的外生部分。这四个参数的计算方程式为（其中，$\dot{E}_{\mathrm{P},k}$代表第 k 个部件的有效输出㶲）

$$\dot{E}_{\mathrm{D},k}^{\mathrm{UN,EN}} = \dot{E}_{\mathrm{D},k}^{\mathrm{EN}}\left(\frac{\dot{E}_{\mathrm{D},k}}{\dot{E}_{\mathrm{P},k}}\right)^{\mathrm{UN}} \tag{12-52}$$

$$\dot{E}_{\mathrm{D},k}^{\mathrm{UN,EX}} = \dot{E}_{\mathrm{D},k}^{\mathrm{UN}} - \dot{E}_{\mathrm{D},k}^{\mathrm{UN,EN}} \tag{12-53}$$

$$\dot{E}_{\mathrm{D},k}^{\mathrm{AV,EN}} = \dot{E}_{\mathrm{D},k}^{\mathrm{EN}} - \dot{E}_{\mathrm{D},k}^{\mathrm{UN,EN}} \tag{12-54}$$

$$\dot{E}_{\mathrm{D},k}^{\mathrm{AV,EX}} = \dot{E}_{\mathrm{D},k}^{\mathrm{EX}} - \dot{E}_{\mathrm{D},k}^{\mathrm{UN,EX}} \tag{12-55}$$

㶲损失各部分特点见表 12-5。为了计算各部件的（㶲）损失，必须改变其余部件的（㶲）效率以降低其不可逆性。（㶲）效率是装置热力学性能的函数。在绘制图时，必须减少剩余部件的㶲损失，并考虑其对所考虑部件的影响。

表 12-5 㶲损失各部分特点

类别	内生	外生
可避免	可通过提高第 k 个部件的效率来减少	可以通过整个系统的结构优化或通过提高剩余部件的效率来减少
不可避免	不能减少，因为技术和过程限制 k 组件	由于给定结构的整个系统的其他部件的技术和/或工艺限制，无法降低

下面以应用于采用电池热管理系统与空调系统并联耦合方式的综合热管理系统为例，进行高级㶲分析，进一步研究系统中各部件㶲损失的内在原因。

如图 12-19 所示，当纯电动汽车运行时，来自综合热管理系统中两个并联分支蒸发器的制冷剂蒸气首先通过空调系统的压缩机（5′/5→1）。压缩机输入功率为 $\dot{W}_{\mathrm{Com}}$，制冷剂蒸气被压缩到冷凝压力后排入冷凝器（1→2）。在冷凝器中，制冷剂蒸气与空气进行热交换，冷凝成制冷剂液体，然后分别流入并联支路（2→3）。制冷剂液体通过两个并联支路（3→ 4′/4）中的膨胀阀减压后进入蒸发器。在蓄电池分支蒸发器中，制冷剂吸收蓄电池的热量后由液体变为蒸气（4′→ 5′）。然而，在座舱分支蒸发器中，制冷剂通过与座舱空气交换热量而从液体变为蒸气（4→5）。

传统的㶲分析方法只能用来找出造成㶲损失的关键部件。但在判断其㶲损失的主要原因

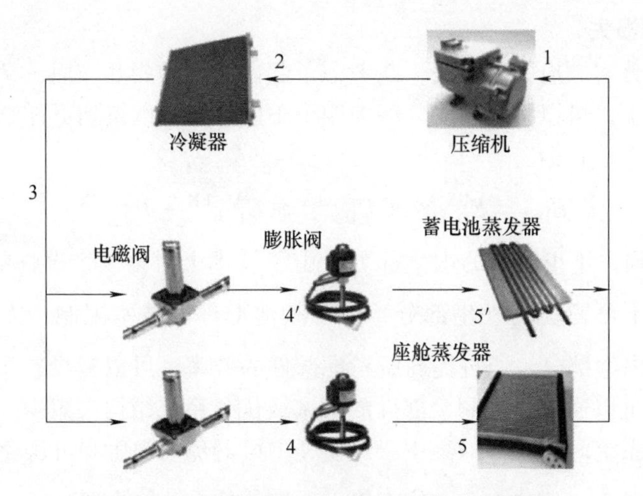

图 12-19　纯电动汽车的综合热管理示意图

时效果不佳。在常规分析的基础上，提出了高级㶲分析方法，以进一步研究系统中各部件㶲损失的内在原因。一般将㶲损失分为内生和外生两部分，或可避免和不可避免两部分。现在将这两种分解方法相结合，将㶲损失进一步分解为可避免的外生㶲损失、可避免的内生㶲损失、不可避免的内生㶲损失和不可避免的外生㶲损失。

在分析系统各组成部分的内生和外生㶲损失时，有必要分别创建一个实际循环和理想循环的混合模型。对于理想循环，应满足以下要求：$\dot{E}_{D,k}=0$ 或最小 $\dot{E}_{D,k}=0$。另外，假设压缩机等熵效率为 100%，节流阀为等熵过程，换热器温差为 0℃。系统的实际循环和理想循环参数见表 12-6，系统的实际循环是 1—2—3—4—5—1 和 1—2—3—4′—5′—1，而理想循环是 1i—2i—3i—4i—5i—1 和 1i—2i—3i—4′i—5′i—1i。6→7 和 8→9 是次级工作流体（物质在冷凝器 6→7 中冷却，在蒸发器 8→9 中加热），如图 12-20 所示。

表 12-6　理想循环的工况数据

位置	能量载体	$\dot{m}$/(kg·s^{-1})	t/℃	p/MPa	h/(kJ·kg^{-1})	s/(kJ·kg^{-1}·K^{-1})	e/(kJ·kg^{-1})
1i	R134a	0.0203	22	0.608	410.790	1.717	43.998
2i	R134a	0.0203	49	1.221	425.050	1.717	58.258
3i	R134a	0.0203	47	1.221	267.000	1.223	54.904
4i	R134a	0.0139	15	0.488	263.860	1.223	51.764
5i	R134a	0.0139	15	0.488	407.070	1.720	39.432
4′i	R134a	0.0063	22	0.608	264.900	1.223	52.804
5′i	R134a	0.0063	22	0.608	410.790	1.717	43.998

不可避免的（㶲）损失是在一个不可避免的循环中计算的，此时系统各部件工作在最有利的运行条件下。每一个组成部分的最有利条件代表了在技术限制下可以实现的最大改进潜力。电池热管理系统与交流系统耦合时，不可避免的循环 1UN—2UN—3UN—4UN—5UN—1UN 和 1UN—2UN—3UN—4′UN—5′UN—1UN 如图 12-20 所示。

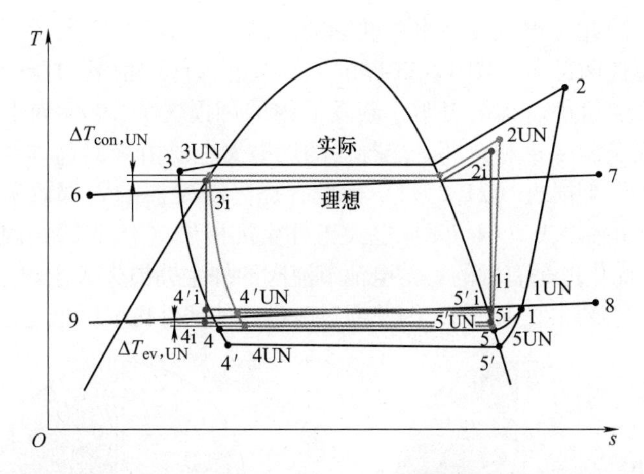

图 12-20 BTMS 和 AC 并联系统的实际循环、理想循环和不可避免循环的 *T-s* 图

在第 k 个组分中，煳损失也可分为不可避免和可避免两部分。

$\dot{E}_{D,k}^{UN}$为第 k 个部件不可避免的煳损失。由于技术的限制，这部分煳损失无法减少和恢复。总煳损失与不可避免的煳损失之间的差别是第 k 个组分的可避免的煳损失 $\dot{E}_{D,k}^{AV}$。这部分损失是可恢复的，为提高元件的热力学效率提供了一种现实的措施。

将两种分解方法（内生和外生煳损失，可避免和不可避免煳损失）结合起来，既可以考虑部件之间的相互作用，又可以考虑部件改进的约束条件。在这种情况下，将煳损失分成四个不同的部分，以获得关于煳损失行为的更详细和有价值的信息。

上述方法，综合热管理系统的高级煳分析将煳损失分解为内生/外生部分和可避免/不可避免部分。然后将它们结合起来，将煳损失进一步分解为可避免的内生煳损失和可避免的外生煳损失、不可避免的内生煳损失和不可避免的外生煳损失。计算结果见表 12-7。

表 12-7 综合热管理系统高级煳分析结果 （单位：kW）

部件	$\dot{E}_{D,k}$	$\dot{E}_{D,k}^{UN}$	$\dot{E}_{D,k}^{AV}$	$\dot{E}_{D,k}^{EX}$	$\dot{E}_{D,k}^{EN}$	$\dot{E}_{D,k}^{UN}$		$\dot{E}_{D,k}^{AV}$		y_k(%)
						$\dot{E}_{D,k}^{UN,EN}$	$\dot{E}_{D,k}^{UN,EX}$	$\dot{E}_{D,k}^{AV,EN}$	$\dot{E}_{D,k}^{AV,EX}$	
压缩机（Com）	0. 129	0. 0091	0. 1202	0. 0678	0. 0615	0. 0086	0. 0006	0. 0592	0. 0610	13. 74
冷凝器（Con）	0. 084	0. 0191	0. 0654	0. 0665	0. 0179	0. 0189	0. 0002	0. 0476	0. 0178	11. 04
座舱节流阀（TV_c）	0. 073	0. 0499	0. 0232	0. 0473	0. 0258	0. 0488	0. 0011	0. 0000	0. 0232	0. 00
座舱蒸发器（EV_c）	0. 074	0. 0404	0. 0334	0. 0737	0. 0000	0. 0404	0. 0000	0. 0334	0. 0000	7. 75
蓄电池节流阀（TV_b）	0. 029	0. 0146	0. 0142	0. 0137	0. 0151	0. 0142	0. 0004	0. 0000	0. 0142	0. 00
蓄电池蒸发器（EV_b）	0. 041	0. 0018	0. 0396	0. 0414	0. 0000	0. 0018	0. 0000	0. 0396	0. 0000	9. 51
整个系统	0. 431	0. 1348	0. 2959	0. 3104	0. 1204	0. 1326	0. 0022	0. 1778	0. 1162	41. 25

整个系统可避免和不可避免的煳损失分布如图 12-21 所示，整个系统内生和外生煳损失分布如图 12-22 所示。整个系统可避免的煳损约占总煳损的 68. 56%，说明系统的改进潜力巨大。整个系统的内生煳损失约占总煳损失的 72. 38%，系统中 27. 62%的煳损失是外生的。这说明各元件之间的相互作用不强，煳损失主要是由元件本身的不可逆性引起的，而不是元

件之间的相互作用，因此应重视元件本身性能的提高。如图 12-23 所示，部件的有效能损失被分为内源性和外源性两部分，图 12-23 提供了所考虑部件中由其自身引起的㶲损失和由其余部件引起的㶲损失的信息。结果表明，蒸发器内的㶲损失为 100% 内生损失，原因是蒸发器需要维持产品的固定制冷量和总㶲。冷凝器的㶲损失主要由冷凝器本身造成，其内源㶲损失（78.8%）大于外源㶲损失（21.2%），因此，提高冷凝器的内部效率对于系统优化更有效。座舱节流阀的内生㶲损失（64.7%）也大于外生㶲损失（35.3%），因此提高座舱节流阀的内部效率对于系统优化也是有效的。蓄电池节流阀的外生㶲损失大于内生㶲损失，这是因为㶲损失主要是由其他剩余部件引起的，因此通过改进其他部件可以降低电池节流阀的㶲损失。

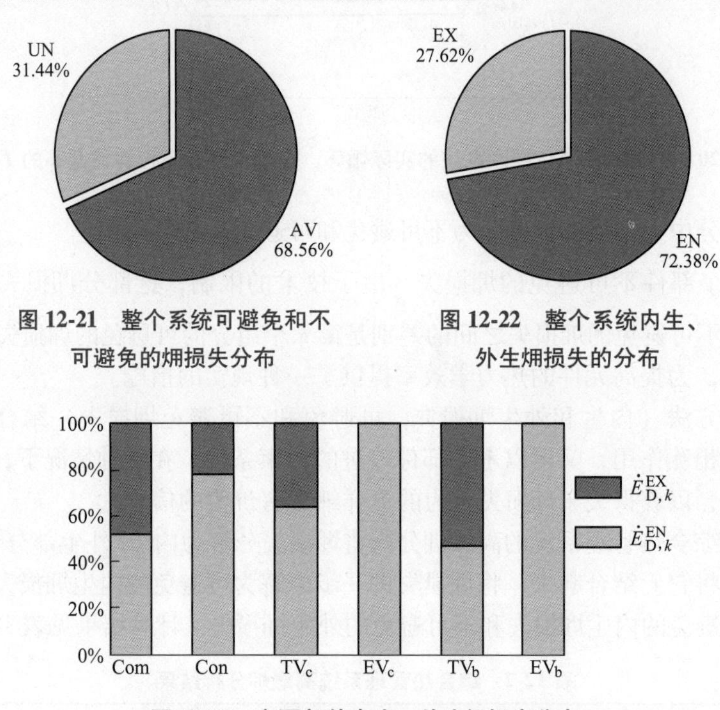

图 12-21　整个系统可避免和不可避免的㶲损失分布

图 12-22　整个系统内生、外生㶲损失的分布

图 12-23　主要部件内生、外生㶲损失分布

主要部件可避免和不可避免的㶲损失分布如图 12-24 所示，有助于了解各系统部件的真实的改进潜力。压缩机、冷凝器和蓄电池蒸发器的可避免㶲损失均大于不可避免㶲损失。而座舱节流阀、座舱蒸发器和蓄电池节流阀的可避免㶲损失均小于不可避免㶲损失。因此，只有压缩机、冷凝器和蓄电池蒸发器具有改进潜力。此外，压缩机具有最大的可避免㶲损失值 0.1202kW，这说明压缩机具有最大的改进潜力，其次是冷凝器，然后是蓄电池蒸发器。

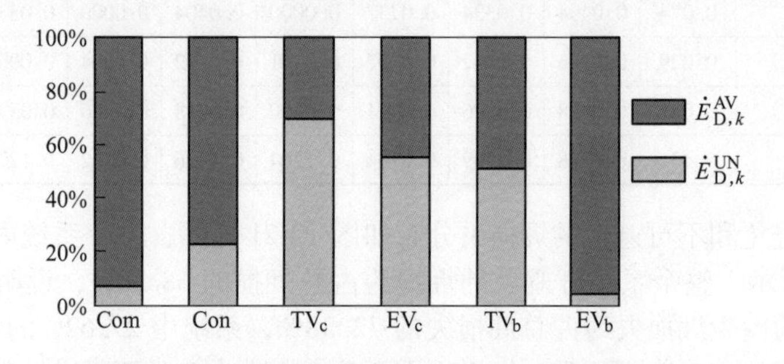

图 12-24　主要部件可避免和不可避免㶲损失的分布

通过上述两种分解方法的结合，系统和部件中的（㶲）损失被进一步拆分为 4 个部分，如图 12-25 和图 12-26 所示，可以提取更多的信息。从图 12-38 可看出，系统中可避免的内生㶲损失占总㶲损失的 41.46%，说明提高系统部件的效率可以减少这部分㶲损失。可避免的外生㶲损失占总㶲损失的 27.1%，说明系统结构的改进可以提高系统性能。此外，系统中不可避免的内生㶲损失占总㶲损失的 30.92%，不可避免的外生㶲损失占总㶲损失的 0.51%。由于元件的不可逆性和技术局限性，这两部分的㶲损失无法得到改善。因此，可避免的内源成分 $\dot{E}_{D,k}^{AV,EN}$ 和可避免的外源成分 $\dot{E}_{D,k}^{AV,EX}$ 需要引起更多的关注。通过计算结果，系统各部件的四种㶲损失如图 12-26 所示。

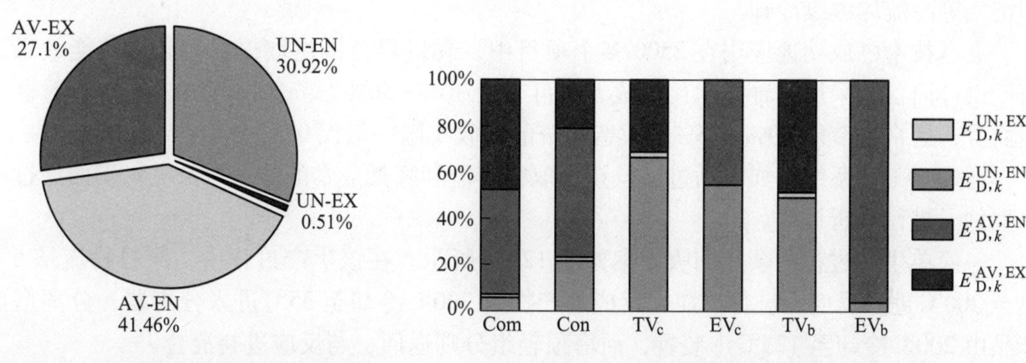

图 12-25　整个系统四种㶲损失分布图　　**图 12-26　系统部件四种㶲损失分布图**

对综合热管理系统进行高级㶲分析得出：首先，传统和高级㶲分析表明，压缩机㶲损失率最高，其次是冷凝器。然而，在传统㶲分析中，座舱蒸发器被认为是第三优先改进的组件；在高级㶲分析中，座舱蒸发器和蓄电池蒸发器被认为是第三优先改进的组件。此外，在传统㶲分析中，座舱节流阀被视为第四优先改进的组件；但根据高级㶲分析结果，节流阀的㶲损失是完全不可避免的，无法改善。因此，高级㶲分析是更为可靠评价热工装置的分析方法。

12.3　综合分析

除了上述基于热力学第一定律、热力学第二定律的评价外，可以采用夹点分析、热经济学分析等综合分析来更加全面地评价能量利用的经济性。

12.3.1　夹点分析

1. 夹点分析概述

通过之前几节内容的学习，我们不难发现热力学研究的根本目的在于提高能量利用的经济性，即节能。节能工作在我国大致经历了三个阶段：第一阶段主要是利用热力学第一定律的能量分析法进行余热的回收，此阶段着重于单个余热流，而不是整个热回收系统；第二阶段是在利用热力学第一定律的基础上，利用热力学第二定律的方法以及热经济学方法对单个设备、装置等进行分析、改进，以达到节能的目的；第三阶段是针对过程工业系统节能的过程集成。过程集成就是把整个过程工业系统集中起来作为一个有机结合的整体来看待，达到整体设计最优，从而使一个过程工业系统能耗最小，费用最低，对环境污染最小。

在过程集成方法中，目前最实用的是夹点技术。夹点技术自1978年发明以来，经过数十年的不断发展和深化，已发展成为系统、科学、成熟的技术。夹点概念的提出，是基于严格的热力学目标，使工程技术人员可以清楚地看到过程什么地方浪费了能量、浪费的原因及如何改善来实现目标。

在过程工业的生产系统中，从原料到产品的整个生产过程，始终伴随着能量的供应、转换、利用、回收、生产和排弃等环节。例如：进料需要加热，产品需要冷却，冷、热流体之间换热可构成热回收换热系统；加热不足部分需设置叫作加热公用工程的加热装置，以提供热量进一步加热；冷却不足部分需设置叫作为冷却公用工程的冷却装置，以提供冷却水、冷却空气等冷流体继续冷却。

夹点技术已成功地应用在2500多个项目中，在世界范围内取得了显著的节能效果。对新厂设计而言，采用这种技术比传统方法可节能30%~50%，节省投资10%左右；对老厂改造而言，通常可节能20%~35%，改造投资的回收年限一般仅0.5~3年。

在过程工业系统中如何通过夹点技术取得节能和降低成本的显著效果呢？下面通过一个典型例子进行分析说明。

一简单生产过程的余热回收方案如图12-27所示。在该生产过程中，原料物流从5℃加热至200℃进入反应器进行反应，反应的产物由200℃冷却至35℃进入分离器，分离塔底的产品由200℃冷却至125℃出装置，而塔顶轻组分则返回，与反应进料混合。

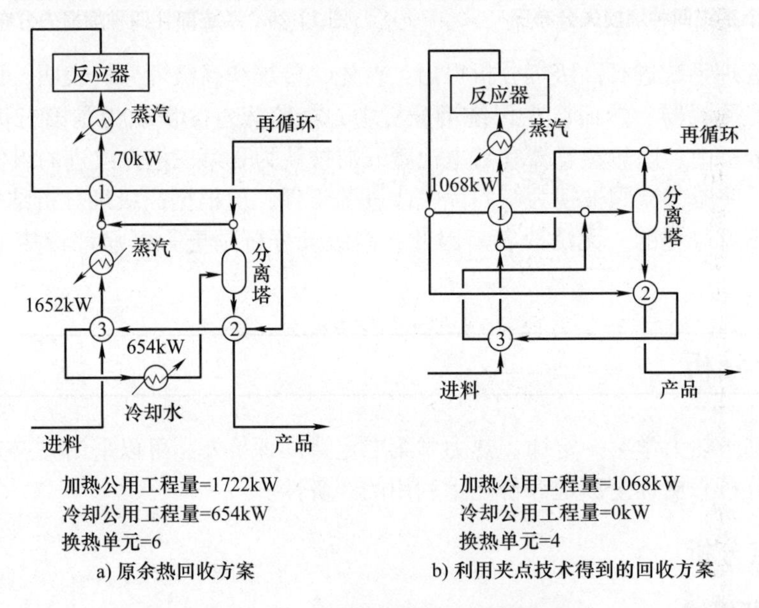

图12-27　不同余热回收方案的比较

原余热回收方案为了回收反应产物和塔底产品的热量，使其与进料冷物流进行换热，按温度的高低设置了3台换热器，如图12-27a所示。换热过程最小传热温差取10℃，进料预热不足部分由蒸汽补充，反应产物冷却不足部分由冷却水进一步补充。这样设计后，系统所需的加热公用工程量为1722kW，冷却公用工程量为654kW。在应用夹点技术进行设计后，得到了如图12-27b所示的更优方案。该方案可使加热公用工程量减至1068kW，约减少了40%；冷却公用工程量减为零；换热单元数目（包括蒸汽加热器、冷却器、换热器）由6台降为4台。结果显示新方案既大大降低了生产过程中的能量消耗，又降低了换热网络的设备投资。

下面一个例子则让我们看到，在没有利用夹点分析的情况下，所提方案不仅不节能，反而多耗能、耗资。

某企业为了回收利用一个蒸发器的二次蒸汽，采用了热泵系统。但运用夹点技术分析发现，该蒸发器位于夹点之下，这意味着整个系统中有足够多的余热可以提供给该蒸发器作为热源。在这种情况下采用热泵装置，其结果是将外加的机械功转化成了废热排给了需要专设的冷却装置，造成了能量的浪费，另外还要花费费用去购买热泵设备。

从上面的例子可以看到，只考虑局部而没有考虑整个系统的节能方案是有弊病的：轻则节能方案未达最佳；重则从全系统考虑可能出现节能方案不仅不节能，反而多耗能、多耗资的情况。当站在整个系统角度采用夹点技术进行分析时，不仅所得结论会不同于考虑单个热流、单独设备的情形，而且节能效果和经济效益会更显著。

2. 夹点分析的主要步骤和方法

对一个真实过程装置或全厂的过程，夹点分析的主要步骤是：

1）获得或生成包含温度、流量和热容数据的工艺流程图，产生一致的物料平衡和能量平衡数据。

2）从物料平衡和能量平衡数据中提取物流数据。

3）选择一个最小允许的传热温差 $\Delta T_{\min}$，并确定过程系统的夹点位置和能源目标。

4）检查工艺过程改变的机会，相应修正物流数据并重新计算目标。

5）考虑与全厂中其他装置集成的可能性，或限制与部分物流进行换热；比较新的目标与以前的目标。

6）分析整厂的动力需求，识别热电联产（CHP）或热泵的机会。

7）确定是否实施工艺过程改变和将用何种水平的公用工程，并设计换热网络来回收过程中的热量。

8）根据设备成本和能源成本的协调，对换热网络进行修正和优化，以达到最佳的经济效益。

在进行夹点分析时，最主要的任务是确定夹点温度，它决定了该系统的最低能源消耗和最大热回收量。夹点温度可以通过温焓图和复合曲线法等方法确定。

物流的热特性可以用温焓（t-H）图很好地表示。温焓图的纵、横坐标分别为温度 t 和焓 H，热物流（需要被冷却的物流）线的走向是从高温向低温，冷物流（需要被加热的物流）线的走向则相反，是从低温向高温。在稳定流动系统中，物流吸取或放出的热量可以用焓差 ΔH 表示，在 t-H 图上即为横坐标两点之间的距离，因此物流线的左右平移并不影响物流的温位和热量。

当一股物流吸入或放出 δQ 热量时，设其温度变化为 $\mathrm{d}t$，则

$$\delta Q = q_m c\mathrm{d}t \tag{12-56}$$

式中，$q_m c$ 是质量流量与比热容的乘积，称为热容流率，单位为kW/℃或kW/K。

如果把一股热流从供给温度 t_1 加热或冷却至目标温度 t_2，则所交换的总热量为

$$Q = \int_{t_1}^{t_2} q_m c\mathrm{d}t$$

若热容流率 $q_m c$ 为常数，则

$$Q = q_m c(t_2 - t_1) = \Delta H \tag{12-57}$$

这样就可以在温焓图上用一条直线表示一股冷流被加热或一股热流被冷却的过程，如图 12-28 所示。显然直线的斜率为 $q_m c$ 的倒数，且 $q_m c$ 值越大，则 t-H 图上所对应的线越平缓。

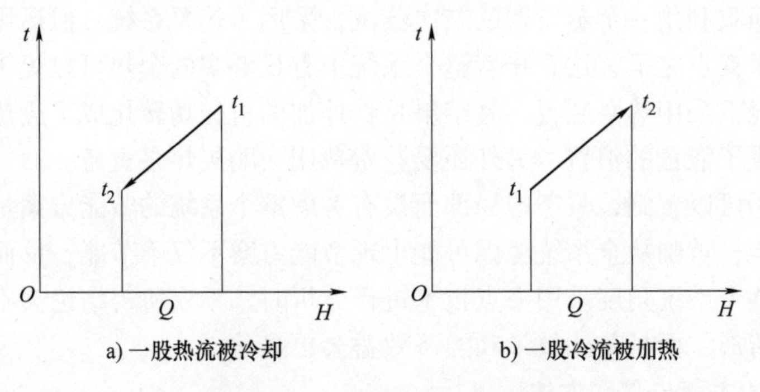

图 12-28　t-H 图上的一股物流

在过程工业的生产系统中，通常总是有若干冷物流需要加热，又有若干热物流需要冷却。对于多股热流，可以将它们合并成一根热复合曲线；对于多股冷流，同样也可以将它们合并成一根冷复合曲线。图 12-29 表示了如何在温焓图上将三股热流合并成一根复合曲线：设有三股热流，其热容流率分别为 A、B、C(kW/K)，其温区分别为 $(t_2 \to t_5)$、$(t_1 \to t_3)$、$(t_2 \to t_4)$，如图 12-29a 所示。在 t_1 和 t_2 温度间，只有一股热流放出（提供）热量，其值为 $B(t_1 - t_2) = \Delta H_1$，故这段曲线的斜率等于曲线 A 的斜率；在 t_2 到 t_3 的温度区内，有三股热流提供热量，总热量值为 $(A + B + C)(t_2 - t_3) = \Delta H_2$，这样此段复合曲线的斜率要改变，变为 $1/(A + B + C)$，即 t-H 图上两端的纵坐标不变，横坐标上的距离等于原来三股流在横坐标上距离的叠加。根据这一原理，在每一个温区的总热量可表示为

$$\Delta H_i = \sum_j q_{mj} c(t_i - t_{i+1}) \tag{12-58}$$

式中，j 为第 i 温区的物流数。

照此方法，就可形成每个温区的线段，使原来的三条曲线合成一条复合曲线，如图 12-29b 所示。

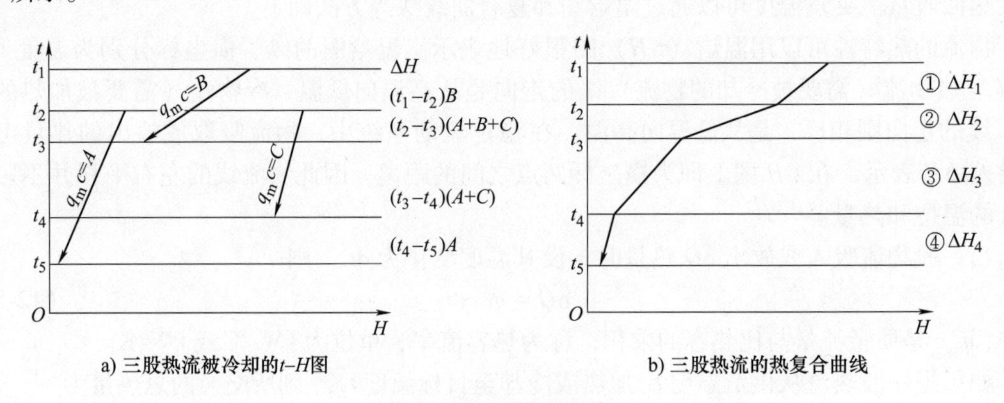

图 12-29　复合温焓图

同理，也可将多股冷流在温焓图上合并成一条冷复合曲线。当有多股热流和多股冷流进行换热时，可在同一温焓图上利用上述方法将所有热流合并成一条热复合曲线，将所有冷流合并成一条冷复合曲线。这样，热、冷两条复合曲线同时表示在同一温焓图上，其组合曲线称为总组合曲线（grand composite curve，GCC），它们之间可以有三种不同的相对位置。

如图 12-30a 所示，全部冷流由加热公用工程加热，全部热流由冷却公用工程冷却，过程中热流的热量完全没有被回收。此时，加热公用工程所提供的热量 Q_H 和冷却公用工程所提供的冷量 Q_L 为最大。

如图 12-30b 所示，将冷复合曲线平行左移，则热流所放出的一部分热量可以用来加热冷流，从而使加热公用工程所提供的热量 Q_H 和冷却公用工程所提供的冷却量 Q_L 均相应减少。但由于此时是以最高温度的热流加热最低温度的冷流，传热温差很大，可回收利用的余热 Q_R 有限。

如果继续将冷复合曲线左移至如图 12-30c 所示的位置，使热复合曲线Ⅰ和冷复合曲线Ⅱ在某点几乎重合。此时，加热公用工程所提供的热量 Q_H 和冷却公用工程所提供的冷却量 Q_L 均达到最小，所回收的热量 Q_R 达到最大。冷、热复合曲线在某点重合时使系统内部换热达到极限，重合点的传热温差为 0，称为夹点。

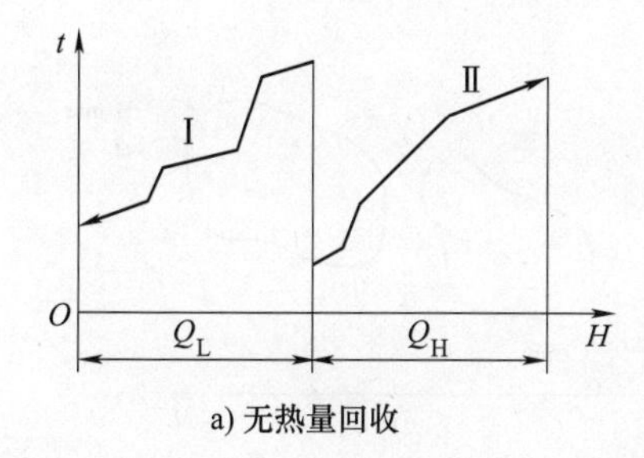

a) 无热量回收

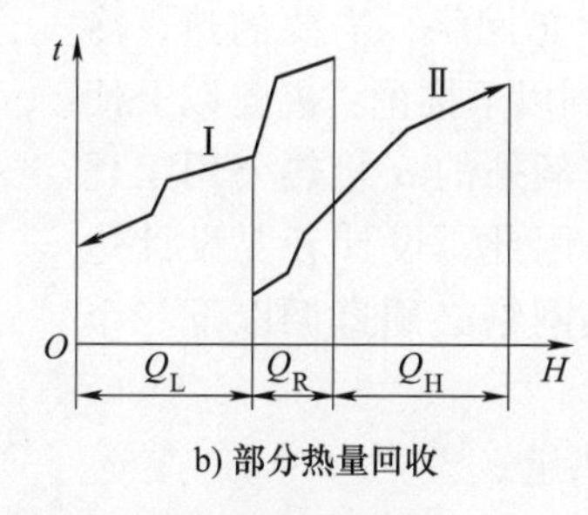

b) 部分热量回收

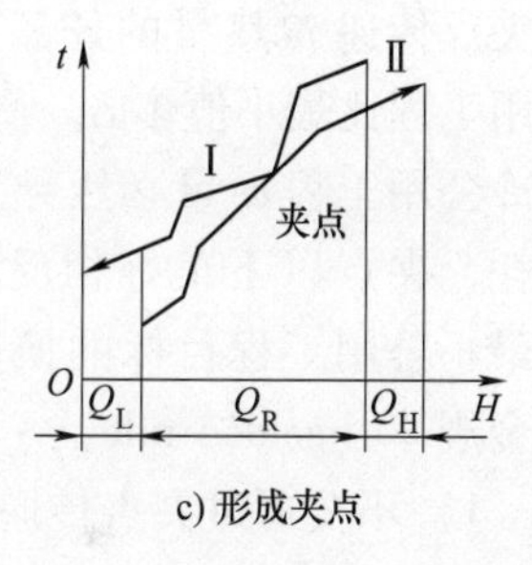

c) 形成夹点

图 12-30　换热系统的集成

然而，在夹点温差为 0 时的传热需要无限大的传热面积，既不现实，也不经济。可以通过技术经济评价确定一个系统最小的传热温差——夹点温差，这样夹点可定义为冷、热复合温焓线上传热温差最小的地方。确定了夹点温差之后的冷、热复合曲线图如图 12-31 所示，图中冷、热曲线在横坐标方向的重叠部分 *ABCEFG*，即阴影部分，为过程内部冷、热流体的换热区。这个换热区包括多股热流和多股冷流，它们之间的传热，即物流的焓变，全部通过换热器来实现。对于冷复合曲线上端的剩余部分 *GH*，已没有合适的热流与之换热，需要公用工程换热器使这部分冷流升高到目标温度，*GH* 为该夹点温差下所需的最小加热公用工程量 $Q_{H,min}$；热复合曲线下端的剩余部分 *CD*，也没有合适的冷流与之换热，需用公用工程冷却器使此部分热流降低到目标温度，*CD* 为该夹点温差下所需的最小冷却公用工程量 $Q_{L,min}$。

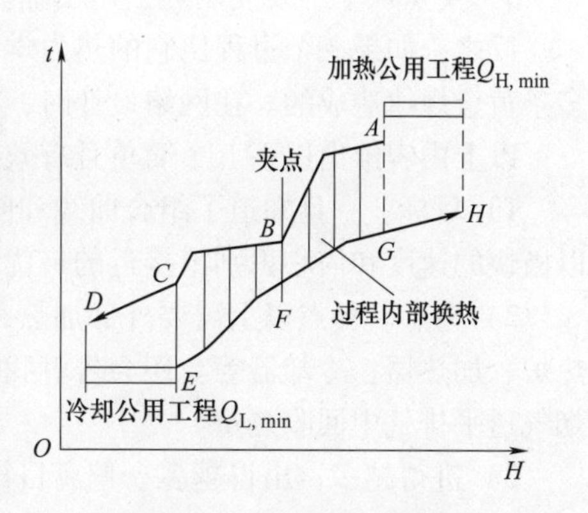

图 12-31　冷热复合温焓图

当物流较多时，采用复合温焓线很烦琐，且不够准确，此时常采用问题表法来精确计

算，感兴趣的读者可自行了解。

图 12-32a 显示了夹点分开的多物流问题的组合曲线。夹点以上（也就是右边的区域）热组合曲线的全部热量传给冷组合曲线，余下的仅需要公用工程加热。因此，夹点以上区域是一个热阱（heat sink），仅热量流入而不流出。它仅涉及与热公用工程的加热，而不需冷公用工程。相反，夹点以下区域仅需要冷却，称为热源（heat source），需要冷公用工程冷却，而不需热公用工程。因此，问题变成了两个不同区域的热力学问题，如图 12-32b 所示。夹点以上，热量 $Q_{H,min}$ 流入问题；夹点以下，热量 $Q_{C,min}$ 流出问题，而流经夹点的热量为零。从位移组合曲线（见图 12-32c）可更加清晰地看到夹点把过程分成了两部分。

如图 12-32c 所示，由总体焓平衡可知，对于通过夹点传递 α 热量的任意换热网络，需要的热、冷公用工程比最小值多 α。得到以下推论：夹点以上使用冷公用工程 α 量必然导致额外的 α 量热公用工程消耗，夹点以下正好相反。因此，设计者要设计达到最小公用工程目标的换热网络必须遵循以下三个黄金规律（golden rule）：

1）不要通过夹点传递热量。

2）夹点以上不要使用冷公用工程。

3）夹点以下不要使用热公用工程。

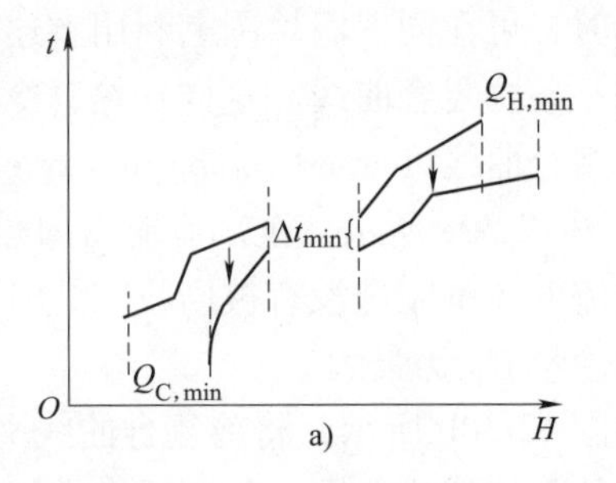

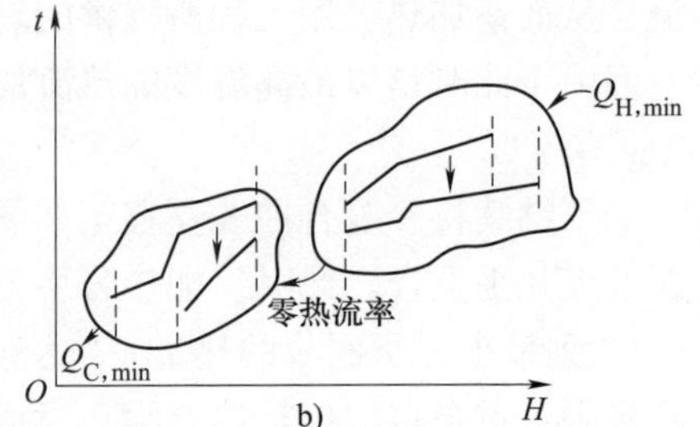

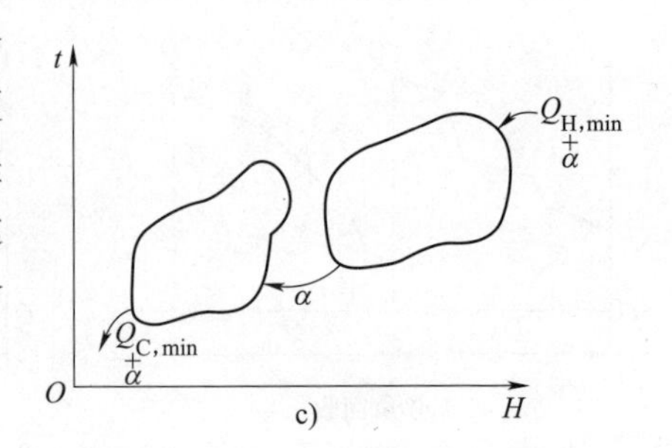

图 12-32　将一个问题在夹点处分区

反之，如果一个过程比它的热力学目标用了更多的能量，肯定是由于不遵循以上一条或多条黄金规律造成的。在网络设计时，在夹点处分解问题是非常有用的。

以上内容给出以下五个简单且有效的概念：

1）目标。一旦知道了组合曲线和问题表，就能准确知道所必需的外部加热负荷，就能以极快的速度和信心识别出接近的最优过程或非最优过程。

2）夹点。夹点以上需要外部加热，夹点以下需要外部冷却。这告诉我们在哪里安放加热炉、加热器、冷却器等。还会告诉我们需要怎样的全厂蒸汽动力系统，如何从蒸汽透平和烟气透平排气中回收热量。

3）进得越多，出得越多。偏离目标的过程需要比最小外部加热量和最小外部冷却量多的加热冷却负荷（见图 12-32c）。我们套用习语"进得越多，出得越多"来形容这种情况，但注意对于过程中每个过量的外部加热单元，必须提供两次换热的设备。在一些情况下，可允许我们改善能量费用和操作费用。

4）选择的自由。在图 12-32b 中热阱和热源是分开的，只要设计者遵循这一限制就可以随心所欲地选择布置图和控制方案等。

5）折中。问题中物流数（过程物流数加上公用工程数）与最小换热单元数（即加热器、冷却器和热交换器数）之间存在简单的关系。热源和热阱分离的达到最小能量目标的换热网络比没有用夹点分割的换热网络需要更多的单元数。这种能量回收和单元数间的折中，增加到传统的能限和表面积间的折中概念上。

因此，不需要“黑箱”式的计算能力，而是开发出关键概念，让设计者将这些概念与其对个别过程技术的经验融合在一起，这种融合最终会产生更好的设计。

3. 应用范围和案例

夹点技术适用于过程系统的设计和节能改造。过程系统就是过程工业中的生产系统，所谓过程工业是指需要处理物料流和能量流的行业，如化工、冶金、炼油、造纸、水泥、食品、医药和电力等行业。以系统工程的角度来看，过程工业的生产系统可以分为三个子系统：工艺过程子系统、热回收换热网络子系统和蒸汽动力公用工程子系统，如图 12-33 所示。

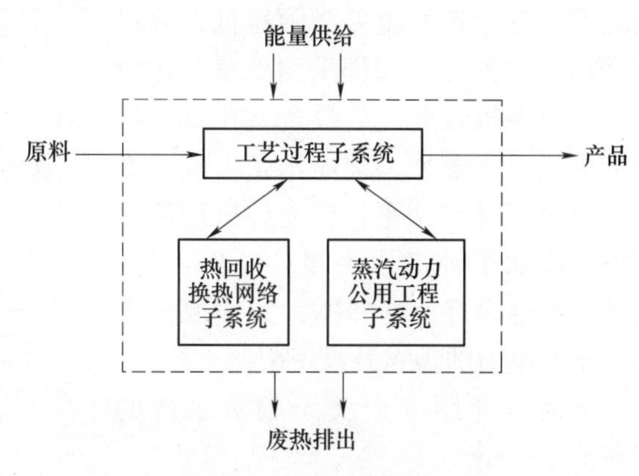

图 12-33 过程系统框图

工艺过程子系统是指由反应器、分离器等单元设备组成的从原料到产品的生产流程，它是过程工业生产系统中的主体。热回收换热网络子系统是指在生产过程中由换热器、加热器、冷却器组成的系统，其目的在于回收热物流的热量，把冷物流加热到一定温度，把热物流冷却到一定温度。蒸汽动力公用工程子系统是指为生产过程提供各种能级的蒸汽和动力的子系统，它包括锅炉、透平、废热锅炉、给水泵和蒸汽管网等设备。

从能量利用的角度看，这三个子系统相互影响、密切相关，例如：工艺条件或路线的改变将影响对换热网络和蒸汽动力系统的要求；换热网络热量回收率的提高将减少加热公用工程量和冷却公用工程量；蒸汽压力级别的确定将影响利用回收工艺热量生成蒸汽的数量。因此，要想获得能量的最优利用，应当进行系统整体优化，即三个子系统的联合优化。

夹点分析也可以用于传质网络设计和优化，以回收或利用物流中携带的原料或试剂，节约资源；还可以用于将资源利用与经济结合管理，构造投资组合曲线以实现最大利润。目前，夹点技术不但在过程系统的节能方面取得了显著的成果，而且在过程系统的节水方面亦取得了明显的成效。夹点技术在节水方面所取得的成效，为夹点技术的应用开辟了新的领域。总之，夹点技术现在已经得到了广泛的应用，它不仅可用于热回收换热网络的优化集成，而且可用于合理设置热机和热泵，确定公用工程的能级和用量，去除“瓶颈”，提高生产能力。

在应用案例方面，有一个为海水淡化装置，其使用燃气透平系统联合循环，将动力和水集成在一起的项目在近些年已很普遍。蒸汽透平设置用来在一定温度和压力下释放低压蒸汽来加热第一级蒸发器。来自每一效蒸发器的蒸汽加热下一级蒸发器，冷凝水变成所需的新鲜水。每一效蒸发器释放的潜热大致等于燃气透平排气释放的热量。因此，产生的脱盐水量大致与蒸发器效数成正比。在给定的燃料用量水平和产生电力下，在蒸汽透平产生的电力、蒸汽排放温度、蒸发器效数、每一效蒸发器的温差和生产纯水量之间存在多维权衡。分析时必须同时考虑公用工程系统的分布和蒸发器的集成。

图 12-34 用图解的方式给出了许多可选方案。方案 1 具有高的蒸汽排放温度，故蒸汽透平产生的动力相对少，仅需要三效蒸发。方案 2 采用低的蒸汽排放温度，透平动力输出较多；为得到三效蒸发，每一效的温差必须压低，故投资费用高。方案 3 同样采用低蒸汽排放温度，温差被恢复，故投资费用低，但只能采用二效蒸发，纯净水量下降。方案 4 牺牲了蒸汽透平，但允许采用四效蒸发，增加了纯净水产量。总而言之，这些方案都很好，选择哪种方案取决于当地水和电力的需求及投资限制。

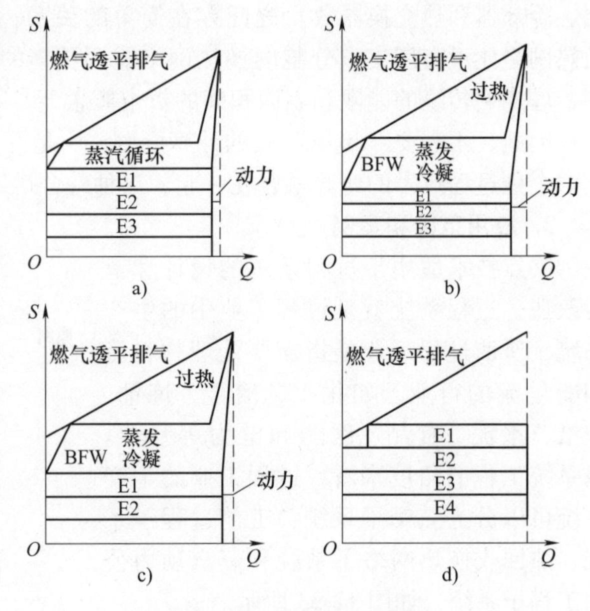

图 12-34　过程系统框图

下面再介绍一个关于闪蒸系统的案例。

闪蒸系统常被作为便宜的冷却方法使用，并具有实现一定分离的附加优点。热流体在较低压力下进入容器，温度下降和显热蒸发一些液体，并从罐的顶部排出。在传统的换热器中很难回收泥浆中的热量，因为固体能够在换热器的表面累积，与纯液体相比，更易形成污垢，易使换热器发生阻塞。在许多情况下，闪蒸系统是解决该问题的最好方案。干净的顶部气相被冷凝，并由工艺过程的其他部分回收热量。

但是，闪蒸系统的能量回收都是在单一、低温的情况下进行的。若在换热器中回收，热量将在一定的温度范围内释放。这会如何影响整个过程的能耗呢？

这里同样可应用过程改变分析来寻找答案。如图 12-35a 所示的 GCC，此过程包括的热泥浆物流温度在 140℃ 和 80℃ 之间（位移温度）。从分析中去掉该物流得到背景过程，得到另一种形式的分离 GCC，如图 12-35b 所示。可以看出该物流的所有热量都可由工艺过程回收。热公用工程需要量为 0.4MW。

现在假设用闪蒸该物流代替，从冷凝气相可回收相同量的热量，在单一的温度下，可用图 12-35b 中的水平线（虚线）来表示。很明显，水平线没有完全在背景过程 GCC 以上，从而一些热量将被浪费。因此，闪蒸引起的能量惩罚是 0.4MW，总的热公用工程用量将是闪蒸前能量的两倍，为 0.8MW，如图 12-35c 所示。

若闪蒸在较高的温度下进行，水平线将位于背景过程 GCC 以上。那么，剩余的热量可由换热回收。这存在两个缺点：第一，仍需要包含泥浆的换热器；第二，通过闪蒸从泥浆中移除的液体更少，从过程考虑这常常是不希望的。下游物流流率较大，在许多情况下，会故意用闪蒸从泥浆中把水移除；否则，还需用蒸发器。

解决方案是采用多级闪蒸。这将得到与单级闪蒸一样的分离效果，但热量可在一定温度范围内回收。而且，简单地在 GCC 上构建就会表明系统所需的闪蒸级。图 12-36 对其进行了演示，可以看到二级闪蒸系统仍会有 0.2MW 的能量惩罚（总的热公用工程为 0.6MW），但三级系统完全在背景过程 GCC 以上。

结果怎样呢？与蒸发一样，会精确达到需要的分离量。与传统的换热交换方案相比，同样能确保没有能量惩罚。分析简单快捷地告诉了我们达到要求所需要的闪蒸级。尽管将闪蒸系统绘制为三角形，但它却是一个不平衡的热负荷，与反应器系统或公用工程类似。

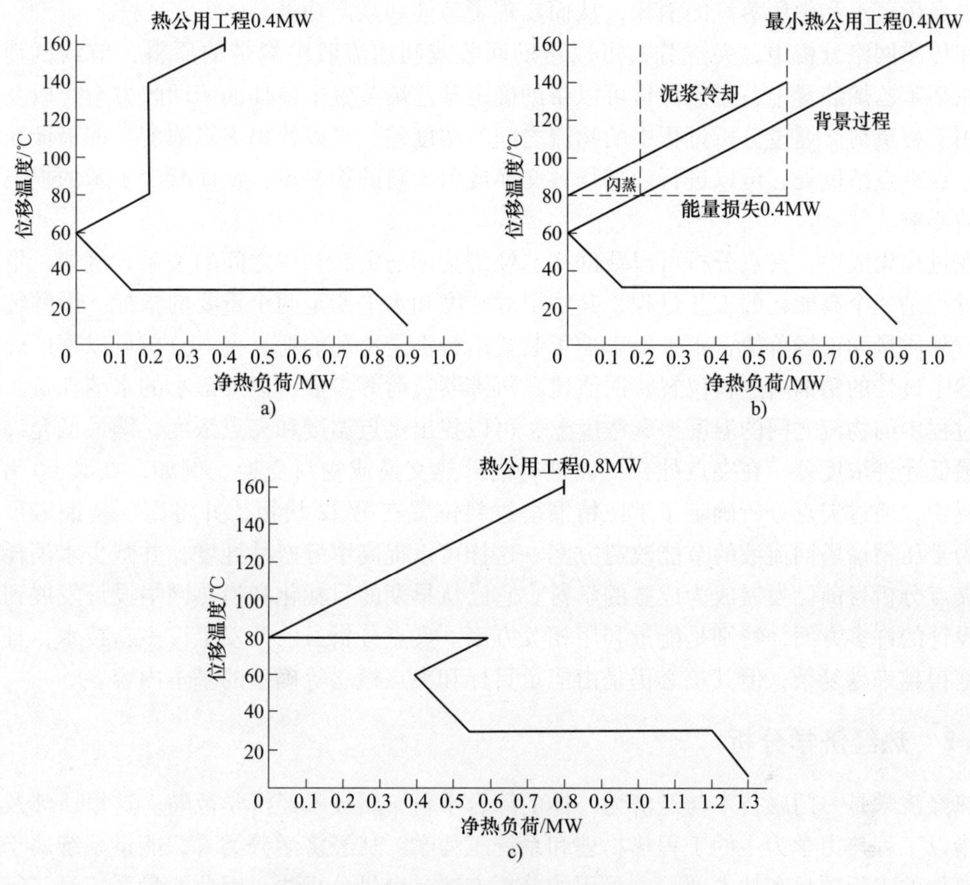

图 12-35　泥浆系统的原始 GCC 和分离 GCC

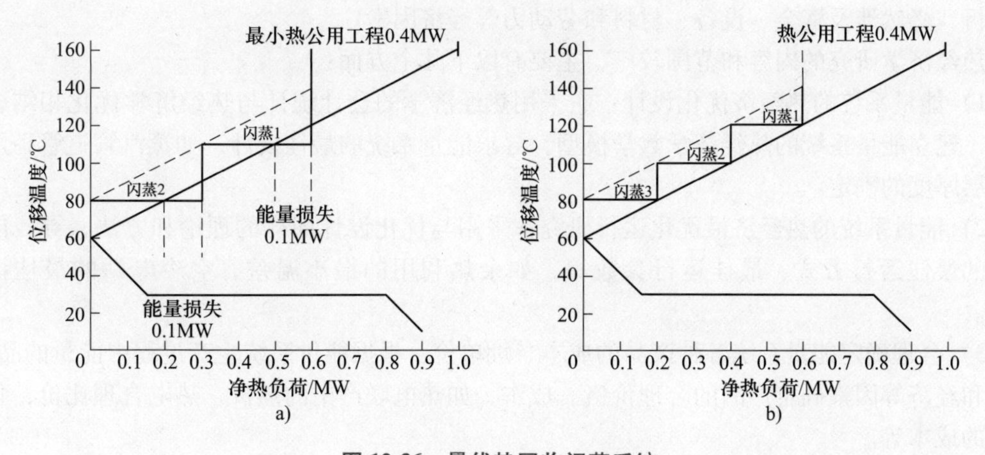

图 12-36　最优热回收闪蒸系统

在化工过程全局用能优化中，夹点分析可以帮助设计一个高效的蒸汽系统，利用过程中的剩余热源产生不同等级的蒸汽，并将其用于热交换、发电或其他用途。例如，在某乙烯装置中，通过夹点分析确定了最佳的蒸汽等级和数量，并在夹点处引入新的蒸汽等级，这样可以减少高压蒸汽和中压蒸汽的消耗，从而实现了节能和联产功量。

在传质网络分析中，夹点分析可以帮助回收或利用流股中携带的原料，节约试剂。例如，在某苯乙烯装置中，夹点分析可以帮助确定苯乙烯装置中最佳的苯回收方案，以及最小的公用工程负荷。通过分析过程中的物流之间的浓度差，可以找出夹点浓度，即最低允许浓度差。在夹点浓度处，可以进行内部物料交换或引入新的物料流，从而减少了苯的损失和对环境的影响。

在过程集成中，夹点分析可以帮助构造经济指标与资源利用之间的关系。例如，甲醇的制备过程是一个高能耗的工艺过程，其中甲醇纯度和水平衡是两个重要的指标。甲醇纯度决定了产品质量和市场价值，水平衡影响了装置运行稳定性和能耗。夹点分析可以帮助确定甲醇装置中最佳的精馏塔进料位置、回流比、再沸器负荷等参数，以及最小的水消耗量。通过分析过程中的物流之间的温度差和浓度差，可以找出夹点温度和夹点浓度，即最低允许温度差和最低允许浓度差。在夹点处，可以进行内部热交换或物料交换。例如，在某 60 万 t 甲醇装置中，通过夹点分析确定了常压精馏塔进料位置在第 22 块板，并将高压精馏塔顶部产物作为常压精馏塔回流液的节能改造方案。这样可以提高甲醇产品纯度，并减少水消耗量。

夹点分析目前已发展成为成熟的学科。它已从早期的目标化和换热网络设计发展到覆盖过程设计的许多方面，特别是能量利用相关方面。夹点分析虽已开发了许多新技术，且分析方法变得越来越复杂，但其核心仍是由能量目标和夹点概念等确定的基本内容。

12.3.2 热经济学分析

热经济学是一门融技术与经济为一体的综合学科，属技术经济学范畴。这里所涉及的技术是指以工程热力学为主的工程热物理和系统工程学。从经济学分类看，能量系统属于单个经济单位的工程项目和技术项目，采用的分析方法是个量分析法，因此能量系统经济行为及相应的经济变量分析研究属微观经济学的范畴。对工程项目、技术项目的经济分析为工程经济分析，必然涉及资金、设备、材料和劳动力等经济因素。

热经济学研究的内容和范围较广，主要有以下几个方面：

1）能量系统的热经济优化设计：它采用热经济学的会计统计与热经济学优化相结合的方法，建立能量系统的热经济学数学模型，寻求能量系统的最佳设计，如蒸汽管道管径及其保温层厚度的确定。

2）能量系统的热经济最优化运行研究：采用与优化设计同样的理论和方法，寻找能量系统的最佳运行方式、最佳运行参数等，如余热利用的最小温差、空冷电站的最佳排汽参数。

3）合理确定能量系统各种产品的成本、㶲单价：根据能量系统生产过程中能量的品质、技术和经济等因素确定产品的合理价格、成本，如热电联产中的热价、热电合理比价，化工产品的成本等。

4）能量系统的经济决策及可行性研究：利用热经济学原理，结合环境、人文等学科，为企业地区乃至国家的能源开发、能源利用、能源结构及能源政策提供决策依据，为能量系统的设备改造、更新决策提供帮助，对能量系统可行性方案进行研究。

1. 工程经济分析的基本要素

（1）投资　为保证工程项目投入生产并保证经营活动正常进行，必须投入一定的资金。这种预先垫付的资金称为投资，它包括固定资产投资和流动资金投资。在热经济学的分析研究中，投资计算是十分重要的。在能量系统最优化运行和成本的合理确定中，它可以通过工程决策而较精确地计算。然而在最优化设计、可行性分析研究和经济方案决策中，投资尚未进行，只能进行概（预）算和估算。在条件具备并有方案设计图纸依据时，可通过编制概算方法进行投资计算。当资料不多、难以进行概算时，可以用指数估算法、因子估算法或按比例投资估算等投资模拟的估算方法。

（2）成本　产品成本是指产品生产过程中消耗的生产资料价值和劳动者劳动所创造的价值。也就是说，产品成本是以货币形式表现的、在生产过程中消耗了的劳动手段和全部劳动对象的价值，以及支付给劳动者的工资。在热经济学和现代经济学分析中，对成本的分析十分重要，在对能量系统的热经济学分析中，生产成本和可变成本的确定更为重要。

（3）折旧费　固定资产（设备、厂房等）投资由于长期使用的损耗而逐渐转移到产品成本中的那部分价值叫作折旧。折旧费是生产成本的重要组成部分，它的计算应考虑固定资产的有形损耗和无形损耗。有形损耗是指设备在使用过程中，由于使用和自然力作用使设备发生的实体磨损。无形损耗是指原有固定资产已经陈旧和因出现新的效率更高的机器，或更加物美价廉的机器而引起的原有固定资产的贬值。折旧费的计算主要取决于折旧年限和折旧率。

2. 资金的时间价值

任何投资项目或方案都存在投入费用与产出收益发生时间差的问题。由于资金具有时间价值，今天的一笔资金要比未来的等额资金更值钱。为了使项目方案发生在不同时间的费用和收益具有可比性，必须把发生在不同时间的资金都折算成同一时间的资金，在等值基础上进行项目方案的经济评价。因此，有必要研究资金的价值与时间的关系及其计算问题。

3. 热经济学评价指标与方法

能量系统的热经济学评价实质就是工程项目的技术经济评价。根据技术经济学，工程项目的经济评价指标比较多。对于热经济学而言，经常采用的评价指标是投资回收期和年度化成本。

（1）投资回收期　投资回收期是指工程项目净收益的累计值偿还投资总额所需的时间，一般以年为单位，从项目建设投资之日算起。投资回收期的计算分为静态投资回收期和动态投资回收期两种，前者不考虑资金的时间价值，后者考虑资金的时间价值。由于静态投资回收期简单、直观，因此在新中国成立以后的相当长一段时间内得到了较广泛的应用。

虽然投资回收期能综合反映项目方案偿还投资的能力，同时有直观简便的优点，但该指标没有考虑资金的时间价值和回收期以后的收益，有可能导致评价、判断错误和决策失误，因此存在一定的局限性。

（2）年度化费用　年度化费用是一种动态评价方法，它克服了静态投资回收期法固有的不足。它将不同时间内资金的流入和流出换算成同一时点的价值，不仅为不同方案和不同项目的经济比较提供了同等的时间基础，而且能反映未来时期的发展变化情况。由于它考虑了资金的时间价值，因此比较符合资金的运动规律，使评价更加符合实际。

前已述及产品成本的构成和估算，事实上，在各项成本中，有些只与初投资有关，有些则与一段时期的经费有关，其中有的每年保持不变，有的则随年度而变化。因此，在评价不同技术方案时，须将各种费用折合到每一年内，即将费用按资产使用寿命每年均摊，这种均摊了的费用称为年度化费用或年度化成本。显然，年度化费用的总和应该等于总费用。

（3）㶲成本方程　在能量系统的热经济学分析中，必然涉及各种㶲的单价或价值。因此，在能量系统的热经济学分析中，除了质量守恒方程、能量守恒方程、㶲平衡方程外，还需加一个经济平衡方程式，又称㶲成本方程。所谓㶲成本方程就是对任意一个能量系统（单元、设备），列出其产品成本的资金平衡式，即产品的所有费用，包括一次性的初投资和运行费用（能耗、维修、工资和管理等费用）。事实上，㶲成本就是用年度化费用表示的成本，只是在㶲成本方程建立时还必须考虑影响各项费用的决策变量［X］。决策变量［X］可以是一个，也可以是几个，可以是变量，也可以是常量，如节点温差、汽轮机背压、设备㶲效率等。根据如图 12-37 所示的㶲经济模型，可以建立㶲成本方程。设 C_F 为设备的固定投资费用，C_{op} 为包括能耗、维修、管理、工资等在内的运行费用，则根据如图 12-37 所示模型，㶲成本为

$$C_{pc} = C_F + C_{op} \tag{12-59}$$

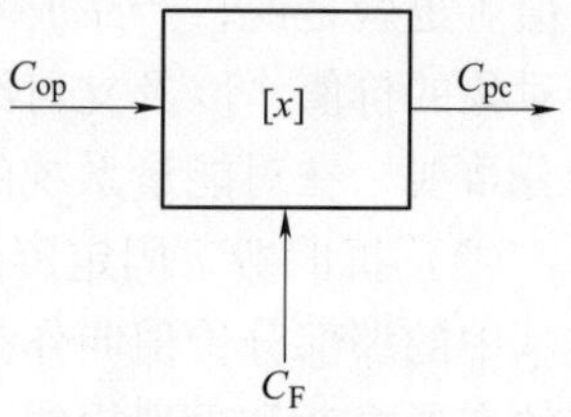

图 12-37　㶲分析与能量分析比较

运行费 C_{op} 还可分为能耗（燃料）费用 C_f 和其他运行费用 C_{qt}，故式（12-59）可以写为

$$C_{pc} = C_F + C_{op} = C_F + C_f + C_{qt} \tag{12-60}$$

若㶲的平均单价以 c 表示，产品㶲成本和能耗㶲评价均表示为㶲单价与㶲流的乘积，则式（12-60）可以表示为

$$c_{pc}E_{x,pc} = C_F + c_f E_{x,f} + C_{qt} \tag{12-61}$$

式中，$E_{x,pc}$ 和 $E_{x,f}$ 分别表示产品和能耗（燃料）的㶲流。

从而可以得到产品的㶲单价为

$$c_{pc} = \frac{C_F}{E_{x,pc}} + c_f \frac{E_{x,f}}{E_{x,pc}} + \frac{C_{qt}}{E_{x,pc}} \tag{12-62}$$

根据㶲平衡原理，$E_{x,pc}$ 是系统的收益㶲，$E_{x,f}$ 是㶲代价（消耗㶲），显然系统的㶲效率为

$$\eta_{e_x} = \frac{E_{x,pc}}{E_{x,f}} \tag{12-63}$$

将式（12-63）代入式（12-62），则有

$$c_{pc} = \frac{C_F}{E_{x,pc}} + \frac{c_f}{\eta_{e_x}} + \frac{C_{qt}}{E_{x,pc}} \tag{12-64}$$

从式（12-64）中可以看到：

1）产品㶲的平均单价一定大于输入的能耗㶲的平均单价，因为 $\eta_{e_x}<100\%$，且还要花费 C_F 和 C_{qt}。

2）设法提高 η_{e_x}，在 C_F 和 C_{qt} 保持不变的条件下，c_{pc} 将会降低。

3）若 η_{e_x} 的提高造成 C_F 或 C_{qt} 的增加，则 c_{pc} 不一定降低，这就是节能未必一定省钱。因此必须统筹兼顾，综合考虑 η_{e_x} 的提高与经济的关系。

热经济学分析评价指标主要有两种：相对成本差和㶲经济系数。通常，在评估一个组元的热经济性时，首先评估其相对成本差异，然后计算㶲经济系数。相对成本差反映了每单位产品的热经济成本与每单位燃料的热经济成本之间的比率，其数学表达式为

$$r_i = \frac{C_{p,i} - C_{f,i}}{C_{f,i}} \tag{12-65}$$

式中，r_i 为组元 i 的相对成本差；$C_{p,i}$ 为组元 i 的单位产品的热经济学成本（元/kJ）；$C_{f,i}$ 为组元 i 的单位燃料热经济学成本（元/kJ）。

若某组元的相对成本差较大，说明该组元由不可逆和投资引起的成本增加幅度较大，热经济学优化的时候，应该特别注意这样的组元。然而，相对成本差并不能直接反映成本价值增加的原因。将相对成本差与㶲经济系数结合起来，可以大致确定哪些组元要素需要改进，以及向哪个方向改进，两者之间存在着一定的最佳关系。

㶲经济系数可以描述和反映㶲损费用与非能量费用之间的比例关系。一般情况下，㶲经济系数的合理范围在 0.3~0.7 之间。当某组元㶲经济系数较大时，说明该组元投资成本较高；当某组元㶲经济系数较小时，说明该组元不可逆损失过大。

㶲经济系数的数学表达式为

$$f = \frac{Z_f}{c_i \sum I_r + Z_f} \tag{12-66}$$

式中，f 为㶲经济系数；Z_f 为设备的年度非能量费用（元）；$\sum I_r$ 为系统的年度㶲损失（kW）；c_i 为㶲损的单位成本价格（元/kW）。

式（12-66）中，设备的年度非能量费用，包括设备折旧费、设备维修费、系统管理费、电厂年度人员工资等若干项。在计算过程中，把除设备折旧费以外的费用，都折算到每年的费用中，叠加起来构成总的设备的年度非能量费用。能量费用中，㶲损的单价需要根据系统边界条件，或以输入㶲定价，或以产品㶲定价，这里以输入的天然气的燃烧㶲定价。因为㶲损费用与非能量费用不是互相独立的，减少一项时会使另一项增大，所以认为这两项之间存在一定的最佳比。

以冷热电联产机组为例，其非能量的概算如下所示：系统运维方式采取 4 班 3 倒方式，共需要 8 人对机组进行运维。平均月工资考虑 3000 元/人，年总工资为（8×3000×12）元 = 28.8 万元。因此，机组年总年人工费为 28.8 万元。假定组元的非能量费用为 Z_f，组元的购置成本为 C_a，C_b 为设备总投资费用（为 650 万元），设备的经济寿命取 25 年，年运行时长为 4032h，则子系统的年度非能量费用为

$$Z_f = \frac{2.16 \times C_a}{25} + \frac{C_a}{C_b} \times 5.5667 + 0.081C_a \tag{12-67}$$

系统各组元年度非能量成本费用，见表 12-8。

表 12-8 系统内各组元年度非能量费用

序号	组元	年度非能量费用（元）	序号	组元	年度非能量费用（元）
1	ICE（内燃机）	140965.01	7	HE1（换热器 1）	7397.90
2	HPG（高压发生器）	8471.46	8	HE2（换热器 2）	6740.55
3	LPG（低压发生器）	11526.45	9	COM（压缩机）	12828.03
4	HTHE（高温溶液换热器）	12384.58	10	TV（节流阀）	5790.12
5	LTHE（低温溶液换热器）	8815.26	11	EVA（蒸发器）	14171.89
6	Cooling set（制冷部件）	36089.98	12	CON（冷凝器）	8092.59

系统各组元的相对成本差，结果如图 12-38 所示。

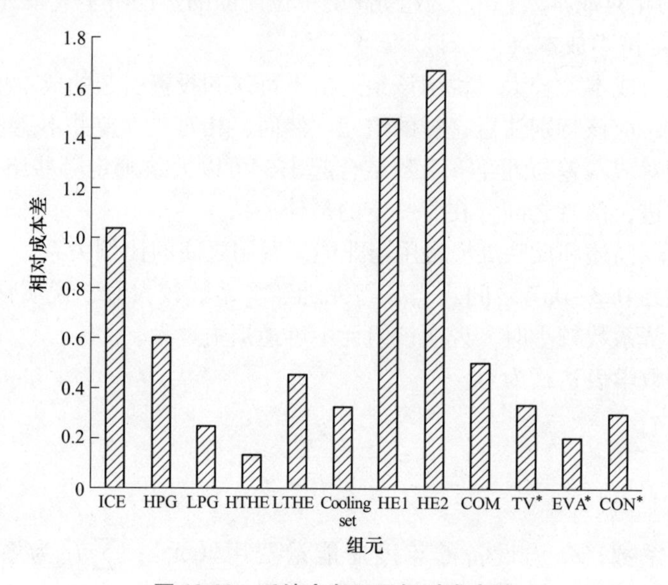

图 12-38 系统内各组元相对成本差

系统内各组元的㶲经济系数，结果如图 12-39 所示。

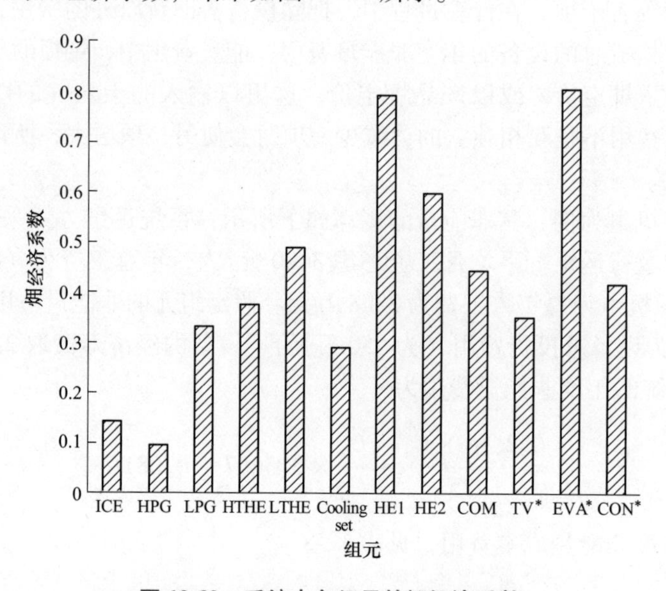

图 12-39 系统内各组元的㶲经济系数

从图 12-38 中可知，内燃机（ICE）、高压发生器（HPG）、板式换热器 1(HE1）和板式换热器 2(HE2）的相对成本差较大，超过了 0.7，说明这些组元具有较大的改进潜力。由㶲损失分析可知这些部件㶲损失率较高，这可能是导致相对成本差较大的主要原因。可通过优化系统运行参数来提高此处的㶲效率或牺牲初始投资成本将其更换为㶲效率较高的组件，以改善系统运行的经济性。

㶲经济系数揭示了由维护等非能量费用导致的费用升高占总成本的大小。由图 12-39 可知，板式换热器 1(HE1)、板式换热器 2(HE2）和蒸发器（EVA*）㶲经济系数较大，原因是这些部件的设备初始投资较大，可以通过适当降低投资成本来降低热经济学成本。燃气内燃机（ICE)、高压发生器（HPG）和制冷部件（cooling set）的㶲经济系数较小，说明这些部件㶲损失较大，可以对这些部件的热力性能进行技术改进，减少不可逆损失，提高整个系统的经济性。

本章小结

本章主要从多角度多方面分析评价了热工装置在能量转换过程中能量利用的经济性，具体的评价方法可以分为以下三种：①以热力学第一定律评价为主体包含 COP、热效率、制冷系数、供暖系数和能效比等方面的评价；②以热力学第二定律评价为主体包含熵分析、㶲分析、高级㶲分析等方面的评价；③综合评价包含夹点分析、热经济学分析等方面的评价。

其中，以热力学第一定律的评价可以从热能与其他形式能量相互转换时数量上的关系进行分析，判断出循环或热工装置在能量转换数量上的效果，可以使用热效率、制冷系数、制热系数、COP 与能效比来体现循环或热工装置在能量转换数量上具体效果。但由于热力学第一定律的局限性，其仅从能量的量方面考虑，因此第一定律不能解释为何功可以全部转换为热量而热量不能全部转换为功。热力学第二定律关注的是能量的质，从方向上对能量转换进行了阐述。在对能量利用的经济性评价中，热力学第二定律评价能从能量转换的方向性以及能量品位高低的角度对能量转换进行说明。热力学第二定律评价可以通过以下三个重要方面来分析：熵分析，㶲分析和高级㶲分析。除了上述基于热力学第一定律、热力学第二定律的评价外，亦可以采用夹点分析、热经济学分析等综合分析更加全面地评价能量利用的经济性。另外本章中引用了一些目前热工装置或循环实例的能量利用经济性分析，包括：电动汽车热泵空调 COP 分析、锅炉熵产分析、纯电动汽车的综合热管理高级㶲分析、冷热电联产机组热经济学分析等实例分析评价，读者可通过这些实例加深对热力学评价分析的理解。

思考题

12-1　判断热力学第二定律的下列说法能否成立：

1）功量可以转换成热量，但热量不能转换成功量。

2）自发过程是不可逆的，但非自发过程是可逆的。

3）从任何具有一定温度的热源取热，都能进行热变功的循环。

12-2　判断下列说法是否正确：

1）系统熵增大的过程必须是不可逆过程。

2）系统熵减小的过程无法进行。

3）系统熵不变的过程必须是绝热过程。

4）系统熵增大的过程必然是吸热过程，也可能是放热过程。

5）系统熵减少的过程必须是放热过程，也可以是吸热过程。

6）在相同的初、终态之间，进行可逆过程与不可逆过程，则不可逆过程中工质熵的变化大于可逆过程中工质熵的变化。

7）在相同的初、终态之间，进行可逆过程与不可逆过程，则两个过程中，工质与外界之间传递的热量不相等。

12-3　循环的热效率越高，则循环净功越多；反之，循环的净功越多，则循环的热效率也越高，对吗？

12-4　两种理想气体在闭口系统中进行绝热混合，问混合后气体的内能、焓及熵与混合前两种气体的内能、焓及熵之和是否相等？

12-5　T-s 图在热力学应用中有什么重要作用？不可逆过程能否在 T-s 图上准确地表示出来？

12-6　单位质量工质在开口系统及闭口系统中，从相同的状态 1 变化到相同的状态 2，而环境状态都是 p_0、T_0。问两者的最大有用功是否相同？

12-7　闭口系统经历一个不可逆过程，系统对外做功 10kJ，并向外放热 5kJ，问该系统熵的变化是正、是负还是可正可负？

12-8　闭口系统从热源取热 5000kJ，系统的熵增加为 20kJ/K，如系统在吸热过程中温度 300K，问这一过程是可逆的、不可逆的还是不能实现的？

12-9　为什么不可逆绝热稳定流动过程中，系统（控制体）熵的变化为零？既然是一个不可逆绝热过程，熵必然有所增加，增加的熵到哪里去了？

习　　题

12-1　卡诺循环工作于 600℃ 及 40℃ 两个热源之间，设卡诺循环每秒钟从高温热源取热 100kJ。求：卡诺循环的热效率；卡诺循环产生的功率；每秒钟排向冷源的热量。

12-2　有一循环发动机，工作于热源 $T_1=1000\text{K}$ 及冷源 $T_2=400\text{K}$ 之间，从热源取热 1000kJ 而做功 700kJ。问该循环发动机能否实现？

12-3　某一动力循环工作于温度为 1000K 及 300K 的热源与冷源之间，循环过程为 1—2—3—1，其中 1→2 为定压吸热过程，2→3 为可逆绝热膨胀过程，3→1 为定温放热过程。点 1 的参数是 $p_1=0.1\text{MPa}$，$T_1=300\text{K}$；点 2 的参数是 $T_2=1000\text{K}$。如循环中是 1kg 空气，其 $c_p=1.01\text{kJ/(kg·K)}$。求循环热效率及净功。

12-4　在热源及冷源之间进行一个卡诺循环 1—2′—3′—4′—1，其中 1→2′是绝热压缩过程；2′→3′是定温吸热过程；3′→4′是绝热膨胀过程；4′→1 是定温放热过程。点 1 的参数与习题 12-3 相同；吸热过程 2′→3′中的热量等于习题 12-3 中定压过程 1→2 中的吸热量。如循环中也是 1kg 空气。求循环热效率及净功，并将本题及习题 12-3 两个循环过程画在同一张 T-s 图上进行比较。

12-5　假定利用一逆卡诺循环为一住宅采暖，室外环境温度为 −10℃，为使住宅内保持 20℃，每小时需供给 100000kJ 的热量。试求：①该热泵每小时从室外吸取多少热量；②热泵所需的功率；③如直接用电炉采暖，则需要多大功率？

12-6　有一热泵用来冬季采暖和夏季降温，室内要求保持 20℃，室内外温度每相差 1℃，每小时通过房屋围护结构的热损失是 1200kJ，热泵按逆卡诺循环工作。求：①当冬季室外温度为 0℃ 时，该热泵需要多大功率；②在夏季如仍用上述功率使其按制冷循环工作，室外空气温度在什么极限情况下还能维持室内为20℃？

12-7　如果用热效率为30%的热机来拖动供热系数为5的热泵，将热泵的排热量用于加热某供暖系统的循环水，如热机每小时从热源取热10000kJ，则建筑物将得到多少热量？

12-8　如习题12-7中热机的排热量也作为建筑物的供热量，则建筑物将总共得到多少热量？

12-9　在热源T_1与冷源T_2之间进行1—2—3—4—1循环，其中1→2为定温吸热过程（T_1=常数）；2→3为定容放热过程，温度由T_1下降为T_2；3→4为定温放热过程（T_2=常数）；4→1为定熵压缩过程。试求该循环热效率的计算式，并将该循环过程表示在p-v图及T-s图上。

12-10　在高温热源$T_1=2000\text{K}$及低温冷源$T_2=600\text{K}$之间进行一个不可逆循环。若工质在定温吸热过程中与热源T_1存在60K温差，在定温放热过程中与冷源T_2也存在60K温差，而其余两个为定熵膨胀与定熵压缩过程。试：①求循环热效率；②若热源供给1000kJ的热量，则做功能力损失多少？

12-11　某一刚性绝热容器，有一隔板将容器分为容积相等的两部分，每一部分容积均为0.1m^3。如容器一边是温度为40℃，压力为0.4MPa的空气，另一边是温度为20℃，压力为0.2MPa的空气。当抽出隔板后，两部分空气均匀混合而达到热力平衡。求混合过程引起的空气熵的变化。

12-12　1kg空气由$t_1=127℃$定容加热，使压力升高到初压的2.5倍（$p_2=2.5p_1$），然后绝热膨胀，使容积变为原来的10倍（$v_3=10v_1$），再定温压缩到初态而完成一个循环。若$p_3=0.15\text{MPa}$，试求循环热效率和循环净功，并将循环1→2→3→1表示在p-v图及T-s图上。

12-13　空气在气缸中被压缩，由$p_1=0.1\text{MPa}$、$t_1=30℃$经多变过程到达$p_2=1\text{MPa}$，如多变指数$n=1.3$，在压缩过程中放出的热量全部为环境所吸收，环境温度$T_0=290\text{K}$。如压缩1kg空气，求由环境与空气所组成的孤立系统的熵变化。

12-14　氮气在气缸内进行可逆绝热膨胀，由$p_1=1\text{MPa}$、$T_1=800\text{K}$，膨胀到$p_2=0.2\text{MPa}$，求1kg氮气所做的膨胀功。如环境状态$p_0=0.1\text{MPa}$，$T_0=300\text{K}$，求1kg氮气从上述初态变化到环境状态所做出的最大有用功（㶲）。两者相比谁大？试说明其理由。

12-15　氮气在气缸内进行多变膨胀，由$p_1=1\text{MPa}$、$T_1=800\text{K}$，膨胀到为$p_2=0.2\text{MPa}$，如多变指数$n=1.2$，求单位质量氮气的膨胀功。如环境状态$p_0=0.1\text{MPa}$，$T_0=300\text{K}$，求单位质量氮气在上述初态变化到环境状态所做出的最大有用功（㶲）。两者相比谁大？试说明其理由。

12-16　闭口系统中有压力$p_1=0.2\text{MPa}$、温度$T_1=400\text{K}$的空气10m^3，在定压下加热到600K。如环境温度$T_0=300\text{K}$，问空气所吸收的热量中有多少是可用能？有多少是不可用能？

12-17　某一空气涡轮机，空气进口参数$p_1=0.5\text{MPa}$，$T_1=500\text{K}$，经过绝热膨胀，空气出口参数$p_2=0.1\text{MPa}$，$T_2=320\text{K}$。试确定单位质量（1kg）空气所产生的轴功。如环境状态力$p_0=0.1\text{MPa}$，$T_0=300\text{K}$，试求：初终状态空气的㶲值；整个过程的㶲损失及㶲效率。

12-18　设工质在热源$T=1000\text{K}$与冷源$T_0=300\text{K}$之间进行不可逆循环。当工质从热源T吸热时存在20K温差，向冷源T_0放热时也存在20K温差，其余两个为定熵膨胀及定熵压缩过程。①求循环热效率；②热源每提供1000kJ的热量，做功能力损失是多少？③该孤立系统做功能力损失是否符合$I=T_0\Delta S_{\text{iso}}$？

第13章

工程创新案例：热量管理

13.1 回热理论

13.1.1 气体动力装置循环中的回热

在气体动力装置循环中，通过分析燃气轮机装置的实际循环，不难发现燃气透平排气温度通常总是高于压气机出口温度，循环加热和放热过程存在温度交叉。利用这一温度交叉区间，增设回热器，进行循环内部回热，就可以达到提高循环平均吸热温度和降低循环平均放热温度的目的，从而达到提高循环热效率的目的。

1. 燃气轮机理想循环“极限回热”——用回热的方式提高燃气轮机循环热效率

已知的是燃气轮机装置定压加热理想循环，该装置热效率 η_t 为

$$\eta_t = \frac{w_{net}}{q_1} = 1 - \frac{q_2}{q_1} = 1 - \frac{h_4 - h_1}{h_3 - h_2} \tag{13-1}$$

在定压加热简单循环的基础上采用回热，是提高燃气轮机装置热效率的一种有效措施。图 13-1 为具有回热的燃气轮机装置流程示意图，其简化的回热循环的 *T-s* 图如图 13-2 所示。由于工质在燃气轮机中膨胀做功后，温度 T_4 还相当高，向冷源放热造成很大的热损失。若在装置中增添一个回热器 R，利用燃气轮机排气的热量加热压缩后的空气。极限的情况下可以把压缩后的空气加热到 $T_5 = T_4$，同时，燃气轮机的排气降温到 $T_6 = T_2$。这样，工质自外热源吸热过程为 5→3，吸热量 $q_1 = h_3 - h_5 = A_{53hf5}$。与无回热循环的吸热过程 2→3 比较，吸热量的减少相当于面积 25*fe*2。同时，循环净功 w_{net} 不变，仍相当于面积 12341。显然，采用回热后循环热效率提高。

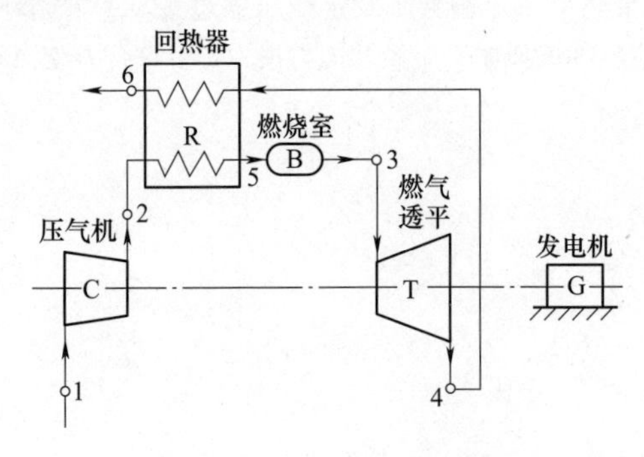

图 13-1 具有回热的燃气轮机装置流程示意图

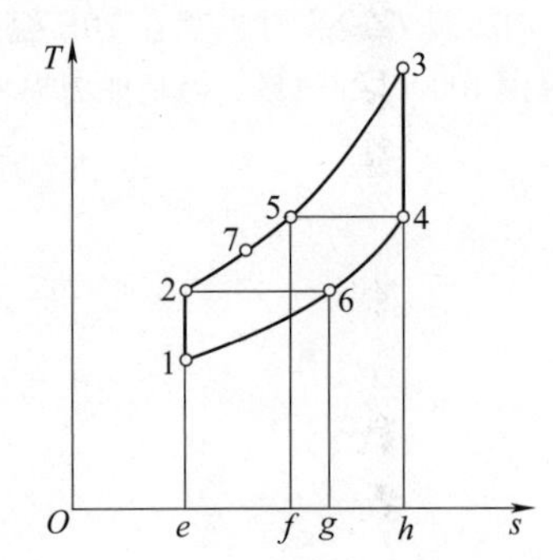

图 13-2 燃气轮机极限回热理论循环

极限回热理论循环的热效率为

$$\eta_t' = \frac{w_{net}'}{q_1'} = 1 - \frac{q_2}{q_1} = 1 - \frac{h_6 - h_1}{h_3 - h_5} = 1 - \frac{T_6 - T_1}{T_3 - T_5} \geqslant \eta_t \tag{13-2}$$

2. 燃气轮机的实际回热循环——采用回热的必要性

相比于理想循环，燃气轮机装置实际循环的各个过程都存在着不可逆因素，这里主要考虑压缩过程和膨胀过程的不可逆性。因为流经叶轮式压气机和燃气透平的工质通常在很高的流速下实现能量之间的转换，这时流体之间、流体与流道之间的摩擦不能再忽略不计。因此，工质流经压气机和燃气透平时向外散热可忽略不计，其压缩过程和膨胀过程都是不可逆的绝热过程，如图 13-3 所示。图中虚线 1→2′即为压气机中不可逆绝热压缩，过程 3→4′为燃气透平中不可逆绝热膨胀过程。

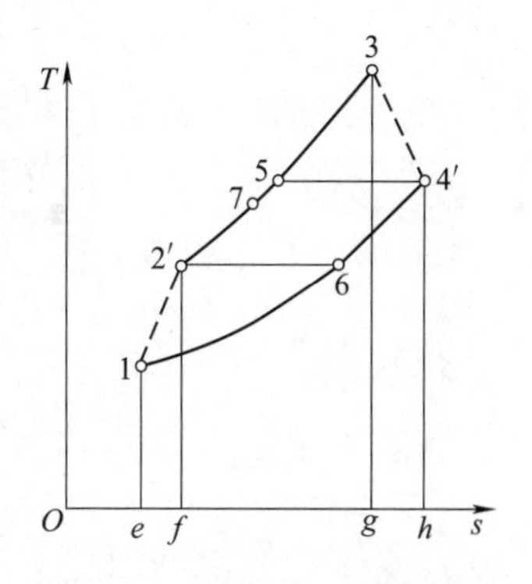

图 13-3　极限回热的实际循环

燃气透平实际回热循环的热效率为

$$\eta_t'' = 1 - \frac{q_2''}{q_1''} = 1 - \frac{(h_{4'} - h_1) - (h_7 - h_{2'})}{h_3 - h_7} = 1 - \frac{(T_{4'} - T_1) - (T_7 - T_{2'})}{T_3 - T_7} \tag{13-3}$$

在燃气轮机装置实际循环 1—2′—3—4′—1 中（见图 13-3），采用回热同样可以提高装置的内部热效率。如果采用极限回热，可以把压缩后的工质加热到 $T_5 = T_{4'}$，膨胀后的工质冷却到 $T_6 = T_{2'}$。极限回热虽然对提高装置的内部热效率最为有利，但所需的回热器换热面积趋于无穷大，无法实现，实用上只能把压缩后工质加热到较 T_5 为低的 T_7。实际利用的热量与理论上极限情况可利用的热量之比称为回热度 σ，即

$$\sigma = \frac{h_7 - h_{2'}}{h_{4'} - h_{2'}} \tag{13-4}$$

若近似地将比热容当作定值，则

$$\sigma = \frac{T_7 - T_{2'}}{T_{4'} - T_{2'}} \tag{13-5}$$

此时装置加热量 $q = h_3 - h_7$，较无回热时少了 $h_7 - h_{2'}$。装置内部的总功量未变而加热量减少，使装置循环热效率提高。采用较大的回热度，可更多地提高内部效率，但同时需配备较大的回热器，使装置的投资费用、尺寸、重量增加。实际应用时，应权衡得失选用适当的 σ。

【例 13-1】 某大型陆上燃气轮机装置定压加热循环（见图 13-4）输出净功率为 100MW，循环的最高温度为 1600K，最低温度为 300K，循环最低压力 100kPa，压气机中的增压比 $\pi = 14$。压气机绝热效率为 0.85，燃气透平的相对内效率为 0.88。若忽略燃气与空气热力性质的差异，且比热容可取定值。试：①求压气机消耗的功率、燃气透平产生的功率、循环空气的流量和循环的热效率；②若燃气轮机装置采用回热，回热度 $\sigma = 0.7$，求循环热效率；③假定 $\sigma = 1$，求循环压力比超过多少时，回热不能进行。

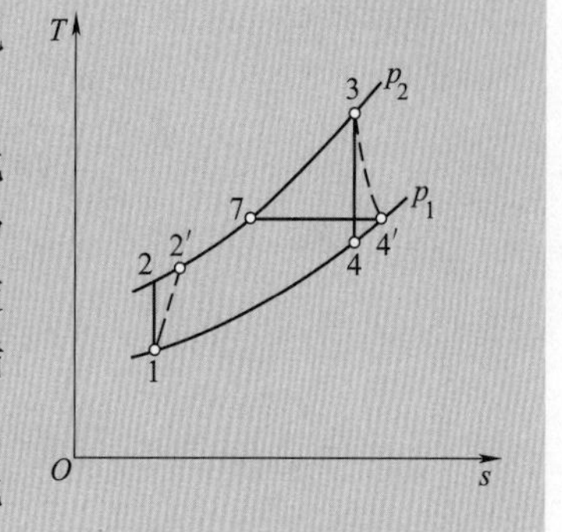

图 13-4　例 13-1 图

解：1）由题意：

状态 1： $p_1 = 100\text{kPa}, T_1 = 300\text{K}$

状态 2′： $p_3 = p_2 = \pi p_1 = 1400\text{kPa}$

$$T_2 = T_1\left(\frac{p_2}{p_1}\right)^{\frac{\kappa-1}{\kappa}} = T_1\pi^{\frac{\kappa-1}{\kappa}} = 300\text{K} \times 14^{\frac{1.4-1}{1.4}} = 637.63\text{K}$$

$$T_{2'} = T_1 + \frac{T_2 - T_1}{\eta_{\text{C},s}} = 300\text{K} + \frac{637.63\text{K} - 300\text{K}}{0.85} = 697.2\text{K}$$

状态 3： $p_3 = 1400\text{kPa}, T_3 = 1600\text{K}$

状态 4′： $p_4 = 100\text{kPa}$

$$T_4 = T_3\left(\frac{p_{4_s}}{p_3}\right)^{\frac{\kappa-1}{\kappa}} = T_3\left(\frac{1}{\pi}\right)^{\frac{\kappa-1}{\kappa}} = 1600\text{K} \times \left(\frac{1}{14}\right)^{\frac{1.4-1}{1.4}} = 752.8\text{K}$$

$$T_{4'} = T_3 - \eta_\text{T}(T_3 - T_4) = 1600\text{K} - 0.88 \times (1600\text{K} - 752.8\text{K}) = 854.5\text{K}$$

循环中单位质量工质的吸热量、压气机内耗功、燃气透平输出功及循环净功分别为

$$w_\text{C} = h_{2'} - h_1 = c_p(T_{2'} - T_1) = 1.005\text{kJ/(kg·K)} \times (697.2\text{K} - 300\text{K}) = 399.2\text{kJ/kg}$$

$$w_\text{T} = h_3 - h_{4'} = c_p(T_3 - T_{4'}) = 1.005\text{kJ/(kg·K)} \times (1600\text{K} - 854.5\text{K}) = 749.2\text{kJ/kg}$$

$$w_\text{net} = w_\text{T} - w_\text{C} = 749.2\text{kJ/kg} - 399.2\text{kJ/kg} = 350.0\text{kJ/kg}$$

$$q_1 = h_3 - h_{2'} = c_p(T_3 - T_{2'}) = 1.005\text{kJ/(kg·K)} \times (1600 - 697.2)\text{K} = 907.3\text{kJ/kg}$$

循环工质流量

$$q_m = \frac{P}{w_\text{net}} = \frac{100000\text{kW}}{350.0\text{kJ/kg}} = 285.7\text{kg/s}$$

压气机功率

$$P_\text{C} = q_m w_\text{C} = 285.7\text{kg/s} \times 399.2\text{kJ/kg} = 114051.4\text{kW}$$

燃气透平功率

$$P_\text{T} = q_m w_\text{T} = 285.7\text{kg/s} \times 749.2\text{kJ/kg} = 214046.4\text{kW}$$

热流量

$$q_{Q_1} = q_m q_1 = 285.7\text{kg/s} \times 907.3\text{kJ/kg} = 259219.6\text{kW}$$

循环热效率

$$\eta_\text{t} = \frac{P_\text{T} - P_\text{C}}{q_{Q_1}} = \frac{214046.4\text{kW} - 114051.4\text{kW}}{259219.6\text{kW}} = 0.386$$

2）已知

$$\sigma = \frac{T_7 - T_{2'}}{T_{4'} - T_{2'}}$$

$$T_7 = T_{2'} + \sigma(T_{4'} - T_{2'}) = 697.2\text{K} + 0.7 \times (854.5 - 697.2)\text{K} = 807.3\text{K}$$

$$q_1 = h_3 - h_7 = c_p(T_3 - T_7) = 1.005\text{kJ/(kg·K)} \times (1600 - 807.3)\text{K} = 796.7\text{kJ/kg}$$

循环效率

$$\eta_t = \frac{w_{net}}{q_1} = \frac{350.0\text{kJ/kg}}{796.7\text{kW}} = 0.439$$

3）若 $\sigma=1$，则当 $T_{2'} \geqslant T_{4'}$ 时回热不能进行

$$T_{2'} = T_1 + \frac{T_2 - T_1}{\eta_{C,s}} = T_1 + \frac{T_1\pi^{\frac{\kappa-1}{\kappa}} - T_1}{\eta_{C,s}} = T_1\left(1 + \frac{\pi^{\frac{\kappa-1}{\kappa}} - 1}{\eta_{C,s}}\right) \tag{a}$$

$$T_{4'} = T_3 - \eta_T(T_3 - T_4) = T_1\left\{1 - \eta_T\left[1 - \left(\frac{1}{\pi}\right)^{\frac{\kappa-1}{\kappa}}\right]\right\} \tag{b}$$

联立求解式（a）和式（b），得 $\pi=20.6$。

讨论：

采用回热后，工质从热源吸收的热量从907.3kJ/kg下降到796.7kJ/kg，而循环净功不变，故循环热效率提高。最后也可以发现，回热循环也有其局限性，主要是受压力比的限制。因为装置的耐压性、热传导性是有限的，不可能无限大，所以回热循环也会受其影响。

13.1.2　蒸汽动力循环中的回热

在11.2节中，分析了朗肯循环热效率不高的原因，主要是平均吸热温度不高，而造成平均吸热温度不高这一结果的主要原因在于给水的初始温度较低。为了消除或减小这一不利因素的影响，采用了抽汽回热的方法来加热给水，从而使平均吸热温度得到了提高。

1. 抽汽回热

如图13-5所示，一级抽汽回热循环与朗肯循环的不同之处在于水的起始加热温度自点2提高到 0_1，而且 $\alpha_1$kg的蒸汽在做了一部分功后不再向外热源放热，向外热源放热的只是 $(1-\alpha_1)$kg蒸汽。因此，循环中工质自热源吸热量 q_1、向冷源放热量 q_2 及循环净功 w_{net} 都比原朗肯循环对应量小。由于工质平均吸热温度提高，平均放热温度不变，故循环热效率提高。

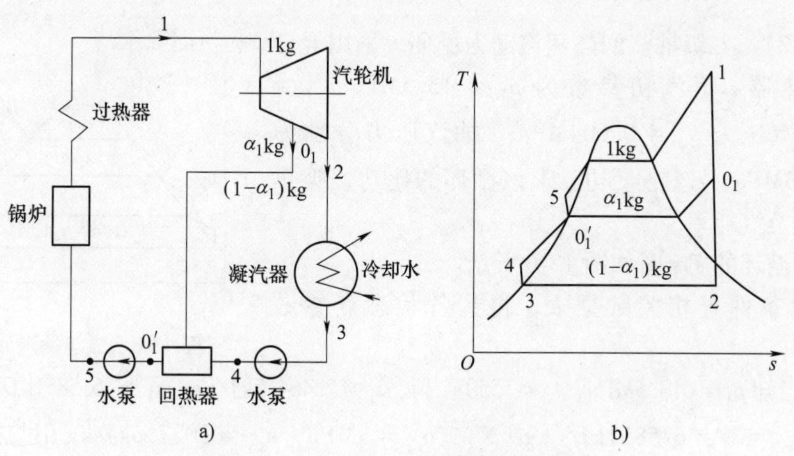

图13-5　一级抽汽回热循环及其 *T-s* 图

2. 一级抽汽回热循环热力学分析

一级抽汽回热循环计算，首先要确定抽汽量 α，它可以回热器的热平衡方程式及质量守恒式确定。图 13-5 是混合式回热器的示意图，其热平衡方程为

$$(1-\alpha)(h_{0_1'}-h_4)=\alpha(h_{0_1}-h_{0_1'}) \tag{13-6}$$

若忽略水泵功，则 $h_4=h_{2'}$，可得

$$\alpha=\frac{h_{0_1'}-h_{2'}}{h_{0_1}-h_{2'}} \tag{13-7}$$

循环净功

$$w_{net}=(h_1-h_{0_1})+(1-\alpha)(h_{0_1}-h_2)=(1-\alpha)(h_1-h_2)+\alpha(h_1-h_{0_1}) \tag{13-8}$$

从热源吸入的热量

$$q_1=h_1-h_{0_1'} \tag{13-9}$$

循环热效率

$$\eta_{t,R}=\frac{w_{net}}{q_1}=\frac{(h_1-h_{0_1})+(1-\alpha)(h_{0_1}-h_2)}{h_1-h_{0_1'}} \tag{13-10}$$

由式（13-7）可以得出

$$h_{0_1'}=h_{2'}+\alpha(h_{0_1}-h_{2'}) \tag{13-11}$$

将之代入式（13-10），整理后可得一级抽汽回热循环热效率

$$\eta_{t,R}=\frac{(1-\alpha)(h_1-h_2)+\alpha(h_1-h_{0_1})}{(1-\alpha)(h_1-h_{2'})+\alpha(h_1-h_{0_1})}>\frac{(1-\alpha)(h_1-h_2)}{(1-\alpha)(h_1-h_{2'})}=\frac{h_1-h_2}{h_1-h_{2'}} \tag{13-12}$$

由式（13-12）可见，带有回热装置的循环热效率一定大于基本朗肯循环热效率。

采用抽汽回热，虽因部分水蒸气用于回热，做功减少，而使耗汽率增大，但能显著提高循环热效率。同时抽汽回热增加了回热器、管道、阀门及水泵等设备，使系统更加复杂，而且增加了投资。综合权衡，采用回热利大于弊，故而现代大中型蒸汽动力装置都采用回热循环。当然抽汽级数过多会使系统过于复杂，因而采用大型机组的现代蒸汽电厂中，广泛采用一次再热与 7 ~ 8 级抽汽回热的循环。

【例 13-2】 二级抽汽回热蒸汽动力循环，采用混合式回热加热器。蒸汽初参数为 p_1 = 13.5MPa，t_1 = 550℃，乏汽压力 p_2 = 0.004MPa；抽汽压力分别为 3MPa 和 0.3MPa，忽略泵功。求该循环的比功、吸热量、热效率及汽耗率。

解： 该循环的 T-s 图如图 13-6 所示。

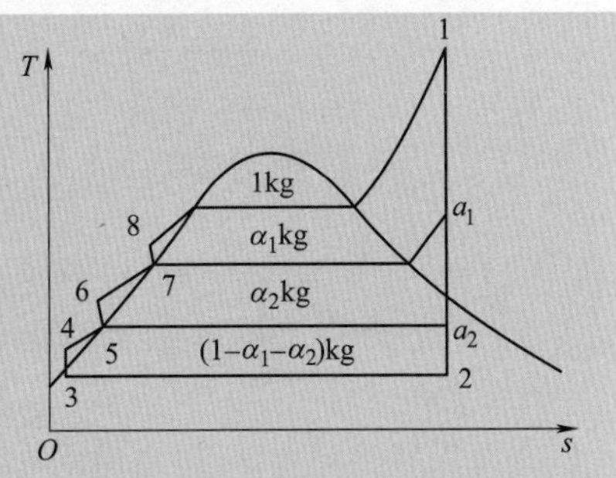

图 13-6 二级抽汽回热循环

由已知条件查相关数据表，得到各状态点参数如下：

1 点：已知 p_1 = 13.5MPa，t_1 = 550℃ 得，h_1 = 3464.5kJ/kg，s_1 = 6.5851kJ/(kg·K)。

a_1点：$s_{a_1}=s_1$ = 6.5851kJ/(kg·K)，p_{a_1} = 3MPa，h_{a_1} = 3027.6kJ/kg（过热蒸汽）。

a_2点：$s_{a_2}=s_1=6.5851\text{kJ/(kg·K)}$，$p_{a_2}=0.3\text{MPa}$，$x_{a_2}=0.9233$，$h_{a_2}=2559.5\text{kJ/kg}$（湿饱和蒸汽）。

2点：$s_2=s_1=6.5851\text{kJ/(kg·K)}$，$p_2=0.004\text{MPa}$，$x_2=0.765$，$h_2=1982.4\text{kJ/kg}$。

3（4）点：$h_4\approx h_3=h_2'=121.41\text{kJ/kg}$（忽略泵功）。

5（6）点：$h_6\approx h_5=h_{a_2}'=561.4\text{kJ/kg}$（忽略泵功）。

7（8）点：$h_8\approx h_7=h_{a_1}'=1008.4\text{kJ/kg}$（忽略泵功）。

一级回热加热器Ⅰ的热平衡式为

$$\alpha_1 h_{a_1}+(1-\alpha_1)h_6=h_7$$

忽略泵功，得

$$\alpha_1 h_{a_1}+(1-\alpha_1)h_{a_2}'=h_{a_1}'$$

$$\alpha_1=\frac{h_{a_1}'-h_{a_2}'}{h_{a_1}-h_{a_2}'}=\frac{1008.4-561.4}{3027.6-561.4}=0.1813$$

同理，二级回热加热器Ⅱ的热平衡式为

$$\alpha_2 h_{a_2}+(1-\alpha_1-\alpha_2)h_4=(1-\alpha_1)h_5$$

即

$$\alpha_2 h_{a_2}+(1-\alpha_1-\alpha_2)h_2'=(1-\alpha_1)h_{a_2}'$$

则

$$\alpha_2=\frac{(1-\alpha_1)(h_{a_2}'-h_2')}{h_{a_2}-h'}=\frac{(1-0.1813)\times(561.4-121.41)}{2559.5-121.41}=0.1477$$

循环吸热量

$$\begin{aligned}q_{1,\text{RG}}&=h_1-h_8=h_1-h_{a_1}'\\&=3464.5\text{kJ/kg}-1008.4\text{kJ/kg}=2456.1\text{kJ/kg}\end{aligned}$$

循环比功

$$\begin{aligned}w_{\text{RG}}&=h_1-h_{a_1}+(1-\alpha_1)(h_{a_1}-h_{a_2})+(1-\alpha_1-\alpha_2)(h_{a_2}-h_2)\\&=3464.5-3027.6+(1-0.1813)\times(3027.6-2559.5)+\\&\quad(1-0.1813-0.1477)\times(2599.5-1982.4)\\&=1207.3\text{kJ/kg}\end{aligned}$$

循环热效率

$$\eta_{\text{t,RG}}=\frac{w_{\text{RG}}}{q_{1,\text{RG}}}=\frac{1207.3}{2456.1}=0.492=49.2\%$$

汽耗率

$$d=\frac{3600}{w_{\text{RG}}}=\frac{3600}{1207.3}\text{kg/(kW·h)}=2.9819\text{kg/(kW·h)}$$

很显然，回热循环热效率提高了，但汽耗率增大了。

13.1.3 制冷循环中的回热

在制冷循环中，已知简单空气压缩制冷循环的主要缺点是：无法实现等温、活塞流量小以及制冷量 $Q_2 = q_m c_p(T_1 - T_4)$ 不大。造成制冷量小的主要原因有如下几点：

1）空气的比热容 c_p 很小。

2）$T_1 - T_4$ 又不能太大。从图 10-24 可知，$T_1 - T_4$ 越大则要求增压比 π 越高，增压比 π 增大制冷系数 ε 就要降低。同时活塞压缩机压缩比过高带来的影响有：使压缩机停机再启动变得困难；压缩机运转噪声变大，甚至振动幅度变大；压缩机输出变小，能效比变小，等等。所以一般要控制压缩机的压缩比在一个合理的区间范围内。

3）活塞式压缩机和膨胀机的循环工质流量 q_m 不能很大，否则就会造成设备体积过大。

回热式压缩空气制冷装置流程示意图及理想回热循环的 *T-s* 图如图 13-7 和图 13-8 所示。自冷库出来的空气（温度为 T_1，即低温热源温度 T_c），首先进入回热器升温到高温热源的温度 T_2（通常为环境温度 T_0），接着进入叶轮式压缩机进行压缩，升温、升压到 T_3、p_3，再进入冷却器，实现定压放热，降温至 T_4（理论上可达高温热源温度 T_2），随后进入回热器进一步定压降温至 T_5（即低温热源温度 T_c），再进入叶轮式膨胀机实现定熵膨胀过程，降压、降温至 T_6、p_6，最后进入冷库实现定压吸热，升温到 T_1，完成循环。

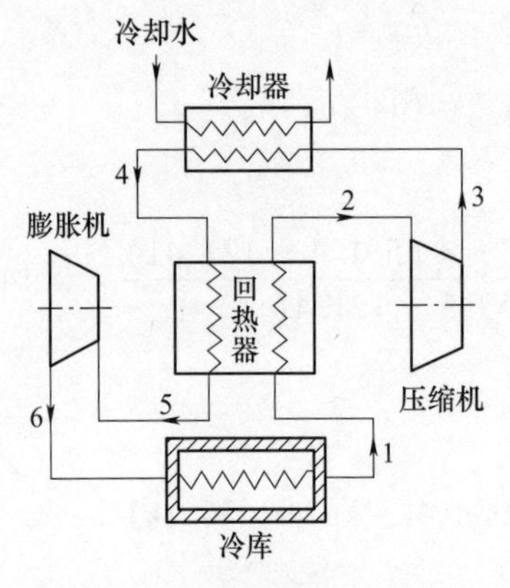

图 13-7 回热式压缩空气制冷装置流程示意图

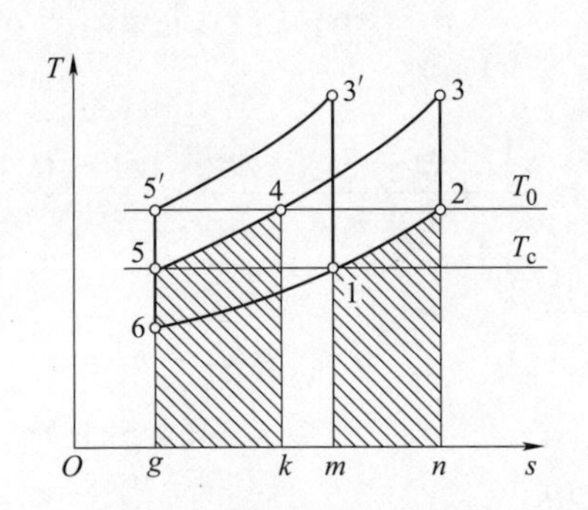

图 13-8 回热式压缩空气制冷循环 *T-s* 图

在理想的情况下，空气在回热器中的放热量（即图 13-8 中面积 45*gk*4）恰等于被预热的空气在过程 1→2 中的吸热量（图 13-8 中面积 12*nm*1）。工质自冷库吸取的热量为面积 61*mg*6，排向外界环境的热量为面积 34*kn*3。这一循环的效果显然与没有回热的循环 13′5′61 相同。因两循环中的 q_c 和 q_0 完全相同，它们的制冷系数也是相同的。但是循环增压比从 $p_{3'}/p_1$ 下降到 p_3/p_1，这为采用增压比不宜很高的叶轮式压缩机和膨胀机提供了可能。叶轮式压缩机和膨胀机具有大流量的特点，因此适用于制冷量大的机组。此外，如不应用回热，则在压缩机中至少要把工质从 T_c 压缩到 T_0 以上才有可能制冷（因工质要放热给环境大气）。而在气体液化等低温工程中 T_c 和 T_0 之间的温差很大，这就要求压缩机有很高的 π，叶轮式压缩机很难满足这种要求，应用回热解决了这一困难。再次，由于 π 减小，压缩过程和膨胀过程的不可逆损失的影响也可减小。

综上所述，有回热的比无回热的制冷循环具有以下优点：

1）增压比 π 较小（由 $p_{2'}/p_6$ 下降为 p_2/p_1），适用于采用叶轮式压缩机。叶轮式压缩机的空气排量较大，使得总制冷量大大提高。

2）进膨胀机的温度 T_4 可以在增压比 π 较小的条件下大大降低，使得回热式空气制冷循环广泛应用于气体液化等冷冻工程中。

3）由于 π 的减小，使压缩机和膨胀机不可逆损失的影响也可减小。

【例 13-3】 参见图 10-24，假定空气进入压缩机时的状态为 $p_1 = 0.1\text{MPa}$，$t_1 = 20℃$，在压缩机内定熵压缩到 $p_2 = 0.5\text{MPa}$，然后进入冷却器。离开冷却器时空气的温度为 $t_3 = 20℃$。若 $t_c = -20℃$，$t_0 = 20℃$，空气视为定比热容的理想气体，$\kappa = 1.4$。试：①求无回热时的制冷系数 ε 及单位质量空气的制冷量 q_c；②若 ε 保持不变而采用回热，求理想情况下压缩比 π_R。

解：（1）无回热时的 ε 和 q_c　据题意 $T_1 = T_C = 253.15\text{K}$，$T_3 = T_0 = 293.15\text{K}$

$$\pi = \frac{p_2}{p_1} = \frac{0.5\text{MPa}}{0.1\text{MPa}} = 5$$

且由

$$\frac{T_2}{T_1} = \left(\frac{p_2}{p_1}\right)^{\frac{\kappa-1}{\kappa}} = \frac{T_3}{T_4}$$

故

$$T_2 = T_1 \pi^{\frac{\kappa-1}{\kappa}} = 253.15\text{K} \times 5^{\frac{1.4-1}{1.4}} = 401.13\text{K}$$

$$T_4 = T_3\left(\frac{1}{\pi}\right)^{\frac{\kappa-1}{\kappa}} = 293.15\text{K} \times \left(\frac{1}{5}\right)^{\frac{1.4-1}{1.4}} = 185.01\text{K}$$

压缩机耗功为

$$w_C = h_2 - h_1 = c_p(T_2 - T_1)$$
$$= 1.005\text{kJ/(kg·K)} \times (401.13\text{K} - 253.15\text{K}) = 148.72\text{kJ/kg}$$

膨胀机做出的功为

$$w_T = h_3 - h_4 = c_p(T_3 - T_4)$$
$$= 1.005\text{kJ/(kg·K)} \times (293.15\text{K} - 185.01\text{K}) = 108.68\text{kJ/kg}$$

空气在冷却器中放热量为

$$q_0 = h_2 - h_3 = c_p(T_2 - T_3)$$
$$= 1.005\text{kJ/(kg·K)} \times (401.13\text{K} - 293.15\text{K}) = 108.52\text{kJ/kg}$$

单位质量空气在冷库中的吸热量，即单位质量空气的制冷量：

$$q_c = h_1 - h_4 = c_p(T_1 - T_4)$$
$$= 1.005\text{kJ/(kg·K)} \times (253.15\text{K} - 185.01\text{K}) = 68.48\text{kJ/kg}$$

循环的净功为

$$w_{net} = w_C - w_T = 148.72\text{kJ/kg} - 108.68\text{kJ/kg} = 40.04\text{kJ/kg}$$

循环的净热量为

$$q_{\mathrm{net}} = q_0 - q_c = 108.52\mathrm{kJ/kg} - 68.48\mathrm{kJ/kg} = 40.04\mathrm{kJ/kg}$$

故循环的制冷系数为

$$\varepsilon = \frac{q_c}{w_{\mathrm{net}}} = \frac{68.48\mathrm{kJ/kg}}{40.04\mathrm{kJ/kg}} = 1.71$$

（2）有回热时的压比 π_{R}　根据题意，参照图 13-8，$T_3 = T_{3'} = 401.13\mathrm{K}$，$T_2 = T_0 = 293.15\mathrm{K}$，且

$$\frac{T_3}{T_2} = \left(\frac{p_3}{p_2}\right)^{\frac{\kappa-1}{\kappa}} = \pi_{\mathrm{R}}^{\frac{\kappa-1}{\kappa}}$$

所以

$$\pi_{\mathrm{R}} = \left(\frac{T_3}{T_2}\right)^{\frac{\kappa}{\kappa-1}} = \left(\frac{T_{3'}}{T_0}\right)^{\frac{\kappa}{\kappa-1}} = \left(\frac{401.13\mathrm{K}}{293.15\mathrm{K}}\right)^{\frac{1.4}{1.4-1}} = 3.0$$

讨论： 比较 π 和 π_{R} 可知，压缩空气制冷装置理想循环采用回热后，只要 q_c、T_c、T_0 不变，则 w_{net} 和 ε 亦相同，但压力比减小，对使用叶轮式机械就很有利。同样冷库温度 T_c 和环境温度 T_0 条件下逆向卡诺循环的制冷系数是 6.33（请读者自行计算），远大于本例计算值，这是由于压缩空气制冷循环中定压吸、排热偏离定温吸、排热甚远之故，但这是工质性质决定了的。

飞机的制冷系统是为冷却飞机座舱和设备舱提供低温空气的环境控制系统，该种系统设计既要满足舱内乘客的温度舒适性，又要增加电子设备的工作可靠性。飞机上使用的制冷系统有空气循环和蒸发循环两种基本类型。空气循环制冷系统是以空气为制冷工质，以逆布雷顿循环为基础的；蒸发循环制冷系统是以在常温下能发生相变的液态制冷剂为工质，是以卡诺循环为基础上的。空气循环制冷系统通过压缩空气在膨胀机中绝热膨胀获得低温气流实现制冷，其理想的工作过程包括等熵压缩、等压冷却、等熵膨胀及等压吸热四个过程，与蒸发循环制冷的四个工作过程相近。两者的区别在于：空气制冷循环中空气不发生相变，无法实现等温吸热；空气的节流冷效应很低，降压制冷装置是以膨胀机代替节流阀。

空气循环制冷系统的原理：空气循环制冷系统由压缩空气源、热交换器和涡轮膨胀机等组成。由发动机带动的座舱增压器或者直接由发动机引出的高温高压空气先经过热交换器，将压缩热传给冷却介质（热交换器的冷却介质一般是机外环境空气和燃油），然后流入涡轮中进行膨胀，并驱动涡轮旋转，带动同轴的压气机或风扇，将热能转化为机械功；空气本身的温度和压力在涡轮出口得到大大降低，由此获得满足温度和压力要求的冷空气，再与热路空气按一定的比例混合后就可以通向客舱以提供舒适环境温度并增压。为了达到较好的制冷效果，热交换器外围的冷却空气流动得越快，热交换器中需要被冷却的发动机压气机引气的冷却效率越高。将涡轮同轴相连的风扇与热交换器串联在同一条冲压空气管道上，这样通过涡轮将热能转化的机械功驱动风扇转动，加速了热交换器周围冷却空气的流动，就刚好达到提高冷却效率的目的。涡轮风扇式空气循环制冷系统就是这样满足冷路制冷要求的，但飞机在高空高速飞行时比在地面及低速飞行时，涡轮风扇式空气循环制冷系统中的风扇做功的负

荷减小很多，因此高速飞行时涡轮转速增加，容易产生超转，影响制冷效果并减小涡轮的寿命，故要限制飞行高度。

13.1.4　回热循环中蕴含的发明思路

40个发明思路是苏联发明家根里奇·阿奇舒勒经过研究成千上万的专利后，发现的发明背后存在一些共性的思路。经过分析和总结，常用的40个发明思路如下：

1. 分割	15. 动态化	29. 气压或液压结构
2. 抽取	16. 不足或过度作用	30. 柔性壳体或薄膜结构替代
3. 局部质量	17. 多维化	31. 多孔物质
4. 非对称	18. 振动	32. 变换颜色
5. 组合	19. 周期性作用	33. 同质化
6. 多用性	20. 有效连续作用	34. 抛弃与再生
7. 嵌套	21. 急速作用	35. 物理/化学状态变化
8. 重力补偿	22. 变害为益	36. 相变
9. 预先反作用	23. 反馈	37. 热膨胀
10. 预先作用	24. 中介物	38. 强氧化作用
11. 事先防范	25. 自服务	39. 惰性介质
12. 等势	26. 复制	40. 复合物质
13. 反向作用	27. 一次性用品替代	
14. 曲面化	28. 机械系统替代	

回热部分蕴含的发明思路有：反向作用、变害为益。

13.1.5　创新发明原理的应用

通过以上三种利用回热器的循环之间的对比，不难发现回热式燃气轮机是利用燃烧膨胀过的高温废气对进入燃烧室之前的工质进行回热，从而节约了在燃烧室内需要的热量，实现了废热利用；抽汽回热式朗肯循环是利用未完全膨胀的蒸汽对给水进行加热；而回热式制冷循环中则是将冷库内的低温空气与未膨胀降温的空气在回热器内进行换热。这三种循环其实本质上是对于废热的重复利用，减少了排入大气环境的废热以及从大气中抽取的空气加热所需的热量，以此来提高能源的利用率。

从当前的视角审视回热循环的创造与发明，不难发现其中蕴含着丰富的原理；

1）反向作用：对于废热的利用，其实就是将不需要的热量转移到需要加热的地方，以实现能源利用。

2）变害为益：或许在短期看来废热的排放无关紧要，但是长期来看，大型发电厂大量废热排入大气环境也是一种不可忽略的污染，综上我们可以了解到废热利用也是一种变害为益的方式。

13.2 再热技术

13.2.1 蒸汽动力装置循环中的再热

为了在提高蒸汽初压的同时，不使排气干度下降，以致危及汽轮机的安全运行，在蒸汽动力循环中常常采用中间“再热”的措施，这样形成的循环称为再热循环。

再热循环中，可以近似地将在汽轮机中的两次膨胀分为高压级和低压级。如图 13-9 和图 13-10 所示，从锅炉出来的高温、高压蒸汽先进入高压级进行膨胀（$1\to b$），然后又进入再热器内加热（$b\to a$），再热器的热量来自于锅炉，经过加热的气体再进入低压级汽轮机进行膨胀做功（$a\to 2$）。

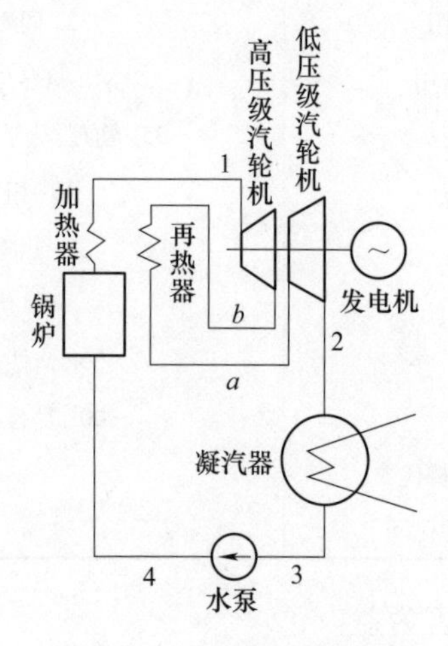

图 13-9　再热循环设备简图

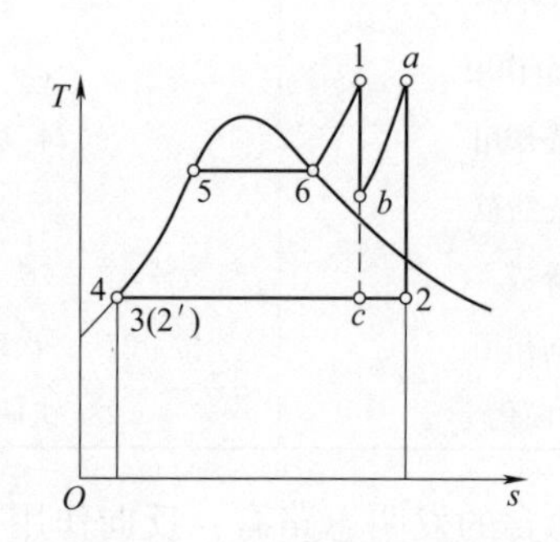

图 13-10　再热循环的 T-s 图

从图 13-10 上可以看出，如不进行再热，蒸汽膨胀到背压 p_2 时的状态为 c；而再热后膨胀到相同的背压时的状态却为点 2，后者干度增高，这样可避免由于 p_1 升高而带来的不利影响。这对于太阳能热力发电、地热能发电、压水堆发电等利用饱和蒸汽或微过热蒸汽的装置尤为重要。

循环所做的功（忽略水泵功）为

$$w_{net}=(h_1-h_b)+(h_a-h_2) \tag{13-13}$$

加入的热量为

$$q_1=(h_1-h_{2'})+(h_a-h_b) \tag{13-14}$$

热效率为

$$\eta_t=\frac{w_{net}}{q_1}=\frac{(h_1-h_b)+(h_a-h_2)}{(h_1-h_{2'})+(h_a-h_b)} \tag{13-15}$$

由式（13-15）不能直接判断再热循环的热效率较基本循环效率是提高还是降低，但由 T-s 图（见图 13-10）可以看到，当再热的中间压力较高时，因循环放热温度不变，但增加了高温加热段，使循环平均加热温度提高，所以使 η_t 提高；若中间压力过低，则有可能使循环平均加热温度降低，从而使 η_t 降低。但中间压力取得高对乏汽干度 x_2 的改善较少，根据已有的经验，中间压力在（20% ~ 30%）p_1 范围内对 η_t 提高的作用最大。选取中间压力时

必须注意使乏汽干度在允许范围内，此为再热的根本目的，切不能只考虑提高热效率而忘其根本目的。

在采用再热循环后，一方面因为单位质量蒸汽所做的功增加了，故耗汽率可降低，使通过设备的水和蒸汽的质量减少，从而减轻凝汽器的负荷；另一方面因管道、阀门换热面积增多，增加了投资费用，且使管理运行复杂化。

【例 13-4】 目前我国运行中的核电站以压水堆型为主，压水堆核电厂二回路新蒸汽为饱和蒸汽，为保证汽轮机的安全，蒸汽在汽轮机高压缸内膨胀到一定压力后撤出，进入再热器，经再热后进入汽轮机低压缸继续膨胀。某压水堆二回路循环采用的再热循环抽象简化的 T-s 图如图 13-11 所示。若新蒸汽的 $p_t = 6.69\text{MPa}$、$t_1 = 282.2℃$，在高压缸膨胀到 $p_a = 0.782\text{MPa}$ 时进入再热器，再热到 $t_b = 265.1℃$ 后进入低压缸膨胀，再进入凝汽器，凝汽器内维持 $p = 0.007\text{MPa}$，水流经水泵后焓增加 9.3kJ/kg，求循环的热效率和耗汽率，并与不采用再热的循环比较。

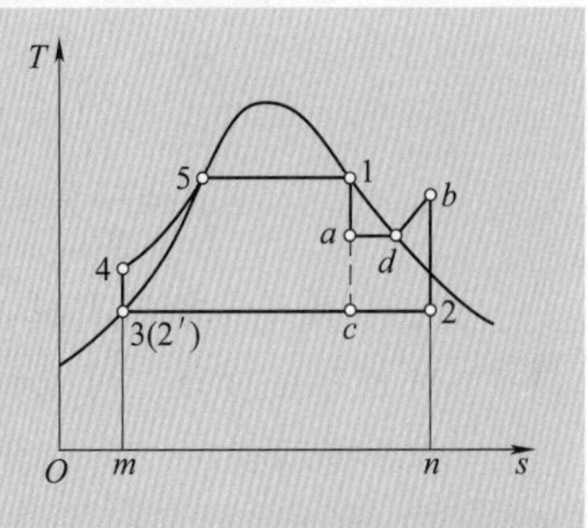

图 13-11 二回路再热循环的 T-s 图

解： 由 $p = 6.69\text{MPa}$，$t = 282.2℃$，利用计算机软件或水蒸气图表，查得 $h_1 = 2772.5\text{kJ/kg}$、$s_1 = 5.830\text{kJ/(kg·K)}$。假定高压缸内蒸汽等熵膨胀，由 $s_a = s_1 = 5.830\text{kJ/(kg·K)}$，及再热压力 $p_a = 0.782\text{MPa}$，可得 $h_a = 2395.9\text{kJ/kg}$。据 $s_c = s_1 = 5.830\text{kJ/(kg·K)}$，及 $p_c = 0.007\text{MPa}$，查得 $h_c = 1808.7\text{kJ/kg}$、$x_c = 0.68$。在再热器中的过程可近似为等压，所以由 $t = 265.1℃$、$p = 0.782\text{MPa}$，查得再热后蒸汽的参数为 $h_b = 2982.3\text{kJ/kg}$、$s_b = 7.110\text{kJ/(kg·K)}$。同样假定低压缸膨胀过程为等熵过程，由 $s_2 = s_b = 7.110\text{kJ/(kg·K)}$ 及 $p_2 = 0.007\text{MPa}$，查得 $h_2 = 2208.3\text{kJ/kg}$、$x_2 = 0.85$。同时，$h_3 = 163.4\text{kJ/kg}$。

$$h_4 = h_3 + \Delta h = 163.4\text{kJ/kg} + 9.3\text{kJ/kg} = 172.7\text{kJ/kg}$$

$$\begin{aligned} q_1 &= h_1 - h_4 + h_b - h_a \\ &= 2772.5\text{kJ/kg} - 172.7\text{kJ/kg} + 2982.3\text{kJ/kg} - 2395.9\text{kJ/kg} \\ &= 3186.2\text{kJ/kg} \end{aligned}$$

$$q_2 = h_2 - h_3 = 2208.3\text{kJ/kg} - 163.4\text{kJ/kg} = 2044.9\text{kJ/kg}$$

$$\begin{aligned} w_{net} &= w_{T,H} + w_{T,L} - w_{T,C} \\ &= h_1 - h_a + (h_b - h_2) - (h_4 - h_3) \\ &= (2772.5 - 2395.9)\text{kJ/kg} + (2982.3 - 2208.3)\text{kJ/kg} - 9.3\text{kJ/kg} \\ &= 1141.3\text{kJ/kg} \end{aligned}$$

$$\eta_t = \frac{w_{net}}{q_1} = \frac{1141.3\text{kJ/kg}}{3186.2\text{kJ/kg}} = 0.3582 = 35.82\%$$

$$d = \frac{1}{w_{net}} = \frac{1}{1143.1 \times 10^3\text{J/kg}} = 8.762 \times 10^{-7}\text{kg/J}$$

若不采用再热，则循环为 1—c—3—4—1，该循环

$$q_1' = h_1 - h_4 = 2772.5\text{kJ/kg} - 172.7\text{kJ/kg} = 2599.8\text{kJ/kg}$$

$$w_{\text{net}}' = w_{\text{T}}' - w_{\text{T,C}} = h_1 - h_c - (h_4 - h_3)$$
$$= (2772.5\text{kJ/kg} - 1808.7\text{kJ/kg}) - 9.3\text{kJ/kg} = 954.5\text{kJ/kg}$$

$$\eta_1' = \frac{w_{\text{net}}'}{q_1'} = \frac{954.5\text{kJ/kg}}{2599.8\text{kJ/kg}} = 0.3671 = 36.71\%$$

$$d' = \frac{1}{w_{\text{net}}'} = \frac{1}{954.5\times 10^3\text{J/kg}} = 1.048\times 10^{-6}\text{kg/J}$$

讨论：由于本例没有具体考虑再热的热源，也没有考虑排水，所以计算结果只是针对图 13-11 所示的循环。可以看出采用再热后尽管使系统复杂，初投资增加，但是乏汽的干度由 0.68 提高到 0.85、汽耗率由 1.048×10^{-6}kg/J 降低到 8.762×10^{-7}kg/J。

13.2.2 再热循环中蕴含的发明思路及创新发明原理应用

再热部分蕴含的发明思路有：分割、预先作用和不足或过度作用。

通过以上再热循环的学习可知，再热循环的原理就是将汽轮机分割成两部分，从中抽取合适中间压力的蒸汽进行再热，从而提高了平均吸热温度以及乏汽干度，在提高循环热效率的同时也实现了更高的安全性能。

1）分割：将本来完整的汽轮机分割成低压级和高压级两部分，在高压级蒸汽做功后再次加热，然后进入低压级再次做功。

2）预先作用：对未完全降压的蒸汽进行预先加热，实现提高平均吸热温度和乏汽干度的效果。

3）不足或过度作用：对未完全降压的蒸汽再次过度升温升压，从而提高装置热效率。

13.3 过冷技术

13.3.1 制冷循环中的过冷

饱和液体在饱和压力条件下，继续冷却到饱和温度以下，称为“过冷”液体，过冷液体的温度与饱和温度的差值称为过冷度。

实际上，由于有传热温差与摩擦阻力的存在，蒸气压缩制冷循环中制冷剂的冷凝温度高于环境温度，蒸发温度低于冷库温度，而且压缩过程也是不可逆的绝热压缩。当考虑上述情况时，循环的 *T-s* 图和 lg*p-h* 图如图 13-12 所示。图中状态 2 为实际压缩状态。对图示循环，除状态 2 外，其他状态的确定方法如前文所述。状态 2 的确定与压缩机的绝热效率 $\eta_{\text{C},s}$ 有关。据绝热效率的定义：

$$\eta_{\text{C},s} = \frac{h_{2_s} - h_1}{h_2 - h_1} \tag{13-16}$$

即 $h_2 = h_1 + \dfrac{h_{2_s} - h_1}{\eta_{\text{C},s}}$，由 $\lg p - h$ 得出 h_{2_s} 就可进而求得 h_2。

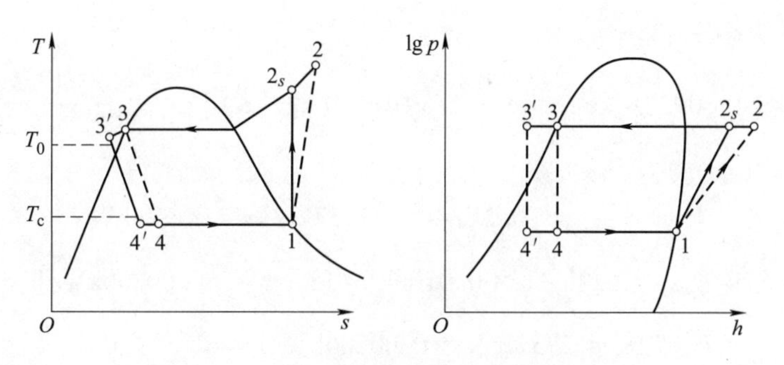

图 13-12　实际制冷循环的 *T-s* 图及 lg*p-h* 图

为提高制冷装置的制冷系数，实际循环中还采用过冷的方法在不增加耗功的情况下增加制冷量，而使 ε 提高，同时能够在压缩机功率不变的情况下提高压缩机的制冷能力。图13-12 中的过程 $3\rightarrow3'$，即为过冷过程。它将冷凝器中的饱和液进一步冷却，节流后的状态由 4 变为 $4'$；汽化过程的制冷量由 h_1-h_4 增加到 $h_1-h_{4'}$。由于循环耗功未变，仍为 h_2-h_1，所以装置的制冷系数提高。

【例 13-5】　一台以 R1234yf 为制冷工质的制冷装置放在室温为 20℃的房间内，在压缩机内进行的过程既非绝热也不可逆。进入压缩机的是温度 $t_1=-20℃$ 的干饱和蒸气，离开压缩机时工质温度 $t_2=50℃$，冷凝液的温度 $t_3=40℃$，如图 13-13 所示。经实测，循环中制冷剂的流量 $q_m=0.2\text{kg/s}$，装置的工作性能系数 COP = 2.3。

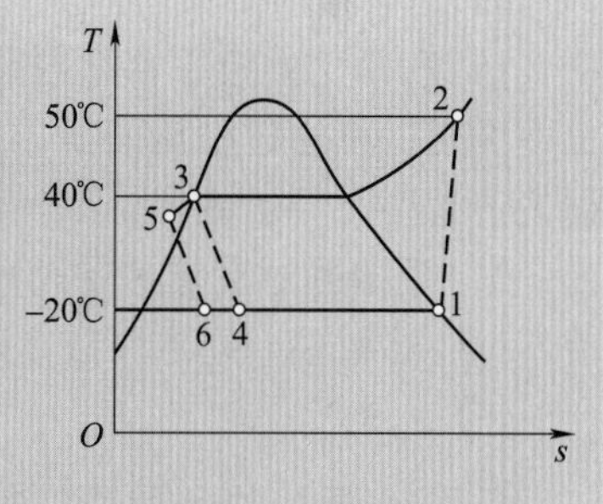

图 13-13　例 13-5 图

1）求循环制冷量、输入压缩机的功率、压缩过程的熵产率和做功能力损失。

2）若总制冷量不变，但冷凝液过冷到 35℃，求循环制冷量及制冷剂流量。

解：1）由 $t_1=-20℃$，$t_3=40℃$，查 R1234yf 热力性质表，得 $h_1=350.05\text{kJ/kg}$、$s_1=1.5970\text{kJ/(kg·K)}$、$h_3=h_4=254.90\text{kJ/kg}$、$p_3=p_2=1018.4\text{kPa}$、$h_2=391.98\text{kJ/kg}$。

由 h_2 和 p_2，查热力性质表得 $s_2=1.6092\text{kJ/(kg·K)}$。

则　$$q_e=h_1-h_4=h_1-h_3=350.05\text{kJ/kg}-254.90\text{kJ/kg}=95.15\text{kJ/kg}$$

$$q_{Qe}=q_mq_e=0.2\text{kg/s}\times95.15\text{kJ/kg}=19.03\text{kW}$$

$$w_{net}=\frac{q_e}{\varepsilon}=\frac{95.15\text{kJ/kg}}{2.3}=41.37\text{kJ/kg}$$

据热力学第一定律解析式，在过程 $1\rightarrow2$ 中，$q=(h_2-h_1)+w_t$，所以

$$q_0=(h_2-h_1)+w_C=391.98\text{kJ/kg}-350.05\text{kJ/kg}-41.37\text{kJ/kg}=0.56\text{kJ/kg}$$

据稳定流动开口系熵方程，$(s_1-s_2)+s_f+s_g=0$，得

$$s_g = (s_2 - s_1) - s_f$$
$$= [1.6092\text{kJ/(kg·K)} - 1.5970\text{kJ/(kg·K)}] - \frac{0.56\text{kJ/kg}}{(273.15 + 20)\text{K}}$$
$$= 0.0103\text{kJ/(kg·K)}$$

$$P_C = q_m w_{net} = 0.2\text{kg/s} \times 41.37\text{kJ/kg} = 8.274\text{kW}$$

$$\dot{S}_g = q_m s_g = 0.2\text{kg/s} \times 0.0103\text{kJ/(kg·K)} = 0.00206\text{kW/K}$$

$$\dot{I} = T_0 \dot{S}_g = 293.15\text{K} \times 0.00206\text{kW/K} = 0.604\text{kJ/s}$$

2）由 $p_2 = 1018.4\text{kPa}$，$t_5 = 35℃$，查热力性质表，可得 $h_5 = 247.62\text{kJ/kg}$，$s_5 = 1.1617\text{kJ/(kg·K)}$。

$$q'_e = h_1 - h_6 = h_1 - h_5 = 350.05\text{kJ/kg} - 247.62\text{kJ/kg} = 102.43\text{kJ/kg}$$

$$q'_m = \frac{q_{Qe}}{q'_e} = \frac{19.03\text{kW}}{102.43\text{kJ/kg}} = 0.186\text{kg/s}$$

讨论：

1）在简化分析中常常假定压缩机压缩过程绝热，本题压缩机内进行的过程既非绝热也不可逆，可通过稳流能量方程求出换热量，再由熵方程计算熵产率进而求得做功能力损失。

2）采用过冷工艺，完成同样的制冷率循环的制冷剂质量减少，所以尽管循环净功不变，但压缩机的总功率下降。

制冷空调系统内部循环过冷方法的本质就是利用循环中某一环节的部分或全部制冷工质吸收冷凝器出口工质的热量。根据利用部位的不同可以有如下四种内部循环过冷方法：

方法一：传统的采用回热器的回热循环，利用了蒸发器出口的低温气态制冷工质吸收冷凝器出口高温工质的热量实现过冷。采用回热循环的制冷空调系统示意图如图 13-14 所示，这种方法在实现液态工质过冷的同时也会导致压缩机存在一定的吸气过热，且工质过冷度幅度一般不大。

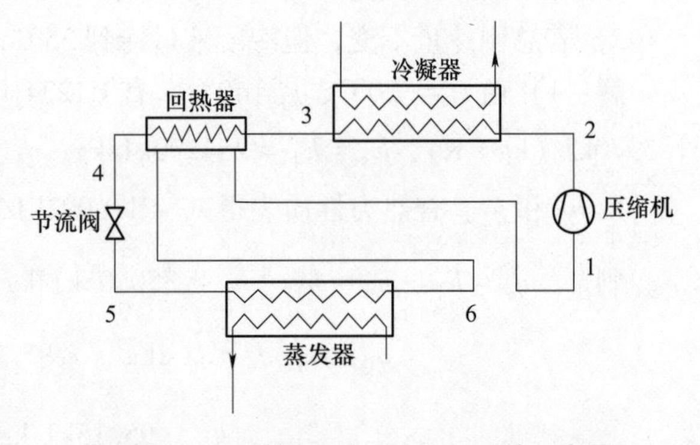

图 13-14　回热循环的制冷空调系统示意图

该方法实现起来较为简单，只需增加一个间壁式换热器，或者直接将压缩机吸气管与冷凝器出液管紧密地固定在一起，达到能够实现传热的效果即可。

方法二：节流之后的制冷工质温度低，因此也可以在节流阀后、蒸发器供液前直接分流出一部分低温工质对冷凝器出口处的高温工质进行吸热过冷，采用该方法的制冷空调循环系统如图 13-15 所示。

该系统中只有一个节流阀，进入蒸发器内的工质与分流进入过冷器内的工质的温度、压力相同，因此，压缩机的吸气压力可视为蒸发压力。节流后的工质在过冷器内吸热存在相变，汽化潜热大，因此，在过冷度相同的情况下方法二中的过冷器结构尺寸相对于方法一中的回热器会更加小巧紧凑。

方法三：将冷凝器出口的高温制冷工质分流出一部分，利用分流出的一小部分制冷工质产生节流冷效应，在过冷器中实现对剩余制冷工质的吸热过冷。使用这种方法实现内部循环过冷的制冷空调系统示意图如图 13-16 所示。

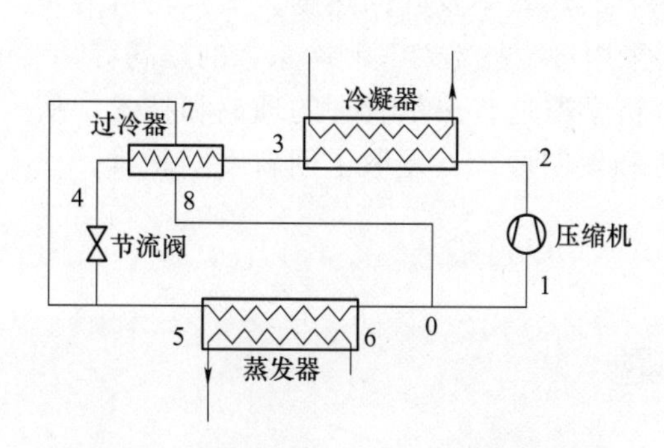

图 13-15 节流阀出口分流系统循环示意图

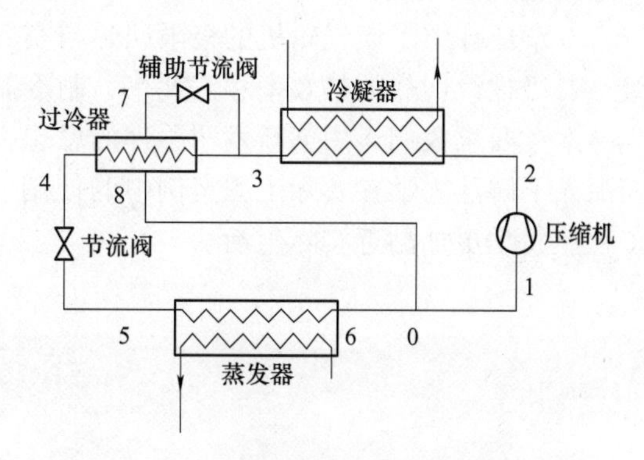

图 13-16 冷凝器出液分流系统循环示意图

由于辅助节流阀的存在，过冷幅度有一定调节能力，压缩机的吸气压力也不再与蒸发压力相同，而是蒸发器出口工质与过冷器出口工质混合后的压力。相对于方法二，方法三在冷凝器出口直接分流可能导致辅助节流后工质干度过大，分流工质的比例增大。

方法四：在过冷器出口进行工质分流，分流出的一部分制冷工质通过辅助节流阀节流降温再进入过冷器为冷凝器出口的高温工质过冷，采用该方法实现内部循环过冷的制冷空调系统示意图如图 13-17 所示。

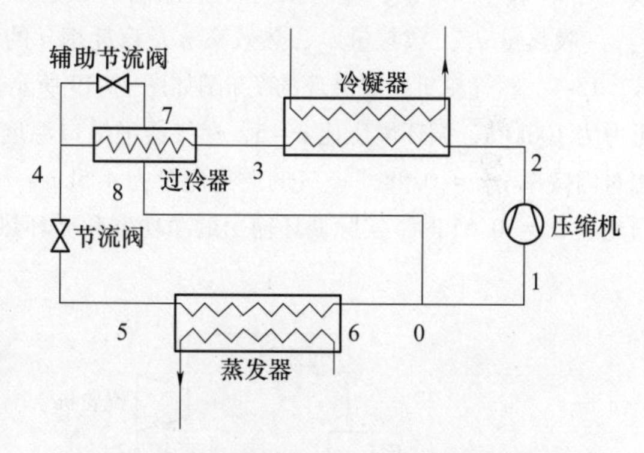

图 13-17 过冷器出液分流系统循环示意图

压缩机的吸气压力同样受到两组工质节流后的流量、压力影响。由于分流出的制冷工质在节流前经过了过冷，因此，相同的节流工况下，方法四中辅助节流后的工质干度更小。

13.3.2 制冷循环的过冷中蕴含的创新发明思路及创新发明原理应用

制冷循环的过冷中蕴含的创新发明思路有：不足或过度作用、预先作用。

通过以上对于过冷循环的介绍和学习，不难发现其中蕴含的创新发明原理。

1）不足或过度作用：将制冷剂过度冷却到饱和温度以下，在不增加耗功的情况下提高制冷量。

2）预先作用：预先将制冷剂过冷，实现制冷量的提高。

本章小结

本章主要讨论了常见的热力循环及其热量管理，分别介绍了气体动力装置、蒸汽动力装置和制冷循环的回热理论，蒸汽动力装置的再热技术以及制冷循环过冷技术的设备和流程，进行了能量分析计算（包括的热量、功量、热效率的计算），并在 p-v 图以及 T-s 图上进行了定性分析。

本章还介绍了燃气轮机的极限回热与实际回热的热效率及其回热度，蒸汽轮机的一级、二级抽汽回热的热效率和汽耗率，制冷循环采用过冷技术对其制冷系数的提高等。

本章要求我们运用创新发明原理的思想去分析学习这些热量管理的理论和技术，从而深入了解热力学在实际工程案例中的使用方法和发明原理，发散了创新发明思维，让工程热力学更加贴近实际生活。

习　　题

13-1　燃气轮机装置定压加热实际循环采用回热的条件是什么？一旦可以采用回热，为什么总会带来循环热效率的提高?

13-2　试用平均温度概念分析增压比 π 和增温比 τ 对燃气轮机理想回热循环热效率的影响。

13-3　如图 13-18 所示的一级抽汽回热（混合式）蒸汽理想循环，水泵功可忽略。试：①定性画出此循环的 T-s 图和 h-s 图；②写出与图上标出的状态点符号相对应的焓所表示的抽汽系数 α_A、输出净功 w_{net}、吸热量 q_1、放热量 q_2、热效率 η 及汽耗率 d 的计算式。

13-4　燃气轮机装置循环的 T-s 图如图 13-19 所示。若工质视为空气，空气进入压气机的温度为 17℃，压力为 100kPa，循环增压比 $\pi=5$，燃气透平进口温度为 810℃，且压气机绝热效率 $\eta_{C,s}=0.85$，燃气透平相对内效率 $\eta_T = 0.88$，空气的质量流量为 4.5kg/s。问：在理想极限回热时，及由于回热器有温差传热、回热度 $\sigma = 0.65$ 时，实际循环输出的净功率和循环热效率各为多少？

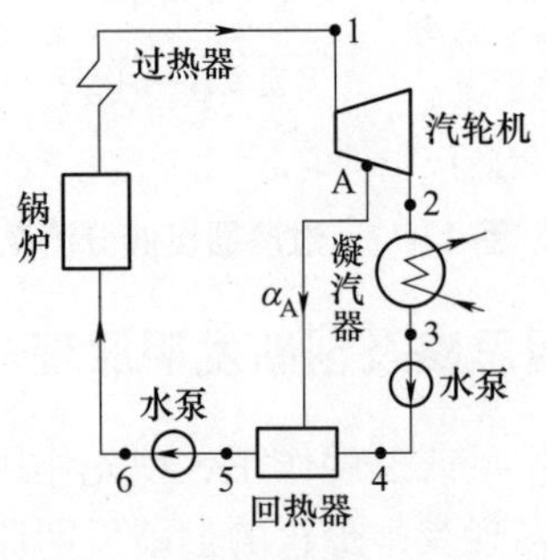

图 13-18　习题 13-3 附图

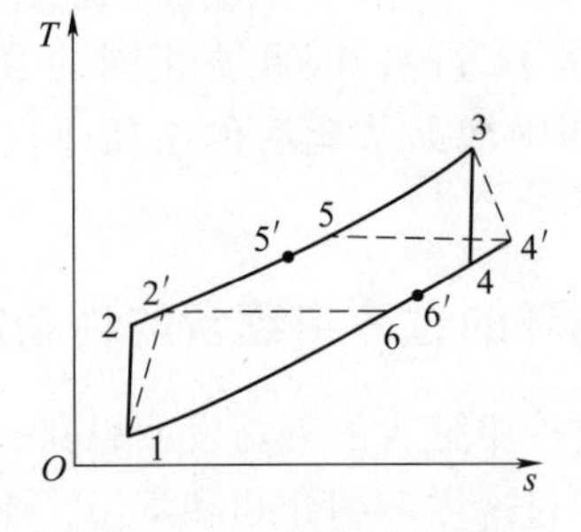

图 13-19　习题 13-4 附图

13-5　在图 13-20 所示的一级抽汽回热理想循环中，回热加热器为表面式，其疏水（即抽汽在表面式加热器内的凝结水）流回凝汽器，水泵功可忽略。试：①定性画出此循环的 h-s 图及 T-s 图；②写出用图上标出的状态点的焓值表示的求抽汽系数 α_a、循环净功 w_{net}、吸热量 q_1、放热量 q_2、循环热效率 η 及汽耗率 d 的计算式。

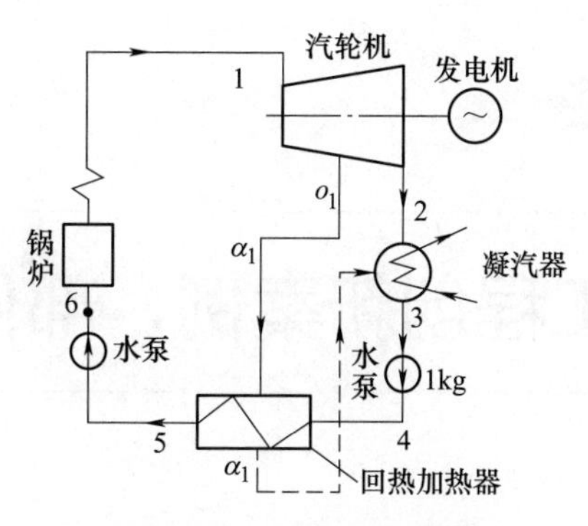

图 13-20　习题 13-5 附图

13-6　如图 13-21 所示，一台闭口的燃气轮机动力装置采用回热器来改进循环效率。工质是氦气，其在压气机进口的参数为 400kPa 和 320K，在出口的参数为 1600kPa 和 590K。回热器效能是 0.7。工质在透平进口的参数为 1550kPa 和 1400K，透平出口参数为 420kPa 和 860K，并进入回热器。试确定：压气机效率；透平效率；加热量；循环热效率；放热量；净功输出为 100MW 时的氦气流量。

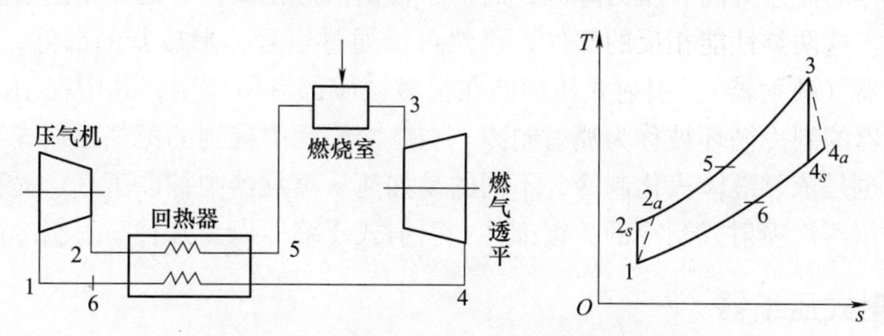

图 13-21　习题 13-6 的系统示意图和 *T-s* 图

13-7　试将如图 13-22 所示的蒸汽再热循环的状态点 1、2、3、4、5、6 及循环画在 *T-s* 图上。假设各状态点的状态参数已知，填空：

q_1 = ______；$\overline{T}_1$ = ______；

q_2 = ______；$\overline{T}_2$ = ______；

w_0 = ______；η_t = ______。

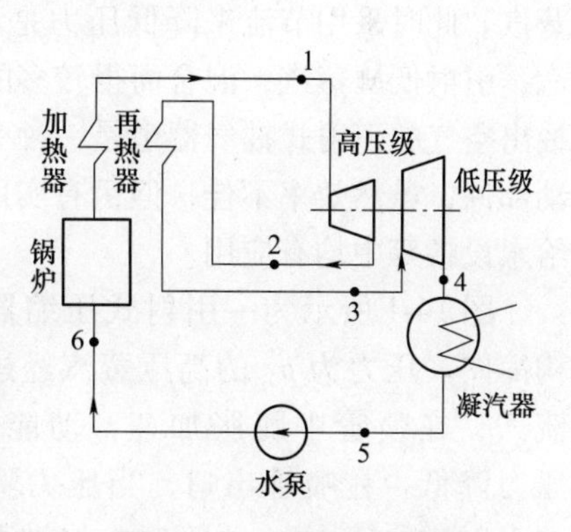

图 13-22　习题 13-7 附图

13-8　某蒸汽动力厂按一次再热理想循环工作，新蒸汽参数为 p_1 = 14MPa，t_1 = 450℃，再热压力 p_A = 3.8MPa，再热后温度 t_R = 480℃，背压 p_2=0.005MPa，环境温度 t_0=25℃。试定性画出循环的 *T-s* 图，并求：循环的平均吸、放热温度 $\overline{T}_1$、$\overline{T}_2$，循环热效率 η_t，以及排气放热量中的不可用能。

第14章

工程创新案例：部件改进

14.1 喷射器技术

通过之前章节的学习，已明确喷管和扩压管这类部件的热力学特征和用途。简单来讲，喷管可以使流体的流速升高、压力降低；而扩压管则恰好相反，它的作用是使流体的压力升高、流速降低。这两类性能相反的部件，仍然可以通过组合，形成新的部件，发挥新作用，即引射式压缩器（喷射器）。引射式压缩器在很多领域都有所应用，其中在制冷领域中，利用引射式压缩器的制冷循环被称为喷射制冷。与制冷循环中提到的蒸气压缩式制冷一样，蒸汽喷射式制冷也是依靠液体汽化制冷，不同的是如何从蒸发器中抽取蒸汽、提高压力。在本章中将依次介绍蒸汽喷射式制冷的关键部件：引射式压缩器以及几种喷射制冷循环。

14.1.1 引射式压缩器

工业上有时会遇到这样的情况，实际需要的是中压的蒸汽，而供应的是高压蒸汽和低压蒸汽。此时采用节流来降低压力是不合理的，因此可采用引射式压缩器，以较少的高压蒸汽，引射低压蒸汽，混合而得较多的中压蒸汽以供应用。蒸汽动力循环中的凝汽器中，用以抽出空气的引射式抽气器也是一种引射式压缩器。引射式压缩器的优点是结构简单，没有运动部件，虽然效率不佳，但仍有实用价值，在制冷装置、凝汽器的抽气设备、小型锅炉中的给水设备等中均有应用。

图 14-1 所示为一引射式压缩器的结构简图。压力为 p_1 的高压蒸汽经过喷管流入，在喷管中膨胀加速，动能增加，压力降低。在喷管出口，当压力降低到被引射流体压力 p_2 之下时，将被引射流体引入混合室进行混合，以某一平均流速流向扩压管，降速而增压至 p_3 流出。

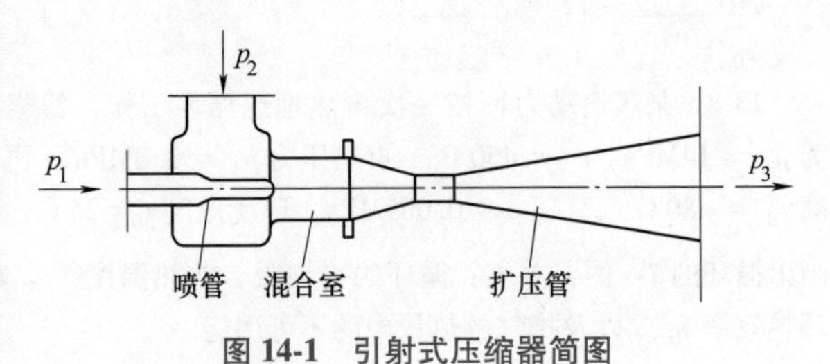

图 14-1 引射式压缩器简图

引射式压缩器的工作性能以单位质量工作蒸汽所引射的流体质量来表示，称为引射系数 μ，即

$$\mu=\frac{被引射流体的质量流量}{工作蒸汽的质量流量}$$

此外，升压比 PLR 也可以作为喷射器的性能评价指标。升压比为喷射器出口处压力与

引射流体压力之比

$$\mathrm{PLR}=\frac{\text{喷射器出口压力}}{\text{引射流体压力}}$$

在引射式压缩器的工作过程中有很大的能量耗散，尤其在混合和扩压过程中不可逆程度较大。通常，用热力学方法得到的理想的引射系数远大于实际数值，所以在设计计算中应查阅有关手册选取合理的引射系数。

14.1.2　单级喷射制冷

蒸汽喷射式制冷的基本工作原理如图 14-2 所示（此处发生器指加热器）：用加热器产生高温高压的工作蒸汽。工作蒸汽进入喷管，膨胀并高速移动，于是在喷管出口处产生很低的压力，为蒸发器中的水在低温下汽化（也就是蒸发制冷）创造了条件。蒸发器中产生的蒸汽与工作蒸汽在混合室进行混合，一起进入扩压管，在扩压管中流速降低、压力升高。之后高压蒸汽进入冷凝室冷凝变成液态水，一部分节流降压后送回蒸发器，继续进行蒸发制冷，另一部分送往加热器，重新加热产生工作蒸汽。

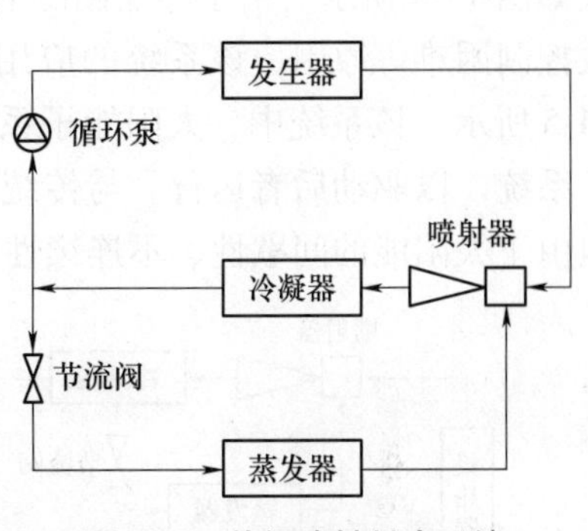

图 14-2　单级喷射制冷系统

蒸汽喷射式制冷中，用于喷射器的工作介质和蒸发器的制冷工质都是水，使得设备大为简化，具有设备简单、造价低、占地面积小的优点。但它对工作蒸汽的要求较高，工作蒸汽压力降低时效率明显降低，在低温工况下运行经济性低于吸收式制冷机。根据以上特点，蒸汽喷射式制冷主要适用于制取 2~20℃的冷媒水。

蒸汽喷射式制冷理论工作循环的压焓图如图 14-3 所示。1→2 过程表示蒸汽在喷管中绝热膨胀；2+3→4 过程表示蒸汽与工作蒸汽在引射式压缩器内的混合室中进行混合；4→5 过程表示混合蒸汽在扩压管中定熵压缩；5→6 过程表示蒸汽在冷凝器中冷凝；6→7 过程表示冷凝后的液体在节流设备中节流；7→3 过程表示液体在蒸发器中蒸发吸热，也就是进行制冷；6→8→1 过程表示用泵将蒸发后的蒸汽送入锅炉中进行加热。

根据图 14-3 对循环进行热力计算，具体如下：

制冷量为

$$Q_0=q_{m0}(h_3-h_7)\tag{14-1}$$

式中，q_{m0} 为被引射蒸汽的质量流量。

锅炉供热量为

$$Q_1=q_{m1}(h_1-h_6)\tag{14-2}$$

式中，q_{m1} 为工作蒸汽的质量流量。

冷凝器放热量为

$$Q_\mathrm{k}=(q_{m0}+q_{m1})(h_5-h_6)\tag{14-3}$$

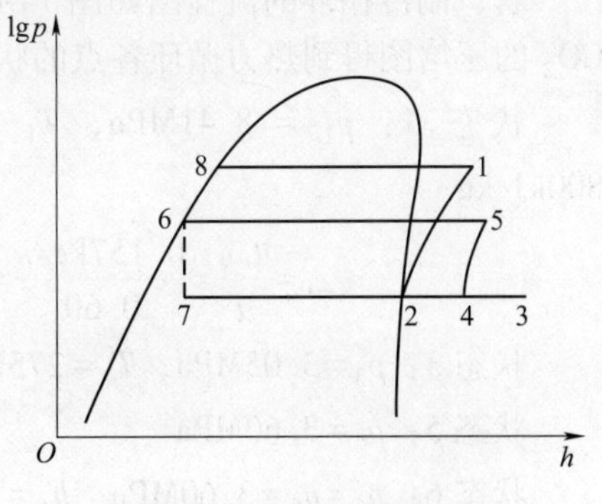

图 14-3　蒸汽喷射式制冷理论工作循环的压焓图

泵功较小，将其忽略后，整个制冷循环的热平衡式为 $Q_0+Q_1=Q_\mathrm{k}$。

制冷系数为

$$\varepsilon=\frac{Q_0}{Q_1}=\frac{q_{m0}}{q_{m1}}\frac{h_3-h_7}{h_1-h_6}=\mu\frac{q_0}{q_1} \tag{14-4}$$

式中，q_0 为单位质量制冷量；q_1 为单位质量供热量。

引射系数为

$$\mu=\frac{q_{m0}}{q_{m1}}=\frac{h_5-h_1}{h_3-h_5} \tag{14-5}$$

太阳能作为可驱动喷射式制冷的低品位热源之一，近些年得到了广泛关注，其最初的形式如图 14-4 所示。由于存在制冷剂泄漏风险以及太阳能子系统与喷射制冷子系统的耦合导致控制困难等原因，该系统的应用受到了限制。因此，该系统的另一种形式出现了，如图 14-5 所示。该系统中，太阳能子系统通过中间换热器将集热器收集的热量传输给喷射制冷子系统，以驱动后者运行。与传统的蒸气压缩制冷系统相比，此系统 COP 更高，更环保。但由于太阳能的间歇性、不连续性，所提供的热量不稳定，使得该系统的整体效率较低。

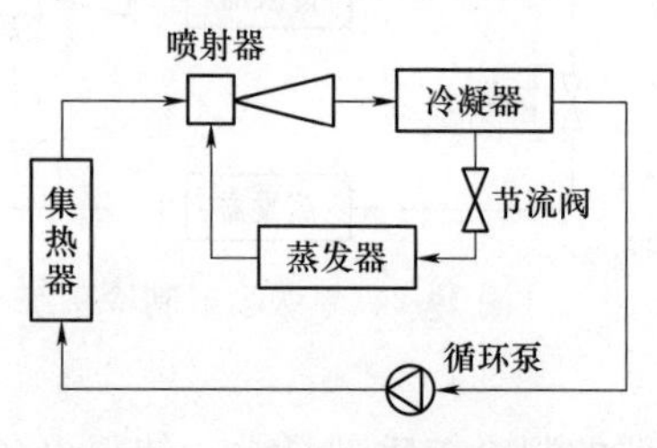

图 14-4　太阳能喷射制冷系统

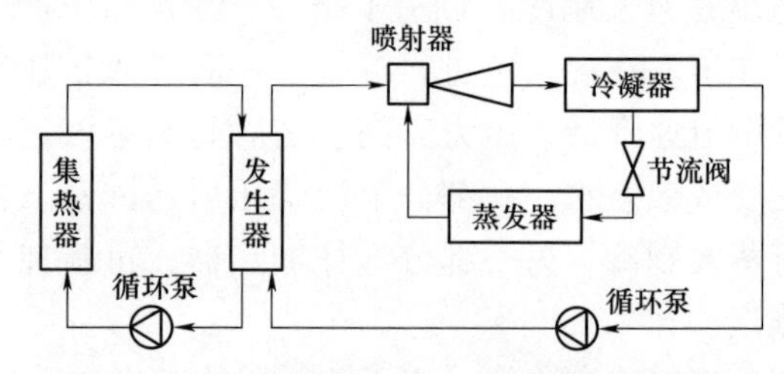

图 14-5　含中间换热器的太阳能喷射制冷系统

【例 14-1】　现有一车用 CO_2 喷射制冷系统，工作流体温度 $T_1=305\text{K}$，工作流体压力 $p_1=8.41\text{MPa}$，引射流体质量流量 $q_{m0}=0.157\text{kg/s}$，引射流体温度 $T_3=275\text{K}$，引射流体压力 $p_3=3.05\text{MPa}$，冷凝压力 $p_5=3.60\text{MPa}$，引射系数 $\mu=0.60$。试求：循环的制冷量；加热工作流体所需热量；循环的制冷系数。

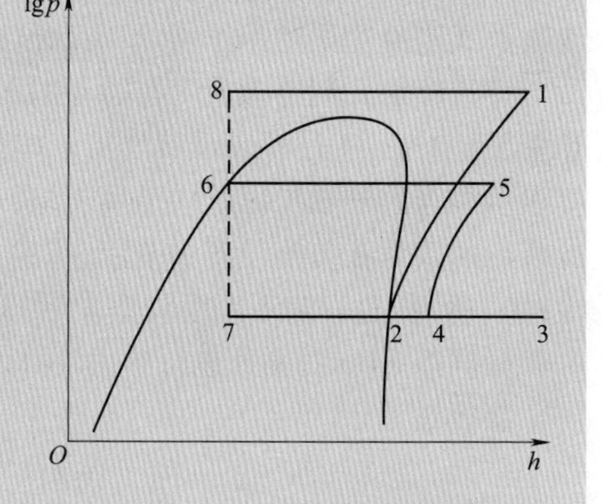

图 14-6　CO_2 喷射制冷系统流程图

解：制冷循环的流程图如图 14-6 所示，通过查 CO_2 的压焓图得到热力循环各点的状态参数如下：

状态 1：$p_1=8.41\text{MPa}$，$T_1=305\text{K}$，$h_1=800\text{kJ/kg}$

$$q_{m1}=\frac{q_{m0}}{\mu}=\frac{0.157\text{kg/s}}{0.60}=0.262\text{kg/s}$$

状态 3：$p_3=3.05\text{MPa}$，$T_3=275\text{K}$，$q_{m0}=0.157\text{kg/s}$，$h_3=750\text{kJ/kg}$

状态 5：$p_5=3.60\text{MPa}$

状态 6：$p_6=p_5=3.60\text{MPa}$，$h_6=500\text{kJ/kg}$

状态 7：$h_7=h_6=500\text{kJ/kg}$

制冷量：$Q_0=q_{m0}(h_3-h_7)=0.157\text{kg/s}\times(750\text{kJ/kg}-500\text{kJ/kg})=39.25\text{kW}$

加热工作流体所需热量：

$$Q_1 = q_{m1}(h_1 - h_6) = 0.262\text{kg/s} \times (800\text{kJ/kg} - 500\text{kJ/kg}) = 78.60\text{kW}$$

制冷系数：

$$\varepsilon = \frac{Q_0}{Q_1} = \frac{39.25\text{kW}}{78.60\text{kW}} = 0.49$$

14.1.3 喷射-压缩复合制冷系统

本节将介绍三种类型的喷射-压缩复合系统，第一种类型为含压缩机的喷射制冷系统，其中压缩机的作用主要是提升引射流体的压力；第二种类型为含喷射器的蒸汽压缩制冷系统，其中喷射器主要是作为一种膨胀装置；第三种类型为喷射-压缩复叠系统，该类系统由喷射子循环与压缩子循环两部分组成。

1. 含压缩机的喷射制冷系统

第一类系统的基本形式如图14-7所示，在传统单级喷射制冷系统的基础上引入压缩机，置于蒸发器出口，增加引射流体的压力，从而提高了喷射器的性能，其压焓图如图14-8所示。之后人们对该系统进行了改进，即在蒸发器入口增加了气液分离器和节流阀，如图14-9所示，其压焓图如图14-10所示。结果显示，在所研究的工况下，新系统COP可达6.30，较前者提高了21.95%。

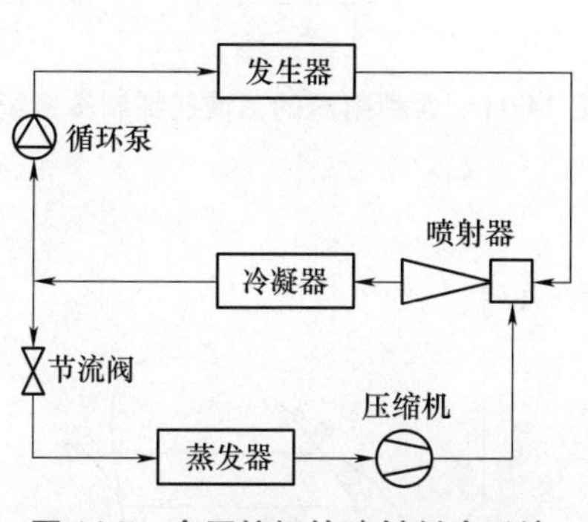

图14-7 含压缩机的喷射制冷系统

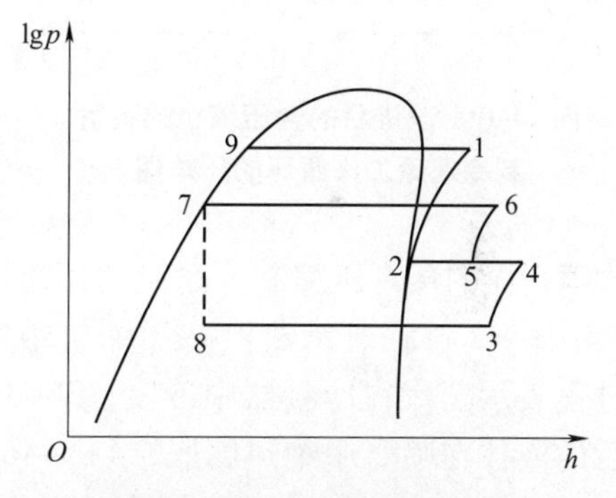

图14-8 含压缩机的喷射制冷理论工作循环的压焓图

含压缩机的喷射制冷系统的压焓图如图14-8所示。1→2过程表示蒸汽在喷管中的绝热膨胀；2+4→5过程表示蒸汽与工作蒸汽在引射式压缩器内的混合室中进行混合；5→6过程表示混合蒸汽在扩压管中定熵压缩；6→7过程表示蒸汽在冷凝器中冷凝；7→8过程表示冷凝后的液体在节流设备中节流；8→3过程表示液体在蒸发器中蒸发吸热，也就是进行制冷；7→9→1过程表示用泵将蒸发后的蒸汽送入锅炉中进行加热。

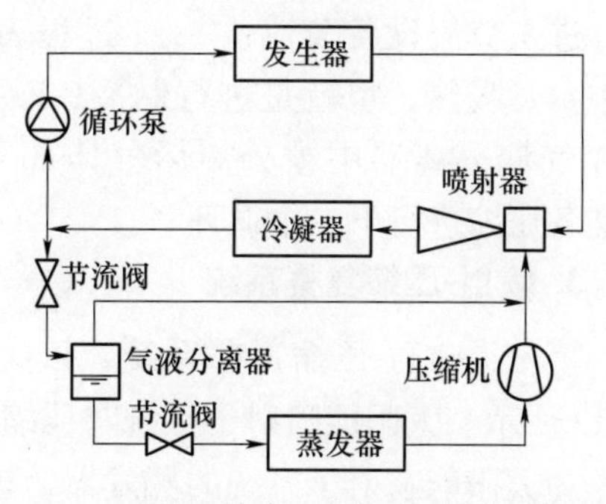

图14-9 改进后的含压缩机的喷射制冷系统

改进后的含压缩机的喷射制冷系统的压焓图如图 14-10 所示。1→2 过程表示蒸汽在喷管中绝热膨胀；2+4→5 过程表示蒸汽与工作蒸汽在引射式压缩器内的混合室中进行混合；5→6 过程表示混合蒸汽在扩压管中定熵压缩；6→7 过程表示蒸汽在冷凝器中冷凝；7→8 过程表示冷凝后的液体在节流设备中节流；8→9→10 过程表示工质在气液分离器中被分离后液体部分进入节流设备节流；10→3 过程表示蒸汽在蒸发器中蒸发吸热，也就是进行制冷；8→4 过程表示工质在气液分离器中被分离后气体部分进入喷射器进行混合并升压，继续参与循环；7→11→1 过程表示用泵将蒸汽送入锅炉中进行加热。

2. 含喷射器的蒸汽压缩制冷系统

针对第二类含喷射器的蒸汽压缩制冷系统，其流程如图 14-11 所示。将喷射器并入蒸汽压缩循环，一方面减少了与膨胀装置相关的不可逆损失，另一方面提高了压缩机吸入压力，减小了压缩功，从而提高 COP。

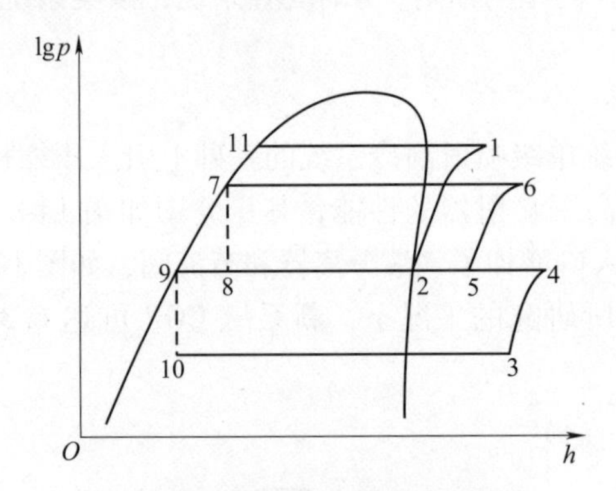

图 14-10 改进后的含压缩机的喷射制冷理论工作循环的压焓图

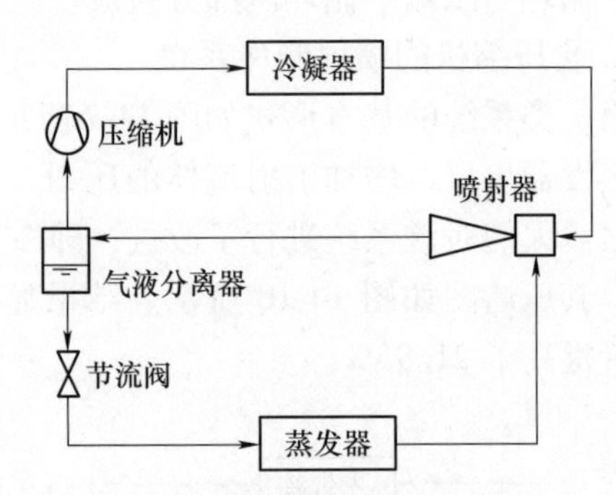

图 14-11 含喷射器的蒸汽压缩制冷系统

含喷射器的蒸汽压缩制冷系统的压焓图如图 14-12 所示。1→2 过程表示蒸汽在压缩机中定熵压缩；2→3过程表示蒸汽在冷凝器中冷凝；3→4 过程表示冷凝后的液体在喷管中绝热膨胀；4+5→6 过程表示蒸汽与工作蒸汽在引射式压缩器内的混合室中进行混合；6→7 过程表示混合蒸汽在扩压管中定熵压缩；7→8→9 过程表示工质在气液分离器中被分离后液体部分进入节流设备节流；9→5 过程表示蒸汽在蒸发器中蒸发吸热，也就是进行制冷；7→1 过程表示工质在气液分离器中被分离后气体部分进入压缩器，并准备压缩进行下一个循环。

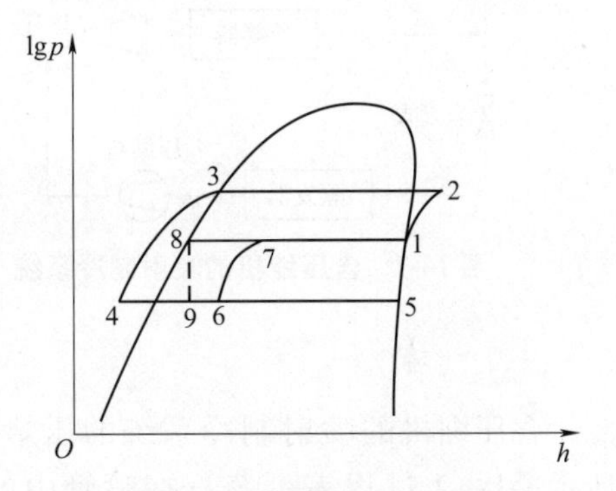

图 14-12 含喷射器的蒸汽压缩制冷理论工作循环的压焓图

3. 喷射-压缩复叠系统

第三类喷射-压缩复叠系统，该类循环由喷射子循环与压缩子循环组成，其原理如图 14-13 所示。太阳能喷射子系统与压缩子系统间设一个中间冷却器进行换热，该中间冷却器既作为太阳能喷射子系统的蒸发器，也作为压缩子系统的冷凝器。

喷射-压缩复叠系统的压焓图如图 14-14 所示。两个循环分别为蒸汽喷射式制冷和蒸汽压缩式制冷的理论工作循环，此处不再赘述。值得注意的是，中间冷却器在蒸汽喷射式制冷中充当蒸发器，在蒸汽压缩式制冷中充当冷凝器，将喷射制冷所制得的冷量用于压缩制冷，实现了两个系统的复叠。

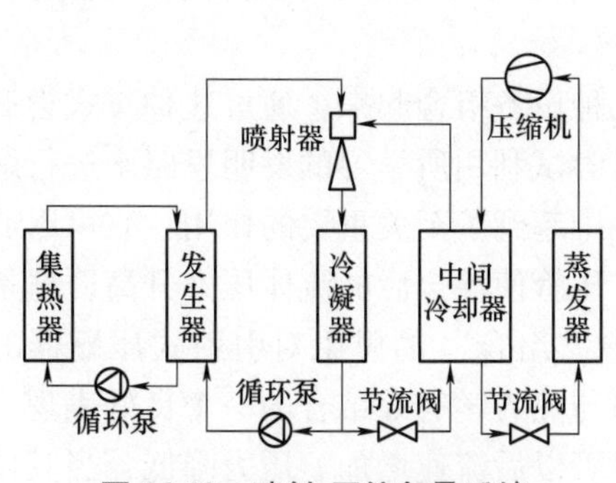

图 14-13　喷射-压缩复叠系统

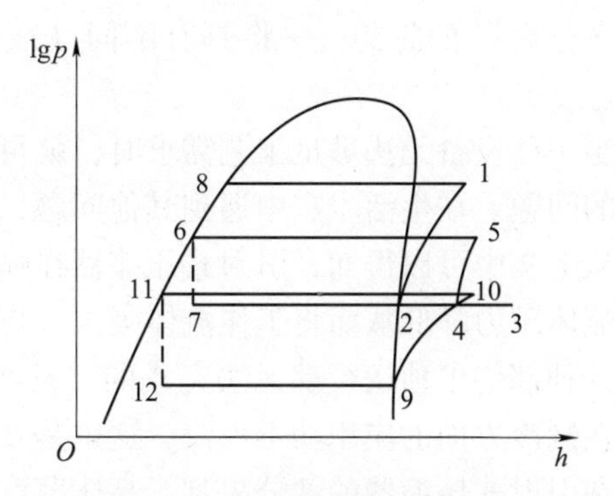

图 14-14　喷射-压缩复叠系统理论工作循环的压焓图

14.1.4　喷射-吸收复合制冷系统

吸收式制冷是常见的制冷方式之一，吸收式制冷可由各种低品位热源驱动，但是与传统的蒸汽压缩制冷相比，其系统 COP 通常较低。将喷射器运用到吸收式制冷当中，有利于提高制冷系统的 COP 值，提升制冷效率。

其中一种喷射-吸收复合制冷系统如图 14-15 所示，在该系统的循环中，喷射器位于吸收器入口，取代原来此处的节流阀，将蒸发器中的制冷剂引射至吸收器。经过模拟计算显示：与传统的吸收式制冷相比，喷射器的设置使得发生器的发生温度降低，且在中等温度范围 COP 升高。

另一种喷射-吸收复合制冷系统的原理如图 14-16 所示，将喷射器置于发生器和冷凝器之间，增加了进入蒸发器中制冷剂的流量，从而实现性能的提升。有学者从理论上对这两种系统进行了比较，发现在相同的发生温度、蒸发温度条件下，第二种系统（引射蒸发器中的工质排至冷凝器）提供的 COP 介于 1.099~1.355，高于第一种系统（引射蒸发器中的工质排至吸收器）的 COP（介于 0.274~0.382）。

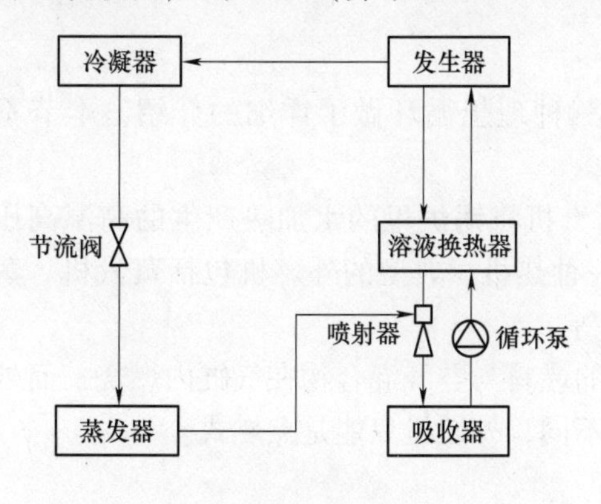

图 14-15　喷射-吸收复合制冷系统（形式一）

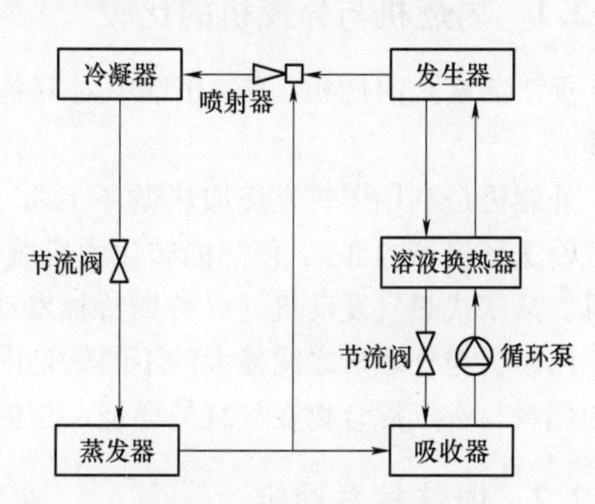

图 14-16　喷射-吸收复合制冷系统（形式二）

14.1.5 发明思路

不难发现，前人将喷管和扩压管组合得到引射式压缩器的过程中就体现了发明思路一节当中“组合”的思想——将具有不同（或相反）功能的对象合并或组合在一起实现新的功能。

当一种设备无法满足工艺需求时，就可以将几种设备组合起来，通过这种方式尝试解决遇到的问题。在生活生产中遇到其他问题，也可以尝试利用所学习的发明思路来进行解决。

从上文中可以得知，引射式压缩器在喷射制冷中起到了至关重要的作用：它可以通过喷管使流体压力降低从而将工作流体吸入，再通过扩压管使混合后的流体压力升高，这是其中任意一种部件单独运行都无法完成的。发明思路中“组合”的思想对引射式压缩器的诞生及其在制冷方面的应用功不可没，这也是发明思路与热力学有效结合的一个良好表现。

在引射式压缩器的部分提到，高压蒸汽经过喷管以后流速增加、压力降低，当其压力降低到被引射流体压力之下时，就会将被引射流体引入混合室进行混合，将这种现象称为文丘里效应。文丘里效应，也称文氏效应，该效应表现在受限流动在通过缩小的过流断面时，流体出现流速增大的现象，其流速与过流断面面积成反比，而同时流体压力降低（伯努利定律），即常见的文丘里现象。通俗地讲，这种效应是指在高速流动的流体附近会产生低压，从而产生吸附作用。

在 TRIZ（发明问题解决理论）发明思路当中，除了四十个发明思路之外还有一个重要的组成部分——科学效应库，而文丘里效应正是科学效应库当中一条经常被提到的效应。科学效应库是将物理效应、化学效应、生物效应和几何效应等集合起来组成一个知识库。科学效应库解决问题的流程为：第一，分析待解决的问题，确定解决此问题能实现的功能；第二，根据功能确定与此功能相对应的代码；第三，确定与功能代码相应的科学效应和现象；第四，查找优选出来的每个科学效应和现象的详细解释，并应用于此问题的求解，形成解决方案。在问题研究当中学会合理运用科学效应库，有利于把握问题的方向，更好地解决问题。

14.2 内外燃烧动力技术

14.2.1 内燃机与外燃机的比较

关于活塞式内燃机，第 10 章中对其构造和三种理想循环做了详细的介绍，本节不再赘述。

外燃机是利用燃料燃烧加热循环工质（如蒸汽机将锅炉里的水加热产生的高温高压水蒸气输送到机器内部），使热能转化为机械能的一种热机。典型的外燃机包括蒸汽机、蒸汽轮机、活塞式热气发动机（又称斯特林发动机）等。

内燃机与外燃机之间最大的不同就是内燃机的燃料与空气混合物在气缸内燃烧，而外燃机的燃料与空气混合物在气缸外燃烧。与内燃机不同，外燃机只能是点燃式。

14.2.2 斯特林发动机

活塞式热气发动机，又称斯特林（Stirling）发动机，是一种外部加热的闭式循环发动

机。早在1816年，英国工程师斯特林就提出了这种热气发动机的理想循环，但由于当时技术水平较低，未能应用于工程实践。近年来随技术进步及对环境污染问题的关注，斯特林发动机又引起人们的重视。

斯特林发动机按正向循环工作时可以作原动机，对外输出功；按逆向循环工作时，可以作热泵。其结构可以有多种多样，但循环原理基本相同。下面以双缸活塞式热气发动机为例，简略介绍其构造和工作循环。

双缸活塞式热气发动机由两个带活塞的气缸及加热器、冷却器和回热器组成，如图14-17所示。两个活塞连在同一轴上，通过特殊的曲轴机构使它们的移动规律符合一定的要求。气缸内充有一定的工质（如氦气、氮气等），由于两个活塞的相互作用，使工质在热气室和冷气室之间来回流动。循环由下列四个过程组成：

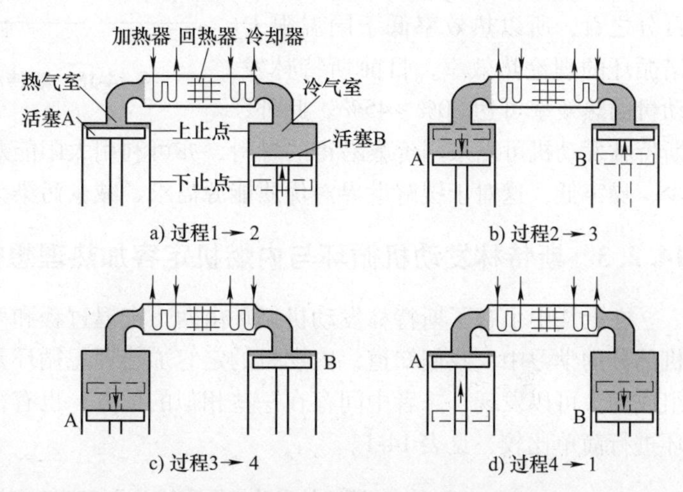

图 14-17　斯特林发动机工作循环示意图

1）定温压缩过程。如图14-17a所示，活塞A处于上止点位置不动，活塞B由下止点开始上行，压缩冷气室里的低温工质，冷却器起低温热源作用，吸收工质放出的热量 q_2，维持工质温度 T_L 不变，理想情况下可实现定温压缩过程，如图14-18中的过程1→2。

2）定容吸热过程。如图14-17b所示，活塞B和活塞A以同样的速度分别上升和下降。实现定容情况下将冷气室中的工质推入热气室。低温工质经回热器吸热，压力由 p_2 升至 p_3，温度由 T_L 升至 T_H，如图14-18中的过程2→3。

3）定温膨胀过程。如图14-17c所示，活塞B处于上止点位置不动，热气室中高压、高温工质膨胀推动活塞A继续下行至下止点对外做功，其间工质通过起高温热源作用的加热器，吸收热量 q_1 维持工质温度 T_H 不变。在理想情况下可实现定温膨胀过程3→4（见图14-18）。

4）定容放热过程。如图14-17d所示，活塞B和活塞A以同样的速度分别下行和上行，各自达到下止点和上止点，将高温工质从热气室经回热器在定容下推回冷气室。经过回热器时，工质放出热量给回热器，使温度由 T_H 降为 T_L。在理想情况下可实现在回热器定容放热过程4→1（图14-18）。这样，工质回复到初始状态而完成闭合循环。

由此可见，热气机的理想循环是由两个定温过程和两个定容过程所组成，如图14-18所示，在极限回热时，定容放热过程4→1放出的热量正好为定容吸热过程2→3所吸收。在 T-s 图上面积 $14rl1$ 等于面积 $23nm2$，这样，循环只在定温膨胀过程3→4中从热源吸热，在定温压缩过程1→2中向冷源放热。因此，斯特林循环即为概括性卡诺循环的一种，其热效率为

$$\eta_t = 1 - \frac{q_2}{q_1} = 1 - \frac{T_L}{T_H} \quad (14\text{-}6)$$

理论上斯特林循环的热效率等于同温限卡诺循环的热效率，实际的斯特林循环发动机，由于存在种种不可逆因素，回热器的效率也不可能达到百分之百，所以热效率低于同温限卡诺循环的理论热效率，目前斯特林发动机的热效率可达30%～45%。此外，斯特林发动机可以采用价廉易得的燃料，亦可利用太阳能及原子能作为热源；它的排气污染少、噪声低，这对于缓解世界对优质能源需求、减少污染无疑是有利的。

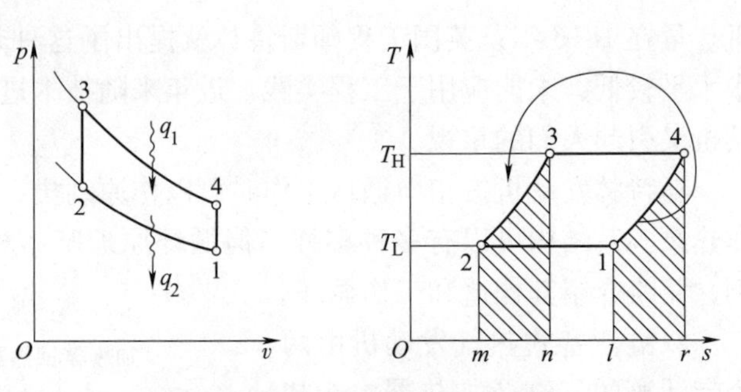

图 14-18　斯特林发动机循环的 *p-v* 图和 *T-s* 图

14.2.3　斯特林发动机循环与内燃机定容加热理想循环的比较

在上文中了解了斯特林发动机循环由两个定温过程和两个定容过程组成。而在之前内燃机部分的学习中，我们知道，内燃机的定容加热理想循环是由两个定熵过程和两个定容过程组成的。可以发现，二者中间存在一些相似的地方，也有很多不同点，接下来将对这两种循环进行简单比较，见表14-1。

表 14-1　斯特林发动机循环与内燃机定容加热理想循环的比较

循环	斯特林发动机循环	活塞式内燃机的定容加热理想循环（奥托循环）
p-v 图及 *T-s* 图		
设备类型	外燃机	内燃机
组成过程	定温压缩、定容吸热、定温膨胀、定容放热	定熵压缩、定容吸热、定熵膨胀、定容放热
热效率公式	$\eta_t = 1-\frac{q_2}{q_1} = 1-\frac{T_L}{T_H}$	$\eta_t = 1-\frac{q_2}{q_1} = 1-\frac{T_4-T_1}{T_3-T_2}$
实际应用中的热效率	30%～45%	35%左右
实际设备	斯特林发动机	汽油机
优缺点	由于是外燃机，斯特林发动机可以采用价廉易得的燃料，亦可利用太阳能及原子能作热源；它的排气污染少、噪声低，这对于缓解世界对优质能源需求、减少污染无疑是有利的；缺点是成本较高	汽油机的转速高、结构简单、质量轻、造价低廉、运转平稳、使用维修方便。缺点是压缩比不能太大，否则会发生燃爆；且汽油机热效率一般低于柴油机，油耗较高
应用	可应用于太阳能发电、生物质能热电联产、低能级的余热回收等，亦可作为推土机、压路机，甚至是潜水艇的动力来源	汽油机主要应用于轻型设备，如轿车、摩托车、园艺机械、螺旋桨直升机等

14.2.4 斯特林发动机的应用——秸秆气化外燃机热电联产

国内生物质资源蕴含丰富，秸秆占据很大比例，其年产量达5亿t(干质量)。若直接进行秸秆焚烧不仅会造成能源的浪费，还会产生严重的大气污染，必须采用其他更合理的方案。秸秆发电便是目前提高秸秆中生物质能利用率的有效方法之一。采用秸秆气化发电，发电效率可达30%~40%，是一个高效的发电技术，而且气化炉和内燃机的工作温度较低，可以减少NO_x和SO_2等气体污染物的生成，符合节能减排的要求。

秸秆气化发电主要使用内燃机，系统简单，设备较少，但也存在着难以克服问题：秸秆气化产生的燃气焦油含量较多，必须经过处理才能在内燃机燃烧做功发电，生物质能不能够充分利用；秸秆气化产生的燃气属于低热值气体，其热值远低于内燃机的设计燃气热值，而且燃气的热值随秸秆的品质波动较大，易使发电系统效率大幅下降，工作不稳定，并缩短内燃机的使用寿命。

对此，有人提出了另一种秸秆气化发电技术，能够在一定程度上解决上述问题，充分利用秸秆中的生物质能。在该技术中，用外燃机（斯特林机）替代内燃机作为原动机。外燃机对燃气的品质要求不高，只要燃烧烟气的温度大于450℃即可工作，此外，燃料在外缸接近大气压力下燃烧，不需要压气机，一般风机即可满足要求。因此，基于外燃机的秸秆气化发电技术可以克服焦油含量高、燃气热值不稳定的问题，使能量能够充分利用，符合“温度对口，梯级利用”的原则。

外燃机热电联产系统的主要设备包括外燃机、生物质气化炉、燃烧器、发电机，还包括换热器、引风机及管道等，其工作原理如图14-19所示。

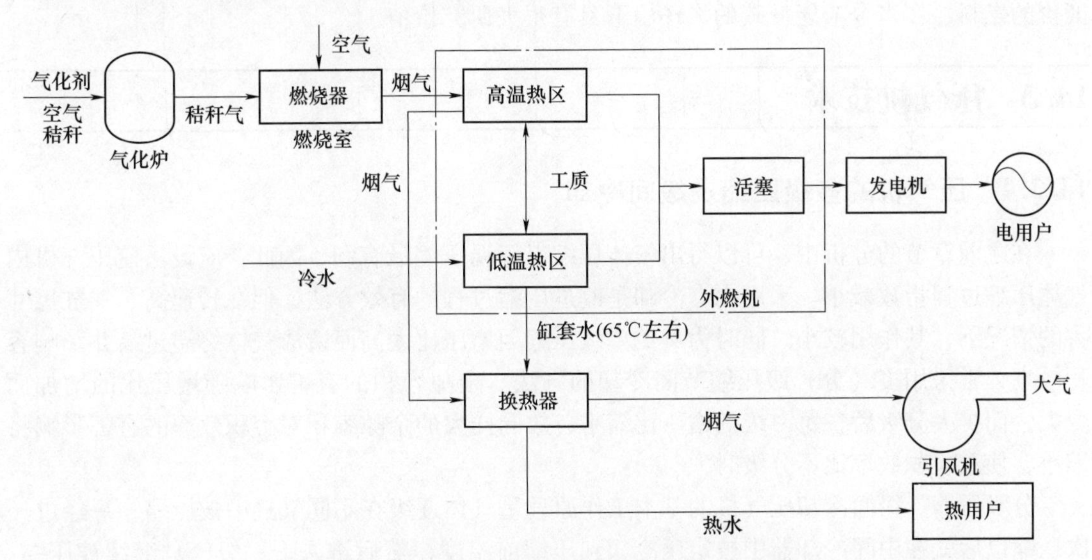

图14-19 秸秆气化外燃机热电联产系统工作原理

秸秆在气化炉中气化，气化产生的气化气被送入燃烧室燃烧，产生的热烟气被送入外燃机做功发电，满足用户的电负荷需求，而热烟气和冷腔冷却水进入换热器，产生的热量用来满足用户的热负荷需求。此外，该系统也与公共电网并网，当所需电负荷较大时，可以从公共电网获得电能。

秸秆气化采用外燃机与活塞式内燃机相比，有着诸多优点，适用范围也很广。其工作特性主要有以下几个方面：

（1）多种燃料的适应性　内燃机使用的燃料大部分是汽油、柴油或是煤气、天然气等液体、气体燃料。而由于外燃机的闭式循环部分对外部加热装置的热源形式无特殊要求，凡是在400℃以上的任何形式的发热装置都可以成为外燃机外部加热系统的热源，因此外燃机是名副其实的多种燃料发动机。

（2）排气污染低　内燃机燃料燃烧温度高，会产生 CO、NO_x 和 SO_2 等气体，所以在排气中会产生一定的有害成分。和内燃机相比，外燃机的燃烧是接近于大气压的压力下连续进行的，燃料与空气的混合良好，相反，内燃机的间断燃烧对燃烧反应是不利的。总而言之，外燃机的燃烧是在燃烧室内接近大气压条件下进行的，接近于完全燃烧，因此排气中的 NO_x、CO 和碳颗粒含量较少。

（3）较高的热转换效率　外燃机的效率主要决定于循环温度比、工质的流阻损失和机械效率。根据现有水平，外燃机的有效效率在32%~38%的范围内，高的可达40%。

14.2.5　发明思路

在一开始的思考中，从内燃机联想到外燃机的过程正体现了发明思路中“反向作用”的思想：将燃料燃烧的空间从机器内部转移到机器外部。

从上文的介绍中得知：利用这种方式得到的斯特林发动机目前已在太阳能发电、低能级余热回收等多领域有所应用。由于燃料在外部燃烧，因此对燃料要求相对较低，可使用一些廉价的燃料，在当今节能低碳的大环境下具有很大研究价值。

14.3　压气机技术

14.3.1　压气机的多级压缩及级间冷却

在之前章节的分析中，可以得出气体压缩以等温压缩最有利，因此，应设法使压气机内气体压缩过程指数减小。采用水套冷却是改进压缩过程的有效方法，但在转速高、气缸尺寸大的情况下，其作用较小。同时为避免单级压缩因增压比太高而造成气体终温过高并影响容积效率，常采用多（分）级压缩节间冷却的方法。余隙容积的有害影响随增压比的增加而变大，而扩大分级后，每一级的增压比缩小，故同样大的余隙容积对容积效率的有害影响将缩小，使总容积效率比不分级时大。

分级压缩、级间冷却压气机的基本工作原理是气体逐级在不同气缸中被压缩，每经过一次压缩以后就在中间冷却器中被定压冷却到压缩前温度，然后进入下一级气缸继续被压缩。图14-20示出了两级压缩、中间冷却的系统工作流程及 p-v 图。其中 $e\to1$ 为低压气缸吸入气体；$1\to2$ 为低压气缸内气体的压缩过程；$2\to f$ 为气体排出低压气缸；$f\to2$ 为压缩气体进入中间冷却器；$2\to2'$ 为气体在冷却器中的定压放热过程，$T_{2'}=T_1$；$2'\to f$ 为冷却后的气体排出冷却器；$f\to2'$ 为冷却后的气体进入高压气缸；$2'\to3$ 为高压气缸中气体的压缩过程；$3\to g$ 为压缩气体排出高压气缸，输入储气筒。这样分级压缩后所消耗的功等于两个气缸所需功的总和，可用面积 $e12fe$ 和面积 $f2'3gf$ 之和表示。和不分级压缩时所需之功，即面积 $e13'ge$ 相比，采取分级压缩、级间冷却节省的功可用图 14-20b 中阴影部分那一块面积表示。依次类推，分级越多，逐级采取中间冷却时理论上可节省的功越多。如增多到无数级，则可趋近定温压缩。实际上，分级不宜太多，否则机构复杂，机械摩擦损失和流动阻力等不可逆损失也将随之增大，一般视增压比的大小，分为两级、三级，最多四级。

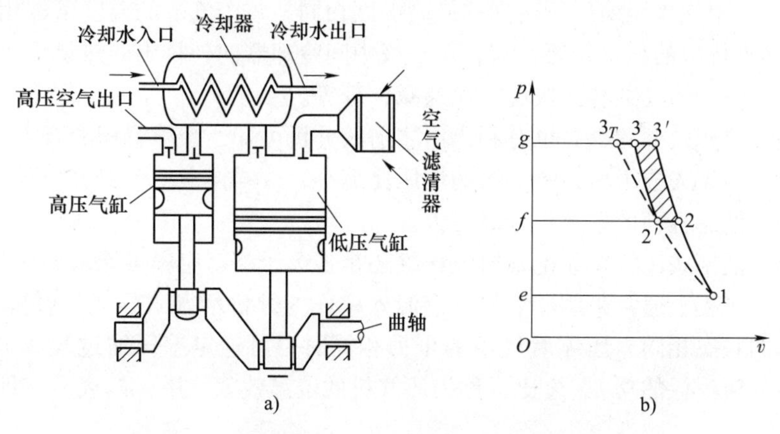

图 14-20　两级压缩、中间冷却系统工作流程及 p-v 图

采用分级压缩、级间冷却时，选择不同的中间压力，消耗的功不一样。有利的中间压力是使各个气缸中所消耗的功的总和为最小，它可以从压气机耗功的公式导出。因余隙容积对理论耗功无影响，故推导中不计余隙容积。以两级压缩为例，设中间冷却器能使气体得到最有效的冷却，气体的温度能达 $T_{2'}=T_1$。又设两级压缩指数 n 相同，则

$$w_{\mathrm{C}}=w_{\mathrm{C,L}}+w_{\mathrm{C,H}}=\frac{n}{n-1}R_{\mathrm{g}}T_1\left[\left(\frac{p_2}{p_1}\right)^{\frac{n-1}{n}}-1\right]+\frac{n}{n-1}R_{\mathrm{g}}T_{2'}\left[\left(\frac{p_3}{p_2}\right)^{\frac{n-1}{n}}-1\right] \tag{14-6}$$

$$w_{\mathrm{C}}=\frac{n}{n-1}R_{\mathrm{g}}T_1\left[\left(\frac{p_2}{p_1}\right)^{\frac{n-1}{n}}+\left(\frac{p_3}{p_2}\right)^{\frac{n-1}{n}}-2\right] \tag{14-7}$$

式中，$w_{\mathrm{C,L}}$表示低压缸耗功；$w_{\mathrm{C,H}}$表示高压缸耗功。对 p_2 求导并使之等于零，可得到最有利的中间压力为

$$p_2=\sqrt{p_1p_3}\ \text{或}\ \frac{p_1}{p_2}=\frac{p_2}{p_3} \tag{14-8}$$

如果采用 m 级压缩，各级压力为 p_1，p_2，…，p_m，p_{m+1}，每级中间冷却器都将气体冷却到初始温度，则使压气机消耗的总功最小的各中间压力满足

$$\frac{p_1}{p_2}=\frac{p_2}{p_3}=\cdots=\frac{p_{m-1}}{p_m}=\frac{p_m}{p_{m+1}} \tag{14-9}$$

这时，各级的增压比 π_i相同，各级压气机需功相同，且

$$\pi_1=\pi_2=\cdots=\pi_i=\cdots=\pi_m=\sqrt[m]{\frac{p_{m+1}}{p_1}}\quad(i=1,2,\cdots,m)$$

$$w_{\mathrm{C},1}=w_{\mathrm{C},2}=\cdots=w_{\mathrm{C},m}=\frac{n}{n-1}R_{\mathrm{g}}T_1(\pi^{\frac{n-1}{n}}-1) \tag{14-10}$$

压气机所消耗的总功为

$$w_{\mathrm{C}}=\sum_{i=1}^{m}w_{\mathrm{C},i}=m\frac{n}{n-1}R_{\mathrm{g}}T_1(\pi^{\frac{n-1}{n}}-1)\tag{14-11}$$

按此原则选择中间压力还可得到一些其他有利结果：

1）每级压气机所需的功相等，有利于压气机曲轴的平衡。

2）每个气缸中气体压缩后所达到的最高温度相同，每个气缸的温度条件相同。

3）每级向外排出的热量相等，而且每一级中间冷却器向外排出的热量也相等。

此外，还有各级的气缸容积按增压比递减，等等。

分级压缩对容积效率的提高也有利，由之前的分析可知，余隙容积的有害影响随增压比的增加而变大，但扩大分级后，每一级的增压比缩小，故同样大的余隙容积对容积效率的有害影响将缩小，使总容积效率比不分级时大。

综上所述，活塞式压气机无论是单级压缩还是多级压缩都应尽可能采用冷却措施，力求接近定温压缩。工程上通常采用压气机的定温效率作为评价活塞式压气机性能优劣的指标。当压缩前气体的状态相同、压缩后气体的压力相同时，可逆定温压缩过程所消耗的功 $w_{\mathrm{C},T}$ 和实际压缩过程所消耗的功 w_{C}' 之比，称为压气机的定温效率，用 $\eta_{\mathrm{C},T}$ 表示，即

$$\eta_{\mathrm{C},T}=\frac{w_{\mathrm{C},T}}{w_{\mathrm{C}}'}\tag{14-12}$$

需要指出的是，至此有关活塞式压气机过程的讨论都是基于可逆过程，因此并不存在可用能损失。但是实际压缩过程是不可逆的，且绝大多数场合下高压气体贮存在储气筒内，最终与环境达到热平衡，故而多变压缩和绝热压缩最终还是有做功能力损失。

【例 14-2】 空气初态为 $p_1=0.1\mathrm{MPa}$，$t_1=20℃$，经三级压缩，压力达到 12.5MPa。设进入各级气缸时的空气温度相同，各级多变指数均为 1.3，各级中间压力按压气机耗功最小原则确定。若压气机每小时产出压缩空气 120kg，试：①求各级排气温度及压气机的最小功率；②倘若改为单级压缩，多变指数 n 仍为 1.3，求压气机耗功及排气温度。

解：（1）多级压缩的各级排气温度和压气机的耗功

压气机耗功最小时各级压力比相等，且为

$$\pi_i=\sqrt[3]{\frac{p_4}{p_1}}=\sqrt[3]{\frac{12.5\mathrm{MPa}}{0.1\mathrm{MPa}}}=5$$

各级排气温度相等，则

$$T_2=T_3=T_4=T_1\left(\frac{p_2}{p_1}\right)^{\frac{n-1}{n}}=T_1\pi_1^{\frac{n-1}{n}}=(273+20)\mathrm{K}\times5^{\frac{1.3-1}{1.3}}=424.8\mathrm{K}$$

各级耗功相同，压气机耗功率 P_{C} 为各级功率 $P_{\mathrm{C},i}$ 之和

$$\begin{aligned}P_{\mathrm{C}}&=mP_{\mathrm{C},i}=mq_mw_{\mathrm{C},i}=mq_m\frac{n}{n-1}R_{\mathrm{g}}T_1(\pi_1^{\frac{n-1}{n}}-1)\\&=\frac{3\times1.3}{1.3-1}\times\frac{120}{3600}\mathrm{kg/s}\times0.287\mathrm{kJ/(kg\cdot K)}\times293\mathrm{K}\times(5^{\frac{1.3-1}{1.3}}-1)\\&=16.39\mathrm{kW}\end{aligned}$$

（2）单机压缩排气温度和压气机耗功

$$\pi = \frac{12.5\text{MPa}}{0.1\text{MPa}} = 125$$

排气温度

$$T_2 = T_1 \left(\frac{p_2}{p_1}\right)^{\frac{n-1}{n}} = T_1 \pi^{\frac{n-1}{n}} = 293\text{K} \times 125^{\frac{1.3-1}{1.3}} = 892.8\text{K}$$

单级压气机的耗功

$$\begin{aligned} P_\text{C} &= q_m w_\text{C} = q_m \frac{n}{n-1} R_\text{g} T_1 (\pi^{\frac{n-1}{n}} - 1) \\ &= \frac{1.3}{1.3-1} \times \frac{120}{3600}\text{kg/s} \times 0.287\text{kJ/(kg·K)} \times 293\text{K} \times (125^{\frac{1.3-1}{1.3}} - 1) \\ &= 24.87\text{kW} \end{aligned}$$

讨论：本例计算表明，单级压气机不仅比多级压气机消耗更多的功，而且排气温度大大提高，这将会造成润滑油变质，甚至引起自燃爆炸；此外，高温对制造压气机的材质也要求更高。

【例 14-3】　空气初压为 98.5kPa，初温为 20℃，经三级压气机压缩后压力提高到 6.304MPa。若采用级间冷却使空气进入各级气缸时温度相等，且各级压缩均为定熵压缩。试求生产单位质量压缩空气所耗最小功量及各级气缸的排气温度。又若采用单级压气机一次压缩至 6.304MPa，且压缩过程也为定熵压缩，则所耗功量及排气温度各为多少？

解：（1）三级压缩的最小功量及排气温度

采用三级压缩、级间冷却的压缩过程的 p-v 图如图 14-21 所示，过程线为 1→2→2′→3→3′→4。同一图上还画出了单级压缩过程线 1→5。

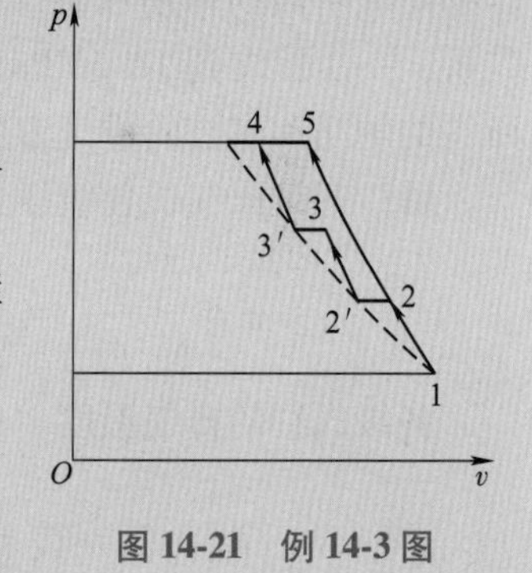

图 14-21　例 14-3 图

图 14-21 上的虚线为过初态 1 的定温线。三级压缩的最佳增压比为

$$\pi_\text{opt} = \sqrt[3]{\frac{p_4}{p_1}} = \sqrt[3]{\frac{6.304 \times 10^6}{98.5 \times 10^3}} = 4$$

取最佳增压比时各级耗功量相等，总耗功量最少。总耗功量为

$$\begin{aligned} w_{\text{C},i} &= \frac{3\kappa}{\kappa-1} R_\text{g} T_1 (\pi_\text{opt}^{\frac{\kappa-1}{\kappa}} - 1) \\ &= \frac{3 \times 1.4}{1.4-1} \times 0.287\text{kJ/(kg·K)} \times 293\text{K} \times (4^{\frac{1.4-1}{1.4}} - 1) \\ &= 429.1\text{kJ/kg} \end{aligned}$$

因 $T_1 = T_{2'} = T_{3'}$，各级增压比相等，故各级压气机排气温度相等，即

$$T_2 = T_3 = T_4 = T_1 \pi^{\frac{\kappa-1}{\kappa}} = 293\text{K} \times 4^{\frac{1.4-1}{1.4}} = 435\text{K}$$

（2）单级压缩的压气机耗功量和排气温度

$$w'_{C,i}=\frac{\kappa}{\kappa-1}R_gT_1\left[\left(\frac{p_5}{p_1}\right)^{\frac{\kappa-1}{\kappa}}-1\right]$$

$$=\frac{1.4}{1.4-1}\times 0.287\text{kJ/(kg}\cdot\text{K)}\times 293\text{K}\times\left[\left(\frac{6.304\times 10^6}{98.5\times 10^3}\right)^{\frac{1.4-1}{1.4}}-1\right]$$

$$=671.4\text{kJ/kg}$$

单级压气机的排气温度为

$$T_5=T_1\left(\frac{p_5}{p_1}\right)^{\frac{\kappa-1}{\kappa}}=293\text{K}\times\left(\frac{6.304\times 10^6}{98.5\times 10^3}\right)^{\frac{1.4-1}{1.4}}=961\text{K}$$

计算结果表明，单级压气机不仅比三级压缩、级间冷却的压气机耗功量大得多，而且排气温度高达近700℃，这是不允许的；若排气温度以180℃为限，则单级压气机所能达到的终压为

$$p'_5=p_1\left(\frac{T'_5}{T_1}\right)^{\frac{\kappa-1}{\kappa}}=98.5\text{kPa}\times\left(\frac{273+180}{293}\right)^{\frac{1.4-1}{1.4}}=452.6\text{kPa}<6.304\text{MPa}$$

【例14-4】 已知图14-22中空气的初态为$p_1=0.1\text{MPa}$，$t_1=20℃$，经过三级压气机压缩后，压力提高到12.5MPa。假定气体进入各级气缸时的温度相同，各级间压力按最有利情况确定，且各级压缩指数n均为1.25。试求生产1kg压缩空气所需的轴功和各级的排气温度，如果改用单级压气机，一次压缩到12.5MPa，压缩指数n也是1.25，那么所需的轴功和气缸的排气温度将是多少？

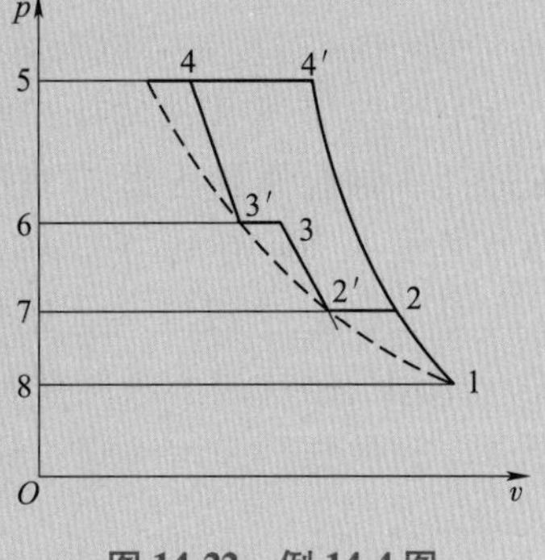

图14-22 例14-4图

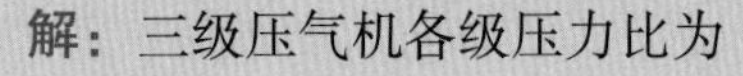
解：三级压气机各级压力比为

$$\pi=\sqrt[n]{\frac{p_{n+1}}{p_1}}=\sqrt[3]{\frac{12.5\times 10^6}{0.1\times 10^6}}=5$$

各级气缸的排气温度

$$T_2=T_3=T_4=T_1\left(\frac{p_2}{p_1}\right)^{\frac{n-1}{n}}$$

$$=293\text{K}\times\left(\frac{0.5\times 10^6}{0.1\times 10^6}\right)^{\frac{1.25-1}{1.25}}=404\text{K}$$

三级压气所需轴功

$$w_\delta=3w_{\delta,1}=\frac{3n}{n-1}R_gT_1\left[1-\left(\frac{p_2}{p_1}\right)^{\frac{n-1}{n}}\right]$$

$$=\frac{3\times 1.25}{1.25-1}\times 0.287\text{kJ/(kg}\cdot\text{K)}\times 293\text{K}\times\left[1-\left(\frac{0.5\times 10^6}{0.1\times 10^6}\right)^{\frac{1.25-1}{1.25}}\right]$$

$$=-479\text{kJ/kg}$$

单级压气机排气温度：

$$T_{4'} = T_1 \left(\frac{p_4}{p_1}\right)^{\frac{n-1}{n}} = 293\text{K} \times \left(\frac{12.5 \times 10^6}{0.1 \times 10^6}\right)^{\frac{1.25-1}{1.25}} = 769.6\text{K}$$

$$t_{4'} = (769.6 - 273)^\circ\text{C} = 496.6^\circ\text{C}(\text{超过规定值})$$

单级压气机消耗轴功

$$w_\delta = \frac{n}{n-1} R_g T_1 \left[1 - \left(\frac{p_{n+1}}{p_1}\right)^{\frac{n-1}{n}}\right]$$

$$= \frac{1.25}{1.25-1} \times 0.287\text{kJ/(kg} \cdot \text{K)} \times 293\text{K} \times \left[1 - \left(\frac{12.5 \times 10^6}{0.1 \times 10^6}\right)^{\frac{12.5-1}{12.5}}\right]$$

$$= -683\text{kJ/kg}$$

计算结果表明，单级压气机不仅比多级压气机消耗更多的功，而且由于排气温度的限制，不可能用单级压缩产生压力很高的压缩空气。

14.3.2 回热基础上燃气轮机的分级压缩、中间冷却和分级膨胀、中间再热

采用分级压缩，中间冷却可减少压气机耗功，该思想方法是否可以运用到燃气轮机上呢？如图 14-23 所示，燃气轮机装置循环 1—2—3—4—1 中压气机耗功 $w_C = h_2 - h_1 = h_2 - h_8 = A_{2nm82}$。若采用分级压缩，工质首先在低压压气机中绝热压缩到某中间压力 p_s（过程 1→5），然后进入中间冷却器进行定压冷却（过程 5→6），再在高压压气机中绝热压缩到终压力 $p_7 = p_2$（过程 6→7），两级压气机理论总耗功 $w_C = w_{C,L} + w_{C,H} = h_5 - h_6 + h_7 - h_8 = A_{8765nm8} < A_{2nm82}$。同时，由于采用了回热，从 7 加热到 2 的过程不需从热源加入额外的热量，从而维持加热量 $h_3 - h_9$ 不变，故与回热循环 1—2—3—4—1 相比，分级压缩循环的热效率高。假若级数趋向无限多，每级压缩后进行定压冷却，则压缩过程接近定温过程 1→8。

图 14-23 中过程 3→11 是燃气在高压燃气轮机中的膨胀过程；11→12 为进入低压燃烧室中定压再热过程；12→13 为进入低压气轮机中绝热膨胀过程；排出的废气先进入回热器定压冷却（过程 13→0），放出的热量用以加热压缩后的工质（过程 7→10），然后再排向冷源进行定压放热（过程 0→1）。同时分级膨胀、中间再热循环放给冷源的热量与上述分级压缩循环相同，都是 $q_2 = h_0 - h_1 + h_5 - h_6$，但循环净功增大，因而循环的热效率进一步提高。从图 14-23 上还可以看出，若分级膨胀和分级压缩的级数都无限增加，并采用回热，则循环就变成概括性卡诺循环。

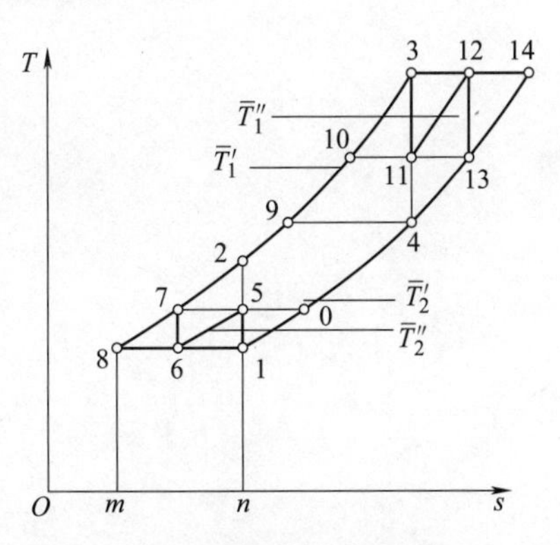

图 14-23 回热基础上分级压缩、中间冷却和分级膨胀、中间再热循环

最后还应强调，分级压缩中间冷却和分级膨胀中间再热只有在回热的基础上进行，才能提高装置的热效率，若不采用回热，循环的热效率反将降低。

14.3.3 发明思路

站在现阶段的角度分析，不难发现：压气机的多级压缩、级间冷却就体现了发明思路当中“分割”的思想——把一个物体或过程分成相互独立的几个部分。所需要的压力过高时，单个压气机难以完成任务，不仅会降低循环的效率，还会产生安全问题。利用分割的思想，将压缩气体这一工作由两个或多个压气机来完成就可以有效避免以上问题。即使所需气体压力不是特别高，也可以采用这种方式来提高循环效率。这再次体现了发明思路与热力学有效结合。而燃气轮机在回热基础上进行分级压缩、中间冷却和分级膨胀、中间再热，不仅蕴含了回热中的“反向作用”“变害为益”发明思路和多级压缩、级间冷却中“分割”的发明思路，还包括将两者合二为一的“组合”的发明思路。

本章小结

本章主要讨论了几种常见的设备，分别介绍了喷射器及其在喷射制冷中的应用，斯特林发动机以及压气机的多级压缩、级间冷却的技术，并进行了喷射制冷、压气机多级压缩的热力计算。

将喷射器应用于制冷系统，并与压缩制冷、吸收式制冷相结合进行复合制冷，提高了制冷效率；将斯特林发动机与内燃机做对比，并将两者分别运用在不同的场合；压气机采用多级压缩能够提升压气机的工作效率等。

本章要求我们运用创新发明原理的思想去分析学习这些装置中部件的改进，从而深入了解热力学在实际工程案例中的使用方法和创新发明原理。

第15章

工程创新案例：联合循环

15.1 复叠式制冷循环

在第14章的喷射器技术一节中提到了喷射-压缩复叠式制冷，这也是一种常用的制冷方式。要获得-60℃以下的低温时，应该采用复叠式制冷循环。复叠式制冷循环通常是由两个或数个采用不同制冷剂的制冷系统组合而成，用中温制冷循环的制冷来抵消低温制冷循环的冷凝负荷，从而达到要求的冷凝温度。本节将依次介绍复叠式制冷循环的类型、组成以及系统运行特性。

15.1.1 复叠式制冷循环的类型以及组成

复叠式制冷循环按制冷系统的个数可分为两级复叠制冷循环和三级复叠制冷循环等。以两级复叠制冷循环为例，又可以是两个单机压缩循环的复叠，或单机压缩循环与两级压缩循环的复叠等。

常用的两级复叠制冷装置是两个单机压缩制冷系统的复叠，由高温级和低温级两部分组成。高温部分使用中温制冷剂，低温部分使用低温制冷剂。如图15-1所示，高温部分系统中制冷剂的蒸发是用来使低温部分系统中制冷剂冷凝，用一个冷凝蒸发器将两部分联系起来，它既是高温部分的蒸发器，又是低温部分的冷凝器。低温部分的制冷剂在蒸发器内从被冷却对象吸取热量，并将此热量传给高温部分制冷剂，然后再由高温部分制冷剂将热量传给冷却介质。

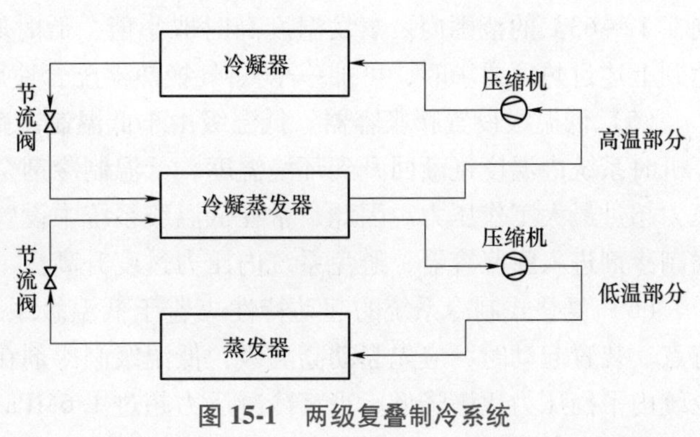

图15-1 两级复叠制冷系统

该复叠式制冷循环的压焓图如图15-2所示。高温级、低温级均为单极蒸气压缩式制冷的理论工作循环，此处不再赘述。

除此之外，还有三级复叠制冷系统等。一般情况下两级复叠制冷循环的有效工作温度在-80℃以上，为了获得更低的温度，就需要用到三级复叠制冷循环，其最低蒸发温度可达到-110～-140℃。

15.1.2 复叠式制冷循环系统的运行特性

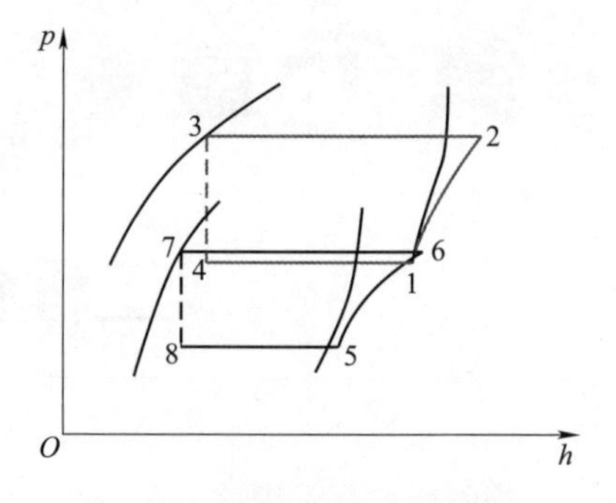

图 15-2 两级复叠制冷系统理论工作循环的压焓图

1. 两级复叠制冷循环中间温度的确定

复叠式制冷循环两个部分衔接的中间温度的合理确定，对制冷机的经济性具有很重要的意义。通常是按各部分每个压缩级的增压比大致相等的原则来确定，还要尽可能使循环的制冷系数最大。

2. 提高复叠制冷循环性能指标的措施

（1）选择合理的温差　复叠制冷循环由于需要获取低温，其不可逆损失必然会随着蒸发温度的降低而增大，故低温下传热温差对循环性能的影响尤其重要。因此，蒸发器的传热温差一般不大于5℃。冷凝蒸发器的传热温差一般为5~10℃，通常取$\Delta t=5℃$。

（2）设置低温级排气冷却器　设置低温级排气冷却器的目的在于减少冷凝蒸发器热负荷，提高循环效率。按低温级排气冷却器蒸发温度和制冷剂的不同，循环的制冷系数可提高7%~18%，压缩机总容量可减少6%~12%。

（3）设置气-气热交换器　气-气热交换器主要是通过低温级压缩机排出的过热蒸气加热蒸发器出来的低温饱和蒸气，达到提高低温级压缩机的吸气温度，减少低温冷损，改善压缩机工作条件，减小冷凝蒸发器热负荷的目的。

（4）设置回热器（气-液热交换器）　气-液热交换器是用蒸发器出来的低温蒸气过冷节流阀前的制冷剂液体，使循环的单位制冷增加，同时增加压缩机的吸气过热，改善压缩机工作条件。一般在循环系统的高温级和低温级需要设置交换器。压缩机吸入蒸气的过热度应控制在12~63℃的范围内。蒸发温度高时取小值，低时取大值。在使用气-液热交换器尚不能达到上述过热度要求时，可加一个气-气换热器配合使用。

（5）低温级设置膨胀容器　低温级由于低温制冷剂临界温度低，常温下饱和压力较高。停机时系统内温度逐渐回升到环境温度，低温制冷剂全部汽化成为过热蒸气，往往使系统内压力超过最大工作压力。因此，常在低温级系统中设置膨胀容器，以便系统停机后大部分低温制冷剂进入膨胀容器，避免系统内压力过度升高。

（6）复叠式制冷系统的起动特性　鉴于低温级系统停机时，制冷剂处于超临界状态的特点。装置起动时，应先起动高温级，低温级制冷剂在冷凝蒸发器内得以冷凝，促使低温级系统内平衡压力逐渐降低。当其冷凝压力超过1.6MPa时，可起动低温级，保证系统安全投入运行。在低温级系统设置了膨胀容器的情况下，高温级和低温级可以同时起动。膨胀容器具有防止起动时低温级系统超压的功能：当起动时低温级系统的压缩机排气压力一旦超过安全限定值，接在膨胀容器上的减压阀立即自动开启，使排气一部分流到膨胀容器中去，消除其系统的超压现象。在完成低温级起动过程投入正常运行后，膨胀容器内的低温制冷剂又将通过接在压缩机吸气管上的毛细管，利用压差的作用回到系统循环。小型复叠式制冷装置通常是采用同时起动的方式。

15.2　蒸汽-燃气联合循环

15.2.1　蒸汽动力装置与燃气动力装置的联合

蒸汽动力装置的发展和进步一直是沿着提高参数（如25MPa、620℃）的方向前进的。采用高参数蒸汽的优点除了可提高装置的热效率，还可降低耗汽率，缩小装置的尺寸和重量。目前世界上已有很多压力超过水蒸气热力学临界压力的超临界发电机组在安全运行。超临界压力蒸汽动力装置的简单循环如图15-3所示，在实际应用上还带有回热和再热的循环。与朗肯循环比较，超临界循环的热效率有显著提高。但是与同温度区间内卡诺循环比较，因其平均吸热温度较低，故其热效率仍远低于同温限的卡诺循环。

两气循环是两种工质联合运行的循环。两种或几种不同工质循环互相复合或联合可有效提高整个联合装置的热效率。汞、水两气循环的图如图15-4所示。图中1_a—2_a—3_a—5_a—1_a，汞循环，1—2—3—5—6—1为水循环。若循环中汞和水的参数分别为$p_{1_a}=1.962\text{MPa}$、$t_{1_a}=582.4℃$；$p_{2_a}=9.81\text{kPa}$、$t_{2_a}=249.6℃$（汞）；$p_1=3.5\text{MPa}$、$t_6=242.54℃$；$p_2=4\text{kPa}$、$t_2=28.98℃$（水）时，理论上汞-水两气循环的热效率可达到50%~60%，约为相同温度界限的卡诺循环热效率的90%~95%，且整个装置的压力仍不太高。但因汞的价格贵且有毒，这种循环至今没有实际应用。

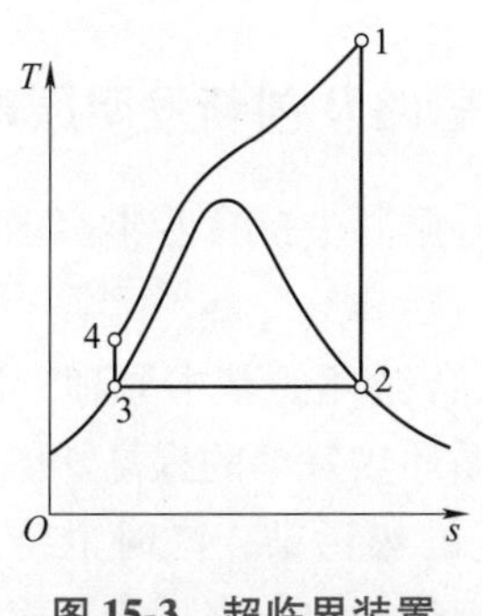

图15-3　超临界装置简单循环 *T-s* 图

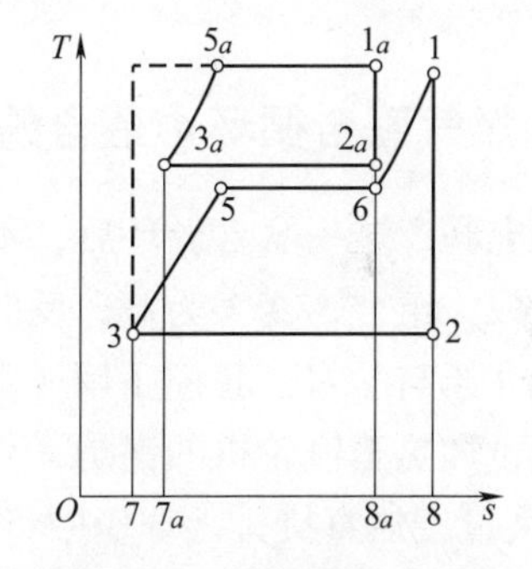

图15-4　两气循环 *T-s* 图

蒸汽-燃气联合循环是以燃气为高温工质、蒸汽为低温工质，由燃气轮机的排气作为蒸汽轮机装置循环的加热源的联合循环。目前，燃气轮机装置循环中燃气透平的进气温度虽高达1000~1300℃，但排气温度在400~650℃范围内，故其循环热效率较低。而蒸汽动力循环，其上限温度不高，极少超过600℃，放热温度约为30℃，却很理想。若将燃气轮机的排气作为蒸汽循环的加热源，则可充分利用燃气排出的能量，使联合循环的热效率有较大的提高。目前，如采用回热和再热的措施，这种联合循环的实际热效率可达57%。图15-5是燃气轮机装置定压加热循环和朗肯循环组合的简单蒸汽-燃气联合循环流程示意图及其 *T-s* 图。在理想情况下，燃气轮机装置定压放热量Q_{4-1}可全部由余热锅炉予以利用，产生水蒸气。所以理论上整个联合循环的加热量即为燃气轮机装置的加热量Q_{2-3}，放热量即为蒸汽轮机装置循环的放热量Q_{f-a}，因此，联合循环的热效率为

$$\eta_t = 1 - \frac{Q_{f-a}}{Q_{2-3}} \tag{15-1}$$

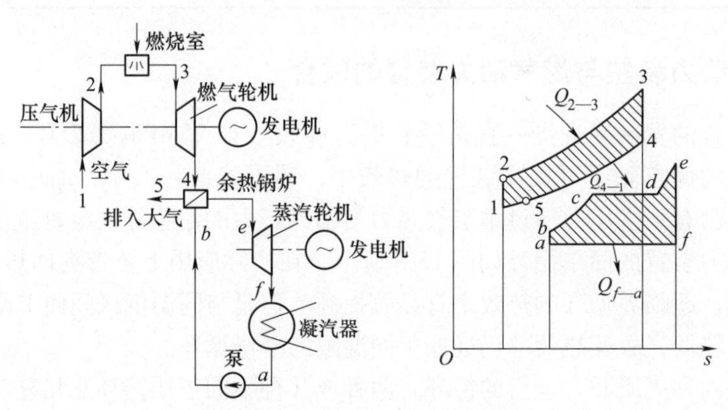

图 15-5　燃气-蒸汽联合循环

实际上仅有过程 4→5 排放的热量得到利用，过程 5→1 仍为向大气放热，故其热效率应为

$$\eta_{t'} = 1 - \frac{Q_{f-a} + Q_{5-1}}{Q_{2-3}} \tag{15-2}$$

实用的蒸汽-燃气联合循环在余热锅炉中还有燃料燃烧，作为辅助加热，上述两式中应计入这部分热量。

15.2.2　蒸汽-燃气联合循环中蕴含的创新发明思路及创新发明原理应用

在学习了热电联产这一联合循环后，不难发现联合循环中蕴含着丰富多样的创新发明思路，分别是：抽取，组合，变害为益，反向作用。

通过以上的介绍与学习，我们了解了蒸汽-燃气联合循环的基本原理，即将燃气轮机更高温度的乏气用于加热蒸汽轮机的锅炉，从而实现了循环热效率的提高。

1）抽取：大量废热直接排入环境中将会造成一定的热污染，同时也会使得热效率以及经济效益大打折扣，将具有负面影响的燃气轮机乏气废热抽取出来用于蒸汽轮机锅炉加热就可大大降低这一负面影响。

2）组合：通过观察，不难发现将蒸汽轮机与燃气轮机的机组组合起来便构成了蒸汽-燃气联合循环。

3）变害为益：通过将燃气轮机废热用于加热蒸汽轮机锅炉，减少了废热造成的危害。

4）反向作用：需要降温的燃气轮机乏气与需要加热的蒸汽轮机锅炉相互反作用，从而达到两全其美的结果。

15.3　热电联产

15.3.1　蒸汽动力装置的热电联产

蒸汽动力装置即使采用了高参数蒸汽和回热、再热等措施后，热效率仍很少超过 40%。

燃料发出的热量中有60%左右散发到环境中，其中绝大部分是乏汽在凝汽器中排出，通常由冷却水带入电厂附近的水体或通过冷却塔排向大气。大量热量排入自然环境会加剧城市“热岛效应”，使电厂下游水体变暖，造成水系的热污染。这种热污染在大型电厂群及核电厂附近特别明显，它能破坏水系的生态平衡，从而对自然的生命形态构成威胁。热电合供循环是提高热量利用率的一种有效措施，受到工业界和环保界的推崇。

前已述及，为提高蒸汽动力装置循环的热效率，乏汽压力被尽可能地降低。现代大型冷凝式汽轮机乏汽压力常低到4~5kPa，其对应饱和温度仅为28.95~32.88℃。这种乏汽凝结放出的热量没有利用的价值。但若把乏汽的压力提高到0.3MPa，则其饱和温度可达133.56℃，从而可在印染工业、造纸工业以及一些化学工业和宾馆、居住区等得到应用。这样，不仅提高了热能利用率，而且可消除这些单位小锅炉带来的污染。所谓热化（即热电合供循环，简称热电循环）就是考虑到这两种需要，使蒸汽在电厂中膨胀做功到某一压力，再以此乏汽或乏汽的热能供给生活或工业之用的方案。同时供热和供电的工厂称为热电厂，图15-6是背压式热电循环流程示意图，其中A为热用户。这时汽轮机的背压（即汽轮机设计排汽压力）通常大于0.1MPa，这种汽轮机称为背压式汽轮机。图15-7是这种热电循环（$1—2_a—3_a—5—6—1$）的T-s图。

热电循环除了输出机械功w_{net}，同时还提供可利用的热量q_2，故衡量其经济性除了热效率外同时需考虑循环热量利用系数ξ或热电厂的热量利用系数ξ'，前者计算公式为

$$\xi=\frac{\text{已利用的热量}}{\text{工质从热源所吸收的热量}} \tag{15-3}$$

理想情况下ξ可以等于1，实际上由于各种损失和热电负荷之间的不协调，一般ξ值在70%左右。

热电厂的热量利用系数ξ'以燃料的总释热量为计算基准，即

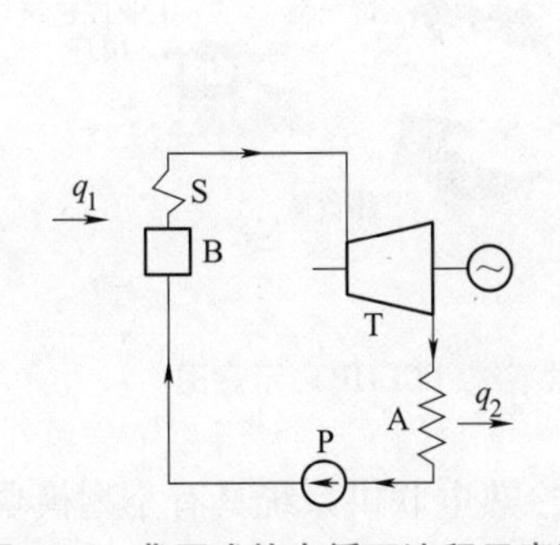

图15-6 背压式热电循环流程示意图

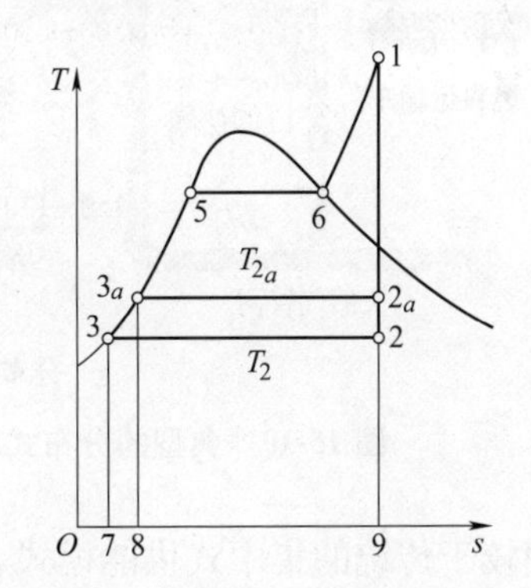

图15-7 背压式热电循环T-s图

$$\xi'=\frac{\text{利用的热量}}{\text{燃料的总释热量}} \tag{15-4}$$

采用背压式汽轮机组的热电厂其电能生产随热用户对热量需求的变动而变动，且其热效率也较低，为避免这一缺点，热电厂多应用分汽供热冷凝式汽轮机组（也叫作撤汽式汽轮机组），这种热电厂工作流程示意图如图15-8所示。在这样的装置中，热用户负荷A的变动对电能生产量的变动影响较小，且其热效率较背压式汽轮机组热电循环为高。

热电合供循环的能量经济收益定性分析，如图 15-9 所示。

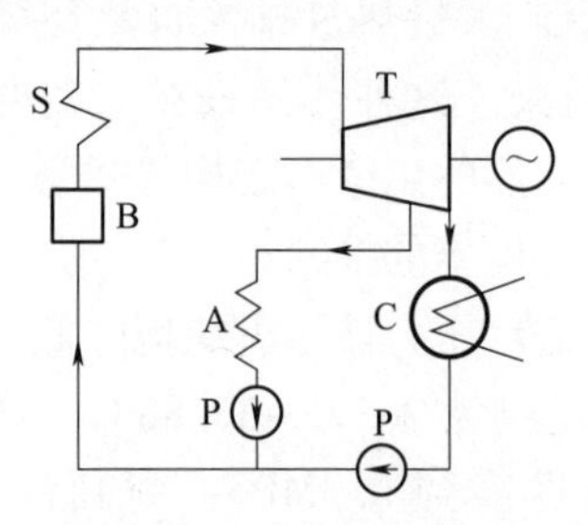

图 15-8　撤汽式汽轮机组工作流程示意图

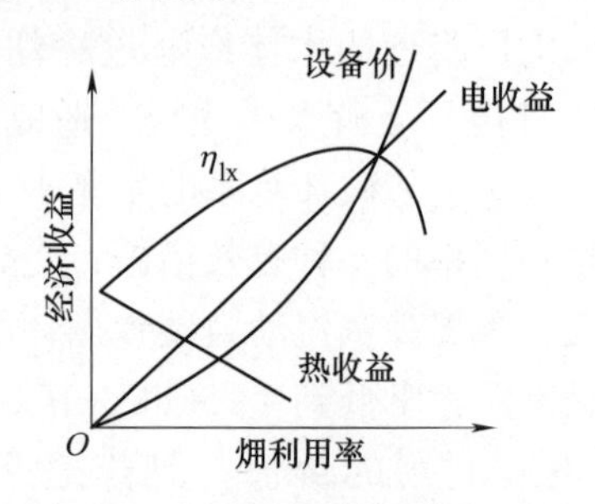

图 15-9　能量经济收益定性分析

15.3.2　分布式冷热电联供系统

1. 分布式冷热电联供系统概述

分布式冷热电联供（combined cooling，heating and power，CCHP）系统是在热电联供（combined heating and power，CHP）系统的基础上发展而来，该系统中动力发电机组的余热分别驱动吸收式制冷机和换热器制冷与制热，同时向用户提供冷热电负荷。系统遵循“温度对口，梯级利用”的系统集成原则，如图 15-10 所示，燃料燃烧释放出来的高温热能（900~1200℃）首先通过动力设备发电，效率可以达到 20%~40%；动力机组的排烟余热（中低温）可驱动吸收式制冷或热泵系统获得冷或热负荷，低温余热可在换热器中换热提供热负荷或生活用水，从而实现能的梯级利用。

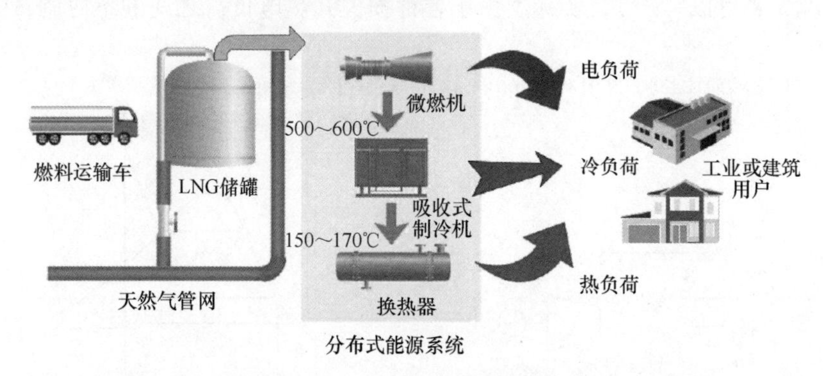

图 15-10　典型的分布式冷热电联供系统（CCHP）示意图

此外，相较于传统的集中式供能模式，分布式冷热电联供系统具有小型模块化特点，易与多项技术耦合，如图 15-11 所示。例如系统可选择内燃机、燃气轮机、微燃机、斯特林机、热声发电机和燃料电池等发电设备；吸收式、吸附式制冷和除湿设备、吸收式热泵等余热利用技术；超级电容器，化学蓄能、相变蓄热、冷等蓄能技术。同时，系统安装临近用户，减少了远距离的负荷输送损失的同时也保障了负荷供应的安全可靠性，可实现 80%以上的一次能源利用率。此外，分布式冷热电联供系统不仅输出多种负荷，也适合于多种能源输入，例如天然气、煤等化石能源和太阳能、地热、生物质等可再生能源；同时也适合多种用户，例如冶金、化工等过程，电子、食品、制药等工业园区，大型公共建筑、商业建筑等。

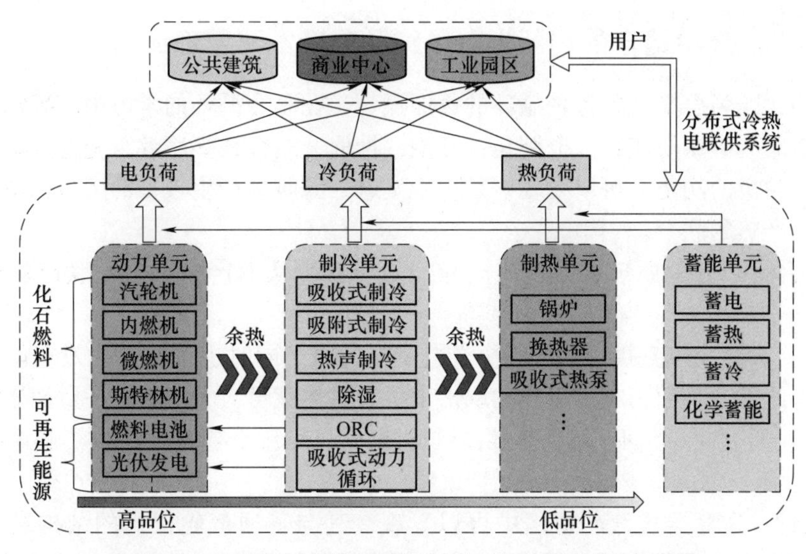

图 15-11　CCHP 系统能量梯级利用及与多技术耦合示意图

2. 分布式冷热电联供系统集成方法现状与分析

分布式冷热电联供系统（CCHP）主要由动力单元（发电）和余热回收单元（制冷、制热）两部分组成。动力发电单元（power generation unite，PGU）是系统的重要组成部分，在系统中扮演着“大脑”的作用。因此，系统发电设备的选择对 CCHP 系统能否达到预期节能效果起至关重要的作用。常见的 CCHP 系统动力发电设备包括往复式内燃机、蒸汽轮机、燃气轮机、微燃机、燃料电池和斯特林机等。表 15-1 为这些动力设备基本的特征参数。可以看出，不同动力设备的容量大小、发电效率以及排烟温度等有所差异，从而对 CCHP 系统的性能影响也不同。根据“温度对口，梯级利用”的集成原则，余热利用单元分别利用动力单元的排烟余热发电、制冷或制热，实现能量的梯级利用。常见的余热利用设备包括吸收式制冷机、吸附式制冷机、除湿机、余热锅炉、吸收式热泵、有机朗肯循环相关设备等。

表 15-1　CCHP 系统动力发电设备特征参数

特征参数	内燃机	斯特林机	蒸汽轮机	燃气轮机	微燃机	燃料电池
容量/kW	<75000	1~55	50~500000	1000~250000	1~1000	5~2000
发电效率（%）	22~40	25~35	15~38	22~36	18~27	30~50
电热比	0.5~1	1.2~1.7	0.1~0.3	0.5~2	0.4~0.7	1~2
燃料类型	天然气 沼气 丙烷	所有	所有	天然气 沼气 油丙烷	天然气 沼气 油丙烷	天然气 沼气 甲醇
起动时间	10s	—	1~24h	10min~1h	1min	3~48h
排烟温度/℃	200~400	—	—	316~649	204~260	400~1000
安装费用美元/kW	1100~2200	4~120	430~1100	970~1300	2400~3000	5000~6500
运行维修费美元/kW	0.009~0.022	—	<0.005	0.004~0.011	0.012~0.025	0.032~0.038

15.3.3　热电联产中蕴含的创新发明思路及创新发明原理应用

联合循环，顾名思义就是各种循环的叠加揉合。在联合循环的学习中，我们发现了更多的创新发明思路的应用与实践，分别是：分割，抽取，组合，多用性，变害为益。

根据蒸汽轮机的功能，可以发现它是用于发电，同时会产生较多的废热，在此，就可以考虑到产电与产热的联合。

1）分割：运用分割原理可以把产电与产热分开，从而产生了热电联产联合循环这一概念。

2）抽取：大量废热直接排入环境中会造成热污染，同时也会使得热效率以及经济效益明显降低，将此部分负面影响的废热抽取出来用于供热就可大大降低这一负面影响。

3）组合：通过观察，不难发现将供热与供电的机组组合起来便构成了热电联产的蒸汽轮机机组。

4）多用性：在背压式汽轮机组中可以发现，其与普通汽轮机组的结构发生了一些变化，增加了热用户（即废热用于供热），减少了冷凝器的部分。

5）变害为益：最显而易见的便是变害为益原理，通过供热从而减少了废热造成的危害。

本章小结

本章主要讨论了常见的热力循环及其联合循环，分别介绍了复叠式制冷循环、蒸汽-燃气联合循环和热电联产的设备和流程，进行了能量分析计算：包括吸热量、功量、热效率的计算，并在 p-v 图以及 T-s 图上进行了定性分析。

复叠式制冷循环能够用于制取比单级压缩和双级压缩更低的温度。蒸汽-燃气联合循环将燃气轮机的排气作为蒸汽循环的加热源，充分利用燃气排出的能量，使联合循环的热效率有较大的提高。目前，如果采用回热和再热的措施，这种联合循环的实际热效率可达57%。蒸汽动力装置的热电联产就是用工业产电剩下的较低温度的乏汽用于生产生活中需要热量的部分，从而实现对热量的充分利用。随着科技的进步逐渐衍生出分布式冷热电联供（CCHP）系统，其动力发电机组的余热分别驱动吸收式制冷机和换热器制冷与制热，同时向用户提供冷热电负荷。相较于传统的集中式供能模式，分布式冷热电联供系统具有小型模块化特点，易与多项技术耦合。

本章要求我们运用创新发明原理的思想去分析学习这些联合循环的理论和技术，从而深入了解热力学在实际工程案例中的使用方法和创新发明原理。

附录

部分物质的热物理性质参数(二维码)

请扫描下方二维码下载相关资料，如遇下载问题可反馈至 cmpedu@ qq. com。

附录 A　一些常用气体 25℃、100kPa 时的比热容

附录 B　0. 1MPa 时饱和空气的状态参数

附录 C　部分气体的平均比定压热容

附录 D　部分气体的平均比定容热容

附录 E　气体的平均比热容直线关系（直线关系式）

附录 F　一些气体在理想气体状态的比定压热容

附录 G　一些常用气体的摩尔质量和临界参数

附录 H　氨（NH_3）饱和液与饱和蒸气的热力性质

附录 I　过热氨（NH_3）蒸气的热力性质

附录 J　R134a 的饱和性质（温度基准）

附录 K　R134a 的饱和性质（压力基准）

附录 L　过热 R134a 蒸气的热力性质

附录 M　空气的热力性质

附录 N　湿空气焓湿图（0. 1MPa）

附录 O　氨（NH_3）的压焓图

附录 P　R134a 的压焓图

参考文献

[1]施明恒,李鹤立,王素美.工程热力学[M]. 南京:东南大学出版社,2003.
[2]沈维道,童钧耕. 工程热力学[M].5版. 北京:高等教育出版社,2016.
[3]严家騄,余晓福. 水和水蒸气热力性质图表[M].3版. 北京:高等教育出版社,2015.
[4]圆山重直. 热力学[M]. 张信荣,王世学,编译. 北京:北京大学出版社,2011.
[5]严家騄. 工程热力学[M].5版. 北京:高等教育出版社,2015.
[6]华自强,张忠进,高青,等. 工程热力学[M].4版. 北京:高等教育出版社,2009.
[7]朱明善,刘颖,林兆庄,等. 工程热力学[M].2版. 北京:清华大学出版社,2011.
[8]傅秦生. 工程热力学[M]. 北京:机械工业出版社,2012.
[9]汪琳琳,焦鹏飞,王伟,等. 新能源电动汽车低温热泵型空调系统研究[J]. 汽车工程, 2020,42(12): 1744-1750.
[10]陈则韶, 李川. 热力学第二定律的量化表述及其应用例[J]. 工程热物理学报, 2016, 37(1):1-5.
[11]常祯. 发电厂锅炉电动给水泵故障分析及优化[D]. 长春:吉林大学,2020.
[12]李瑶. 锅炉熵分析的改进办法及应用[D]. 北京:华北电力大学,2017.
[13]VATANI A, MEHRPOOYA M, PALIZDAR A. Advanced exergetic analysis of five natural gas liquefaction processes[J]. Energy Conversion & Management, 2014, 78(FEB.): 720-737.
[14]GAO M J, WANG M R, LIANG K F, et al. Conventional and enhanced exergy analyses of a parallel integrated thermal management system for pure electric vehicles[J]. International Journal of Exergy, 2022, 39(1): 1-27.
[15]傅秦生. 能量系统的热力学分析方法[M]. 西安:西安交通大学出版社,2005.
[16]肯普. 能量的有效利用:夹点分析与过程集成[M]. 项曙光,贾小平,夏力,译. 北京:化学工业出版社, 2010.
[17]陈兴乐. 基于热经济学理论的分布式冷热电联产系统分析与优化[D]. 贵州:贵州大学,2022.
[18]张振宇. 车用CO_2喷射制冷系统性能研究[D]. 上海:上海交通大学,2020.
[19]陈光明,孙翔,宣永梅,等. 喷射器及其在制冷中的应用研究进展[J]. 制冷学报, 2021,42(3):1-18.
[20]赵子东, 阎维平,王禹朋. 秸秆气化外燃机热电联产设计方法及计算[J]. 电力科学与工程, 2017, 33(5):50-54.
[21]莫俊荣,冯乐军,戴晓业,等. 分布式系统典型用户遴选方法研究[J]. 工 程热物理学报,2021,42(12): 3098-3105.
[22]莫俊荣,冯乐军,戴晓业,等. 基于供需匹配的CCHP-TES系统性能分析[J]. 工程热物理学报, 2022, 43(11): 2865-2873.
[23]冯乐军. 分布式冷热电联供系统协同集成与主动调控方法研究[D]. 北京:清华大学, 2019.